西门子工业自动化技术丛书

数字化时代工业通信与识别技术和应用

西门子（中国）有限公司　组编
吴　博　刘姝琦　主编

机械工业出版社

在制造型企业数字化转型的进程中，企业的各业务系统之间数据通信的速度和质量是数字化转型的重要组成部分，数字化企业需要从分级分层、纵深防御、智慧互联、远程运维、网络管理等多个维度，综合业务的需求建设工业网络，这需要建设者具备专业的知识和能力。

本书由西门子（中国）有限公司数字化互联与电源部门的各位资深技术工程师撰写，从工业通信、工业识别与实时定位的技术、产品和典型应用多个维度，结合多年的项目实践经验，系统地为读者呈现工业网络、识别和定位技术的原理、常见功能组态、标准方案等，并力图阐述工业5G、边缘计算等创新技术，使读者能够系统而快速地学以致用，在数字化的浪潮中从容应对。

本书适合从事工业通信的工程师、从事工业控制且希望拓展通信技术的工程师、工业网络的设计和维护者，以及高等院校相关专业的师生阅读。相信本书能够成为读者手边颇有价值的参考书籍。

图书在版编目（CIP）数据

数字化时代工业通信与识别技术和应用/吴博，刘姝琦主编. —北京：机械工业出版社，2023.4（2024.1重印）
（西门子工业自动化技术丛书）
ISBN 978-7-111-72921-1

Ⅰ.①数… Ⅱ.①吴… ②刘… Ⅲ.①工业企业－通信网 Ⅳ.①TN915

中国国家版本馆CIP数据核字（2023）第060091号

机械工业出版社（北京市百万庄大街22号 邮政编码100037）
策划编辑：林春泉 责任编辑：林春泉 闫洪庆
责任校对：张亚楠 张 征 封面设计：王 旭
责任印制：刘 媛
涿州市般润文化传播有限公司印刷
2024年1月第1版第2次印刷
184mm×260mm · 24.75印张 · 610千字
标准书号：ISBN 978-7-111-72921-1
定价：139.00元

电话服务
客服电话：010-88361066
010-88379833
010-68326294

网络服务
机 工 官 网：www.cmpbook.com
机 工 官 博：weibo.com/cmp1952
金 书 网：www.golden-book.com
机工教育服务网：www.cmpedu.com

本书编委会

特别策划： 马睿德博士　陈昕光

市场策划： 王晓玲

主　　编： 吴　博　刘姝琦

撰　　写（排名不分先后）：吴　博　刘姝琦　杨德奇　吴佛清　韩顺成
李　松　曹晓华　王　玮　黄　佩　雷　伟
蒋五星　任继崇　陶文帅　李宏宝　李　颖

序

从全球到中国，工业数字化转型已经深入人心，很多企业已经开始从概念到实践进行了各种有益的探索。在这一大潮中，实现 IT（信息技术）与 OT（运营技术）的融合，可以说是以数据作为驱动力，自底向上打通整个数字化链条的核心所在。

正所谓要致富，先修路。经过特殊设计，一方面满足工业环境的工业网络通信技术，无疑是解决信息的垂直集成——IT/OT 融合的“高速通道”；另一方面，以 RFID（射频识别）为代表的工业识别技术和工业实时定位技术，为物流供应链和空间定位等信息的水平集成打造了另一条横向“高速路”。近年来，不断发展的工业以太网，已成为工业网络领域的主流技术，并随着工业无线、工业 RFID、UWB（超宽带）实时定位、TSN（时间敏感网络）和工业 5G 等诸多新兴技术和新的应用场景的出现，工业网络不仅可以更好地满足工业现场设备与设备之间，工业现场设备与工业业务软件系统之间通信等基本要求，还可以直接促进 IT 与 OT 垂直融合的进程，加速实现信息水平集成的应用，在纵横两个维度，为中国工业企业的数字化进程和中国制造 2025 的愿景目标构造出矩阵式的宏大架构。

然而，面对纷繁复杂、快速发展的工业网络技术和各自不同的工业应用环境，对于中国制造业和工业企业的相关人员一直缺少一本全面、详尽的技术剖析和提供丰富的工业网络实践案例的参考书籍。为此，业内专家和西门子公司的专家团队进行了很长时间的精心筹备、撰写，几易其稿，不忘初心，为业内相关人士提供了一本具有阅读价值的案头必读之书。

在本书中，读者可以由浅入深地从工业网络基础原理和技术入手，逐一地了解工业以太网交换机技术和应用、工业无线技术、工业网络安全技术、工业远程通信、工业网络管理平台、工业识别技术、工业实时定位、TSN 与边缘计算、工业电源等一系列技术。除了读者熟知的工业以太网，本书还重点介绍了业内读者更感兴趣的工业无线技术与工业网络安全技术等内容，包括工业无线局域网、工业宽带无线网、工业 5G，以及西门子独有的工业网络纵深防御理念体系和产品应用方案等。工业识别技术［如工业 RFID 和光学识别（OID）］以及 UWB 实时定位等应用技术，给读者提供了汽车、电池、水处理、物流等典型行业丰富的应用案例，从而带来直观、易懂的学习体验。

作为全球工业网络技术专家，西门子公司基于各种工业通信的需求，提供了各种组件用于实施高效工业网络和总线系统，一直是工业通信领域的全球主要供应商，拥有丰富的项目实践经验。因此，本书通过介绍西门子公司的产品方案和应用案例，一方面帮助读者更好地理解和应用抽象技术，另一方面在阐述上也尽量不影响内容的客观表述。

最后，希望大家阅读愉快，收获更多的知识！

中国工程院院士　王耀南

2023 年 5 月

Preface

In this era of challenges and opportunities, digital transformation is the key for the industrial sector to cope with the challenging environment, reshape business models and promote high – quality growth. With the gradual implementation of digital technologies in the industrial scenario, the technology and industry are continuously integrating. Data is the key for digital transformation, and the backbone network, cybersecurity, industrial 5G and Wi – Fi are key elements for the data transfer. Without industrial communication, complex tasks like controlling machines, controlling production lines, monitoring automation systems, can't be performed successfully. Without powerful communication solutions, the digital transformation is impossible. Siemens plays the leading role in industrial communication, with the product portfolio covering industrial switches, comprehensive industrial Wi – Fi portfolio, industrial 5G, other network components. Siemens is providing total solutions with portfolio, industry know – how, expertise consulting and network services. With industrial network solution, we help our customers lay an optimal foundation for digitalization through reliable and efficient interaction of IT and OT and accompany them to navigate their digital transformation.

As a future – oriented technology, industrial 5G is an important foundation for the application and development of digitalization, big data, and artificial intelligence. Industrial 5G has become one of Siemens' focus areas. At present, Siemens Industrial 5G has landed in many domestic industries.

Besides industrial communication, another element for digital transformation is data acquisition. There are several technologies for data acquisition, and within them, industrial identification and real – time location systems are widely applied in various industrial applications. Siemens owns a complete portfolio of industrial RFID, RTLS, which seamless integrate into TIA (Totally Integrated Automation) as well as cloud applications, by that mass data can be analyzed and utilized to ensure transparency of production and scalability in the future. Finally, stable power supply is critical for any production so that plays an important role in digital factory. Siemens provides industrial power products with high quality.

This technical book is written by professional engineers of Siemens, it focuses on the technology of industrial communication and identification, and the key features of Siemens product portfolio including SCALANCE, RUGGEDCOM, RFID, RTLS, SITOP, etc. The more important is the application and reference in different branches. We'd like to share our knowledge and know – how to you, dear readers, to support you on the designing and planning of industrial network infrastructure, for the digital transformation of factory.

Enjoy the reading and please feel free to provide feedback to the authors.

Vice President of Digital Industries
General Manager of Process Automation
Digital Industries, Siemens Ltd., China

在挑战与机遇并存的变革时代，数字化转型是工业领域应对严峻环境、重塑业务模式、推进高质量增长的关键。随着数字化技术在工业场景中逐步落地，技术与行业正在不断融合。数据是数字化转型的关键所在，骨干网、信息安全、工业5G和Wi－Fi是数据通信的关键要素。没有工业通信，控制机器、控制产线、监控自动化系统等复杂任务就无法成功执行；没有强大的通信解决方案，数字化转型就无从谈起。西门子在工业通信领域发挥着主导作用，其丰富的产品组合涵盖工业交换机、工业Wi－Fi、工业5G和其他网络组件。西门子提供全面的解决方案，包括高质量的产品、行业专业知识、专业咨询和服务。借助工业网络解决方案，我们通过IT和OT的可靠融合，帮助客户为数字化奠定坚实基础，并帮助他们实现数字化转型。

作为一种面向未来的技术，工业5G是数字化、大数据和人工智能应用和发展的重要基础。工业5G已成为西门子重点关注的领域之一。目前，西门子工业5G已经在国内多个行业落地。

除了工业通信，数字化转型的另一个要素是数据采集。数据采集有多种技术，其中工业识别和实时定位系统被广泛应用于各种工业应用中。西门子拥有完整的工业RFID、RTLS产品组合，可无缝集成到TIA（全集成自动化）和云应用中，从而可以分析和利用大量数据，以确保生产的透明度和可扩展性。此外，稳定的电源供应对任何生产都至关重要，因此在数字化工厂中发挥着重要作用，西门子提供丰富的高质量工业电源产品，为客户的数字化转型提供支持。

本书是一本技术专业书，由西门子具备丰富经验的工程师撰写，重点介绍工业通信和识别技术，以及西门子产品组合的关键特性，产品线包括SCALANCE、RUGGEDCOM、RFID、RTLS、SITOP等。更重要的是，本书提供了多个行业的成功应用案例，借此给各位读者提供参考。亲爱的读者们，我们想与你们分享我们的知识和经验，支持你们设计和规划工业网络基础设施，成功实现工厂的数字化转型。

愿各位读者在阅读中感受喜悦和收获。

马睿德　博士
西门子（中国）有限公司
数字化工业集团副总裁兼
过程自动化事业部总经理
2023年5月

前言

我国数字经济的快速发展，对经济社会和民生的影响程度越来越深，推动着生产、生活方式发生深刻的变革。尤其是在国家“十四五”规划中，特别将“加快数字化发展、建设数字中国”单列成篇，提出“以数字化转型整体驱动生产方式、生活方式和治理方式变革”，为新时期数字化转型指明了方向。以数据资源为关键要素，以现代信息网络为主要载体，以信息通信技术融合应用、全要素数字化转型为重要推动力的数字经济，正在成为很多地区的重点战略方向，由此也带来很多企业的数字化转型需求。

企业的数字化转型建立在高度发达的自动化和信息化基础之上，西门子公司作为深耕自动化领域多年的行业领先者，具备全集成自动化（TIA）体系架构。在 TIA 系统中，体现了技术和业务流程的标准层级，现场层设备如分布式 I/O、RFID、RTLS（实时定位系统）、智能仪表、电源等处在第一级，控制系统如 PLC、CNC（计算机数控）等处在第二级，操作系统如 SCADA（监控与数据采集系统）、DCS（集散控制系统）、NMS（网络管理系统）等处在第三级，制造管理系统如 MES（制造执行系统）等处在第四级，而随着各种云服务和 IoT（物联网）平台在工业中应用范围的扩大，典型的层级模型已经扩展到第五级，包括如 Mindsphere、Edge APP、Digital Twin（数字孪生）等。在 TIA 工业网络架构中，各层级之间的数据通信应用最广的是各种工业以太网协议，如 Profinet，支撑各层级间以及系统内部的数据通信。

数字化企业需要一套综合了互联互通、快速恢复、网络安全、灵活扩展等多个因素的网络架构，网络的设计需要考虑分级分层、链路冗余、纵深防御、智慧互联、远程运维、网络管理等多个维度。

各种业务系统、数字化应用 APP、云服务、低代码 APP 等实时地与生产现场的控制器和智能设备进行通信，以获取数据、发送指令，这使得 IT 和 OT 之间的互通性、交互性更强，传统的 IT 和 OT 各自独立的网络架构显然无法适应这种发展，IT/OT 融合的网络架构才能满足需求，但作者根据多年的从业经验发现，从 IT 角度出发建设工厂的 OT 生产网络并不能满足生产的需求，如实时性、安全性、高灵活性、可扩展性等，只有从 OT 的需求出发建设的网络才能满足生产需求，只有高度集成化的网络通信才能够支持企业数字化转型。同时，在工业网络的建设中，除了要考虑各业务系统间的互联外，还必须考虑信息安全，以便实现安全可控的系统应用。

西门子公司在工业通信和识别领域拥有几十年的发展历程，具备全系列工业通信产品，以及使现场设备实现智能化的工业识别和定位产品，在多个行业（如汽车、冶金、制药、物流、化工等）积累了非常多的应用案例，致力于为工业客户实现 IT/OT 融合、构建数字化转型提供支持和保障。面向未来，西门子公司在关键创新技术（如工业 5G、TSN、云连接、网络管理和网络安全等）方面做出了多项创新，不断地推出更多的新产品和解决方案，满足工业客户在构建全连接工厂方面的需求。

总之，为了满足工业客户数字化转型的需要，建设稳定可靠、可扩展的工业网络架构是重中之重，而高质量的网络设备、丰富的行业经验和解决方案、专业的服务和培训是支撑架构的重要因素。作者发现，很多行业客户对于工业网络建设还停留在初级的认识阶段，重视不足，设计和使用人员也不具备丰富的网络通信的基础知识和项目经验，自行设计的网络架构往往无法满足业务需要，导致通信成为阻碍数据交互的瓶颈，甚至频繁出现断网等事故而影响生产，给企业数字化转型带来了挑战。

本书致力于从应用的角度出发，向读者阐释原理、分享西门子工业通信与识别产品的典型应用和配置方案，帮助读者学以致用，帮助企业培养专业人才。

刘姝琦

2023 年 5 月

目 录

序
Preface
前言
第1章 工业网络基础原理和技术 ········· 1
1.1 OSI参考模型和协议分层 ········· 1
1.1.1 OSI七层参考模型 ········· 1
1.1.2 TCP/IP族 ········· 2
1.1.3 UDP与TCP ········· 2
1.2 以太网基础知识 ········· 6
1.2.1 以太网概述 ········· 6
1.2.2 CSMA/CD ········· 6
1.2.3 以太网帧结构 ········· 7
1.2.4 冲突域和广播域 ········· 7
1.2.5 半双工、全双工、自协商 ········· 8
1.2.6 MAC地址 ········· 9
1.2.7 IP地址及子网掩码 ········· 9
1.2.8 网段 ········· 10
1.2.9 IP地址的分类 ········· 10
1.3 网络传输中的三张表 ········· 11
1.3.1 MAC地址表详解 ········· 11
1.3.2 ARP缓存表详解 ········· 12
1.3.3 路由表详解 ········· 13
1.4 工业以太网基础 ········· 15
1.4.1 工业以太网 ········· 15
1.4.2 PROFINET ········· 15
1.4.3 EtherNet/IP ········· 15
1.5 网络安全技术基础及基本功能 ········· 16
1.5.1 VPN技术工作原理 ········· 16
1.5.2 NAT技术工作原理 ········· 20
1.5.3 Syslog功能简介 ········· 22
1.5.4 RADIUS功能简介 ········· 23
1.5.5 DHCP功能简介 ········· 24
1.5.6 NTP功能简介 ········· 24
1.6 数字化工业网络架构设计 ········· 25
1.6.1 工业交换与路由设计思路 ········· 26
1.6.2 工业无线设计思路 ········· 27
1.6.3 工业网络信息安全设计思路 ········· 27
1.6.4 工业远程运维设计思路 ········· 27
1.6.5 工业网络管理系统 ········· 28
第2章 工业网络技术和应用 ········· 30
2.1 工业交换机SCALANCE X技术和应用 ········· 30
2.1.1 工业交换机SCALANCE X产品介绍 ········· 30
2.1.2 工业交换机SCALANCE X的主要功能 ········· 33
2.1.3 交换机常用的管理功能 ········· 58
2.1.4 交换机安全性功能 ········· 62
2.1.5 工业交换机SCALANCE X的标准化方案 ········· 65
2.2 工业交换机RUGGEDCOM技术和应用 ········· 74
2.2.1 西门子RUGGEDCOM系列产品和功能介绍 ········· 74
2.2.2 RUGGEDCOM系列产品特性 ········· 74
2.2.3 丰富的二层设备功能 ········· 79
2.2.4 三层设备功能 ········· 79
2.2.5 网络安全方案 ········· 80
2.3 RUGGEDCOM在220kV智能变电站“三网合一”项目中的应用 ········· 81
第3章 工业无线技术的应用 ········· 88
3.1 工业无线局域网 ········· 88
3.1.1 无线局域网基础知识 ········· 88
3.1.2 西门子工业无线局域网的产品介绍 ········· 104
3.1.3 SCALANCE W产品功能、特性 ········· 106
3.2 应用案例 ········· 133
3.2.1 工业无线局域网在物流系统中的应用 ········· 133

3.2.2 工业无线局域网在汽车制造中的应用 …… 138
3.2.3 工业无线局域网在冶金料场的应用 …… 142
3.2.4 工业无线局域网在钢铁企业无人化天车的应用 …… 144
3.3 工业宽带无线网 …… 147
3.4 工业宽带无线 RUGGEDCOM WIN 产品介绍 …… 148
3.4.1 工业宽带无线基站 …… 148
3.4.2 工业宽带无线终端 …… 149
3.4.3 PoE 供电模块 …… 150
3.4.4 天线和附件 …… 151
3.4.5 产品安装图 …… 152
3.5 应用案例 …… 152
3.5.1 工业宽带无线网通用方案 …… 152
3.5.2 AeroMACS 机场移动航空通信系统方案 …… 156
3.6 工业 5G 技术和应用 …… 161
3.6.1 工业 5G 基础知识 …… 161
3.6.2 工业 5G 路由器 SCALANCE MUM856 - 1 产品 …… 165
3.6.3 西门子工业 5G 标准化解决方案 …… 167
3.6.4 工业 5G 典型应用场景 …… 171
第 4 章 工业网络安全的技术和应用 …… 178
4.1 工业网络安全背景概述 …… 178
4.2 工业网络纵深防御理念 …… 178
4.2.1 工厂安全 …… 180
4.2.2 网络安全 …… 181
4.2.3 系统的完整性 …… 184
4.3 产品介绍 …… 185
4.3.1 SCALANCE S 系列产品概述 …… 185
4.3.2 SCALANCE S 系列功能特性 …… 186
4.3.3 产品功能和技术要点 …… 187
4.4 标准化的应用方案 …… 190
4.4.1 防火墙 Layer 3 路由模式技术的应用 …… 190
4.4.2 防火墙 Layer 2 透明模式的应用 …… 195
4.4.3 防火墙 IPSec VPN 模式的应用 …… 198
4.4.4 标准化机器设备的 NAT 技术应用场景 …… 201
第 5 章 工业远程通信的技术和应用 …… 206
5.1 SINEMA Remote Connect 远程通信解决方案 …… 206
5.2 SINEMA RC 服务器支持的接入设备 …… 207
5.3 SINEMA RC 客户端软件 …… 209
5.4 SINEMA RC 系统的部署和基本配置 …… 209
5.5 SINEMA RC 服务器的基本设置 …… 210
5.6 Telecontrol 远程控制解决方案 …… 212
5.6.1 远动控制通信协议简介 …… 212
5.6.2 控制中心解决方案 …… 213
5.7 远程通信应用案例 …… 219
第 6 章 工业网络管理平台的功能和应用 …… 221
6.1 SINEC NMS …… 221
6.1.1 SINEC NMS 软件概述 …… 221
6.1.2 SINEC NMS 的安装和部署 …… 222
6.1.3 SINEC NMS 主要功能介绍 …… 225
6.1.4 应用案例 …… 239
6.2 SINEC INS …… 240
6.2.1 SINEC INS 软件介绍 …… 240
6.2.2 Syslog 功能和技术要求 …… 241
6.2.3 RADIUS 功能和技术要点 …… 245
6.2.4 DHCP 功能和技术要点 …… 249
6.2.5 NTP 功能和技术要点 …… 254
6.3 SINEC PNI 基本功能介绍 …… 257
第 7 章 工业识别的主要功能和应用 …… 259
7.1 工业 RFID 射频识别的主要功能和应用 …… 259
7.1.1 RFID 基础技术介绍 …… 259
7.1.2 西门子 RFID 产品介绍 …… 263
7.1.3 RFID 功能和技术要点 …… 268
7.1.4 RFID 的标准化解决方案 …… 305
7.2 工业 OID 的主要功能和应用 …… 312
7.2.1 OID 基本原理和系统组成介绍 …… 312
7.2.2 西门子 OID 产品介绍 …… 316
7.2.3 西门子 OID 产品功能和技术要点 …… 318
7.2.4 西门子 OID 汽车行业标准化解决

方案 …… 328
第 8 章　工业实时定位的主要功能和应用 …… 335
8.1　UWB 定位技术简介 …… 335
8.1.1　UWB 发展历程 …… 335
8.1.2　UWB 定位技术简介 …… 336
8.2　SIMATIC RTLS …… 340
8.2.1　SIMATIC RTLS 产品家族 …… 340
8.2.2　SIMATIC RTLS 主要功能 …… 343
8.3　SIMATIC RTLS 行业应用 …… 347
8.3.1　汽车行业应用 …… 347
8.3.2　水处理行业应用 …… 352
8.3.3　其他应用场景 …… 355
第 9 章　工业通信前沿技术介绍 …… 358
9.1　TSN 原理及应用前景 …… 358
9.1.1　TSN 概述 …… 358
9.1.2　TSN 核心原理 …… 359
9.1.3　TSN 未来发展趋势 …… 360
9.1.4　TSN 应用前景 …… 361
9.2　边缘计算 …… 363
9.2.1　边缘计算概述 …… 363
9.2.2　边缘计算技术优势与特点 …… 364
9.2.3　边缘计算产品 …… 364
9.2.4　基于边缘计算的应用 …… 365
第 10 章　工业电源 …… 366
10.1　西门子电源产品介绍 …… 366
10.1.1　高端电源 …… 366
10.1.2　中档电源 …… 367
10.1.3　经济型电源 …… 368
10.2　数字化电源 PSU6200 应用案例 …… 374
第 11 章　工业网络与识别和定位服务业务 …… 376
11.1　数字化工业网络与网络安全、识别和定位咨询 …… 376
11.2　工业网络与工业识别专业服务 …… 378
11.3　人才能力培养 …… 379
11.4　五大课程各具特色 …… 381

第1章 工业网络基础原理和技术

1.1 OSI 参考模型和协议分层

1.1.1 OSI 七层参考模型

OSI 参考模型，即开放式系统互联（Open System Interconnection，OSI）参考模型，是国际标准化组织（ISO）提出的一个描述设备之间通信的框架模型。它不是一个标准而是一个制定标准时使用的概念性的框架，也不是一个网络协议，但它是理解网络通信的底层基础。OSI 七层模型从低到高分别为物理层、数据链路层、网络层、传输层、会话层、表示层和应用层，如图 1-1 所示。

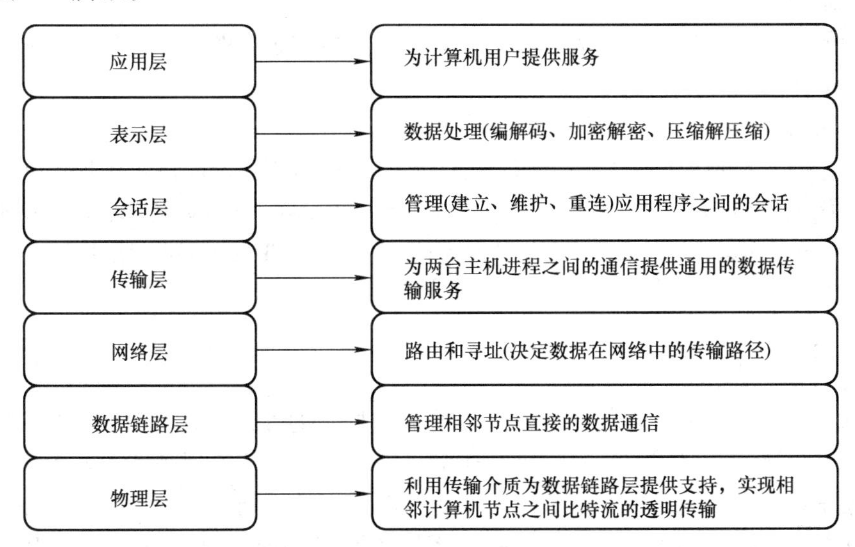

图 1-1 OSI 参考模型示意图

第一层：物理层

主要功能是完成相邻节点之间原始比特流的传输，控制数据怎么被放置到通信介质上。物理层协议关心的典型问题是使用什么样的物理信号来表示数据“1”和“0”，数据传输是否可同时在两个方向进行，物理接口有多少针以及各针的用处。物理层的设计主要涉及物理接口的机械、电气、功能和过程特性，以及物理层接口连接的传输介质等。物理层的主要设备有中继器、集线器等。

第二层：数据链路层

主要功能是负责在节点之间建立逻辑连接、进行硬件地址寻址、差错校验等功能。将比特组合成字节进而组合成帧，用 MAC（Media Access Control，介质访问控制）地址访问介质，发现错误但不能纠正。数据链路层主要设备有网卡、网桥、二层交换机等。

第三层：网络层

主要功能是完成网络中主机间的报文传输，包括从源端到目的端的路由，根据采用的路由协议，选择最优的路径。网络层协议的代表包括 IP（Internet Protocol，互联网协议）、OSPF（Open Shortest Path First，开放式最短路径优先）、ICMP（Internet Control Message Protocol，互联网控制报文协议）等。网络层的设备能识别出网络层的地址。网络层的主要设备有三层交换机、路由器等。

第四层：传输层

主要功能是提供建立、维护和拆除传输层连接，选择网络层提供合适的服务，提供端到端的错误恢复和流量控制，向会话层提供独立于网络层的传送服务和可靠、透明的数据传输。传输层相关协议有 TCP（Transmission Control Protocol，传输控制协议）、UDP（User Datagram Protocol，用户数据报协议）等。

第五层：会话层

主要功能是在两个节点间建立、维护和释放面向用户的连接，并对会话进行管理和控制（允许信息同时双向传输或任一时刻只能单向传输），保证会话数据可靠传输。

第六层：表示层

主要功能为处理通信信号的表示方法，进行不同格式之间的翻译，并负责数据的加密和解密及数据的压缩与恢复。

第七层：应用层

应用层是 OSI 参考模型中最靠近用户的一层，负责为用户的应用程序提供网络服务。应用层协议的代表包括 Telnet（远程登录）、FTP（File Transfer Protocol，文件传输协议）、HTTP（Hyper Text Transfer Protocol，超文本传输协议）、SMTP（Simple Mail Transfer Protocol，简单邮件传输协议）等。

1.1.2 TCP/IP 族

计算机与网络设备相互通信，双方就必须基于相同的方法。比如如何探测到通信目标，由哪一边先发起通信，使用哪种语言进行通信，怎样结束通信等规则都需要事先确定。不同的硬件、操作系统之间的通信，所有的这一切都需要一种规则，这种规则称为协议。

TCP/IP 模型是互联网的基础，它是一系列网络协议的总称，比如：TCP、UDP、IP、FTP、HTTP、ICMP、SMTP 等都属于 TCP/IP 族内的协议。

TCP/IP 通常也按层级划分为四层，分别为网络接口层、网络层、传输层和应用层。

TCP/IP 四层结构与 OSI 七层模型对应关系如图 1-2 所示。

1.1.3 UDP 与 TCP

1. UDP

UDP 全称为用户数据报协议，在网络中它与 TCP 一样用于处理数据包，是一种无连接的协议。在 OSI 模型中，工作在第四层（传输层），处于 IP 的上一层。UDP 有不提供数据包分组、组装和不能对数据包进行排序的缺点，也就是说当报文发送之后是无法得知其是否安全、完整到达的。UDP 有以下几个特点。

图 1-2 OSI 七层模型与 TCP/IP 四层模型

（1）面向无连接

UDP 是不需要发送数据前进行三次握手建立连接的，想发数据就可以开始发送了。并且也只是数据报文的搬运工，不会对数据报文进行任何拆分和拼接操作。

在发送端，应用层将数据传递给传输层的 UDP，UDP 只会给数据增加一个 UDP 头，标识下是 UDP，然后就传递给网络层了。在接收端，网络层将数据传递给传输层，UDP 只去除 IP 报文头就传递给应用层，不会有任何拼接操作。

（2）有单播、多播和广播的功能

由于不需要建立连接，UDP 不止支持一对一的传输方式，同样支持一对多的通信，提供了单播、多播和广播的功能。

（3）UDP 是面向报文的

发送方的 UDP 对应用程序交下来的报文，在添加首部后就向下交付给 IP 层。UDP 对应用层交下来的报文，既不合并，也不拆分，而是保留这些报文的边界。因此，应用程序必须选择合适大小的报文。

（4）不可靠性

UDP 因为没有拥塞控制，一直会以恒定的速度发送数据。即使网络条件不好，也不会对发送速率进行调整。这样实现的弊端就是在网络条件不好的情况下可能会导致丢包，但是优点也很明显，在某些实时性要求高的场景需要使用 UDP 而不是 TCP。

（5）头部开销小，高效传输数据报文

UDP 报头格式如图 1-3 所示。

UDP 头部包含的数据：两个 16 位的端口号，分别为源端口（可选字段）和目的端口、整个数据报文的长度和整个数据报文的检验和（IPv4 可选字段），该字段用于发现头部信息和数据中的错误。因此 UDP 的头部开销小，只有 8 字节，相比 TCP 的至少 20 字节要少得多，在传输数据报文时是很高效的。

2. TCP

TCP 全称是传输控制协议，是一种面向连接的、可靠的、基于字节流传输层通信协议，由 IETF 的 RFC 793 定义，TCP 是面向连接的、可靠的传输层协议。

（1）TCP 连接过程

如图 1-4 所示，可以看到建立一个 TCP 连接的过程为（三次握手的过程）。

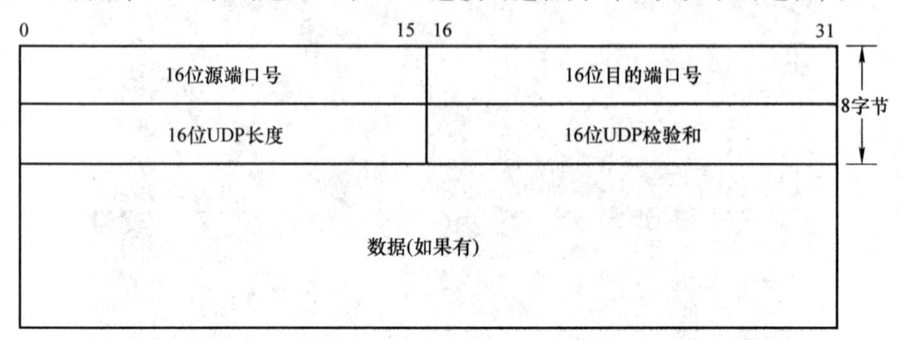

图 1-3　UDP 报头格式

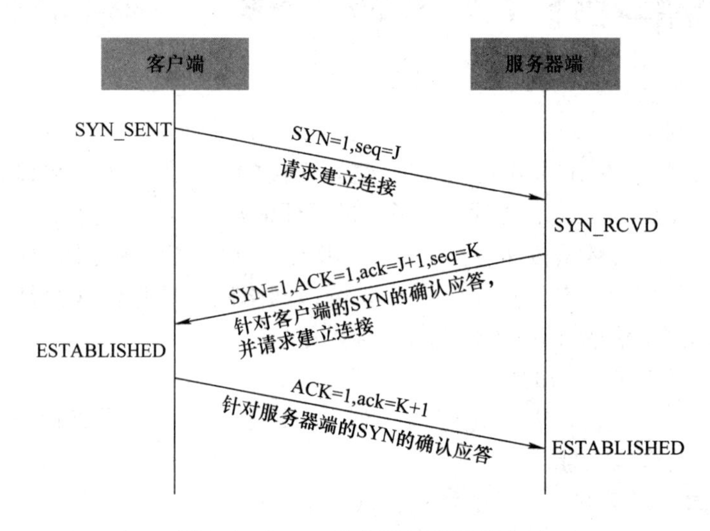

图 1-4　TCP 三次握手过程的示意图

第一次握手：

客户端向服务器端发送连接请求报文段，该报文段中包含自身的数据通信初始序号，请求发送后，客户端便进入 SYN_SENT 状态。

第二次握手：

服务端收到连接请求报文段后，如果同意连接，则会发送一个应答，该应答中也会包含自身的数据通信初始序号，发送完成后便进入 SYN_RCVD 状态。

第三次握手：

当客户端收到连接同意的应答后，还要向服务端发送一个确认报文，客户端发完这个报文段后便进入 ESTABLISHED 状态，服务端收到这个应答后也进入 ESTABLISHED 状态，此时连接建立成功。

（2）TCP 断开连接

TCP 断开连接如图 1-5 所示。

TCP 是全双工的，在断开连接时两端都需要发送 FIN 和 ACK。

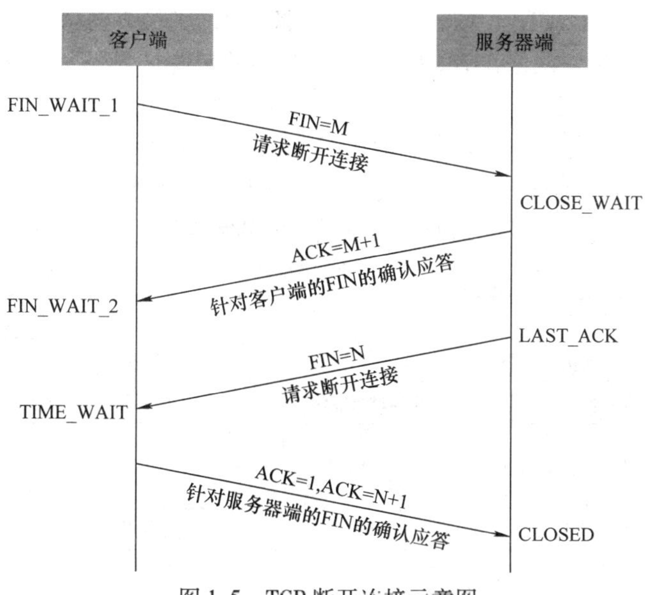

图1-5 TCP断开连接示意图

第一次握手:

若客户端认为数据发送完成，则它需要向服务器端发送连接释放请求。

第二次握手:

服务端收到连接释放请求后，会告诉应用层要释放TCP连接，然后会发送ACK包，并进入CLOSE_WAIT状态，此时表明客户端到服务器端的连接已经释放，不再接收客户端发送的数据了，但是因为TCP连接是双向的，所以服务器端仍旧可以发送数据给客户端。

第三次握手:

服务器端如果此时还有没发完的数据将会继续发送，完毕后会向客户端发送连接释放请求，然后服务器端便进入LAST-ACK状态。

第四次握手:

客户端收到释放请求后，向服务器端发送确认应答，此时客户端进入TIME-WAIT状态，该状态会持续两个最大段生存期（报文段在网络中生存的时间，超时会被抛弃）时间，若该时间段内没有服务器端的重发请求的话，就进入CLOSED状态，当服务器端收到确认应答后，便进入CLOSED状态。

（3）TCP的特点

1）面向连接：面向连接，是指发送数据之前必须在两端建立连接，建立连接的方法是“三次握手”，这样能建立可靠的连接。建立连接是为数据的可靠传输打下了基础。

2）仅支持单播传输：每条TCP传输连接只能有两个端点，只能进行点对点的数据传输，不支持多播和广播传输方式。

3）面向字节流：TCP不像UDP那样一个个报文独立地传输，而是在不保留报文边界的情况下以字节流方式进行传输。

4）可靠传输：对于可靠传输，判断丢包，误码靠的是TCP的段编号以及确认号，TCP为了保证报文传输的可靠，给每个包一个序号，同时序号也保证了传送到接收端实体的包按顺序接收；然后接收端实体对已成功收到的字节发回一个相应的确认（ACK）；如果发送端实体在合理的往返时延（RTT）内未收到确认，那么对应的数据将会被重传。

5）提供拥塞控制：当网络出现拥塞时，TCP 能够减小向网络注入数据的速率和数量，以缓解拥塞。

6）TCP 提供全双工通信：TCP 允许通信双方的应用程序在任何时候都能发送数据，因为 TCP 连接的两端都设有缓存，用来临时存放双向通信的数据。当然，TCP 可以立即发送一个数据段，也可以缓存一段时间以便一次发送更多的数据段。TCP 和 UDP 的比较见表 1-1。

表 1-1 TCP 和 UDP 的比较

功能	TCP	UDP
是否连接	面向连接	无连接
是否可靠	可靠传输，使用流量控制和拥塞控制	不可靠传输，不使用流量控制和拥塞控制
连接对象个数	只能是一对一通信	支持一对一，一对多，多对一和多对多交互通信
传输方式	面向字节流	面向报文
首部开销	首部最小 20 字节，最大 60 字节	首部开销小，仅 8 字节
适用场景	适用于要求可靠传输的应用，例如文件传输	适用于实时应用（IP 电话、视频会议等）

1.2 以太网基础知识

1.2.1 以太网概述

以太网是应用最普遍的局域网技术，IEEE 组织的 IEEE 802.3 标准制定了以太网的技术标准，它规定了包括物理层的连线、电子信号和介质访问层协议的内容。在 OSI 七层模型中，以太网对应的是物理层和数据链路层。以太网组网简单灵活，通信速率从 10Mbit/s 至 10Gbit/s 甚至更高，广泛应用于商业、工业各领域。

1.2.2 CSMA/CD

早期的以太网是一种共享介质的局域网技术，多个站点连接到一个共享介质上，同一时间只能有一个站点发送数据。这种共享介质的通信方式必然存在一个冲突的问题，如何检测链路是否空闲，站点能否发送数据是共享链路必须解决的问题。共享介质的以太网采用 CSMA/CD（Carrier Sense Multiple Access with Collision Detection，带有冲突检测的载波侦听多址访问）方法作为介质访问的多址访问控制协议。将 CSMA/CD 比作一次交谈，在这个交谈中每个人都有说话的权力，但是同一时间只能有一个人说话，否则就会混乱，每个人在说话之前先听是否有别人在说话（即载波侦听），如果这时有人说话，那只能耐心等待，等待别人结束说话，它才可以发表意见。另外，有可能两个人同一时间都想开始说话，此时就会出现冲突，但当两个人同时说话时，两个人都会发现他们在同一时间讲话（即冲突检测），这时说话立即终止，随机地等待一段时间后（回退），再开始说话。这时第一个开始说话的人开始说话，第二个人必须等待，直到第一个人说完后才开始说话。

随着技术的发展，以交换机（而不是集线器）为核心的交换以太网取代了共享介质以太网，而且当前相邻以太网节点之间基本都是全双工通信，CSMA/CD 已经很少用到了。

1.2.3　以太网帧结构

以太网帧结构示意图如图 1-6 所示。以太网帧说明见表 1-2。

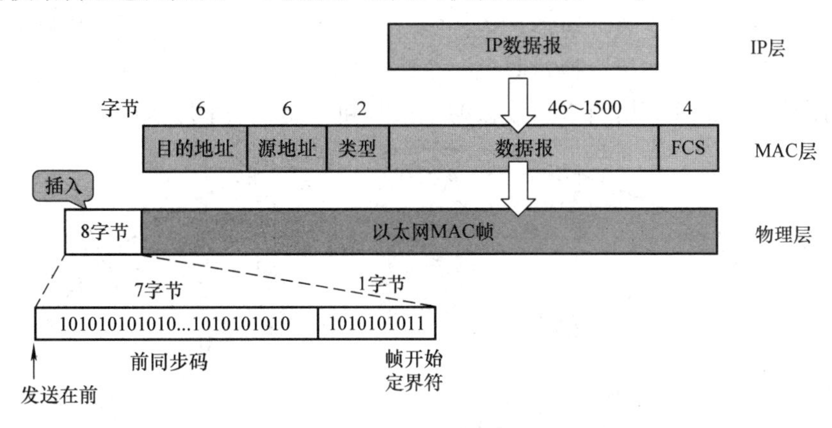

图 1-6　以太网帧结构示意图

表 1-2　以太网帧说明

字段	字段长度/字节	说明
前同步码（preamble）	7	0 和 1 交替变换的码流
帧开始符（SFD）	1	帧起始符
目的地址（DA）	6	目的设备的 MAC 物理地址
源地址（SA）	6	发送设备的 MAC 物理地址
长度/类型（Length/Type）	2	帧数据字段长度/帧协议类型
数据及填充（data and pad）	46 ~ 1500	帧数据字段
帧校验序列（FCS）	4	数据校验字段

1.2.4　冲突域和广播域

1）冲突域（物理分段）：冲突域是共享介质以太网上同一物理网段上所有节点的集合或竞争同一带宽的节点集合，这个域代表了冲突在其中发生并传播的区域，这个区域可以被认为是共享段。在 OSI 模型中，冲突域是第一层的概念，连接同一冲突域的设备有 Hub、中继器或者其他进行简单复制信号的设备。也就是说用 Hub 或者中继器连接的所有节点都可以被认为是在同一个冲突域内，Hub 或者中继器不会划分冲突域。而第二层设备（网桥、二层交换机）和第三层设备（路由器、三层交换机）都可以划分冲突域，当然也可以连接不同的冲突域。

2）广播域：广播域是接收同样广播消息的节点的集合。如在该集合中的任何一个节点传输一个广播帧，则所有其他能收到这个帧的节点都被认为是该广播域的一部分。广播域在 OSI 模型中是第二层概念，它可能是由集线器所连接的一个冲突域，也可能是由交换机连接的局域网或虚拟局域网。由于许多设备都极易产生广播，如果不维护就会消耗大量的带宽，降低网络的效率。因此，需要控制广播域的规模。如通过划分 VLAN（Virtual Local Area

Network，虚拟局域网）的方式来隔离广播域。而路由器或三层交换机则不但可以划分广播域，还可以在三层上实现跨广播域通信。

如图1-7所示，交换机为主机A和主机B提供通道，也为主机C和主机D提供通道。当交换机某个端口直接连接了一个集线器，而集线器又连接了多台主机时，交换机上的该端口和集线器上所连的所有主机才可能产生冲突，形成冲突域。换句话说交换机上的每个端口都是自己的一个冲突域。如果交换机收到一个广播数据包后，它会向其所有的端口转发此广播数据包，因此交换机和其所有端口连接的主机共同构成了一个广播域。

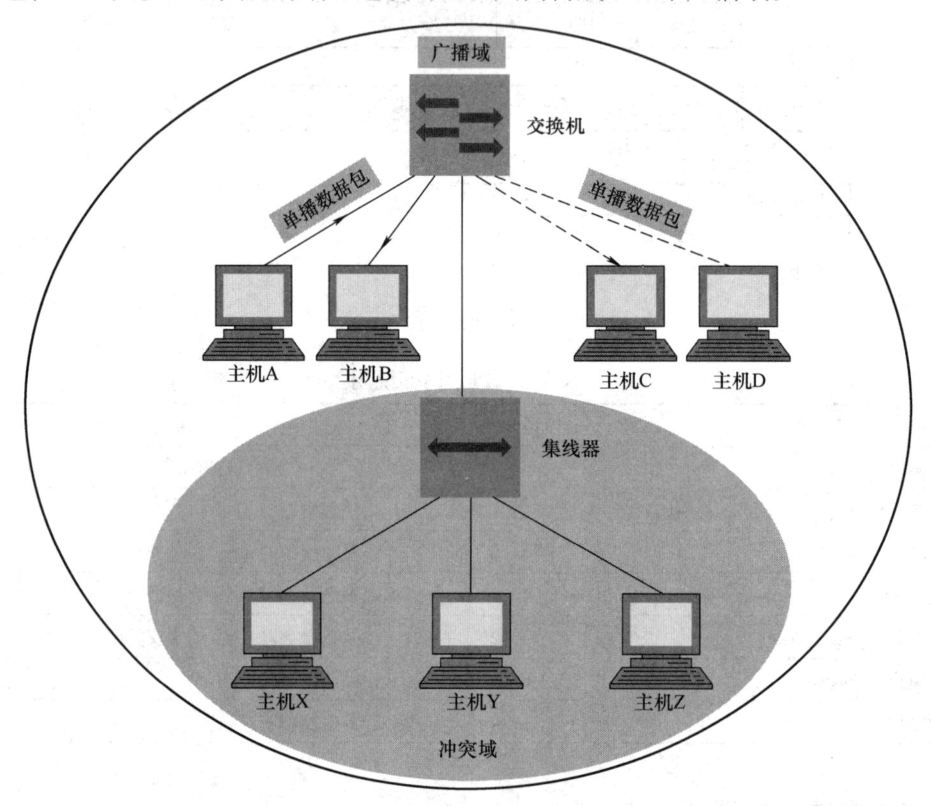

图1-7　广播域和冲突域示意图

1.2.5　半双工、全双工、自协商

端口直接相连的两个设备之间，其双工模式分为以下两种：

1）半双工：端口任意时刻只能接收数据或者发送数据。

2）全双工：端口可以同时接收和发送数据。

以太网端口速率和双工模式可在自协商或者非自协商两种模式下进行：

1）在自协商模式下，端口速率和双工模式是由链路两端的端口协商决定的。一旦协商通过，链路两端的设备就锁定在同样的双工模式和端口速率。自协商功能只有在链路两端设备均支持时才可以生效。如果对端设备不支持自协商功能，或者对端设备自协商模式和本端设备不一致，则端口可能会处于断开状态。

2）当对端设备不支持自协商功能，或者配置自协商功能后设备无法连通，物理连通后端口出现大量错包或丢包现象时，用户可配置本端口工作在非自协商模式下，手动配置端口速率和双工模式。

1.2.6　MAC 地址

MAC（Media Access Control，介质访问控制）地址称为物理地址或硬件地址，用来定义网络设备的位置，MAC 地址是网卡出厂时设定并固定的，且同一网段内的 MAC 地址必须唯一。MAC 地址采用十六进制数表示，长度是 6 个字节（48 位），分为前 24 位和后 24 位。

1）前 24 位称为组织唯一标志符（Organizationally Unique Identifier，OUI），是由 IEEE 的注册管理机构给不同厂家分配的代码，区分了不同的厂家。

2）后 24 位是由厂家自己分配的，称为扩展标志符。同一个厂家生产的网卡中 MAC 地址后 24 位是不同的。MAC 地址对应于 OSI 参考模型的第二层（数据链路层），工作在数据链路层的交换机维护着计算机 MAC 地址和自身端口的数据库，交换机根据收到的数据帧中的“目的 MAC 地址”字段来转发数据帧。

1.2.7　IP 地址及子网掩码

IP 地址（Internet Protocol Address，互联网协议地址），它的本义是为互联网上的每一个网络和每一台主机配置一个唯一的逻辑地址，用来与物理地址作区分。IP 地址分为 IPv4 和 IPv6 两个版本。本书中所讲的是当前应用最广泛的 IPv4 地址。

IP 地址是一串 32 比特的数字，按照 8 比特（1 字节）为一组分成 4 组，分别用十进制表示，然后再用圆点隔开，这就是常见的 IP 地址格式，如：192.168.0.1。每个 IP 地址包括两个标识码，也就是网络 ID 和主机 ID。同一个局域网上的所有主机都使用同一个网络 ID，网络上的主机设备（包括网络上的工作站、服务器和路由器等）有一个主机 ID 与其对应。但仅凭这一串数字我们无法区分哪部分是网络号（Net - ID），哪部分是主机号（Host - ID）。在 IP 地址的规则中，网络号和主机号连起来总共是 32 比特，这两部分的具体结构是不固定的。在组建网络时，用户可以自行决定它们之间的分配关系，因此还需要附加的子网掩码信息来表示 IP 地址的内部结构。子网掩码表示网络号与主机号之间的边界。子网掩码的格式见表 1-3，是一串与 IP 地址长度相同的 32 比特数字。子网掩码其左边一半都是 1，右边一半都是 0。子网掩码为 1 的部分表示网络号，子网掩码为 0 的部分表示主机号。子网掩码可以采用与 IP 地址主体相同的格式表示子网掩码的方法，如 10.10.10.10/255.255.255.0；也可以采用网络号比特数来表示子网掩码的方法，如 10.10.10.10/24。

表 1-3　IP 地址和子网掩码表示示例

IP 地址（十进制）	10	10	10	10
IP 地址（比特）	00001010	00001010	00001010	00001010
子网掩码（十进制）	255	255	255	0
子网掩码（比特）	11111111	11111111	11111111	00000000
子网掩码表示信息	网络号	网络号	网络号	主机号

如果通信双方源 IP 与目标 IP 的网络号部分相同，那么就说明在一个网段内，可以通过 MAC 直接通信。

在没有路由器/三层交换机的情况下，两个网络（网络号部分不同）之间是不能进行TCP/IP通信的，即使是两个网络连接在同一台交换机上，TCP/IP会根据子网掩码(255.255.255.0)判定两个网络中的主机处在不同的网络里。

另外，如果IP地址的主机号：

- 全0：表示整个子网，如192.168.1.0。
- 全1：表示广播地址（向子网上所有设备发送包），即“广播”如192.168.1.255或192.168.1.255/24。

1.2.8 网段

常见网段表示方式：

1）采用与IP地址主体相同格式的表示方法，192.168.1.0/255.255.255.0（拥有254个IP地址：从192.168.1.1到192.168.1.254）。

2）采用网络号比特数的表示方法，192.168.1.0/24（拥有254个IP地址：从192.168.1.1到192.168.1.254）。

一个常见的C类IP地址，网络号（Net－ID）=24位，主机号（Host－ID）=8位，拥有$2^8-2=254$个IP地址（－2，扣除表示子网的网络地址与广播地址）。

1.2.9 IP地址的分类

IP地址根据网络号和主机号分类，分为A、B、C三类及特殊地址D、E。全0和全1的作为保留地址。

1）A类：(1.0.0.0~126.0.0.0)（默认子网掩码：255.0.0.0或0xFF000000）第一个字节为网络号，后三个字节为主机号。该类IP地址以二进制数表示时最前面一位为“0”，所以地址的网络号取值于1~126之间。一般用于大型网络。

2）B类：(128.0.0.0~191.255.0.0)（默认子网掩码：255.255.0.0或0xFFFF0000）前两个字节为网络号，后两个字节为主机号。该类IP地址以二进制数表示时最前面为“10”，所以地址的网络号取值于128~191之间。一般用于中等规模网络。

3）C类：(192.0.0.0~223.255.255.0)（子网掩码：255.255.255.0或0xFFFFFF00）前三个字节为网络号，最后一个字节为主机号。该类IP地址以二进制数表示时最前面为“110”，所以地址的网络号取值于192~223之间。一般用于小型网络。

4）D类：是多播地址。该类IP地址以二进制数表示时最前面为“1110”，所以地址的网络号取值于224~239之间。一般用于多路广播用户。

5）E类：是保留地址。该类IP地址以二进制数表示时最前面为“1111”，所以地址的网络号取值于240~255之间。

在IP地址3种主要类型里，各保留了3个区域作为私有地址，其地址范围如下：

1）A类地址：10.0.0.0~10.255.255.255；

2）B类地址：172.16.0.0~172.31.255.255；

3）C类地址：192.168.0.0~192.168.255.255。

此外地址127.0.0.1称为回送地址，也是本机地址，等效于localhost或本机IP，一般用于测试使用。例如：ping 127.0.0.1来测试本机TCP/IP是否正常。

1.3　网络传输中的三张表

1.3.1　MAC 地址表详解

交换机是根据 MAC 地址表转发数据帧的。在交换机中有一张记录着局域网主机 MAC 地址与交换机端口的对应关系表，交换机就是根据这张表负责将数据帧传输到指定的主机上的。

在网络数据交换过程中，当交换机在接收到数据帧以后，首先会记录数据帧中的源 MAC 地址和对应端口到 MAC 表中，接着会检查自己的 MAC 表中是否有数据帧中目标 MAC 地址的信息，如果有则会根据 MAC 表中记录的对应端口将数据帧发送出去（也就是单播）；如果没有，则会将该数据帧从非接收端口发送出去（也就是广播）。

交换机传输数据帧的过程如图 1-8 所示。

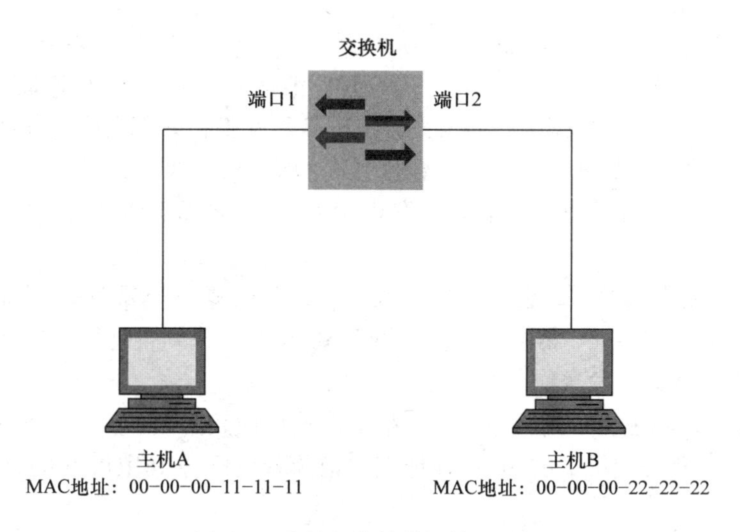

图 1-8　交换机传输数据帧的过程

1）主机 A 会将一个源 MAC 地址为自己，目标 MAC 地址为主机 B 的数据帧发送给交换机。

2）交换机收到此数据帧后，首先将数据帧中源 MAC 地址和对应的端口 1，记录到 MAC 地址表中。

3）然后，交换机将检查自己的 MAC 地址表中是否有数据帧中的目标 MAC 地址的信息，如果有，则从 MAC 地址表中记录的端口发送出去；如果没有，则会将此数据帧从非接收端口的所有端口发送出去（也就是除了端口 1）。

4）这时局域网的所有主机都会收到此数据帧，但是只有主机 B 收到此数据帧时会响应这个广播，并回应一个数据帧，此数据帧中包括主机 B 的 MAC 地址。

5）当交换机收到主机 B 回应的数据帧后，也会记录数据帧中的源 MAC 地址（也就是主机 B 的 MAC 地址），这时，再当主机 A 和主机 B 通信时，交换机根据 MAC 地址表中的记录，实现单播了。

当局域网存在多个交换机互联时，交换机的 MAC 地址表是怎么记录的呢？如图 1-9 所示。

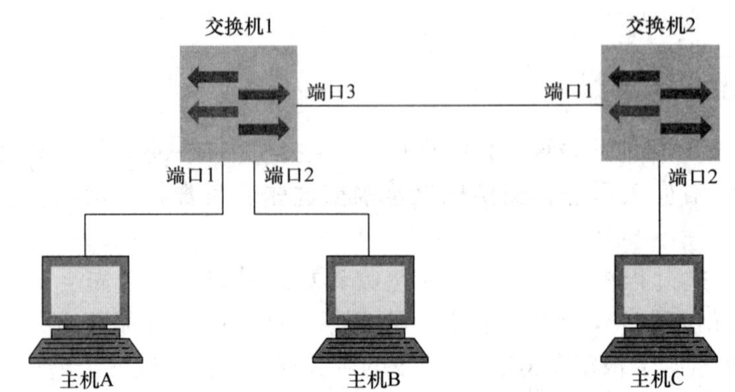

图 1-9 多台交换机连接工作原理

1）主机 A 将一个源 MAC 地址为自己，目标 MAC 地址主机 C 的数据帧发送给交换机。

2）交换机 1 收到此数据帧后，会学习源 MAC 地址，并检查 MAC 地址表，发现没有目标 MAC 地址的记录，则将数据帧广播出去，主机 B 和交换机 2 都会收到此数据帧。

3）交换机 2 收到此数据帧后也会将数据帧中的源 MAC 地址和对应的端口记录到 MAC 地址表中，并检查自己的 MAC 地址表，发现没有目标 MAC 地址的记录，则将广播此数据帧。

4）主机 C 收到数据帧后，会响应这个数据帧，并回复一个源 MAC 地址为自己的数据帧，这时交换机 1 和交换机 2 都会将主机 C 的 MAC 地址记录到自己的 MAC 地址表中，并且以单播的形式将此数据帧发送给主机 A。

5）这时主机 A 和主机 C 通信就是以单播的形式传输数据帧了，主机 B 和主机 C 通信如上述过程一样，因此交换机 2 的 MAC 地址表中记录着主机 A 和主机 B 的 MAC 地址都对应端口 1。

交换机具有动态学习源 MAC 地址的功能，并且交换机的一个端口可以对应多个 MAC 地址，但是一个 MAC 地址只能对应一个端口。交换机动态学习的 MAC 地址默认只有 300s 的有效期，如果 300s 内记录的 MAC 地址没有通信，则会删除此记录。

1.3.2 ARP 缓存表详解

掌握了交换机的工作原理，知道交换机是通过 MAC 地址通信的，但是如何获得目标主机的 MAC 地址呢？这时就需要使用 ARP（Address Resolution Protocol，地址解析协议）了，它负责将 IP 地址解析为 MAC 地址。在每台主机中都有一张 ARP 表，它记录着主机的 IP 地址和 MAC 地址的对应关系。

ARP 工作原理如图 1-10 所示。

1）如果主机 A 想发送数据给主机 B，主机 A 首先会检查自己的 ARP 缓存表，查看是否有主机 B 的 IP 地址和 MAC 地址的对应关系，如果有，则会将主机 B 的 MAC 地址作为源 MAC 地址封装到数据帧中；如果没有，主机 A 则会发送一个 ARP 请求信息，请求的目标 IP

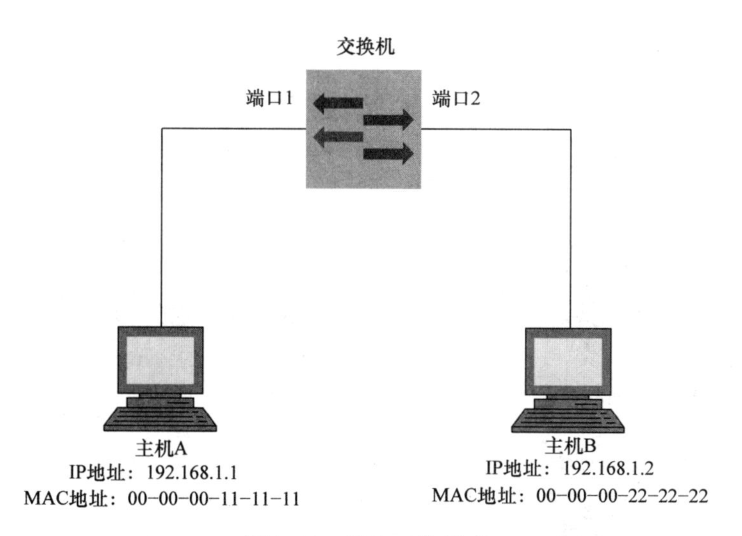

图 1-10 ARP 工作原理

地址是主机 B 的 IP 地址，目标 MAC 地址是广播帧（即 FF - FF - FF - FF - FF - FF），源 IP 地址和 MAC 地址是主机 A 的 IP 地址和 MAC 地址。

2）当交换机接收此数据帧之后，发现此数据帧是广播帧，因此会将此数据帧从非接收的所有端口发送出去。

3）当主机 B 接收此数据帧后，会校对 IP 地址是否是自己的，并将主机 A 的 IP 地址和 MAC 地址的对应关系记录到自己的 ARP 缓存表中，同时会发送一个 ARP 应答，其中包括自己的 MAC 地址。

4）主机 A 在收到这个回应的数据帧之后，在自己的 ARP 缓存表中记录主机 B 的 IP 地址和 MAC 地址的对应关系，而此时交换机已经学习到了主机 A 和主机 B 的 MAC 地址了。

1.3.3 路由表详解

路由器/三层交换机负责不同网络之间的通信，在路由器/三层交换机中也有一张表，这张表称为路由表，记录着到不同网段的信息。路由表中的信息分为直连路由和非直连路由。

1）直连路由：也称为本地路由，是直接连接在路由器/三层交换机端口的网段，由路由器/三层交换机自动生成。

2）非直连路由：不是直接连接在路由器/三层交换机端口上的网段，此记录需要手动添加或者是使用动态路由协议自动添加。

路由表中记录的条目有的需要手动添加（称为静态路由），有的可以动态获取（称为动态路由）。

路由器/三层交换机是工作在网络层的，在网络层可以识别逻辑地址。当路由器/三层交换机的某个端口收到一个包时，路由器/三层交换机会读取包中相应的目标的逻辑地址的网络部分，然后在路由表中进行查找。如果在路由表中找到目标地址的路由条目，则把包转发到路由器/三层交换机的相应端口，如果在路由表中没有找到目标地址的路由条目，此时，如果路由器配置了默认路由，就会将包转发至默认路由所对应的端口；如果没有配置默认路由，则将该包丢弃，并返回不可到达的信息。

路由器/三层交换机的工作原理如图 1-11 所示。

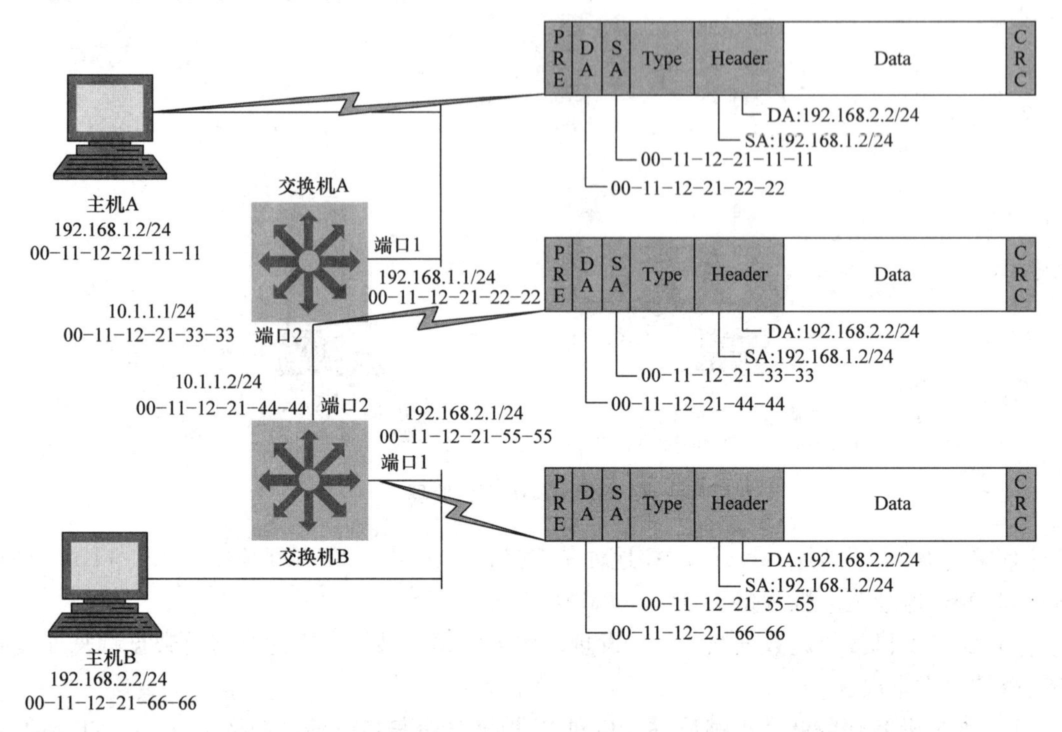

图 1-11　路由器/三层交换机工作原理

1）主机 A 在网络层将来自上层的报文封装成 IP 数据包，其中源 IP 地址为自己，目标 IP 地址是主机 B，主机 A 会用本机配置的 24 位子网掩码与目标地址进行“与”运算，得出目标地址与本机不是同一网段，因此发送主机 B 的数据包需要经过网关路由器/三层交换机 A 的转发。

2）主机 A 通过 ARP 请求获取网关路由器/三层交换机 A 的端口 1 的 MAC 地址，并在数据链路层将路由器/三层交换机端口 1 的 MAC 地址封装成目标 MAC 地址，源 MAC 地址是自己。

3）路由器/三层交换机 A 从端口 1 可接收到数据帧，把数据链路层的封装去掉，并检查路由表中是否有目标 IP 地址网段（即 192. 168. 2. 2 的网段）相匹配的项，根据路由表中记录到 192. 168. 2. 0 网段的数据请求发送给下一跳地址 10. 1. 1. 2，因此数据在路由器/三层交换机 A 的端口 2 上重新封装，此时，源 MAC 地址是路由器/三层交换机 A 的端口 2 的 MAC 地址，封装的目标 MAC 地址则是路由器/三层交换机 B 的端口 2 的 MAC 地址。

4）路由器/三层交换机 B 从端口 2 接收到数据帧，同样会把数据链路层的封装去掉，对目标 IP 地址进行检测，并与路由表进行匹配，此时发现目标地址的网段正好是自己端口 1 的直连网段，路由器/三层交换机 B 通过 ARP 广播，获知主机 B 的 MAC 地址，此时数据包在路由器/三层交换机 B 的端口 1 再次封装，源 MAC 地址是路由器/三层交换机 B 的端口 1 的 MAC 地址，目标 MAC 地址是主机 B 的 MAC 地址。封装完成后直接从路由器/三层交换机的端口 1 发送给主机 B。

5）此时主机 B 才会收到来自主机 A 发送的数据。

1.4 工业以太网基础

1.4.1 工业以太网

工业以太网是以太网技术在工业环境的应用，其与普通以太网的区别主要体现在两方面。

第一方面是由工业现场的物理环境与办公环境的差别决定的。工业现场环境恶劣，存在极端的环境温度、湿度、持续的振动、严重的电磁干扰、粉尘、腐蚀等各种情况。这就决定了工业现场应用的网络组件要能适应严苛的环境要求，无论是有源部件（如交换机）以及无源部件（如接头、电缆等）。

第二方面是由工业现场中工厂或机械的工艺应用要求决定的。如实时性，尤其在一些高精度的控制系统中；可用性要求网络通信实现冗余，在网络故障时不影响生产；功能安全保证故障安全；灵活性，根据设备布局灵活选择拓扑；可靠性，长期不断电的持续工作等。普通的以太网是“尽力而为”的传输，并不具有实时性，因此还需要一些特殊的协议如PROFINET、EtherNet/IP 等来实现工业现场的数据传输，同时还要满足其他的要求。

1.4.2 PROFINET

PROFINET 是 PI（PROFIBUS&PROFINET 国际组织）推出的用于自动化的、开放的工业以太网标准。PROFINET 为自动化通信领域提供了一个完整的网络解决方案，囊括了诸如实时以太网、运动控制、分布式自动化、过程自动化、故障安全以及网络安全等自动化领域的热点话题，并且作为跨供应商的技术，可以完全兼容工业以太网和现有的现场总线（如PROFIBUS）技术，保护现有投资。

结合 PROFINET 的数据通道来理解，可以看到以太网定义了物理层和数据链路层，其上的网络层和传输层对应着 IP 和 TCP/UDP，PROFINET 的服务位于最上面的应用层。PROFINET 数据可以分为两大类，一类是非实时的标准数据，它在传输层应用到 UDP，网络层用到 IP，再往下是以太网。另一类实时数据则跳过了传输层和网络层，从应用层直接到了以太网层，在以太网层面上采用的是 IEEE 802.3 百兆全双工的网络，以及 IEEE 802.1Q 定义的优先级或根据 IEC 61784-2 采用时钟同步等增强实时功能。PROFINET 数据结构如图 1-12所示。

1.4.3 EtherNet/IP

EtherNet/IP 是由 ODVA（Open DeviceNet Vendor Association，开放式设备网络供应商协会）规范管理并公开的工业通信网络。ODVA 是一家国际标准开发组织，由世界领先的自动化供应商成员组成，EtherNet/IP 正是这个组织的代表作。EtherNet/IP 通过将 CIP、TCP/IP、以太网这三者组合之后得以实现。在 ISO/OSI 模型的应用层进行设备和仪器之间的数据通信，这种通过 CIP 通信的方法，独立于传输层、网络层、数据链路层和物理层，可以使用不同的传输媒体。因此，EtherNet/IP 可以跨铜缆、光纤和无线使用，为用户提供高度灵活的应用。

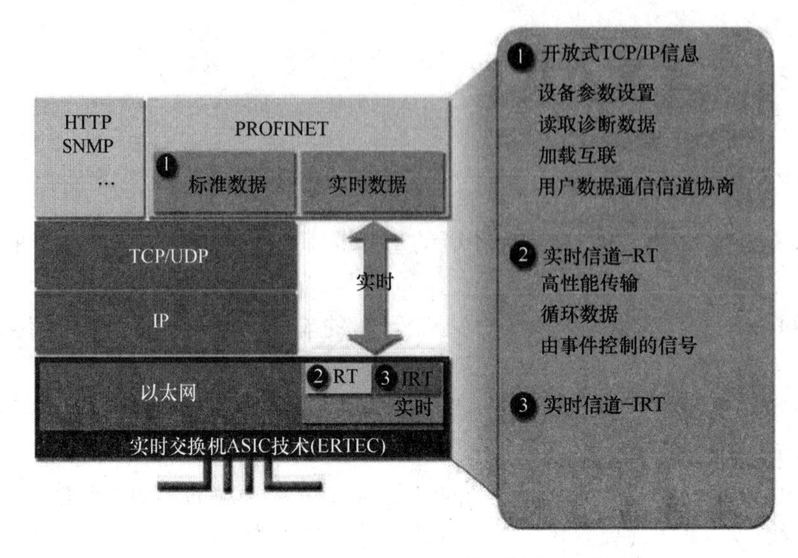

图 1-12　PROFINET 数据结构

EtherNet/IP 具有定时收发数据的周期通信和不定时收发指令/响应的信息通信两种方式。在周期通信中，可按照收发数据的优先程度来设定通信周期，从而可以调整整体的通信量来收发数据。在信息通信中，可在必要时间传输所需的指令/响应。信息通信无需循环通信的定时性，例如，可用于读写适配器设备的设定用途等。

1.5　网络安全技术基础及基本功能

1.5.1　VPN 技术工作原理

随着互联网技术的快速发展使得企业、工厂网络规模不断扩大，远程用户、远程办公人员、分支机构和合作伙伴也越来越多。在这种情况下，用传统租用线路的方式实现私有网络的互联会造成很大的经济负担。因此，人们开始寻求一种经济、高效、快捷的私有网络互联技术。虚拟专用网（Virtual Private Network，VPN）的出现给当今企业发展所需的网络功能提供了理想的实现途径。VPN 可以使公司获得公用通信网络基础结构所带来的经济效益，同时获得使用专用的点对点连接所带来的安全性。

虚拟专用网（VPN）的首要任务是将两个专用网络相互连接起来。顾名思义，虚拟专用网使用现有网络的已有基础设施，但是仅对该网络的一部分进行虚拟连接。通过私有专用网传输加密的用户数据，具有机密性、完整新、认证性的特点。它不仅可以保护网络边界的安全，而且是一种网络互联的方式，保证数据安全可靠的传输。

例如图 1-13 提供了一个常用建立 VPN 通道的应用示意。数据在传输过程中，通过采用加密传输技术保证数据的安全性和完整性。

VPN 是通过利用隧道技术、加密技术、身份认证等方法，在公用的广域网上（也可以建立工厂生产区域内部局域网内部的 VPN）构建的专用网络。在虚拟专用网上，数据通过安全的“加密隧道”在公共网络上传播。其中，VPN 的关键技术包括以下常见的几个部分：

- 加密技术；
- 安全隧道技术；
- 用户身份认证技术；
- 访问控制技术。

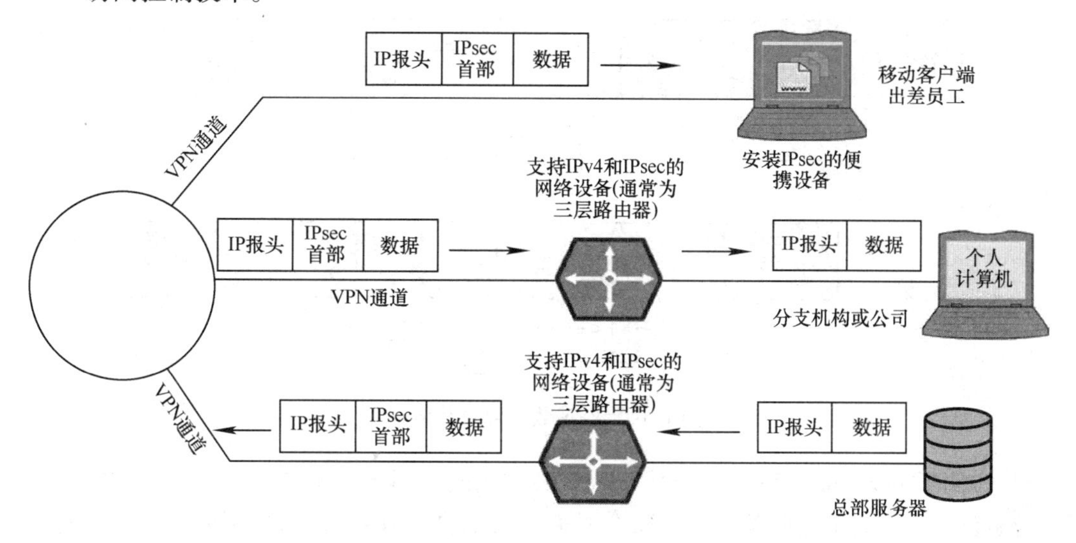

图 1-13 VPN 工作机制示意

1. IPsec 技术

IP 安全协议（IP security）被称为 IPsec，它为网络层（OSI 七层模型中第三层）提供了安全性。IPsec 是在 1998 年为了消除 Internet Protocol（IP）的漏洞而开发的。它提供了一个通过 IP 网络进行通信的安全架构。IPsec 保证了机密性、真实性和完整性的保护目标。另外，它还针对“重放”攻击提供保护，即攻击者无法通过重放之前记录的对话而诱使远程站重复某一操作。IPsec 本身是一个使用不同协议来实现数据安全性的标准。其旨在实现以下目标：

- 通信伙伴的真实性；
- 所传输数据的完整性；
- 所传输数据的机密性；
- 针对重放攻击提供保护。

IPsec 的操作可分为建立阶段和数据交互阶段。建立阶段负责交换密钥材料并建立安全关联（Security Association，SA）；数据交互阶段会使用不同类型的封装架构，称为认证报头（Authentication Header，AH）与封装安全负载（Encapsulating Security Payload，ESP）。IPsec 有两个不同的分组形式，一种用于隧道模式（Tunnel Mode），另一种为所谓的传输模式（Transport Mode）。更为适合 VPN 的隧道模式比传输模式更为广泛。这里介绍的两种模式的数据帧封装格式如图 1-14 所示。

IPsec 工作方式大致分为 5 个步骤：

1）主机识别：当主机系统识别到数据包需要保护并且应该使用 IPsec 策略进行传输时，IPsec 过程就开始了。出于 IPsec 的目的，此类数据包被视为“有趣的流量”，它们会触发安全策略。对于传出数据包，这意味着应用了适当的加密和身份验证。当传入的数据包被确定为有趣时，主机系统会验证它是否已被正确加密和验证。

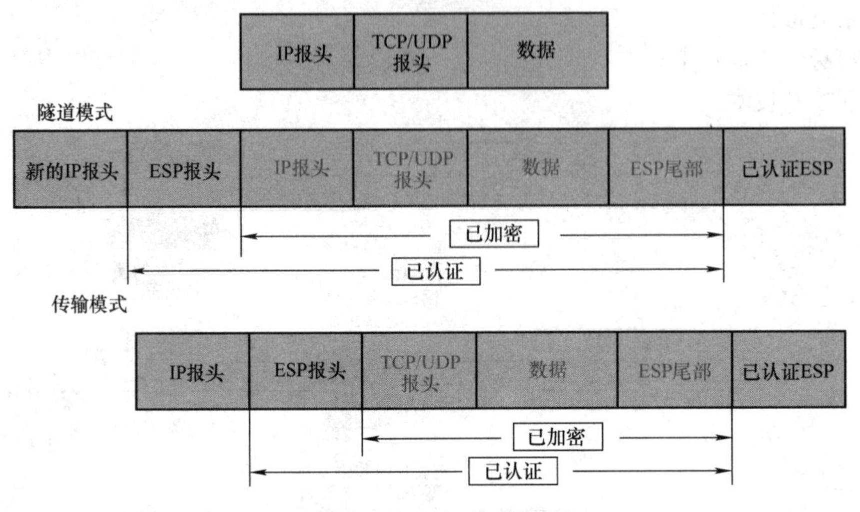

图 1-14 VPN 数据包封装格式

2）协商或 IKE Phase 1：主机使用 IPsec 协商他们将用于安全链路的策略集。它们还相互自身验证，并在它们之间建立一个安全通道，用于协商 IPsec 链路加密或验证通过它发送的数据的方式。此协商过程使用主模式或积极模式进行。

① 在主模式下，发起会话的主机发送指示其首选加密和身份验证算法的建议。协商继续进行，直到两个主机同意并建立一个定义它们将使用的 IPsec 链路的 IKE SA。此方法比激进模式更安全，因为它创建了用于交换数据的安全隧道。

② 在激进模式下，发起主机不允许协商并指定要使用的 IKE SA。响应主机的接受对会话进行身份验证。使用这种方法，主机可以更快地建立 IPsec 电路。

3）IPsec 回路或 IKE Phase 2，在 IKE Phase1 中建立的安全通道上设置 IPsec 链路。IPsec 主机协商将在数据传输期间使用的算法。主机还同意并交换他们计划用于进出受保护网络的流量的加密和解密密钥。主机还交换加密随机数，这是用于验证会话的随机数。

4）IPsec 传输，主机通过他们建立的安全隧道交换实际数据。之前设置的 IPsec SA 用于加密和解密数据包。

5）IPsec 终止，最后，IPsec 隧道终止。通常，这发生在先前指定的字节数已通过 IPsec 隧道或会话超时之后。当这些事件中的任何一个发生时，主机就会进行通信，并且会发生终止。终止后，主机处理数据传输期间使用的私钥。

2. OpenVPN 技术

OpenVPN 通常称为基于 SSL 的 VPN，因为它使用 SSL/TLS（Secure Socket Layer，安全套接字层/Transport Layer Secunity，传输层安全性）协议来保护连接。OpenVPN 还使用 HMAC（哈希运算消息认证码）与摘要（或散列）算法相结合，以确保所传递数据包的完整性。它可以配置为使用预共享密钥以及 X. 509 证书。此外，OpenVPN 使用虚拟网络适配器（tun 或 tap 设备）作为用户级 OpenVPN 软件和操作系统之间的接口。一般来说，任何支持 tun/tap 设备的操作系统都可以运行 OpenVPN。

OpenVPN 具有控制通道和数据通道的概念，两者的加密和保护方式不同。但是，所有流量都通过单个 UDP 或 TCP 连接传递。控制通道使用 SSL/TLS 加密和保护，数据通道使用自定义加密协议加密。OpenVPN 的默认协议和端口是 UDP 和端口 1194。

OpenVPN 的优势在于其易于部署、可配置性以及易于在受限网络（包括经过 NAT 的网络）中部署 OpenVPN 的能力。此外，OpenVPN 包括与基于 IPsec 的解决方案一样强大的安全功能，包括硬件令牌安全性和对不同用户身份验证机制的支持。

OpenVPN 的基本构件之一是 tun/tap 驱动程序。tun/tap 驱动程序的概念来自 UNIX/Linux，它通常作为操作系统的一部分在本地可用。这是一个虚拟网络适配器，操作系统将其视为纯 IP 流量的点对点适配器（tun 模式）或支持所有通信流量类型的完整虚拟以太网适配器（tap 模式）。此适配器的后端是一个应用程序，例如 OpenVPN，用于处理传入和传出流量。

用户应用程序通过 OpenVPN 的流量如图 1-15 所示。在图中，应用程序将流量发送到通过 OpenVPN 隧道可达的地址。步骤如下：

1）应用程序将数据包移交给操作系统。

2）操作系统使用常规路由规则确定数据包需要通过的 VPN 路由。

3）然后将数据包转发到驱动内核 tun 设备（虚拟网卡）。

4）内核 tun 设备（虚拟网卡）将数据包转发到（用户空间）OpenVPN 进程。

5）OpenVPN 进程对数据包进行加密和签名，必要时将其分段，然后再次将其交给驱动内核（虚拟网卡），以将其发送到远程 VPN 端点的地址。

6）内核（虚拟网卡）提取加密的数据包，并将其转发到远程 VPN 端点。在那里，相同的相反的过程。

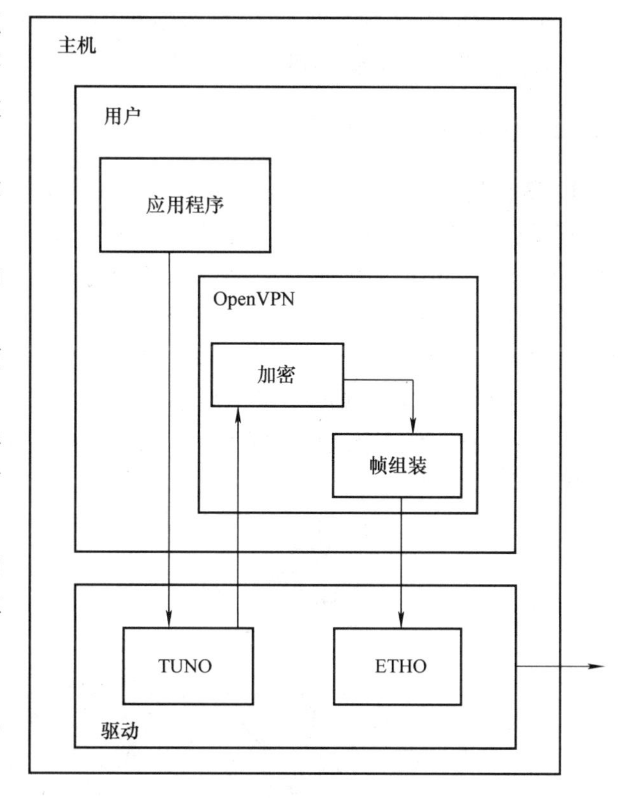

图 1-15 OpenVPN 框架

目前，OpenVPN 支持两种端点之间的通信方式，即使用 UDP 数据包或使用 TCP 数据包。UDP 是一种无连接或有损协议，如果一个数据包在传输过程中被丢弃，那么网络堆栈不会自动纠正这个问题。TCP 数据包是一种面向连接的协议；使用握手协议发送和传递数据包，能够确保将每个数据包传递到另一端。两种通信方式各有利弊，在 SINEMA Remote Connect Server 中对这两种方式均提供支持，并会更具 ISP 提供的线路质量来优化选择。

OpenVPN 使用与浏览器有区别的 TLS，Open VPN－TLS 和浏览器－TLS 的主要区别在于数据包的签名方式。OpenVPN 通过使用特殊的静态密钥（－－tls－auth ta. key 0 | 1）对控制通道数据包进行签名来提供防止 DoS 攻击的功能。发送的数据通道数据包通过相同的 UDP

或 TCP 连接，签名完全不同，并且很容易与 HTTPS 流量区分开来。

OpenVPN 使用两个虚拟通道在客户端和服务器之间进行通信：

TLS 控制通道，用于在客户端和服务器之间交换配置信息和密钥。该通道主要用于 VPN 连接启动时，以及交换新的加密密钥。此密钥将在特定时间段后更新。另一个用于数据通道，通过它交换加密的有效载荷。

控制通道和数据通道的加密和身份验证（签名）的确定方式不同。控制通道启动时使用 TLS 协议，类似于启动安全网站连接的方式。在控制通道初始化期间，客户端和服务器之间协商加密密码和散列算法。数据通道的加密和身份验证算法是不可协商的，但它们都是在 OpenVPN 的客户端和服务器配置文件中设置的。当前的默认设置是 Blowfish 作为加密密码，SHA1 作为散列算法。

目前，在工业远程通信的解决方案中，VPN 技术常常会被用到，例如西门子 SINEMARC 解决方案，具体说明可以参考 SINEMARC 章节。

1.5.2 NAT 技术工作原理

1. 私有领域的 NAT

在私有领域中，NAT（Network Address Translator，网络地址转换器）用于将私有子网连接到 Internet，如图 1-16 所示。1996 年的 RFC 1918 中定义了可由局域网（LAN）中未正式注册的任何人使用，但不会出现在 Internet 上的地址空间。如果这些地址出现在 Internet 上，也将被忽略（即丢弃）。由于具有互联网功能的设备数量不断增加，不再有足够的公共 IPv4 地址。如何让配置了局域网私有地址的计算机主机接入互联网？通过 NAT，可以使用一个公有 IP 地址来寻址一个或更多私有 IP 地址，正是 NAT 的功能使得这些主机能够访问互联网。NAT 通常用于边界路由器。

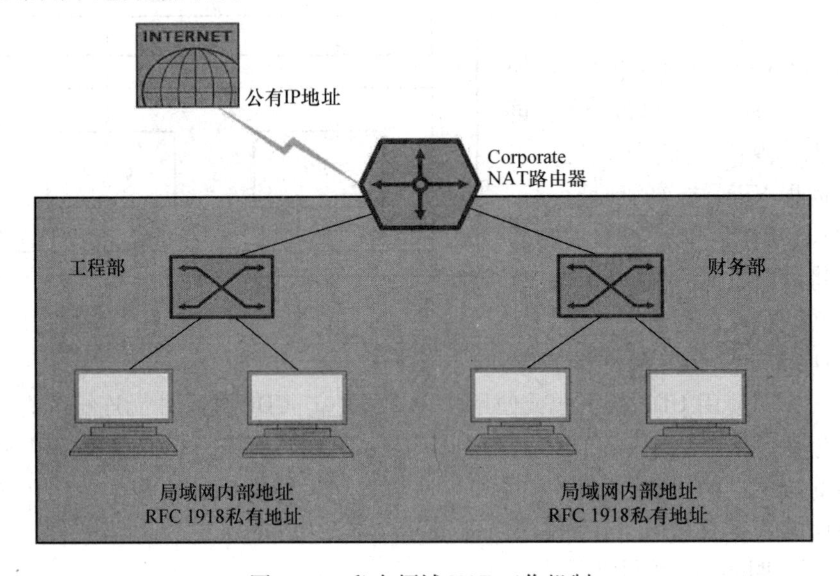

图 1-16 私有领域 NAT 工作机制

2. 自动化领域中的 NAT

在自动化领域中，NAT 常用于将分配有相同 IP 地址的标准机器连接到不同区域的上层网络。这样就简化了机器制造商的配置工作，同时允许对具体设备进行选择性编址。基于对数据发送方源地址的转换、数据接收方目的地址的转换、基于端口（这里指的是 TCP 或 UDP 数据通信使用到的端口号）的转换和 IP 地址数量的转换，可以将 NAT 做如下归类，如图 1-17 所示。

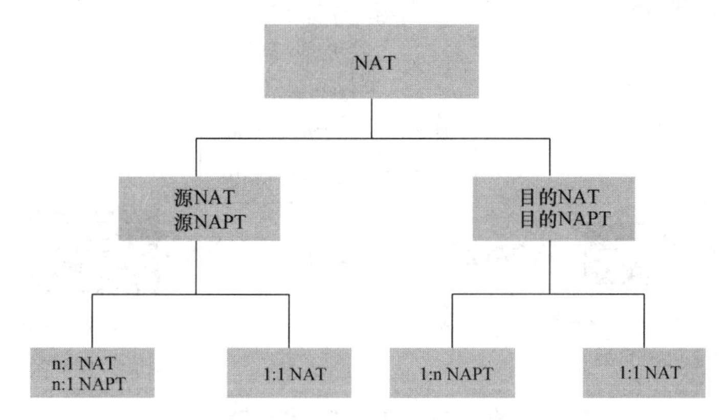

图 1-17　自动化领域中的 NAT 归类

通常，根据所转换的 IP 数据包的地址，有源 NAT 和目的 NAT 的区分。如果所转换的地址是发送方地址，那么就称为“源 NAT 转换”；如果所转换的是接收方的地址，就称为“目的 NAT 转换”。

（1）源 NAT

如果发送方想向接收方发送一条消息，它会将该消息封装在一个数据包内，在上面写上自己的地址以作为发送方地址（源 IP 地址）并写上预定接收方的地址（目的 IP 地址）。

该数据包随后传递到 NAT 路由器。NAT 路由器将该数据包插到另一个数据包中并在上面写上地址数据。路由器从上一个数据包获取接收方地址。但是，它将自己的地址用作发送方地址，因为它所传递该数据包的网络中的节点都知道该地址，这与上一个发送方地址不同。

由于这时更改的是发送方地址，这就意味着 NAT 路由器已执行“源 NAT 转换”。源 NAT 工作机制如图 1-18 所示。

（2）目的 NAT

如果发送方想向接收方发送一条消息，它会将该息封装在一个数据包内，在上面写上自己的地址以作为发送方地址（源 IP 地址）并写上预定接收方的地址（目的 IP 地址）。

由于发送方不知道接收方的实际地址，或者该地址可能多次出现且有充分理由无法从发送方网络访问。因此，此时的接收方地址是 NAT 路由器或中间设备的地址，并且该地址最终会传递给该路由器。

NAT 路由器将该数据包插到另一个数据包中并在上面写上地址数据。它从上一个数据包获取接收方地址。但是，它将自己的地址识别为接收方地址。因此，在其 NAT 表中检查该数据包是否真的预定发往该地址，或者是否需要输入替代接收方。以该表为基础，路由器将数据包分发到其他接收方，虽然这些数据包最初的寻址目标是该路由器。由于这时更改的是接收方地址，这就意味着 NAT 路由器已执行“目的 NAT 转换”。目的 NAT 工作机制如图 1-19所示。

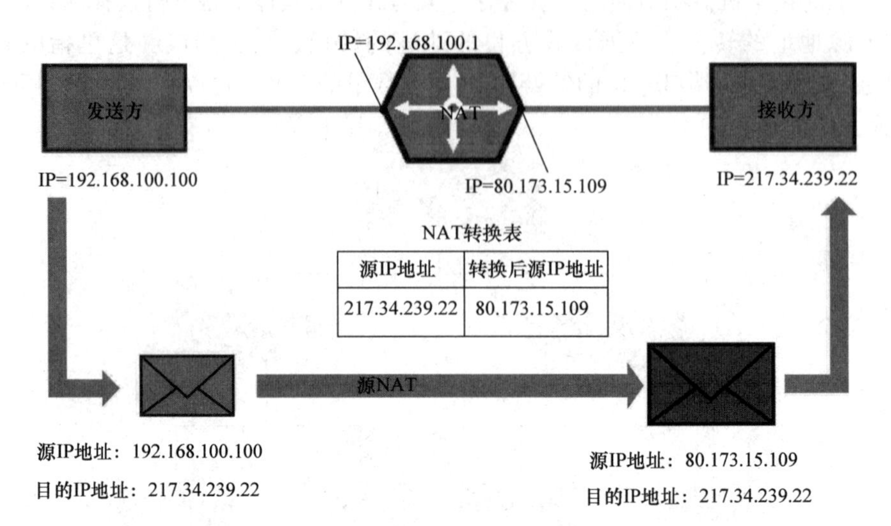

图 1-18　源 NAT 工作机制

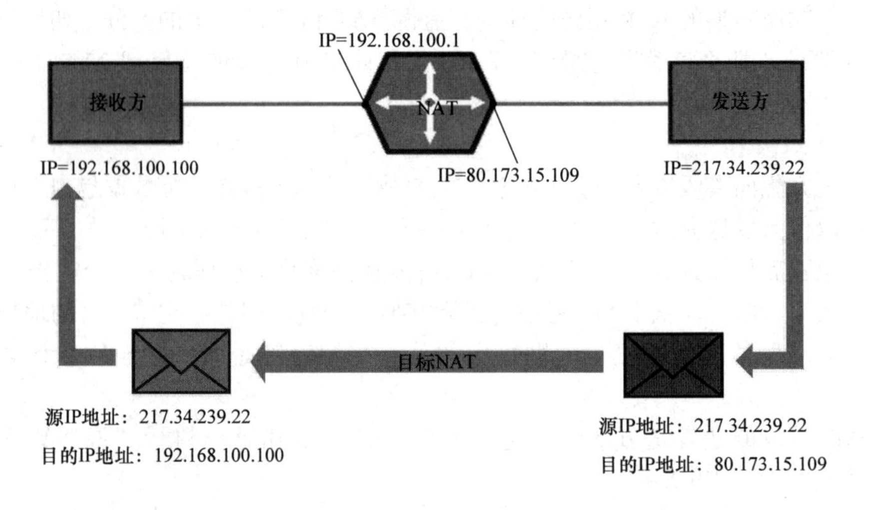

图 1-19　目的 NAT 工作机制

（3）网络地址和端口转换（NAPT）

NAPT（Network Address Port Translation，网络地址端口转换）是一种特殊形式的源/目的 NAT，除转换源/目的 IP 地址外，还转换所使用的端口。以目的 NAPT（源 NAPT 转换机制与此类似）为例进行介绍，发送方封装数据的目的 IP 地址和端口号经过 NAT 路由器后，被转换了目的 IP 地址和端口号两项内容。目的 NAPT 工作机制如图 1-20 所示。

1.5.3　Syslog 功能简介

对于网络通信系统而言，如果操作人员需要查看单一网络设备日志，可以通过登录设备 Web 界面进行跟踪并查看这些日志不是问题。默认情况下，绝大多数设备将日志信息存储在 RAM 中。这意味着当设备重新启动时，日志将被删除。另一方面，设备（SCALANCE 系

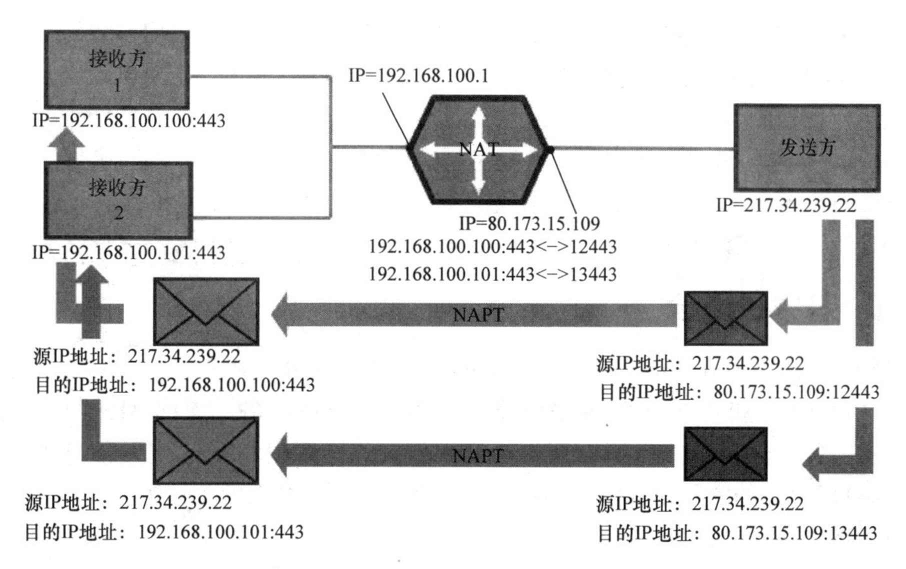

图 1-20　目的 NAPT 工作机制

列设备采用这样方式）可能会将日志信息写入单独的磁盘，当存储条目达到磁盘的可用存储空间时，时间靠前的日志将会被覆盖。但是，当处理中大型系统，需要跟踪多个或全部网络设备的日志和信息时，网络维护和诊断工作就变得非常困难，操作人员的效率问题就会出现。为了克服这一问题，通常会采用 Syslog 服务进行统一搜集、管理和归档所有的日志信息。

Syslog 是一种消息日志记录协议，主要功能是进行日志收集、故障排查和事件监控。日志的格式包括时间戳、主机 IP 地址（主机名）、严重性（事件等级）、事件消息，Syslog 通常基于 UDP 报文进行数据传输，Syslog 使用的 UDP 端口为 514（标准模式）。Syslog 架构组成包括客户端和服务器端，客户端是产生日志消息的一方，而服务器端则负责接收客户端发送来的日志消息，并做出保存到特定的日志文件中或者其他方式的处理。按照 RFC 3164，Syslog 用在 IP 网络中，通过 UDP 传送简短的未加密文本消息。

1.5.4　RADIUS 功能简介

RADIUS（Remote Authentication Dial - In User Service，远程认证拨号用户服务）是一种客户端和服务器之间建立远程拨号认证的服务，服务器需要对客户端进行身份验证、授权和配置信息，并授权访问所请求的系统或服务。通常，在终端设备准入规则中应用，同时也是网络安全的重要组成部分。RADIUS 客户端和服务器之间的数据通信可以归纳为以下步骤：

1）RADIUS 客户端尝试使用用户凭证向 RADIUS 服务器进行身份验证。客户端向服务器发送 Access - Request 报文，该消息包含一个共享密钥。

2）RADIUS 服务器读取共享秘密并确保访问请求消息来自授权的客户端。如果访问请求不是来自授权的客户端，则消息被丢弃。

3）如果客户端被授权，则 RADIUS 服务器读取请求的认证方式。

4）如果允许使用认证方式，则 RADIUS 服务器从消息中读取用户凭据。它将用户凭据与用户数据库进行匹配。如果匹配，RADIUS 服务器从用户数据库中提取用户的详细信息。

5）RADIUS 服务器现在检查是否有与用户凭据匹配的访问策略或配置文件。

6）如果没有匹配的策略，则服务器发送 Access - Reject 消息。RADIUS 交互过程结束，拒绝用户访问系统。

7）如果有匹配的策略，则 RADIUS 服务器向设备发送 Access - Accept 消息。

8）Access - Accept 消息由一个共享密钥和一个设备属性组成。如果共享密钥不匹配，RADIUS 客户端将拒绝该消息。

1.5.5 DHCP 功能简介

DHCP（Dynamic Host Configuration Protocol，动态主机配置协议）是一种自动分配 IP 地址的方法，用于为主机设备（PC、路由器、交换机、PLC 设备、无线 AP 等）指定配置信息。主机向 DHCP 服务器请求 IP 地址时，DHCP 服务器可以将指定配置信息提供给主机。DHCP 服务可以提供的常见指定信息包括：

- 设备的 IP 地址信息。
- 子网掩码信息。
- 网关地址信息。
- DNS 服务器信息。

主机设备为获取合适的 IP 地址，会在二层和三层以广播的方式发送 DHCP 发现消息。第二层广播的地址以十六进制数表示为全 F，即 FF: FF: FF: FF: FF: FF，在第三层广播的地址为 255.255.255.255，表示所有网络和所有主机。DHCP 是面向无连接的数据交互，这意味着在传输层使用 UDP 进行传输。

客户端向 DHCP 服务器请求 IP 地址分为四个步骤：

1）DHCP 客户端广播一条 DHCP 发现消息，寻找 DHCP 服务器（端口 67）。

2）收到 DHCP 并发现消息的 DHCP 服务器向主机发送一个单播 DHCP 提议消息。

3）客户端向服务器广播一条 DHCP 请求消息，请求提议的 IP 地址和其他消息。

4）服务器以单播方式发送一条 DHCP 确认消息。

1.5.6 NTP 功能简介

在网络中，尤其工业网络系统中，正确的时间非常重要。通常，网络规划人员会设计一个时钟同步系统作为时钟服务器，它通过互联网或者本地局域网连接到一个源时钟设备。然后，同步整个网络的时间，让所有的路由器、交换机、PLC 设备、无线 AP、服务器等设备收到相同的时间信息。

- 正确的时间可以确保按正确的顺序跟踪网络中的事件。
- 为正确解读系统日志记录的事件，同步时钟至关重要。
- 对数字化证书来讲，时钟同步同样非常必要。

以上提到的时钟服务器通常采用 NTP（Network Time Protocol，网络时间协议）进行交互信息。NTP 是由 RFC 1305 定义的时间同步协议，用来在分布式时间服务器和客户端之间进行时间同步。顾名思义，NTP 可以向所有网络设备提供时间。更准确地说，在延迟时间可变的分组交换机型数据网络中，NTP 同步计算机系统的时钟。

1.6 数字化工业网络架构设计

在工厂运营过程中，如何帮助工厂搭建一套高效、可靠、冗余、安全等满足各种终端用户需求的工业网络至关重要，图 1-21 中包括了如下设计理念：

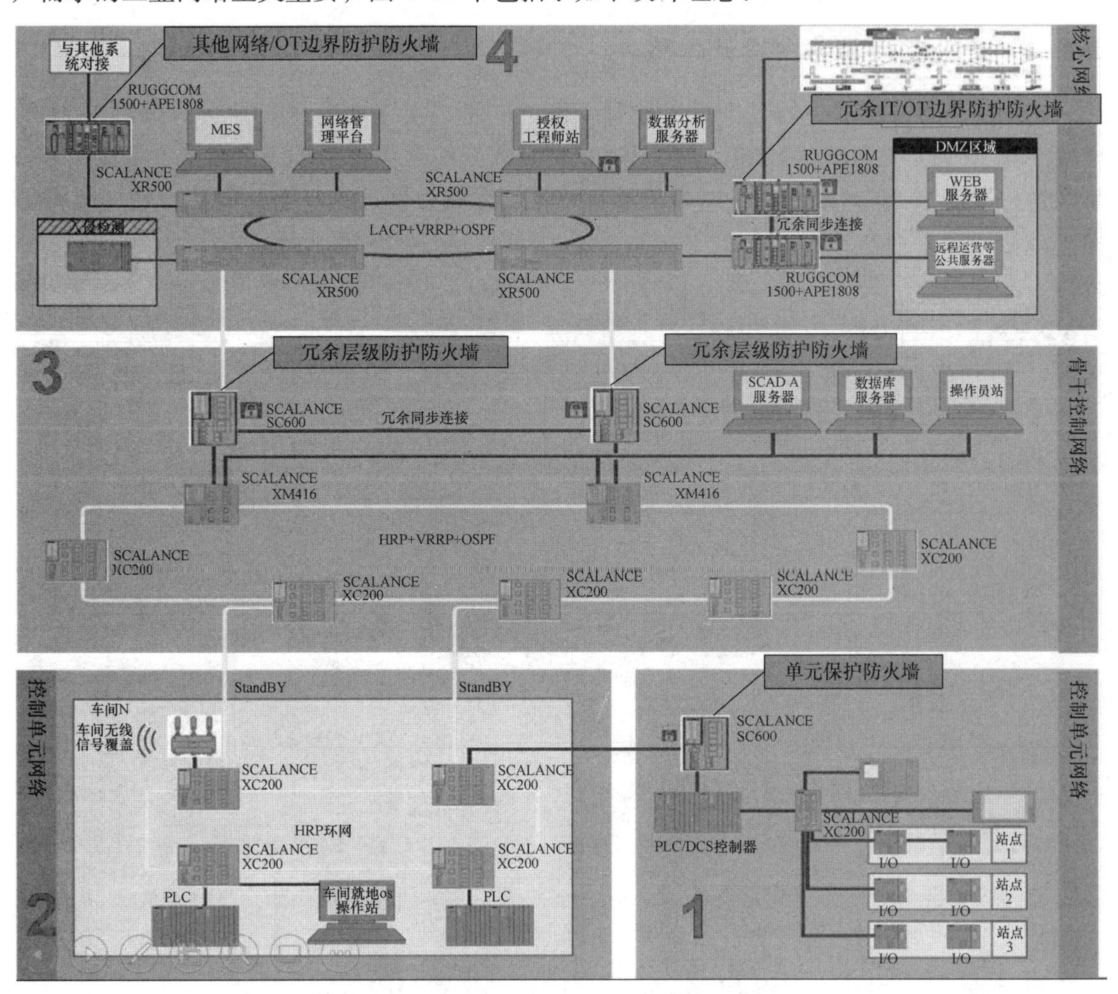

图 1-21　数字化工业网络架构设计理念示意图

1）分层设计、一目了然：从底层 PROFINET 实时通信、SCADA 数据采集、MES 再到 OT→IT，层次清晰，数据流走向按需设计，如图 1-21 中 1～4 层结构，其中 1 为底层实施工业以太网 PROFINET，2 为车间 SCADA 工业区域环网，3 为车间 SCADA 环网汇聚，4 为 MES 核心汇聚层。

2）工业冗余、毫秒恢复：相对于 IT 网络，工业 OT 网络在保证一定物理链路冗余的情况下实现毫秒级别的网络快速恢复。

3）纵深防御、安全生产：工业单元防护、冗余层级防护以及冗余边界防护的网络安全设计；基于终端安全防护、安全审计及行为管控信息安全设计。

4）工业无线、智慧互联：基于 IEEE 802.11a/bg/n/ac/ax 工业无线加上其自身的工业特性功能满足工业无线实时控制和非实时数据的双重要求。

5）远程运维、高枕无忧：基于广域网 OpenVPN 的远程运维安全网络设计，让远程数据采集和实时维护变成现实。

6）网络管理、简单高效：工业级的网络管理平台让复杂的工业网络的日常故障维护变得简单、高效，工业网络健康状态一目了然。下面将分项描述各个理念点的设计思路。

1.6.1 工业交换与路由设计思路

工业交换与路由解决的是工厂工业骨干网的问题，实现所有工厂业务终端（SCADA、PLC、MES、EMS、OEE 等）的互联互通，同时还需要综合考虑物理链路冗余、工业实时数据交换、带宽、广播风暴隔离、网络快速自愈重构等各方面的需求。其设计思路如图 1-22 所示。

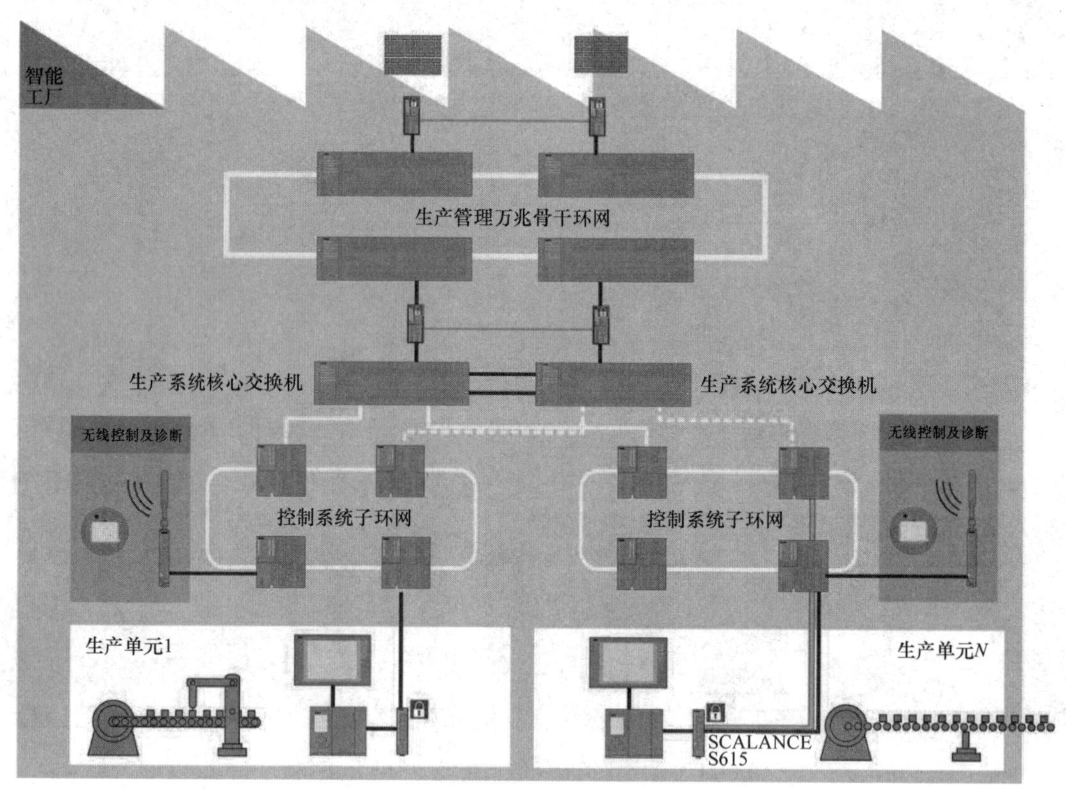

图 1-22　工业交换与路由设计思路架构示意图

1）网络管理平台 NMS、远程运维平台、MES 系统，以及其他预留系统通过冗余双网卡接入万兆生产管理骨干交换机。

2）各应用系统冗余接入工业主干环网，其中网络交换机需要综合考虑带宽、路由等网络特性，支持 1000Mbit/s 通信。

3）工业主干环网交换机要求支持三层路由和路由冗余协议、区域环网交换机，且支持实时通信。

4）工业网络的质量保证，俗称网络 QoS（Qulity of Service），主要为工业终端实时数据通信的低延迟、低丢包率等相关终端需求提供了保障。

1.6.2 工业无线设计思路

无线需求可分为实时控制数据和非实时交换数据。

1. 实时控制数据：自动化控制系统

自动化系统的无线应用为典型的实时控制数据通信应用，其控制结构一般是主站 PLC 与从站 PLC（或者 IO 子站）进行实时的数据交换，其要求无线网络可以满足实时数据传输的要求，包括在漫游时也要保证控制数据不丢包、不掉站，确保重点生产区域的无线关键数据可靠、稳定的无线通信。

2. 非实时交换数据

大容量数据交换存在于多台客户端，种类繁多并且存在出现概率及密度相对来说无规律性等特点，其通信结构一般是地面客户端通过无线 AP 将采集数据上传到服务器，同时接受相应控制中心的调度数据。有可能存在需要较大带宽消耗的视频数据。其数据交换对于实时性的要求并不严苛，一般可以容忍百毫秒无线网络延时，同时可以接受丢包重传。

具体的无线组网架构设计需要结合上述需求，结合无线本身的相关通信机制，结合具体的应用数据流进行部署，详细过程可参考第 3 章 3.1 节中的无线局域网结构。

1.6.3 工业网络信息安全设计思路

工业网络信息安全通过基于纵深防御的设计理念来实现工业骨干网络的安全访问，主要的技术手段包括工业单元保护、工业网络层级防护及工业网络/办公网络的边界防护。其设计架构如图 1-23 所示。

1. 冗余层级防护

OT 网络与企业办公网络 IT 之间，L3/L4 之间通过工业防火墙隔离，并且防火墙冗余；实现基于防火墙、深度协议检测、VPN 等安全策略访问。

2. 冗余边界防护

IT/OT 边界防护的防火墙除了常规的防火墙、VPN、NAT 技术手段外，同时还结合深度协议检测、入侵检测、病毒攻击、行为管控等功能实现 IT/OT 边界的最大防护效果。

3. 单元防护

重要工艺单元 PLC（特指现有无法更改 IP 地址以及重要节点的 PLC）终端子站通过安全型单元保护防火墙来实现单元访问保护，做到广播风暴隔离和非法单播攻击（MAC、IP、端口 + 协议过滤），其中 NAT 功能实现被保护单元内终端实际 IP 隐藏和标准化访问保护，同时为远程 OpenVPN 运维接入预留接口。

各个层级防护防火墙的安全策略设计需要遵循全厂的统一协调，确保满足正常的通信需求，过滤非正常的访问需求，最大程度地实现工业网络安全。

1.6.4 工业远程运维设计思路

工业远程运维设计思路如图 1-24 所示。

工业远程运维平台主要解决远程维护（包括远程的 PLC/HMI 程序下载及故障排查等）及远程监控，主要的技术手段基于 OpenVPN 搭建一个基于广域网的工业网络安全接入，提

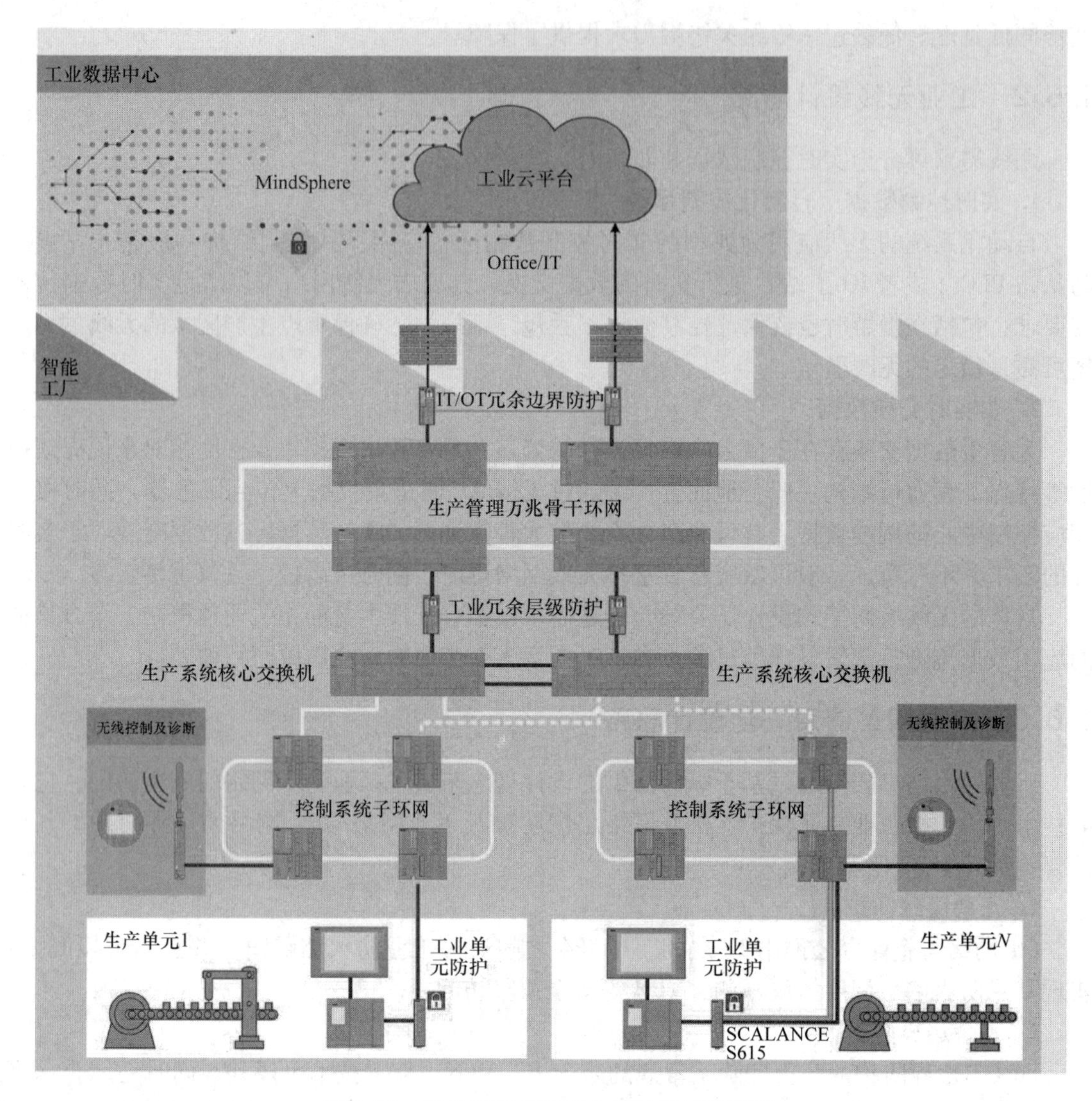

图 1-23　工业网络信息安全设计思路示意图

高维护效率：

- 一站式解决方案，用户自行搭建 VPN 服务器，避免投资风险。
- 远程部署及管理服务器，方便灵活。
- 公网动态 IP 域名解析，节省申请难度和费用。
- OpenVPN 高度加密机制保证用户数据安全。
- 实现任何 IP 的数据透传，无论维护、数据监控及分析。
- 具体的设计和组网架构参考后面 SINEMA RC 的方案介绍。

1.6.5　工业网络管理系统

工业网络管理系统主要解决所有的网络设备（主要以工业交换机、防火墙为主）统一管理，包括设备详细的获取、拓扑可视化、配置管理及安全策略维护等，以便防止一旦工业

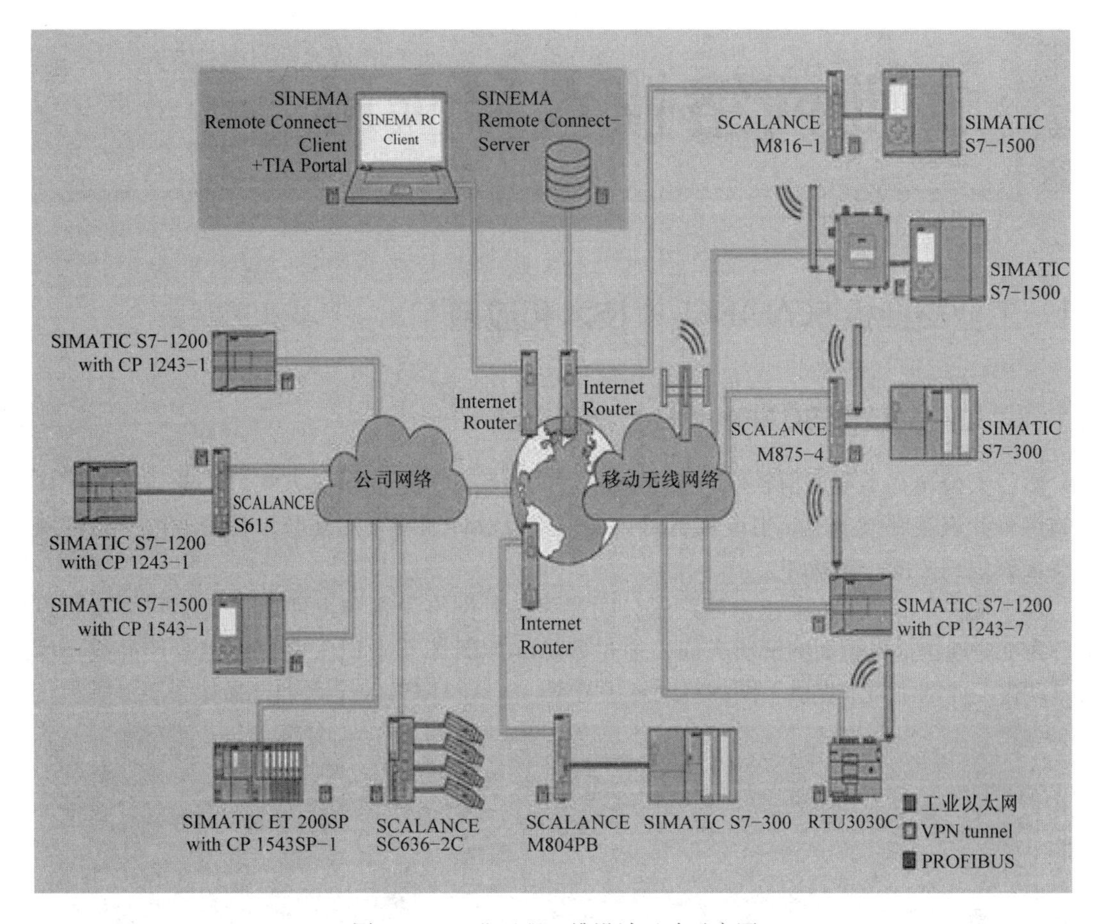

图 1-24　工业远程运维设计思路示意图

网络发生故障可以通过该网络管理平台进行及时定位和维护，减少计划外网络停机时间：

- 监控和管理不同设备类别。
- 与制造商无关的对所有网络参与者的描述，以及对西门子设备的全面支持。
- 非常方便地对网络进行概览，方便快捷地确定整体情况，无需深入地探究 IT 知识。
- 基于策略的工业通信网络配置。
- 基于拓扑结构的智能固件推送更新。
- 用于本地和功能访问控制（基于角色的访问控制）的分层用户/角色概念。
- 用于直接访问预处理网络信息的北向接口——以便在其他系统/应用程序中进一步处理。
- 去中心化的部署方法：无论规模和复杂程度如何，提供网络的整体视图；由于灵活的可扩展性，网络管理系统随着工厂的发展而成长。
- 针对 NAT 路由器及其附属网络，独立于制造商的网路诊断。

第2章 工业网络技术和应用

2.1 工业交换机 SCALANCE X 技术和应用

2.1.1 工业交换机 SCALANCE X 产品介绍

西门子公司在工业通信领域有着非常丰富的经验和先进的解决方案，工业通信实现从简单的传感器连接到整个工厂生产和运营数据采集以及传输网络的互联，将企业内所有区域有效地集成到一个统一系统中。

基于各种工业通信的需求，西门子公司提供各种网络设备和组件用于工业网络及总线系统，为工业通信提供全面的解决方案，通过 SCALANCE X 工业以太网交换机等产品线，可以为自动化工业网络需求提供不同的组网解决方案。SCALANCE X 全系列产品如图 2-1 所示。

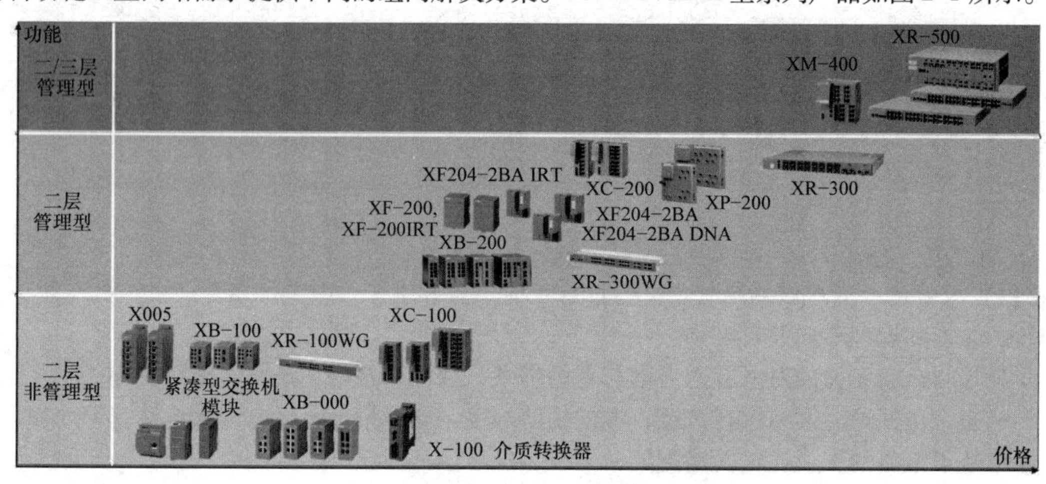

图 2-1　SCALANCE X 全系列产品图

1）SCALANCE X－100 介质转换器：用于不同介质之间的灵活转换。大多数情况下，转换过程涉及两种介质，端口 1 用于介质 1（例如铜电缆），端口 2 用于介质（例如光纤）。

SCALANCE X－100 非网管型介质转换器如图 2-2 所示。

图 2-2　SCALANCE X－100 非网管型介质转换器

二层工业以太网交换机具有构建数据链路层网络所需要的所有功能。二层工业以太网交换机分为非网管型二层交换机和网管型二层交换机。

非网管型二层交换机无需额外组态，即可集成到数据链路层网络中。

网管型二层交换机可对其进行配置，每台交换机可以设置管理 IP 地址，利用该地址针对具体应用对其进行配置。

西门子公司的二层工业以太网交换机包括紧凑型交换机模块（CSM）、SCALANCE X 工业以太网二层交换机（见图 2-3）。

图 2-3 西门子公司的二层工业以太网交换机

2）紧凑型交换机模块（CSM）：可在 SIMATIC 上直接使用的非网管型二层交换机，用于接口扩展以及将机器集成在现有工厂网络中。

3）SCALANCE X-000 非网管型二层交换机：带电气端口和/或光纤端口的非网管型二层交换机，用于为机器或工厂设计小型 10/100/1000Mbit/s 网络。此外，4V AC 版本可用于楼宇自动化。

4）SCALANCE X-100 非网管型二层交换机

带电气端口和/或光纤端口、冗余电源和信号触点的交换机可在机器级应用中使用。此外，还提供 4V AC 版本，用于楼宇自动化和 19″机架设计的设备。

5）SCALANCE X-200 网管型二层交换机（见图 2-4）

满足通用型自动化网络的需求，即从现场设备层级的应用直至数据传输速率最高可达 1000Mbit/s 的网络子系统。组态和远程诊断功能都集成在 STEP 7/TIA 博途软件工程组态工具中，提高了工厂可用性，还具有高防护等级的交换机便于无机柜安装使用。还提供了相应交换机，适合在具有硬实时要求（等时同步实时-IRT）的子系统网络中以及具有 S2 诊断、CiR/H-CiR 和 H-Sync 功能的高可用性 H 系统中使用。配有 SFP 插入式收发器的型号可以选择电气和光纤端口。另外，还提供了适合各种应用的型号（SIMATIC ET 200S、ET 200SP 或 S7-1500 型号）以及无机柜布局的型号。

图 2-4 SCALANCE X-200 网管型二层交换机

6）SCALANCE X－300 网管型二层交换机（见图 2-5）

SCALANCE X－300 网管型系列产品主要用于子系统/工厂区域联网以及与车间联网，完美地结合了 SCALANCE X－400 系列产品的固件功能和 SCALANCE X－200 的紧凑型设计技术。与 SCALANCE X－200 交换机相比，SCALANCE X－300 交换机具有扩展管理功能和扩展固件功能，具有 19″机架设计的交换机提供了模块化设计，满足不同类型端口的需求，支持前置电缆出口和后置电缆出口方式，方便灵活布线以及支持作为工作交换机使用。

三层工业以太网交换机具有构建网络层所需要的所有功能，用于搭建高性能的工业自动化网络（例如，具有路由功能、多种冗余技术等）。

这些交换机采用模块化的设计可满足相应端口数量的要求，支持 IT 标准（如 VLAN、IGMP、RSTP），可将自动化网络无缝地集成到现有办公网络中，三层路由功能可实现不同 IP 子网之间的通信。

西门子三层工业以太网交换机包括：

- SCALANCE XM－400 网管型三层交换机；
- SCALANCE XR－500 网管型三层交换机。

7）SCALANCE XM－400 网管型三层交换机（见图 2-6）

图 2-5　SCALANCE X－300 网管型二层交换机

图 2-6　SCALANCE XM－400 网管型三层交换机

用于灵活地连接和构建高性能工厂网络。由于具有模块化设计，这些交换机可满足相应端口数量的要求。通过端口介质模块的扩展可以升级至最多 4 个 10/100/1000Mbit/s 端口，其中 8 个端口具备以太网供电功能，可向终端提供数据和电源。此外，SFP 插入式收发器还允许为 SCALANCE XM－400 设备在 100Mbit/s 和/或 1000Mbit/s 时配装单模和/或多模 SFP。

8）SCALANCE XR－500 网管型三层交换机（见图 2-7）

用于连接和构建高性能工业网络以及将办公网络连接至自动化网络。作为一种三层交换机，SCALANCE XR－500 特别适合于用作骨干网络中的核心交换机，例如，需要大量端口、极高传输速率（万兆以太网）和冗余地连接至办公设施时，这些机架交换机经过专门的设计，适用于 19″控制柜。模块化型号配有功能多样的插入式 4 端口介质（电气和光纤），可根据相应的要求进行调整。

图 2-7　SCALANCE XR－500 网管型三层交换机

2.1.2 工业交换机 SCALANCE X 的主要功能

1. 工业交换机 SCALANCE X 常用二层功能

工业交换机二层协议的主要作用是提高工业网络的链路冗余度，从而保证工业网络的可靠性和稳定性，工业网络通过工业交换机 SCALANCE X 二层冗余协议，在具备一定物理链路冗余的情况下，同时保证毫秒级别的网络快速收敛，从而满足工业应用终端的网络要求。下面将介绍工业环网协议（HRP/MRP）、环间耦合协议（StandBY）、链路聚合（LACP）及虚拟局域网（VLAN），通过对每个协议的工作原理，结合实际的配置过程分别阐述。

（1）工业环网协议（HRP/MRP）的原理、配置

1）工业环网协议（HRP、MRP）的工作原理：工业自动化环网冗余技术使用一个连续的环将每台设备连接在一起，能够保证一台设备上发送的信号可以被环上其他所有的设备看到。而环网冗余是指交换机是否支持网络出现线缆连接中断时，交换机接收到此信息后，激活其后备端口，使网络通信恢复正常运行。通俗地讲，以太网环冗余技术能够在通信链路发生故障时，启用另外一条健全的通信链路，使网络通信的可靠性大大提高。

2）介质冗余协议（HRP/MRP）概述（以 MRP 为例）：介质冗余协议制定了一种基于环形拓扑结构的恢复协议，是对使用交换机、可能发生的单一失效、具备确定性反应的网络而设计的。MRP 基于 IEEE 802.3 与 802.1D 的特性，包括过滤数据库的功能，位于数据链路层和应用层之间。

HRP/MRP 包括一个服务和一个协议体，如图 2-8 所示。

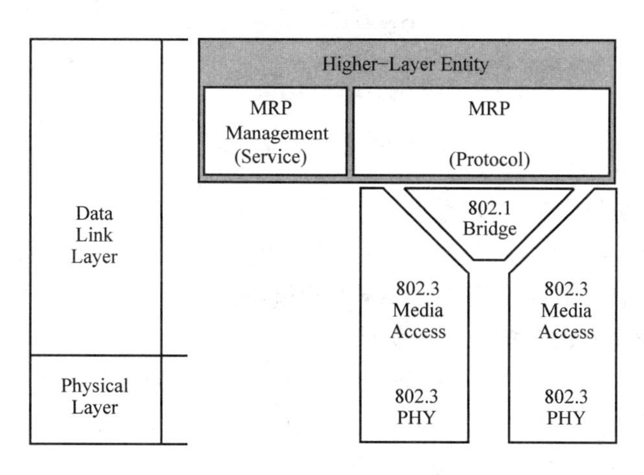

图 2-8　HRP/MRP 构成图

遵从协议的网络应具有环形网络的结构，带有多个节点。网络中的一个节点扮演冗余管理器（MRM）的角色，冗余管理器的功能是监视和控制环形拓扑结构，一旦网络失效便立即反应。通过一个环端口往环上发送测试帧，然后在另一个端口接收测试帧来完成其作用，同样在相反方向上也是一样。在环中的其他节点扮演介质冗余客户机（MRC）的角色。MRM 的第一个环端口连接到 MRC 的一个环端口，MRC 的另一个环端口连接另一个 MRC 的一个环端口或者 MRM 的第二个环端口，从而形成一个环形网络拓扑结构，环网拓扑结构的设置参考如图 2-9、图 2-10 所示。

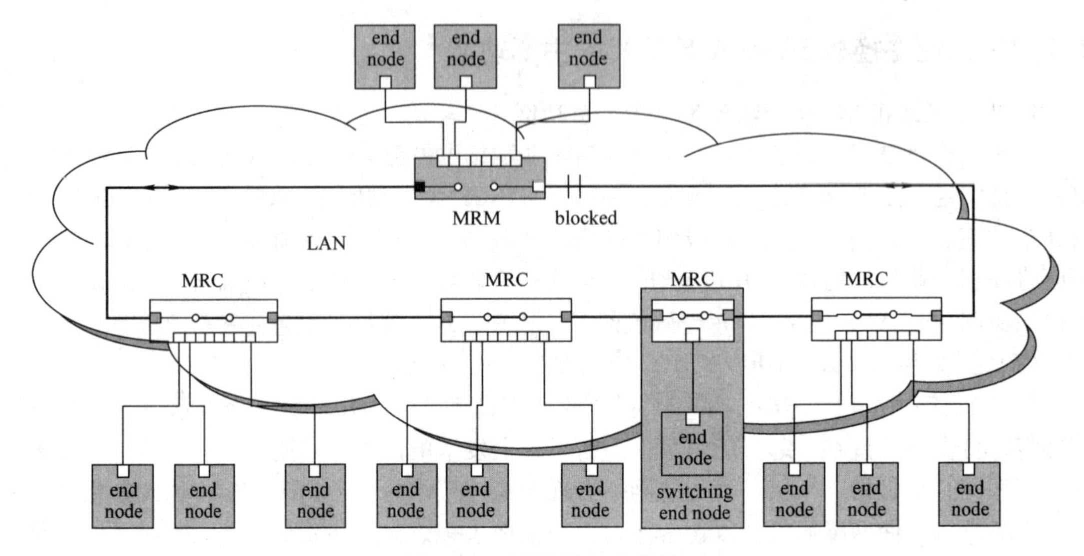

图 2-9 环形网络拓扑结构

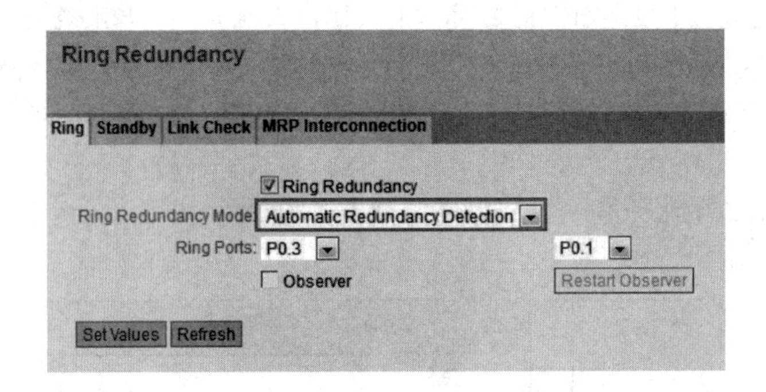

图 2-10 环网设置参考

（2）HRP/MRP 协议的配置要领

1）HRP/MRP 环网，建议环网交换机的环网角色固定配置，其中在环网节点中选择一个交换机为环网管理器，剩余交换机为环网客户端应注意环网管理器可以根据应用数据流进行适当地选择以优化链路的负载均衡，保持协议的一致性。

2）配置的环网端口应与实际的物理接口一致，否则将导致环网无法正常工作。

3）HRP 环网管理器的数据阻塞端口固定（配置界面的第一个环端口为固定阻塞端口），MRP 环网管理器的数据阻塞端口能够实现自动切换。

4）单环网情况下优先选择 MRP 环网，涉及环网耦合时应选择 HRP 环网。

2. 工业环网协议（StandBY）的原理、配置

（1）StandBY 协议的工作原理

自动化主干网和产线网络均采用环形网络无耦合结构如图 2-11 所示，为了保证系统网络具有高可靠性和稳定性，产线网络与主干网络应进行冗余耦合，且使用合适的耦合协议，即使用 StandBY 协议。

自动化主干网与产线的连接，每两个环网之间应有两根网络电缆连接，这意味着只要使用合理的通信协议，当其中一条网路发生故障时，另一条备用网路将发挥作用，以确保主干

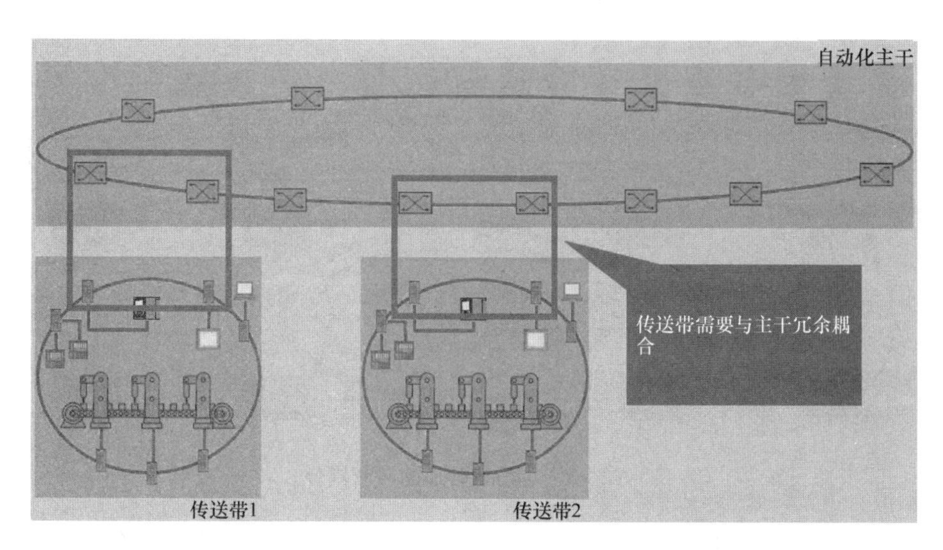

图 2-11 环形网络无耦合结构

网与产线之间的正常通信。环形网络耦合结构如图 2-12 所示。

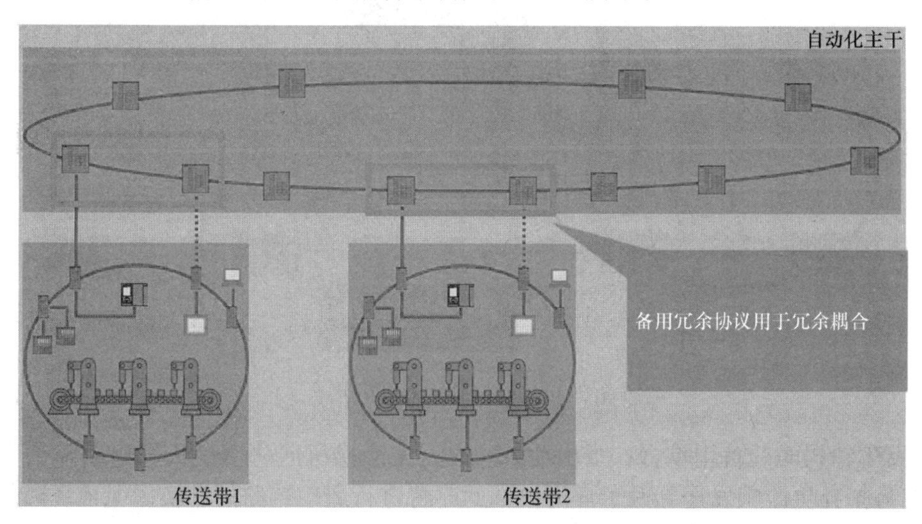

图 2-12 环形网络耦合结构

如果没有适当的协议就会产生环网，如果一个网络节点向网络中发送广播，则该广播会在环网间的环路中无限循环。几秒钟之后，网络负荷变高导致通信无法进行。无协议管理的环间耦合如图 2-13 所示。

1）正常状态下的通信：环网中交换机第一次启动时，当备用主交换机发送一个信号到环网中，并且该信号被备用从交换机收到时，说明备用主交换机已经准备就绪；当备用从交换机发送一个信号到环网中，并且该信号被备用主交换机收到时，说明备用从交换机已经准备就绪。于是备用主交换机和备用从交换机都成功完成了启动，那么环网便可以开始采用适当的环间耦合协议进行通信，也就是说在环网开始通信之前将进行一个关键帧的检测，检测备用主交换机和备用从交换机是否已经准备就绪，是否可以开始进行通信了。正常工作过程中仅有一条线路处于激活状态。协议管理的环间耦合如图 2-14 所示。

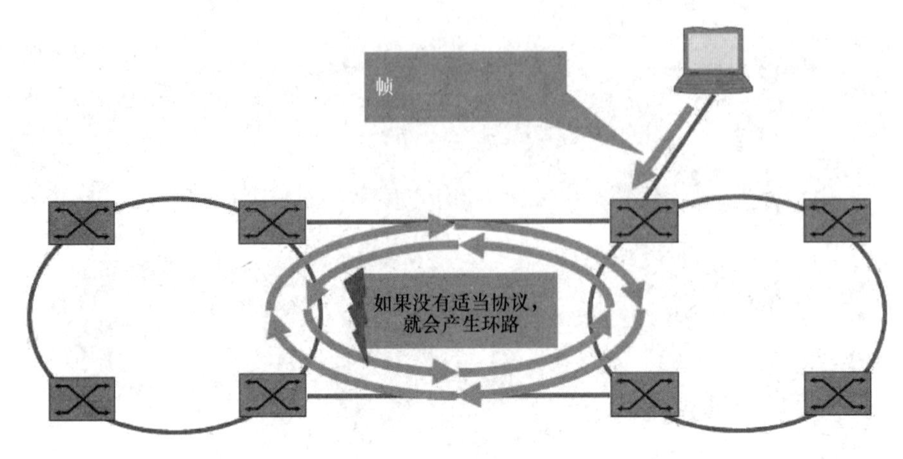

图 2-13　无协议管理的环间耦合

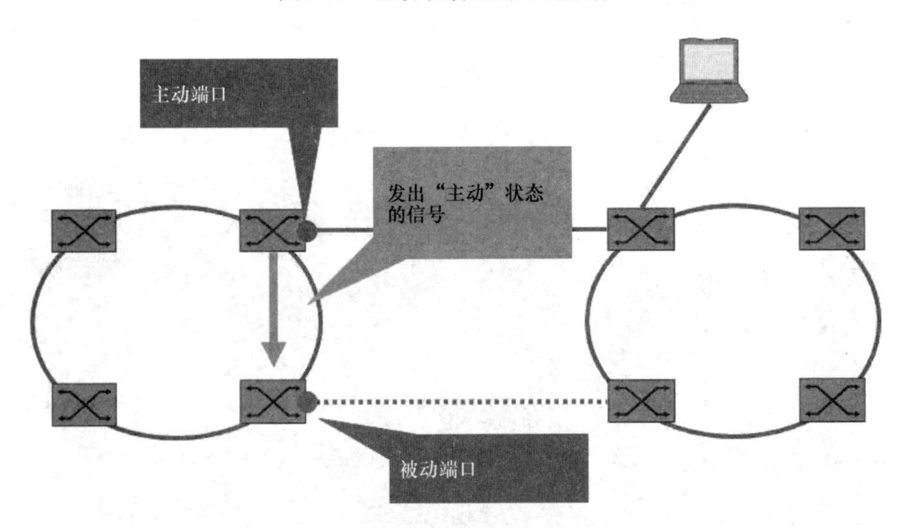

图 2-14　协议管理的环间耦合

2）发生错误时的备用耦合：当出现故障时，主交换机向从交换机发出故障信号，备用从交换机将拓扑更改帧发送到两个环网中，此时将进行通信链路的切换，保证环网间的正常通信。发生错误的环间耦合如图 2-15 所示。

（2）StandBY 协议配置要领

1）StandBY 是西门子 SCALANCE 系列私有协议，必须匹配 HRP 使用。

2）当有多个 HRP 子环耦合到一个 HRP 主环时，建议在子环上配置 StandBY，以达到链路的最优效果，建议 HRP 子环中选择两台物理相邻的配置为 Standby 交换机，如图 2-16 所示。

3）一个 HRP 子网的两台交换机配置 StandBY 时，选择的 StandBY 口应和实际的物理接口一致，两台交换机的 StandBY 名称可以保持缺省不配置（自动协商生成）或者配置一样。StandBY Master/Slave 角色可以自动地协商选择或者配置决定，配置决定时应注意两台 StandBY 交换机只能其中 1 台勾选“Force device to Standby Master”。

4）多个 HRP 子环 StandBY 耦合到一个 HRP 主环时，可以适当地勾选“Force device to StandBY Master”，根据应用数据流进行适当地选择以优化链路的负载均衡。

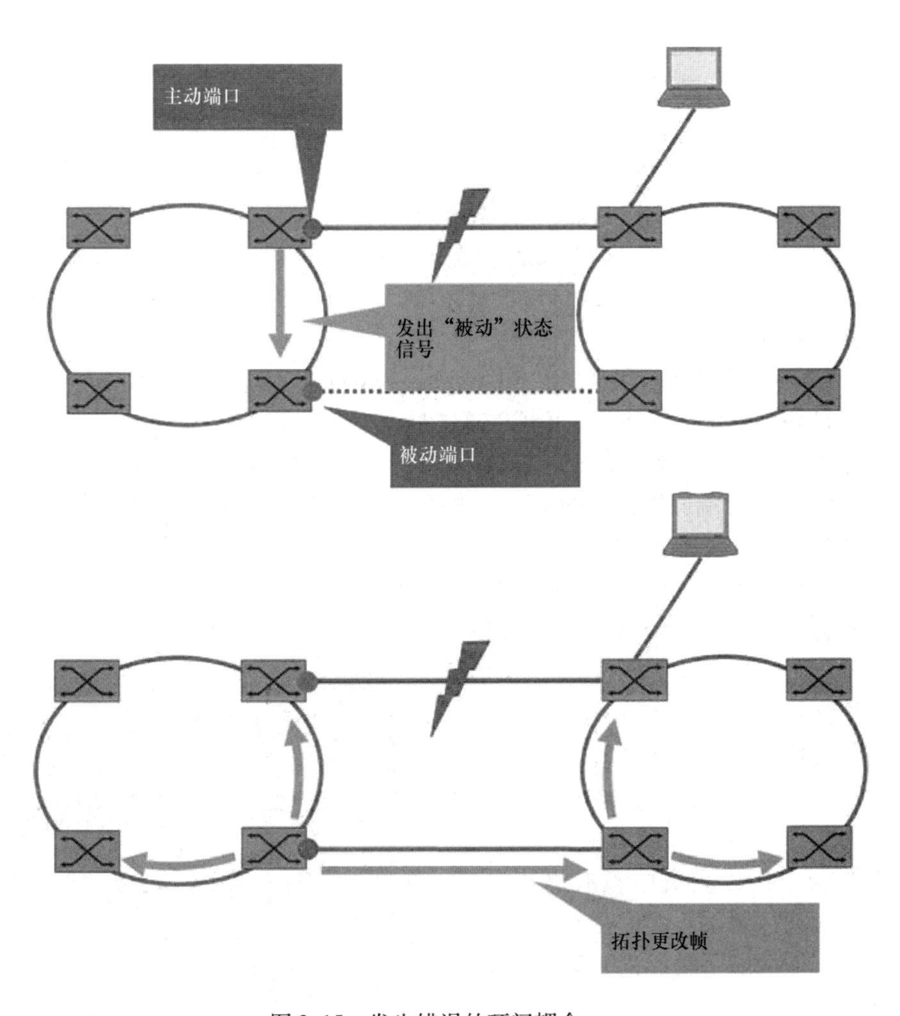

图 2-15 发生错误的环间耦合

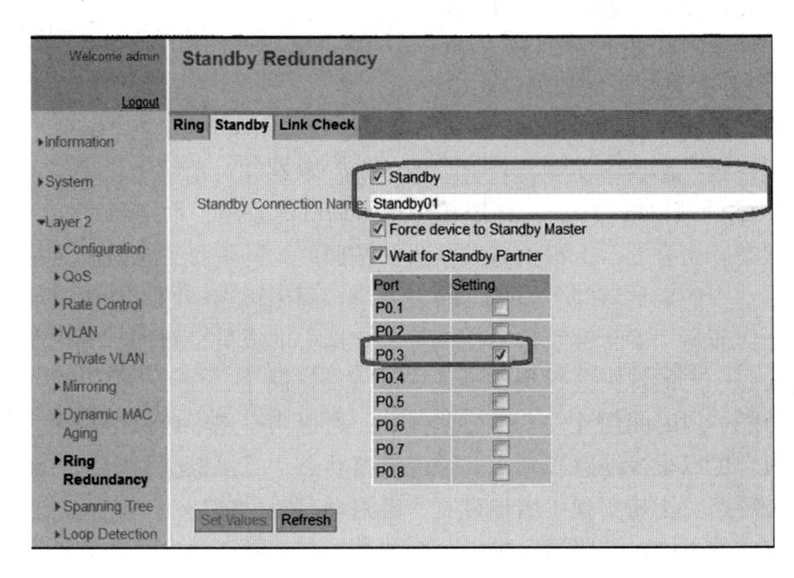

图 2-16 SCALANCEX 交换机 StandBY 配置界面

3. LACP 的原理、配置

(1) LACP 的工作原理

链路聚合（Link Aggregation）是指将多个物理端口汇聚在一起，形成一个逻辑端口，以实现出/入流量吞吐量在各成员端口的负荷分担，交换机根据用户配置的端口负荷分担策略决定网络封包从哪个成员端口发送到对端的交换机。当交换机检测到其中一个成员端口的链路发生故障时，就停止在此端口上发送封包，并根据负荷分担策略在剩下的链路中重新计算报文的发送端口，故障端口恢复后再次担任收发端口。链路聚合在增加链路带宽、实现链路传输弹性和工程冗余等方面是一项很重要的技术。

基于 IEEE 802.3ad 标准的 LACP（Link Aggregation Control Protocol，链路聚合控制协议）是一种实现链路动态汇聚的协议。LACP 通过 LACPDU（Link Aggregation Control Protocol Data Unit，链路聚合控制协议数据单元）与对端交互信息。启用某端口的 LACP 后，该端口将通过发送 LACPDU 向对端通告自己的系统优先级、系统 MAC 地址、端口优先级、端口号和操作 Key。对端接收到这些信息后，将这些信息与其他端口所保存的信息比较以选择能够汇聚的端口，从而双方可以对端口加入或退出某个动态汇聚组达成一致。

链路聚合同时也被称为链路绑定。链路聚合技术不仅可以运用在交换机之间，还可以应用在交换机与路由器之间、路由器与路由器之间、交换机与服务器之间、路由器与服务器之间、服务器与服务器之间。原理上，PC（机）上也是可以实现链路聚合的，但是成本较高，所以现实中没有真正地实现。链路聚合往往用在两个重要节点或繁忙节点之间，既能增加互联带宽，又提供了连接的可靠性。

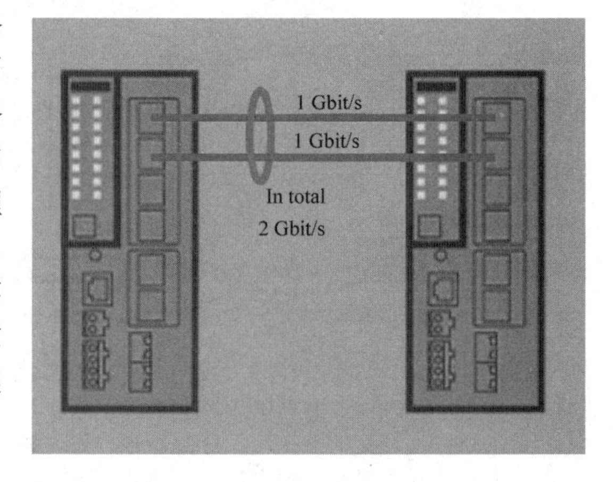

图 2-17 链路聚合的连接方式

链路聚合的连接方式，如图 2-17 所示。

采用 LACP 聚合的双方（分别称为 Actor 和 Partner）通过称之为 LACPDU（LACP Data Unit）的协议报文来交互本端（Actor）和对端（Partner）的聚合信息，以对整个链路聚合的认识达成一致。协议报文主要包含以下信息：本端和对端系统优先级、本端和对端系统 ID、本端和对端的端口操作 key、本端和对端的端口优先级、本端和对端的端口 ID、本端和对端的端口状态。聚合的双方根据这些信息，按照一定的选择算法选择合适的链路，控制聚合的状态。被选中的成员链路可以正常转发流量，而未被选中的成员链路将被置为阻塞状态，不能转发任何流量。聚合链路的总带宽等于被选中的成员链路的带宽之和，并且聚合链路上的流量会按照一定的规则分担到各个选中的成员链路上，由于 LACPDU 是周期性交互，即聚合的双方每隔一段时间便互发一次协议报文，所以当有选中成员链路因为某种原因不能工作时，链路聚合可以很快地感知到，并重设链路状态，置该链路为阻塞，流量被重新分配给其他选中成员链路。于是实现了增加带宽、链路动态备份的功能。

按照聚合方式的不同，链路聚合可以分为两种模式：静态聚合模式和动态聚合模式。

1）静态聚合：静态 LACP 聚合由用户手工配置，不允许系统自动添加或删除汇聚组中的端口。汇聚组中必须至少包含一个端口，当汇聚组只有一个端口时，只能通过删除汇聚组的方式将该端口从汇聚组中删除。

2）动态聚合：动态 LACP 聚合是一种系统自动创建/删除的汇聚，不允许用户增加或删除动态 LACP 汇聚中的成员端口。只有速率和双工属性相同、连接到同一个设备、有相同基本配置的端口才能被动态汇聚在一起。即使只有一个端口也可以创建动态汇聚，此时为单端口汇聚。动态汇聚中，端口的 LACP 处于使能状态。

（2）LACP 配置要领（见图 2-18）

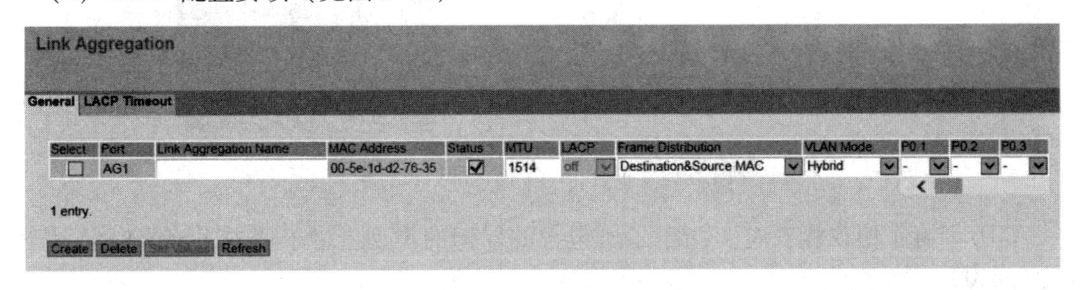

图 2-18　LACP 配置要领

1）物理连接上：两个交换机的链路结合必须保持端口类型（电口或者都为单模、多模光口）、速率（百兆、千兆），工作模式（全双工）一致，同时聚合的模式（Hash 方式）一致才能聚合成功。

2）配置参数上：聚合过程的 MTU、Frame 帧模式（MAC 或者 IP）应一致，聚合的互联端口只需一端为 active 模式。

4. 虚拟局域网（VLAN）原理、配置

（1）虚拟局域网（VLAN）原理

虚拟局域网（VLAN）是一组逻辑上的设备和用户，这些设备和用户并不受物理位置的限制，可以根据功能、部门及应用等因素将它们组织起来，相互之间的通信就好像它们在同一个网段中一样，由此得名虚拟局域网，由于交换机端口有两种 VLAN 属性，其一是 VLANID，其二是 VLANTAG，分别对应 VLAN 对数据包设置 VLAN 标签和允许通过的 VLANTAG（标签）数据包，不同的 VLANID 端口，可以通过相互允许 VLANTAG，构建 VLAN。VLAN 是一种比较新的技术，工作在 OSI 参考模型的第二层和第三层，一个 VLAN 不一定是一个广播域，VLAN 之间的通信并不一定需要路由网关，其本身可以通过对 VLANTAG 的相互允许，组成不同访问控制属性的 VLAN，当然也可以通过第三层的路由器来完成的，但通过 VLANID 和 VLANTAG 的允许，VLAN 可以为几乎局域网内任何信息集成系统架构逻辑拓扑和访问控制，并且与其他共享物理网路链路的信息系统实现相互间无扰共享。VLAN 可以为信息业务和子业务、以及信息业务间提供一个相符合业务结构的虚拟网络拓扑架构并实现访问控制功能。与传统的局域网技术相比较，VLAN 技术更加灵活，它具有以下优点：网络设备的移动、添加和修改的管理开销减少，可以控制广播活动，可以提高网络的安全性。

VLAN 标记：

带有 VLAN 标记的以太网帧如图 2-19 所示，每个帧均必须能够唯一地分配给一个 VLAN。帧是使用一个标记分配的，标记的长度为 4 字节，用于扩展以太网报头。该标记中记录有以下信息：

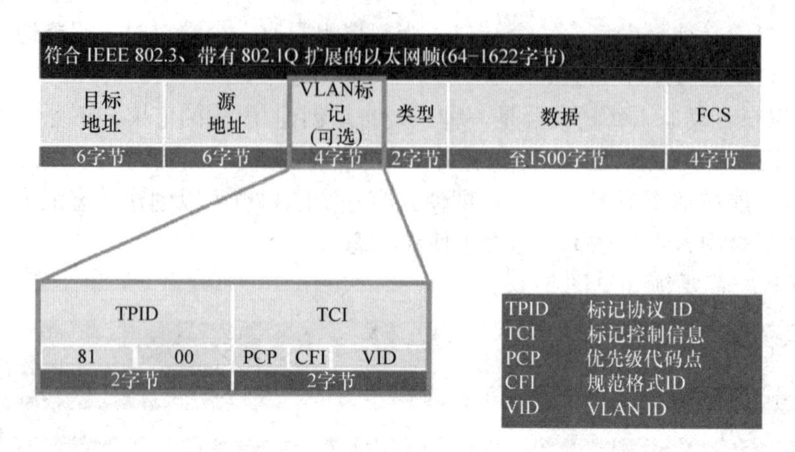

图 2-19 带有 VLAN 标记的以太网帧

TPID：“标记协议标识符”指定了所包含的标记的类型。对于用户 VLAN 标记，TPID 值为 0x8100。

TCI：“标记控制信息”包含关于帧的 VLAN 的实际信息。该信息分为 PCP、CFI 和 VID。

PCP：“优先级代码点”是介于 0 和 7 之间的一个值，它规定了帧的优先级。

CFI：“规范格式 ID”规定了信息格式。

VID：VLAN ID 规定了 VLAN 数目，因而定义了与 VLAN 的附属关系。ID 的大小为 12 位。这意味着 VID 可以是 0～4095 之间的值。但是，VID 0 仅用于优先排序；4095 是保留值。

帧的入口和出口处理：在分配 VLAN 并转发特定 VLAN 的帧时，我们通常会区分入口处理和出口处理，即帧到达交换机时发生的情况以及帧离开交换机时发生的情况。

1）入口处理：如果一个帧到达具有 VLAN 功能的交换机，那么该交换机首先会检查是否已存在 VLAN 标记。如果已存在这种标记，则该标记保持不变，帧转发到相应端口。切换时，将会遵循该帧的优先级。我们将在下面的章节中对此进行详细的说明。如果一个没有标记的帧到达交换机，那么该交换机必须向该帧添加一个 VLAN 标记。在此过程中，仅考虑基于端口的 VLAN 分配。该帧接收该端口的 VID 以及为该端口设置的优先级。在入口侧，一个端口只能是一个 VLAN 的成员。

2）出口处理：帧已接收一个标记，因此已唯一分配给一个 VLAN。交换机的出口设置确定了转发该帧的目标端口。出口设置基本是指定哪个 VLAN 便转发到哪个端口。可通过两种不同的方式来转发带有 VLAN 标记的帧：不带标记（“U”）和带有标记（“M”）。所用的设置取决于将帧转发的哪个设备。与入口标记不同的是，在出口侧，一个端口可以是多个 VLAN 的成员。

3）交换机之间的出口设置：通过交换机相互连接的端口，通常会在出口设置中将所有 VLAN 设置为带标记 VLAN。因此，VLAN 信息在从一台交换机转发到另一台交换机时不会丢失。若 VLAN 不是在本地连接，而是跨多台交换机连接，这种设置尤其必要。端口模式“trunk”是专门针对交换机之间连接设计的。结果是所有为该设备组态的 VLAN 都将转发到带标记的端口。

4）终端设备的出口设置：大多数终端设备不支持 VLAN 标记，因此无法使用 VLAN 信息执行任何操作。还有一些设备会丢弃带 VLAN 标记的帧。因此，将会移除发送到终端设备的帧的标记。这些端口仅转发 VLAN，帧会丢失其 VLAN 标记。

VLAN 的优先排序：

VLAN 标记的 PCP（Priority Code Point，优先级代码点）中记录有一个数字。使用该数字，可对流量类型进行分类。一些帧的优先级高于其他帧。当一台交换机得到充分利用且帧无法足够快地转发时，就会有这种情况。必须对数据进行缓冲，在最差情况下，需将数据丢弃。如果一个帧的优先级高于其他帧的优先级，可确保该帧第一个转发。优先级 IEEE 802.1Q－2005 中规定了以下不同优先级见表 2-1。

表 2-1 不同优先级的定义

PCP	优先级	分类
1	0（最低）	背景
0	1	最大努力
2	2	出色努力
3	3	关键应用
4	4	视频
5	5	语音
6	6	网间控制
7	7（最高）	网络控制

交换机中的优先排序机制如图 2-20：

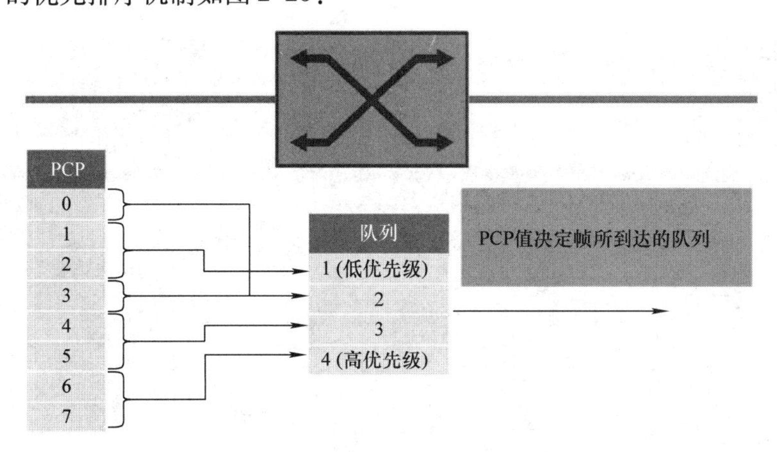

图 2-20 交换机中的优先排序

如图交换机中的优先排序机制，ASIC 交换机专用芯片中的队列功能实现有线排序。仅当交换机过载或多个帧同时到达时，才会对帧进行优先排序。根据具体性能等级，交换机具有不同数目的队列（两个到八个）。严格优先级队列总是按照一定顺序清空队列：首先清空队列 4，然后是队列 3 等。如果队列 4 中的帧已缓冲，则不会发送其他队列中的帧。如果帧在队列 3 中挂起，则不会从队列 2 或 1 的转发任何帧。加权循环调度优先级队列所有队列都是从最高优先级到最低优先级排序。如果一个队列中存在帧，则将这些帧转发。任何时刻最多会从一个队列发送 X 个帧，X 取决于优先级。这可确保在高优先级设备产生过高负荷的情况下（例如发生错误时），没有帧保留在低优先级队列中。PCP 到队列映射 VLAN 标记的 PCP 值用于判定哪个帧在哪个队列中缓冲。每个交换机内部都存储有一个表，在该表中，队列可以分配给每个 PCP 值。这种映射关系通常在出厂时已根据 IEEE 802.1Q 组态好。使用现代交换机时，可以经常调整映射以满足自己的需要。

（2）虚拟局域网（VLAN）配置要领

VLAN 的出口配置界面和入口配置界面如图 2-21、图 2-22 所示。

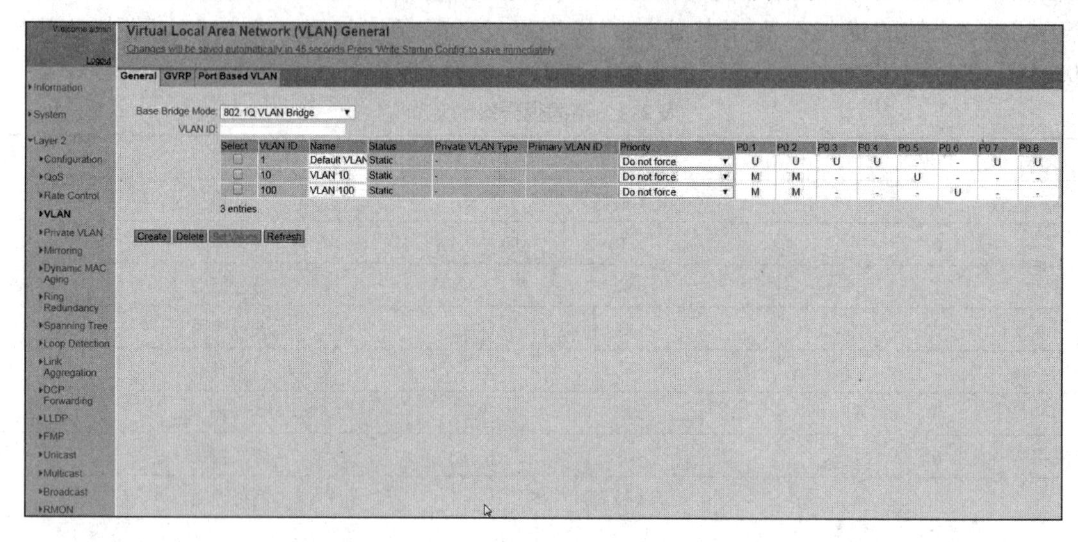

图 2-21 VLAN 的出口配置界面

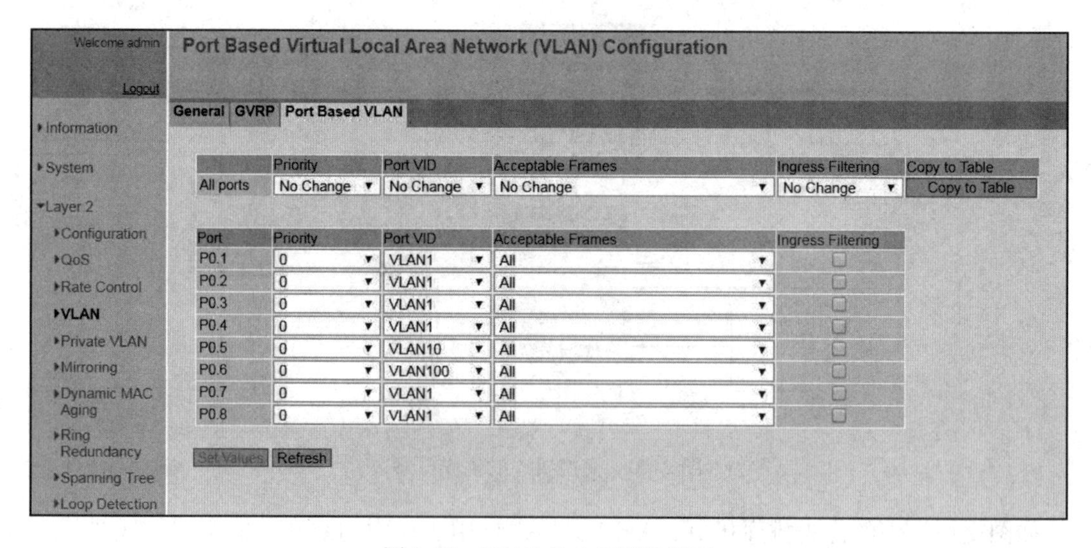

图 2-22 VLAN 的入口配置界面

1）VLAN 设置的一般原则，VLAN 的出入口设置需要匹配（入口 ID 和出口标签应一致），否则将导致配置错误。交换机接终端设备的端口一般要设置为去掉标签（“U”），否则终端可能无法别带 VLAN 标签的数据报文，如果交换机的终端需要透传多个 VLAN 的数据，则通过设置 VLAN 桥接的方式（多个“M”）或者直接设置端口为 VLAN Trunk。

2）划分 VLAN 的目的是进行区域隔离，防止广播风暴，因此一般来说不建议配置为 VLAN Trunk 方式，VLAN Trunk 将会透传该交换机的所有 VLAN 数据，常规情况下一般推荐使用 VLAN 桥接的方式，只透传需要的 VLAN 数据，从而使 VLAN 划分达到最好的效果。

3）划分 VLAN 后将阻断不同 VLAN 之间的广播、组播和单播数据，常规情况下，不同的 VLAN 之间的单播通信需要通过路由方式实现（不同的子网），路由的本质是通过路由器修改 VLAN - ID 以便达到通信的目的。

4）在非标准情况下，想让不同的 VLAN 之间达到既隔离又能通信的目的，可以使用 Provita - VLAN 功能，除非一些特殊场景一般情况下不推荐。

5. 交换机常用三层功能

交换机工业路由协议的主要作用是在划分 VLAN 基础上实现 VLAN 之间的路由通信，包括路由单播和路由组播通信，从而保证工业网络终端的路由通信应用，包括 IP 路由基础、本地路由、静态路由、OSPF、VRRP、PIM - SM 等，通过对每个协议的工作原理及应用场景的详细介绍，给出结合实际的配置过程。

（1）静态路由的工作原理

静态路由是一种路由的方式，路由项由手动配置，而非动态决定。与动态路由不同，静态路由是固定的，即使网络状况已经改变或是重新被组态。一般来说，静态路由是由网络管理员逐项加入路由表。静态路由如图 2-23 所示。

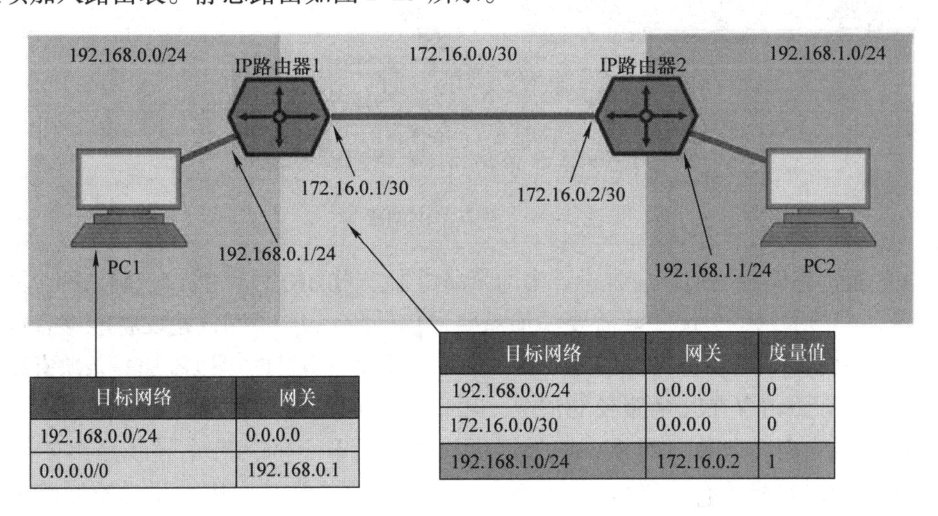

目标网络	网关
192.168.0.0/24	0.0.0.0
0.0.0.0/0	192.168.0.1

目标网络	网关	度量值
192.168.0.0/24	0.0.0.0	0
172.16.0.0/30	0.0.0.0	0
192.168.1.0/24	172.16.0.2	1

图 2-23　静态路由

如果网络变大，那么仅包含直连网络的路由器将不够用。补充了第二个路由器（IP 路由器 2），那么 PC1 和 PC2 不能够通信。两个路由器之间构建了一个传送网络。传送网络不包含任何终端节点，仅用于连接路由器。一般配置最大化的子网掩码，以节省 IP 地址的使用。所有远程网络（即不能直接访问的网络）需要在 IP 路由器中手动输入。静态路由表条目在 IP 路由器 1 中，必须补充如何到达网络 192. 168. 1. 0/24 的条目。此处，自身 IP 接口不再作为网关输入。该网络只能经由 IP 路由器 2 来访问，通过其接口 IP172. 16. 0. 2。反之亦然，在经由网关 172. 16. 0. 1 的 IP 路由器 2 上，也必须设置到达网络 192. 168. 0. 0/24 的条目，否则 PC2 将不能访问 PC1。

1）优点：使用静态路由的另一个好处是网络安全保密性高。动态路由因为需要路由器之间频繁地交换各自的路由表，而对路由表的分析可以揭示网络的拓扑结构和网络地址等信息。因此，网络出于安全方面的考虑也可以采用静态路由，由于静态路由不会产生更新流量，所以不占用网络带宽。静态路由适用于中小型网络。

2）缺点：大型和复杂的网络环境通常不宜采用静态路由。一方面网络管理员难以全面地了解整个网络的拓扑结构；另一方面当网络的拓扑结构和链路状态发生变化时，路由器中的静态路由信息需要大范围地调整，这一工作的难度和复杂程度非常高。当网络发生变化或网络发生故障时，不能重选路由，很可能使路由失败。

（2）静态路由的配置要领（见图 2-24）

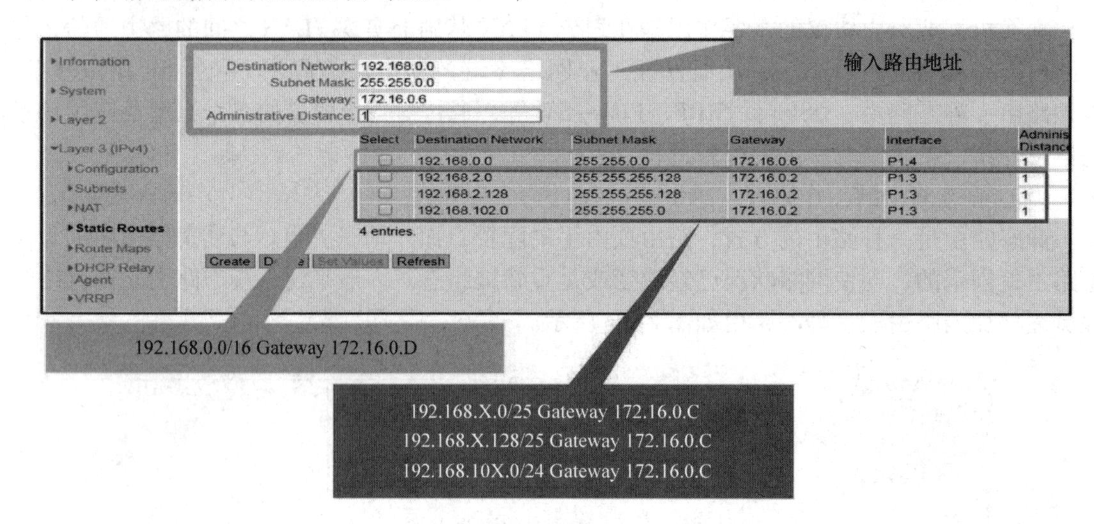

图 2-24 静态路由的配置

1）在配置静态路由之前，应先设计出两个路由器之间的路由 IP 接口，确认两个路由器之间需要通信的子网的网段，按实际需要添加需要通信的相互 IP 子网，建议将能够合并的小子网合并成一个大子网以减少静态路由的条目，如果网络比较散乱时可以添加一条缺省路由。

2）如果静态路由存在冗余路径的情况，可以通过调整路径花费（Cost 或者 Metric）来控制路由路径的走向。此种情况下，如果路径设置不当时可能会产生异步路由的问题（路由数据的去包和回包路径不一致），异步路由对于大多数的终端应用来说是不影响的，同时还有均衡数据链路负载的作用，但是对于一些特殊的应用协议如 OPC DA/UA 来说是不允许的，所以应根据实际情况来考虑。

3）此外，在存在多静态路由路径情况下，常规情况下的路由器以静态路由端口的 Link Up/Down 状态来决定是否启用该端口的静态路由条目，但同时也建议尽量开启静态路由浮动追踪功能（IP-SLA），以方便即使存在中间二层交换机路径情况进行路由路径的切换。

（3）动态路由（以 OSPF 为主）的工作原理

动态路由是与静态路由相对的一个概念，指路由器能够根据路由器之间交换的特定路由信息自动地建立自己的路由表，并且能够根据链路和节点的变化适时地进行自动调整。当网络中节点或节点间的链路发生故障，或存在其他可用路由时，动态路由可以自行地选择最佳的可用路由并继续转发报文。

动态路由机制的运作依赖路由器的两个基本功能：路由器之间适时地交换路由信息，对路由表的维护：

① 路由器之间适时地交换路由信息。动态路由之所以能根据网络的情况自动计算路由、选择转发路径，是由于当网络发生变化时，路由器之间彼此交换的路由信息会告知对方网络的这种变化，通过信息扩散使所有路由器都能得知网络的变化。

② 路由器根据某种路由算法（不同的动态路由协议算法不同）把收集到的路由信息加工成路由表，供路由器在转发 IP 报文时查阅。

在网络发生变化时，收集到最新的路由信息后，路由算法重新计算，从而可以得到最新的路由表。

- OSPF（开放式最短路径优先）协议

OSPF（Open Shortest Path First，开放式最短路径优先）是一个为大型路由网络设计的内部网关协议（Interior Gateway Protocol，IGP），用于在单一自治系统（Autonomous System，AS）内决策路由。通过该协议，公司的所有基础设施可以实现互联。它是专门针对较老旧的路由协议（如路由信息协议 RIP）在使用上有诸多限制而设计的。在 RFC 2328 的版本 2 中，规定将 OSPF 协议用于 IPv4 网络。针对 IPv6 网络，开发了版本 3。该版本是在 RFC 5340 中定义的，也称为“OSPF for IPv6”。链路状态路由 OSPF 协议中路由表的计算基于链路状态信息（链路状态）。即 OSPF 路由器知道网络中所有 OSPF 路由器的所有活动的 IP 接口（IP 地址和子网掩码），并可基于这种信息计算路由。Dijkstra 最短路径优先算法用于该计算。

- 工作流程

1）初始化形成端口初始信息：在路由器初始化或网络结构发生变化（如链路发生变化，路由器新增或损坏）时，相关路由器会产生链路状态广播数据包 LSA，该数据包里包含路由器上所有相连链路，也即为所有端口的状态信息。

2）路由器间通过泛洪（Floodingl）机制交换链路状态信息：各路由器一方面将其 LSA 数据包传送给所有与其相邻的 OSPF 路由器，另一方面接收其相邻的 OSPF 路由器传来的 LSA 数据包，根据其更新自己的数据库。

3）形成稳定的区域拓扑结构数据库：OSPF 路由协议通过泛洪法逐渐收敛，形成该区域拓扑结构的数据库，这时所有的路由器均保留了该数据库的一个副本。

4）形成路由表：所有的路由器根据其区域拓扑结构数据库副本采用最短路径法计算形成各自的路由表。

- OSPF 分组

OSPF 协议依靠五种不同类型的分组来建立邻接关系和交换路由信息，即问候分组、数据库描述分组、链路状态请求分组、链路状态更新分组和链路状态确认分组。

1）问候（Hello）分组：OSPF 使用 Hello 分组建立和维护邻接关系。在一个路由器能够给其他路由器分发它的邻居信息前，必须先问候它的邻居们。

2）数据库描述（Data Base Description，DBD）分组：DBD 分组不包含完整的“链路状态数据库”信息，只包含数据库中每个条目的概要。当一个路由器首次连入网络，或者刚刚从故障中恢复时，它需要完整的“链路状态数据库”信息。此时，该路由器首先通过hello分组与邻居们建立双向通信关系，然后将会收到每个邻居反馈的 DBD 分组。新连入的这个路由器会检查所有概要，然后发送一个或多个链路状态请求分组，取回完整的条目信息。

3）链路状态请求（Link State Request，LSR）分组：LSR分组用来请求邻居发送其链路状态数据库中某些条目的详细信息。当一个路由器与邻居交换了数据库描述分组后，如果发现它的链路状态数据库缺少某些条目或某些条目已过期，使用LSR分组来取得邻居链路状态数据库中较新的部分。

4）链路状态更新（Link State Update，LSU）分组：LSU分组被用来应答链路状态请求分组，也可以在链路状态发生变化时实现洪泛（flooding）。在网络运行过程中，只要一个路由器的链路状态发生变化，该路由器就要使用LSU，用洪泛法向全网更新链路状态。

5）链路状态确认（Link State Acknowledgment，LSAck）分组：LSAck分组被用来应答链路状态更新分组，对其进行确认，从而使得链路状态更新分组采用的洪泛法变得可靠。

- 优点

1）OSPF适合在大范围的网络：OSPF协议当中对于路由的跳数，它是没有限制的，所以OSPF协议能用在许多场合，同时也支持更加广泛的网络规模。只要是在组播的网络中，OSPF协议能够支持数十台路由器一起运作。

2）组播触发式更新：OSPF协议在收敛完成后，会以触发方式发送拓扑变化的信息给其他路由器，这样就可以减少网络宽带的利用率；同时，可以减小干扰，特别是在使用组播网络结构，对外发出信息时，它对其他设备不构成其他影响。

3）收敛速度快：如果网络结构出现改变，OSPF协议的系统会以最快的速度发出新的报文，从而使新的拓扑情况很快地扩散到整个网络；而且OSPF采用周期较短的HELLO报文来维护邻居状态。

4）以开销作为度量值：OSPF协议在设计时，就考虑到了链路带宽对路由度量值的影响。OSPF协议是以开销值作为标准，而链路开销和链路带宽，正好形成了反比的关系，带宽越是高，开销就会越小，这样一来，OSPF选路主要基于带宽因素。

5）OSPF协议的设计是为了避免路由环路：在使用最短路径的算法下，收到路由中的链路状态，然后生成路径，这样不会产生环路。

6）应用广泛：广泛地应用在互联网上，其他会有大量的应用实例。证明这是使用最广泛的路由协议之一。

（4）动态路由（以OSPF为主）的配置要领（见图2-25）

1）OSPF是工业网络和IT网络最为常用的动态路由协议，配置过程中应保证Router ID唯一不冲突，这个路由器能够进行OSPF正常工作的第一步。

2）常规情况下，如果一个OSPF路由网络中路由器的规模不超过50台的可以不划分区域，方便故障排查，此外建议通过路由重分发的方式控制路由表规模，如果子网规模过多的情况下可通过划分区域+路由重分发的方式进一步控制路由表的规模，路由表规模的控制对于路由器的CPU消耗至关重要。

3）不同路由之间的OSPF的Hello时间、Dead时间和Retry参数需要一致才能Hello成功并形成邻居关系，通过调整OSPF的路径花费可以控制OSPF的路由路径。

4）开启OSPF动态路由的优点是路由学习简单省事，但不足之处会带来路由表规模控制的困难，因此在一些路由通信比较清晰的地方可以通过OSPF+静态路由的组合方式达到路由实现的最优效果。

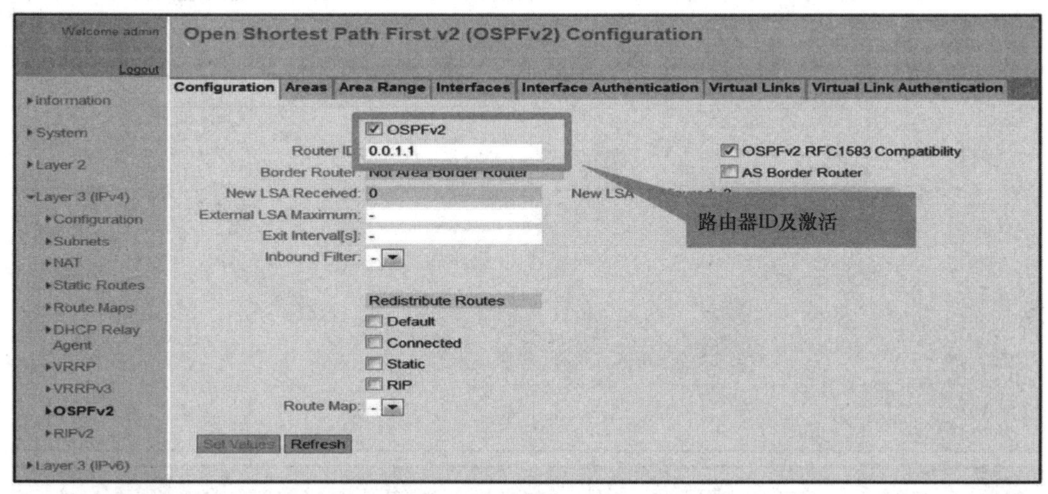

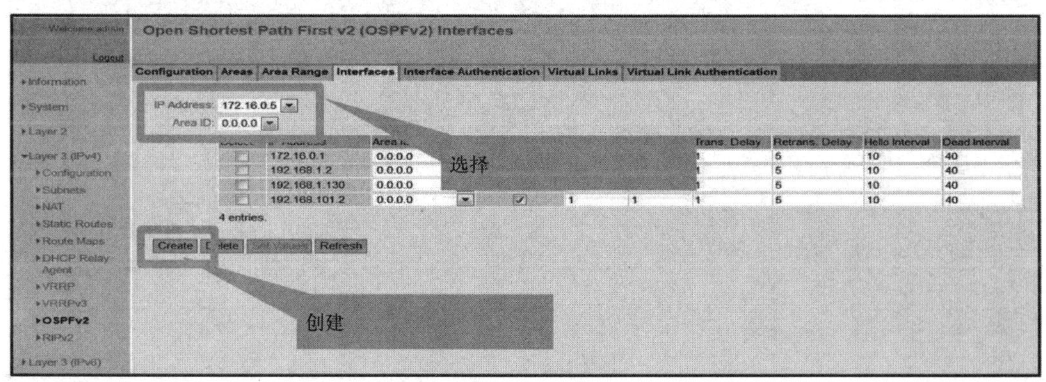

图 2-25　配置 OSPF 的 Router ID 以及需要发布的 OSPF 子网接口

（5）虚拟路由冗余协议（VRRP）的原理（见图 2-26）

自动化网络由多条产线、分布式工厂安全组件以及现场办公网络构成。整个网络已划分为多个逻辑区域和子网。所有设备和组件通过一个自动化骨干网连接在一起。各网段间的通信是通过 Internet 协议进行的。为了进行监控，自动化网络已连接到办公网络，并在办公网络中集中收集数据。为了使连接稳定、可靠，冗余连接自动化网络和办公网络的设计是有必要的。

在自动化骨干核心的环网中，安装了一台额外的 IP 路由器，该路由器在第一台路由器出现故障时接管网络连接。实现冗余自动化网络中的各种 VLAN 路由以及在连接办公网络方向上，路由器冗余功能是通过虚拟路由器冗余协议实现的。

虚拟路由器冗余协议是一个标准化冗余协议。在 RFC 2338 中，该协议的版本 2 是面向 IPv4 定义的，并且在 RFC 3768 中进行了纠正性说明。随着 IPv6 的出现，产生了版本 3。该版本是在 RFC 5798 中定义的，涉及 IPv4 路由器和 IPv6 路由器。该协议为了能够提供冗余路由器，其切换对终端节点完全透明。虚拟路由器作为网关，虚拟路由器冗余协议的工作原理是为终端节点提供作为网关的虚拟路由器，该虚拟路由器后面隐藏有两台或更多台实际路由器，其中一台路由器处于活动状态并承担主路由器（从而路由）的角色。所有其他路由器作为备份路由器运行，并检查主路由器是否仍处于活动状态，在必要时接管其运行。虚拟路由器的使用如图 2-27 所示。

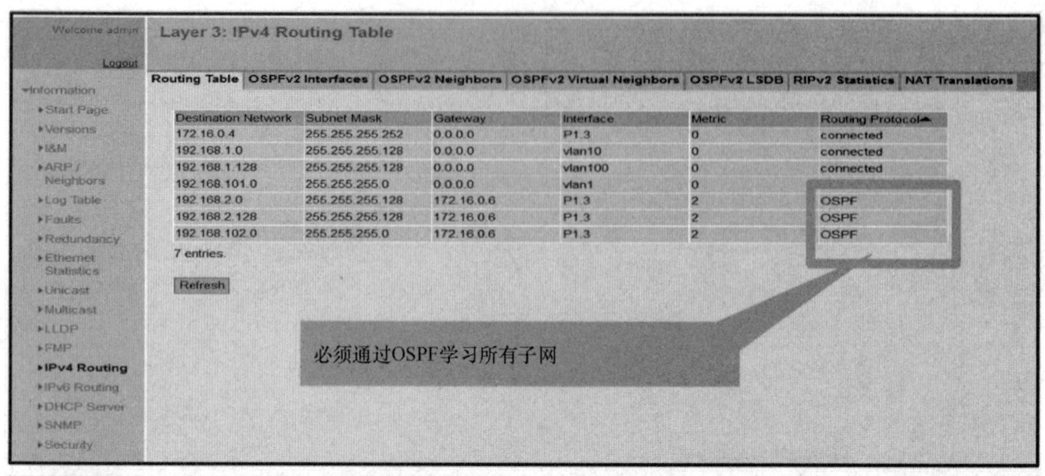

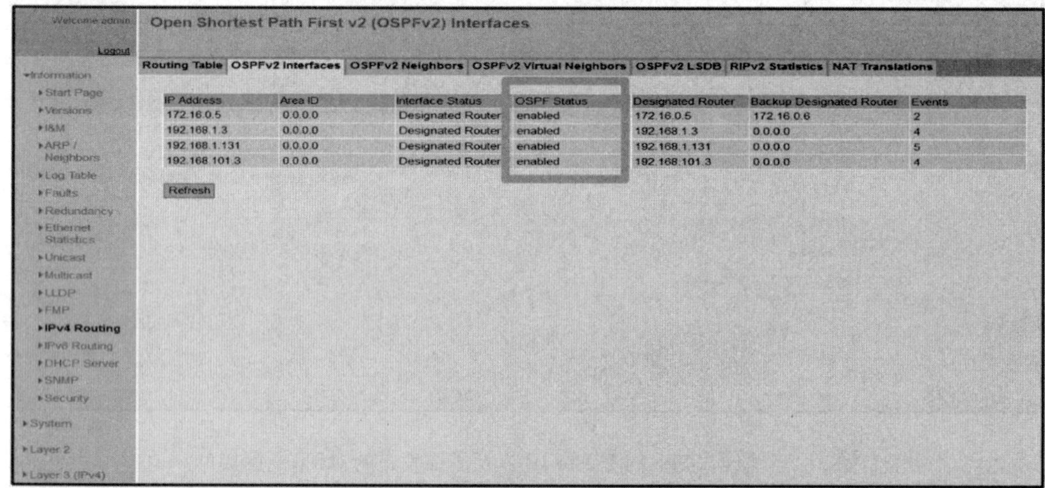

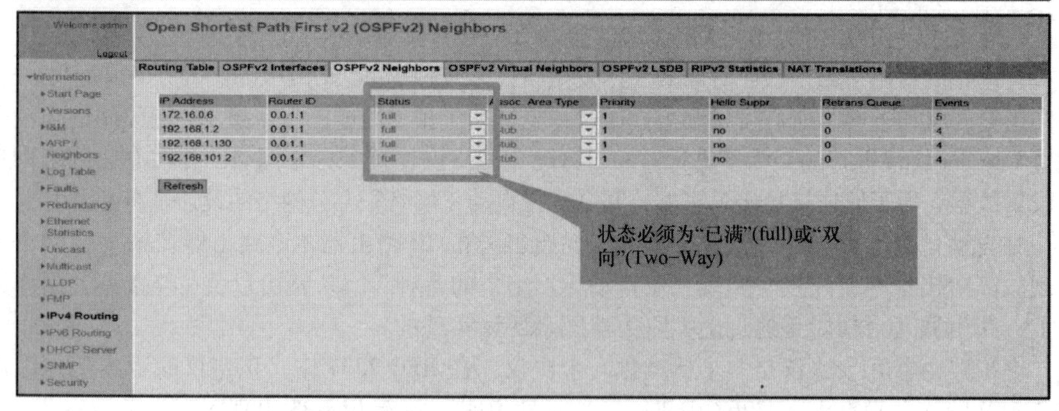

图 2-26　查看 OSPF 的 IP 子网接口状态以及邻居关系

虚拟路由器在 VRRP（Virtual Router Redundancy Protocol，虚拟路由冗余协议）中是通过虚拟路由器 ID（VRID）、定义的 MAC 地址以及一个或多个它所“监听”的 IP 地址（所谓关联 IP 地址）定义的。确切地说，并不是整个路由器都是虚拟的，而是具体 IP 接口是虚拟的。路由器可以是一个 IP 接口上的主路由器以及另一个 IP 接口上的备份路由器。为了能够向一个组清晰分配两个或更多个路由器（它们一起构成一个虚拟路由器），需在每个设备

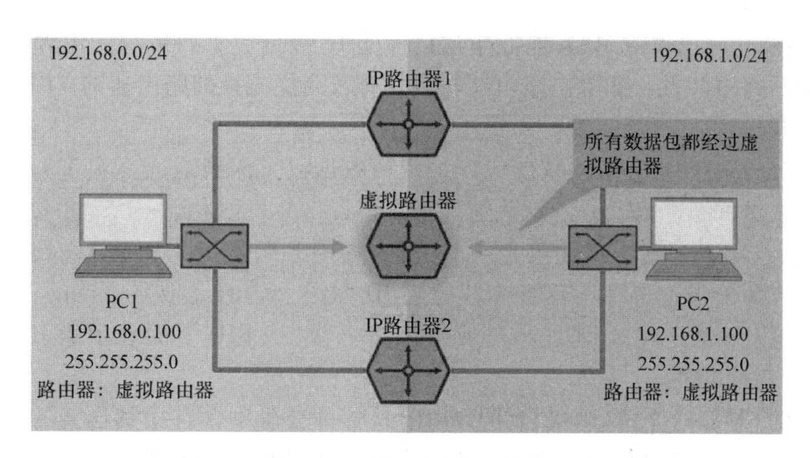

图 2-27　虚拟路由器的使用

中配置一个 VRID。该 VRID 是介于 1 ~ 255 范围内的一个数字，在子网中必须是唯一的。一个组的所有路由器必须配置相同的 VRID，与每个实际路由器类似，虚拟路由器也需要一个 MAC 地址，终端节点可向该地址转发以太网帧。该 MAC 地址是为 VRRP 保留的，由一个固定部分以及 VRID（十六进制）组成：00 - 00 - 5e - 00 - 01 - VRID。关联的 IP 地址在图 2-27中显示了两个路由器。两个路由器在网络 192. 168. 0. 0/24 中都具有一个 IP 接口。IP 路由器 1 具有 IP 地址 192. 168. 0. 2，IP 路由器 2 具有 IP 地址 192. 168. 0. 3。虚拟 IP 地址是借助于 VRRP 定义的，作为虚拟路由器的地址。该地址可以是实际使用的 IP 地址之一（此处为 192. 168. 0. 2 或 192. 18. 0. 3），但也可以是第三个 IP 地址，如图 2-28 中 VRRP 的 IP 关联所示（192. 168. 0. 1）。一个组中的所有 VRRP 路由器都必须具有相同的关联 IP 地址。

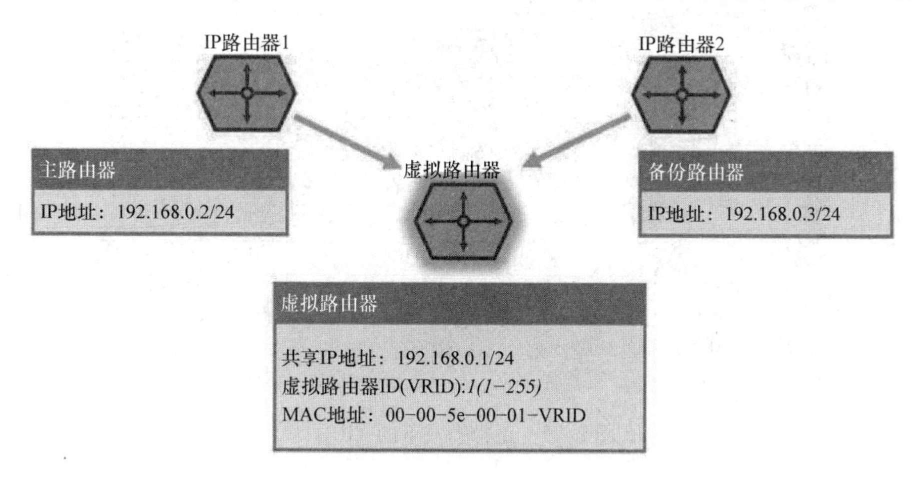

图 2-28　VRRP 的 IP 关联

1）VRRP 主路由器的任务：如果 VRRP 路由器处于主路由器状态，那么它是负责 IP 路由的路由器，执行以下任务：

① 主站向已激活 VRRP 的所有活动 IP 接口循环发送 VRRP 公告。

② 它必须应答向虚拟 IP 地址的终端节点的 ARP 请求。虚拟 MAC 地址用作应答的源 MAC。

③ 它必须接受以该虚拟 MAC 地址作为目标的 IP 数据包。如果数据包含不同网络的 IP 目标地址，随后将被转发。如果主路由器收到具有较高优先级的路由器的 VRRP 公告，那么随后它会转为备份状态。

2）VRRP 公告的内容：这些数据包作为组播数据包发送到地址 224.0.0.18，主要用于向备份路由器发送状态“active”。默认情况下，公告将会每秒发送一次。不过，可以对时间间隔进行设置。VRRP 公告数据包包含以下信息：VRRP 版本值为 2 或 3，具体取决于所用版本的类型。作为公告，始终具有值“1”。VRID 发送公告的虚拟路由器的 VRID。该路由器上已配置的 VRID 优先级 IP 地址数需要由该路由器在 VRID 下面表示的 IP 地址的数量。IP 地址关联 IP 地址的列表。

3）备份路由器的任务：只要收到的 VRRP 伙伴的公告中含有比其自身的优先级更高的优先级，VRRP 路由器就会保持在备份状态。备份路由器执行以下任务：

① 具有备份角色的所有路由器都等待主路由器的循环公告。

② 只有主路由器才能应答虚拟 IP 地址的 ARP 请求。备份路由器必须拒绝这些请求。

③ 备份路由器将会放弃以虚拟 MAC 地址作为目标地址的所有帧。

④ 如果备份路由器不再接收到主路由器的任何公告，那么它本身会在一段超时之后成为主路由器，接管主路由器的任务。

4）正常模式下的 VRRP：正常模式下，主路由器处于激活状态，备份路由器等待主路由器接管路由，并在激活了 VRRP 的所有 IP 接口上循环发送 VRRP 公告。具体而言，它向两个子网循环发送公告。备份路由器此时不处于活动状态，它会监听主路由器的 VRRP 公告。只要收到这些公告，备份路由器就保持在自己的角色中，如图 2-29 正常模式下的 VRRP 所示。

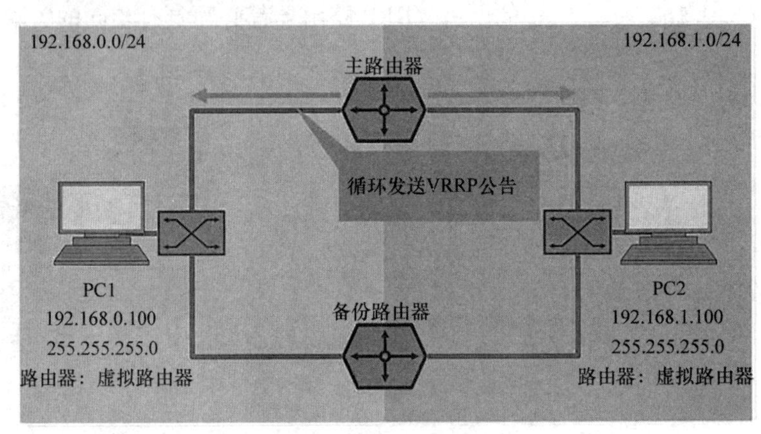

图 2-29 正常模式下的 VRRP

5）发生错误时的 VRRP

① 检测故障：主路由器出现故障时，备份路由器不再接收任何公告。一段超时之后，具有最高优先级的备份路由器接管主路由器的角色。

② 主路由器宕机超时：备份路由器用于确定主路由器不再发送公告的超时是分别在备份路由器上定义的。具有最高优先级的备份路由器定义了最短超时。于是，这些路由器优先动作，尽快发送其公告。

- 超时是根据（3 × 主路由器公告时间间隔）+时滞时间定义的。

● 时滞时间代表取决于设置的优先级的超时部分。它是使用（256 - 优先级）/256 计算的。

● 经过 3 倍的公告时间间隔之后，优先级为 254 的备份路由器接管主路由器功能，而优先级为 1 的备份路由器等待公告时间间隔经过 4 倍。

③ 新的主路由器接管：如果超时已过，并且一台备份路由器检测到主路由器不再发送公告，则该备份路由器接管主路由器的任务。为了确保网络中所有交换机都检测到该虚拟地址在网络中的新位置可用，将以广播方式发送免费 ARP。这意味着该虚拟 IP 地址现在属于该新路由器，将通过 VRRP MAC 地址发送。网络中的交换机通过这种方式更新其 FDB。切换对于终端设备是完全透明的。

如图 2-30 发生错误时的 VRRP 所示。

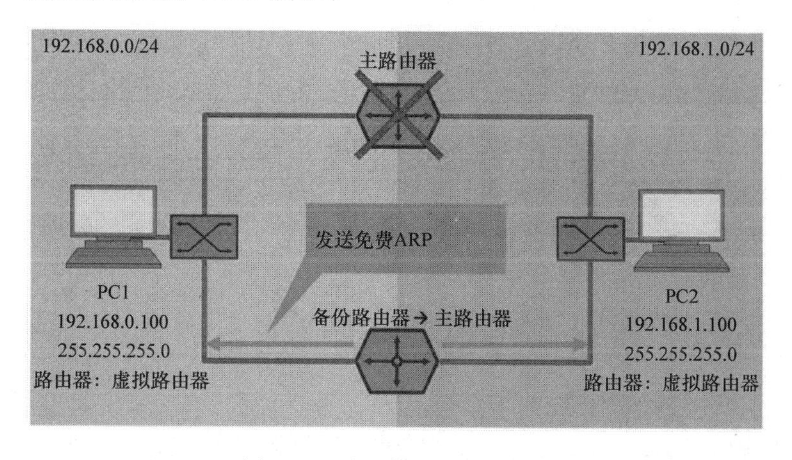

图 2-30 发生错误时的 VRRP

（6）虚拟冗余路由 VRRP 的配置要领

创建 VRRP 实例如图 2-31 所示。

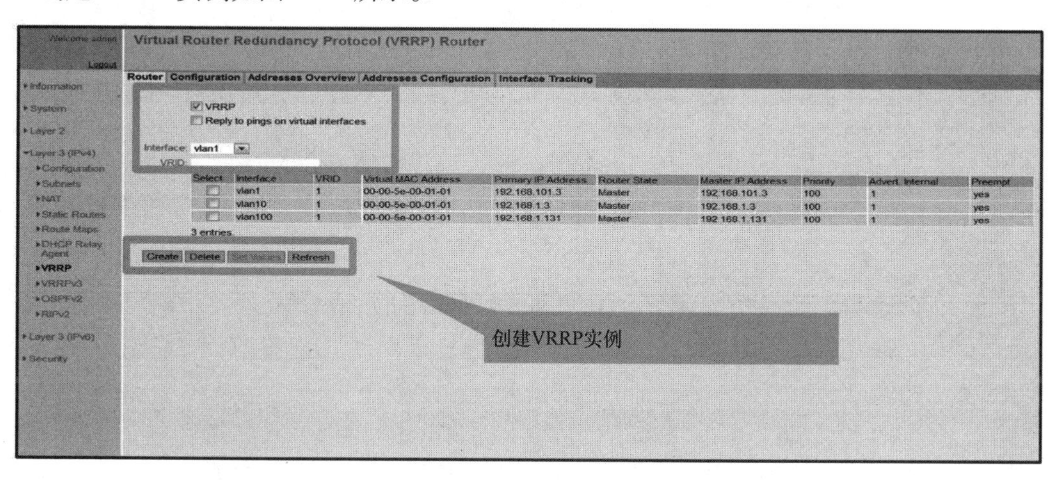

图 2-31 创建 VRRP 实例

VRRP 配置实例如图 2-32 所示。

添加关联 IP 地址如图 2-33 所示。

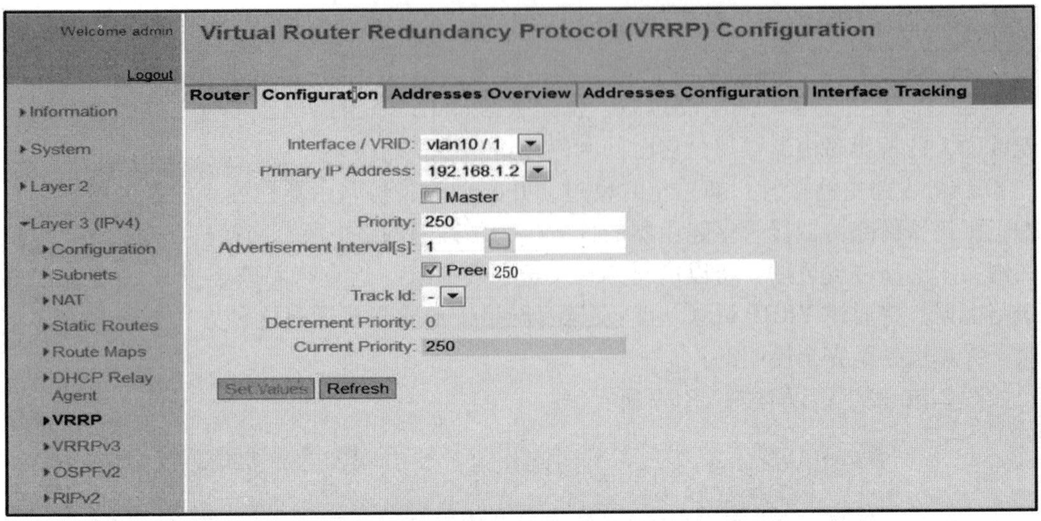

图 2-32 VRRP 配置实例

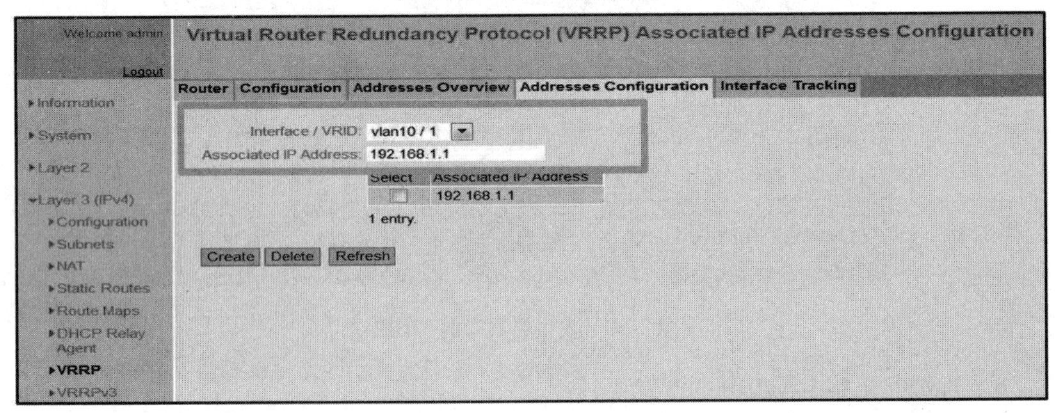

图 2-33 添加关联 IP 地址

VRRP 配置后的工作状态如图 2-34 所示。

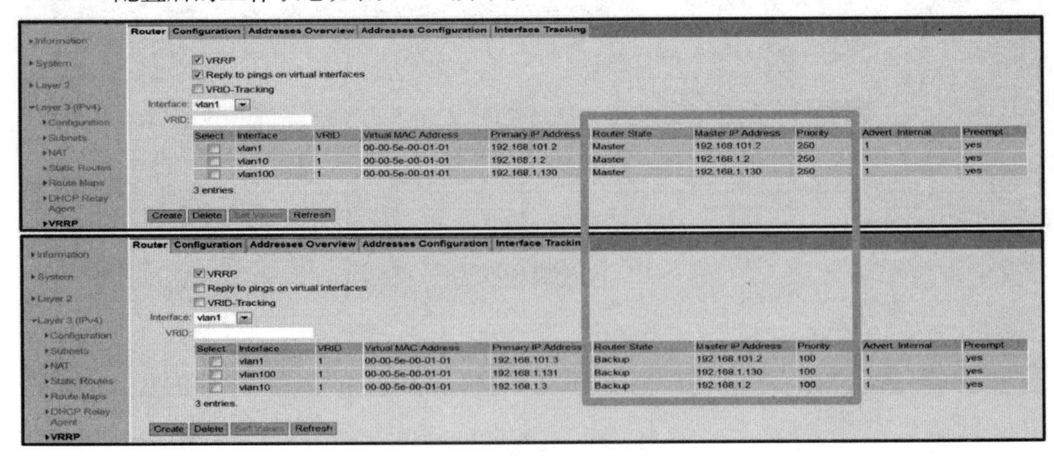

图 2-34 VRRP 配置后的工作状态

1）VRRP 只是为路由器冗余目的，不参与路由路径的计算和路由表的形成。

2）VRRP 参与的路由器可以是2台或者多台，最高不超过16台，虚拟冗余路由器工作不以实际路由器为分组，以 VLAN 为单位，通过 VRRP 可以达到物理路由器的冗余备份和路由负载均衡的双重效果。

3）VRRP 可以和静态路由、OSPF 结合用于一个网络中以达到路由实现最优化+路由器冗余及均衡的双重效果。

（7）路由组播 PIM 工作原理

PIM（Protocol Independent Multicast，协议无关组播），表示为 IP 组播提供路由的单播路由协议可以是静态路由、RIP、OSPF、IS－IS、BGP 等，组播路由和单播路由协议无关，只要单播路由协议能产生路由表项即可。

PIM 协议分为 PIM－DM（协议无关组播－密集模式）和 PIM－SM（协议无关组播－稀疏模式）。

1）PIM－DM（Protocol Independent Multicast Dense Mode，协议独立组播－密集模式），属于密集模式的组播路由协议，主要用于组成员分布相对密集的网络。

协议假设：当组播源开始发送组播数据时，域内所有的网络节点都需要接收数据。

2）PIM－SM（Protocol Independent Multicast Sparse Mode，协议独立组播－稀疏模式），属于稀疏模式的组播路由协议，主要用于组成员分布相对分散、范围较广、大规模的网络。

协议假设：当组播源开始发送组播数据时，域内所有的网络节点都不需要接收数据。

下面是 PIM－SM 的工作原理流程图如图2-35、图2-36、图2-37所示。

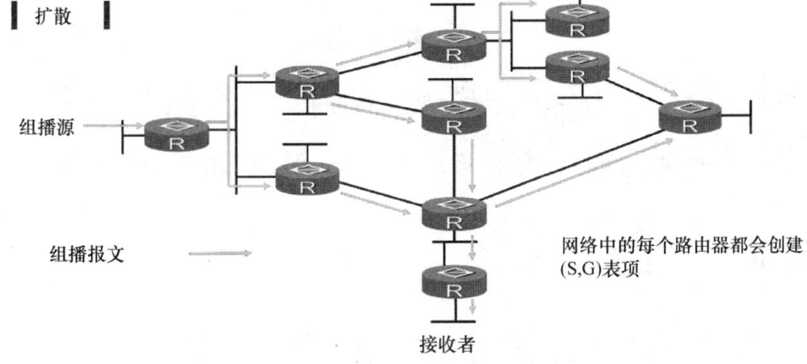

图2-35 PIM－SM 构建 SPT 树

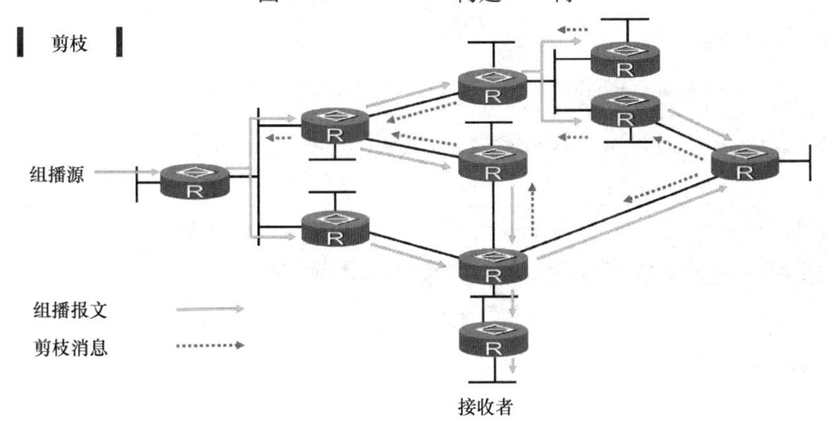

图2-36 PIM－SM 剪枝

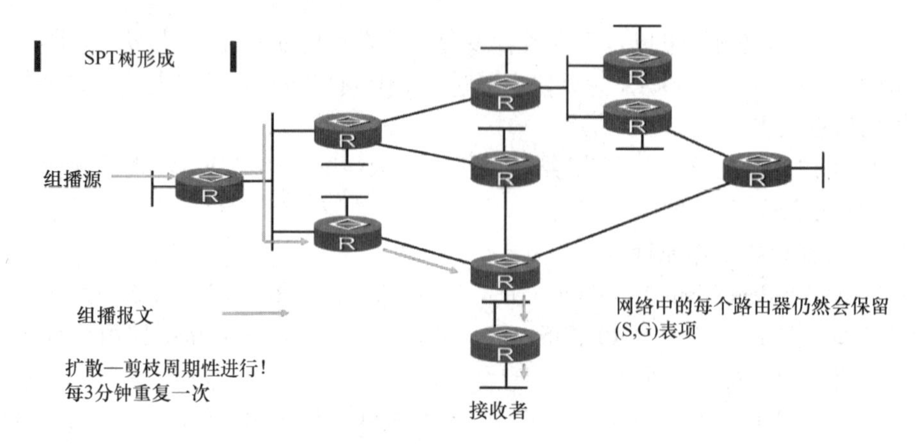

图 2-37 PIM－SM 形成 SPT 树

（8）路由组播 PIM－SM 的配置要领（见图 2-38）

Protocol Independent Multicast (PIM) Protocol

PIM | Interface | RP Static | RP Candidate

☐ PIM Routing
☐ Static Rendezvous Point (RP)
☐ Bidirectional Multicast
☐ Dense Mode

Set Values | Refresh

Protocol Independent Multicast (PIM) Interface Configuration

PIM | Interface | RP Static | RP Candidate

Interface: vlan1
☐ PIM
☐ Bootstrap Router (BSR) Candidate
BSR Candidate Value: 0
Designated Router (DR) Priority: 1
☐ BSR Border

Set Values | Refresh

Protocol Independent Multicast (PIM) Rendezvous Point (RP) Candidate Configuration

PIM | Interface | RP Static | RP Candidate

Group Address:
Group Mask:
RP Interface: vlan1 (192.168.16.155)
☐ Bidirectional Multicast

Select	Group Address	Group Mask	RP Candidate	Bidirectional Multicast	RP Priority
☐	224.0.0.5	255.255.255.255	10.0.0.2	Disabled	192

1 entry.

Create | Delete | Set Values | Refresh

Internet Group Management Protocol (IGMP)

IGMP | Static Groups | Multicast Sources

☐ IGMP

Interface: vlan1

Select	Interface	Version	Query Interval[s]	Max. Response Time[1/10 s]	Last Member Query Interval[1/10 s]
☐	vlan1	3	125	100	10

1 entry.

Create | Delete | Set Values | Refresh

图 2-38 PIM－SM 路由组播配置界面

1）PIM 主要用于路由路径中传输组播数据，比较适合于视频和音频的传输场合，但是对于路由器的 CPU 消耗比较大，对于 PIM－SM 的 RP，BSR 需要进行合理地设置以优化路由组播路径。

2）需要确认子路由条件下是否有 IP 组播通信需求（一组播源多接收端）时才开启 PIM 功能，否则只走路由单播即可。

6. 交换机的 Syslog 功能

Syslog 是一种简单的二进制 UDP/IP。基于该协议，应用程序可将警报、警告或错误状态发送到 Syslog 服务器中，如图 2-39 所示。

交换机设备可以作为 Syslog 客户端，将交换机发生的一些关键事件的信息发送给 Syslog Server，这样可以对交换机的关键信息进行监控，此外，还可以选择哪些事件需要发给 Syslog Server，如图 2-40 所示。

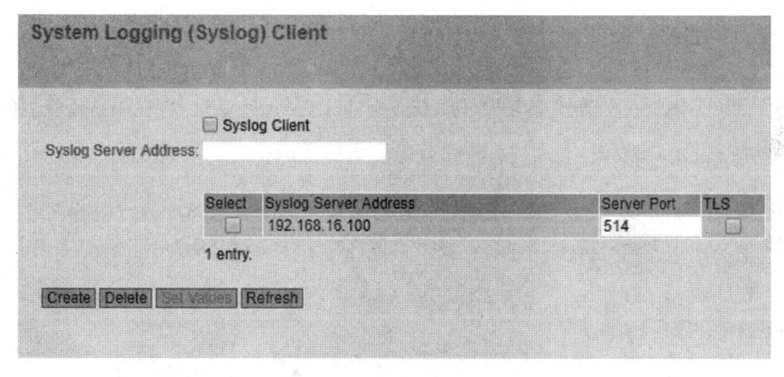

图 2-39　交换机配置为 Syslog Client 界面

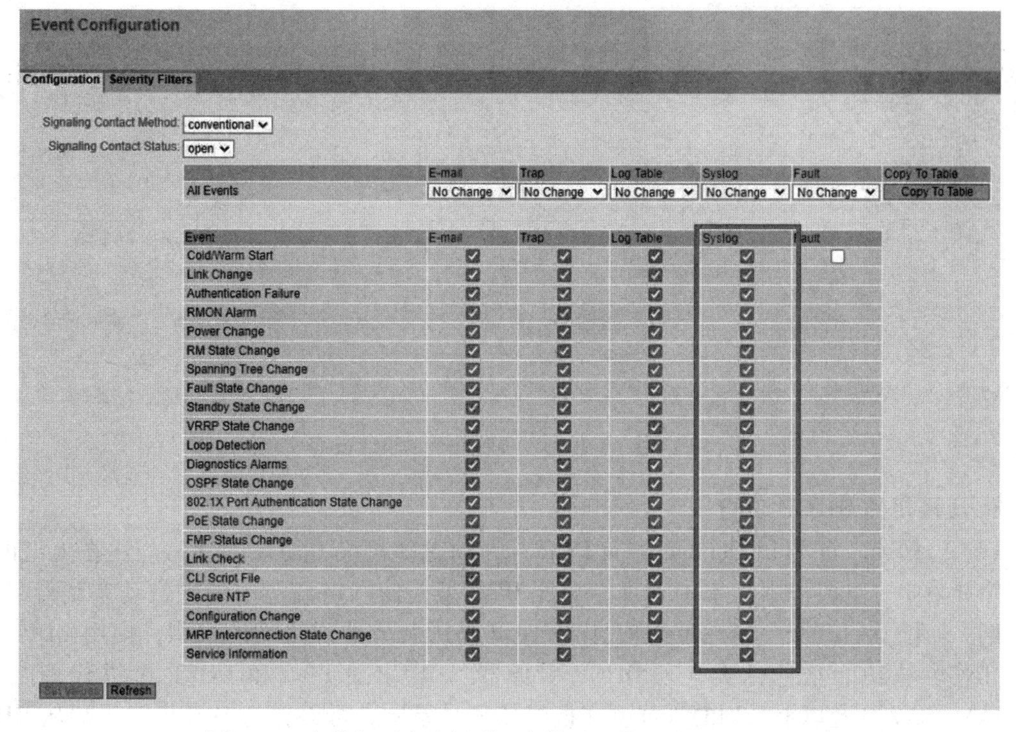

图 2-40　交换机可以选择哪些事情需要发送到 Syslog Server

7. 交换机的 NTP 功能

网络时间协议（Network Time Protocol，NTP）是通过基于数据包的通信网络进行计算机系统时钟同步的标准，NTP 是局域网和广域网中同步系统时钟的通用模式。NTP 不仅将各个时钟互相同步，还建立 NTP 时间服务器和 NTP 客户端体系。

交换机作为 NTP 客户端或者 NTP 服务器，当交换机作为 NTP 服务器，它将作为 NTP 时钟源同步局域网中的其他设备，但是考虑到一般情况下，交换机的时钟准确度，一般情况下交换机作为 NTP 客户端的场景应用最多，在交换机作为 NTP 客户端时以固定时间间隔向子网（LAN）中的 NTP 服务器发送时钟请求（客户端模式）。根据服务器的应答，确定最可靠和最精确的时钟，并同步站时钟。这一模式的优点是使时钟的同步超越了子网限制。其精确度取决于所使用 NTP 服务器的品质。管理型交换机作为 NTP Server 如图 2-41 所示，作为 NTP Client 如图 2-42 所示。

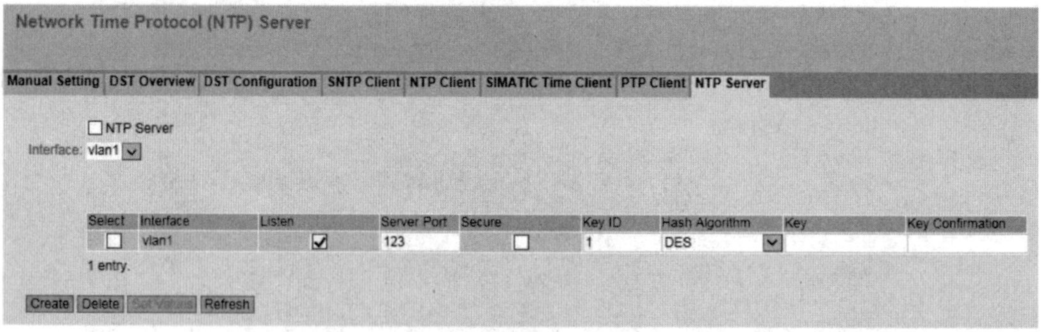

图 2-41 管理型交换机作为 NTP Server

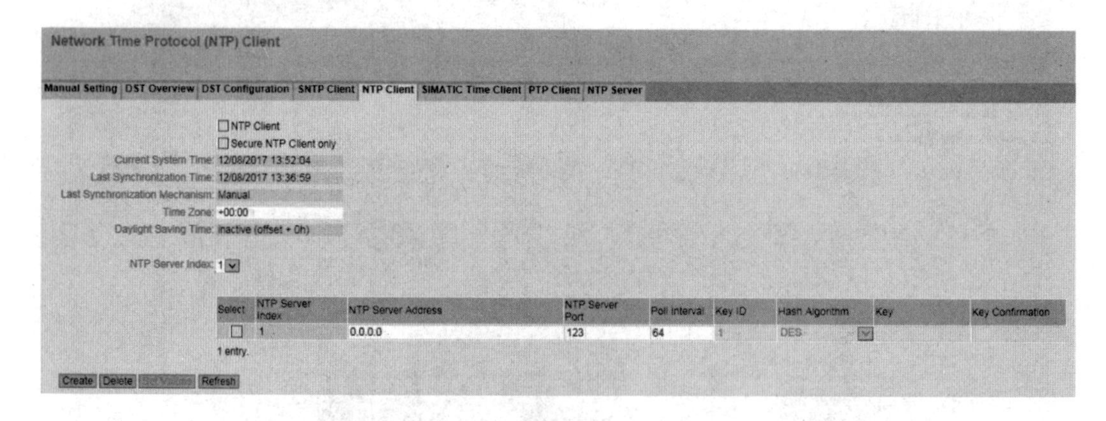

图 2-42 管理型交换机作为 NTP Client

8. 交换机的 DHCP 功能

DHCP（Dynamic Host Configuration Protocol，动态主机配置协议）通常应用在大型的局域网络环境中，主要作用是集中管理、分配 IP 地址，使网络环境中的主机动态获得 IP 地址、网关地址、DNS 服务器地址等信息。DHCP 采用服务器客户端的模型，使用 UDP（协议）工作。从功能角色分类，有 DHCP 服务器、DHCP 客户端和 DHCP 中继代理之分。SCALANCE X200 及以上系列的管理型交换机依型号不同，可以作为 DHCP 客户端从 DHCP 服务器获得 IP 地址；或者作为 DHCP 服务器，为与它相连接的 DHCP 客户端分配 IP 地址；

或者作为 DHCP 中继代理，为与 DHCP 服务器不在同一局域网的 DHCP 客户端提供 DHCP 中继服务，如图 2-43、图 2-44、图 2-45 所示。

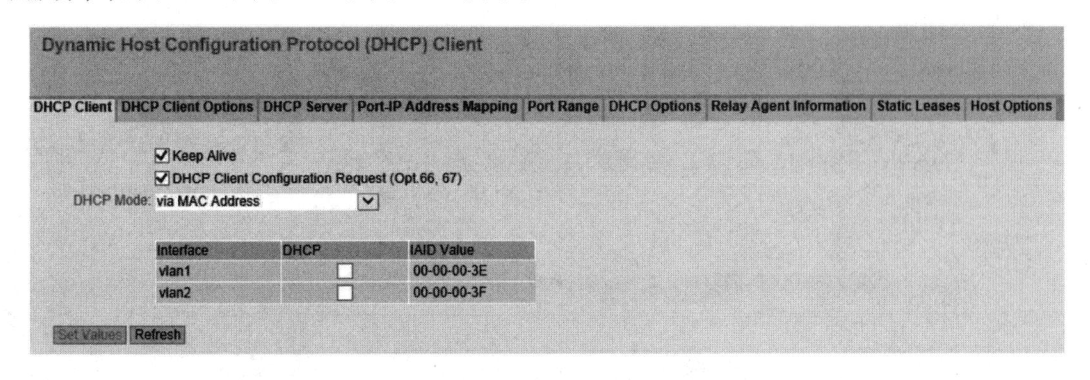

图 2-43 交换机作为 DHCP Client 自动获取 IP 地址

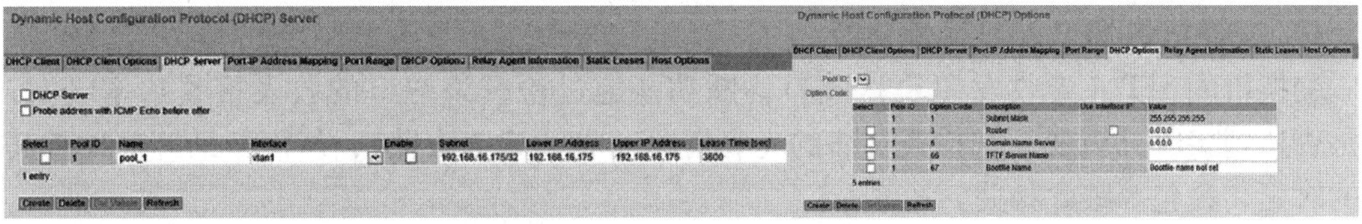

图 2-44 交换机作为 DHCP Server

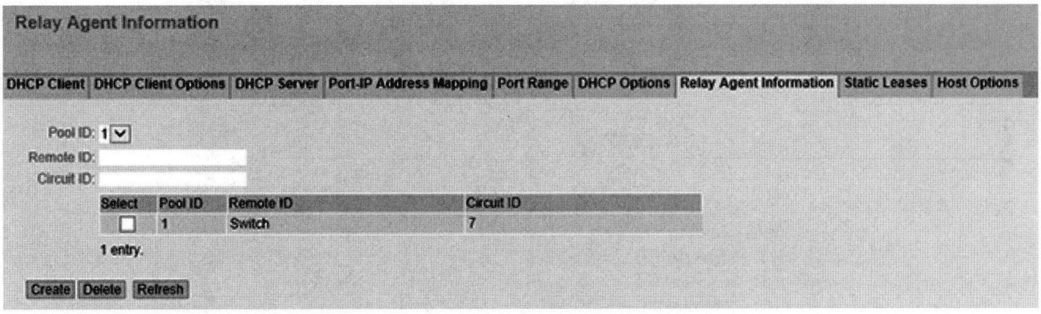

图 2-45 交换机作为 DHCP 中继代理

9. 交换机的端口镜像功能

端口镜像意味着将一个源端口（mirrored port）的数据流复制到另一个目的端口（monitor port）。用户可以镜像一个或多个端口到一个目的端口。在目的端口开启协议分析，可以记录源端口的数据而且无需中断其连接。这就意味着源端口数据可以被监视同时不会受到任何影响。这种操作需要设备上有空闲端口作为目的端口。

这样可以将设备支持入口流量和出口流量有选择地镜像到其他端口，以便分析和监视。

SCALANCE XC200 以上管理型交换机支持端口镜像功能，其中 SCALANCE XM400 系列交换机可以通过设置交换机“镜像”功能来监视交换机的数据传输。和之前的 SCALANCE X 系列产品仅基于端口的镜像相比，SCALANCE XM400 系列镜像功能拥有更多的选择，包括：

- 基于端口；

- 基于 VLAN；
- 基于 MAC 流；
- 基于 IP 流。

交换机的端口镜像配置界面如图 2-46 所示。

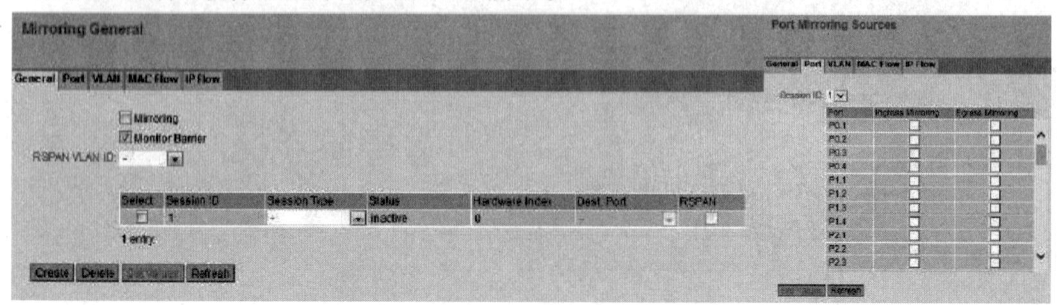

图 2-46 交换机的端口镜像配置界面

10. 交换机的 SFP 端口诊断功能

交换机的 SFP（光收发模块）端口诊断功能通过检查该端口的收发接收功率（双向，看是否达到接收灵敏度）来检查网络的光衰情况（光纤熔接质量），从而帮助客户检查其网络的时延和丢包等跟此相关。

交换机的 SFP 端口诊断界面如图 2-47 所示。

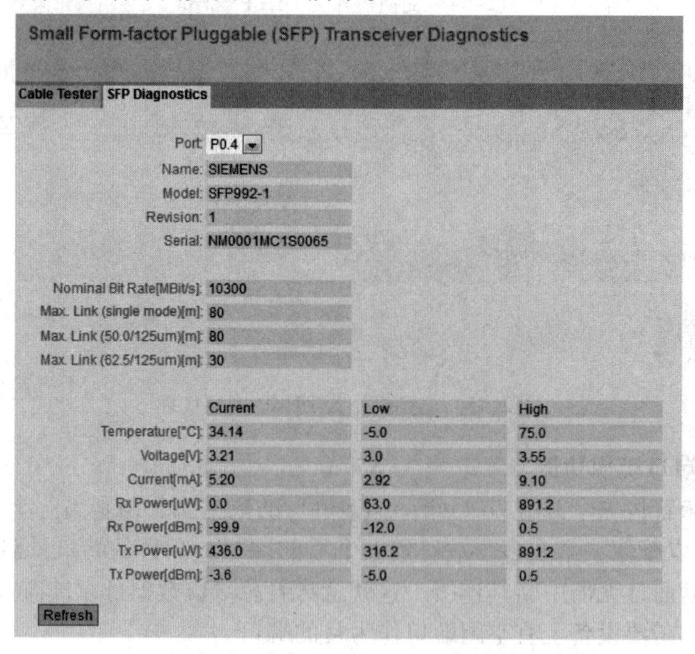

图 2-47 交换机的 SFP 端口诊断界面

2.1.3 交换机常用的管理功能

1. 交换机的网络管理 Web 功能

交换机设备可以作为 HTTP 服务器，通过基于 Web 的管理方式访问设备。通过 Internet

浏览器对交换机设备进行IP地址寻址，根据用户输入向客户端PC返回HTML界面，用户在设备发送的HTML（Hypertext Markup Language，超文本标记语言）界面中进行功能查看、故障诊断、组态数据输入。该种方式也是在自动化领域应用最多的管理和诊断交换机的选择。

这种方法的优势在于只需要在客户端上安装Internet浏览器即可。根据数据传输的安全性需求，可以使用HTTP进行访问（TCP端口80），也可以使用HTTPS（Hypertext Transfer Protocol Secure，安全超文本协议）进行访问（TCP端口443）。交换机网页登录界面如图2-48所示。

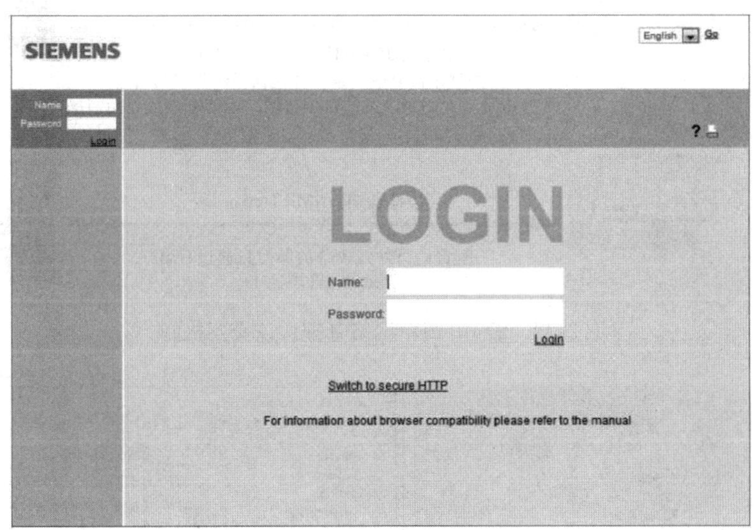

图2-48 交换机网页登录界面

2. 交换机网络管理

借助SNMP（Simple Network Management Protocol，简单网络管理协议），可以监视和控制交换机网络设备。SNMP控制被监视设备与监视管理器之间的通信。SNMP中管理端设备或机器称为管理器（Manager，网络监控管理器），被监控管理的对象称为代理（Agent，代理客户端）如SCALANCE X交换机。SNMP主要任务为监视网络组建运行状态、远程配置参数、功能检测和错误通知等。

SNMP有三个版版本V1、V2C和V3，其中只有SNMP V3支持安全机制。SNMP的处理可以分为从设备读取数据（读操作）、向设备写入数据（写操作）和网络设备向管理器发送信息（Trap操作）。通常，根据查询请求和应答可以定期或触发式检查设备的运行状态，根据设置请求可以修改设备的配置参数；如果出于某种原因网络设备运行状况或检测指标发生变化，这种变化的事件通过Trap方式通知给SNMP管理器。西门子的网络管理软件SINEC NMS对网络设备监控的方式，主要就是基于SNMP方式进行读写设备参数。

3. Telnet和SSH

交换机设备可以作为Telnet服务器和SSH服务器，通过CLI命令方式进行访问该设备。其中，Telnet方式为非加密明文传输，使用的默认端口号为23；SSH为加密数据传输，使用的默认端口号为22。在默认系统配置中，Telnet和SSH为开启状态，可以直接进行建立并连接通信。SNMP简单网络管理协议交互机制如图2-49所示。

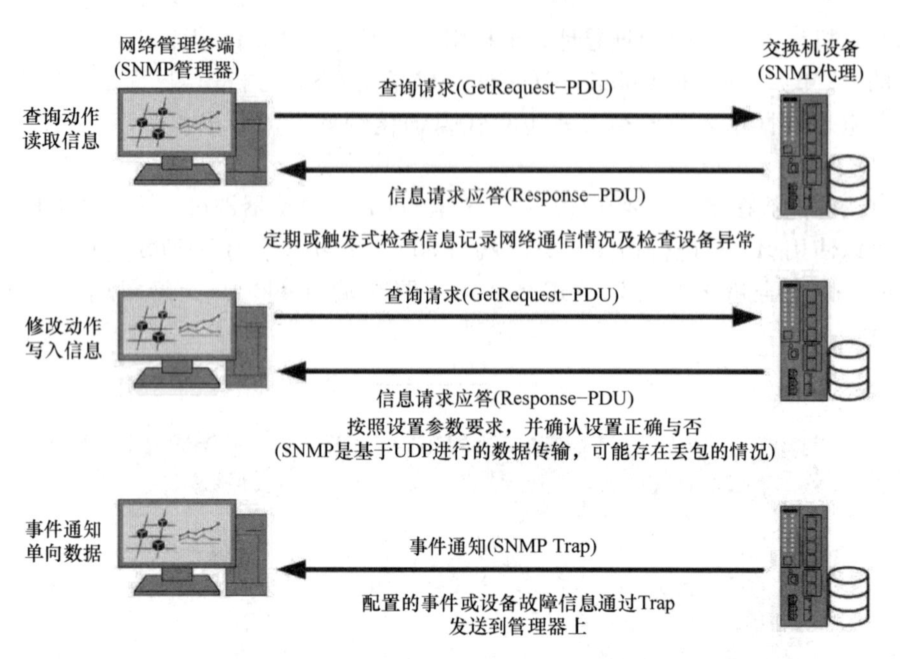

图 2-49　SNMP 简单网络管理协议交互机制

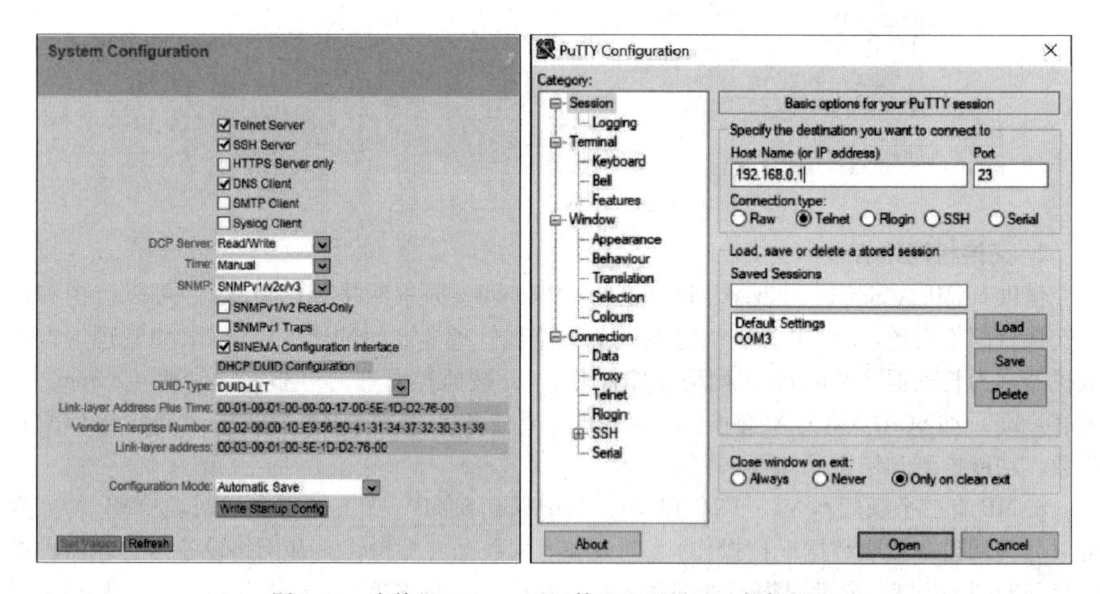

图 2-50　交换机 Telnet、SSH 管理配置界面及软件界面

这里，推荐一款免费的工具 Putty，支持 Windows 和 Unix 操作系统，可以便捷地使用 Telnet 和 SSH 进行访问交换机设备，Telnet、SSH 管理配置界面及软件界面如图 2-50 所示。通过输入正确的交换机 IP 地址进行访问。

4. CLI 命令管理功能

交换机设备的所有组态设置都可使用 CLI（Command Line Interface，命令行界面）完成。CLI 提供了与 Web 界面（Web Based Management）相同的选项。通常，CLI 允许通过 Telnet 和 SSH（Telnet 和 SSH 的配置使用参考第 1 章 1.1 节）进行远程组态，也可以通过

Console Port 口进行串口 RS232（波特率：115200；数据位：8；奇偶校验：无；停止位：1；流控制：无）登录设备，此操作无需知道 IP 地址便可以访问该设备。对于 SCALANCE X 系列交换机的 Console 口的位置示意如图 2-51 所示。

1	二层网管型	SCALANCE XC200	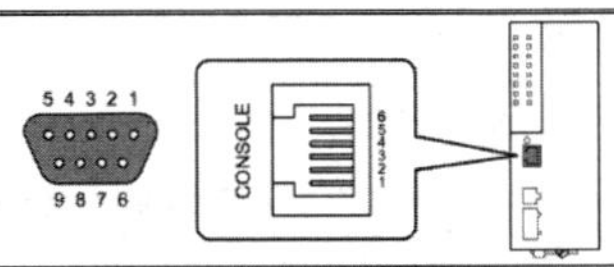
2	二层网管型	SCALANCE XR300	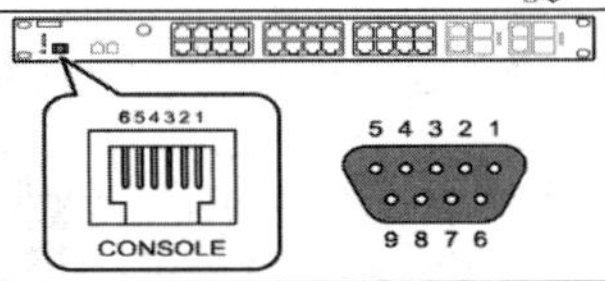
3	三层网管型	SCALANCE XM400	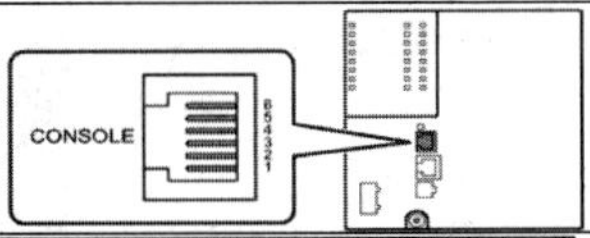
4	三层网管型	SCALANCE XR524/526	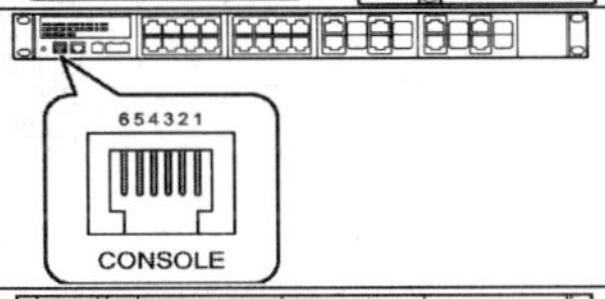
5	三层网管型	SCALANCE XR528/552	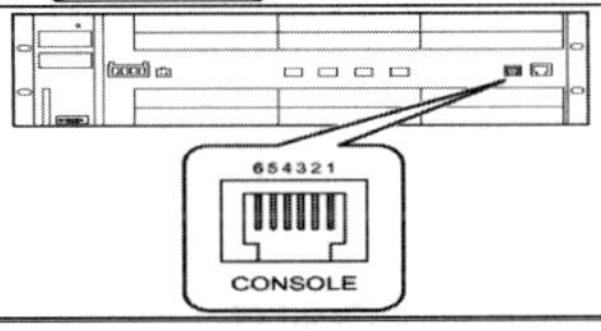

图 2-51　SCALANCE X 系列交换机的 Console 口的位置

Command Line Interface 的命令按模式进行分组。除少数例外情况（help、exit），只能在命令所属的模式下对其进行调用。通过这种分组方法，可以为各命令组分配不同级别的访问权限，可用模式概览如图 2-52 所示。

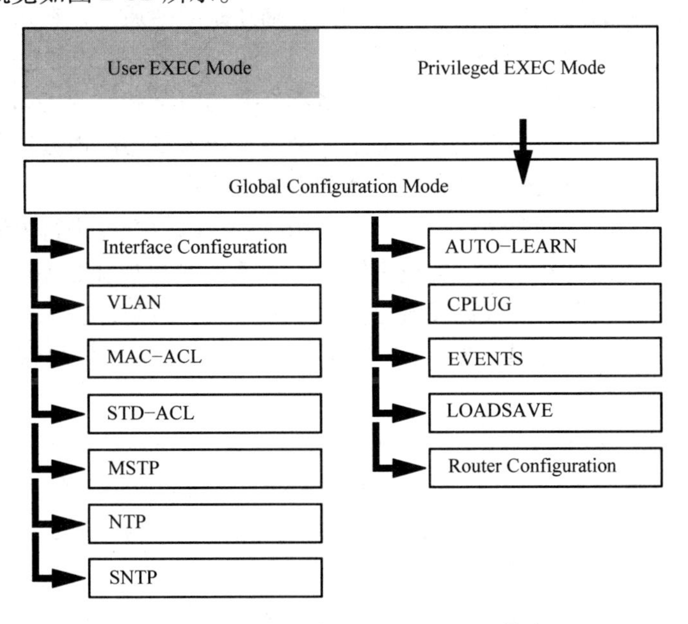

图 2-52　交换机命令行可用的配置模式

5. TIA 博途软件管理设备

TIA 博途软件是西门子系列 PLC 常用的一款编程调试软件（见图 2-53），利用这款软件也可以搜索交换机设备，交换机设备也同样可以在 TIA 博途软件里面进行组态和设备诊断功能。常见组态信息如 IP 地址配置、默认网关地址配置、环网 MRP 等，设备 MAC 地址查看、端口信息查看、设备名称和 PN 名称等信息、设备恢复出厂设置等。

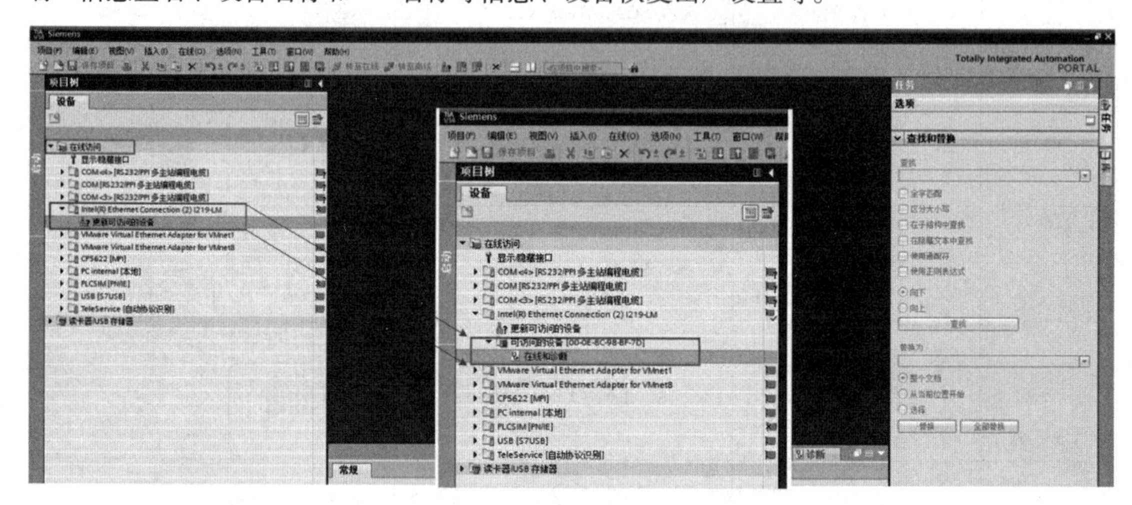

图 2-53　TIA 博途软件界面

2.1.4　交换机安全性功能

1. 组播、广播限制

广播会将数据发给所有拥有同一数据链路层属性的终端主机，再由这些主机 IP 之上的一层去判断是否有必要接收数据，是则接收，否则丢弃。组播用于将数据包发送给特定组内的所有主机，对数据包的处理与广播相似。无论广播还是组播通信，在这个过程中，终端主机的 CPU 需要对这些广播或组播数据进行处理。如果大量的无关数据包存在，则给那些毫无关系的网络或主机带来影响，造成网络被很多不必要的流量和资源占用。另外，从安全的角度考虑，大多数网络攻击的起点通常是通过向网络发送大量的广播数据包来嗅探网络内主机的信息。如何才能抑制和减少不必要的广播和组播流量呢？

基于以上需求和对网络安全性的考虑，可采用对端口的数据量进行限制，有效地保护主机设备和网络。端口限速是基于端口的速率限制，对流入端口或流出端口的数据进行限制，根据定义的方向性可以仅做流入数据或流出数据单向数据的限制；也可以根据数据包的类型分为单播、组播、广播进行设计。图 2-54 为 SCALANCE X 系列交换机常用的、基于端口的广播和组播限制部署的配置。

2. 访问控制列表（ACL）

访问控制列表（Access Control List，ACL）是对一系列分组进行分类的条件，在需要控制网络数据流或设备访问控制时非常有用。在这些情况下，可将访问控制列表用作决策工具，也是网络安全防护的一种安全策略。

访问控制列表表述语句相当于分组过滤器，将根据对应分组进行分类，并采取相应的措

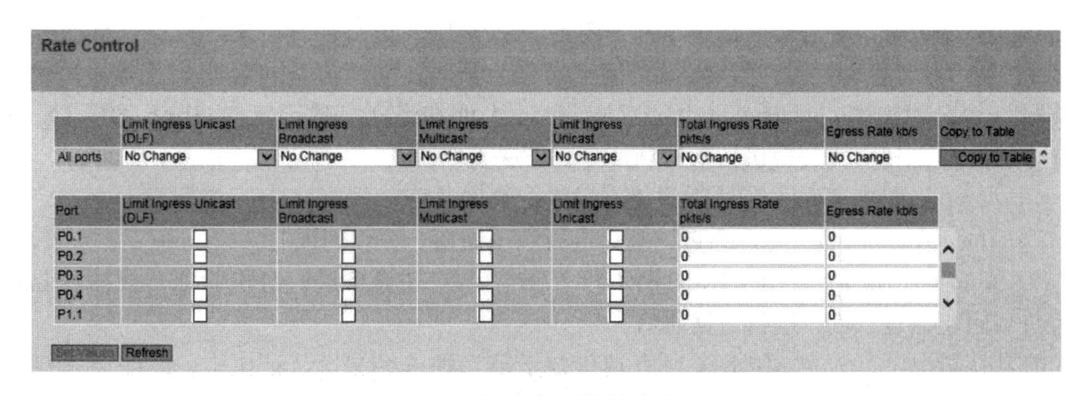

图 2-54　广播和组播限制部署的配置

施。创建的访问控制列表，可用于对应任何借口的入站或出站数据流。对于西门子 SCALANCE X 系列交换机通常支持的访问控制列表类型有三种：MAC 数据链路层的访问控制，IP 数据包的 IP 层的访问控制和用于设备管理定义的访问控制。具体规则和部署原则如下：

1）MAC 数据链路层的 ACL：在此界面上为基于 MAC 的访问控制列表指定访问规则。使基于 MAC 的 ACL，可指定是转发还是丢弃特定 MAC 地址的帧，如图 2-55 所示。

Select	Rule Number	Source MAC	Dest. MAC	Action	Ingress Interfaces	Egress Interfaces
☐	1	00-00-00-00-00-00	00-00-00-00-00-00	Forward		

图 2-55　防火墙 MAC 策略过滤配置界面

2）IP 数据包 IP 层的 ACL：在此界面上为基于 IP 的 ACL 指定规则。通过使用基于 IP 的 ACL，可指定是转发还是丢弃特定 IPv4 地址的帧，如图 2-56 所示。

Select	Rule Number	Source IP	Source Subnet Mask	Dest. IP	Dest. Subnet Mask	Action	Ingress Interfaces	Egress Interfaces
☐	1	0.0.0.0	0.0.0.0	0.0.0.0	0.0.0.0	Forward	P1	VAP 1.1

图 2-56　IP 数据包 IP 层的 ACL

3）设备管理定义的 ACL：为提高设备自身的安全性，规定了特定的 IP 主机允许访问网络设备。访问可以使用的协议和开放的端口，可选择协议和端口，以便相关主机设备可使用此信息访问设备。同时，可定义该主机所在的（VLAN）虚拟局域网。这可确保定义的虚拟局域网内的特定主机设备的访问权限。防火墙 IP 策略过滤配置界面如图 2-57 所示。

Select	Rule Order	IP Address	Subnet Mask / Prefix Length	VLANs Allowed	Out-Band	SNMP	TELNET	HTTP	HTTPS	SSH	P0.1
☐	1	192.168.100.10	255.255.255.255	1-4094	☑	☑	☑	☑	☑	☑	☑
☐	2	2001::	64	1-4094	☑	☑	☑	☑	☑	☑	☑

图 2-57　防火墙 IP 策略过滤配置界面

3. 端口准入限制

IEEE 标准委员会针对以太网的安全缺陷专门定制了设备准入标准 802.1X。IEEE 802.1X Port－Based Network Access Control 是为了能够接入 LAN 交换机或无线 AP 而对终端设备认证的端口访问控制技术，为 LAN 接入提供点对点的安全。并且它只允许被认可的设备才能访问网络，是一个提供数据链路层控制的规范，但是与 TCP/IP 关系紧密。认证系统由客户端终端设备、二层交换机（本部分内容以有线 LAN 进行展开讲述）以及认证服务器组成。使用 IEEE 802.1X 进行接入设备终端身份验证时，终端设备和验证服务器都必须支持 EAP（Extensive Authentication Protocol，扩充认证协议）。对于支持 IEEE 802.1X 的 SCALANCE X 系列网管交换机，端口认证存在三层工作模式：

1）Force Unauthorized：阻止通过该端口进行数据通信。

2）Force Authorized：允许通过该端口进行数据通信，无任何限制。

3）Auto：在端口上使用“IEEE 802.1X”方法对终端设备进行身份验证，根据验证结果允许或阻止通过该端口进行数据通信。

在默认情况下，SCALANCE X 所有端口处于第二种未经端口认证模式，终端设备接入交换机物理端口为即插即用状态。当使用第三种模式进行 Auto 端口认证时，通常会配合 SINEC INS（作为 RADIUS 服务器）进行端口准入规则限制。具体可以参考 INS 章节的详细介绍。交换机 RADIUS 认证交互机制如图 2-58 所示。

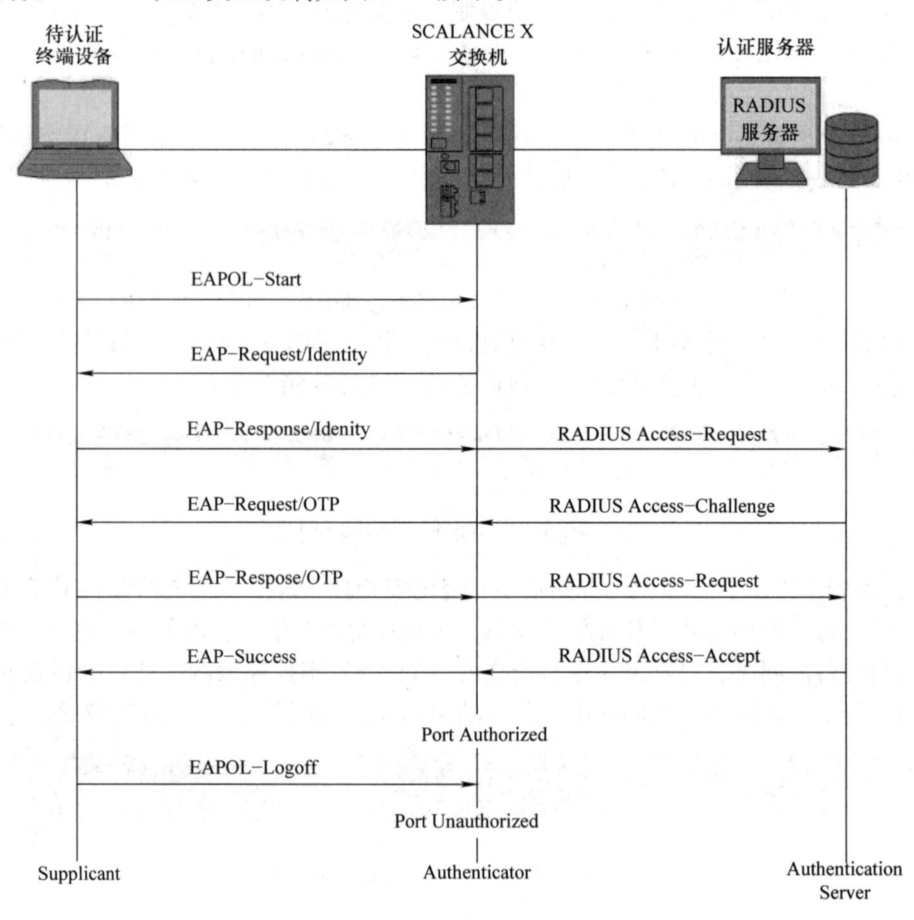

图 2-58　交换机 RADIUS 认证交互机制

4. 安全协议的使用

在物理保护措施未阻止设备访问时使用安全协议。如果需要非安全协议和服务，仅在受保护的网络区域内运行和访问设备。对于交换机设备的访问和数据交互，在设计和实际的项目执行过程中，应尽可能地避免使用或禁用非安全协议或服务。以下列出常见的安全协议、建议和措施：

1）基于 Web 的访问登录：使用 HTTPS 代替 HTTP。

2）基于远程访问登录：使用 SSH 代替 Telnet。

3）基于文件传输功能：使用 TFTP 代替 FTP。

4）基于网络管理功能：使用 SNMPv3 代替 SNMPv1/v2c。

5）基于时钟同步功能：采用加密方式的 NTP 传输数据。

6）基于动态路由配置；采用支持安全的 OSPF 代替 RIP 协议。

5. 通用的安全建议

对于 SCALANCE X 系列网络交换机设备的自身保护，可以通过技术手段和日常安全意识尽可能地避免未知情况下的一些安全隐患。常见的安全建议和措施如下：

1）保持硬件设备固件为最新版本，定期检查设备的是否安全、更新。

2）仅激活使用设备所需的协议。

3）通过访问控制列表（ACL）中的规则，限制对设备管理的访问。

4）VLAN 结构化选项可针对 DoS 攻击和未经授权的访问提供保护，合理地将网络进行分域、设计和管理。

5）通过中央记录服务器对更改和访问进行记录，在受保护的网络区域内运行日志行为记录服务器，并定期检查记录的信息。

6）使用密码强度高的设备管理密码，定期更改密码以提高安全性。

7）请勿将同一密码用于不同用户和系统。

8）在物理保护措施未阻止设备访问时使用安全协议。

9）如果需要非安全协议和服务，请仅在受保护的网络区域内运行该设备。

10）将可用于外部的服务和协议限制到最少。

11）要使用 DCP 功能，请在调试后启用“只读”（Read Only）模式。

12）如果使用 RADIUS 来管理对设备的访问，应激活安全协议和服务。

13）从物理层面和逻辑层面封锁和关闭未使用的端口。

2.1.5　工业交换机 SCALANCE X 的标准化方案

1. 中大型数字化工业网络在玻璃行业的解决方案

（1）玻璃行业总体介绍

在传统的玻璃厂主要依靠人工记录和报告生产数据，导致管理人员无法实时地获取产品质量、生产设备、过程加工、客户订单和库存等信息。数据不透明所造成的生产“黑箱”是玻璃厂当时面临的主要挑战。玻璃厂生产制造车间如图 2-59 所示。

为了解决“黑箱”问题，实现数据透明化传输，一套能够满足工业 4.0 设计要求的工业信息基础架构与网络安全的信息平台，是建设数字化工厂实现信息交互、共享的基础。西门子公司为玻璃厂量身打造了工业网络基础架构，按照工业网络分级、分层的理念设计了能够满足玻璃厂生产和管理需求的、覆盖现场层、控制层、过程层和管理层的网络架构，且能够满足未来智能工厂对于互操作性、移动性、可扩展性、灵活性、完整性、机密性以及可用性的要求。

针对玻璃厂的实际痛点，西门子公司提供了包含工业网络与信息安全解决方案、SCA-

图 2-59　玻璃厂生产制造车间

DA（自动数据采集系统）、智能仪表、MES（Manufacturing Execution System，生产制造执行系统）和 PLM（Product Lifecycle Management，产品生命周期管理）软件等在内的一系列产品和解决方案，解决了数据实时采集的难题，实现了各个设备与系统之间的互联互通，消除了信息孤岛。通过生产现场数据的实时采集、记录、分析、报告和预警等功能，使无纸化生产、办公逐步实现，提升了工作效率、质量和灵活性，以及生产过程、整体质量、能耗等数据的透明度，为传统行业老生产基地全员赋能迈出了坚实的一步。数字化工厂示意图如图 2-60所示。

图 2-60　数字化工厂示意图

（2）工业网络整体方案概述

玻璃行业数字化工厂工业网络组网解决方案综合考虑了工业交换与路由、网络安全、工业无线、网络管理及与办公网络的冗余路由对接等多方面要求，其中工业网络二层结合使用了 HRP、StandBY、VLAN 等技术，工业网络三层结合使用了本地路由、静态路由、VRRP、

OSPF 等技术，工业网络安全使用基于 SC636 - 2C 透明墙模式的、基于 IP + 端口的过滤策略，满足工业网络 SCADA 和 MES 层级保护要求，工业无线实现 MES 的移动看板的无线巡检要求，整个网络架构拓扑设计示意图如图 2-61 所示。

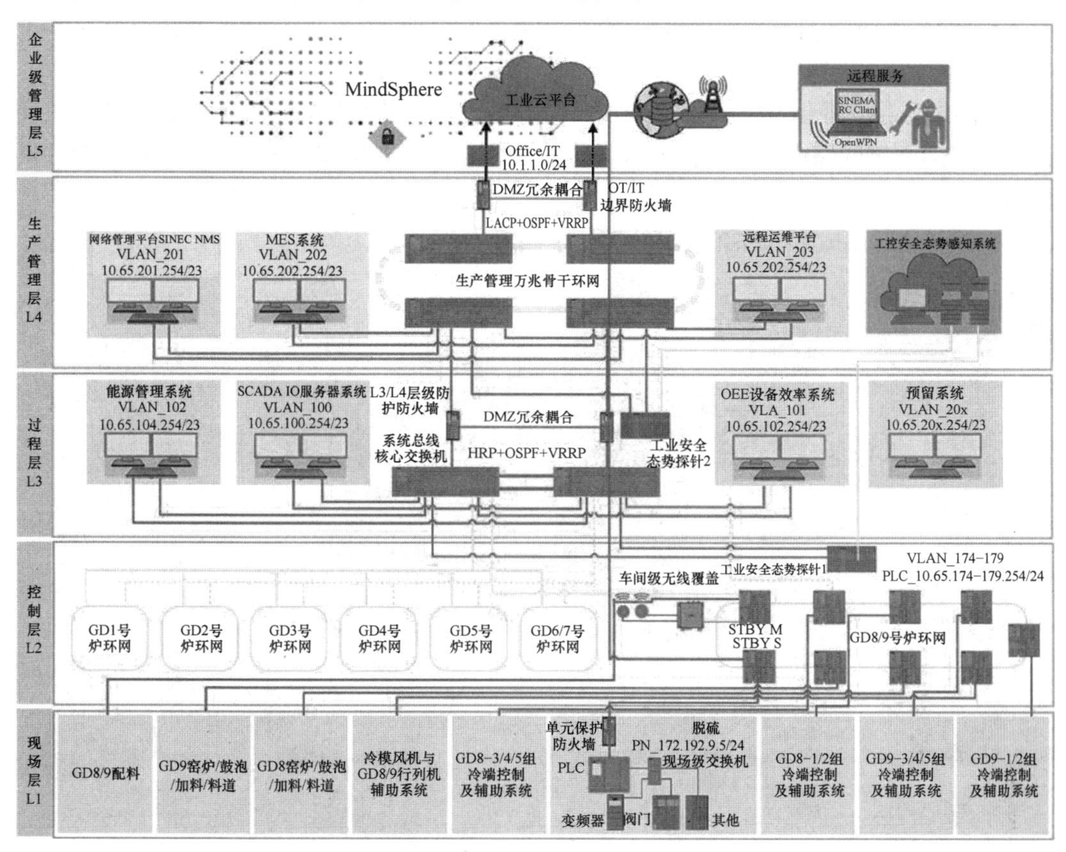

图 2-61 网络架构拓扑设计示意图

（3）MES 层汇聚环网组网方案

MES 核心万兆汇聚层采用两台 SCALANCE XR552 - 12M 三层交换机，作为车间 MES 看板环网以及 MES 车间外全厂的汇聚层，具体使用的工业网络技术如下：

1）链路聚合（LACP）：两台 XR552 - 12M 三层交换机将使用两个万兆端口连接进行互联，并配置链路聚合，使其带宽增加到 20G，两台 XR552 - 12M 的链路聚合口均配置为链路聚合的主动模式。

2）虚拟局域网（VLAN）：两台 XR552 - 12M 需要划分 VLAN，其中 VLAN1 用于交换机管理，VLAN60/70/80/90/227 为业务 VLAN，VLAN228、229 用于和 SCADA 核心汇聚层的 OSPF 路由桥接。

3）本地路由：两台 XR552 - 12M 添加各自的实际 IP 子网实际网关，并启动路由功能，实现各 VLAN 的 IP 子网的路由功能。

4）虚拟路由冗余（VRRP）协议：两台 XR552 - 12M 启用 VRRP 虚拟冗余路由协议，实现两台 XR552 - 12M 的路由器硬件冗余及路由负载均衡，其中通过 VRRP 的优先级（IP 地址分别为 252/253，优先级为 110/100）来定义各 VLAN 子网的主路由器。

5）开放式最短路径优先（OSPF）：两台 XR552 - 12M 通过启用 OSPF 动态路由功能，实现 MES 两台 XR552 - 12M 以及跟 SCADA 两台汇聚 XR552 - 12M 三层交换机的动态路由相互学习，同时通过直连路由 + 静态路由重分发到 OSPF 的过程来实现全局路由的学习，其中通过路由路径 Metric 的值来控制路由路径走向（路径为 SCADA VRRP 主路由器 - > MES VRRP 主路由器）。

6）静态路由：两台 MES XR552 - 12M 与办公网络的路由器将通过静态路由的方式实现办公网和工业网络的路由对接，同时也通过静态路由的方式实现和其他系统，比如视频网络等的路由对接。

（4）SCADA 层汇聚环网组网方案技术（见图 2-62）

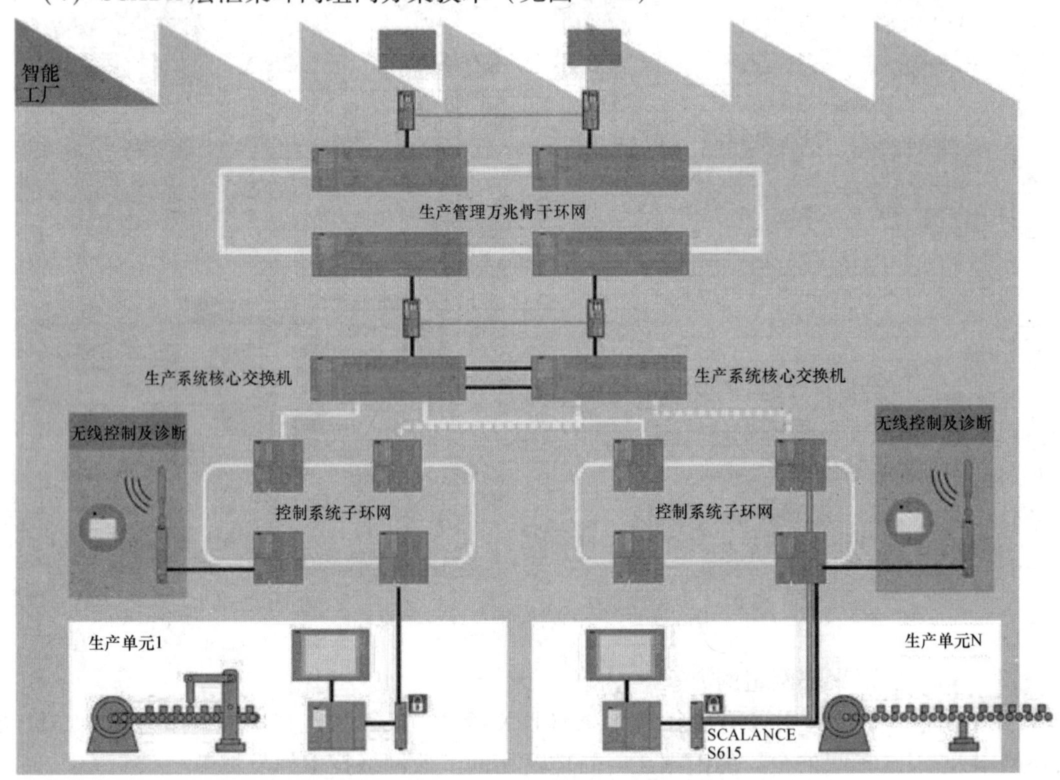

图 2-62 SCADA 层汇聚环网组网方案技术

SCADA 核心千兆汇聚层使用了两台 SCALANCE XR552 - 12M 三层交换机，作为全厂车间 SCADA 环网以及 SCADA 车间外全厂的汇聚层，具体使用的工业网络技术如下：

1）链路聚合控制协议（Link Aggregation Control Protocol，LACP）：两台 XR552 - 12M 三层交换机将使用两个千兆端口连接进行互联，并配置链路聚合，使其带宽增加到 2G，两台 XR552 - 12M 的链路聚合口均配置为链路聚合的主动模式。

2）虚拟局域网（Virtual Local Area Network，VLAN）：两台 XR552 - 12M 需要划分 VLAN，其中 VLAN1 用于交换机管理，VLAN62/72/82/92/122/226 为业务 VLAN，VLAN228、229 用于和 SCADA 核心汇聚层的 OSPF 路由桥接 VLAN，交换机的互联端口 VLAN 的 PVID 为 VLAN1，通过 U + M 的方式实现 VLAN 桥接，根据每个端口所接的子环不同桥接对应的 VLAN，接终端的端口配置为对应的大 U，此外跟办公网络以及 SCADA 的互联端口如果是基于 VLAN 的方式也配置为对应的 VLAN 大 U，或者根据需要配置为路由口模式，与办公网络进行互联对接。

3）本地路由：两台 XR552－12M 添加各自的实际 IP 子网实际网关，并启动路由功能，实现各 VLAN 的 IP 子网的路由功能。

4）虚拟路由冗余协议（Virtual Private Network，VRRP）：两台 XR552－12M 启用 VRRP 虚拟冗余路由协议，实现两台 XR552－12M 的路由器硬件冗余及路由负载均衡，其中通过 VRRP 的优先级（IP 地址分别为 252/253，优先级为 110/100）来定义各 VLAN 子网的主路由器。

5）开放最短路径路由（OSPF）：两台 XR552－12M 通过启用 OSPF 动态路由功能，实现 SCADA 两台 XR552－12M 以及跟 MES 两台汇聚 XR552－12M 三层交换机的动态路由相互学习同时通过直连路由＋静态路由重分发到 OSPF 的过程来实现全局路由的学习，其中通过路由路径 Metric 的值来控制路由路径走向（路径为 SCADA VRRP 主路由器→MES VRRP 主路由器）。

整体工业网络方案的优势：

- 采用多种冗余环网技术；
- VLAN 及路由技术；
- 网络安全技术；
- OSPF 技术。

工业网络产品清单见表 2-2。

表 2-2　工业网络产品清单

名称	型号	订货号
MES 生产管理万兆交换机	SCALANCE XR552－12M	6GK5766－1GE00－7DA0
	介质模块 MM992－4SFP	6GK59924AS008AA0
	介质模块 MM992－4CUC	6GK59924GA008AA0
	SFP993－1LD	6GK59931AU008AA0
	SFP992－1LD	6GK59921AM008AA0
SCADA 工业主干核心交换机	SCALANCE XR552－12M	
	介质模块 MM992－4SFP	6GK59924AS008AA0
	介质模块 MM992－4CUC	6GK59924GA008AA0
	SFP993－1LD	6GK59931AU008AA0
	SFP992－1LD	6GK59921AM008AA0
区域环网交换机（24 口）	SCALANCE XC224－4C G	6GK52244GS002AC2
区域环网交换机（16 口）	SCALANCE XC216－4C	6GK52164BS002AC2
区域环网交换机（8 口）	SCALANCE XC206－2SFP	6GK52062BS002AC2
千兆单模 SFP 光模块	SFP992－1LD	6GK59921AM008AA0
L3/L4 层级防护防火墙	SCALANCE SC646－2C	6GK56462GS002AC2
单元防护交换机	SCALANCE SC636－2C	6GK56362GS002AC2
NMS 网络管理软件	NMS 500 点授权	6GK87811TA010AA0

交换机及网络安全模块实物图如图 2-63 所示。

图 2-63 交换机及网络安全模块实物图

2. 中大型数字化工业网络在地铁行业的解决方案

项目背景介绍：

（1）地铁综合监控简述

近年来，随着城市化进程的不断推进，各中大城市中逐渐兴起了轨道交通建设需求浪潮。其中，综合监控系统 ISCS（Integrated Supervision and Control System）是地铁轨道交通发展的关键因素。ISCS 的部署是为了实现地铁线路信息互通、资源共享，提升自动化水平，提高地铁的安全性、可靠性和响应性。ISCS 主要功能包括对机电设备的实时集中监控功能和各系统之间协调联动功能两大部分。一方面，通过综合监控系统，可实现对电力设备、火灾报警信息及其设备、车站环控设备、区间环控设备、环境参数、屏蔽门设备、防淹门设备、电扶梯设备、照明设备、门禁设备、自动售检票设备、广播和闭路电视设备、乘客信息显示系统的播出信息和时钟信息等进行实时集中监视和控制的基本功能；另一方面，通过综合监控系统，还可实现晚间非运营情况下、日间正常运营情况下、紧急突发情况下和重要设备故障情况下各相关系统设备之间协调互动等高级功能（见图 2-64）。

一条完整的地铁线路将设置监控中心、车站、车辆段、停车场等场所。因此，对于完整的综合监控系统（ISCS）会由控制中心 CISCS 系统、车站级综合系统 SISCS、车辆段 DISCS 系统、停车场 ISCS 和网络管理系统（Network Management System，NMS）、培训管理系统（Training Management System，TMS）、维护管理系统（MMS）等组成。

（2）综合监控系统的范围

综合监控系统（ISCS）充分考虑到轨道交通监控的高可靠性要求、系统间的互联互通协同需求，各个专业系统的运行和维护都应在同一套系统上进行。为了实现各专业设备信息互通、资源共享，提升自动化水平，提高轨道交通运营的安全性、可靠性和响应性。因此，对系统间的集成和互联需要做统一的界定，ISCS 综合监控系统常见集成和互联的系统如下：

1）集成系统：

- 电力监控系统（Power Supervisory Control And Data Acquisition，PSCADA）；
- 火灾报警系统（Fire Alar'm System，FAS）；
- 环境与设备监控系统（BAS）；
- 门禁系统（ACS）；
- 站台门系统（PSD）。

2）互联系统：

- 广播系统（PA）；
- 视频监视系统（CCTV）；
- 乘客信息系统（PIS）；

图 2-64　地铁综合监控系统

- 自动售检票系统（AFC）；
- 信号系统（SIG）；
- 能源管理。

（3）综合监控系统设计原则

地铁综合监控系统的监控范围大、涉及层面广和系统稳定性要求极高，整体规划设计必须满足一些基本原则才能保证其实施和运行成功，地铁综合监控系统的设计通用原则如下：

1）高可靠性：

- 采用硬件冗余配置；
- 采用具有高可靠性的元器件；
- 采用成熟可靠的技术。

2）实时性：必须保证系统的数据采集、处理、传输、显示、报警、执行控制命令的实时性，满足中央级运营的要求。

3）实用性：

- 具备正常运行模式和紧急运行模式；
- 具备完善、实用的各集成互联系统联动功能；
- 具有报警管理功能，报警可分级配置、可过滤；
- 具有完善的历史数据记录、分类、显示、统计分析等管理功能。

4）可扩展性：

- 具备可扩展的、能适应未来系统扩展的需要；

- 采用标准的、开放的通信协议；
- 软件和硬件采用模块化结构，可按需灵活部署。

5）可维护性：系统设计包括有适当的检测点及诊断措施，具有自身设备（如计算机、网络设备等）的监视管理系统，统一部署管理平台。

6）兼容性：

- 满足不同厂商硬件与硬件之间、软件与软件之间的兼容性；
- 满足系统的向上兼容性及向下兼容性；
- 满足所有有关电磁兼容性的要求。

（4）地铁综合监控组网方案

1）组网方案概述：综合监控系统骨干网用于全线各车站、车辆段、控制中心局域网之间的互联，由设在上述位置区域交换设备之间的区间光缆构成。全线各车站、车辆段、控制中心等均作为骨干网络的网络节点，每个节点采用主备冗余的千兆以太网三层交换机，所有节点的综合监控系统主要设备都连接到本地交换机上进行数据通信，再通过本地工业级交换机配置的千兆光纤网络口，利用通信系统提供的传输通道组成全线综合监控系统骨干网（MBN，ISCS Backbone Network），从而将 CISCS、SISCS 和 DISCS 等联接成为一个完整的大型基于网络的计算机监控系统。

为保证系统的高度设备和线路冗余，综合监控系统全线应构成 A、B 两个平行以太环网环网，每个以太环网的通道速率为 1000Mbit/s。综合监控系统以太网交换机应具备虚拟局域网功能，能为综合监控系统本身以及相关接入系统划分逻辑上各自独立的虚拟子网。骨干网各节点工业通信设备采用西门子核心交换机 SCALANCE XR500 系列。

综合监控系统骨干网络应能实现各集成子系统之间逻辑上相对独立，能为各集成子系统划分逻辑上各自独立的虚拟维修子网，实现维修信息与监控信息的相对独立。

2）组网方案功能特点：综合监控组网示意架构（见图 2-65）中其主要的连接和配置功能特点介绍如下：

① 整个综合监控系统使用 A/B 双网理念，其中 A 网和 B 网各通过两个端口物理连接到传输网，构建 A/B 双网的冗余环网，HRP 或 MRP 环网技术将被采用。

② 每个骨干网节点的两台 SCALANCE XR500 交换机通过至少两根及以上的物理连接通过链路聚合的方式进行互联，实现带宽增加和链路冗余的效果。

③ 链路聚合物理线路上需要基于应用需求合理的放行不同业务 VLAN 数据和关联特征专有 VLAN。

④ 从二层数据链路层来看，每个骨干网节点的两台 SCALANCE XR500 交换机物理连接耦合在一起，但因为基于 VLAN 的技术进行了隔离，不会造成网络风暴的风险。

⑤ 监控中心、各车站、停车场的所有 SCALANCE XR500 交换机均启用三层 OSPF 路由来实现各站之间的业务路由通信需求。

⑥ 监控中心、各车站、停车场的所有 SCALANCE XR500 交换机启用 OSPF 路由，同时启用 VRRP 路由每个站下接终端业务的路由器相互备份冗余需求。

⑦ 当需要进行跨不同 VLAN 进行组播业务（例如常见的 CCTV 视频业务）数据交互时，监控中心、各车站、停车场的所有 SCALANCE XR500 交换机均启用 PIM - SM 或 PIM - DM

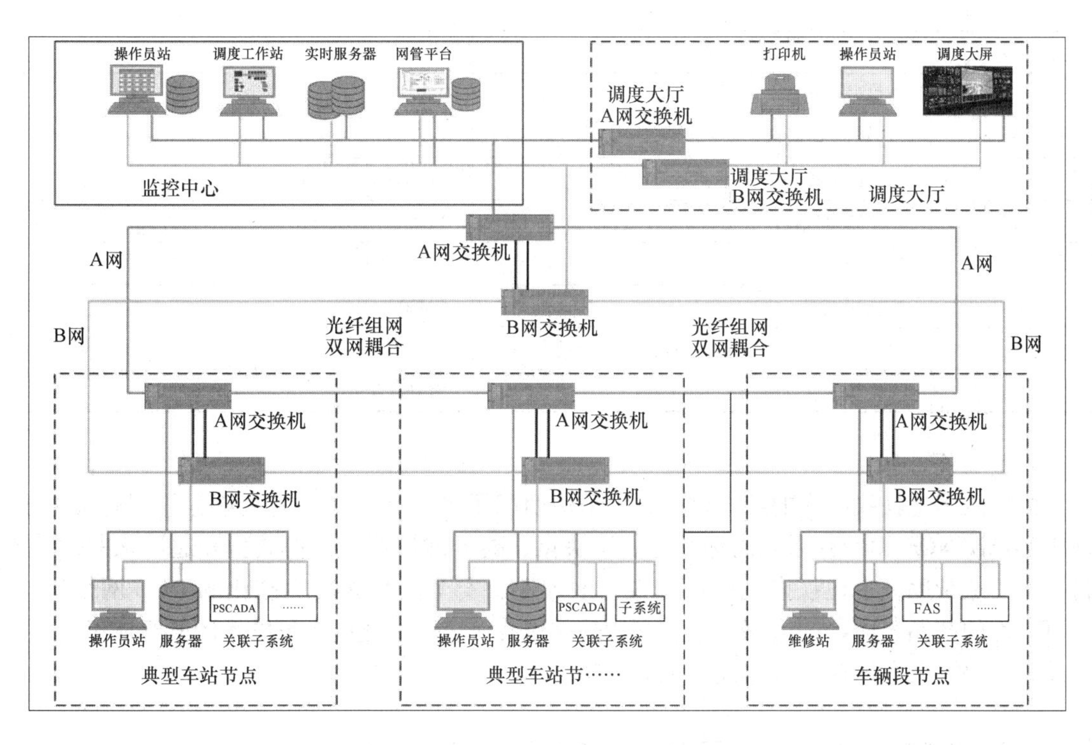

图 2-65 综合监控组网示意架构

路由组播功能满足特定业务的多源多订阅端的混合组网需求。

3）组网方案产品清单：为了便于设备统一化部署和后续维护，地铁（ISCS）综合监控系统采用的工业级交换机通常采用模块化设计，光纤通信模块采用可插拔的 SFP（Small Form Pluggable）方式。常见的配置设备清单见表 2-3。

表 2-3 常见的配置设备清单表

序号	名称	型号和规格
一	车站及中央部分	
1	中央机房交换机	
1.1	核心级交换机主机	SCALANCE XR552 - 12M
1.2	100/1000M 光接口插槽介质模块，4 接口	MM992 - 4SFP
1.3	1000M 电气接口介质模块，4 接口	MM992 - 4CU
1.4	1000Mbit/s LC 单模光纤，10kM	SFP992 - 1LD
1.5	交换机电源	直流 24V 供电电源
2	车站及车辆段交换机	
2.1	核心级交换机主机	SCALANCE XR552 - 12M
2.2	100/1000M 光接口插槽介质模块，4 接口	MM992 - 4SFP
2.3	1000M 电气接口介质模块，4 接口	MM992 - 4CU
2.4	1000Mbit/s LC 单模光纤，10kM	SFP992 - 1LD
2.5	交换机电源	直流 24V 供电电源

（续）

序号	名称	型号和规格
一	车站及中央部分	
3	培训管理及软件测试交换机	
3.1	核心级交换机主机	SCALANCE XM416 - 4C
3.2	1000M 电气接口介质模块，4 接口	PE408
3.3	功能卡部件	Key - PLUG XM 400
3.4	交换机电源	PM207
4	网管软件	
4.1	交换机网管软件	SINEC NMS

（5）方案小结

国内众多地铁线路中的综合监控系统采用西门子工业网络三层冗余耦合组网解决方案，基于 SCALANCE XR500 系列的标准化、模块化、高可维护性、可扩展型和通用化的硬件设备，成功地帮助城市地铁搭建高可靠性、融入性、安全性和通用标准化的 ISCS 网络架构。高可靠性的产品、成熟的组网方案、众多的应用案例、本地化的专家技术团队组成了西门子产品和解决方案在地铁综合监控系统的成功应用。

2.2 工业交换机 RUGGEDCOM 技术和应用

2.2.1 西门子 RUGGEDCOM 系列产品和功能介绍

罗杰康（RUGGEDCOM）产品是西门子工业通信网络的一部分，基于西门子在电力和工业自动化领域的深厚背景，公司针对这些领域遇到的问题和具体需求有充分的了解，并拥有第一手的资料。同时，公司把为客户提供高可靠的最新网络技术和卓越支持视为自己的使命。RUGGEDCOM 产品概览如图 2-66 所示。

罗杰康专门针对极端温度范围下运行，采用零丢包技术，可耐受强电磁干扰，加强型快速生成树（eRSTP™）技术可使网络故障快速自愈。

2.2.2 RUGGEDCOM 系列产品特性

罗杰康全线产品具备以下 4 点共同特性。

1. 加强型工业标准（RuggedRated™）

RuggedCom 网络和通信产品具有 RuggedRated™ 认证，标志着产品专为满足严苛工业环境的要求而设计：

（1）满足严苛电气环境下可靠工作的要求

- IEEE 61850 - 3 标准和 IEEE 1613 标准（变电站）；
- IEEE 61000 - 6 - 2 标准和 IEC 61800 - 3 标准（工业环境）；
- NEMA TS2 标准（交通控制）；
- EN 50121 - 4（铁路应用）；

图 2-66　RUGGEDCOM 产品概览

- EN 50155（车载设备）。

（2）满足强电磁干扰环境下无故障工作的要求

- Zero - Packet - Loss™零丢包技术（基于光纤网）；
- IEEE1613 Class 2 标准定义的强电磁干扰下无故障工作；
- 光纤口支持短距离和长距离光纤连接。

（3）满足宽温范围情况下工作的要求

- −40 ~ +85℃；
- 被动冷却，无风扇散热；
- CSA/UL 60950 安全认证达 +85℃（+185℉）。

（4）满足高可用性要求

- 网络可靠性 >99.999%，MTBF 无故障时间在 50 年以上；
- 内置单电源或双冗余电源；
- 通用高电压范围：DC 88 ~ 300V 或 AC 85 ~ 264V；
- 直流低电压供电：DC 12V（DC 9 ~ 15V），DC 24V（DC 10 ~ 36V）或 DC 48V（DC 36 ~ 72V）；
- 双电源可以采用不同的供电电压。

（5）满足工业安装的要求

- 镀锌钢或铸铝壳体，保证耐久性；
- 重负载钢制 DIN 导轨安装或 19″机架安装；
- 工业用电源端子或 I/O 端子接线方式。

2. 高抗扰度

IP 网络技术是作为办公环境应用的国际规范，当其应用于工业环境，用于实时、关键任务、过程控制系统时，在 EMI 抗（电磁干扰）方面的需求级别要远远超出商业级网络产品。事实上，即便是 IEC 61000 −6 −2（通用标准—工业环境）对于许多严苛环境也是有风险的。

电力变电站就是这样的一个严苛环境的应用，其 EMI 实际需要明显高于 IEC 61000 −6 −2 标准定义的通用工业环境。为了解决这种风险，IEC（国际电工委员会）和 IEEE（电子和电气工程师协会）已经开发和发布了新标准，以解决电力变电站的网络设备抗电磁干扰的要求。

为了满足这些需求，西门子罗杰康产品的研发和制造不但超过 IEC 61850 −3 标准规定强电磁干扰下无丢包、无延迟需求（部分指标达到工业四级），而且满足 IEEE 1613 Class 2 标准所要求的无差错（Error free）要求。

3. 超过 IEC 61850 标准

IEC 61850 标准是由 IEC 制定的应用于变电站通信网络和系统的国际标准，由 10 部分构成，概述了一个完整的用于变电站自动化框架，包括变电站中的通信网络的 EMI（电磁干扰）、抗干扰和环境要求（IEC 61850 − 3）。

IEC 61850 − 3 的 EMI 抗干扰需求来自 IEC 61000 −6 −5（发电站和变电站环境抗干扰），它定义了一系列具有潜在破坏性的 EMI 型式试验，通过型式试验来模拟连续和瞬态的 EMI 现象：

- 开关感性负载；
- 闪电；
- 静电释放；
- 便携式无线通信设备产生的干扰；
- 地电势升高（变电站内大电流故障引起的）等。

该标准对运行网络设备最低要求是在各种破坏性 EMI 型式试验中没有任何物理故障、重启或闭锁现象。

罗杰康工业以太网交换机针对严苛环境关键应用设计，其设备符合并超过 IEC 61850 标准，工业以太网交换机按照 IEC 61850－3 型式试验要求，和户外继电保护装置一样，严格遵循 IEC 61850－3 测试标准，针对任一产品，在产品手册中明确列出各项测试标准及结果。

4. IEC 61850－3 变电站通信系统和网络（见表 2-4）

表 2-4 IEC 61850 型式试验内容

IEC 61850 型式试验			
试验	描述		测试等级
IEC 61000－4－2	ESD	Enclosure Contact	+/－ 8kV
		Enclosure Air	+/－15kV
IEC 61000－4－3	Radiated RFI	Enclosure ports	20V/m
IEC 61000－4－4	Burst（Fast Transient）	Signal ports	+/－ 4kV @ 2.5kHz
		DC Power ports	+/－ 4kV
		AC Power ports	+/－ 4kV
		Earth ground ports	+/－ 4kV
IEC 61000－4－5	Surge	Signal ports	+/－ 4kV 线地，+/－ 2kV 线线
		DC Power ports	+/－ 2kV 线地，+/－ 1kV 线线
		AC Power ports	+/－ 4kV 线地，+/－ 2kV 线线
IEC 61000－4－6	Induced（Conducted）RFI	Signal ports	10V
		DC Power ports	10V
		AC Power ports	10V
		Earth ground ports	10V
IEC 61000－4－8	Magnetic Field	Enclosure Ports	40A/m，continuous，1000 A/m for 1s
		—	1001A/m for 1s
IEC 61000－4－29	Voltage Dips & Interrupts	DC Power ports	30% for 0.1s，60% for 0.1s，100% for 0.05s
	—	AC Power ports	30% for 1 period，60% for 50 periods
IEC 61000－4－11	Voltage Dips & Interrupts	AC Power ports	100% for 5 periods，100% for 50 periods
IEC 61000－4－12	Damped Oscillatory	Signal ports	2.5kV common，1kV differential mode @1 MHz
		DC Power ports	2.5kV common，1kV differential mode @1 MHz
		AC Power ports	2.5kV common，1kV differential mode @1 MHz
IEC 61000－4－16	Mains Frequency Voltage	Signal ports	30V Continuous，300V for 1s
		DC Power ports	30V Continuous，300V for 1s

（续）

IEC 61850 型式试验			
试验	描述		测试等级
IEC 61000－4－17	Ripple on DC Power Supply	DC Power ports	10%
IEC 60255－5	Dielectric Strength	Signal Ports	2kV（Fail－Safe Relay Output）
		DC Power Ports	2kV
		AC Power Ports	2kV
	HV Impulse	Signal Ports	5kV（Fail－Safe Relay Output）
		DC Power Ports	5kV
		AC Power Ports	5kV

5. 符合 IEEE 1613 标准

IEEE 1613 是电站中网络通信设备的标准环境和测试要求，对于安装在变电所中的网络通信设备，IEEE 1613 规定了它们的通信速率、环境性能和测试要求。

基于设计用来模拟变电所电磁干扰现象的一组特定潜在破坏性电磁干扰实验（EMI 应力）的效果，该标准定义了两类设备。这些型号实验源自应用于任务关键型保护继电器（即 C37. 90. ）的同型实验。

- Class 1—这些设备暴露在电磁干扰压力下允许出现数据错误、丢失或延迟现象。
- Class 2—这些设备暴露在电磁干扰压力下必须具备无差错运行能力（即不出现数据错误、丢失或延迟问题）。

两类设备在电磁干扰应力下都不能出现任何永久性损坏。

6. IEEE 1613 变电站网络通信设备环境和测试要求（见表 2-5）

表 2-5 IEEE 1613 型式试验内容

IEEE 1613 型式试验			
IEEE 试验	描述		测试等级
C37. 90. 3	ESD	Enclosure Contact	+/－ 8kV
		Enclosure Air	+/－15kV
C37. 90. 2	Radiated RFI	Enclosure ports	35V/m
C37. 90. 1	Fast Transient	Signal ports	+/－ 4kV @ 2. 5kHz
		DC Power ports	+/－ 4kV
		AC Power ports	+/－ 4kV
		Earth ground ports	+/－ 4kV
C37. 90. 1	Oscillatory	Signal ports	2. 5kV common mode @ 1MHz
		DC Power ports	2. 5kV common & differential mode @ 1MHz
		AC Power ports	2. 5kV common & differential mode @ 1MHz
C37. 90	H. V. Impulse	Signal ports	5kV（Failsafe Relay）
		DC Power ports	5kV
		AC Power ports	5kV

（续）

IEEE 1613 型式试验			
IEEE 试验	描述		测试等级
C37. 90	Dielectric Strength	Signal ports	AC 2kV
		DC Power ports	DC 1. 5kV
		AC Power ports	AC 2kV

7. RUGGEDCOM 高可靠的操作系统

RUGGEDCOM 设备同类产品功能相同，差别在于端口数量、处理性能等。

2. 2. 3　丰富的二层设备功能

RUGGEDCOM 系列设备具备丰富的二层设备功能，参见表 2-6。

表 2-6　RUGGEDCOM 二层设备的功能汇总

管理	二层功能	安全特性
Web 接口	STP/RSTP/eRSTP/MSTP	Enable/Disabled 端口
Telnet	MRP	SSH/SSL（https）密码防护
CLI 管理	COS	MAC 鉴权
SNMP v1，v2 和 v3	VLAN（802. 1q）/QinQ/GVRP	RADIUS
RMON	NTP/SNTP 时间同步	SNMP v3
诊断	故障链路管理	DHCP relay 和 DHCP Snooping
时间同步	端口配置	RSA
USB 端口	GMRP、IGMP Snooping	SFTP
MicroSD 卡	广播风暴抑制	802. 1x
MMS	端口镜像	动态 ARP 检测
Modbus	速率限制	可配置的事件日志和告警
RCDP	链路聚合	—

2. 2. 4　三层设备功能

RUGGEDCOM 系列多业务平台设备具备丰富的二层及三层功能，参见表 2-7。

表 2-7　RUGGEDCOM 二层及三层设备功能汇总

管理	二层功能	三层功能	安全特性
Web 接口	STP/RSTP/eRSTP/MSTP	MPLS	集成防火墙
RMON	MRP	DHCP	IPSec、VPN
CLI	QOS	VRRP v2&v3	SSH/SSL（https）密码防护
Remote Syslog	VLAN（802. 1q）/QinQ/GVRP	Static routing	MAC 鉴权
诊断	NTP/SNTP 时间同步	RIP	RADIUS
Rail – time Line Traces	故障链路管理	OSPF、BGP、IS – IS	SNMP v3
USB 端口	端口配置	PIM SM	防止暴力破解
MicroSD 卡	GMRP，IGMP Snooping	Traffic prioritization	PAP、CHAP 认证

（续）

管理	二层功能	三层功能	安全特性
MMS	广播风暴抑制、速率限制	Cellular 接口	SFTP
Modbus	端口镜像	E1/T1 接口	802.1x
NETCONF	链路聚合	L2TPv2，L2TPv3	Link Failover 故障链路快速切换

2.2.5 网络安全方案

RUGGEDCOM 硬件平台上的综合网络安全解决方案可以检测潜在的攻击，降低其严重性，减少损失，并确保遵守数量不断增长的各项法规。

西门子公司提供了一系列安装在 RUGGEDCOM 多业务平台产品系列上的网络安全解决方案，与工业网络安全方面的领先团队开展合作，将整套解决方案与合作伙伴经过认证的应用程序结合在一起应用。RUGGEDCOM 设备上还提供了来自领先的网络安全公司的第三方应用程序，为应对各种安全挑战提供了更多选择。

考虑到不同区域对网络安全的需求不同，西门子公司可根据客户的实际需求，帮助用户构建一套全面而可靠的解决方案的生态系统。RUGGEDCOM 产品无需进行定期维护，且 7 × 24 全天候可用，能够提供关键设施访问控制和令人安心的安全环境。

利用 RUGGEDCOM 网络安全解决方案，西门子客户便可在其关键基础设施周围划定电子安全范围，防止意外或恶意行为中断关键基础设施的应用程序，如图 2-67 所示。

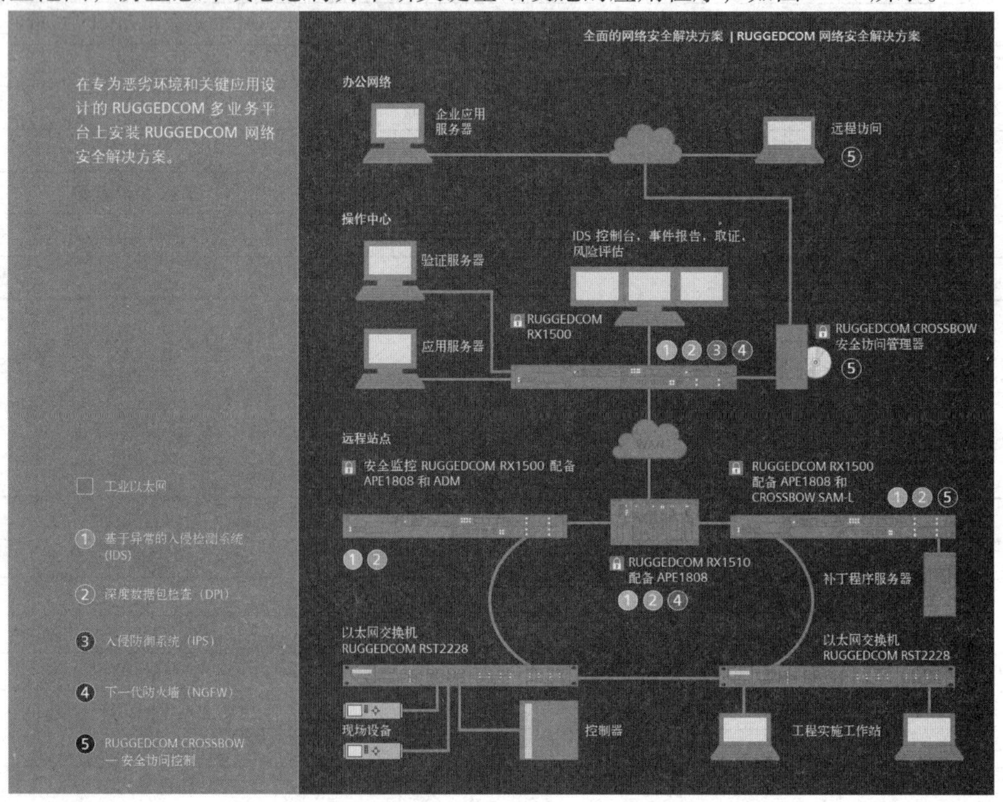

图 2-67　RUGGEDCOM 网络安全方案示例

基于异常的入侵检测系统：

在 RUGGEDCOM 硬件上运行的，用于关键基础设施运营网络的非侵入式、基于异常的无特征入侵检测系统（IDS）软件，可提供常规 IT 安全工具可能无法检测到的漏洞和复杂网络威胁的预警和警报。

深度数据包检查：

配备 APE1808 的 RUGGEDCOM RX1500 上的深度数据包检查（DPI）功能可利用非侵入性方法对关键设施网络进行数据包检查，重点检查 OT 协议（例如 Modbus 和 DNP3），以寻找潜在的、不合规的通信量、病毒、垃圾邮件、入侵或用户定义的准则，以确定是允许该数据包通过，还是要将其传送到其他目的地以进行网络安全分析，从而降低风险，并确保与控制中心和 IT 网络之间保持安全通信。

下一代防火墙：

在单个集成设备中结合使用 RUGGEDCOM 交换和路由平台与领先的下一代防火墙（Next Generation Firewall，NGFW）功能，可提供其他集成的 DPI（Deep Packet Inspection，深度数据包检测）/IPS（Intrusion Prevention Systems，入侵防御系统）功能，通过区分不同连接状态的数据包，并在将非关键 IT 网络连接到关键确定性运营网络时提供安全保障。

入侵防御系统：

如果配备了 NGFW 解决方案，则还可以使用 RUGGEDCOM 硬件上的入侵防御系统（IPS）。IPS 系统位于 WAN 和 LAN 之间，可基于安全配置文件拒绝代表已知威胁的流量，并为客户提供了防病毒等诸多功能选项。

2.3 RUGGEDCOM 在 220kV 智能变电站“三网合一”项目中的应用

随着技术的发展，中国变电站自动化系统大致经历了以下四个发展阶段，参见表 2-8。

表 2-8 变电站自动化发展阶段

	第一阶段	第二阶段	第三阶段	第四阶段
发展历程	20 世纪 70～80 年代	1990～2003 年	2003～2009 年	2009～2020 年
	集成电路保护和 RTU（远程终端单元）	微机保护和综合自动化	数字化变电站	智能变电站
技术特征	- 电磁式/晶体管/集成电路保护 - 测量采用直流采样原理 - 电缆传输、模拟采样 - 串口通信 - 有人值班	- 8 位机 - 32 位微机保护 - RTU、485/LonWorks - 测量采用交流采样原理 - 电缆传输、模拟采样 - SCADA 系统 - 有人值班	- 微机保护 - IEC 61850 - 电子式互感器 - 光缆传输、数字采样 - SCADA 系统 - 逐步开始无人值班	- 微机保护 - IEC 61850 - 光缆传输、数字采样 - 一体化监控 - 一、二次设备状态监测辅助设备监控逐渐丰富 - 无人值班

当前，我们处于智能化变电站发展阶段。近年来，尤其高电压等级的变电站的建设中，如750kV、500kV、330kV国网实验站，遵照“三层两网”的架构，部署站控层和过程层网络，同时遵循按电压等级（比如500kV、220kV、110kV）独立组网，SV（Sampled Value，采样值）和GOOSE（Generic Object Oriented Substation Event，面向通用对象的变电站事件）独立组网，建议交换机按照间隔布置的原则。经过多年发展，发现了一些不利因素：

1）网络节点过多，比如在220kV过程层，就有SV两个网络和GOOSE两个网络，无形中降低了系统的可靠性。

2）保护独立配置，增加系统复杂性。

3）合并单元、智能终端独立配置，占用大量屏体安装位置等。

基于IEC 61850标准，对智能变电站系统中网络和时钟同步问题进行前瞻性、通用性的实验和探索，符合变电站自动化系统发展的趋势。许继电气、东北电科院在SV/GOOSE/IEEE 1588信息共网传输（简称“三网合一”）方面也做出了卓越贡献，西门子公司有幸参与其中。

1. 项目简介

某220kV智能变电站项目是许继电气联合东北电科院在辽宁省电力公司的科技项目，同时也是辽宁省电力公司的重点工程之一。许继会同电科院，多方协同，针对智能站的网络和时间同步，做了有益的探索，该项目主要情况如下：

1）整体系统结构：变电站自动化体系结构遵照“三层两网”，即由站控层、间隔层和过程层三层设备组成，并通过分层、分布、开放式网络系统实现连接。

2）间隔层配置：按电压等级采用保护（2取2，即综合智能单元同时接收到2套保护的启动/跳闸GOOSE后才能出口）、测控、计量集中式一体化装置。

3）过程层配置：采用过程层合并单元与智能终端合一装置。装置提供1个过程层光纤接口，GOOSE/SV/IEEE 1588信息共网传输，解决网络接口众多，光缆连接复杂、维护不易等问题。许继综合智能装置接入示意图如图2-68所示。

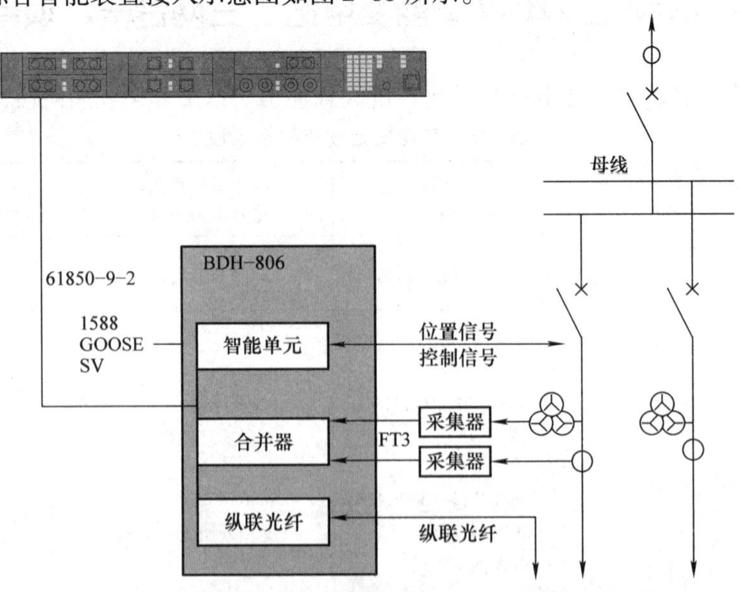

图2-68 许继综合智能装置接入示意图

4）网络结构配置：网采网跳，网络采用双星拓扑结构。

5）站控层配置：采用信息一体化平台实现高级应用、信息子站等功能，监控主机、通信网关采用冗余配置，在线监测信息由东北电科院在线监测主机直接上送到输变电监测主站。

220kV 变电站“三网合一”网络结构示意图如图 2-69 所示。

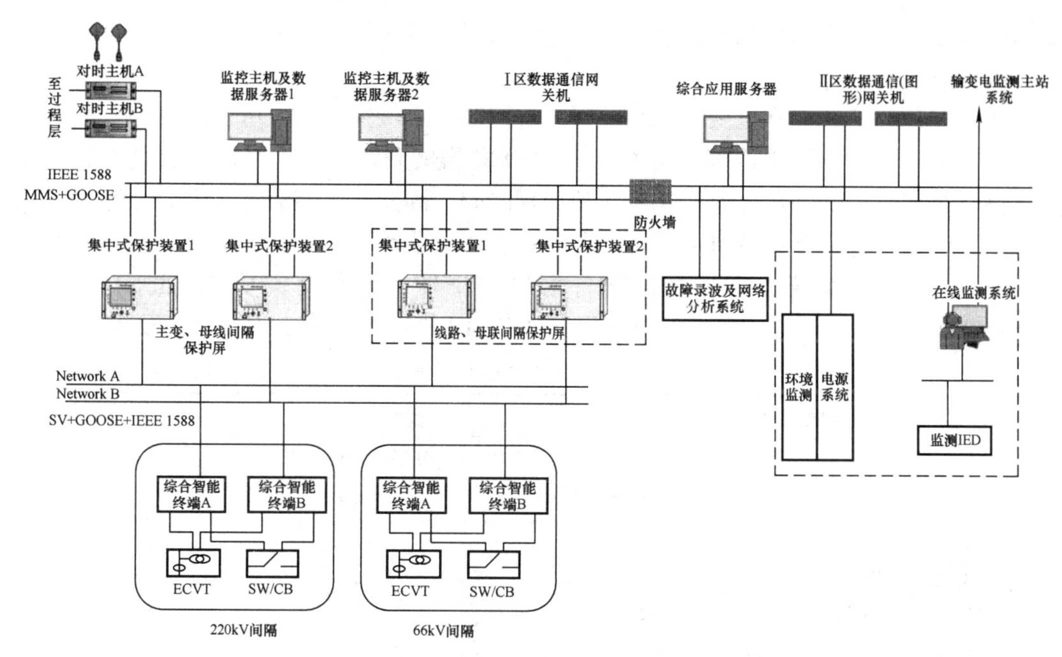

图 2-69　某 220kV 变电站“三网合一”网络结构示意图

2. 智能站对网络设备的要求

智能变电站中的网络设备不仅用于后台数据的采集，也是控制和保护动作的信息通道，因此网络产品必须满足可靠性、实时性和安全性等诸多方面的要求，同时必须提供变电站所需要的数据交换功能。

3. 可靠性与电磁兼容性

由于以太网交换机已经成为变电站二次系统的关键部件，它必须具有不低于保护控制设备的可靠性，也就是说和保护控制设备一样，交换机的电磁兼容性必须满足 IEC 61850－3 的通用要求。

该标准明确指出“通用工业环境的抗干扰指标是不能满足变电站环境要求的”。其具体的测试指标和测试方法应参考 IEC 61000－4－x 系列标准。国内电网测试参照以下两个标准：

- IEC 61850－3。
- IEEE 1613，Class 2（Error free）。

国家电网于 2009 年制定了《电力专用以太网交换机技术规范》，各个电科院测试机构也都是参照以上两个国际标准，制定变电站以太网交换机的测试规范和型式试验内容，并按测试结果区分为 A 类和 B 类：

- A 类可以用于保护跳闸等关键任务的报文传输，符合 IEC 61850－9－2。
- B 类则只能用于一般的数据传输，符合 IEC 61850－8－1－2020 变电所的通信网络和系统。

交换机的电磁兼容性测试实际上是模拟变电站各种电磁干扰情况下对交换机性能的影响，克服变电站环境中连续和瞬态的 EMI 干扰对通信的影响。

对于过程层网络设备必须满足 A 类测试要求，即交换机在测试过程中必须零丢包、无额外的通信延迟、无通信故障，达到满足变电站对于可靠性的要求。

4. 实时性

变电站网络的实时性主要指标是数据通过网络的总传输延时，可定义为一帧报文从发送方到接收方所花费的网络传输时间。由于 GOOSE 报文要求的最大延时不超过 3ms，它包含了装置到装置之间的总传输延时和装置的处理时间，因此装置到装置之间的总传输延时最好不要超过 2ms，这实际是限制了级联交换机的数量，尽管理论上讲交换机可以无限级联。

智能设备的对时方式是站控层设备采用（SNTP）网络时间协议；间隔层设备采用 IRIG－B 码对时；过程层设备采用精确时间协议 IEEE 1588 对时，对时精度要求见表 2-9。

表 2-9　过程层对时精度要求

被授时设备		同步对时方式	精度要求
过程层 IED	合并单元 MU	IEEE 1588	±1μs
	智能单元	IEEE 1588	±1μs

5. 通信功能

变电站网络的数据流具有如下特点：

1）短报文通信。一般 GOOSE 报文长度在 100～300 个字节之间，而采样值报文长度在 100～200 个字节之间。

GOOSE 和采样值报文均是组播报文，采用 MAC 组播地址。IEC 61850 标准中各种服务类型的报文均使用多播 MAC 地址，见表 2-10。

表 2-10　DL/T 860.92 建议多播地址表

服务	取值范围建议	
	开始地址（16 进制）	结束地址（16 进制）
GOOSE	01－0C－CD－01－00－00	01－0C－CD－01－01－FF
SV	01－0C－CD－04－00－00	01－0C－CD－04－01－FF

2）采样值（SV）报文负载较大，每个合并单元按 80 点采样的话，按照 50Hz，每秒钟就会发出 4000 个报文。从而要求交换机既要保证其正常传输，也要保证报文的实时性。

3）时钟同步：一般站控层采用网络时间协议（NTP）进行网络对时。过程层对时一般采用 IREG－B 或 IEEE 1588 对时。

总的来说，智能变电站要求交换机需具备多种功能，包括 VLAN、优先级、RSTP/MSTP、端口镜像、GMRP 组播管理、端口速率限制、NTP/IEEE 1588 时钟同步等功能。不同的应用场景，需要不同的功能组合。

6. 安全性

变电站网络，如果没有合适的安全措施，将会给电力系统的安全稳定运行带来严重的影响。变电站网络的威胁包括来自外部的攻击，如非法截取、中断、篡改、伪造、恶意程序、权限管理不当和安全漏洞等，以及来自内部的攻击和误操作等。一般电科院网络测试都会加以测试。

西门子、罗杰康系列交换机除了满足北美电气可靠性委员会（NERC CIP）、IEC 62443（工业通信网络 - 网络与系统安全）等标准外，还支持告警、日志和国内网络安全审计装置的交互通信。

7. 关键的解决方案

在220kV智能变电站项目中，许继IED主要技术特征为间隔层设备的高度集成，采用三网合一的组网方式。从技术上做到了将同一个电压等级的所有保护及测控功能集成在一个装置中。

8. 流量工程估算

由于本站采用220kV和66kV共网，网络负载估算如下：

由于GOOSE装置网口的常规流量很小，计算流量时可忽略不计，过程层网络的流量主要来自合并单元。一个典型的符合61850－9－2规约的合并器每秒钟的数据流量为L＝(143＋22＋8＋12)Byte×8bit/Byte×50Hz/s×80/Hz≈5.645Mbit/s。

以某厂家为例，其所需采样的合并单元数量最多为8个（6CT＋2PT）。交换机级联接口的最大流量为8×5.645Mbit/s≈45.166Mbit/s。

母线保护所需采样的合并单元数量最多为12个（12CT）。母线保护接口的最大流量为12×5.645Mbit/s≈67.74Mbit/s。

此流量不超过100M交换机的流量，故交换机选择100M接口即可满足工程的要求。试验流量远大于常规设计流量，在网络流量方面，可以充分保证试验结论的正确性。

9. 网络结构

站控层采用双星形结构，选用RSG2300交换机，共用设备4台。该设备满足IEC 61850－8－1需求。

过程层采用双星形结构，选用RSG2288交换机，共用设备16台，该设备满足IEC 61850－9－2需求。

10. 二层多播数据处理

对过程层网络多播报文的处理主要有三种方法：VLAN、GMRP和静态多播地址表技术。需要注意的是VLAN、GMRP和静态多播地址表三种方法并不冲突，用户可以根据需要灵活地将三者结合起来使用，即在一个网络上按照需要可以同时设置VLAN、GMRP和静态多播地址表。

在本项目中，采用VLAN隔离各种数据。由于是合智一体装置，SV/GOOSE/PTP报文共用一个以太网端口，需要不同用途的报文在发出前，事先嵌入VLAN标记：

1）精准时间协议（PTP）报文限定在一个VLAN中传输。

2）GOOSE报文限定用一个VLAN传输。

3）每个SV分配一个独立的VLAN ID，通过VLAN Forbidden功能进行控制SV报文的流向。

4）其他优化措施、限制广播：开启端口广播限制功能。超出端口设定限制值的广播数据，将被交换机丢弃，不做处理。此项优化目的是预防因广播数据过多而导致交换机资源耗尽；在缺省情况下，RUGGEDCOM 交换机端口入口限制广播流量 1000kbps（大约 1Mbit/s）。需要说明的是，交换芯片会将 1000k 平均到若干时间片段，如果在某个时间片段内，超过设定的速率上限就会触发限制，丢弃过量的广播报文。

5）预防环路：设备全局开启 RSTP 功能，避免环路，非级联端口配置成边缘端口（Edge Port）。边缘端口与禁用某端口 RSTP 功能不同，意外地将生成树中的边缘端口连接到另一个端口将导致可检测的环路。由于边缘端口接的是一台终端，因此不会带来环路，当 STP 网络发生拓扑变化时，端口直接跳转到转发状态（跳过侦听和学习阶段），不需要刷新边缘端口的 MAC 表。因此，当其链接切换时，不会生成拓扑更改消息，从而避免因装置所在端口的通断引起网络的抖动。

11. PTP 时钟同步

在过程层，时钟同步采用 IEEE 1588 v2 -2008 标准，也称 PTP（精准时间协议）。该协议支持透明时钟（Transparent Clock，TC），本项目采用 P2P（Pear to Pear）透明时钟（P2P - TC）。IEEE 1588 v2 是一种基于报文的协议，可以通过对时报文进行时间同步，动态校正通信过程中的时间偏移（Offset）和传输延迟（Delay）。

12. 转发延迟和链路延迟的校正原理

以两步法为例，主时钟到从时钟同步时周期性报文如图 2-70 所示。

－ －Announce message

－ －Sync message

－ －Sync_Follow_Up message

如图 2-70 所示，Sync 报文发出时间为 T1，这个时间会在 Sync_ Follow_ Up 报文中携带给从钟。从钟记录 Sync 到达时间 T2。两个时间差包含了主从时钟之间的偏移量和线路传输延迟：

Offset + Delay = T2 - T1

从钟会周期性地向临近设备发送以下报文：

－ － PDelay_Req message（发送时间为 T3）

主时钟收到 PDelay_Req 的时间为 T4，主时钟的响应报文 PDelay_Resp 的发出时间 T5。从时钟收到 PDelay_Resp 的时间为 T6，在两步法中，通常交换机厂家的软件中有两种实现方法：

驻留时间 T5 - T4 会在 PDelay_Resp_Follow_Up 中携带，大多数厂家会采用此方法或 T5 在 PDelay_Resp_Follow_Up 中携带，T4 在 PDelay_Resp 中携带。从而，Delay - Offset = T4 - T3，进而得出

Delay = (T2 - T1) + (T4 - T3)/2

Offset = (T2 - T1) - (T4 - T3)/2

对于多级网络设备级联的情况，其 Sync_Follow_Up 报文校正域中会携带沿线总的线路延迟和转发延迟，对时设备根据校正域携带参数动态校正本地时间，从而实现时钟同步。

需要说明的是，时钟同步过程既是周期性的也是一个动态的过程。

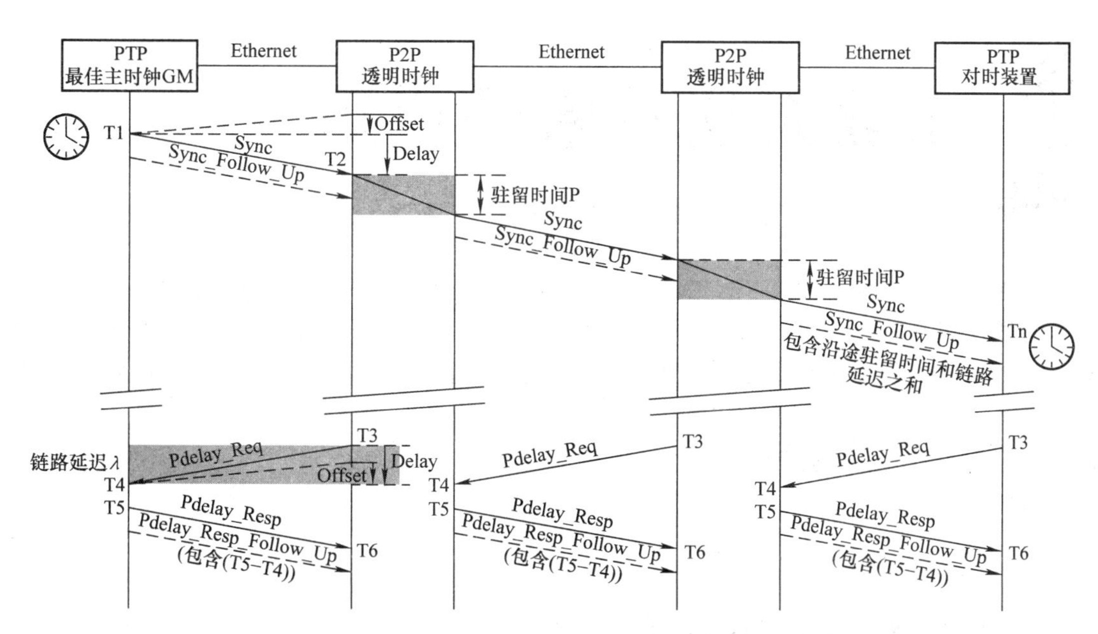

图 2-70 IEEE 1588 v2 透明钟转发延迟和链路延迟的校正（两步法）

13. 网络设备关键配置和优化措施

过程层交换机采用西门子 RUGGEDCOM 交换机，该设备支持 OC（普通钟）和 BC（边界钟）和 TC（透明钟，支持 E2E 和 P2P）。国内变电站多采用 P2P（Peer－to－Peer）模式，该模式可以弥补网络线路延时和转发延时，达到理想的时钟精度（实测小于 100 纳秒）。

RUGGEDCOM 交换机在本项目中，主要配置和优化如下：

1）中心交换机配置成 OC and P2P TClock，在此模式下，交换机可以作为主钟的后备时钟，当主钟 GM（Grand Master）失效后，交换机可以接替 GM 工作，参与主时钟算法 BMCA，接替系统主钟，继续给智能装置对时，并在一定时间内保持对时精度；可以通过 Priority 1 和 Priority 2 参数调整时钟的优先级，这两个参数会在 Announce 报文中携带，该参数决定交换机是否参与最佳主时钟算法（Best Master Clock，BMC）。

2）交换机作为 OC 工作的另一个优点是，在交换机界面上，可以看到端口的线路延迟 Peer_Delay，该参数有利于后期维护和故障定位；也就是说，交换机也会和设备和装置进行对时，并发送 Peer_Delay_Reguest 报文。

3）PTP 报文传输协议采用 Layer 2 Multicast。

4）PTP Profile 选用 Power Profile v2。该模式下，对时期望精度为 100ns。

5）交换机时钟源配置成 IEEE 1588；对时机制选择透明钟的 P2P（Peer－to－Peer）对时模式，Sync Interval，Announce Interval 周期和整个系统保持一致。

6）其余交换机作为 Slave 工作模式，不参与 BMC 最佳主时钟算法。对时模式和周期和中心交换机保持一致。

14. 总结

通过在东北电科院三个月的型式试验以及运行情况的反馈，RUGGEDCOM“三网合一”方案应用效果良好，为“三网合一”在国内的应用走出了成功先例。

第3章 工业无线技术的应用

随着科技的发展，无线通信在工业领域的应用越来越广泛。西门子提供全面的无线通信解决方案。包括基于 IEEE 802. 11 技术的工业无线局域网方案、基于 IEEE 802. 16e、采用 WiMax 技术的工业宽带无线网方案和基于第五代移动通信技术（5G）的专网和广域网方案。

3.1 工业无线局域网

3. 1. 1 无线局域网基础知识

1. WLAN IWLAN IEEE 802. 11 和 Wi - Fi

无线局域网（Wireless Local Area Networks，WLAN）是以 IEEE 802. 11 系列标准为基础，采用无线电波作为数据传输介质的本地网络。针对工业应用的环境和需求，作特定功能增强开发的 WLAN 称为工业无线局域网（IWLAN）。

Wi - Fi 本质是 Wi - Fi 联盟所持有的商标。作为一个制造商联盟，Wi - Fi 联盟专注在基于 IEEE 802. 11 标准无线局域网的产品认证，目的是改善基于 IEEE 802. 11 标准的无线网络产品之间的互通性，同时 Wi - Fi 联盟还研发制定一些无线局域网通信技术，如 WPA-PSK（Wi - Fi Protected Accesspre - Shared Rey，Wi - Fi 保护访问 - 预共享密钥）认证加密技术。由于两套系统的密切相关，人们也常把 Wi - Fi 当作 IEEE 802. 11 标准的同义术语。2018 年，Wi - Fi 联盟将当前市场上主流应用的 IEEE 802. 11n/ac/ax 标准技术简称为 Wi - Fi 4/5/6。

2. 无线局域网主要标准和技术特性

表 3-1 列出了 IEEE 802. 11 的主要标准和技术特性。下面将介绍其中的关键技术。

表 3-1 无线局域网主要标准和技术特性

代记名					Wi - Fi 4	Wi - Fi 5		Wi - Fi 6/6E
标准号	IEEE 802. 11	IEEE 802. 11b	IEEE 802. 11a	IEEE 802. 11g	IEEE 802. 1in	IEEE 802. 11ac		IEEE 802. 11ax
						Wave 1	Wave 2	
标准发布时间	1997 年	1999 年	1999 年	2003 年	2009 年	2013 年	2016 年	2018 年
工作频率	2. 4GHz	2. 4GHz	5GHz	2. 4GHz	2. 4GHz 和 5GHz	5GHz		2. 4GHz 和 5GHz、6GHz
最大频宽	20MHz	20MHz	20MHz	20MHz	40MHz	80MHz	80 + 80/160MHz	160MHz
单流带宽	2. 0Mbit/s	11Mbit/s	54Mbit/s	54Mbit/s	150Mbit/s	433Mbit/s	876Mbit/s	1201Mbit/s
最大空间流	1 × 1	1 × 1	1 × 1	1 × 1	4 × 4	8 × 8（3 × 3）	8 × 8（4 × 4）	8 × 8

（续）

代记名					Wi-Fi4	Wi-Fi 5		Wi-Fi 6/6E
最大带宽	2.0Mbit/s	11Mbit/s	54Mbit/s	54Mbit/s	600Mbit/s	3.47Gbit/s	6.94Gbit/s	9.6Gbit/s
主要调制方式	BPSK/QPSK/FHSS	CCK/DSSS	OFDM	OFDM	OFDM	OFDM		OFDMA
最大 QAM 调制	N/A	N/A	64QAM	64QAM	64QAM	256QAM		1024QAM
MU-MIMO	N/A	N/A	N/A	N/A	N/A（SU-MIMO）	N/A	下行（4）	上行（8）、下行（8）
向前兼容性	N/A	N/A	N/A	802.11b	802.11a/b/g/n	802.11a、802.11n（5GHz）		802.11a/b/g/n/ac

（1）频段和信道

无线局域网的工作频率主要是免授权的2.4GHz和5GHz，通常也称作ISM（Industry, Scientific research, Medical care，工业、科研、医疗）频段。新一代的Wi-Fi6E技术标准提出要工作在6GHz频段。在2.4GHz和5GHz每一频段又被划分为许多信道如图3-1、图3-2所示，以特定的间隔分布在各自的频段上。2.4GHz频段所用频率通常在2.412GHz和2.472GHz之间，以5MHz为间隔划分为13个连续信道。WLAN通信的频率带宽基础是20MHz，为了减少WLAN中发射机相互干扰的可能性，需要保持发射机之间信道的最小距离，这意味着13个信道中，非重叠信道只有三个，如信道1、6和11。此外，在2.4GHz的频段上除了WLAN之外，还有许多其他应用，如蓝牙、ZigBee、微波炉、无绳电话等，它们有可能会对使用相同频率的WLAN造成干扰。

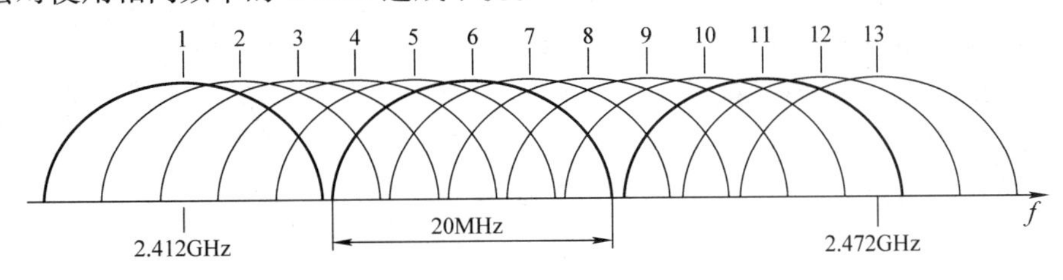

图3-1 2.4GHz频段的信道

当网络中使用多个接入点时，需要使用相互独立的更多信道。在这种情况下，建议切换到5GHz频段。5GHz频段有高频、中频、低频之分，频率范围从5.180～5.825GHz。以20MHz宽度划分为非连续的信道，信道编号从36（5.180GHz）～165（5.825GHz），但并不是所有5GHz频段的信道都可用于WLAN通信。通常是低频段的36、40、44、48、52、56、60、64信道，高频段的149、153、157、161、165信道，在有的国家还允许使用100～140的中频段信道。使用20MHz频宽时，5GHz频段拥有更多的非重叠信道，支持同区域更多接入点布署。

5GHz频段中的部分信道与雷达系统共用，会对雷达系统产生干扰。为了协调5GHz无线局域网和雷达系统之间的运行，IEEE制定了802.11h标准，通过DFS（Dynamic Frequency Selection，动态频率选择）和 TPC（Transmit Power Control，传输功率控制）将 WLAN 在 5GHz 频段应用时对雷达的干扰降至最低。DFS 是指动态频率选择，AP 在检测来自雷达设备的同频信号时，将通过 DFS 自动切换到其他信道。TPC 则要求 WLAN 设备在检测到雷达或卫星信号时，降低节点的传输功率，直到最小值，避免对雷达通信的干扰。对于 SCALANCE W，使能 DFS（802.11h）之后，就可以使用支持 DFS 的信道，此时在配置 AP 的信道时，还需要配置一个备用信道。常规应用应避开使用 DFS 信道，以免检测到雷达信号时信道动态选择带来的不确定性。

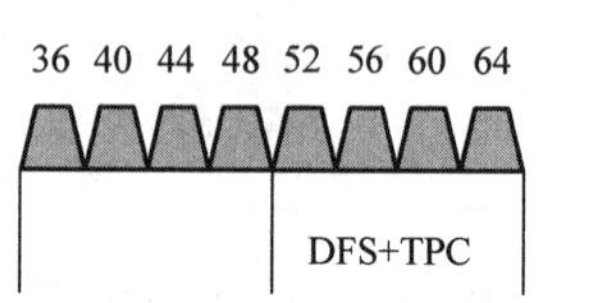

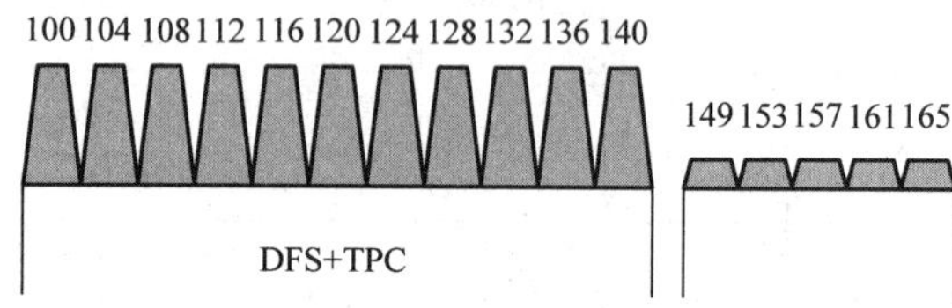

图 3-2　5GHz 频段的信道

在不同的国家，所允许使用的信道，允许的发射机等效全向发射功率，户外使用还是室内使用、是否要规避雷达信号而作动态频率，可能会有差别。这些规范要求也会随着技术的发展、市场的需求而动态调整。可以向相关监管机构（如无线电管理局）查询最新的具体要求。

在 SCALANCE W 配置页面中可以下载国家列表（路径：system – load/save – countrylist），其中列出了产品通过认证的国家及该国所允许信道列表。在对 SCALANCE W 进行配置时，首先就是要选择国家，这样系统会在随后的参数配置中按照该国的规范使能相关信道并检查参数配置。

（2）信道捆绑

从 802.11n 标准开始，可以将 20MHz 频宽的两个信道进行捆绑，如图 3-3 所示，从而将物理层带宽扩展到 40MHz。802.11ac/ax 标准则允许捆绑至 80MHz、160MHz 等，这就像扩宽了道路一样，可以成倍地提升传输数据速率。当然，这也意味着更少的独立信道，也会更容易受到干扰。

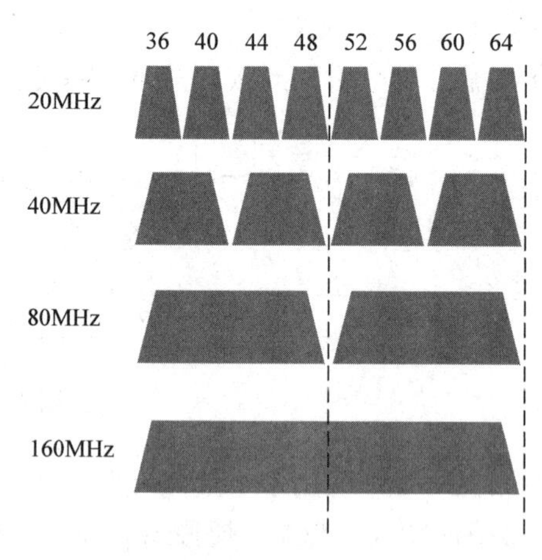

图 3-3　信道捆绑

（3）多天线技术：分集和 MIMO（Multiple Input Multiple Output，多输入多输出）

无线电波在空间传播时会遇到障碍物，从而产生反射、折射、散射等，从发射方到接收方存在多种路径。

分集是一种用于提高无线系统传输可靠性的技术。空间分集通过在发射机和接收机上使用多个天线来发射和接收信号，每个天线要评估其连接的质量，接收具有最佳信噪比数据的天线将用于进一步的数据传输，而来自另一个天线的信号被忽略，实际上只使用一条传输路径的数据，也就是一条数据流。早期仅支持 802.11b/a/g 标准的 SCALANCE W 产品可以使用两个天线，其作用就是空间分集，实际只有一个数据流。从 802.11n 开始，为了增加接收场强，提高接收质量和发送的数据速率，使用了 MIMO（Multiple Input Multiple Output，多输入多输出）技术。MIMO技术在发送端和接收端都使用多根天线，不同于分集系统，在空间多路复用的过程中，它同时相互独立地传输不同的数据，即空间数据流。m×n代表了发送端和接收端的天线数，也是各自的数据流数。MIMO方法明显提高了数据吞吐量。使用802.11n标准，单个数据流传输的最大总速率为150Mbit/s。当使用最多4个数据流时，可以达到600Mbit/s。802.11ac和802.11ax标准中可以使用多达8个天线，理论通信速率可以高达3.47Gbit/s和9.6Gbit/s。

标准虽然定义了多达8个数据流，但具体到特定产品则会依据市场的需求、产品的尺寸、所选的芯片等多重因素来决定最多可以使用多少根天线。在SCALANCE W产品系列中，Wi-Fi4的产品，单个无线网卡最多可以使用3个天线，Wi-Fi5的产品最多可以使用4个天线，而Wi-Fi6的产品在本书出版时最多可以使用2个天线。

图3-4显示了使用3个天线和3个数据流时的MIMO技术。

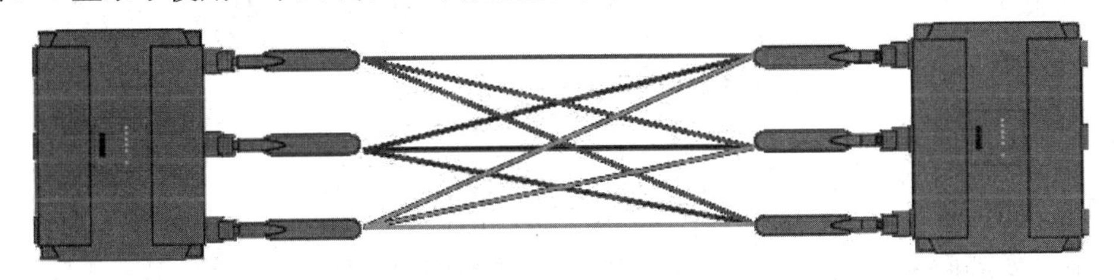

图3-4 3×3 MIMO示意

（4）调制方法

为了使电磁波传输信号，必须将信号“调制”到载波上。载波和信号的“和”传输到接收机，然后接收机从接收到的振荡波形中“减去”载波，从而分离出纯净的信号。如果是模拟传输，则无线电波的振幅或频率可能会根据信号而变化。在传统的广播电台中，中波电台使用前者，而超高频电台使用后者；这就是为什么这些波段被称为AM（振幅调制）或FM（频率调制）的原因。

对于数字信号的传输，使用了更为复杂的方法，在IEEE 802.11标准的发展过程中，出现过许多方式。例如，早期标准中所用的FHSS（Frequency Hopping Spread Sprectrum，跳频扩频技术）和DSSS（Direct Sequence Spread Spectrum，直接序列扩频），以及后来出现并且仍然在用的OFDM（Orthogonal Frequency Division Multiplexing，正交频分复用）。对应的要把数字信号调制到载波上，出现过BPSK（二相相移键控）、QBSK（正交相移键控以）、CCK（补码键控）等调制方式，而当前与OFDM匹配的调制方式是QAM（正交振幅调制）。

（5）QAM调制

正交振幅调制（Quadrature Amplitude Modulation，QAM）是无线局域网中一种常用的数字信号调制方法，是幅度、相位联合调制的技术，它同时利用了载波的幅度和相位来传递信息比特，因此在相同的条件下可实现更高的频带利用率。QAM引入了星座图，星座图上的每一个点都可以用一个夹角和该点到原点的距离表示。802.11n是256-QAM，802.11ax则达到1024-QAM。样点数目越多，其传输效率越高。但应注意，越是高阶的QAM，对接收灵敏度和射频器件的要求更严苛，对信号的质量也要求越高。信号好数据可以完整还原，信号差就有可能还原失败。这时，只能减少信息量，降低速度，才能正常传输数据。256-QAM和1024-QAM如图3-5所示。

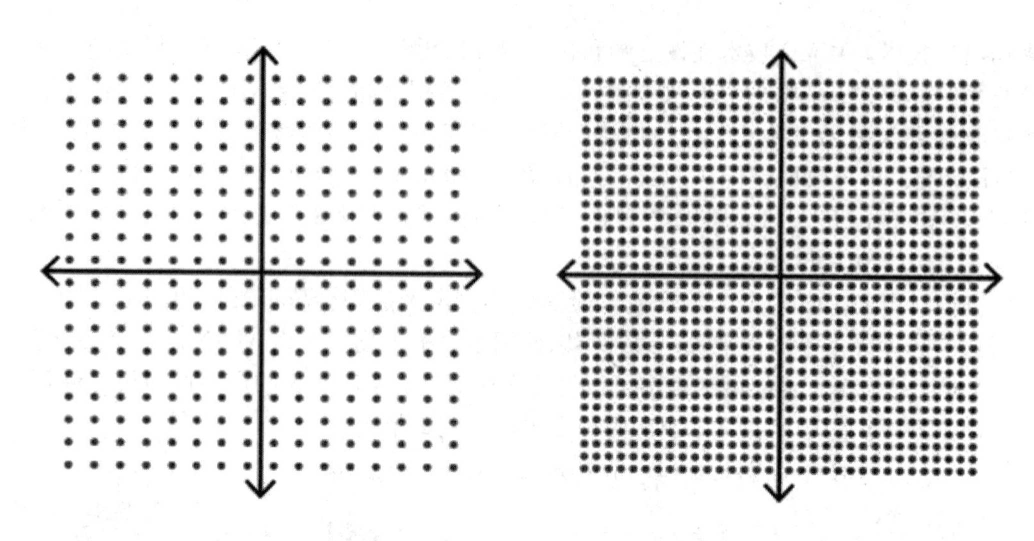

图 3-5 256 - QAM 和 1024 - QAM

(6) OFDM

OFDM (Orthogonal Frequency Division Multiplexing，正交频分复用) 技术，它是从 FDM (频分复用) 发展而来，从 802.11a 起开始支持。OFDM 不仅使用一个频率来传输信号，而是将一个宽频信道分成若干正交子载波，通过频分复用实现高速串行数据的并行传输，每个子载波只使用一个狭窄的频带。OFDM 它具有较好的抗多径衰弱的能力。OFDM 的子载波在频率域上是会重叠的，没有任何保护频带将彼此不同的载波隔开来，由于不需要保护频带以及子载波可以相互重叠，OFDM 具有很高的频谱效率。

(7) OFDMA

在 IEEE 802.11ax 以前的协议中，在一个信道内同一时间只能与 1 个设备（用户）通信如图 3-6 所示。在 IEEE 802.11ax 协议中，单个信道能够被分为多个子信道（也被称为资源单位 RU)，这些子信道之间能够被平行的使用。AP 能同时在每个资源单位内和 1 个客户端通信。在上行链路中，多个客户端能够同时与 1 个 AP 通信（见图 3-7)，这样做能够增加通信效率并减少通信延迟。

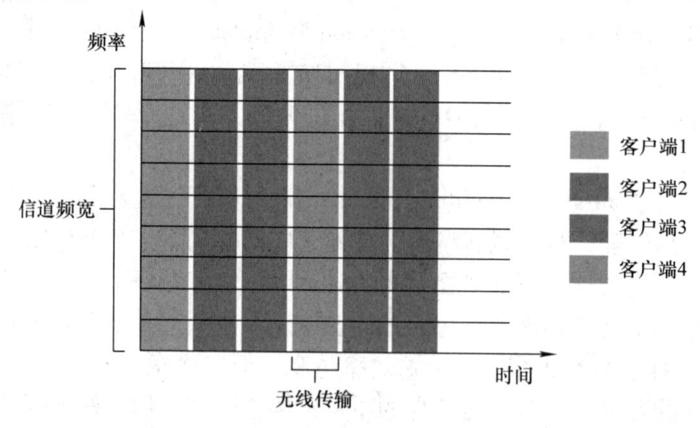

图 3-6 OFDM 中，AP 同时只能与一个用户通信

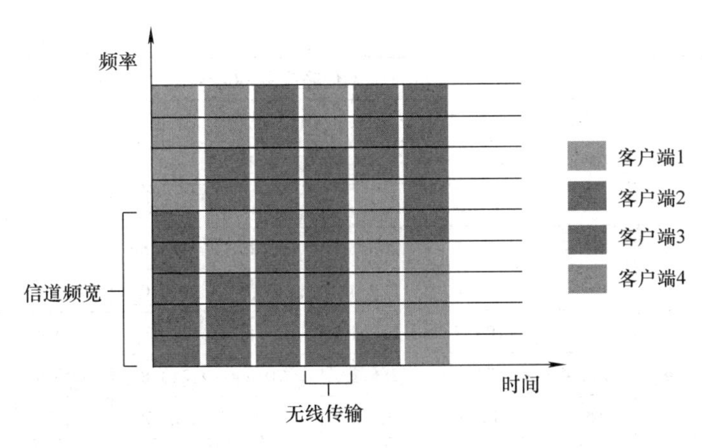

图3-7 OFDMA中，AP同时可以与多个用户通信

（8）短保护间隔

保护间隔可防止不同的传输相互干扰。在传输时间过去之后，在下一次传输开始之前，两个传输的OFDM符号之间存在短暂的暂停（保护间隔）。IEEE 802.11a/b/g的保护间隔为800ns。从IEEE 802.11n开始能够使用缩短的400ns保护间隔。

（9）帧聚合

使用IEEE 802.11n，可以将单个数据包组合成一个更大的数据包（帧聚合）。这种方法最大限度地减少了数据包开销，缩短了数据包之间的等待时间，从而提高了数据吞吐量。帧聚合有两种类型，协议数据单元聚合（A-MPDU）与服务数据单元聚合（A-MSDU）。A-MSDU允许对目的地及应用都相同的多个包进行聚合，聚合后的多个包只有一个共同的MAC帧头。A-MPDU允许对目的地相同但是应用不同的多个包进行聚合，聚合后的包都有自己的MAC帧头。只有当单个数据包用于同一接收站（客户端）时，才能使用帧聚合。

（10）数据速率

数据速率基于发射机和接收机流（空间流）的数量、调制方法和信道编码等。MCS（Modulation and Coding Scheme，调制和编码方案）中描述了速率的不同组合。802.11ax标准的MCS表格见表3-2。

表3-2 802.11ax标准的MCS表格（两个数据流和最高80MHz频宽时的示例）

MCS索引	空间流	传输速率Mbit/s								
		20MHz频宽			40MHz频宽			80MHz频宽		
		保护间隔			保护间隔			保护间隔		
		0.8μs	1.6μs	3.2μs	0.8μs	1.6μs	3.2μs	0.8μs	1.6μs	3.2μs
0	1	8.6	8.1	7.3	17.2	16.3	14.6	36.0	34.0	30.6
1	1	17.2	16.3	14.6	34.4	32.5	29.3	72.1	68.1	61.3
2	1	25.8	24.4	21.9	51.6	48.8	43.9	108.1	102.1	91.9
3	1	34.4	32.5	29.3	68.8	65.0	58.5	144.1	136.1	122.5
4	1	51.6	48.8	43.9	103.2	97.5	87.8	216.2	204.2	183.8
5	1	68.8	65.0	58.5	137.6	130.0	117.0	288.2	272.2	245.0
6	1	77.4	73.1	65.8	154.9	146.3	131.6	324.3	306.3	275.6
7	1	86.0	81.3	73.1	172.1	162.5	146.3	360.3	340.3	306.3

（续）

MCS索引	空间流	传输速率 Mbit/s								
		20MHz 频宽			40MHz 频宽			80MHz 频宽		
		保护间隔			保护间隔			保护间隔		
		0.8μs	1.6μs	3.2μs	0.8μs	1.6μs	3.2μs	0.8μs	1.6μs	3.2μs
8	1	103.2	97.5	87.8	206.5	195.0	175.5	432.4	408.3	367.5
9	1	114.7	108.3	97.5	229.4	216.7	195.0	480.4	453.7	408.3
10	1	129.0	121.9	109.7	258.1	243.8	219.4	540.4	510.4	459.4
11	1	143.4	135.4	121.9	286.8	270.8	243.8	600.5	567.1	510.4
0	2	17.2	16.3	14.6	34.4	32.5	29.3	72.1	68.1	61.3
1	2	34.4	32.5	29.3	68.8	65.0	58.5	144.1	136.1	122.5
2	2	51.6	48.8	43.9	103.2	97.5	87.8	216.2	204.2	183.8
3	2	68.8	65.0	58.5	137.6	130.0	117.0	288.2	272.2	245.0
4	2	103.2	97.5	87.8	206.5	195.0	175.5	432.4	408.3	367.5
5	2	137.6	130.0	117.0	275.3	260.0	234.0	576.5	544.4	490.0
6	2	154.9	146.3	131.6	309.7	292.5	263.3	648.5	612.5	551.3
7	2	172.1	162.5	146.3	344.1	325.0	292.5	720.6	680.6	612.5
8	2	206.5	195.0	175.5	412.9	390.0	351.0	864.7	816.7	735.0
9	2	229.4	216.7	195.0	458.8	433.3	390.0	960.8	907.4	816.7
10	2	258.1	243.8	219.4	516.2	487.5	438.8	1080.9	1020.8	918.8
11	2	286.8	270.8	243.8	573.5	541.7	487.5	1201.0	1134.3	1020.8

有关其他标准的调制方式和数据数率，可以参考如下链接：

https：//support. industry. siemens. com/cs/cn/en/view/109797829

从前面的描述中可以看到，在802.11系列标准的发展过程中，高速率始终是一个重要的目标。高速率是通过一系列技术手段来实现的，包括更宽的频带、更多的天线、更高阶的调制等；另一方面也应意识到，这些技术手段使用的约束条件。比如更宽的频带，意味着更少的可用独立信道，更多的天线可能带来更高的成本，更高阶的调制则要更高的信号质量、更高的信噪比。在工业应用中，有的场景需要高速率（如需要视频传输合），有的场景则不一定需要高速率而对稳定性、可靠性要求更高（如只传输控制信号），这就需要针对不同的应用需求，综合考虑来选择实施方案。在SCALANCE W设备的基于Web的管理页面中，用户也可以对接入点指定其所使用的速率。接入点仅使用选定的数据传输速率与客户端进行通信。

还应注意的是，上述的速率是在单个方向上数据发送的理论速率。无线局域网的传输由于是半双工的，传输中除了数据帧外，还有其他管理帧、控制帧，包括确认与重传等，以及对用户数据的封装而增加的帧头，体现在用户数据的实际吞吐量会比理论速率低很多。

3. 无线局域网的媒介访问机制 CSMA/CA DCF 和 PCF

无线网络是“共享媒体”的网络，即所有无线电设备共享有限的无线电谱频进行数据传输的网络。为了防止对网络的访问冲突，必须有一个规则，允许哪个节点进行访问传输。

在802.11协议中，DCF（Distributed Coordination Function 分布式协调功能）是最基本的媒体访问方法。DCF协议使用两种机制进行帧的传输：基本访问机制和RTS/CTS机制（见图3-8）。

基本访问机制就是将CSMA/CA（载波侦听多路访问/冲突避免）和确认（ACK）结合起来。CSMA/CA要求每个站点在传输前进行检查，以确定媒体是否空闲。只有空闲才能传输数据。如果有两个站点同时检查，则两个站点都可以将介质识别为空闲并同时传输数据。这会导致冲突，使数据出错无法使用。无线发射站本身无法检测到信号冲突。它自己的信号与来自其他台站的信号相互覆盖，因此无法区分碰撞和干扰。为了尽可能地避免这些无法识别的碰撞，使用了CA（冲突）。如果占用的介质现在空闲，准备传输的站点将不会立即开始数据传输，而是等待一段随机确定的时间。等待时间过后，将再次检查介质的状态。由于这种随机等待时间，各站点可以做到不同时传输。而对于每一个数据帧的传输，在其传输的帧中间包含有它需要的传输时长的信息，同频的站点在侦听到该信息后就知道信道被占用，进入等待状态。

单播的数据帧发送后，并不会被发送方立即删除，而是缓存起来。如果接收方已经收到，它会立即给发送方回复一个确认帧ACK。发送方收到确认帧后，才将缓存的数据删除。如果在一个SIFS（短帧间隔）内没有收到确认帧ACK，则发送方认为该帧丢失或碰撞，发送方会按二进制退避算法进行退避和重传。如果一直没有收到ACK，则在达到重传次限制后，发送方丢弃该帧。在SCALANCE W中重传次数的限制值默认是16。降低重传限制可减少每个系统所必须准备的暂存空间。帧越快逾时，丢弃这些逾时的帧的速度越快，因此内存更新速度也越快。提高重传限制可能会降低吞吐量。对于符合IEEE 802.11标准的WLAN，所有节点都是“对自己负责”，对无线信道进行不经协调的访问，无法预测承载关键数据节点的访问。

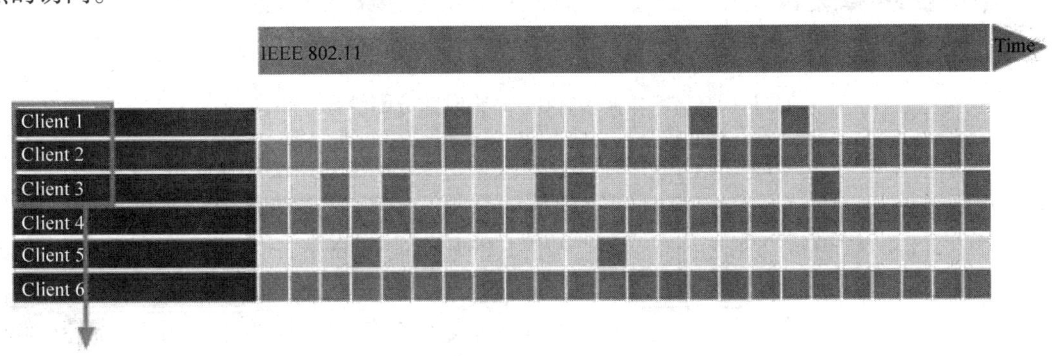

图3-8 在DCF中，所有节点通过竞争与退避随机获得媒体访问权限

然而，无线站点并不总是能够检测媒体是否空闲。比如来自无线小区的两个节点如果不能彼此“看到”，但这两个节点都试图与位于它们之间的第三个节点通信，则可能会发生冲突，这就是所谓的“隐藏节点”问题。

“隐藏节点”问题的一种解决方案是RTS/CTS方法。该方法在发送端发送数据帧之前，首先发送一个RTS帧来预约信道，接收端回发一个CTS帧进行确认，之后才开始进行数据帧的发送和ACK确认。该区域内的所有站点只要接收到RTS/CTS信号中的任一个，便进入等待模式，从而避免了冲突。这种方法大大减少了必要的传输重复次数，因为在发送更长的数据包之前已经检测到冲突。当然，RTS/CTS 帧带来的开销会降低可实现的数据吞吐量。RTS/CTS 方法的启用通常是通过设置数据报文的长度阈值来决定，超过该报文长度时则启用 RTS/CTS。在 SCALANCE W 中，默认该值是 2346 字节，这是无线局域网报文的最大值，也就意味着不启用。RTS/CTS 和重传次数限制的默认设置如图 3-9 所示。

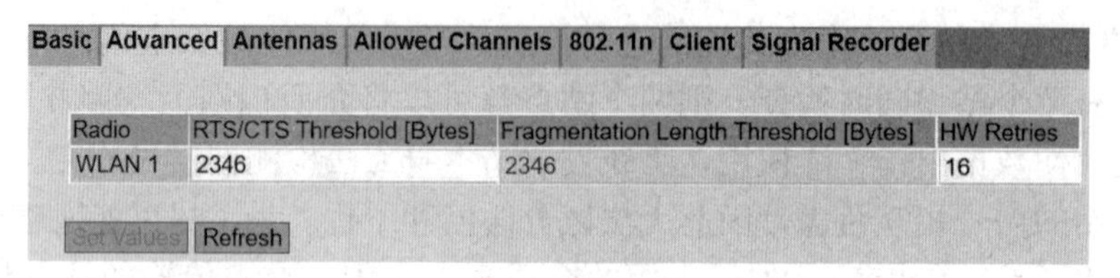

图 3-9　SCALANCE W 中 RTS/CTS 和重传次数限制的默认设置

PCF（Point Coordination Function，点协调功能）是 802.11 标准中定义的另一种访问方法。该方法可以避免 DCF 方法的一些缺点。在 PCF 中，并不是所有网络节点都有相同的权限。其中有一个或多个接入点充当网络中的中央管理员。由接入点将时隙分配给客户端：在这些时隙中，为这些客户端保留介质资源，它们可以在不受干扰的情况下进行传输。在 PCF 机制下，由 AP 将时隙分配给客户端如图 3-10 所示。

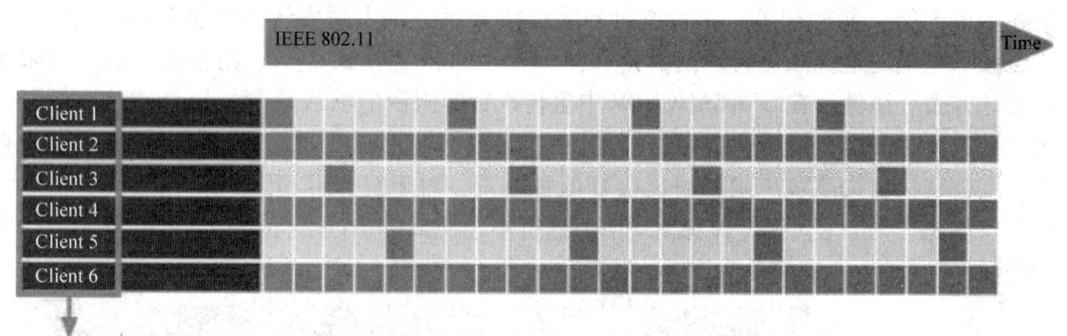

图 3-10　PCF 机制下，由 AP 将时隙分配给客户端

在 PCF 中，所有节点都可以以可预测的方式访问无线信道。使用 PCF，可以为客户端分配常规网络访问，并确保在特定时间段内传输数据。然而，这种方法的实施不是强制性的，实际上，PCF 很少得到制造商的支持。而且 PCF 机制下在从一个无线小区到下一个无线小区的漫游也不满足实时性要求。

DCF 简单方便，但是当客户端数量较多和环境复杂时，冲突碰撞不可避免，随机避让机制使得通信效率降低，也无法保证数据的实时性。因此，DCF 适用于节点数量不确定，通信数据随机性较强，对实时性要求不高的场合。绝大多数家用和商用的无线节点都使用 DCF 机制。

西门子 SCALANCE W 提供了 PCF 的专有替代方案 iPCF（i 工业点协调功能），它优化了无线通信的行为，可以满足实时通信的要求，同时解决了隐藏节点的问题，并提供快速漫游的能力，关于 iPCF 将在工业特性 3.1.3 章节中重点介绍。

4. 无线局域网的结构

一个典型的无线局域网由接入点（AP）、客户端（Client，也称为站点 Station）组成。一个 AP 和一个或多个客户端构成基础设施网络类型的一个基本服务集（Basic Service Set，

BSS)。两个或多个 BSS 组成一个扩展服务集（Extended Service Set，ESS)。扩展服务集中的多个 AP 之间的连接称为分布式系统（DS，通常为有线局域网)，如果 AP 之间的连接是无线的，则称为 WDS（Wireless Distribution System)，也就是通常所说的无线桥接。

（1）基础设施网络

通过接入点来协调无线局域网的模式称为“基础设施模式”。基础设施模式分为独立式结构（见图 3-11）和混合式结构。

（2）独立式结构

由一个 AP 负责协调所连接的客户端之间通信的纯无线网络。

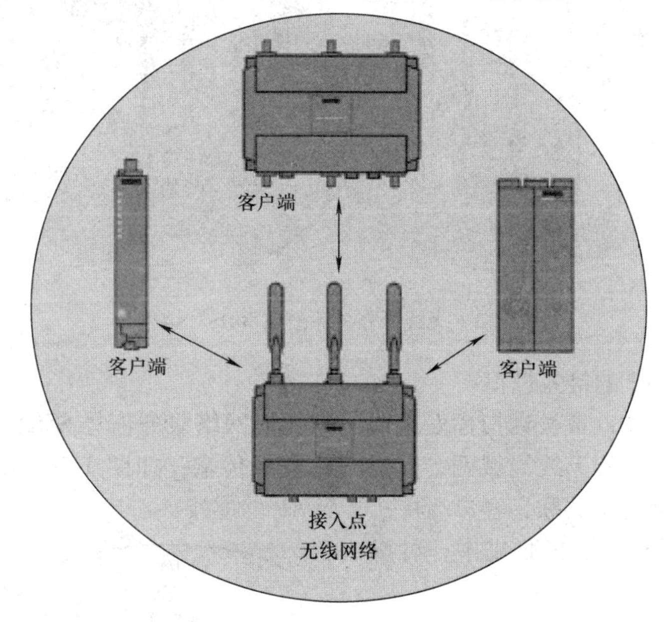

图 3-11 独立式结构

（3）混合式结构

在混合网络中，接入点不仅用于允许客户端相互通信，还提供与有线局域网的连接。

多个接入点通过有线以太网电缆相互连接，这种系统也称为分布式系统（DS)。在混合网络中允许漫游，即移动节点从一个无线小区切换到相邻小区，如图 3-12 中箭头所示。这是实践中最常见的无线局域网结构。

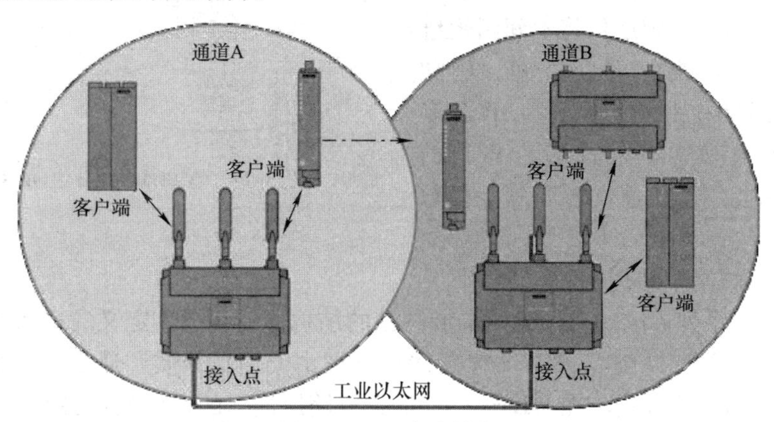

图 3-12 混合式结构

(4) 无线分布式系统 (WDS)

在正常操作中，接入点的网络接口通过电缆连接，并与客户端进行通信。然而，在某些情况下，AP 间无法布线或其他原因需要 AP 之间通过无线相互通信，需要建立无线主干网。这种操作模式称为 WDS（无线分布式系统），通常也被称作为无线桥接。如果只允许接入点之间的通信，客户端的访问被阻止，则称为纯 WDS，如图 3-13 所示。

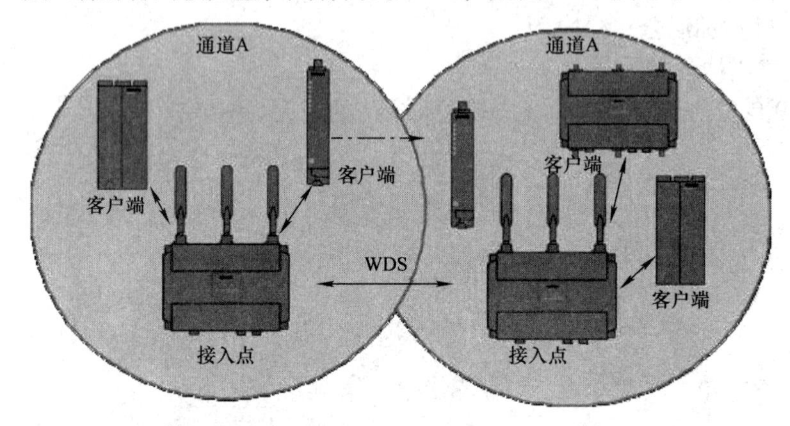

图 3-13　无线分布式系统（WDS）结构

(5) 客户端与 AP 的接入过程

无线客户端通过主动或被动扫描发现周边的无线网络服务信号 SSID，并通过认证、关联与 AP 建立起连接接入无线局域网，然后开始数据传输，如图 3-14 所示。关联成功后，如果发起解除认证或解除关联，客户端将断开与 AP 的连接。

在 SCALANCE W 的认证日志中，可以看到相关过程的记录。

(6) 漫游

客户端在无线小区（AP）之间的移动称为漫游。漫游行为通常是由客户端发起的。

符合 IEEE 802.11 标准的漫游，可能会出现几百毫秒的延迟时间。如果所有通信节点都能容忍这段时间，则通信将不间断地继续。如果需要非常快的更新时间，例如 PROFINET IO 通信，则应使用支持 iPCF 专有流程的接入点和客户端模块，iPCF 的“快速漫游”功能用于快速漫游和确定性数据流量。

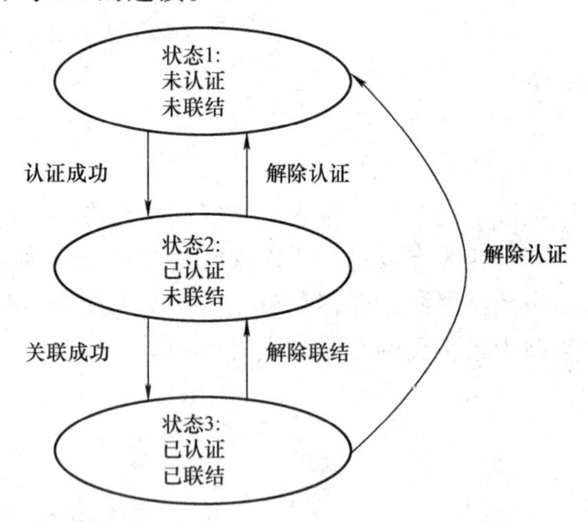

图 3-14　客户端与 AP 之间的连接

(7) 无线局域网帧结构

IEEE 802.11 系列标准定义了无线局域网帧的结构。与 802.3 定义的以太网数据帧格式及通信方式不同，802.11 定义的 WLAN 无线局域网由于通信介质和通信质量的问题，不能直接采用 802.3 的通信方式。在 WLAN 中，数据链路层面上的通信模式要比 802.3 以太网中的通信要复杂得多，因此802.11的帧格式也要相对复杂。

802.11无线数据帧最大长度为2346个字节，通用帧基本结构如图3-15所示。

Frame Control	Duration ID	Address1 receiver	Address2 sender	Address3 filtering	Seq-ctl	Address4 Optional	Frame Body	FCS
2B	2B	6B	6B	6B	2B	6B	0~2312B	4B

图3-15　802.11通用帧基本结构

前两个字节的帧控制，其具体内容如图3-16所示，它决定着通用帧后续的内容。

Protocol	Type	Sub Type	To DS	From DS	More Flag	Retry	Pwr Mgmt	More Data	Protected Frame	Order
2bit	2bit	4bit	1bit	1bit	1bit	1bit	1bit	1bit	1bit	1bit

图3-16　帧控制字节

2个字节的帧控制中，有两位是Type字段中，Type=00表示本帧为管理帧，Type=01表示本帧为控制帧，Type=10表示本帧为数据帧。数据帧负责在工作站之间传递数据。控制帧通常与数据帧配合使用，负责区域的清空、信道的取得以及载波监听的维护，并在收到数据帧后予以正面应答，借此以促进工作站之间数据传输的可靠性，如RTS/CTS，ACK等。管理帧负责监督，主要用来加入或退出无线网络，以及处理基站之间连接的转移事宜，如信标帧、客户端的探测帧、认证帧和关联帧等。

5. dB、dBm和dBi

在无线通信工程计算中，通常以分贝（dB）为单位，以简化传输元件传输行为的计算。分贝指一个比值的对数。

dB = 10 * log（比率）

使用对数的好处是差别非常大、超出想象的比值可以简化为常用的数值范围，而且可以直接加减。

通过计算，可获得表3-3比率与分贝值的对应关系：

表3-3　比率与分贝值的对应关系

比率	分贝值	比率	分贝值
0.001	-30dB	0.5	-3dB
0.1	-10dB	1	0dB
0.2	-7dB	2	3dB
0.4	-4dB	4	6dB

从中可以看出，无论所选的参考变量是什么，将一个值减半会将分贝值降低3dB；增加一倍，则分倍值增加3dB，因为只有比率才起作用，所以这都是正确的。

使用哪个参考变量可以通过标注dB后的附加字母或数字来识别。在无线技术中最常用的是描述发射和接收功率的dBm和描述天线增益的dBi。

参考变量是1mW时，可以以分贝毫瓦单位（dBm）描述功率。使用以下公式：

$$P_x/\mathrm{dBm} = 10\log\frac{P_x}{1\mathrm{mW}}$$

通过计算可知：

0.5MW≈-3dBm

1MW=0dBm

2MW≈3dBm

4MW≈6dBm

10MW≈10dBm

100MW≈20dBm

200MW≈23dBm

1000MW≈30dBm

dBi指的是天线的增益，它是以理想的等向全向天线为基准，描述实际天线将辐射能量集中在某个方向的能力，请参考天线一节。

6. 天线

(1) 电磁波

电磁波（见图3-17）是无线通信赖以进行的基础，由电场矢量 $\boldsymbol{E}_x$ 和磁场矢量 $\boldsymbol{H}_y$ 组成，它们始终互相垂直。电流产生磁场矢量，电压产生电场矢量。

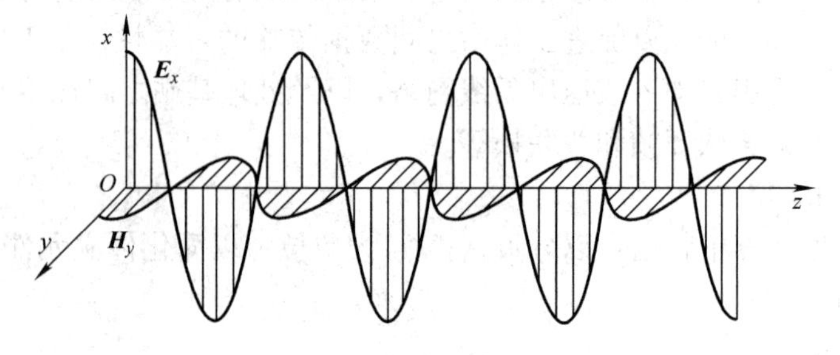

图3-17 电磁波

无线电信号在空间中以电磁波的形式三维传播。障碍物和物体会影响无线电波的传播，产生反射、扩散、吸收、干扰和衍射等效应。

电磁波的频率越高，波长越短，衰减越快，传输范围越短。如果网络中的发射机使用相同的频率发送信号，互相之间会产生干扰。通过仔细规划无线网络，可尽力避免发生干扰。

(2) 天线

天线是无线电设备中用来发射或接收电磁波的部件，它将传输线上传播的导行波变换成在自由空间传播的电磁波，或者进行相反的变换。同一天线既可用作发射天线，也可用作接收天线。

(3) 天线增益

天线并不增加功率，而是仅仅通过重新分配而使得在某方向上辐射更多的能量。“增益”指天线最强辐射方向的天线辐射方向图强度与参考天线的强度之比取对数。如果参考天线是全向天线，增益的单位为dBi。3dBi的增益大约相当于增加1倍发送/接收能力。6dBi相当于增加4倍，而9dBi相当于增加8倍。

(4) 极化方向

极化方向指定了辐射电磁波中电场强度矢量的方向，分为线性极化和圆极化。为了获得最佳接收效果，发射和接收的两个对应天线的极化方向必须相同。如果两个天线极化方向相差 90°，造成 20dB 的衰减并不少见。

（5）天线方向图

天线方向图描述天线的方向特性。通常，方向图以极坐标来表示。水平天线方向图是以天线为中心的天线电磁场的俯视图。增益以距离发送/接收角度上方坐标系中心的距离绘制。垂直天线方向图是天线电磁场的侧视图。天线增益绘制在与天线对称平面的角度上。

图 3-18 显示了定向天线的水平（左）和垂直（右）天线方向图。

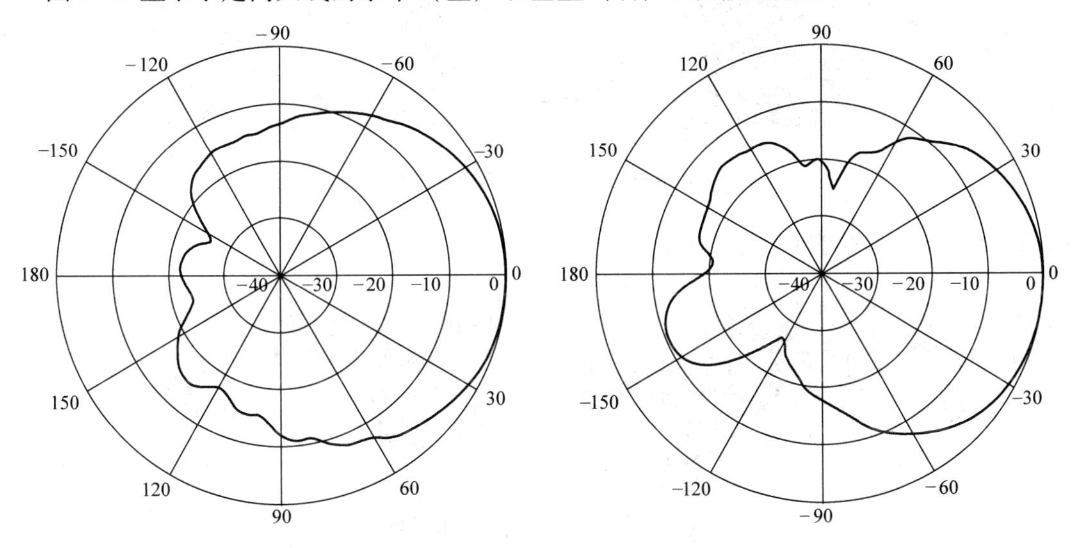

图 3-18　水平和垂直天线方向图

（6）波瓣束角

波瓣束角也称幅射角是指天线场强下降至最大值约一半即 -3dBi 时的夹角。图 3-19 显示了如何使用天线方向图的示例来确定波瓣束角。-3dBi圆表示信号最大值的一半。天线增益图与该圆圈的交点定义了天线的波瓣束角（此处约为 30°）。

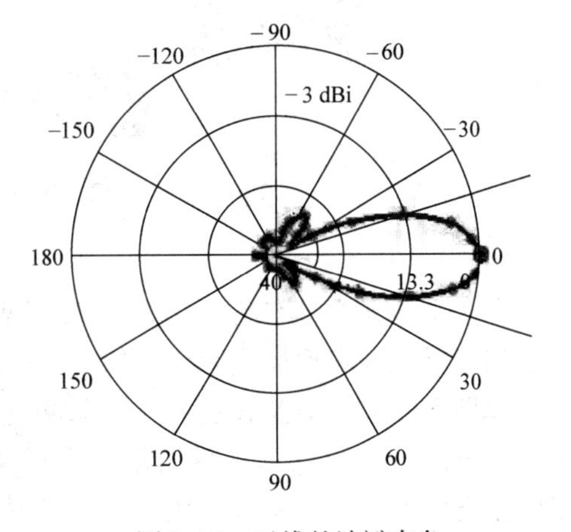

图 3-19　天线的波瓣束角

（7）全向天线和定向天线

天线按方向性可分为全向天线和定向天线（见图 3-20）。一般来说，定向天线可以实现更高的传输范围。

1）全向天线的波瓣束角至少在某一个面上呈 360°。全向天线的形状通常为杆状或半球状。天线的无线电场在与天线轴成直角的平面上达到最大强度。在该平面的垂直上方和下方，场强则迅速降低。

2）定向天线通常具有扁平盒子的形式，可以产生与盒子成直角的锥形无线电场。圆锥体由水平和垂直波瓣束角定义，在这个角度之外，场强会迅速减小。

（8）安装天线的注意事项

安装天线时应注意安装在合适的位置并注意调整天线角度，图 3-21、图 3-22 给出了几

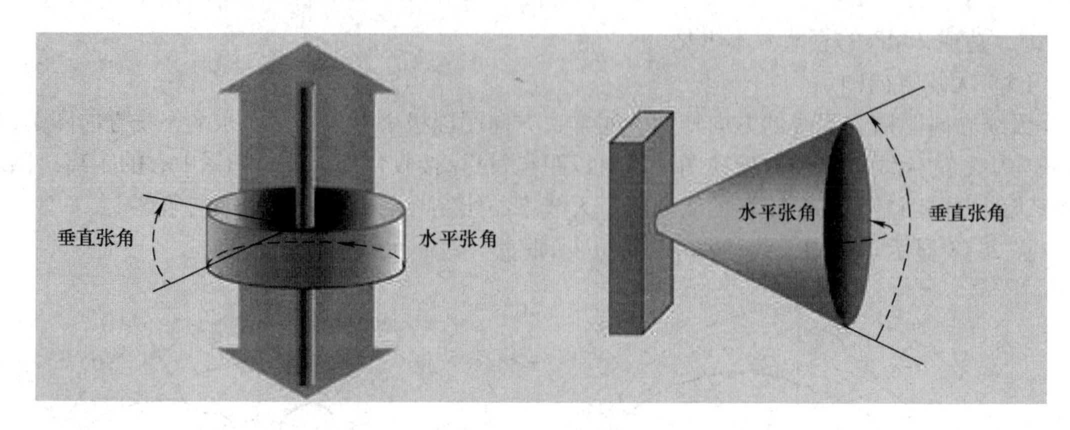

图 3-20　全向天线和定向天线

种安装方式的差别和好坏的评价。

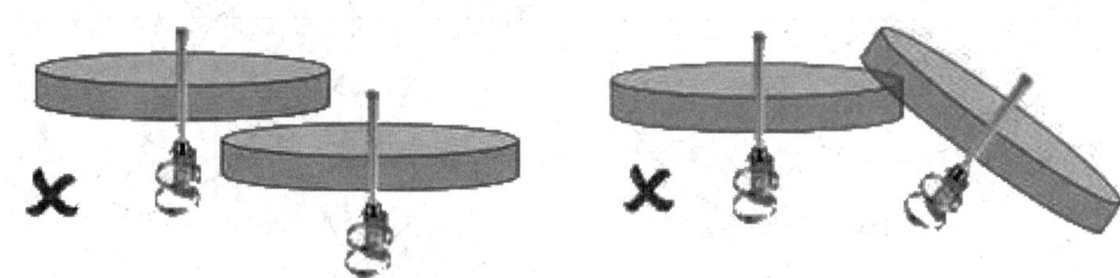

图 3-21　全向天线未对准示例

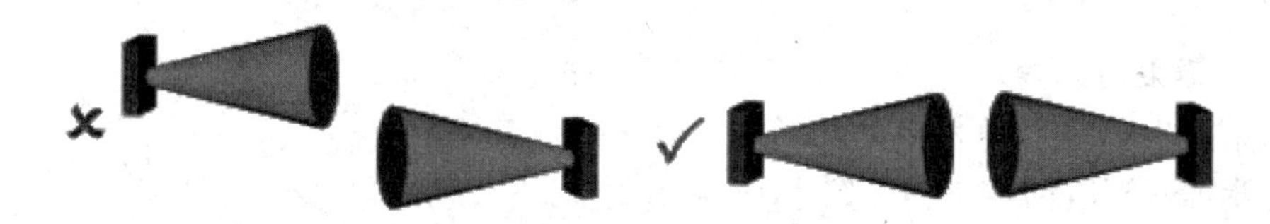

图 3-22　定向天线未对对准和对准示例

（9）对准

有些全向天线具有高达 9dBi 的极高增益。由于这种高增益，垂直波束宽度极窄。因此，天线相互对准是实现最优无线场的一个先决条件。

如果全向天线安装在桅杆上或墙壁上，就会产生干扰。主瓣由障碍物反射。反射波与非反射波发生重叠，在最差情况下，信号将会消失。务必要确保桅杆式天线总是安装在桅杆顶端的上方，如图 3-23 所示。

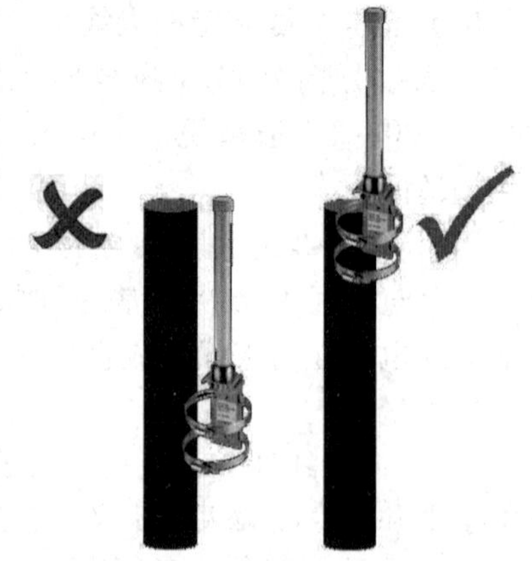

图 3-23　全向天线桅杆安装

（10）菲涅耳区

菲涅耳区描述了电磁波发射器和接收器天线之间的特定空间区域，菲涅耳区呈椭圆形，取决于无线电波的频率和发射器与接收器之间的距离。这些区域的半径随着频率的增加而变小，随着发射站和接收站之间距离的增加而变大。菲涅耳区被分为多个分区，其中第一个子区是最重要的，因为这是传输大部分信号能量的地方。

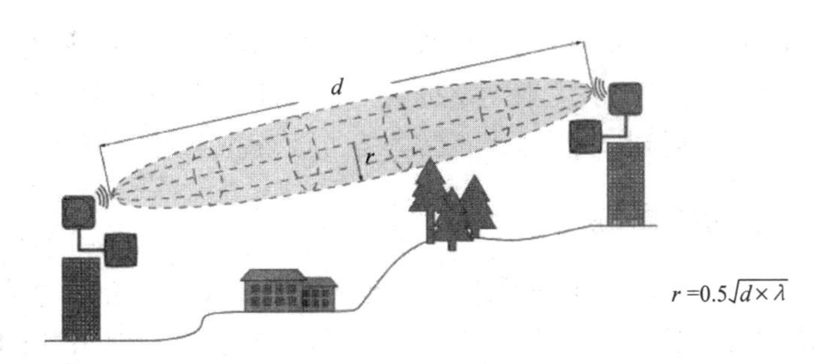

图 3-24 第一菲涅耳区及半径的计算公式

障碍物和物体会影响无线电波的传播，从而影响可达到的范围，通常在第一菲涅耳区里不应有障碍物。第一菲涅耳区及半径的计算公式如图 3-24 所示。菲涅耳区距离与半径的典型值见表 3-4。

表 3-4 菲涅耳区距离与半径的典型值

距离（d）	半径（r） 2.4GHz λ = 0.125m	半径（r） 5GHz λ = 0.06m
10m	0.55m	0.38m
100m	1.77m	1.19m
200m	2.48m	1.68m
1000m	5.55m	3.75m

如果第一菲涅耳区没有障碍物，则一般可以按自由空间损耗的条件计算空间衰减。

（11）接收信号强度的计算

接收信号的强度可按图 3-25 中公式计算。

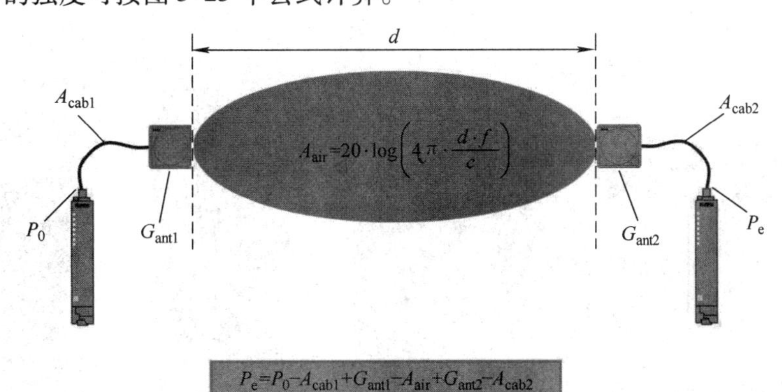

图 3-25 接收信号强度的计算

P_e—接收端收到的信号强度 P_0—发射端的发射功率 A_{cab1}、A_{cab2}—馈线的衰减

G_{ant1}、G_{ant2}—天线的增益 A_{air}—空间衰减，在满足条件时可以按自由空间损耗的公式来计算

最终计算出来的接收信号强度要高于芯片对应速率的接收灵敏度，还要留出一定的裕量，才能保证通信正常。对于 PROFINET 通信，通常要求接收信号强度在 -40 ~ -65dBm 之间。

从上述公式中可以看到，其中的每个环节都会影响到接收信号的强度。因此，如果发现接收信号强度偏低，可以从上述的发射功率配置、馈线的连接、天线的连接与安装、空间的遮挡以及器件的发射单元和接收单元是否正常等各方面查找原因。

3.1.2 西门子工业无线局域网的产品介绍

作为全球领先的工业 IWLAN 系统供应商，西门子的 SCALANCE W 系列产品线提供了从 Wi－Fi4 到 Wi－Fi6 的全面产品解决方案，很好的支持标准 TCP/IP 或 UDP 通信，以及 PROFINET 及 PROFIsafe 等各种实时通信协议，而 SCALANCE W 独有的 iFeatures（工业特性）更是在提高通信的实时性，减少漫游时间（甚至无缝漫游），提高冗余性及网络安全方面有着极大的优势。西门子工业无线通信产品线十分全面，性能可靠，强大与安全。这些设备适用于室外室内各种极端条件，广泛应用于起重系统，自动引导小车系统（AGV），或者远程运行/远程维护系统等。

1. Wi－Fi6 产品

SCALANCE W 的 Wi－Fi6（IEEE 802.11ax 标准）系列产品（见图3-26）主要由接入点 WAM766－1、WAM763－1 和客户端 WUM766－1、WUM763－1 以及天线和相关附件组成。

产品特点：

1）开发使用 IEEE 802.11ax 标准（Wi－Fi 6 标准）的设备，满足未来产品对于柔性无线应用场景。

2）支持2.4/5GHz，两路天线最大通信速率达 1201Mbit/s。

3）通过新标准开发针对与高性能要求的应用场景（大规模客户端接入、高速率通信需求）。

4）通过基于 Wi－Fi 6 的 iFeature 功能来满足高可靠性冗余需求（未来版本中也会加入新功能满足实时通信需求）。

5）支持休眠模式。

图3-26 Wi－Fi6 产品示意

2. Wi－Fi5 产品

SCALANCE W 的 Wi－Fi5（IEEE 802.11ac 标准）产品（见图3-27）主要包括 AP：W1788－1、W1788－2 和客户端 W1748－1。

产品特点：

1）使用 IEEE 802.11ac（Wi-Fi 6 标准）的设备，满足高带宽的应用场景。

2）支持2.4/5GHz，单网卡4路天线最大通信速率达1733Mbit/s。

3）W1788-2 M12 支持双无线射频。

4）802.11r 快速漫游。

图3-27 Wi-Fi5 产品示意

3. Wi-Fi4 产品

SCALANCE W 的 Wi-Fi4（IEEE 802.11n 标准）产品（见图3-28）系列历史悠久，产品型号最为丰富，市场占有率高，目前由 W780/W740、W770/W730、W760/W720 三个系列组成，有高/低防护等级以及单/双无线网卡的型号区分。

产品特点：

1）使用 IEEE 802.11n 标准（Wi-Fi4 标准）的设备，满足多种应用场景。

2）支持2.4/5GHz，3路天线最大通信速率达450Mbit/s。

3）W788-2 M12 支持双无线射频。

4）除接入点 W761-1 RJ45 和客户端 W721-1 RJ45 外，均全面支持西门子的 iFeature 工业特性。

5）通常情况下，RJ45 型号对应 IP30 防护等级，M12 型号对应高防护等级 IP65。

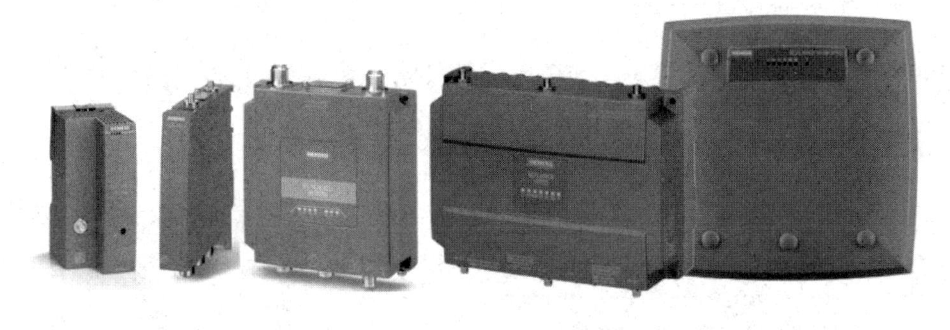

图3-28 Wi-Fi4 产品示意

4. 附件

无线产品的附件主要包括了天线、馈线、功分器、固定附件、终端电阻以及用于保存配置参数的 C-PLUG 卡和用于激活 iFeatures 功能的 Key-PLUG 卡等。其中天线可分为全向天线、定向天线以及漏波电缆（特殊天线）等，型号众多，可满足客户各种距离和范围的通信需求，如图 3-29 所示。

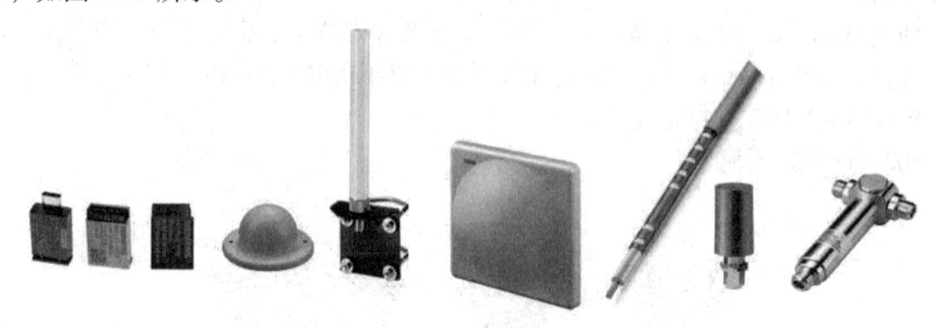

图 3-29 无线附件示意

3.1.3 SCALANCE W 产品功能、特性

1. 建立 AP 和客户端的初始连接

建立 SCALANCE W AP 和客户端的初始连接比较简单，这里只介绍关键要点，详细的配置步骤请参考如下链接：

https：//support. industry. siemens. com/cs/cn/zh/view/109798584

https：//support. industry. siemens. com/cs/cn/zh/view/91143611

当然，要可靠地满足应用程序的通信需求，可能涉及专业的规划和调试，但这一切都离不开建立最初的连接。

关键要点：

1）选择国家代码。要组态 WLAN 接口，必须始终指定 Country Code。这是因为有些参数取决于国家/地区设置，如允许使用的信道、传输的标准等。

2）选择所要使用的通信标准，是否户外使用，是否启用 DFS，这也会影响可用的信道列表。

无线接口的基本配置如图 3-30 所示。

WLAN Basic Radio Settings

Basic | Antennas&Power | Advanced | Allowed Channels | AP

Country Code: Germany

Device Mode: AP

Frequency Band: 5 GHz

Radio	Frequency Band	Enabled	Radio Mode	WLAN Mode 2.4 GHz	WLAN Mode 5 GHz	DFS (802.11h)	Outdoor Mode
WLAN 1	5 GHz		AP	-	802.11 ax		
WLAN 2	2.4 GHz		AP	802.11 n	-		

Warning: The device may not be permitted for use in countries denoted by a "*" character.

Please check the following website for more detailed information:
http://www.siemens.com/wireless-approvals

Set Values | Refresh

图 3-30 无线接口的基本配置

3）定义好天线和发射功率，这里关键是要使用相应的天线接口，未使用的天线接口应接上终端电阻。天线接口和发射功率的配置如图3-31所示。

Welcome admin

Logout

Antennas and Power

Basic | Antennas&Power | Advanced | Allowed Channels | AP

▸Information
▸System
▾Interfaces
▸Ethernet
▸WLAN
▸Layer 2
▸Layer 3 (IPv4)
▸Layer 3 (IPv6)
▸Security

Radio	Frequency Band	max. Tx Power	max. Conducted Power	max. EIRP
WLAN 1	5 GHz	17 dBm	20 dBm	15 dBm
WLAN 2	2.4 GHz	10 dBm	13 dBm	16 dBm

Connector	Frequency Band	Antenna Type	Antenna Gain 2.4 GHz [dBi]	Antenna Gain 5 GHz [dBi]	Cable Length [m]
R1 A1	5 GHz	Omni-Direct-Mount: ANT795-4MC	3	5	0
R1 A2	5 GHz	Omni-Direct-Mount: ANT795-4MC	3	5	0

Tx Power Check: Based on regulations, current power settings and antenna selection the following channels are not allowed:

WLAN 1 (5 GHz): -
WLAN 2 (2.4 GHz): -

图3-31　天线接口和发射功率的配置

4）AP侧指定要用的信道，客户端也同样指定信道，由于客户端可能存在漫游，其信道范围应包括所有AP的信道。

5）AP侧定义系统的SSID，客户端侧也定义其要连接的SSID，两者应一致。

6）安全设置。关于认证加密的方式和密码，AP侧和客户端侧必须一致。通常选择WPA2（WPA3）。无线安全认证如图3-32所示。

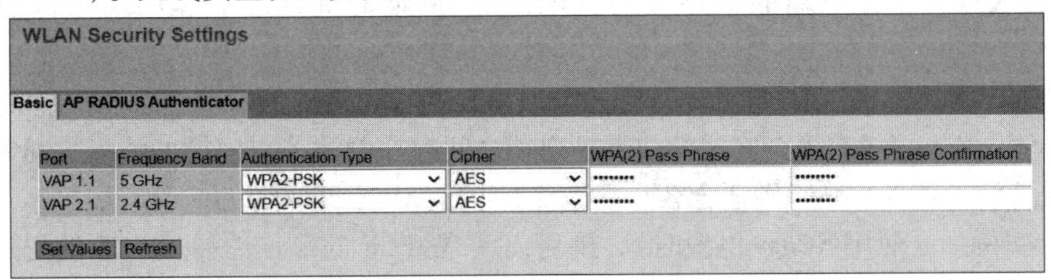

图3-32　无线安全认证

7）使能无线接口。WLAN客户端连接到接入点。连接状态信息如图3-33所示。成功建立连接具有以下特征：

- 客户端“R1”指示灯为持续绿色或绿黄色闪烁。
- 接入点的客户端列表中会列出已接入的WLAN客户端。客户端列表可以在WBM的“Information > WLAN”下找到。

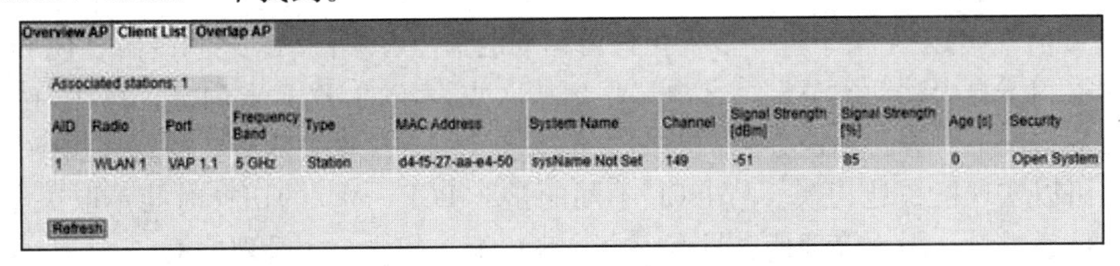

图3-33　连接状态信息

2. iPCF工业点协调功能

在3.1.1节已经介绍了DCF和PCF的基本知识，工业点协调功能（iPCF）是西门子开发PCF的专有替代方案，用于解决DCF存在的问题。此外，iPCF使客户端能够让客户端在

AP 之间的漫游更加快速确定，满足通信的实时要求。

（1）iPCF 的特性

1）AP 周期性地以很短的时间间隔依次轮询客户端，这确保了每个客户端具有很短的响应时间（确定性传输）和漫游时间，如图 3-34 所示。

2）AP 与某个客户端通信时发送的数据信号，也会被其他客户端接收到，接收到的客户端会根据无线信号判断无线链路的质量。

3）由于轮询间隔时间较短，客户端可迅速地确定是否仍存在与接入点的连接。如果连接丢失，那么客户端可以快速响应，与备用接入点建立连接（快速漫游）。

4）在 iPCF 模式中，漫游切换时间低于 50ms。

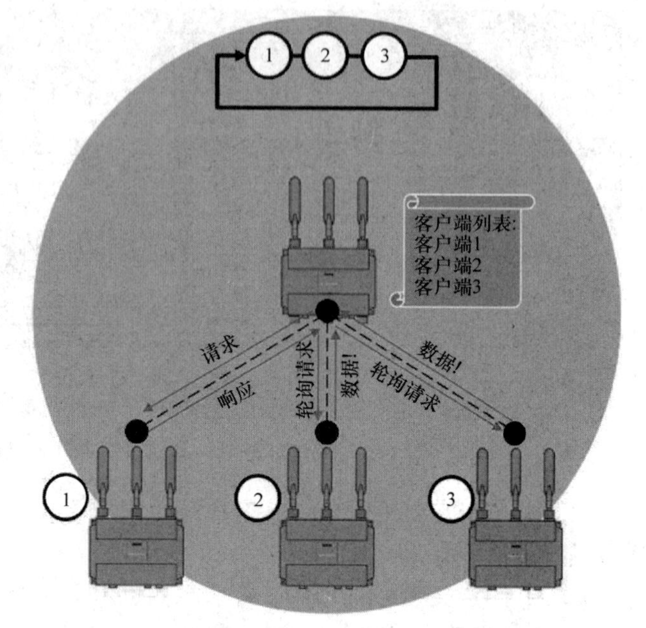

图 3-34 在 iPCF 条件下，AP 周期性轮询客户端

5）接入点下的客户端的节点数会影响 iPCF 周期时间，每个客户端的传输时间约为 2ms。

iPCF 的轮询机制避免了站点之间的竞争，而且这种轮询对所有客户端可见，因此 iPCF 特别适用于 AP 下面带有多个客户端或者客户端之间存在隐藏节点问题的情形。而基于轮询带来的快速漫游特性，则特别适合客户端需要在不同 AP 之间漫游的应用。如果客户端遵循固定路径（例如，使用 RCoax 电缆时），则可以实现 iPCF 的最佳性能。iPCF 的上述特性能够很好地保证类似 PROFINET 和 Ethernet/IP 这类实时通信在无线上的实现。

（2）iPCF - HT

使能 iPCF 后，系统会自动将数据速率降低，以获得稳定的传输。如果 iPCF 需要较高的数据吞吐量，则可以使用 iPCF - HT，借此同时传输 PROFINET 和视频数据。它通过使用帧聚合（A - MPDU）更有效地传输数据包来实现，对同一接收站（客户端）且具有相同优先级的单独数据包将组合在一起传输。

（3）iPCF - MC

iPCF - MC 的开发是为了进一步优化自由移动的节点在不同 AP 之间漫游，使 iPCF 实现的优势能够用于自由移动的节点。客户端收到接入点发来的 iPCF 查询，且存在与接入点的有效连接的情况下，客户端也会搜索潜在的合适接入点。这就意味着在需要切换到另一个接入点时，可以实现极快地切换。与 iPCF 不同的是，iPCF - MC 的切换时间不取决于正在使用的无线信道数量，因为管理信道只有一个，客户端只扫描一个管理信道。

使用 iPCF - MC 功能时，需要接入点具有两个无线接口。iPCF - MC 以不同方式使用接入点的两个无线接口：一个接口作为管理信道运行，以较短间隔发送带有管理信息的信标信号；另一个接口作为数据信道，仅传输用户数据。管理信道和数据信道必须在同一频带内，如都位于 5GHz 低频部分，而且它们要具有一致的无线电覆盖范围。也就是说 AP 的两个无线接口，所连接的天线和安装方式应该是一致的。客户端只有一个无线接口，它会在数据信道完成数据传输后，切换到管理信道进行扫描。从而判断需要漫游时应该连接到哪个 AP，并将数据信道切换至该 AP 对应的信道。

不同的 AP 使用相同的管理信道，不同的 AP 需要不同的数据信道，不能互相干扰，如图 3-35 所示。

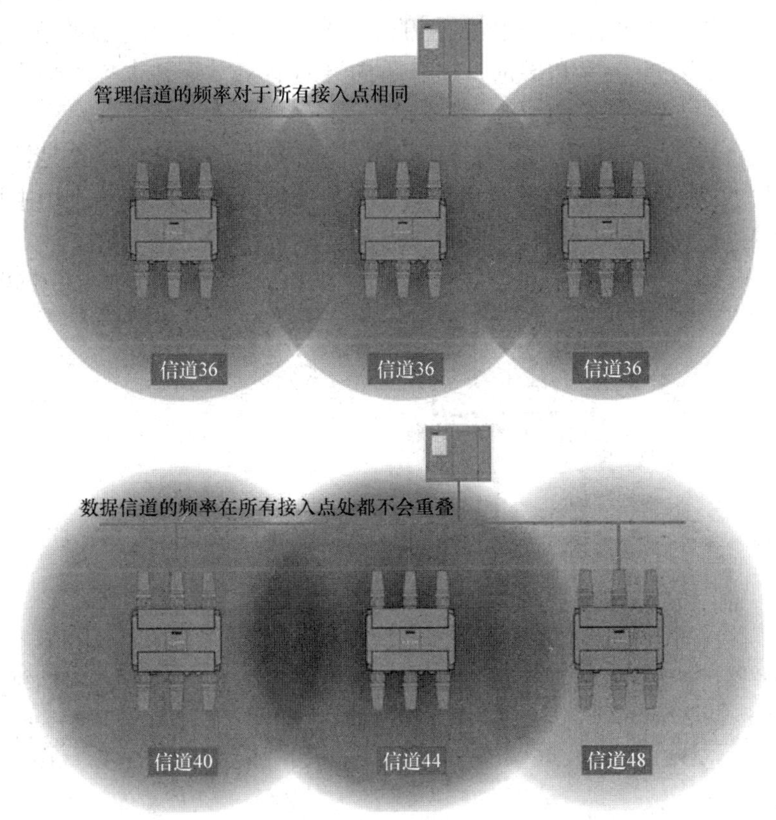

图 3-35　iPCF – MC 管理信道和数据信道

（4）iPCF 的组态

在 AP 和客户端的“iFeatures > iPCF”菜单中组态 iPCF。AP 侧和客户端侧都需要配置。本处不作更多介绍，具体配置步骤请参见：

如何配置 iPCF 可见如下链接

https：//support. industry. siemens. com/cs/cn/zh/view/92649989

如何配置 iPCF – MC 可参见

https：//support. industry. siemens. com/cs/cn/zh/view/79600904

3. iPRP（工业并行冗余协议）

“并行冗余协议”（PRP）是用于有线网络的冗余协议。它是在 IEC 62439 标准的第 3 部分中定义的。借助“工业并行冗余协议”（iPRP），可在无线网络中使用 PRP 技术。这增强了无线通信的可用性。

PRP 网络包含两个完全独立的网络。具备 PRP 功能的设备至少有两个独立的以太网接口，这些接口分别连接于独立的网络。由于通过并行冗余网络向接收方重复发送以太网帧，如果其中一个网络中断，并不会造成通信中断，而且无需进行网络重构。对于不具备 PRP 功能的设备，需要接入冗余盒（RedBox）。这样，单连接节点（SAN）便可访问 PRP 网络。RedBox 会复制待发送的每个以太网帧，还会将 PRP 尾部添加至相应帧（包含序列号）。RedBox 同时将帧的副本发送到 PRP A 和 PRP B 网络。在接收端，重复的帧被 RedBox 丢弃。RedBox 是 PRP 中的概念，SCALANCE X204RNA 交换机就是一个 RedBox 的实体。PRP 通信要求两个独立的网络应该具有大致相同的性能水平以保证复制帧到达目的节点的时间不会相差过大。在 WLAN 网络中使用 PRP 时，由于不同链路的网络受到干扰水平不一样，可能会导致帧重复和延迟。

工业并行冗余协议（iPRP）允许在 WLAN 中使用 PRP 冗余技术，这是针对 SCALANCE W700 开发的功能。它允许在无线网络中使用双无线链路，即使在移动应用中也可以。当一个链路漫游出现延迟或出现干扰时，通信将继续通过第二条路径得以运行。

如图 3-36 所示的应用中，接入点（AP 1、AP 2 和 AP 3）与 AP 端的 RedBox 通过交换

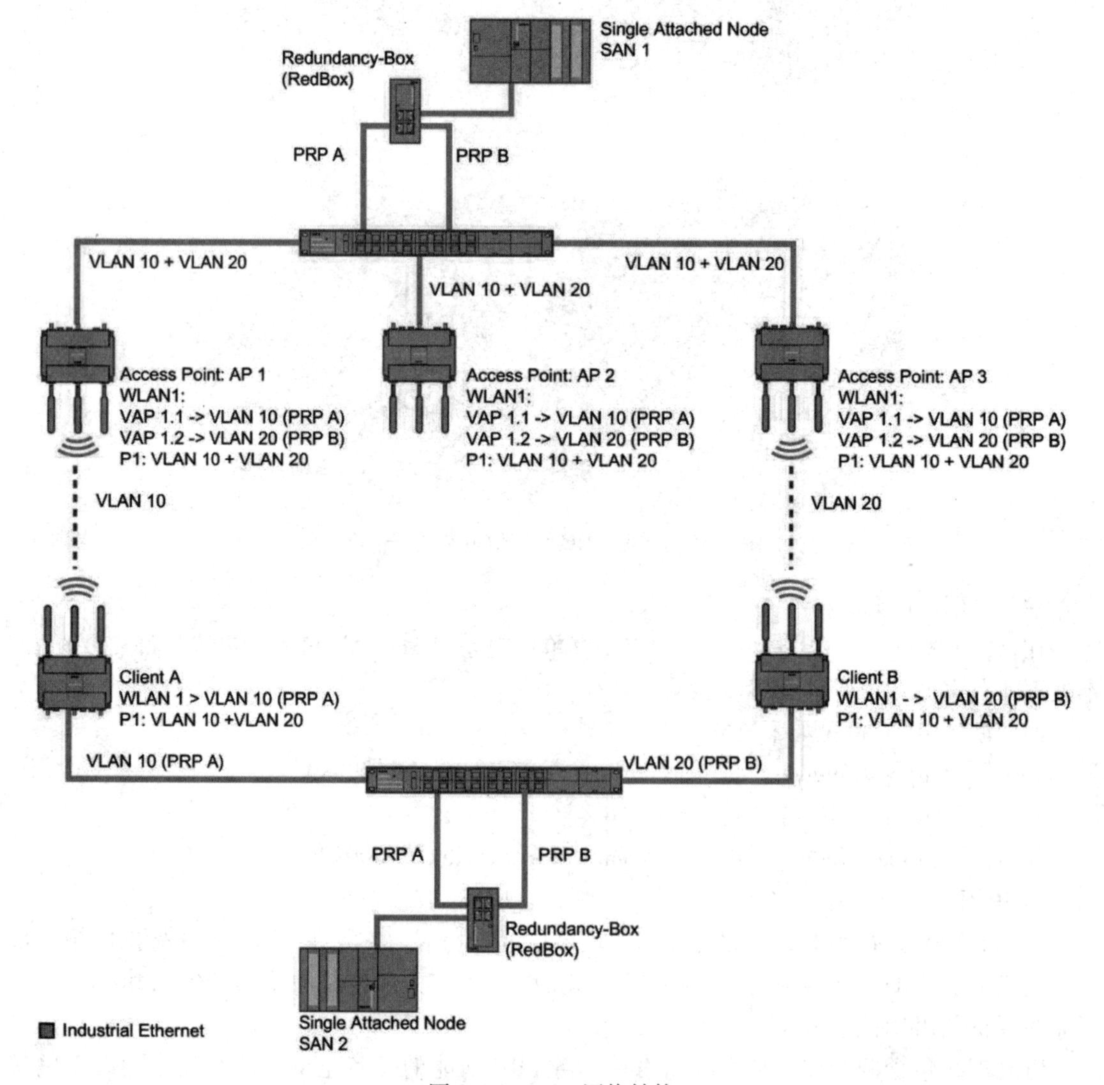

图 3-36　iPRP 网络结构

机彼此相连。PRP 网络 A 和 B 通过 VLAN 彼此分开。如果 SAN1 将帧发送至 SAN2，则该帧由 AP 端的 RedBox 复制，并且两个冗余帧通过交换机传送到接入点。通过两种不同的无线路径，将冗余 PRP 帧传送到客户端的 RedBox。客户端也通过交换机与其 RedBox 相连。RedBox 会将到达的第一个 PRP 帧转发给 SAN2，并丢弃第二个帧。

使用 iPRP 时，由于无线传输的确认机制，AP 或客户端都知道自己所发送的帧有没有传输成功。因此冗余伙伴们（这里为 AP1 和 AP3 或者客户端 A 和客户端 B）可以通过交换机彼此进行通信，也就是说，AP 之间或客户端之间会通过有线接口互相交换冗余帧发送成功的信息，以防止两个冗余 PRP 帧到达 RedBox 所用的时间相差过大。

关于 iPRP 功能具体配置的详细步骤，请参考如下链接：

https：//support. industry. siemens. com/cs/cn/zh/view/109748347

4. iREF（工业范围扩展功能）

若一个接入点有多根已激活的天线，则发射功率被平均分配到这些天线上。iREF（Industrial range extension function，工业范围扩展功能）确保用最适合的天线处理接入点和每个独立客户端之间的数据通信。最适合的天线由接入点根据所接收数据包的 RSSI 值来确定。考虑到天线的增益和可能的电缆损耗，数据包只通过可让客户端获得最大信号强度的天线发送。在此期间，其他天线停用。法律允许的发射功率仅适用于所选天线。iREF 特别是对于 MIMO（Multiple Input Multiple Output，多输入多输出）无法使用或不具任何优势的应用场合。图 3-37 演示了标准的 MIMO 与 iREF 的差别。标准的 MIMO 应用中，多个天线覆盖相同的范围，通过传输多个数据流来提高带宽。而在 iREF 中，多个天线覆盖不同的区域，客户端可能在这三个区间移动或接入不同客户端，每次只有单个天线在通信。图 3-38 展示 iREF 功能在立体库中的可能应用。

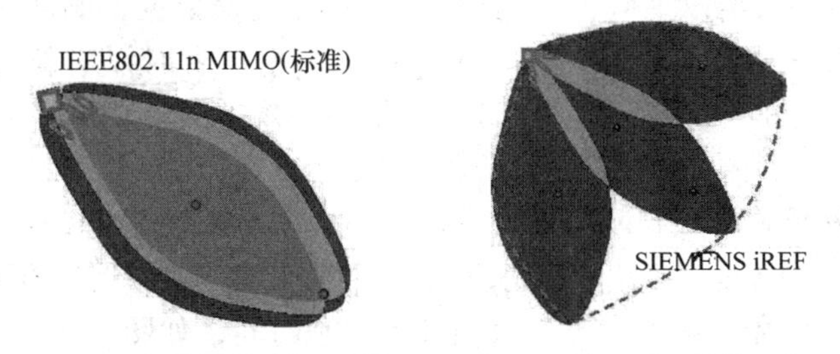

图 3-37 标准的 MIMO 与 iREF 的差别

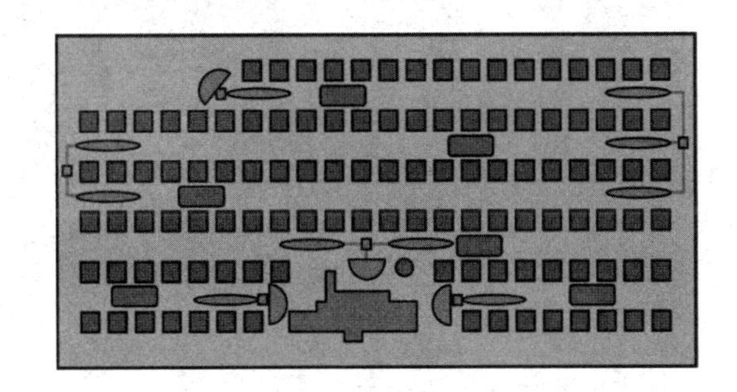

图 3-38 iREF 功能在立体库中可能的应用

在“iFeatures > iREF”中组态 iREF，仅需在 AP 上组态该功能。只需针对相应无线产品使能该功能即可。iREF 的功能设置如图 3-39 所示。

industrial Range Extension Function (iREF)

Radio	Enable iREF
WLAN 1	☐

Information: This feature can only be activated if the KEY-PLUG W780 (6GK5 907-8PA00) is plugged in and the configuration is accepted.

Refresh

图 3-39　iREF 功能设置

5. 工业无线局域网中的 PROFINET IO 应用

PROFINET 是一种开放的基于工业以太网的产品标准，PROFINET IO 被设计用于实时数据交换，因此对于网络的实时性有严格的要求。

WLAN 网络基于共享介质，传统的 DCF 的工作模式下，无线设备很难和接入点之间保持一个固定的数据更新时间，尤其是在无线设备比较多的情况下，DCF 的竞争机制无法满足 PROFINET 高实时性的要求，因此 PROFINET IO 通信在标准 WLAN 网络中仅能在有限的或特定的条件下实现。

通过 SCALANCE W 系列产品专有的工业特性如 iPCF 和 iPCF - MC，能够确保无线接入点和客户端之间保持一个相对固定的刷新间隔，这样的工作模式能够确保 PROFINET 的实时通信，而且 iPCF 快速漫游的特性，也让客户端在不同 AP 间漫游的时间得以确定。

PROFINETIO 实时通信以生产者/消费者模型循环交换数据，刷新时间和看门狗时间是描述其实时性的关键参数。IO 控制器和 IO 设备作为生产者时以刷新时间周期性的发送数据，同时它们也作为数据消费者启用看门狗，监视在规定时间内是否接收到数据，如果没有，认为通信中断，发生掉站，需要重新建立连接。

通过无线局域网传输 PROFINETIO 数据时，具体需要根据客户端的数量、网络的规模、是否需要漫游、安装的环境、工艺的要求等多重因素来确定刷新时间和看门狗时间。一般在工艺允许的条件下可以尽量地增大更新时间和看门狗时间，如图 3-40 所示。

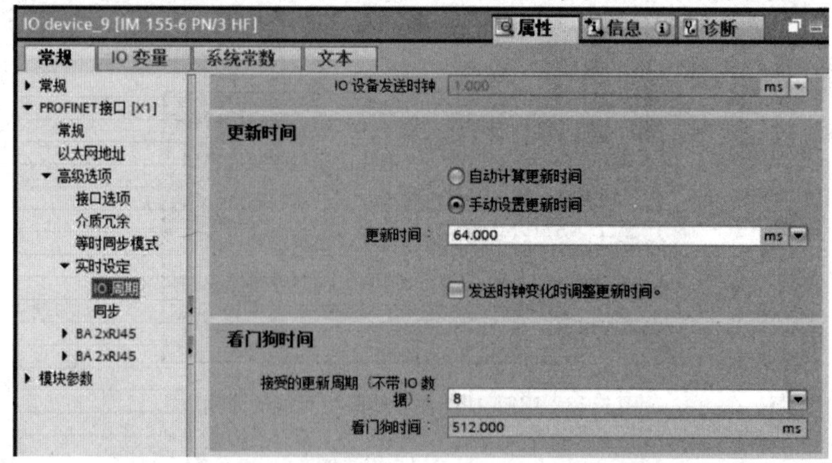

图 3-40　在 TIA 博途软件中调整 IO 站点的更新时间和看门狗时间

6. NAT（Network Address Translation，网络地址转换）

在现代工厂中，存在大量需要移动的设备，典型的如在工厂中运输各种物料的运输车辆，它们可能是AGV小车、也可能是堆垛机、天车等。基于SCALANCE W的工业无线网络解决方案保证了移动设备与控制中心的可靠无线通信。在这类应用中，大量的运输车辆是标准设备，在车辆内部采用的是相同的控制器件、相同的网络结构、配置完全相同的IP地址。而每一个运输车辆都有从本地网络到外部网络和从外部网络接入到运输车辆的本地网络的通信需求，此时存在IP地址冲突的问题（见图3-41）。

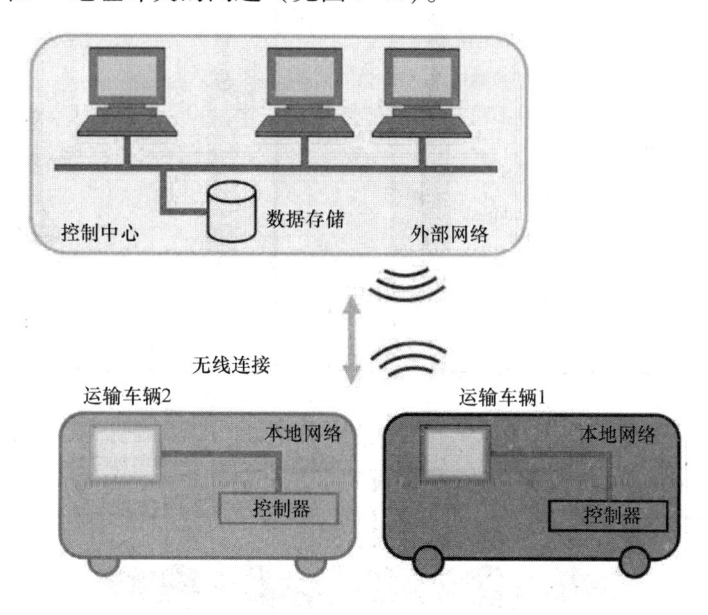

图3-41　标准的移动设备带来IP地址冲突

通过对安装在输送车上的SCALANCE W客户端模块作适当的NAT/NAPT配置，可以实现相同IP地址的标准设备与控制中心的通信。

SCALANCE W的NAT（网络地址转换见图3-42）是一种简化的源NAT，也称IP地址伪装。对于通过该接口发送的每个传出数据包，源IP地址均替换为该接口的IP地址。调整后的数据包再发送到目标IP地址。对于目标主机而言，通信看起来始终来自同一发送方。外部网络无法直接访问内部节点。

当使用NAT服务的运输车辆从本地网络访问控制中心外网时，本地IP地址会转换为客户端模块的外网IP地址，这意味着IP地址的N:1转换。

NAPT（Network Address and Port Translation，网络地址和端口转换）则是一种目标NAT，也称为端口转发。设备将终端的外部IP地址替换为设备的内部IP地址，同时还会更改端口号。

分配的IP地址和端口号存储在NAT表中。如果设备在某个端口上接收到数据包，则将在NAT表中搜索相应的条目。如果存在条目，则会添加IP地址和端口号作为目标并转发数据包。

为了保证从控制中心外部网络到使用NAPT服务的客户端本地网络的安全访问，需要对IP地址和端口进行转换。外部网络对本地IP地址的访问只能通过定义的端口进行，这意味着每个本地 IP 地址都分配了一个端口，外部网络可以通过该端口进行访问。这种端口的1:1实现方式提供了额外的安全性。

NAT 功能只在客户端上实现。

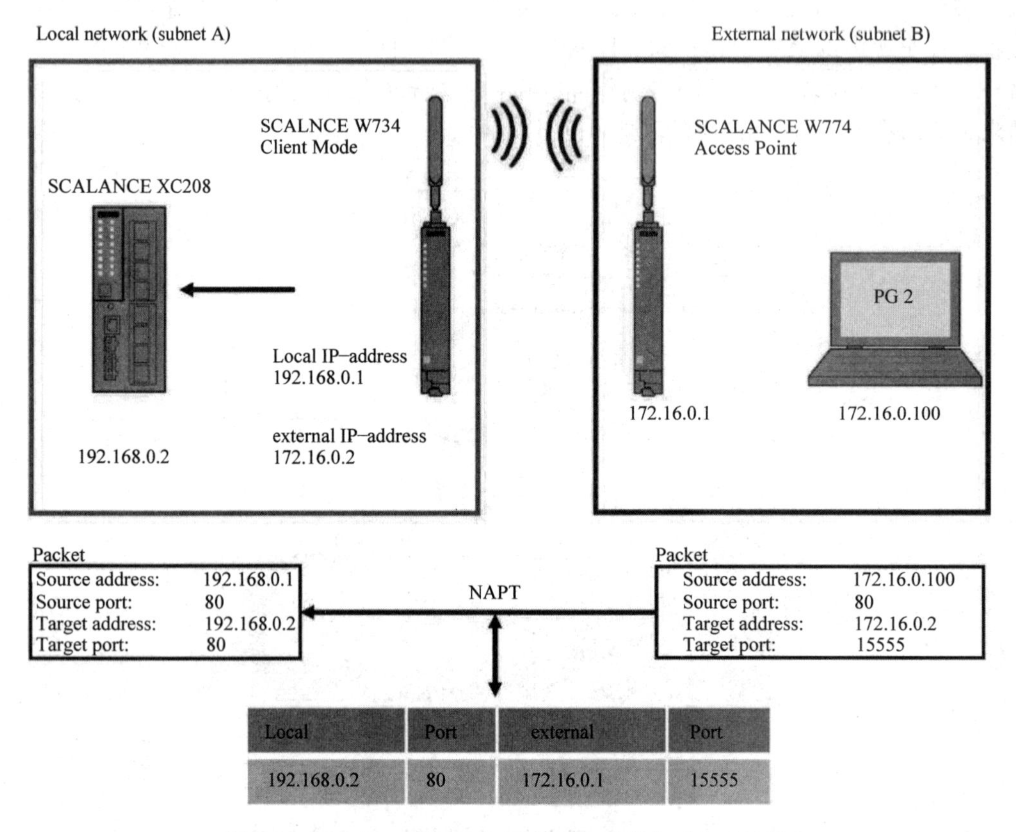

图 3-42 SCALANCE W 客户端 NAT 功能实现地址转换

关于 SCALANCE W NAT/NAPT 的详细配置，请参阅 https：//support. industry. siemens. com/cs/cn/en/view/37593580 此解决方案具有如下优点：

1）可以对所有运输车辆（客户端站）使用相同的结构和相同的配置，即在所有运输车辆上使用具有相同本地 IP 地址的相同设备。

2）保留了外部 IP 地址，因为运输车辆使用本地 IP 地址，每辆运输车辆只需要一个客户端模块的外部 IP 地址。

3）本地网络可以更好地防止外部网络的访问。

7. 无线安全

无线局域网通过无线电信号传输数据。由于电磁波在空间自由传播，接收设备在有电磁波信号的区间可以捕获信号。无线局域网的安全有其特殊的要求和解决方法。关于对 SCALANCE W 设备在网络管理方面的特性，如登录网页的方式、用户名、密码、ACL 等方面的内容，是构成整体安全的重要组成部分，与其他 SCALANCE 产品系列一致，所以本处不作单独介绍，请参见 2. 1. 4 章节。

无线安全是包含多种手段的一套完整组合。

（1）控制电磁波信号的传输范围

无线电波信号并不是覆盖得越远越广，信号越强就一定越好。超出所需范围的过强信号除了可能会对其他同频系统造成干扰外，还可能带来安全隐患。应当将无线电信号限制在车间或工厂（企业）内部，以防止外部窃听。可以通过降低无线设备的发射功率来实现。但无线电功率的降低只能提供有限的保护，并不是所有场合都可以这样做的，需要更有效和更安全的方法来配合。

（2）隐藏 SSID 广播

SSID 是 WLAN 的名称，AP 会以固定周期广播包含 SSID 的信标（Beacon）帧。客户端搜索无线网络时，WLAN 接入点也会回复包含 SSID 的响应帧。从安全角度来看，广播 SSID 可能会引起黑客或其他未经授权的个人好奇心，进而可能尝试连接或部署虚假 AP（蜜罐 AP）诱导连接，存在安全隐患。在 AP 侧禁用 SSID 广播，AP 发送的信标中将不再包含 SSID。客户端将无法再“看到”无线网络，只有在客户端配置中正确输入 SSID，它才可以连接到所需的 WLAN，因而提升了安全性。

（3）认证和加密

客户端与 AP 建立连接时需要进行认证，数据往来需要加密。有多种认证和加密方式可供选择。如 WEP、WPA（Radius）、WPA2（Radius）等，AES、TIKP 加密等。

WEP（有线等效隐私）是最古老的加密方法。获取足够数量的无线数据帧后，使用特定的工具，WEP 可以在几分钟内被解密。因此，认为 WEP 不再能够提供足够的安全性。SCALANCE W 产品在新的固件中已经不再支持 WEP 加密方式。

WPA（2）（Wi - Fi 保护访问 2）是 Wi - Fi 联盟确立的安全标准。为了与 WPA 保持一致，可以通过身份验证服务器或 PSK 执行身份验证。WPA2 加密侧重于 IEEE 802. 11i 扩展的完整实现，并使用 AES - CCMP。如果不考虑前向兼容，仅使用 802. 11n 传输标准的 SCALANCEW 设备在安全设置中仅支持带有 AES 的 WPA2/WPA2 - PSK。在 Wi - Fi6 产品中将支持使用最新的 WPA3。

RADIUS 认证它不定义接入点和客户端之间数据通信的加密，而是定义登录过程以及客户端访问权限的分配。RADIUS 网络认证既可以用于有线网络，也可以用于无线网络。一般用于大型网络中。RADIUS 需要一个 RADIUS 的中央服务器，其中包含一个列表，包括了所有节点的访问授权。如果客户端希望连接到网络，接入点会将请求转发到 RADIUS 服务器。服务器会生成一个“质询”，即如果客户机在 RADIUS 服务器上保存了密码，则请求客户机发送适当的“响应”。

在 SCALANCE W 的应用中，除非为了与早期的产品兼容，应选择最新的认证和加密方式，即 WPA2 和 AES 加密。对于具有 RADIUS 服务器的大型网络，可以选择 WPA2 - RADIUS 认证。

SINEC INS 软件可以提供 RADIUS 服务，具体参见 SINEC INS 软件的介绍。

（4）使能 iPCF 时的认证和加密

iPCF 是 SCALANCE W 的私有功能，只有激活了 iPCF 功能的产品才能接入。普通设备甚至无法监听 iPCF 系统的通信。激活 iPCF 功能后，所采用的认证方式为 iPCFAuthenticaiton。由于 iPCF 和 iPCF MC 的安全要求不断提高，因此仅支持 AES 加密方法。

(5) AP 间阻塞 AP interblock

AP 间阻塞是 SCALANCEW 工业特性的一种，需要通过插入安全的 Key - Plug 卡激活该功能。

连到接入点的客户端通常可以与第二层网络的所有设备通信。通过 AP 间阻塞，可以限制与接入点相连的客户端的通信。只有接入点知道其 IP 地址的设备才能被客户端访问。因此，与网络中的其他节点的通信被阻止。

加密方法越复杂，导致传输开销增加，并为节点消耗更多的计算时间，所有这些都可能会降低有效数据的速率。如果 WLAN 必须以非常高的性能水平（数据吞吐量和响应时间，例如 PROFINET I/O）运行，则可能需要使用安全性较低但也能节省资源的加密方法。关于具体的安全实施建议，可以参考如下链接给出的清单：

https：//support. industry. siemens. com/cs/document/109745536/

8. RCoax 漏波电缆

(1) 概述

在无线通信中，电磁波由天线发射和接收。然而在某些情况下，传统天线的发射和接收范围无法很好地覆盖需求的范围，甚至根本无法覆盖。例如在一些涉及隧道、电梯井或其他有固定轨道运行的移动设备通信中。在这种情况下，RCoax 漏波电缆具有独特的优势。RCoax漏波电缆是一种具有特殊设计的天线，沿着 RCoax 电缆可以形成一个定向的锥形无线电场，发射信号可以适应空间条件的限制。

RCoax 电缆可以可靠地无线连接，尤其适用于具有固定轨道的各种移动设备（如，高架单轨、AGV（Automated Guided Vehicle，自动导向车）、RGV（Rail Guided Vehicle，轨道导向车）、起重机、输送线、立体库、电梯和隧道等，RCoax 漏波电缆的结构如图 3-43 所示。

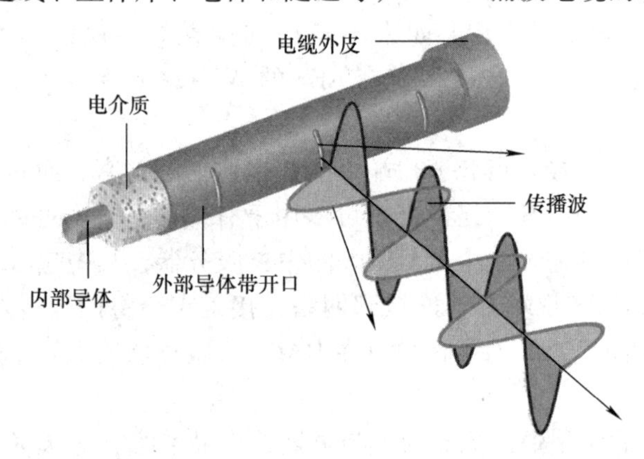

图 3-43 RCoax 漏波电缆的结构

内部导体与 AP 的天线接口相连，在外部导体上带有开槽。电磁波从 AP 的天线接口传入内部导体，并通过开槽“泄漏”出来，同时也通过这些开槽接收外部传入的电磁波信号。

开槽的几何形状和布局决定了漏波电缆的辐射特性。应用于 2. 4GHz 频段和 5GHz 频段的 RCoax 电缆其开口和布局是不同的，订货时应提前确定所应用的频段。应用 RCoax 电缆时的配置示例如图 3-44 所示。其中 AP 和客户端可根据实际安装条件、应用需求选择不同的设备。

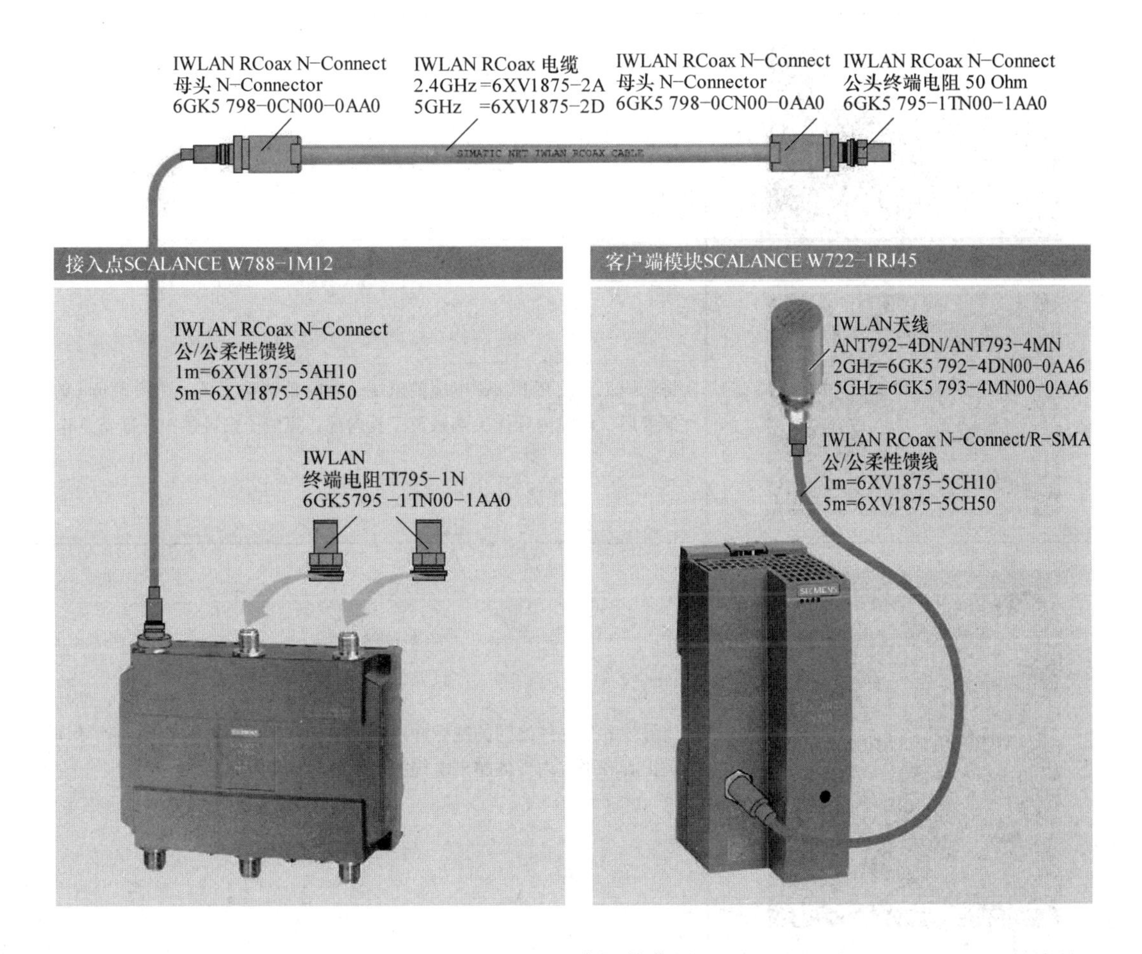

图 3-44 RCoax 应用的典型配置

馈线根据 AP 或客户端的接头类型，可以选择 N－N 接头的馈线或 N－RSMA 接头的馈线，馈线长度根据实际需求决定，但考虑到馈线带来的信号衰减，馈线应尽可能地短。

漏波电缆的两端需要连接器连接，一端通过馈线连接 AP，另一端则连接 N 型接头的终端电阻。

（2）RCoax 电缆的安装铺设

RCoax 电缆铺设前的准备工作：

1）检查各段电缆长度。

2）根据需要切割 RCoax 电缆，通过锯子而不是钳子来切割 RCoax 电缆，以保持平直切割。

3）将 N 型连接器安装到 RCoax 电缆上。

按照表 3-5 操作步骤进行操作，将 N 连接器安装到 RCoax 电缆上，需要一个 RCoax 剥线工具和两个 22 号的开口扳手。

表 3-5 操作步骤

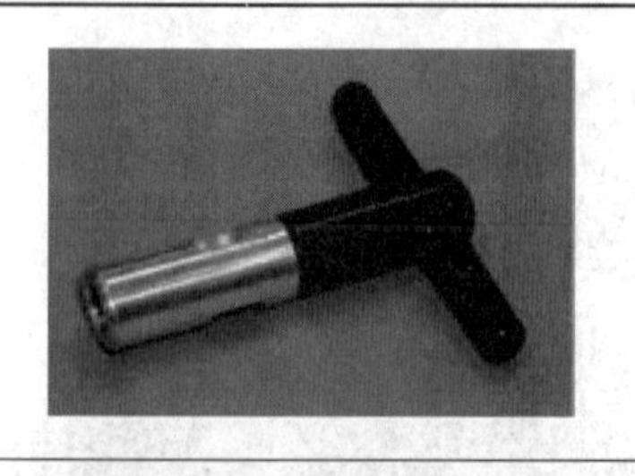	准备一个 RCoax 剥线工具
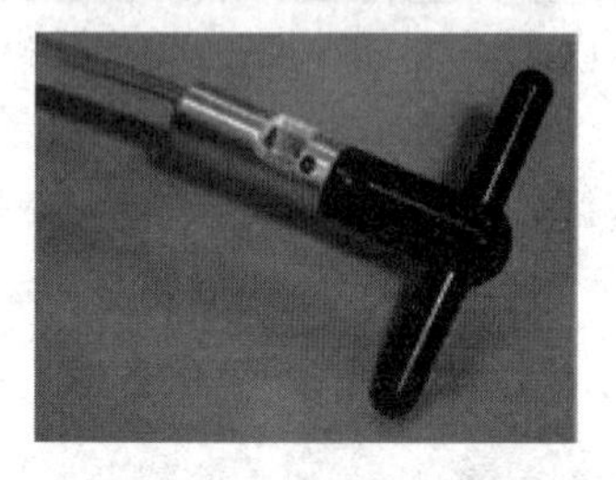	将剥线工具放在 RCoax 电缆的末端，顺时针转动工具，达到 37mm 的切割深度后，电缆内导体尖端触及工具内部，完成了安装接头的准备工作
	内导体和外导体之间的绝缘介质现在被切割成 23mm 的长度。外导体与电缆护套齐平，内导体超出电缆护套和外导体 14mm
	小心地清除电缆上的任何绝缘介质残留物，用锉刀锉平电缆护套和内导体的边缘，确保没有刨花进入电缆
	拧下接头，将其打开，拆下白色紧固塑料环

（续）

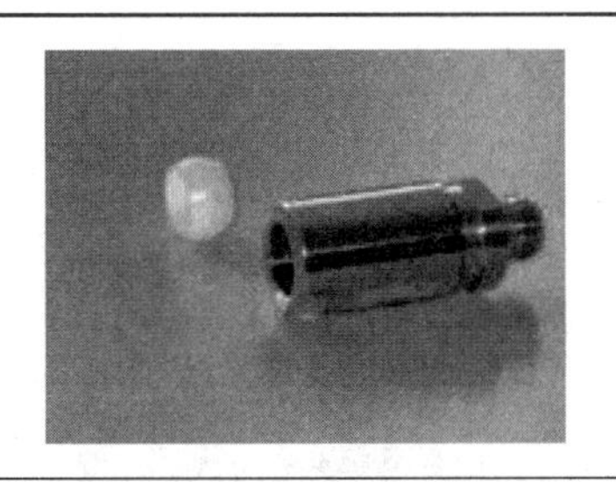	再次将接头的两部分拧在一起，但不要拧紧
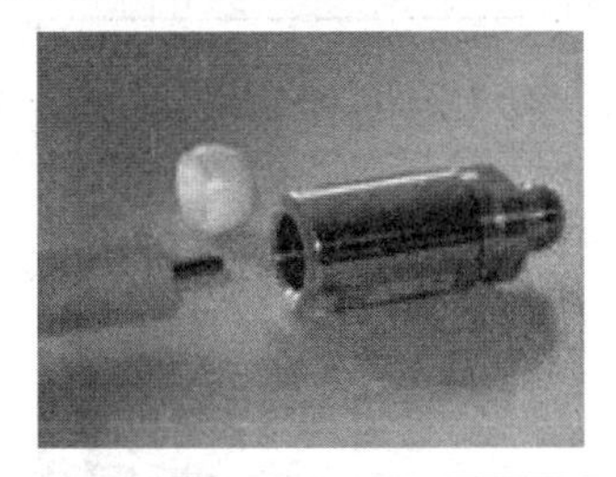	将接头插入 RCoax 电缆，并尽可能地推至尽头
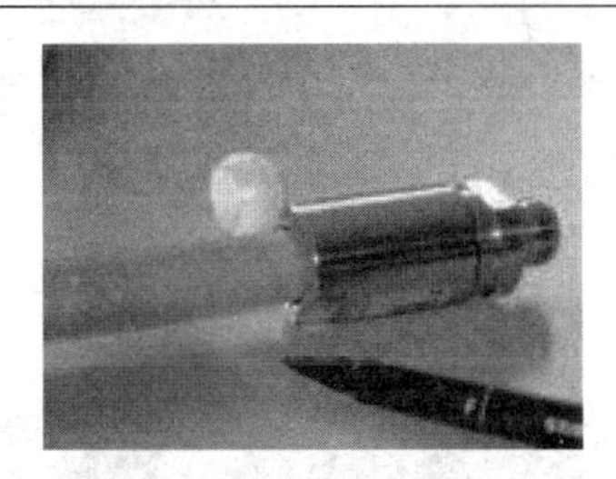	在电缆护套上标记 RCoax 电缆，进入连接器的位置
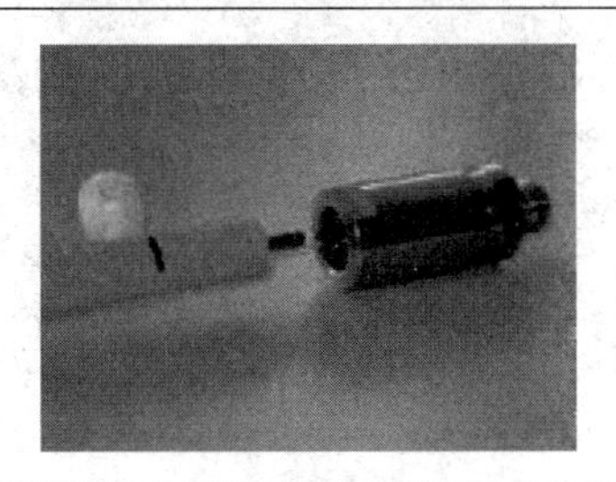	再次从 RCoax 电缆上拆下接头并将其打开
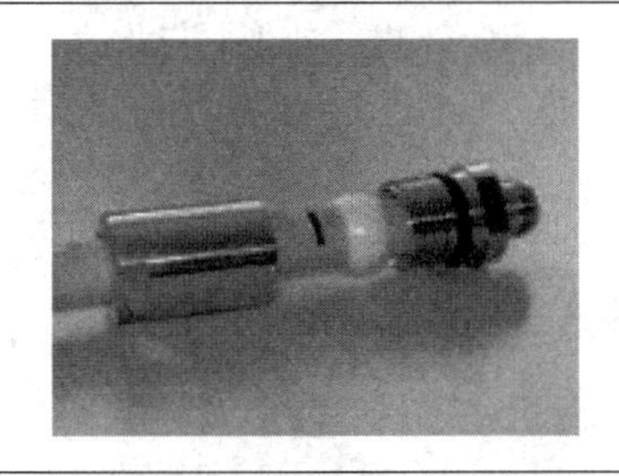	套入白色紧固塑料环，将连接器的右半部分尽可能远地推到 RCoax 电缆上
	将连接器外壳的两部分拧在一起，直到 O 形圈被外壳的外部覆盖。使用两个 22 号开口扳手来操作。用一把扳手将接头的右侧部分固定在位置上，并用第二把扳手拧紧套筒（最大扭矩为 30Nm）

（续）

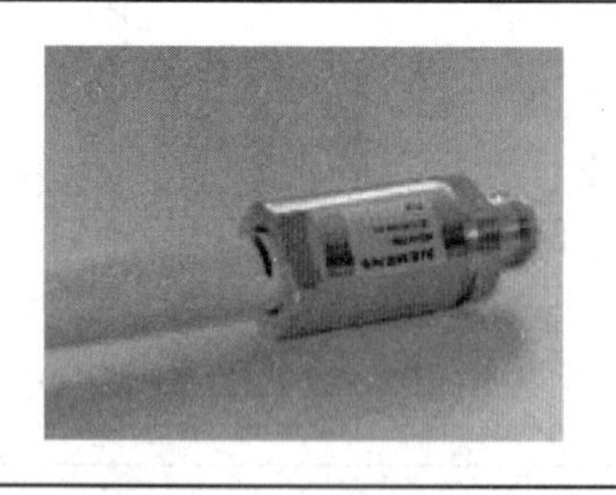	确保电缆护套上的标记与连接器的距离一致。 距离过大意味着连接器安装不正确，此时需要重新安装一个新接头。 提示：只能使用新接头，接头不得使用第二次

N 型连接器接好后，保护好连接器（例如，用胶带粘上），使其在后续敷设安装过程中不受损坏。

（3）RCoax 电缆的铺设

1）将 RCoax 电缆大致对齐，然后再将其安装到导轨中。

2）从电缆的一端使用安装支架和电缆夹开始固定电缆。

3）铺设 RCoax 电缆时，应该有两个人，如果电缆段较长，甚至应该有三个人。一个人将电缆固定在导轨上，并告诉另一个人或其他人如何扭转电缆，使其朝向天线。确保电缆的方向正确，因为一旦将电缆固定在夹子中，扭转电缆将非常困难。

铺设 RCoax 电缆时，请记住以上几点。

（4）电缆的对齐

在安装过程中，为了帮助 RCoax 电缆定位，电缆外护套上有一条突起的脊线。如图 3-45 中箭头所示。电缆的泄漏孔位于该脊线的对面，敷设时应将该脊线位于朝向载体单轨且远离客户端天线的一侧。

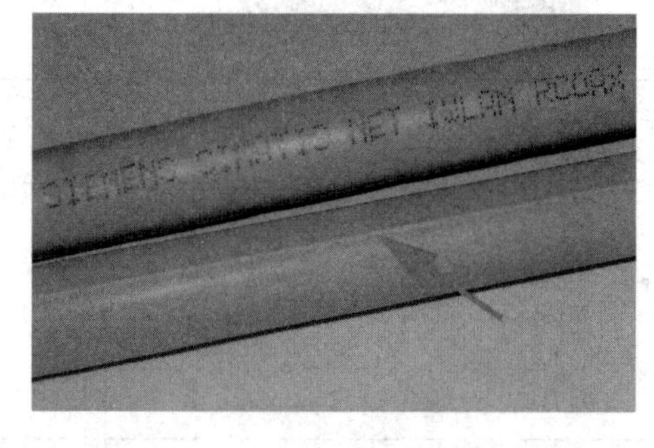

图 3-45 RCoax 电缆的正面与背面

（5）弯曲半径

铺设电缆时，确保电缆的弯曲度不超过 20cm 的最小弯曲半径，以避免损坏 RCoax 电缆。

（6）避免扭结、固定电缆

使用推荐的电缆夹和垫块将 RCoax 电缆固定到导轨上，如图 3-46 所示。

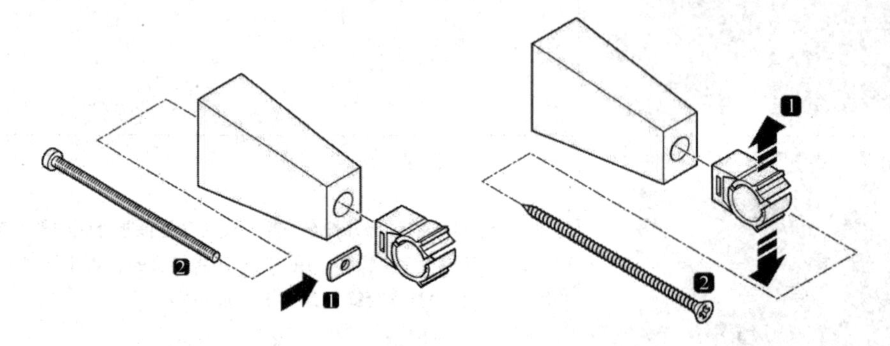

图 3-46 RCoax 电缆安装支架

固定夹之间的距离应保持在 0.5m 和 1.2m 之间。RCoax 电缆两个悬挂点之间的最大距离为 1.20m。确保固定夹不会覆盖 RCoax 电缆同轴屏蔽中的开口。

提示：使用金属夹会对辐射特性产生不利影响。

（7）固定客户端天线

确保天线头与泄漏槽对齐。经验法则，在 2.4GHz 时，天线端到电缆的距离推荐应为 4 ~ 7cm，在 5GHz 时，天线端到电缆的距离推荐应约为 10cm，如图 3-47 所示。客户端天线安装实例如图 3-48 所示。

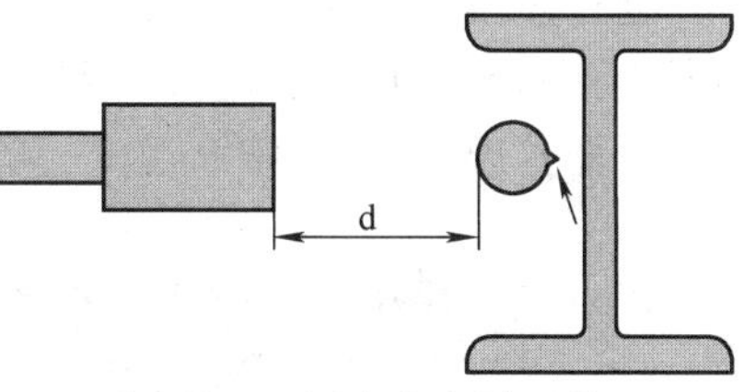

图 3-47　固定客户端天线

图 3-48　客户端天线安装实例

（8）RCoax 电缆长度规划设计

AP 连接单段漏波电缆时能够达到的长度，可参考下列表格。这些表格的数据是基于 AP 与 RCoax 电缆之间馈线长度为 1m，客户端天线与客户端之间馈线长度也是 1m，客户端天线与 RCoax 电缆间距离为 10cm（2.4GHz 时）或 4 ~ 7cm（5GHz 时），以及最小接收功率高于 -65dBm 时得出。具体的信息可参考：https://support.industry.siemens.com/cs/ww/en/view/71814212/zh

2.4GHz 时的段长度（见表 3-6、表 3-7）

表 3-6　SCALANCE W 802.11n 2.4GHz
（IEEE 802.11g）

数据速率/(Mbit/s)	段长度/m
1 ~ 24	246
54	234

表 3-7　SCALANCE W 802.11n 2.4GHz
（IEEE 802.11n - MCS 7）

通道宽度/MHz	段长度/m
20	234

5GHz 时的段长度（见表 3-8、表 3-9）

表 3-8　SCALANCE W 802.11n 5 GHz
（IEEE 802.11a）

数据速率/(Mbit/s)	段长度/m	
	5.2GHz	5.8GHz
1 ~ 36	137	126
54	125	112

表 3-9　SCALANCE W 802.11n 5 GHz
（IEEE 802.11n - MCS 7）

通道宽度/MHz	段长度/m	
	5.2GHz	5.8GHz
20	125	119
40	125	119

从表中可以看出，在较低的传输速率下，可以实现更大的段长度。因此，仅应在必要时将传输速率设置为最高。

通过使用功分器，可以增加 RCoax 电缆覆盖的距离。功分器有 3dB 的衰减，因此功分器所连接的单段长度相比表 3-8、表 3-9 有所缩短，但总长度却得到了扩展。图 3-49 为应用功分器扩展的示意。

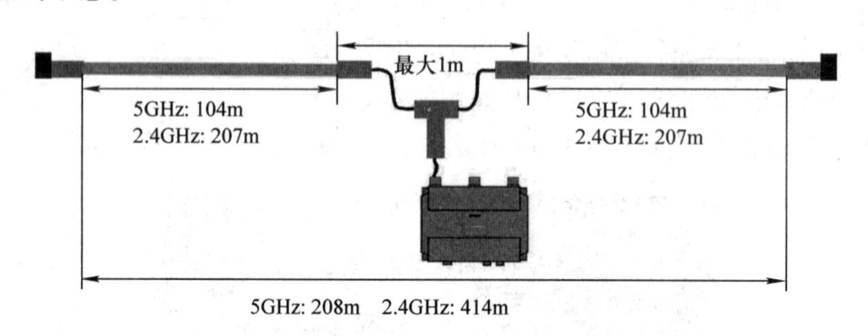

图 3-49 功分器使用示意

实际的长度会受到安装环境、馈线长度等的影响，通常按照表 3-8、表 3-9 和图 3-49 的 80% 来设计。如果一个 AP 所连接的 RCoax 电缆不足以覆盖轨道的长度，则需要使用多个 AP。此时客户端需要在多个 AP 之间漫游，如果客户端的移动是单方向的，则可以通过让 AP 连接 RCoax 电缆的长度有所不同，从而实现客户端漫游时从“弱”至“强”，优化漫游效果。

9. 无线局域网系统优化与故障排查

工业 WLAN 性能要求高，包括低延迟、高确定性、超高可靠性以及应对更复杂的射频环境等因素。如果工厂的网络出现问题，可能将导致产量下降、机械或设备损坏，甚至对人员的健康和安全带来威胁。在工业 WLAN 项目实施的全过程中，除去具体的产品选型、安装、调试之外，还有一些宏观因素对整个项目持续成功地运行也非常重要。在此给出几点建议。

（1）全面的现场勘查

工业环境通常具有各种射频干扰、反射以及吸收源。其中包括：附近办公室的 WLAN、相邻的工业 WLAN 和蓝牙系统；金属机械、管道系统、机架和门以及厚厚的混凝土墙、液体甚至人。这就是为什么要进行全面的现场勘查，是对于成功部署和运营工业 WLAN 至关重要的因素。现场勘查的目标是优化无线接入点（AP）的布置，选择合适的信道，确保目标设施和应用有足够的信号覆盖范围。

为了更好地对现场勘查，需要设施平面图、数据传输速率的要求以及用于测量 SNR 和检测其他射频源的工具，例如无线现场勘查软件和频谱分析仪。如果没有这些工具，具有专业软件（见图 3-50）和丰富现场勘查经验的专家也可以协助工业 WLAN 的设计。由于原始结构设计可能已存在变更或经过重大修改了，因此真实的现场调查也很重要，包括对设施进行实际查验，以验证平面图，确定可装 AP 和客户端天线的位置，分析可能的衰减因素，例如仓库或设备架、机械和库存等。

（2）明确无线网络的应用场景

在无线设计过程中，具体应用场景的细节问题可能是最容易被忽视的问题之一。应了解

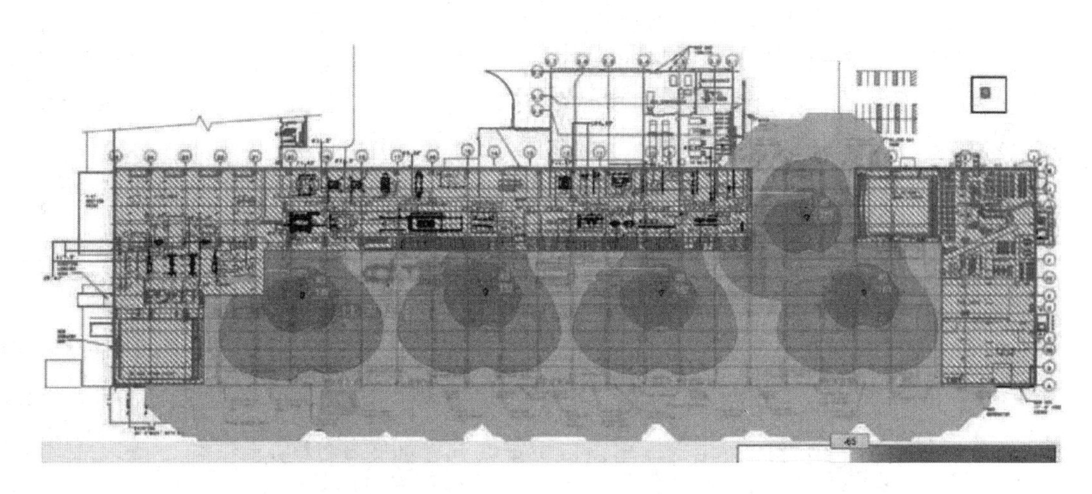

图 3-50 利用无线规划软件模拟现场无线的覆盖范围和衰减情况

用户对无线网络应用的具体期望是什么？要经过无线通信的设备有哪些，它们之间传输的数据协议是什么，以什么样的周期来发送数据，设备移动的速度等。不同的应用对无线网络的要求可能是完全不同的。

（3）完整的生命周期管理

一旦按计划完成工业 WLAN 的安装并开始正常工作后，就忘记了无线网络存在的倾向可能是一个错误。像任何生产设备一样，工业 WLAN 是宝贵的工厂资产，需要在整个生命周期中对其进行管理。因为随着时间的流逝，设施的楼层布局可能会发生重大变化。例如，如果新安装了机器或金属机架，甚至是墙壁或隔板，这都有可能会或多或少地改变生产环境的特性。这些改变可能导致 WLAN 的性能无法达到最佳状态，并会增加通信故障的风险，从而导致停机或其他损失。

作为定期现场勘查的一部分，应再次进行频谱分析。内部新系统甚至邻近的建筑物都将使用 Wi－Fi 进行调试。在原始频谱分析中不存在的这些新系统，可能会干扰无线频谱或增加无线频谱的密度，从而损害现有的无线解决方案。应记住的是，频谱分析只是某个时间的快照，因此应定期进行监控。如果在新频谱分析中，发现影响现有无线系统的重大变化，则应对新系统或现有系统进行调整，以便所有系统可以共存并以最佳状态运行。

10. 利用 SCALANCE W 集成功能诊断评估无线网络

SCALANCE W 开发了许多帮助用户对无线网络进行诊断与优化的功能，其中最重要的频谱分析仪、信号记录仪、远程抓包。这三功能通常会结合在一起使用，下面将分别介绍它们的具体用法。

（1）频谱分析仪

在工业中配置工业无线系统时，保持稳定通信的基本要求需要相对干净不受干扰的信道。由于 WLAN 所用的频段是非授权的免费频段，各种 WLAN 设备以及其他的系统都可能发出相同频率无线电信号，互相造成干扰。所以有必要在选择信道前进行频谱分析。SCALANCE W AP 集成有频谱分析功能，有助于用户检查指定信道的干扰情况。虽说 SCALANCE W AP 集成的频谱分析功能不能代替专业的频谱分析仪，但已经可以满足工业现场大多数的需求。而且由于 AP 检测到的就是其所在位置上接收的信号，比起其他手持设备检测的信号更实际。频谱分析功能的主要目的是为了帮助用户在选择信道前可以看看现场有没有干扰，干扰的强度、密度如何。AP 集成的频谱分析功能配合 AP 信息页面里的“OverlapAP”列表使用，可以有效地帮助用户优化信道选择。

频谱分析是 AP 的功能，在 AP 的菜单“Interfaces > WLAN”中有“Spectrum Analyzer”页面。在该页面中选择对应的频段和信道，即可启动分析仪，如图 3-51 所示。

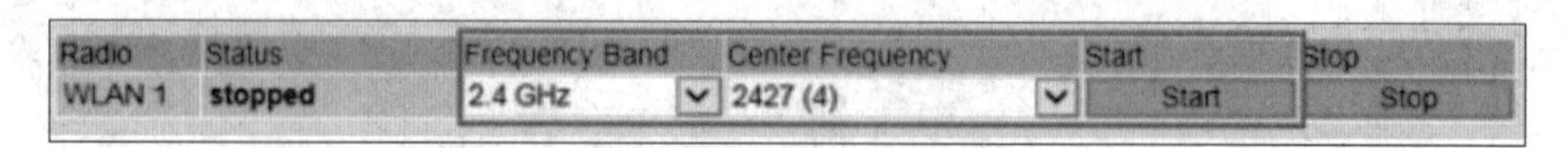

图 3-51 频谱分析功能设置

频谱分析仪的测量值可以在 3 个输出窗口中观察到，如图 3-52 所示。

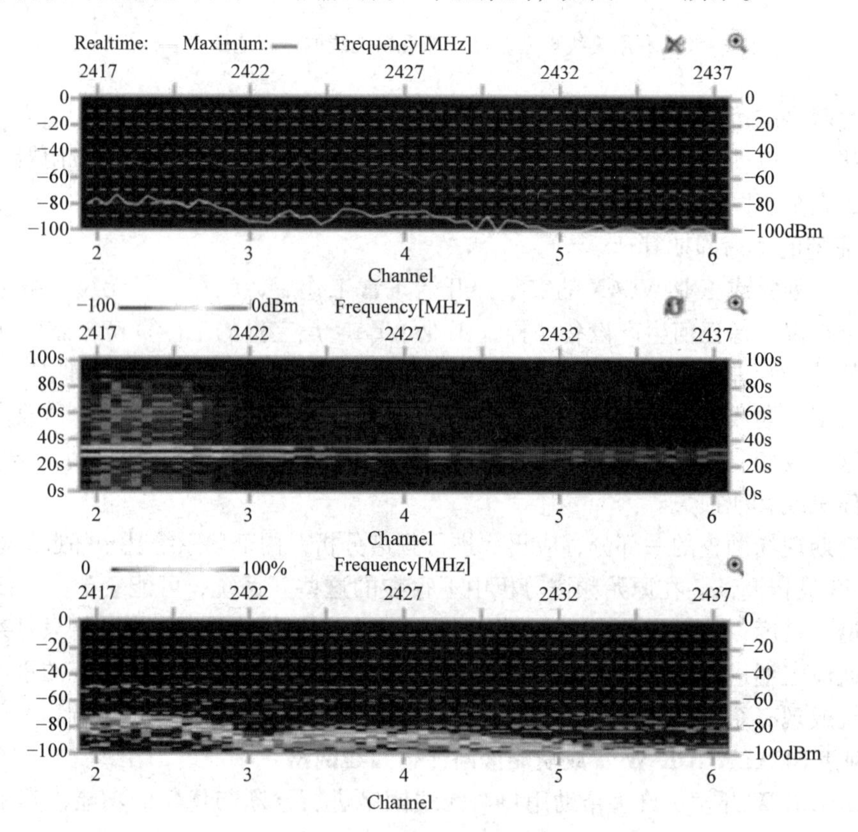

图 3-52 频谱分析记录信息

如何解读三个输出窗口的内容？

图 3-52 中的输出窗口（实时图）显示的是以 dBm 表示的接收到的信号的最大值（红色线），当前值（白色线）和平均值（绿色线）。

中间的输出窗口（频谱图）使用瀑布图显示第一个窗口中的时间序列。用于显示整个工厂接收到的信号。

底部的输出窗口（密度图）使用 dBm 值显示信号强度。颜色从最低值（0%）黑色到最高值（100%）红色渐变。

要评估谱分析的结果，可以将最后记录的整个 dBm 值存储在 . CSV 文件中。

关于频谱分析功能使用的详细说明，请参考：https：//support. industry. siemens. com/cs/cn/zh/view/109483544

（2）信号记录仪

SCALANCE W 客户端集成信号记录功能，利用该功能可以记录客户端和 AP 的信号强度、通信速率、重传率，漫游记录等信息，用户可以通过它评估无线连接的质量并据此做出优化，非常实用。

在客户端菜单“Interfaces > WLAN”中，选择“Signal Recorder”选项卡，即可在该页面进行信号记录，如图 3-53 所示。

信号记录的内容可以保存为文件，这在寻求技术支持时非常有帮助。

在信号记录保存的文件的中包含了以 dBm 为单位的信号强度和以 Mbit/s 为单位的数据速率图形显示。如果客户端在测量过程中接入了不同的接入点（发生漫游），则在图形中通过垂直的黑线表示，如图 3-53 所示。

如果客户端是一个 iPCF - MC 连接，那么管理通道的信号也将以黑线显示。

图形页面的第一页是客户端的数据，第二页是客户端所连接的接入点的数据。要想获得接入点的数据，在启动记录时应选择双向记录（bidirectional recording）。信号记录的图形给出一个非常有用概览。PDF 文件其他页，包括记录中每个测量值的列表。测量值的完整列表同时存储在 . csv 文件中。

对图形区域的解析及建议：

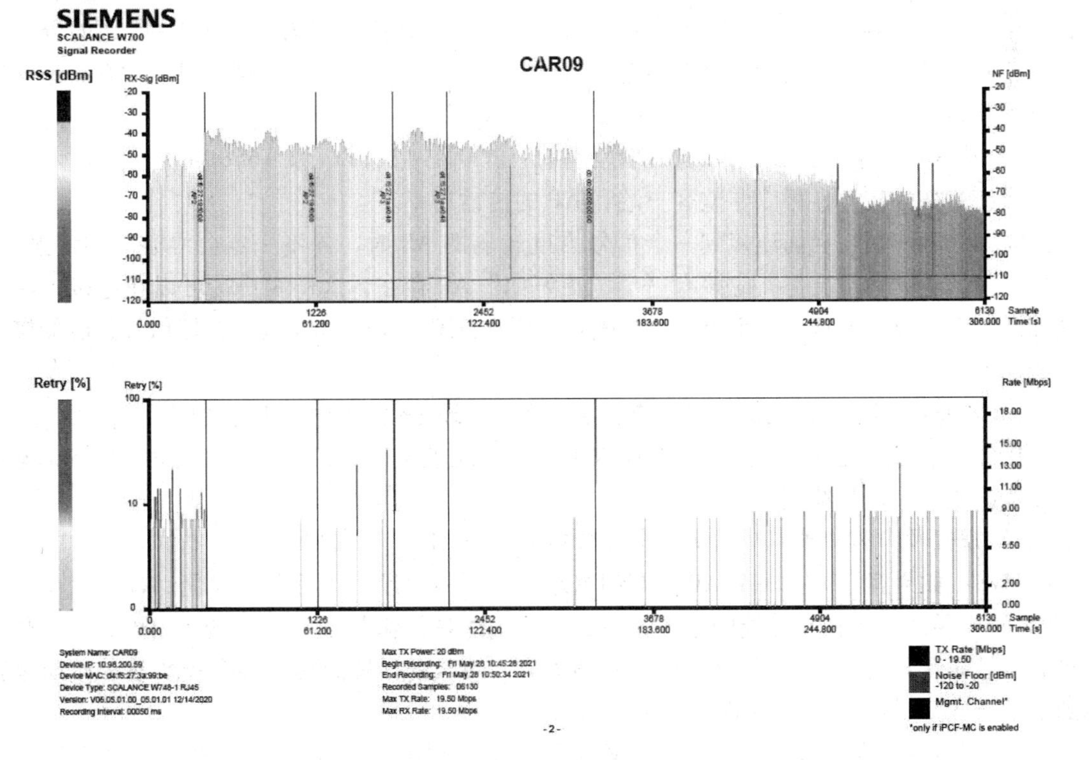

图 3-53　信号记录结果图形页面

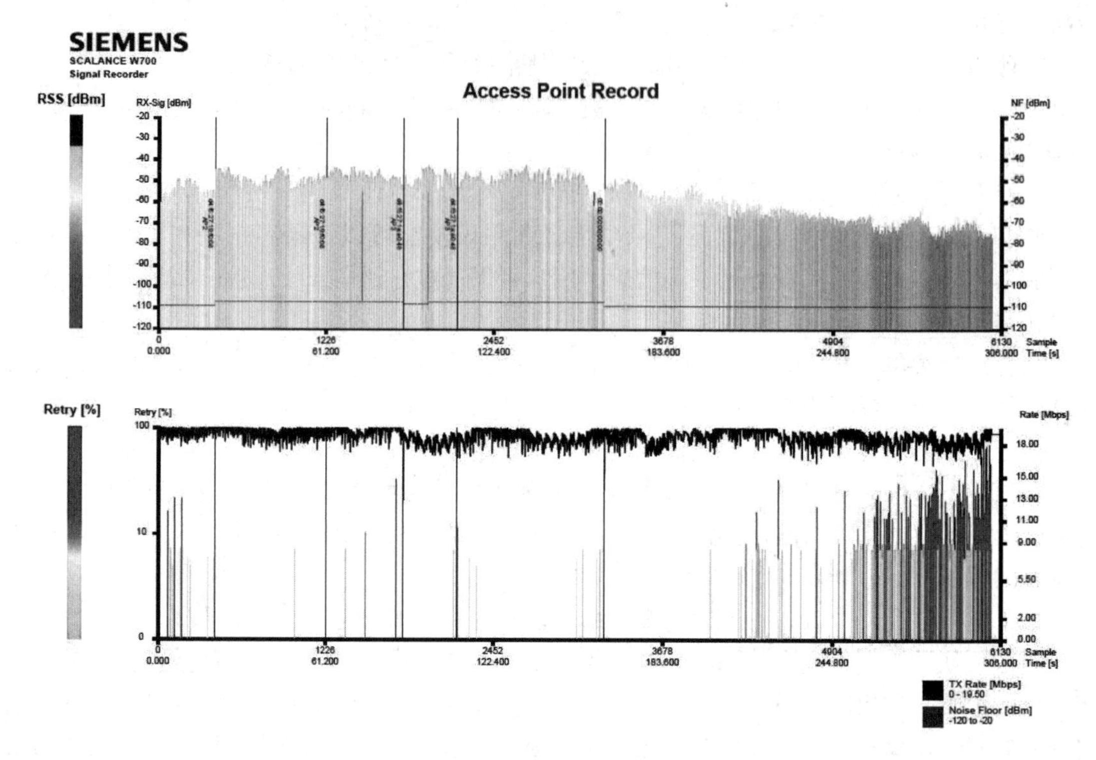

图 3-53　信号记录结果图形页面（续）

本内容是以一个 RCoax 电缆和 iPCF 应用示例来解读所记录的图形，并给出相应的建议。在这个应用中，客户端沿着 RCoax 电缆移动并从一个 AP 漫游至另一个 AP。所做的分析供参考，对于特定的记录文件应结合各自的具体应用去分析。从图形区域可以非常容易地获得以下观察结果：

1）观察项：信号强度是否在所需范围内（iPCF 在 -35dBm 和 -65dBm 之间）?

措施：如果没有，可以调整客户端和 AP 的传输功率。

说明：客户端在当前连接到一个信号强度较弱的 AP 时，并不一定会漫游。即使这样，在信号强度较弱的情况下，应该有一个“更好的”AP 存在，这样客户端可以在连接中断时立即漫游。可以通过这样一个事实来判断：在漫游之后，立即建立具有良好信号强度的接入点的连接。

2）观察项：信号强度是否稳定或稳定的变化，还是信号强度有时会急剧下降?

措施：信号强度异常下降的一个原因可能是装配错误。例如，连接不正确，RCoax 电缆连接错误或 RCoax 电缆损坏。

3）观察项：客户端何时和多久会漫游到另一个 AP?

措施：如果客户端在两个 AP 之间频繁地漫游，表明设置还可以再优化。客户端在两个 AP 之间“跳跃”有两个可能的原因。一个原因可能是传输信号不良（两个 AP 都只有非常弱的信号强度），另一个原因可能是“漫游阈值”参数的设置。客户端会较快或较慢地漫游到下一个 AP，与漫游阈值的设置有关。

4）观察项：在信号强度较好的时候，是否达到预期中的数据速率（第二个图形区域黑线)，或者尽管信号强度良好，但数据速率有很大的波动?

措施：如果数据速率太低，可能是信号质量不佳导致的，例如可能有干扰源接近。因此，如在一个工厂中使用各种无线电时，应当创建并维护信道分配的方案。

5）观察项：本底噪声相对较高，可能在信道上有其他干扰源或相邻的 WLAN AP 影响到通信。

措施：如果信号明显高于本底噪声（SNR，Signal Noise Ratio)，可不采取任何措施。如果信噪比太低，可以增加 AP 和客户端的传输功率或使用不同的天线。或者，可以考虑切换到无噪声信道（如果可用)。

注意：时间关键的应用程序应始终在无干扰的信道上运行。这需要信道规划。

6）观察项：AP 的信号强度与客户端的信号强度存在显著差异?

措施：如果 AP 的传输功率与客户端的传输功率不同，则会看到这种现象。此外，如果发送器或接收器出现故障，也可能会发生此现象。可以使用第二个 AP 或客户端进行替换测试，以确定发送器或接收器是否有故障。

7）观察项：在监视过程中有重试吗?

措施：WLAN 重试是正常的。由于环境和反射，其他 WLAN 设备或干扰源影响可能会发生重试。此外，需要注意的是重试次数是以每个时间单位的百分比显示。例如，如果在 100ms 内只发送一个包，但是必须重复一次，那么重试率为 100%，此时没有必要采取措施。

8）观察项：经常会显示很高的重试率吗?

措施：检查配置和天线的连接。检查信道规划，如有必要，请从信道中删除其他干扰源。检查频繁发生干扰的位置：可能需要优化天线角度，金属可能会引起的反射干扰。一般来说，高的重试次数不会造成问题。但是，如果应用程序出现问题，同时重试次数过高，则应仔细查看。

对测量值列表区域的解析及建议：

从信号记录的测量值列表区域中可以看出如下内容：

1）客户端以什么顺序登录每个单独的 AP（可通过 MAC 地址和 SSID 检测)?

2）客户端是否未连接 AP，以及持续多长时间?

如果客户端未连接到接入点，则在信号记录器文件中指定 MAC 地址 00:00:00:00:00:00 和信号强度 -95dBm。

根据这些观察结果可以找出优化的方向，如对电缆分段的调整以及对辐射方向进行优化。

说明：信号记录仪记录当前连接的 AP 信号强度，无法分析无线电环境条件（例如蓝牙应用、雷达、其他 WLAN 应用……)，这些功能应使用频谱分析仪来实现。关于信号记录器的详细使用方法，请参考如下链接：https://support.industry.siemens.com/cs/cn/zh/view/109470655

（3）远程抓包工具

通过分析经过无线设备传输的数据，可以判断网络中的数量是否健康，如是否有不应该出现的报文，是否有可以减少的数据，此时就需要抓包工具。这通常需要无线设备所连接的现场交换机支持端口镜像功能，如图 3-54 所示。

但有时现场无线设备会因为很多因素而不便甚至无法进行抓包，例如：

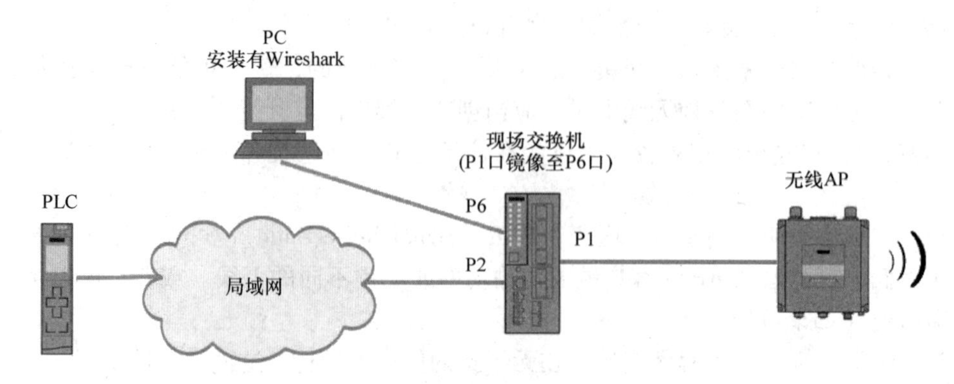

图 3-54 通过交换机端口镜像功能对 AP 的数据抓包

1）直连的交换机（支持端口镜像）因物理位置限制，PC 无法连接。

2）生产运行状态不允许更改交换机参数配置（端口镜像功能默认禁止）。

3）现场没有支持端口镜像的交换机。

SCALANCE W 系列 AP 支持远程抓包功能，只要安装有抓包软件的计算机在网络中可以 ping 通 AP，就可以便捷地对设备抓包分析，如图 3-55 所示。仅在进行诊断期间启用该功能，增加的数据通信可能会影响设备的正常作业性能。

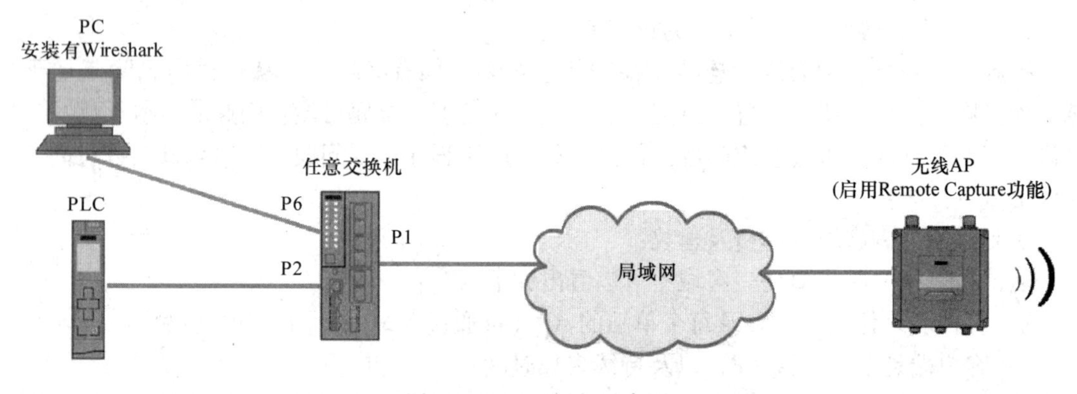

图 3-55 远程抓包示意图

WBM 页面菜单 Interfaces - - Remote Capture 中配置远程抓包功能。该功能用于通过连接的 PC 进行网络诊断。可以同时为多个接口启用该功能。启用该功能后，可以在 Wireshark 中发现相应的远程接口。然后，通过 Wireshark 来抓取数据通信。之后，可从记录中查看帧的内容或根据特定内容进行过滤。

在 SCALANCE W 上配置完成后，还需要在 PC 端中配置 Wireshark 中的接口链接，配置一个远程链接，如图 3-57 所示。

于是就能从远程 AP 或客户端上获取所传输的数据，从而进行分析，优化数据传输。

（4）其他工具

这里简单地介绍几款可以用于辅助故障分析的无线工具，感兴趣的读者可自行购买或下载体验。

专业的无线工具，功能强大、使用相对复杂，购买后需要安装使用，适合于专业人士。

远程抓包配置如图 3-56 所示。

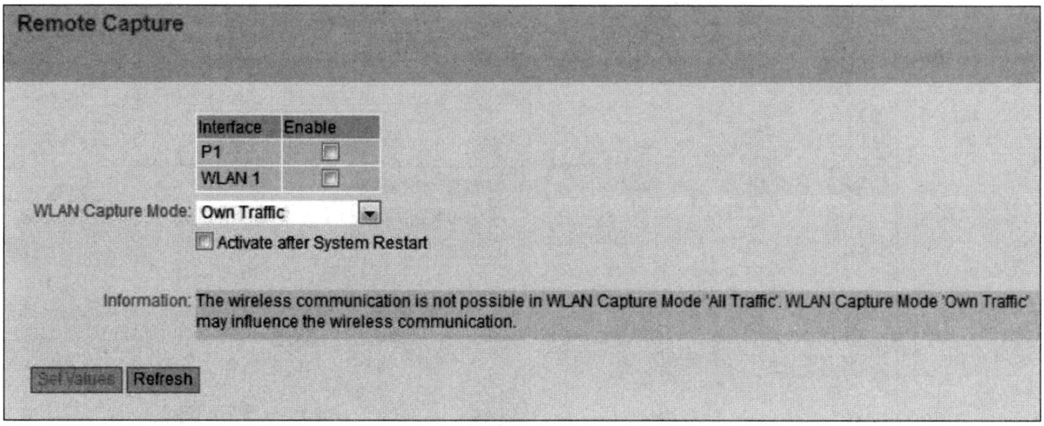

图 3-56　远程抓包的配置

在 Wireshark 中添加远程接口如图 3-57 所示。

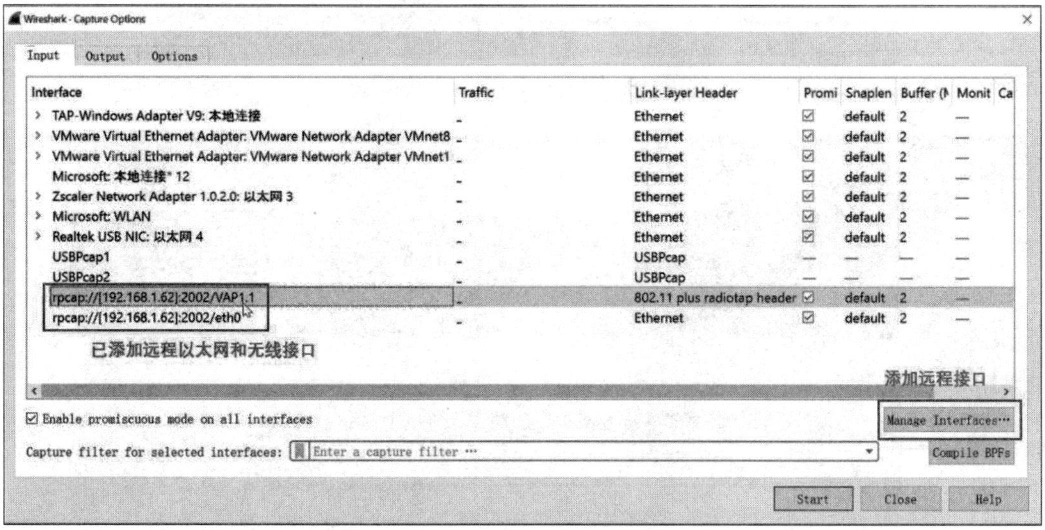

图 3-57　Wireshark 中添加远程接口

AirCheck G2 是一款手持终端，用于检测现场 WLAN 频段中存在的各种无线设备，如 AP、客户端等，也可检测如蓝牙等非 WLAN 设备。此外，它也可以进行无线空口抓包。AirCheck G2 的应用如图 3-58 所示。

AirMangNet 系列的无线工具，包括无线规划仿真工具、频谱分析仪、无线分析仪等。这些是 PC 端的工具，可以用于专业的现场仿真检测，抓包分析、干扰源定位等。Air Mang Net 频谱分析仪如图 3-59 所示。

还有一些 PC 端的工具，如 WirelessMonitor、Inssider 等，它基于 PC 的无线网卡，主要提供对无线频谱的节点分析。

除了专业的工具还有一些免费的简便工具，如手机端可以使用的一些 APP，在手机应用商城搜索，如无线分析仪就能找到若干。它们利用手机的无线网卡完成一些有限的无线检测

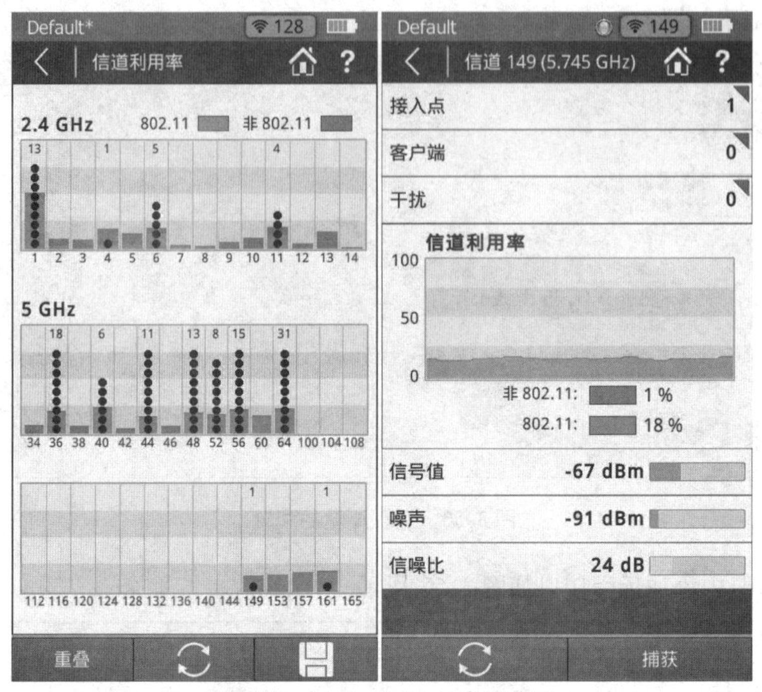

图 3-58　AirCheck G2 的应用截图

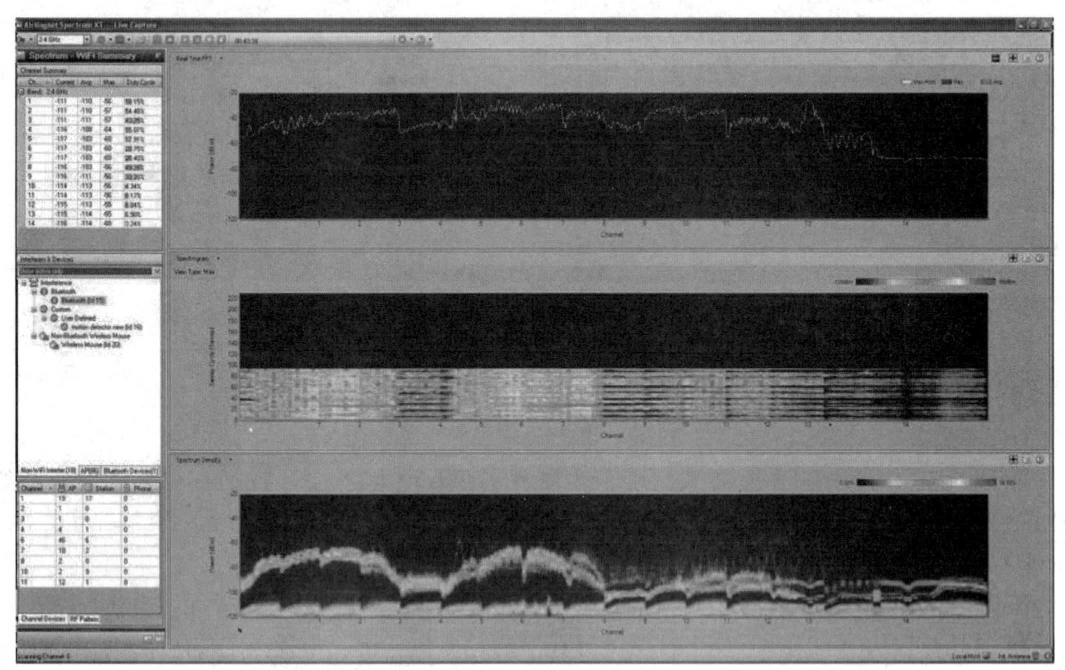

图 3-59　AirMang Net 频谱分析仪

功能，图形化的呈现手机检测到的 WLAN 信号情况，给出信道的占用分析，虽然功能有限，但胜在方便。

11. SCALANCE W 现场调试常见问题及解答

问题 1：设备上“F”标志的 LED 故障灯状态为红色常亮是什么原因？以及如何处理？

“F”灯红色常亮代表设备存在故障（并不一定会使无线通信中断）。仅凭红灯无法判断故障原因（很多原因都可导致红灯），需要在设备的Web配置路径Information/Faults查看具体故障信息从而做进一步处理。

问题2：如何将设备恢复出厂设置？

有4种方式可以将设备恢复出厂设置，分别是通过：硬件复位按钮、软件（PRONETA/PNI/TIA博途等）、Web配置页面和CLI命令行。

（1）硬件复位按钮

对该按钮进行按压操作时，请确保遵守操作说明中“复位按钮”的信息。

按照以下步骤将设备参数复位为出厂设置：

1）关闭设备的电源。

2）拧松盖板上的螺钉。

3）卸下盖板。

4）按“复位”（Reset）按钮并按住，同时重新连接设备的电源。

5）按住按钮直至约10秒后，LED（F）红色故障停止闪烁并持续点亮。

6）松开按钮并等待至故障LED（F）再次熄灭。

7）随后设备自动使用出厂设置启动。

（2）软件（PRONETA/PNI/TIA博途等）

1）打开软件。

2）设置搜索设备的正确网卡。

3）搜索设备。

4）右键选择已经搜索到的设备，并选择执行“恢复出厂”或”RESET”。

（3）Web配置页面（见图3-60）

在Web路径System/Restart路径下，单击“Restore Factory Defaults and Restart”执行恢复出厂。

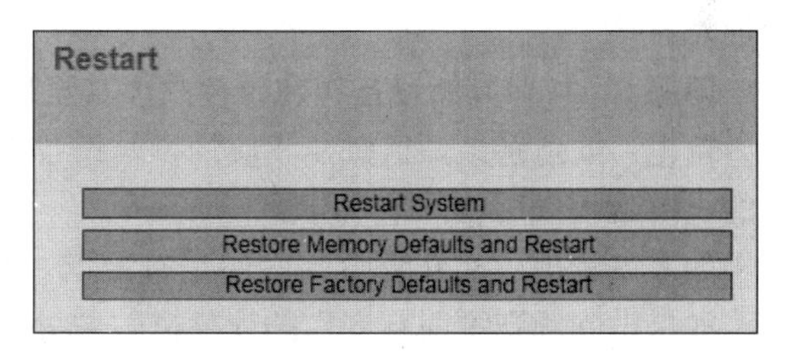

图3-60 通过Web页面复位设备

（4）CLI命令行

可通过SSH或Telnet等调试工具，通过IP地址+端口号，以及用户名和密码连接并登录设备，按如下语句（恢复出厂为restart factory）执行恢复出厂：

要求

用户处于Privileged EXEC模式。

命令提示符如下：

cli#

语句

使用以下参数调用该命令：

restart [{memory | factory}]

如果未指定参数：使用当前组态重启系统

参数描述

memory 恢复设备的出厂设置并重启设备。上面列出的参数不受复位影响。

factory 恢复设备的出厂设置并重启设备。出厂默认设置取决于设备。

问题 3：如何查询设备固件版本并进行固件版本升级?

通常应该使用最新固件。在 Information/Versions 路径可查看设备当前的固件版本；在 https：//support. industry. siemens. com/cs/cn/en/ps/15859/dl 里可以下载最新固件。通过 System/load and save 路径的 Firmware 选项处单击“Load”，选择新固件，开始执行固件升级过程，升级完成后按提示重启设备即可。也可通过 TFTP（Trivial File Transfer Protocol，简单文件传输协议）方式升级固件，具体操作详见设备说明手册。

问题 4：PLC 和设备之间通信为什么会中断？如何定位原因?

依次考虑并优化：

1）终端设备的通信中断，可能由通信路径上任意环节的故障导致，不可以简单地认为仅是无线的原因，如有线链路、交换机、终端设备等因素都有可能造成（如网线接头制作不良等问题）。

2）无线 AP 与客户端的连接断开状态可在 Information/Log Table/WLAN Authentication log 菜单下查询（需要先在 Web 页面设好时间同步），如果连接断开的时间与 PLC 通信断开的时间不一致，或者 AP 与客户端之间的连接并没有断开过，则 PLC 中断并不一定是因为无线而导致的。

3）即使 AP 和客户端之间的无线连接没有中断过，但因为通信延迟过大和错包过多等原因也可能导致 PLC 等终端通信中断，可进一步进行无线的优化。

4）用计算机端或手机端 WLAN 分析软件可以查看信道使用情况，应尽可能地做到没有或减少同频干扰。利用前述的工具 AP 自带频谱分析仪也可以查看现场的频谱使用情况。

5）在工艺和控制允许的情况下，增加 PLC 和设备之间或数据的刷新周期时间和看门狗次数。

问题 5：如何判断设备存在硬件故障甚至功能损坏?

首先，要清楚地知道按照相应的操作设备应该有什么样的反应，例如：已经成功恢复出厂的设备就可以用软件重新分配 IP 成功。

如果恢复出厂和升级固件后还是有问题，再按排除法，其他同型号设备执行同样的操作，如果没问题则说明与操作的计算机软件等环境无关，问题在于设备硬件本身，应及时更换备件。

问题 6：Web 页面报“PLUG”相关错误是什么原因？如何处理?

例 1：在 Interface/WLAN/basic 设置页面“Enable”，激活无线 radio 时，报“WLAN interfaces（s）deactived due to error state of PLUG”。

原因：通常是因为 PLUG 卡所保存的参数与当前设备组态的参数不一致。

处理：在 System/PLUG 菜单，Modify PLUG 选项处执行“Write current configuration to PLUG”，即把当前参数写入卡中。

例 2：设备的“F”标志 LED 故障灯状态为红色常亮，并且在 Information/Faults 菜单显示“PLUG missing”信息。

原因：通常是因为在使用过程中，PLUG 卡突然没有被成功地识别到或卡被移除。

处理：将设备断电，重新拔插 PLUG 卡，再上电直至错误消除。

问题7：漏波电缆及天线的信号偏弱或偏强是什么原因？

对于漏波电缆使用，结合iPCF应用的信号强度应可能保持在：-45dbm至-65dbm之间，信号过强或者过弱都会导致信号不稳甚至通信中断！如果漏波信号偏弱，漏波电缆剥线不规范或电缆过度弯折（铜芯折损）为常见原因，需要按照说明书规范地剥线并做到铜芯导体切面平整光滑，否则与N型接头接触面衰减过大而导致起始端的信号偏弱（按照默认20dbm天线发射功率，正常情况下，用客户端Signal Recorder记录的起始端信号强度应该在-40dbm左右）。

如果漏波电缆信号强度过强，可通过适当地减小AP和客户端的发射功率来降低信号强度。

其他原因：AP和客户端任意节点的馈线或N头松动。天线口接错了，AP和客户端应该接R1 A1口。

漏波电缆安装时朝向反了，泄漏孔开口在有突起线的背面，安装时应该对着客户端天线。

漏波电缆或客户端天线损坏。

问题8：iPCF模式下客户端在“期望”漫游的地方不漫游是什么原因？如何处理？

首先，iPCF模式下漫游切换的首要触发条件并不是信号强度，而是无线帧传输超时或重试次数过多等判断机制，加上漏波信号在前一段电缆末端仍然足够强，即便客户端已经到了下一段漏波电缆区域，上一段的信号覆盖范围仍可满足通信需求。所以，iPCF模式可能出现“不漫游”而未影响正常通信的情况。

处理：如果不影响终端通信，可按默认参数，不做任何处理。如果想更快地实现漫游，可适当地减小无线通信MAC层重试的参数设置（注意：过小的重试次数可能会导致丢包率增加），菜单路径在AP和客户端的Interface/WLAN/Advanced，建议将AP和客户端的重试次数设置一致，也可在客户端菜单Interface/WLAN/Client中将漫游阈值设置为“Low”。

提示：在系统设计之初，应尽量避免使用功分器且存在“弱到弱”切换的情况，否则可能出现漫游切换不顺畅或不切换的情况。

3.2 应用案例

3.2.1 工业无线局域网在物流系统中的应用

目前，随着电商、冷链等新兴行业的高速成长以及伴随着中国传统制造业的转型升级，自动化物流系统与自动化生产系统、企业管理系统等之间通过数据链连接，升级成为一个智能物流自动化系统，其中重点包括仓储、分拣、搬运等作业过程，在这些过程中，工业无线局域网发挥着重要的作用。

1. 物流仓储系统中的工业无线局域网的解决方案

对于物流仓储工厂来说，部署一个高速稳定、安全可靠的工业网络非常重要。这类工厂在面对繁杂的货物运输及周转工作时，需要能够快速且详细地统计出货物流动、周转的各种数据信息。通过建立稳定可靠的工业网络，可以快速地提高工厂的管理、运营能力。

随着Wi-Fi无线网络的迅速普及、智能化物流仓储设备和工业级手持数据终端的广泛应用，为物流仓储行业提供了更便利和智能化的管理手段。工厂通过部署工业 Wi - Fi 无线网络，可以实现对各种规模仓库、货场的无线网络接入与覆盖。在物流仓储行业，工业 Wi - Fi 已经成为目前应用最广泛的无线网络技术手段之一。

在中大型物流仓储系统中，有货架、高速巷道堆垛机、AGV、RGV、各式输送机及升降机等以及其他自动控制、自动监控和信息管理系统如图 3-61 所示。在自动化立体仓储系统中，主要涉及的机型为

- 高速巷道堆垛机。
- 环形穿梭车。
- 多层穿梭车。

图 3-61 物流仓储示意图

西门子工业通信产品可为自动化物流仓储系统提供全方位的工业 Wi - Fi 解决方案。在地面巷道的一侧部署 SCALANCE W774/761 无线接入点模块，每台无线接入点模块连接 RCoax 漏波电缆或者全向/定向天线实现巷道的无线覆盖，每台堆垛机上部署 1 台 SCALANCE W734/721 无线客户端模块，当堆垛机高速移动时，堆垛机上无线客户端模块可以实现安全稳定的无线连接。

西门子无线模块的安装对现场仓储货架结构、轨道的直线度和水平度的精度要求不高，特别适合巷道距离较长及带弯轨的立库仓储系统使用，解决了传统激光网络通信的不稳定、对轨道精准度要求高等问题。并且西门子工业无线模块支持宽温，甚至能够满足冷库低温工作温度的要求。

以自动化仓储物流堆垛机无线通信的典型应用场景为例（见图 3-62），其通信内容可以分为

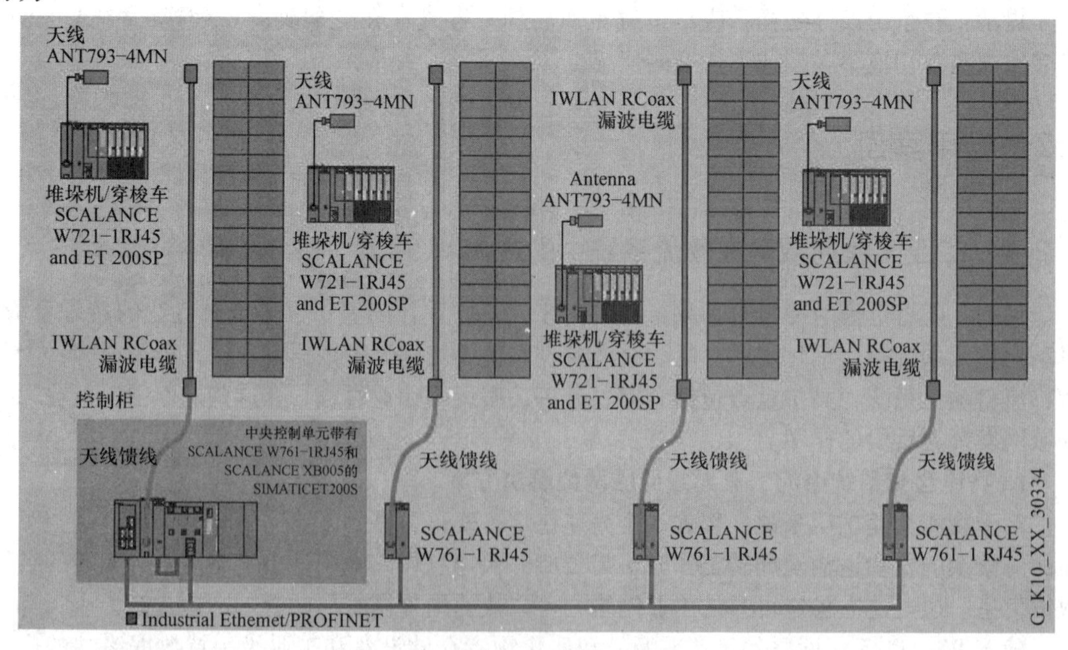

图 3-62 AP/Client 部署示例

- PROFINET 数据实时通信。
- TCP/IP 数据通信。

配置1：PROFINET 数据传输：

采用 Wi－Fi4 配置，主站和从站 PLC 采用西门子 PLC 并通过 PROFIENT 协议实时通信，优势：采用无线漏波电缆天线实现巷道无线稳定覆盖，满足 PROFINET 实时通信。方案 AP 端采用的天线为 5GHz 漏波电缆，通信距离按 90m 直线轨道来估算，无线客户端无需漫游。

配置2：TCP/IP 数据传输：

采用 Wi－Fi4 配置，主站和从站 PLC 通过 TCP/IP 协议通信，优势为无线客户端无需漫游，无线通信实时性要求不高。

方案 AP 端采用的天线为 9dBi 定向天线，通信距离按 150m 直线轨道来估算，超过 150m 的需要另外增加 AP 覆盖。

2. 物流行业分拣系统中的工业无线局域网的解决方案

随着物流行业的快速发展，特别是电商、快递等行业的业务爆发，以及人力成本的不断上升，自动分拣系统装备市场出现爆炸式增长。自动分拣系统是物料搬运系统中一个重要的分支，目前广泛应用于各行业的生产物流系统、物流配送中心或电商快递的转运中心。

自动分拣机是对物品进行自动分拣的关键设备。目前，按照分类装置的结构进行划分，常见的自动分拣机主要包括滑块分拣机、转轮分拣机、交叉带分拣机、翻板式分拣机、摆臂式分拣机、悬挂式分拣机和 AGV 分拣系统等类型。

交叉带分拣机系统概述：

随着电商快递行业的高速发展，各快递公司中转站大型分拣中心每日需要处理上百万件的包裹。交叉带分拣机具有效率高、准确率高、破损率低等优势，已逐渐地代替传统的人工分拣。交叉带分拣机得名于主驱动带式输送机与分拣小车上的带式输送机呈交叉状，交叉带分拣机能够在有限场地内实现更高的分拣效率，并通过设计双层、三层、四层等立体结构实现效率的倍级提升，有效地促进了人员成本、分拣成本和维护成本的降低，交叉带分拣机如图 3-63 所示。

图 3-63　交叉带分拣机

其主要组成部分包括连续小车组成的交叉带分拣机主机、环形轨道、分拣小车、供件系统导入台、出件系统分拣道口、条码扫描器、直线电机和漏波电缆通信系统、供电系统等，如图 3-64 所示。

方案概述：

在物流行业中，分拣环节往往费时费力，交叉带分拣系统由于其高效、出错概率低、无人化程度高等特点在各分拣中心被广泛地使用。无线通信系统承担着分拣系统中神经网络的功能，无线通信系统性能的高低将大大地影响着分拣系统的效率。主控制系统与处于移动状态的小车控制系统之间采用西门子无线及漏波电缆的通信方式，实现工业 PROFINET－IO 实时通信，该工业无线系统具备集成简单、扩展性好、可靠性高和实时性强等优点。

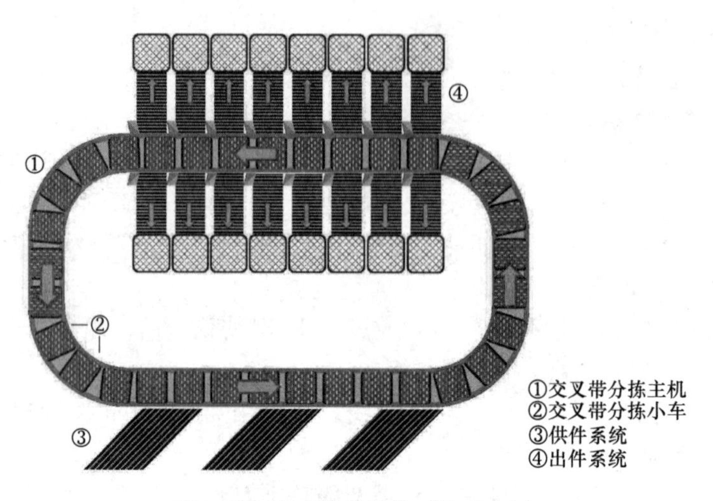

图 3-64 交叉带分拣机系统示意图

方案优势：

- 采用无线和漏波电缆方案，满足 PROFINET 高实时通信。
- iPCF 模式支持快速漫游，实现 50ms 漫游切换。
- TIA 组态集成，维护管理简单、方便。

配置：

以交叉带分拣机工业无线通信的两种典型应用场景为例，分别为

- 90m < 分拣线 ≤160m，且无线客户端无需快速漫游。
- 分拣线 >160m，且无线客户端需快速漫游。

方案 AP 端采用的天线为 5GHz 漏波电缆，单 AP 通过功率分配器可以实现 160m 漏波电缆连接，超过 160m 的需要另外增加 AP 覆盖。

配置 1：90m < 分拣线 ≤160m，且无线客户端无需快速漫游：

采用 Wi－Fi 4 配置。优势：PROFINET 实时通信，无线稳定可靠，如图 3-65 所示。

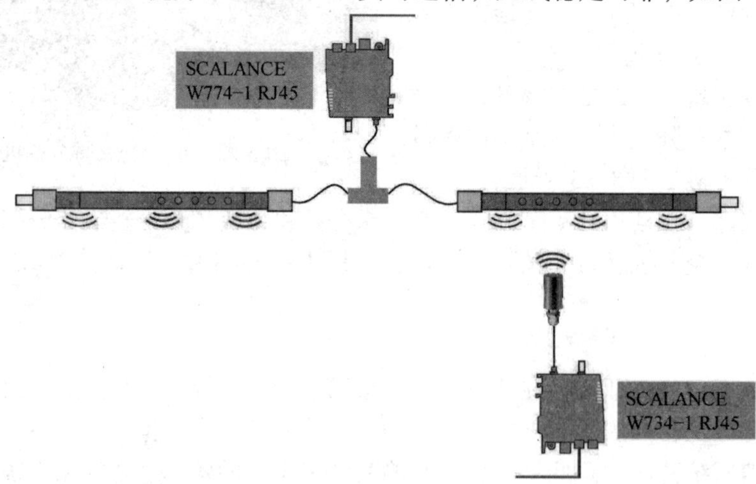

图 3-65 90m < 分拣线 ≤160m，网络拓扑示意图

配置2：分拣线>160m，且无线客户端需快速漫游：

采用 Wi－Fi4 配置，iPCF 模式。优势：快速漫游，PROFINET 实时通信，如图 3-66 所示。

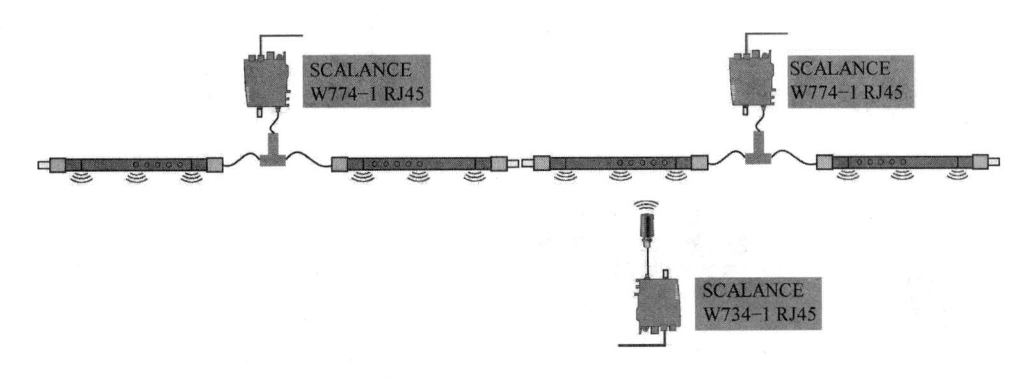

图 3-66 分拣线>160m，网络拓扑示意图

3. 物流行业搬运系统工业无线局域网的解决方案（AGV）

在中国制造 2025 和工业 4.0 的推动下，智能物流行业迎来了巨大的发展机遇，智能物流是未来智能工厂建设的基石，而 AGV 是智能物流的关键设备之一。AGV 的应用体现了智能物流的自动化和智能化。随着负载惯性的增加，用户对 AGV 系统运行的灵活性、安全性和可靠性的要求也更加严格，AGV 可以彻底解决智能物流行业的应用瓶颈，降低工人劳动强度，促进工业转型升级，提高企业生产效率和经济效益。AGV 即“自动导引车”，车上装有自动导引装置，能够以一定的运动精度沿着预定的轨迹进行物料搬运，是一种具有储电能力、工作效率高、安全、可靠、灵活的无人驾驶移动式工业机器人，如图 3-67 所示。

图 3-67 物流型 AGV 示意

物流型 AGV 具有以下特点：

1）不用铺设专门轨道，线路变更方便；

2）可实现与其他物流系统的对接，自动化程度高；

3）能够适应大多数高负载需求；

4）采用无线通信调度系统，搬运过程中可灵活地改变行走路径，适应复杂的路线需求；

5）比较完善的安全保护功能等。

基于以上优点，物流型 AGV 目前广泛应用于仓储物流、航空航天、港口码头、重型工业、特种行业等。

方案概述：

物流型 AGV，每台 AGV 中有 1 个车载控制器，AGV 车载控制器是 AGV 控制系统（核心算法）的核心，无线通信模块是 AGV 和上位控制机交换信息和命令的桥梁。由于无线通信具有不受障碍物阻挡的特点，一般 AGV 与上位机的通信采用无线局域网的模式。WLAN 由无线接入点和无线客户端组成，通过安装无线接入点实现 AGV 移动区域无线全覆盖，在 AGV 车载机上安装无线客户端就可以实现车载机与上位机之间的无线连接。无线局域网具有支持全双工模式、安装便捷、组网灵活、传输速率高、易于扩展和高移动性的优点，能满足 AGV 车载机与上位机之间的无线稳定通信。AGV 自动化系统如图 3-68 所示。

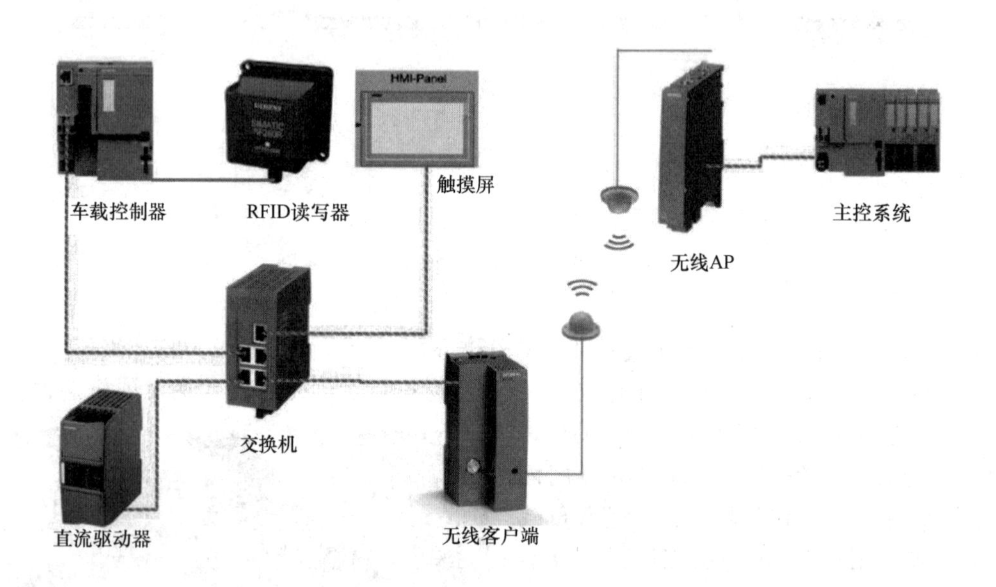

图 3-68 AGV 自动化系统示意图

方案优势：

- 满足 TCP/IP 可靠传输；
- 支持快速漫游；
- 成熟的应用案例多；
- 自动化系统整体解决方案。

以物流型 AGV 无线通信的典型应用场景为例：

方案 AP 端采用的天线为全向天线，通信距离按半径 40m 估算，超过 40m 的需要另外增加 AP 覆盖。

采用 Wi-Fi4 配置，优势：满足 TCP/IP 通信，对实时性要求不高。

3.2.2 工业无线局域网在汽车制造中的应用

近些年，国内汽车制造厂商的生产装配线都在进行模块化、柔性化、数字化、智能化的升级转型，AGV 和 EMS 系统（见图 3-69）作为实现智能制造和柔性装配的最佳运输工具，已经在汽车制造行业广泛应用。通过工艺型 AGV 和 EMS 系统相互配合，可以完成整车底盘、车门等零部件与车身的组装工序。

针对工艺型 AGV 的应用需求，西门子公司可以提供 SIMOVE 整体解决方案。根据客户的作业场景、导航模式、车载功能、安全级别等工艺要求，基于软件功能和硬件架构配置两方面搭建系统。在 SIMOVE 标准中，主控端采用了 1518F/1517F CPU 作为调度控制器，它不仅可以与外围控制系统（PLC 间通信、线边设备、机械手、安全光幕/光栅/门等）建立实时安全通信，还可以对全厂 AGV 进行集中调度与管理，实现小车的全面监控，诊断及维护功能。主控制器与每台 AGV 小车通过智能从站的方式建立 PROFINET&PROFIsafe 通信，基于 SCALANCE W 的工业无线局域网解决方案的使用保证了整个解决方案可以满足工艺生产的要求。

图 3-69 AGV 和 EMS 系统

针对 EMS 的应用需求，西门子公司也根据汽车行业工艺需求开发了实现制造环节输送及装配应用的 EMS 解决方案。EMS 吊具（也称小车）系统在汽车产线运输和工艺装配过程中协同工艺 AGV 和 Skillet 滑板线工艺模块，成为汽车行业柔性化装配和制造过程中的重要环节。在这个方案中，Siemens Data Concentrator（西门子数据集中器，SDC）和小车之间的通信是基于 PROFINET 协议的实时通信，为了保证通信的稳定性和降低维护成本，通常选用漏波电缆无线解决方案实现实时控制数据的传输。如果使用西门子故障安全型 PLC，还可以进一步实现主站 SDC 控制器与 EMS 小车控制器之间的 PROFIsafe 无线通信。

在工艺 AGV 系统中，无线用于实现主控 PLC 和车载 PLC 的 PROFINET&PROFIsafe 实时通信。在地面侧，根据 AGV 小车的运行路径部署 SCALANCEW700 系列无线 AP，通过交换机将无线 AP 和主控 PLC 连接在一个局域网中。每辆小车部署一个无线客户端，通过交换机与车载 PLC、AGV 等设备连接。无线 AP 和无线客户端之间可以通过无线链路建立通信，从而实现主控 PLC 和车载 PLC 之间的数据交互。工艺 AGV 的系统运行效果会直接影响产线的生产节拍，因此对于通信实时性、稳定性和安全性要求极高。如果通信延时过长，可能导致产线急停、生产设备意外碰撞甚至威胁生产人员安全的情况发生，给最终用户带来极大的损失。因此，确保通信的稳定性是工艺 AGV 系统的关键技术要点，它是其他一切系统功能发挥作用的前提。SCALANCEW700 系列无线独有的 iPCF（工业点协调功能）可以实现快速漫游，确保通信实时性并支持 PROFIsafe 功能安全通信，满足工艺 AGV 系统的运行要求。AGV 应用方案如图 3-70 所示。

(1) 工艺 AGV 推荐配置

- 采用 Wi-Fi4 配置，普通天线方案，iPCF 模式。
- 优势：快速漫游，安装简单，支持 PROFINET & PROFIsafe 实时通信。

产品清单见表 3-10。

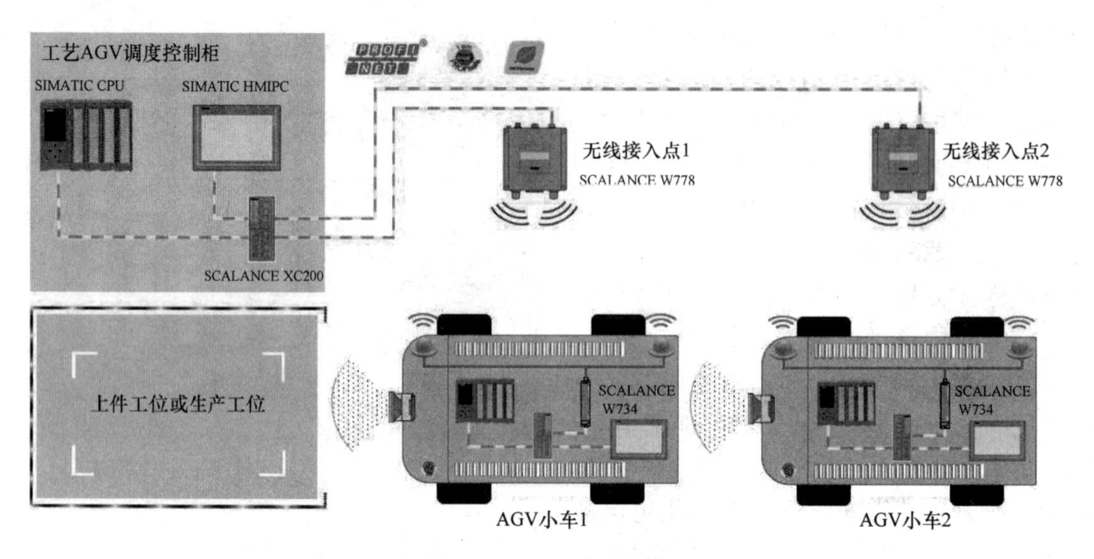

图 3-70 AGV 应用方案

表 3-10 产品清单

名称	型号	订货号	数量	备注
无线 AP	SCALANCE W774 - 1 RJ45	6GK5774 - 1FX00 - 0AA0	3	AP 部分
KEY - PLUG 卡	KEY - PLUG W780 i - Features	6GK5907 - 8PA00	3	
天线	ANT795 - 6MP, IWLAN	6GK5795 - 6MP00 - 0AA0	3	
天线馈线	SIMATICNET Connection Cable	6XV1875 - 5CH20	3	
无线客户端	SCALANCE W734 - 1 RJ45	6GK5734 - 1FX00 - 0AA0	12	客户端部分
KEY - PLUG 卡	KEY - PLUG W740 i - Features	6GK5907 - 4PA00	12	
天线	ANT795 - 6MN, IWLAN	6GK5795 - 6MN10 - 0AA6	12	
天线馈线	SIMATICNET Cable N - Connect	6XV1875 - 5CH20	12	
终端电阻	R - SMATerminating Resistor TI 795 - 1R	6GK5795 - 1TR10 - 0AA6	5	附件部分
24V 电源	SITOP PSU6200/1AC/24VDC/2.5A	6EP1332 - 1LB00	可选	
网络管理软件	SINEC NMS 50 V1.0 DVD	6GK8781 - 1BA01 - 0AA0	可选	

满足 EMS 应用需求的漏波电缆无线解决方案：

EMS 系统的小车通常沿着固定轨道运行，对抗干扰性能要求高，因此在通信方式上会选择漏波电缆无线方案。在小车侧安装无线客户端，搭配专门配合漏波电缆应用的天线 ANT793 - 4MN，车载控制器和无线客户端通过网线连接。在地面侧部署主控系统 SDC，通过交换机与所有的 AP 连接在一个局域网中，漏波电缆沿着 EMS 小车运行的轨道铺设，通过馈线连接至地面侧 AP 的无线接口上。无线 AP 和客户端之间的可靠连接保证了车载控制器和主控系统 SDC 的数据交互。在该通信方案中，由于漏波电缆是按照小车运行轨道铺设的，因此在小车运行的过程中，无线客户端侧的天线与漏波电缆之间的安装距离应保持在 10cm 左右，中间不会出现任何遮挡或者干扰。因此，无线通信效果是非常稳定的，可以满足基于 PROFINET&PROFIsafe 通信协议的生产控制数据的传输。EMS 应用方案如图 3-71 所示。

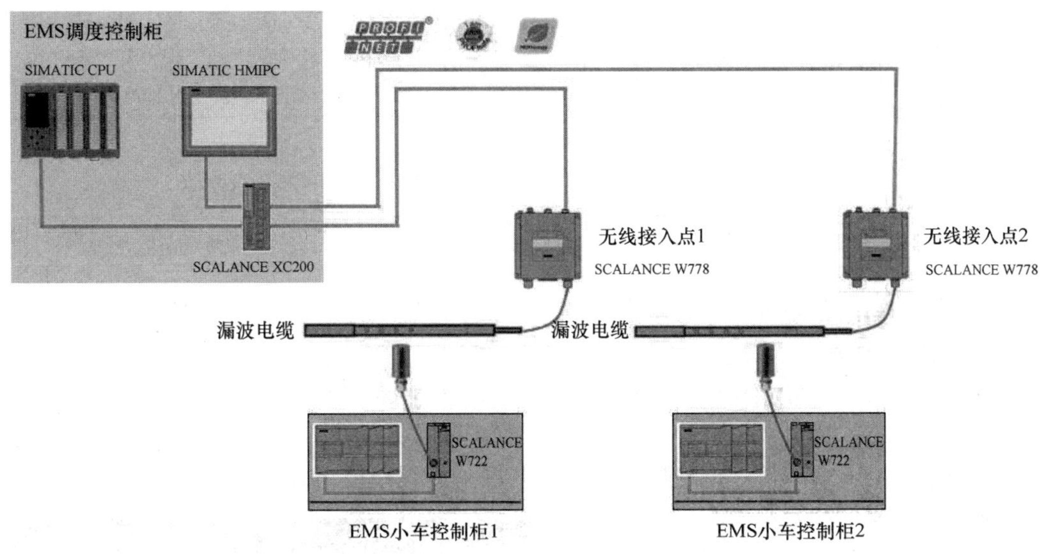

图 3-71 EMS 应用方案

(2) EMS 推荐配置

- 采用 Wi-Fi4 配置，漏波电缆解决方案，iPCF 模式。
- 优势：快速漫游，抗干扰能力强，支持 PROFINET & PROFIsafe 实时通信。

产品清单见表 3-11。

表 3-11 产品清单

名称	型号	订货号	数量	备注
无线 AP	SCALANCE W774-1 RJ45	6GK5774-1FX00-0AA0	3	AP 部分
KEY-PLUG 卡	KEY-PLUG W780 iFeatures	6GK5907-8PA00	3	
漏波电缆	IWLAN RCoax Cable PE 1/2″ 5GHz	6XV1875-2D	200	
RSMA 终端电阻	R-SMA Terminating Resistor TI 795-1R	6GK5795-1TR10-0AA6	1	
N 终端电阻	N-Connect terminator TI 795-1N	6GK5795-1TN00-1AA0	3	
天线馈线	SIMATIC NET Cable N-Connect	6XV1875-5CH10	3	
天线馈线	SIMATIC NET Cable N-Connect male/male	6XV1875-5AH20	0	
功率分配器	N-Connect Female Power Splitter	6GK5798-0SN00-0EA0	0	
N 型接头	RCoax N-Connector 2，4/5GHz	6GK5798-0CN00-0AA0	6	
无线客户端	SCALANCE W722-1 RJ45	6GK5722-1FC00-0AA0	6	客户端部分
天线	AntennaANT793-4MN，IWLAN	6GK5793-4MN00-0AA6	6	
天线馈线	SIMATIC NET Cable N-Connect	6XV1875-5CH20	6	
垫片	RCoax Threaded Washer M6	6GK5798-8MC00-0AM1	4	附件部分
垫块	RCoax Spacer 85mm	6GK5798-8MD00-0AM1	4	
夹子	RCoax Cable Clip 1/2	6GK5798-8MB00-0AM1	4	
漏缆剥线工具	IWLAN RCOAX N-CONNECT STRIPPING TOOL	6GK1901-1PH00	1	
24V 电源	SITOP PSU6200/1AC/24VDC/2.5A	6EP1332-1LB00	可选	
网络管理软件	SINEC NMS 50 V1.0 DVD	6GK8781-1BA01-0AA0	可选	

方案优势：

1）无线设备支持在 TIA 博途软件中组态集成，便于监视和诊断。

2）iPCF 模式支持高实时性通信和快速漫游。

3）西门子提供整体 AGV 和 EMS 系统的解决方案。

4）可提供高防护等级 IP65 的无线产品，可以满足现场柜外安装的要求。

3.2.3 工业无线局域网在冶金料场的应用

钢厂的原料场内有多种重型移动设备，如大型堆取料机等。堆取料机体型庞大，在料场进行堆料或取料作业，是现代化料场必不可少的设备。

原料场普遍较大，堆取料机移动距离最远可达 800 多米甚至更远，为了实现其与原料场监控系统（中控室）的数据交换、信号联锁和地面中控室的实时监控，保证信号传输的质量并结合先进性的理念，很多钢铁厂的原料厂开始采用无线通信方式。

目前，无线通信技术在冶金企业生产中已经得到了大量应用，经过对原料场堆取料机传统通信方式的改造，减少了控制滑环一台、电动机一台、移动式电缆一卷盘及特殊的电缆控制线。较好地解决了控制电缆由于长期移动受力容易发生断芯的故障。避免了设备及人身的安全隐患。使用无线数据传输既降低了安装成本又减少了设备隐患和维护工作量。减轻了工人的劳动量，创造了良好的经济原料厂无人化系统，堆取料机司机室无操作人员进行操作和监视中央控制室内也无操作人员进行全程的控制操作，如图 3-72所示。

图 3-72 堆取料机示意

堆取料机设备高粉尘、高强度振动、动力输电母排会在周围产生高强度交变磁场，因此要求具有高的抗电磁干扰性。

方案概述：

原料厂无线通信的三种典型应用场景分别为数据传输、视频传输、数据 + 视频传输。通常原料厂有若干个大棚，每台大棚中有 2 ~ 3 台堆取料机设备，堆取料机的操作室需要和中央控制室通过无线的方式进行稳定、可靠和实时的通信，要求产品满足工业环境使用的要求或具备快速漫游和冗余等特性。

方案结构：

方案的无线布署如图 3-73 所示。

技术和调试要点：

1）AP 侧天线为定向天线，采用立杆架高安装，考虑到定向天线的辐射角普遍比较小（通常小于 30°），立杆应尽量地靠近轨道。

2）客户端位于堆取料机上，其天线在轨道行进任何位置都可以与某个 AP 侧天线等高、面对面、可直视。

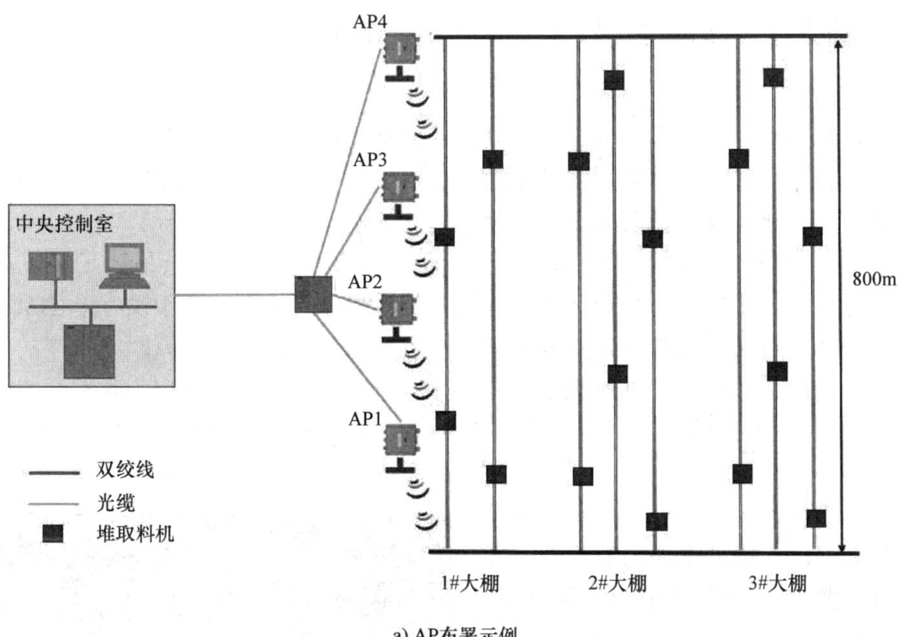

a) AP布署示例

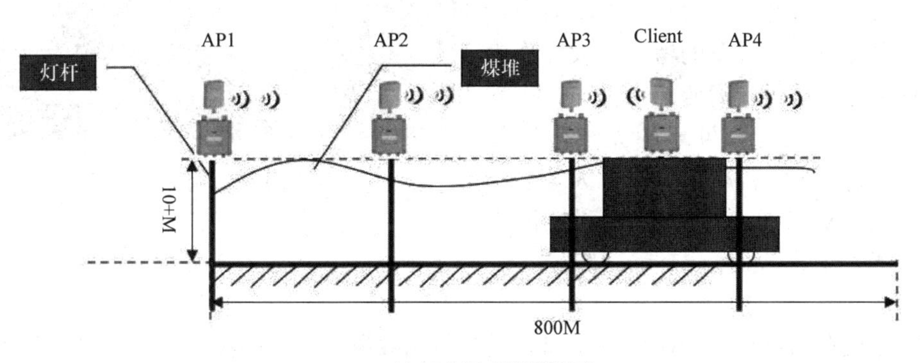

b) AP布署示例(侧视图)

图3-73 方案的无线布署

3）按照200m间隔布署一台AP，200m通信距离在5GHz情况下，菲尼尔半径为1.73m，直径为3.46m。

4）采用5GHz频段，尽量避免同频干扰，至少相邻AP信道不同。

5）如果料场附近无2.4GHz信号，可优先使用2.4GHz频段。

6）如果使用了iPCF功能，信号强度应控制在－45dBm～－65dBm之间。

露天安装时，为达到标称的IP防护等级，未使用的设备接头需要额外订堵头将其堵住。

方案优势：

1）采用高防护等级IP65的无线WLAN产品，支持宽温和露天安装。

2）支持西门子PLC的TIA组态集成。

3）iPCF模式支持高实时性和快速漫游。

4）PRP模式支持链路冗余＋无缝漫游。

3.2.4 工业无线局域网在钢铁企业无人化天车的应用

方案介绍:

天车是许多工业企业必不可少的生产设备，尤其是在冶金行业，部分天车在高温环境中工作，天车司机在吊运货物时完全依靠地面人员的无线电指挥，存在视觉不佳、通信受限、司机容易疲劳等问题，存在较大的安全风险。

钢厂行车（起重机）承担物料运输，辅助设备维修等一系列复杂吊装工作，由于在同一跨度内存在多台行车，传统每台行车都有操作员单独进行操作，由于没有上位系统的安全联锁，操作员的操作失误经常导致安全事故；由于空间及其他固件的原因，常规的有线方案存在不可避免的磨损，其维护时间成本、人员成本及硬件成本皆不适用于此种环境，因此客户希望我们提供一个易维护、可靠的网络解决方案，可以建立一个稳定、可靠的行车地空无线通信系统。

作为在冶金和电力行业经常使用的天车设备（见图3-74），在工作现场由于铁水经过运输到炼钢厂路途中会产生四氧化三铁，在往混铁炉倾倒铁水过程中会在空中形成铁粉气流，铁粉气流经过厂房顶部冷凝后会严重地干扰电磁波，对设备的考验较大。作为全球化解决方案的供应商西门子公司为钢铁厂提供了安全、稳定、可靠的无线传输设备，能适应粉尘多、温度高、干扰大等复杂的工作环境，让数据实时地传输到控制中心，提高了工作效率。

图3-74 炼钢厂天车

方案概述:

无人化天车的典型应用场景需要同时无线传输数据和多路高清视频，如果对数据时效性要求比较高，建议配置两套无线系统分别满足数据和视频的传输。数据传输通常对带宽要求不高但对实时性要求较高，采用了西门子 Wi - Fi4 产品同时激活 iPCF 功能；视频传输通常对实时性求不高但对带宽要求较高，采用了西门子 Wi - Fi6 产品，提供了大带宽，无线 AP 所连接的接入级交换机采取工业冗余环网结构，详细功能如下：

1）方案 AP 端采用的天线为高增益全向天线，通信距离按 30m 左右覆盖半径估算，超过 60m 的行车距离需要另外增加 AP 覆盖。

2）在天车轨道即人行平台侧，使用支持集成两口交换机的无线 AP 进行无线敷设，原则上 100m 设置一台 AP 进行信号覆盖。

3）在行车侧，每台行车选用一台客户端与高增益全向天线进行配合使用，天线安装位置与地面侧 AP 的天线等高可视。

4）选用 5GHz 频段进行无线信号覆盖。

5）每跨的分控制室设置跨交换机（或者根据实际电气室情况进行多跨合并），使用光纤连接位于人行平台上的无线汇总交换机，建立底层环网结构。

6）每跨人行平台上设置一台无线 AP 汇总交换机，为多 AP 的无线设计提供网络接入。

网络结构示意图如3-75所示。

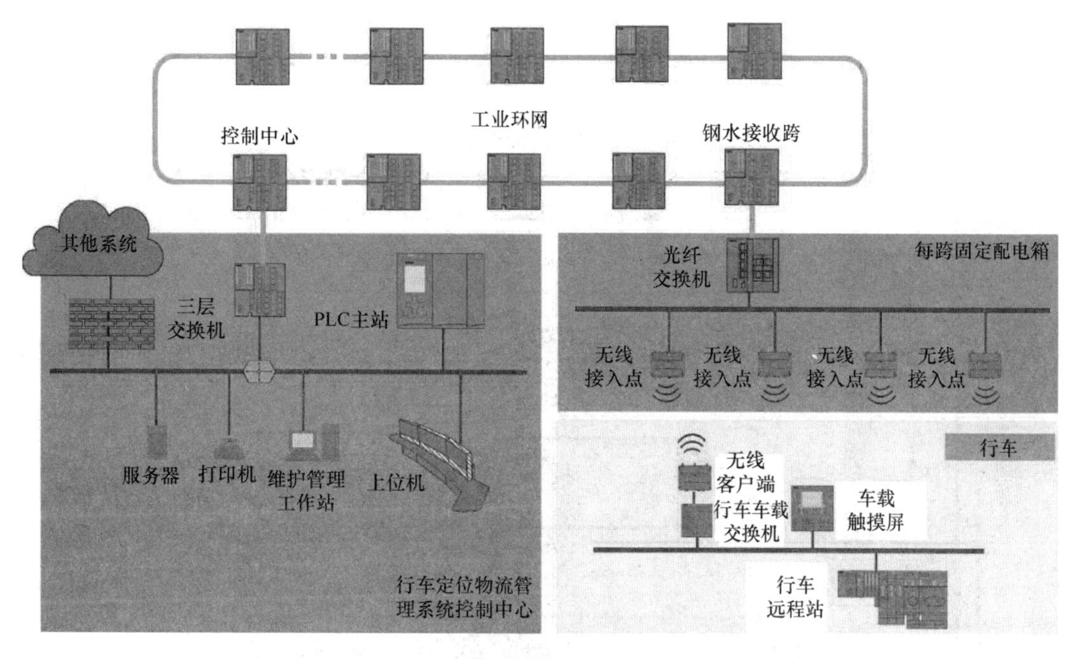

图3-75 网络结构示意图

某钢厂炼钢车间的天车无线覆盖布局如图3-76所示，平均每跨布置3~4台AP，

方案优势：

1）由于严苛的应用环境，设备本身的工业级工作温度满足-20℃~60℃；高防护等级IP65。

2）iPCF模式支持高实时性和快速漫游。

3）无线系统应具有无线扩展能力（便于未来的扩展应用，如高清视频的应用）。

4）无线AP WAM766-1可以支持2X2 MIMO，1200Mbit/s带宽。

5）无线系统应可以支持2.4GHz/5GHz两种制式，以利于现场实施时便于信道规划，避免同频干扰，在不同制式间切换时不需要额外增加硬件成本。

6）无线设备应支持POE以太网供电功能，方便安装。

7）通过PLUG卡，操作简便，快速更换发生故障的设备，节省设备更换成本。

8）LED故障指示，直观地显示设备运行情况。

9）支持配置向导，并通过Web服务器和SNMP在线帮助，方便管理。简易操作，抛弃复杂的编程模式，更加人性化的设计。

10）环网设计，提高了网路链路冗余度。

安装和调试要点：

应注意AP和客户端之间的天线遮挡情况，应满足5GHz情况下的非尼尔半径要求，采用5GHz频段应尽量避免同频干扰，至少相邻AP信道不同，AP隐藏SSID。

在项目实施后，为了保证现有无线系统的稳定性，在重点生产区域制定严格的规章制度，禁止无线信道的滥用，如私自开设Wi-Fi热点等。

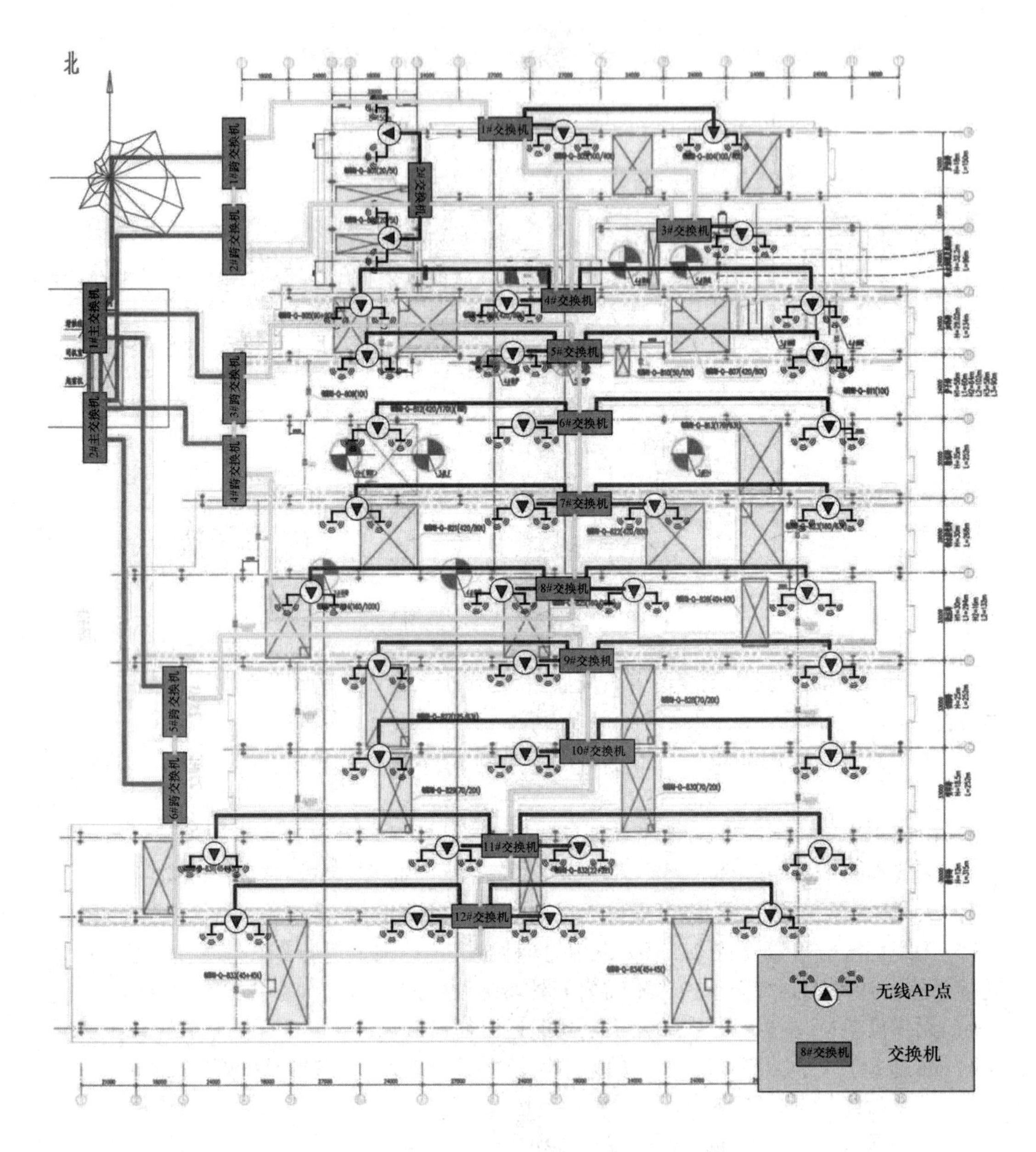

图 3-76 AP 布署示例（俯视图）

典型问题及故障诊断：

定期通过频谱分析和测试检查无线干扰情况、信道利用率、CRC 误码率等信息，与 GSM 移动通信类似的方式，如采用调整天线倾角、信道规划和发射功率控制等方式，在网络运行维护中不断优化网络，为用户提供稳定的、高质量的无线网络接入服务。

3.3　工业宽带无线网

工业宽带无线网的基础知识：

西门子 RUGGEDCOM WIN 产品，应用 WIMA（Worldwide Interoperability for Microwave Access，全球微波接入互操作性）技术，执行 IEEE802. 16e – 2009 技术标准，提供高可靠、长距离的工业专用宽带无线网络。

1. 工业宽带无线网的关键技术

工业宽带无线产品 RRUGGEDCOM WIN 采用了多种关键技术，使产品的性能更强：

1）OFDM（Orthogonal Frequency Division Multiplexing，正交频分多路复用技术）：将串行数据并行地调制在多个正交的子载波上，可以增大码元的宽度，减小单个码元占用的频带，抗多径引起的频率选择性衰落，有效地克服码间干扰，大大提高了频谱的复用率，是当前移动多媒体通信的主要技术，非常适合移动场合中的高速传输，产品使用的子载波数高达 1024。

2）OFDMA（Orthogonal Frequency – Division Multiple Access，正交频分多址）：基于 OFDM 信号的多路访问方法，将传输带宽划分成正交的、互不重叠的一系列子载波集，将不同的子载波集分配给不同的用户实现多址。OFDMA 系统可动态地将可用带宽资源分配给需要的用户，很容易实现系统资源的优化利用。

3）循环前缀：在 WiMAX 中，连续符号有“间隔”，保护间隔是避免码间干扰（Inter – Symbol Interference，ISI），保护间隔必须大于最长路径上的多路径产生的延时，符号同步的目的，一个非零信号将保护间隔期间的传输，非零信号的保护间隔被称为循环前缀，WiMAX 的循环前缀通常是一个重复的样本数据块的一部分，附加到数据有效负载的开始，如 WiMAX 标准中循环前缀是 1/8，相当于 11. 4μs（5/10MHz 带宽系统），西门子 RUGGEDCOM WIN 的循环前缀是 1/16。

4）子信道化：并发用户分配一组预定义的子载波，这个过程可以减少干扰，增加上行系统增益，以及小区范围，通过增加子载波传输的数量，同样的功率放大器能够实现更大的功率输出，上行子信道化可以添加多达 12dB 上行链路预算，这个增益可以有利于小的用户终端通信；上行链路子信道化，用于维持低成本 CPE，减少终端的复杂性。

5）多天线技术（MIMO）：多入多出，主要包括三种类型的 MIMO：MRC（最大比合并）接收分集、STC（空时编码）空间分集、SM（空间复用）增加容量。其中：

STC（空时编码）MIMO Matrix A，增加信噪比和覆盖范围，改善了信噪比，有效地提高调制方案（16 和 64 – QAM），同时也提高数据速率，减少基站数量。

SM（空间复用）MIMO Matrix B，增加容量，2 × 2 MIMO 容量增加 2 倍、4 × 2 MIMO 容量增加 2 倍、4 × 4 MIMO 容量增加 4 倍，增加信噪比和覆盖范围，由于增加信道容量，减少基站数量。

6）QoS：MAC 层针对每个连接可以分别设置不同的 QoS 参数，包括速率、延时等，对于上行业务流，有 5 种业务调度类型：主动授予（UGS）、加强型实时轮询（ertPS）、实时轮询（RT）、非实时轮询（nrtPS）、尽力而为（BE）。QoS 参数是针对空中接口，是 5 种业务调度的必要参数，如果数据流没有 QoS 参数，不能被传输。与 Wi-Fi 技术中的“平等竞争无线资源”不同，利用强有力的 QoS 机制保证多业务实现。

2. 工业宽带无线网使用频率

RUGGEDCOM WIN 产品的工作频段比较多，包括 1.4GHz、1.8GHz、2.5GHz、3.5GHz、3.65GHz、4.9GHz、5.1GHz、5.8GHz，根据最终用户和应用场景来确定使用频段，目前在中国可以使用的频段包括 5.1GHz 用于机场 AeroMACS 系统，5.8GHz 普通用户使用的频段。

3. 工业宽带无线网的特点和功能

RUGGEDCOM WIN 产品构成的工业宽带无线网，采用扁平结构，由基站、终端、天线及相关附件组成，具有以下特点和功能：

1）MIMO（2×2）支持非视距（NLoS）传输和 GPS 同步，符合 IEEE 802.16-2009。

2）服务流分类和连接，基于策略的数据交换，服务质量（QoS）保证，支持 PROFINET。

3）嵌入 ASN-GW，易于部署和使总成本最小化，GPS 或 IEEE1588 同步，支持冗余和切换。

4）利用多信道技术，内置多个接收器，保证传输时延、带宽和抖动。

5）满足 IEEE1613（电力）、IEC61850-3（智能电网）、EN50155（铁路）标准，抗振动，确保高性能 M12 连接。

6）工作温度 -40℃ ~75℃，无风扇设计，IP67 防护等级，为工业无线通信设计，提供在严酷环境下，基于广域专网技术，执行关键任务的工业级产品。

3.4 工业宽带无线 RUGGEDCOM WIN 产品介绍

3.4.1 工业宽带无线基站

RUGGEDCOM WIN 无线基站，采用 OFDMA 无线技术，在恶劣的环境条件下非常强大，并且可以实现非视距（Non-Line-Of-Sight，NLOS）操作，利用链路自适应算法，调制和编码不断地适应当前的链路条件，确保鲁棒性和效率之间的最佳平衡，系统具有内置的 QoS 服务机制，可以保证延时和带宽，实现 IT 和 OT 的混合应用。RUGGEDCOM WIN 无线终端包括：RUGGEDCOM WIN7000 大功率基站和 RUGGEDCOM WIN7200 标准功率基站，见表 3-12。

RUGGEDCOM WIN7000 是一种高功率宽带无线基站，符合 IEEE 802.16e 标准，用于在恶劣环境下的许可频段进行远程部署，是为了在规定允许高功率运行的情况下提供最大的覆盖范围。单扇区设计可以满足给定站点所需的任意多个扇区，这是由覆盖、带宽和用户密度等因素决定的。

RUGGEDCOM WIN7200 是一种单扇区小型标准功率宽带无线基站，符合 IEEE 802.16e 标准，支持恶劣环境下的未授权频段。可以很容易地安装在电线杆、路灯或墙壁上，并提供固定或移动端的连接。通过单一的 Power-over-Ethernet（PoE）连接，易于配置，降低了操作成本和复杂性。

表3-12 RUGGEDCOM WIN无线终端的技术参数

技术参数	RUGGEDCOM WIN7000	RUGGEDCOM WIN7200
外形		
使用频率	1. X、2. X 和 3. X GHz 频段	2. 5、3. 5、4. 9、5. 1、5. 8GHz 频段
灵活配置	双 PoE 或光纤接口	单 PoE 接口
发射功率	2×36dBm	2×27dBm for 2. XGHz and 3. X GHz 2×24dBm for 4. 9GHz and 5. 1 GHz 2×21dBm for 5. 8GHz
宽	290mm（11. 42in）	257mm（10. 12in）
高	756mm（29. 76in）	228mm（8. 98in）
深	195mm（7. 68in）	112mm（4. 41in）
重量	15kg（33. 1lb）	3kg（6. 6lbs）
支持最大终端数量	128	64

3.4.2 工业宽带无线终端

工业宽带无线终端包括：RUGGEDCOM WIN5100 车载终端、RUGGEDCOM WIN5100－V（WIN5100－V－GPS）高可靠移动终端、RUGGEDCOM WIN5200 固定终端。使用 LED 定位信号强度，自动连接到最强的服务基站和自动配置 QoS 服务，基于身份验证，专门为点对多点宽带无线接入应用设计。

RUGGEDCOM WIN5100 是一种宽带无线用户终端，符合 IEEE 802. 16e 标准，具有外部天线接口，用于恶劣环境下的固定或移动应用，主要应用于车载。根据最佳信号自动检测基站，允许即插即用安装和免维护操作。RUGGEDCOM WIN5100 带有外部天线接口，可以订购 DC 10～30V 输入。

RUGGEDCOM WIN5100－V 的设计初衷是为了承受冲击和振动，以符合重型铁路行业的认证要求。通过外部 M12 网络连接器和 M12 直流电源连接器连接，可以安装在移动车辆上，或安装在容易受振动影响的固定位置，如飞机跑道、火车。RUGGEDCOM WIN5100－V 支持 DC 9～36V，并附带一个可选的 GPS 接收器，该接收器可以使用 802. 16e 协议与用户终端后面的设备或无线设备进行精确的位置共享。RUGGEDCOM WIN 无线终端技术参数见表3-13。

RUGGEDCOM WIN5200 是一种宽带无线用户终端，符合 IEEE802.16e 标准，内置高增益定向天线，用于恶劣环境下固定使用，大大简化了设备的安装。

表 3-13 RUGGEDCOM WIN 无线终端技术参数

技术参数	RUGGEDCOM WIN5100	RUGGEDCOM WIN5100 - V	RUGGEDCOM WIN5200
外形			
天线	两个 N 型天线连接器，用于连接外部全向或定向天线	两个 N 型天线连接器，用于连接外部全向或定向天线	高增益集成天线
安装	适用于车载、机柜或杆顶安装	适用于车载、机柜或杆顶安装	适用于杆顶安装
电源	PoE 或直接 +/- DC12 ~ 24V 输入	PoE 或直接 +/- DC12 ~ 24V 输入	PoE 供电
集成 GPS	No	可选择	No
高	226mm (8.9in)	255mm (10in)	300mm (11.8in)
宽	80mm (3.15in)	92mm (3.62in)	310mm (12.2in)
深	92mm (3.62in)	108mm (4.25in)	91mm (3.58in)
净重	1.1kg (2.4lb)	1.2kg (2.6lb)	1.8kg (4lb)

3.4.3 PoE 供电模块

PoE 供电模块用于给无线基站和终端供电，包括 RUGGEDCOM RP100 和 RP110、单端口、802.3at PoE 电源，可以灵活地使用标准的 Cat 5 电缆为远程 PoE 设备供电。

RUGGEDCOM RP100 支持最新的 IEEE802.3at 高功率 PoE 标准，并向后兼容低功率 IEEE802.3af PoE 设备，RUGGEDCOM RP100 系列提供了通用性和投资保护，以应对未来增加功率的需求。

RUGGEDCOM RP110 是一个串口 802.3at PoE 电源，带有一个内置的串口服务器，设计用于将传统串行设备连接 IP 网络，并使用标准的 Cat 5 电缆为远程 PoE 设备供电。

PoE 电源模块技术参数见表 3-14。

表3-14　PoE电源模块技术参数

技术参数	RUGGEDCOM RP100	RUGGEDCOM RP110
宽	226mm (8.9in)	226mm (8.9in)
高	80mm (3.15in)	80mm (3.15in)
深	92mm (3.62in)	92mm (3.62in)
净重	1.5kg	1kg

3.4.4　天线和附件

作为工业宽带无线网产品，天线是必须使用的，由于使用场景不同，所采用的天线种类也不同，天线分为扇区天线、定向天线、全向天线和车载天线。

RUGGEDCOM WIN工业宽带无线产品所使用的天线为2 * 2 MIMO天线，扇区天线和定向天线是双极化天线，每面天线2个接口。全向天线和车载天线是单极化天线，每个天线1个接口。

扇区天线通常应用于RUGGEDCOM WIN7000和WIN7200基站，角度有90°、65°、120°，覆盖一个扇形区域。

定向天线通常应用于RUGGEDCOM WIN5100终端，增益较大，角度较小，用于远距离与基站通信。也可以应用于基站，实现更远距离的基站和终端通信。同时，RUGGEDCOM WIN5200固定终端，直接集成了一面定向天线。

全向天线通常是杆状，用于RUGGEDCOM WIN7000、WIN7200基站和WIN5100终端，每个设备接入两个全向天线。

车载天线属于鱼嘴天线，用于RUGGEDCOM WIN5100终端，在车载上使用。

附件通常包括安装附件、GPS天线、馈线、数据和电源电缆、PoE避雷器、馈线避雷器，PoE测试电源。

所有RUGGEDCOM WIN基站和终端，标准配置包括安装附件、GPS天线、馈线、PoE测试电源，数据和电源电缆、PoE避雷器、馈线避雷器（馈线超过2m时使用）需要另外购买。

3.4.5 产品安装图

设备的基本连接包括天线、馈线、PoE 供电、网络、交换机等，参照图 3-77，各种接口均为标准接口，按分类接口连接。

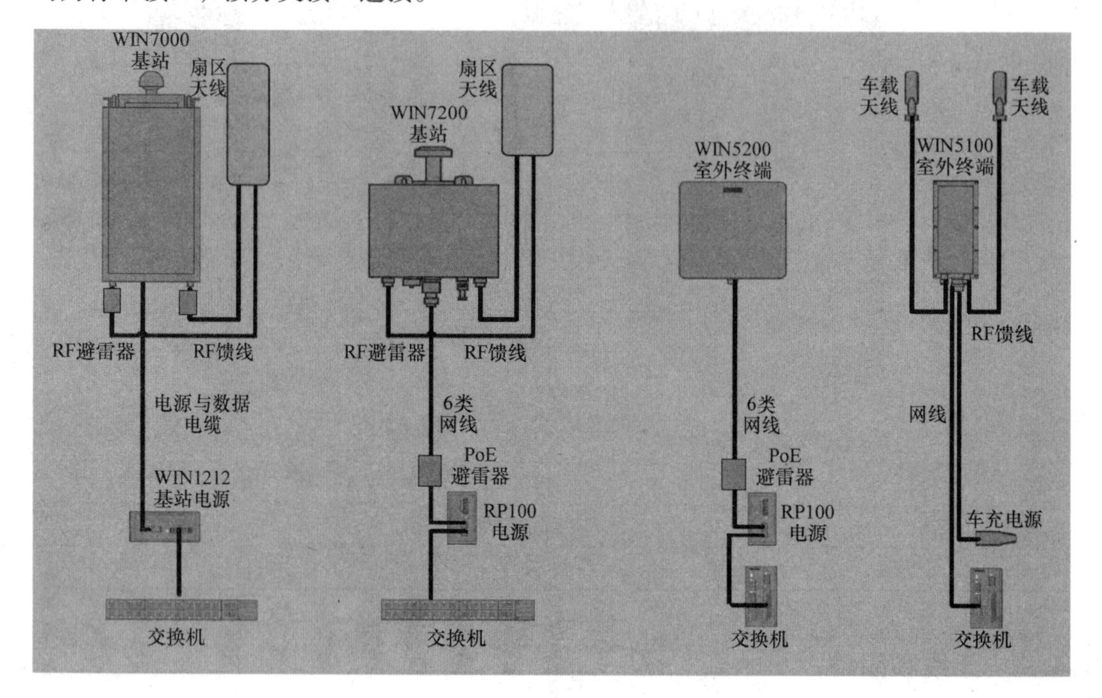

图 3-77 产品安装图

3.5 应用案例

3.5.1 工业宽带无线网通用方案

RUGGEDCOM WIN 工业宽带无线网产品主要应用于严苛环境下远程无线通信，根据其产品特点用于以下通用解决方案。

1. 用户需求

对于各行业的具体用户需求是不一样的，但通常情况下，有以下几个方面的需求：

1）通信距离较远，通常情况为 1～30km。

2）数据带宽不是太高，通常在几 Mbit/s。

3）有移动通信需求，速率通常不会超过 120km/h。

4）有点对点和点对多点通信，有的要求接入终端数量很多，且现场环境恶劣。

2. 需求分析

1）通信距离远，通常在 1～30km，WLAN 通信一般达不到，而且距离越远越难以实现，必须要有实现更远通信的技术。

2）由于通信距离远，对于通信带宽来说，不会要求太高，通常在 10Mbit/s 以下。

3）移动通信需求，主要在长距离内要实现移动通信，普通的通信技术基站通信距离较近，无法满足要求；同时移动通信速率要求较高。

4）根据接入终端数量的多少，有点对点通信和点对多点通信，有的需求只需两个设备，而有的需求可能需要组大型网络。

5）所有的客户需求都是在比较恶劣的环境中使用，要求设备能够在恶劣环境下稳定、可靠的通信。

3. 解决方案

用户使用 RUGGEDCOM WIN 产品时，通常是因为其他无线产品无法满足需求。当使用 RUGGEDCOM WIN 产品时，通常情况下包括三种类型：点对点、点对多点、多点对多点，如图 3-78 ~ 图 3-80 所示。

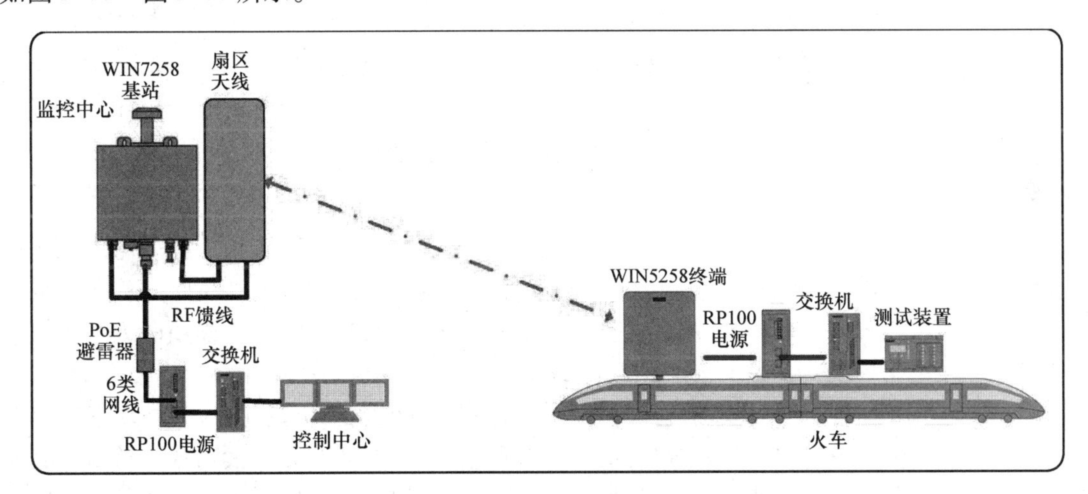

图 3-78　点对点应用

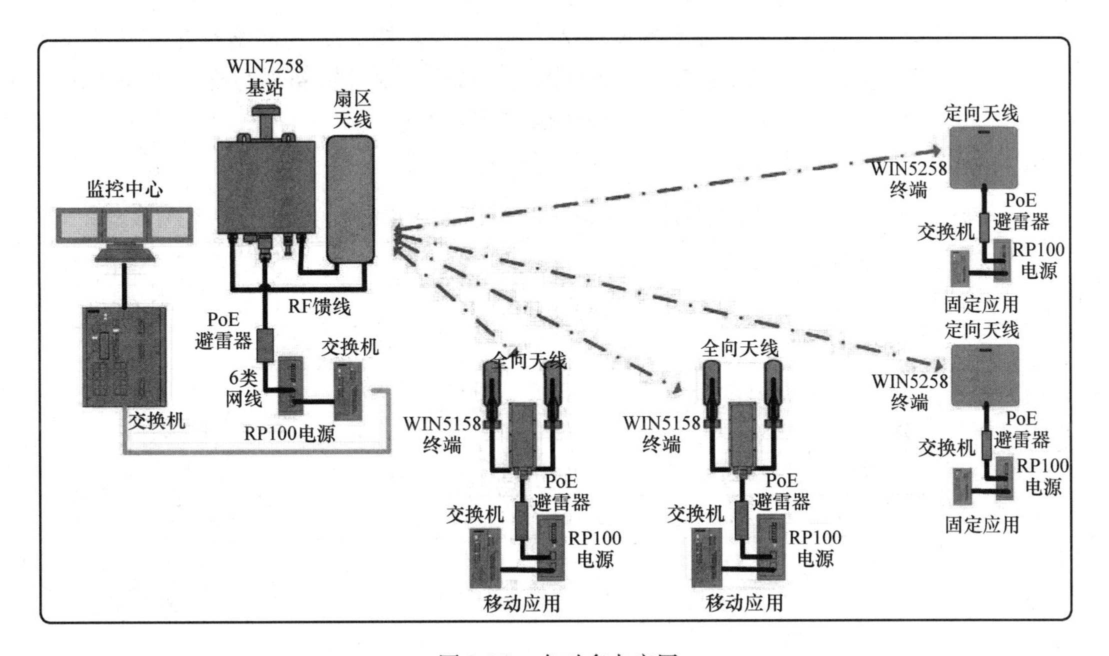

图 3-79　点对多点应用

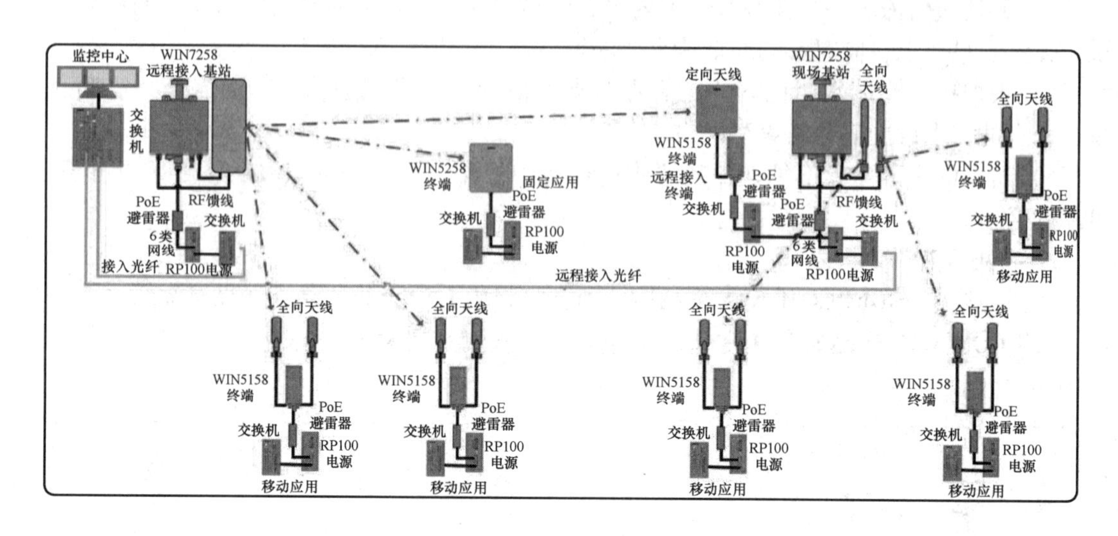

图 3-80 多点对多点应用

主要包括三个方面：

1）RUGGEDCOM WIN 无线基站：基站用于各节点的无线终端接入，最后汇总在网络中心。基站安装在比较高的杆上或建筑物上。基站有两个天线接口，接入 1 面扇区天线或每个接口接入 1 根全向天线，基站与天线距离约 1m。

2）RUGGEDCOM WIN 无线终端：终端用于节点的其他设备的远程接入，终端安装在电杆上或安装在车辆上。固定终端集成定向天线，通过 PoE 供电，PoE 以太网端口与网络交换机，完成其他设备的接入。车辆终端有两个天线接口，分别接入 1 个全向天线，直流10～30V 电源输入，1 个以太网接口，接入用户设备或交换机。

3）应用设备：应用设备包括数据服务器、通信服务器、无线网络交换机、计算机、PLC、RTU、VoIP 电话、视频摄像机及其他应用的设备等，这些设备通过交换机和基站、终端连接，构建无线与有线网络，实现相关的通信与网络服务。

RUGGEDCOM WIN 5.8GHz 无线产品典型配置见表 3-15。

表 3-15 5.8GHz 频段典型配置表

5.8GHz 频段	订货号 MLFB	数量	说明	备注
WIN7258 基站	RUM－WIN7258－5	1	PoE 供电	根据需要配置
天线	RUM－ANTN0074	1	每基站 1 面	根据需要 2 选 1
	RUM－ANTN0076	2	每基站 2 根	
PoE 避雷器	RUM－99－55－0023－001	1	每基站 1 个	
PoE 电源	6GK6010－0AP01－2AA0	1	220V 交流输入，每基站 1 个	根据输入电源选择
	6GK6010－0AP02－2AA0	1	10～60V 直流输入，每基站 1 个	
电源和数据电缆	RUM－CBWR0014－45M	1	45m	根据需要配置
交换机	RS900 RSG2300	1	需要漫游切换，必须配置	根据需要配置

（续）

5.8GHz 频段	订货号 MFLB	数量	说明	备注
WIN5158 车载终端	RUM－WIN5158－5－AC	1	PoE 供电，需要配置 PoE 电源、PoE 避雷器	按需配置数量与类型
	RUM－WIN5158－5－DC	1	直流 DC 10～30V 输入	
	RUM－WIN5158－V	1	EN50155 认证，直流 DC 9～36V 输入，M－12 接口	
	RUM－WIN5158－V－GPS	1	EN50155 认证，直流 DC 9～36V 输入，M－12 接口，集成 GPS	
WIN5258 固定终端	RUM－WIN5258－5	1	集成天线，PoE 供电	按需配置数量
天线	RUM－ANTN0076	2	每个 WIN5158 终端 2 根，非移动车载应用	根据需要 2 选 1
	RUM－ANTN0065	2	每个 WIN5158 终端 2 个，车载应用	
PoE 避雷器	RUM－99－55－0023－001	1	WIN5158－AC 和 WIN5258 使用，每个终端 1 个	—
PoE 电源	6GK6010－0AP01－2AA0	1	220V 交流输入，WIN5158－AC 和 WIN5258 使用，每个终端 1 个	根据输入电源选择
	6GK6010－0AP02－2AA0	1	10～60V 直流输入，WIN5158－AC 和 WIN5258 使用，每个终端 1 个	—
电源和数据电缆	RUM－CBWR0014－45M	1	45m	按需配置 1 轴或更多

4. 无线频率

1）无线频率是国家严格控制的。每一种设备，每一个应用都有严格的规定。作为专网应用，通常使用 5.8GHz 产品，不需要申请频率，免费使用。

2）RUGGEDCOM WIN 产品支持的信道带宽为 3.5MHz、5MHz、7MHz、10MHz，可以灵活地选择信道带宽，建议采用 10MHz。

5. 带宽规划

通信信道带宽是以基站提供的上行和下行吞吐量来计算，RUGGEDCOM WIN 工业宽带无线系统基站吞吐量见表 3-16。

表 3-16 10MHz 信道带宽吞吐量表

10MHz 信道带宽，50%（DL/UL）比率			
调制方式	DL 吞吐量/(Mbit/s)	UL 吞吐量/(Mbit/s)	总吞吐量/(Mbit/s)
QPSK－1/2	2.59	2.35	4.94
QPSK－3/4	3.89	3.53	7.42
QAM16－1/2	5.18	4.70	9.89
QAM16－3/4	7.78	7.06	14.83
QAM64－2/3	10.37	9.41	19.78
QAM64－3/4	11.66	10.58	22.25
QAM64－5/6	12.96	11.76	24.72

通过表中可以看出，RUGGEDCOM WIN 工业宽带无线网系统，针对专网的应用做了专门的改进，上行的调制方式没有与标准的 WiMAX 设备一样，上行的调制方式小，提供的通信带宽也小。而是与下行的一样的调制方式，一样的吞吐量，特别适合专网应用。

6. 常见问题

根据网络规模和应用场景的不同，可能出现的问题也不同，主要有以下方面：

1）基站时钟同步：如果是单基站工作，GPS 时钟可以打开，也可以关闭；如果是多基站，必须要打开 GPS 时钟同步，保证基站时钟同步，避免干扰。

2）天线安装角度：基站通常使用扇区天线，注意垂直角度；终端天线不论是全向、车载或固定天线，也应注意极化方式，通常为垂直方向。

3）PoE 电源：基站和终端的标准配置中自带测试用商用 PoE 电源模块，使用寿命有限，不保证长时间工作，因此在产品配置中需要另外购买工业级 PoE 电源模块。

4）设备固定：设备安装后需要在现场反复调试，当通信质量达到最佳时，再固定设备，不应有松动现象，才能保证设备稳定的工作。

7. 方案特点

1）技术先进：RUGGEDCOM WIN 产品符合先进的 WiMAX 技术标准 802. 16e Wave 2（MIMO）无线标准，是具有高性能、长距离、高安全性、高可靠性的全室外型无线宽带产品，完全符合 WiMAX 802. 16e 技术标准，通过无线通信方式将 IP 网络扩展至远端的固定和移动用户。该产品包括基站和用户端，具有不同的输出功率和频率选项，已经通过大量的端到端网络互操作性测试，它紧凑的结构、全室外的设计、灵活的配置和优秀的品质使其成为关键任务专用网络的理想选择，广泛应用于各行业。

2）通信带宽大、RUGGEDCOM WIN 单个扇区基站的吞吐量：设备实际应用吞吐量测试下行 12Mbit/s、上行 12Mbit/s。能够满足行业多个现场控制数据接入的传输要求，并且在此高带宽情况下，还能满足现场语音、视频监控的需求。应用 WiMAX 网络，能够很好地解决通信带宽问题。

3）通信质量好：RUGGEDCOM WIN 产品，应用 WiMAX 网络技术，能够提供强有力的 QoS 机制保障，能够根据业务类别的不同，不同用户等级分配不同的 QoS 机制，以保证不同业务对于通信的要求，特别是对于海上通信，解决普通微波通信因为水平面漫反射造成的通信经常阻断的问题。

4）安全性能高：RUGGEDCOM WIN 产品，基于 EAP 协议的认证机制和安全标准，采用三元对等鉴别，具备完善的安全机制，使网络安全性能达到电信级标准。

5）应用成本低：RUGGEDCOM WIN 产品也是基于蜂窝的移动网络，能够提供高带宽吞吐量，使传输距离更远。

6）安装维护简单：RUGGEDCOM WIN 设备采用全室外方式，体积小，重量轻，安装方便，只需要在抱杆、塔顶安装，采用 RJ45 网络接口接入，方便网络配置，同时根据需要也可以多个基站应用，不用核心网，成本降低，维护方便。

3. 5. 2 AeroMACS 机场移动航空通信系统方案

1. 项目简介

为应对机场日益繁忙和通信基础设施带来的挑战，美国联邦航空局（FAA）与欧洲航管局（EUROCONTROL）联合发起了未来通信研究计划，并于2003年第十一次ICAO会议上，联合制定了一个专门的工作规划，在机场区域部署C频段航空机场移动数据链系统。系统使用WiMAX（IEEE 802.16e－2009）（即全球微波接入互操作性：World Interoperability for Microwave Access）技术作为机场宽带接入系统，为机场飞机提供宽带接入地面通信设施和机场管理提供通信服务，构成航空机场移动通信系统（AeroMACS：Aeronautical Mobile Airport Communications System）。

机场航空移动通信系统使用国际电信联盟分配的5000～5030MHz和5091～5150MHz频段，实现国际民航组织全球空中航行计划确定的航空机场移动通信系统，以支持未来空中交通管理服务，并于2016年11月正式发布。

机场航空移动通信系统（AeroMACS）是一种支持机场地面通信的新型数据链路技术，这项无线技术由国际民用航空组织（ICAO）授权，用于机场地面的通信，以及全球范围内安全、有序、快速的空中交通。

航空机场移动通信系统（AeroMACS）（见图3-81），是一种宽带无线系统，是在IEEE802.16－2009的基础上建立的，主要关键技术包括：OFDM/OFDMA（正交频率复用和多址）、HARQ（混合自动重传）、AMC（自适应调制编码）、MIMO（多入多出）、QoS机制等。

航空机场移动通信系统（AeroMACS）系统与现有其他系统相比来看，具有带宽大、信道多、安全性强、稳定性好等特点，能够实现有线IP网络与无线网络的无缝连接，支持120km/h以上的移动应用等。这是RUGGEDCOM WIN工业宽带无线产品的主要应用。

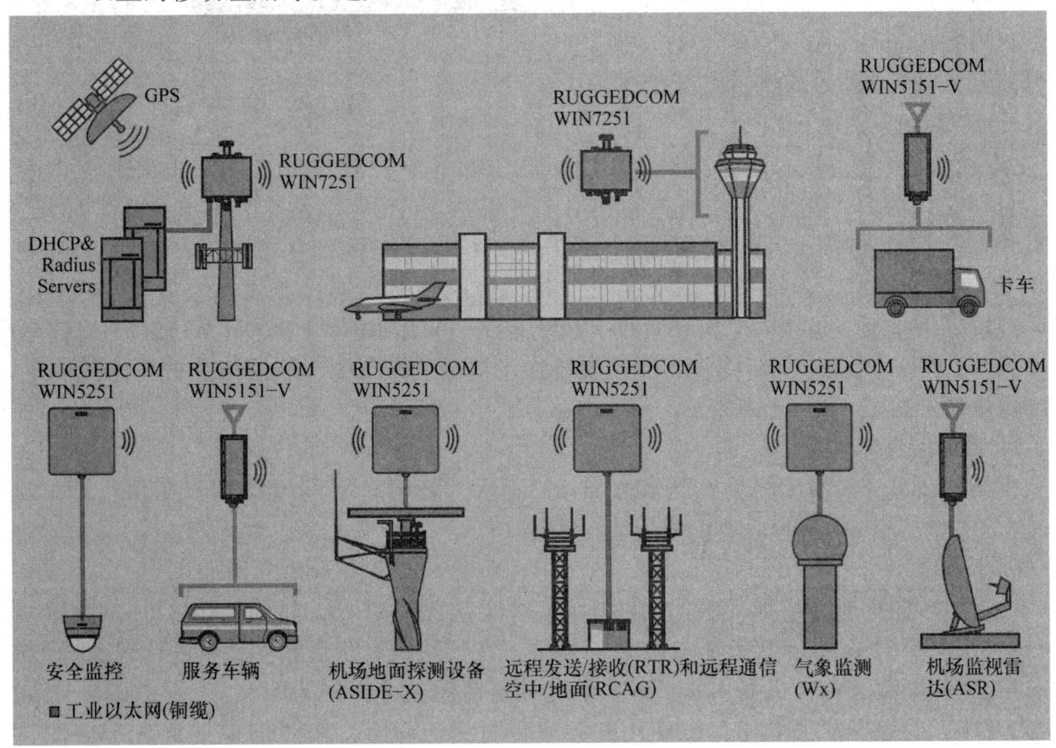

图3-81　机场AeroMACS系统

2. 项目需求

机场 AeroMACS 系统主要应用于机场与飞机有关的业务，主要应用在以下几个方面。

回传机场分布各处的传感器数据：使用 AeroMACS 无线通信，收集从地面传感器和监控设备的信息，解决因电缆布设耗时，不易施工和投资大的问题，具有更好的质量和可用性，节省成本。

进行跑道和滑行道的空中交通管制（Air Traffic Control，ATC）：飞机在起飞、着陆和滑行时，通过 AeroMACS 系统与机场引导车车载系统结合，完成飞机引导，并且与塔台交换数据越多，提供高速无线数据链接，未来证明与今天的系统相比，能够提供更高的数据。

机场营运和管理（Airport Operation and Management，AOM）：使用 AeroMACS 无线通信，应用 WIN5151 车载终端和 WIN5251 固定终端，进行应用程序通信。为机场提供高速无线数据应用，如行李分拣、燃料车辆、员工沟通、边界控制、飞机与车辆的红绿灯和消防车应用等。提高运行效率，有效地控制成本。

3. 解决方案

根据机场的环境，采用 RUGGEDCOM WIN7251 基站、WIN5251 固定终端、WIN5151 和 WIN5151 - V - GPS 移动终端以及 RX1500 三层交换机、RSG900 二层交换机、NMS 网管软件，如图 3-82 所示。建立 AeroMACS 系统，用于 AeroMACS 地面滑行引导系统、场内跑道与行车道红绿灯自动控制、机坪管理与 AeroMACS 系统接入等，产品针对基于 AeroMACS 系统进行了优化。

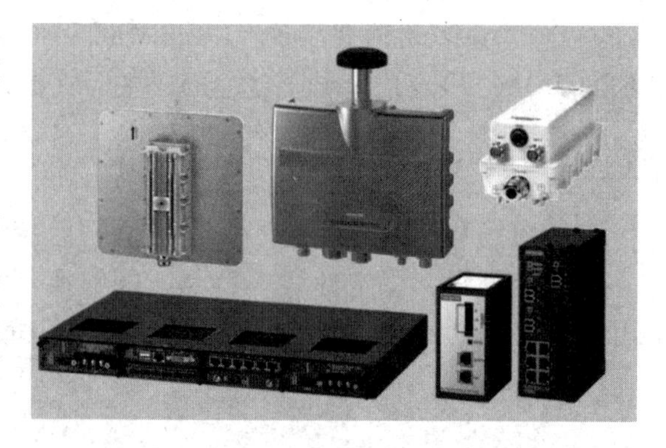

图 3-82　应用产品

4. 系统构成

系统硬件配置：核心网络共采用 RUGGEDCOM WIN7251 基站及 RP100 PoE 电源各 15 个，分别安装在 2 个塔台、3 个雷达站和 1 个气象站上，6 个基站安装站点的几个基站，通过 RS900 交换机连接，各交换机通过光纤或 2M 专线连接到中心机房，中心机房配置 RX1501 三层交换机，连接各基站交换机，并通过网络接口连接到民航空管局相关应用网络。应用网络包括飞机接入、机坪管理、机场控制，采用 RUGGEDCOM WIN5151 车载终端、RUGGEDCOM WIN5251 固定终端，分别安装在飞机、引导车辆、航站楼和机场内其他车辆、机跑道路口。

5. 系统网络结构图

机场 AeroMACS 系统网络结构如图 3-83 所示，采用扁平网络架构，蜂窝组网。机场 AeroMACS 应用 5.1GHz 频段典型配置表见表 3-17。

6. 技术要点

1）网络结构选择：采用独立组网模式扇区基站 RUGGEDCOM WIN7251，内置 ASN（Access Service Network，接入服务网络）网关，在基站内对路由和移动性进行嵌入式管理。

2）使用频率选择：机场 AeroMACS 系统规定使用频率范围为 5091～5150MHz，信道带宽为 5MHz，目前国家民航局分配使用的频率带宽为 30MHz，按照信道带宽为 5MHz，共 6 个频点。频率使用采用异频复用，频率规划为 PUSC all 1×3×3（异频组网）。

3）无线覆盖范围：对于大型机场，长 7km、宽 4km，有多条跑道，多个候机楼，面积

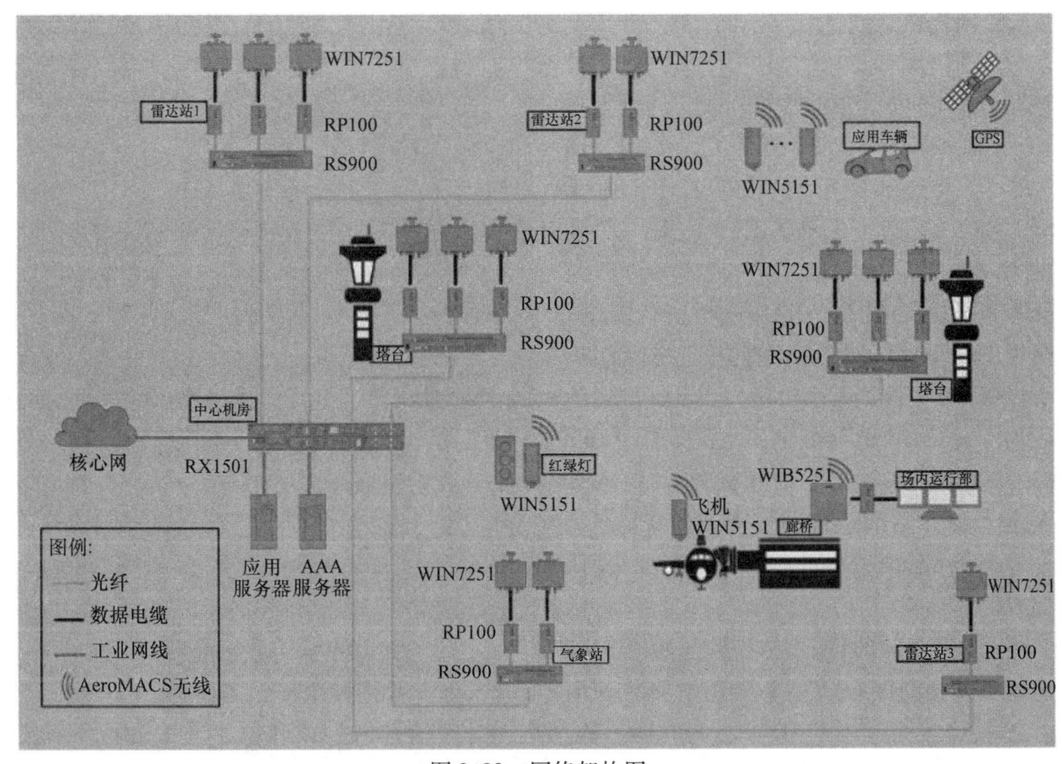

图3-83 网络架构图

比较大。同时可用于安装基站的位置只有6个，而且这6个站点在机场内不是均匀分布，其中2个塔台，安装基站的位置比较高，这就对基站的无线覆盖提出更高的要求。为此，可根据各站点的位置、高度精心设计基站天线安装水平和垂直角度，使基站能够覆盖到全部机场范围。同时，西门子的AeroMACS基站和终端与其他品牌相比有更高的发射功率和更强的无线通信能力，实际在机场内最远通信距离为3.6km的情况下能够很好地正常通信。通过应用测试，沿机场边界能够车载通行一圈的测试，除了下行和地下的通行道路外，都能保证无线通信满足应用需求，无线覆盖达到90%以上。

4）漫游切换方式：机场AeroMACS系统，主要应用于机场内飞机和车辆移动通信，终端在各基站间的漫游切换是系统建立的一个重要指标。

在尝试执行切换程序之前，基站和连接天线的定位，终端应该能够连接到每一个基站。当终端在两个基站之间移动时，从服务基站（Serving BS，SBS）到目标基站（Target BS，TBS）是一个过程，其目的是在过程中促进流量的连续性，并对用户应用产生最小的影响。

西门子的产品将部分ASN网关的功能集成到基站，可以工作于独立模式，不需要ASN网关；独立模式所建立的网络是二层，ASN网关模式需要使用ASN网关，建立的网络是三层。独立模式下的切换场景如图3-84所示。

5）二层网络结构：独立网络模式的建立，完整的二层部署选项，包括加密的多播VLANs支持IP-CS和EthCS共存，使很多应用能够很容易的完成，如机坪管理部的日常业务处理网络接入空管AeroMACS网络，机场内飞机跑道和车辆运行道路路口红绿灯通过飞机的运行状态自动控制等，都需要二层网络，二层应用非常广泛。而基于ASN网关模式下的网络，不能实现二层网络应用，限制了应用的规模和范围。这是目前唯一支持二层网络的

AeroMACS 产品。

6）网络时钟同步：西门子产品支持 GPS 和 IEEE1588v2 两种时钟同步，当出现 GPS 或网络时钟故障时，互为冗余备份，这是为了保证基站能够稳定的工作，对于 IEEE1588 的支持，在美国 FAA 也是一个强制的标准。这是目前唯一支持 GPS 与 IEEE1588 冗余的 AeroMACS 产品。同时，高精度的 NTP 服务器可以在用户终端同步用户设备。

7）AeroMACS 认证：产品支持 IEEE 1613、IEC61850-3 等工业标准，室外 IP 67 防护等级，目前正式通过 AeroMACS 产品认证，也是目前唯一通过 AeroMACS 产品认证的产品。

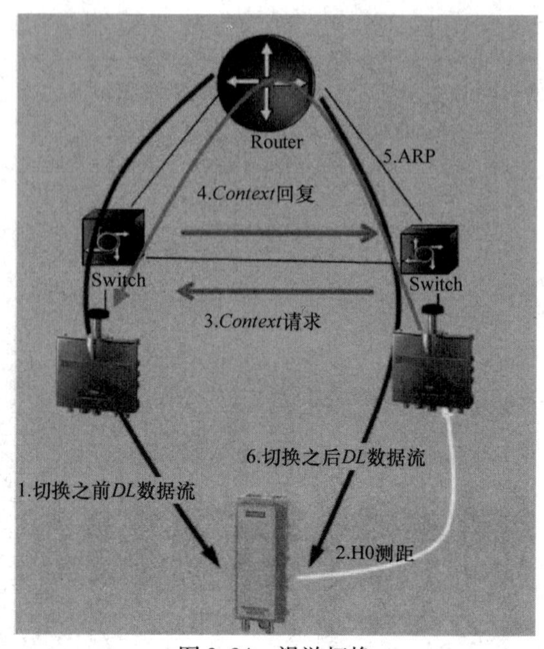

图 3-84 漫游切换

8）设备安装时间：项目从开始考查到采购用了 3 年时间，从第 1 个基站安装到第 15 个基站安装完成用了 10 个月的时间，这都是因为申请准入手续麻烦，进入机场环节多等原因。然而，基站的安装方法简单，只需要先焊接好抱杆，随行带入机场，在安装位置立置好，再安装基站和布线，通常情况在一个基站站址安装 3 个基站，大约不到 2 个小时便安装完成，这样短的设备安装时间，比进入机场办入场手续和安检时间还短。

表 3-17 机场 AeroMACS 应用 5.1GHz 频段典型配置表

5.1GHz 频段	订货号 MFLB	数量	说明	备注
WIN7251 基站	RUM-WIN7251	1	PoE 供电	按需配置数量
天线	RUM-ANTN0074	1	每基站 1 面	根据需要 3 选 1
	RUM-ANTN0078	1	每基站 1 面	
	RUM-ANTN0084	1	每基站 1 面	
PoE 避雷器	RUM-99-55-0023-001	1	每基站 1 个	—
PoE 电源	6GK6010-0AP01-2AA0	1	220V 交流输入，每基站 1 个	根据需要 2 选 1
	6GK6010-0AP02-2AA0	1	10～60V 直流输入，每基站 1 个	
电源和数据/电缆	RUM-CBWR0014-45M	1	45m	按需配置不同长度
交换机	RS900 RSG2300	1	保证漫游切换，必须配置	按需配置
WIN5151 车载终端	RUM-WIN5151-AC	1	PoE 供电，需要配置 PoE 电源、PoE 避雷器	按需配置数量和类型
	RUM-WIN5151-DC	1	直流 DC 10～30V 输入	
	RUM-WIN5151-V	1	EN50155 认证，直流 DC 9～36V 输入，M-12 接口	
	RUM-WIN5151-V-GPS	1	EN50155 认证，直流 DC 9～36V 输入，M-12 接口，集成 GPS	

（续）

5.1GHz 频段	订货号 MFLB	数量	说明	备注
WIN5251 固定终端	RUM - WIN5251	1	集成天线，PoE 供电	按需配置数量
天线	RUM - ANTN0076	2	每个 WIN5151 终端 2 根，非移动车载应用	根据需要 2 选 1
	RUM - ANTN0065	2	每个 WIN5151 终端 2 根，车载应用	
PoE 避雷器	RUM - 99 - 55 - 0023 - 001	1	WIN5151 - AC 和 WIN5214 使用，每个终端 1 个	
PoE 电源	6GK6010 - 0AP01 - 2AA0	1	220V 交流输入，WIN5151 - AC 和 WIN5251 使用，每个终端 1 个	根据输入电源选择
	6GK6010 - 0AP02 - 2AA0	1	10～60V 直流输入，WIN5151 - AC 和 WIN5251 使用，每个终端 1 个	
电源和数据电缆	RUM - CBWR0014 - 45M	1	45m	按需配置 1 轴或更多

7. 常见问题

1）基站时钟同步：机场 AeroMACS 系统使用多个基站，必须要开启时钟同步，同步方式有 GPS 时间和 IEEE1588 时钟。

2）漫游切换：ASN - GW 集成到基站，在漫游切换设置中，相邻基站的添加和切换条件是非常重要的，同时基站接入的交换机需要支持 IP 长帧传输，通常必须配置西门子交换机，才能很好地保证漫游切换。

3）无线覆盖：由于机场现场情况不同，基站安装位置、建筑物分布、地理条件等因素，造成无线终端不是所有地方都可以无线覆盖的，根据情况可以取舍或做进一步的优化。

3.6 工业 5G 技术和应用

3.6.1 工业 5G 基础知识

1. 从 1G 到 5G 的演变

回顾过去 40 年来移动网络的发展可以发现，移动网络总是为用户和行业创造附加值。即使是第一个商业移动网络——第一代网络（1G），也允许我们在移动中相互交谈，换句话说，实现移动通信。2G 网络预示着短信的到来，3G 让互联网进入人们的手中，4G 为音乐和视频流做了同样的事情。

然而，对于工业而言，由于成本高、模拟语音传输受到限制以及网络覆盖范围有限，1G 并没有在工业中应用。2G 为工业遥控应用带来了文字信息和简单的数据传输。3G 允许远程操作和远程访问，例如在远程服务中，用户可以与远程安装的应用程序进行交互。4G 最终提供了高性能的移动远程接入，但这并不是终结。5G 无线移动通信带来了进一步的改进，重点是更大的带宽、更高的可靠性、更低的延迟和更多的连接设备。从 1G 到 5G 的演变如图 3-85 所示。

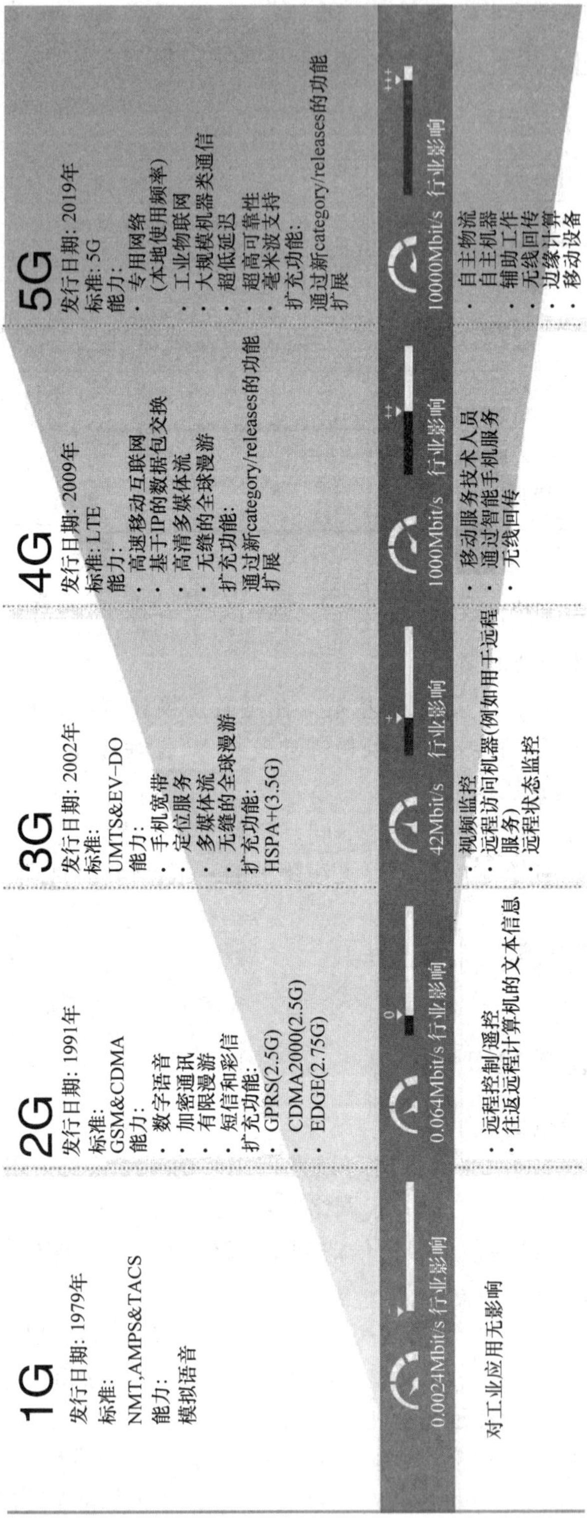

1G
发行日期: 1979年
标准:
NMT,AMPS&TACS
能力:
模拟语音
0.0024Mbit/s 行业影响
对工业应用无影响

2G
发行日期: 1991年
标准:
GSM&CDMA
能力:
· 数字语音
· 加密通讯
· 有限漫游
· 短信和彩信
扩充功能:
· GPRS(2.5G)
· CDMA2000(2.5G)
· EDGE(2.75G)
0.064Mbit/s 行业影响
· 远程控制/遥控
· 往返远程计算机的文本信息

3G
发行日期: 2002年
标准:
UMTS&EV-DO
能力:
· 手机宽带
· 定位服务
· 多媒体流
· 无缝的全球漫游
扩充功能:
HSPA+(3.5G)
42Mbit/s 行业影响
· 视频监控
· 远程访问机器(例如用于远程服务)
· 远程状态监控

4G
发行日期: 2009年
标准: LTE
能力:
· 高速移动互联网
· 基于IP的数据包交换
· 高清多媒体流
· 无缝的全球漫游
扩充功能:
通过新category/releases的功能扩展
1000Mbit/s 行业影响
· 移动服务技术人员
· 通过智能手机服务
· 无线回传

5G
发行日期: 2019年
标准: 5G
能力:
· 专用网络
(本地使用频率)
· 工业物联网
· 大规模机器类通信
· 超低延迟
· 超高可靠性
· 毫米波支持
扩充功能:
通过新category/releases的功能扩展
10000Mbit/s 行业影响
· 自主物流
自主机器
· 辅助工作
· 无线回传
· 边缘计算
· 移动设备

图 3-85 从 1G 到 5G 的演变

2. 5G的三大应用场景

根据国际电信联盟（ITU）对5G应用场景的定义，可分为三大应用场景如图3-86所示。即增强型移动宽带（enhance Mobile Broadband，eMBB）、超可靠低延迟通信（Ultra-Reliable Low Latency Communications，URLLC）和大规模机器类型通信（massive Machine Type Communications，mMTC）。

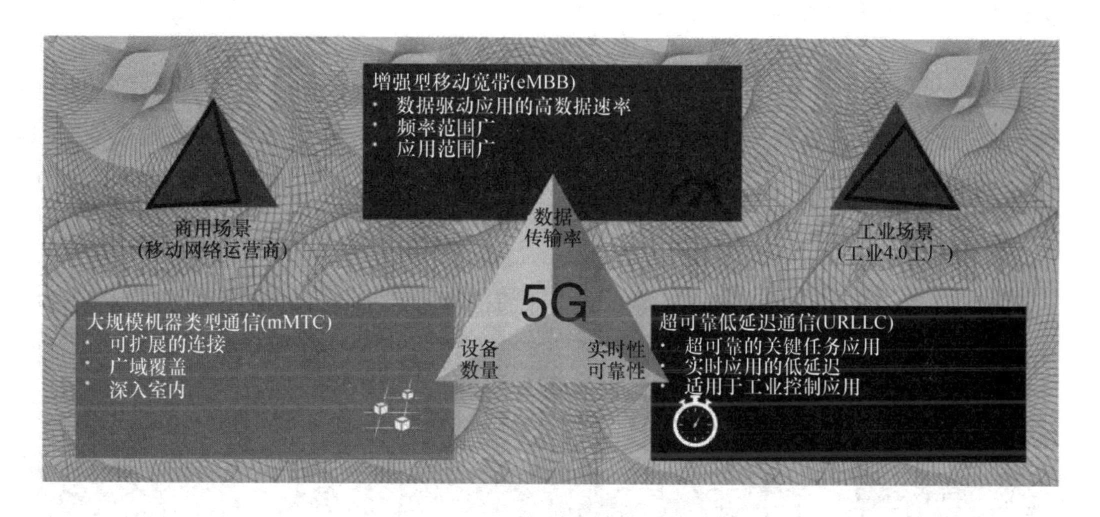

图3-86　5G三大应用场景

（1）增强型移动宽带（eMBB）

增强型移动宽带（eMBB）是指在现有移动宽带业务场景的基础上，对用户体验等性能的进一步提升，集中表现为超高的传输数据速率。5G的下行峰值数据速率可达20Gbit/s，而上行峰值数据速率可能超过10Gbit/s。eMBB场景应用主要包括超密集区域的巨大数据流量场景等，对增强和虚拟现实领域的无线应用也非常重要，例如支持员工在装配线上使用智能眼镜。

（2）超可靠低延迟通信（URLLC）

其特点是具有高可靠、低时延、极高的可用性。URLLC场景主要面向对时延和可靠性具有极高指标需求的应用，例如车联网、工业控制等低时延高可靠场景，需要网络为用户提供毫秒级的端到端时延和接近100%的业务可靠性保证。此外，这对于安全防护和远程培训等应用也十分重要。

（3）大规模机器类型通信（mMTC）

允许在一平方公里内连接多达一百万个设备，这大大超过以前。mMTC主要应用于机器间通信，以传感器为主，包括智慧城市、物流管理、远程监测、穿戴设备、环境监测等以传感和数据采集为目标的应用场景，满足接入设备数量巨大且功耗极低的需求。

3. 工业5G和商业5G

5G（第五代移动通信技术）是当前最新一代的蜂窝移动通信技术，相比于前几代移动通信技术，5G在速率、时延、可靠性及连接数等关键能力指标上都有较大地提升，这使得

5G 面向工业等行业推广应用成为可能，但工业 5G 和商业 5G 有着明显的区别。

对于商用场景，更关注的是增强型移动带宽和大规模机器类型的通信，也就是我们所说的高的下载速率和广连接。而对于工业场景来说，更关注于超可靠的低延迟通信，工业网络中最重要的因素是延迟和可能的抖动，只有提高了实时性的 5G 才能满足工业应用。

因此，工业 5G 和商业 5G 遵循的 5G 标准也是不一样的。对于商业 5G，5G 的第一个标准版本 R15 规定的大带宽数据传输即可满足应用要求，而工业 5G 需要基于 5G 的第二个标准版本 R16。

另外，对于构建 5G 网络的硬件设备，工业 5G 和商业 5G 也是不一样的。对于工业应用场景来说，硬件的工况往往十分复杂、环境恶劣，要求用于工业 5G 的产品必须具备抗强电磁干扰、能够适应高温和低温环境、抗粉尘、抗振动等工业产品的特性，而商业 5G 的硬件设备相对来说工况环境较好，不需要进行特别的工业环境设计。

4. 西门子工业 5G 方案的优势

凭借西门子对工业现场的深刻理解和在工业通信领域几十年的经验积累，西门子公司工业 5G 解决方案不但实现了控制器和控制器之间、控制器和 I/O 之间的 PROFINET 工业实时协议通信，而且整个解决方案在安全性、便利性和可靠性等方面具有独特的优势，如图 3-87所示。

图 3-87 西门子工业 5G 的优势

首先，西门子工业 5G 的解决方案是一个完整地端到端的解决方案，也就是设备之间、PLC 和 I/O 之间想要实现 5G 通信，只需要西门子的解决方案就可以轻松实现，无需其他厂商的设备和协助，而且可以兼容所有的西门子的产品，通过西门子的 TIA 博途软件组态实施。

其次，西门子工业 5G 的解决方案是一个能够保证实时性的方案，可以真正地满足工业现场不同场景的需求。

该方案具有极大地灵活性和高安全性，对连接和设备无数量限制，可灵活地配置现场设备的接入和断开，是客户构筑安全生态、护航数字化之旅的优选方案。设备之间通信的数据在 SINEMA RC 服务器中进行交互，并通过验证证书来认证设备的身份，保证安全的设备接入和数据传输。同时，该方案可以确保工业企业内部网络的 IP 地址不被暴露，提升内部网络的安全性。其集成防火墙功能，可设置访问策略，有效地隔绝来自公网的非法访问，保障工业企业网络的安全。而且该方案还支持路由冗余协议，一个 PLC 可以同时连接两个 5G 路由器实现网络冗余，当一个路由器出现故障时可以自动快速切换到另外一个路由器。每个路由器还支持双电源，从而最大程度地保证了通信的可靠性。

3.6.2 工业 5G 路由器 SCALANCE MUM856－1 产品

工业 5G 有潜力推动许多应用。无论您是在寻找远程维护解决方案，还是希望将您的生产数据与密集型应用程序以最大带宽连接起来，西门子工业 5G 路由器 SCALANCE MUM856－1（见图 3-88）都能使之成为可能。

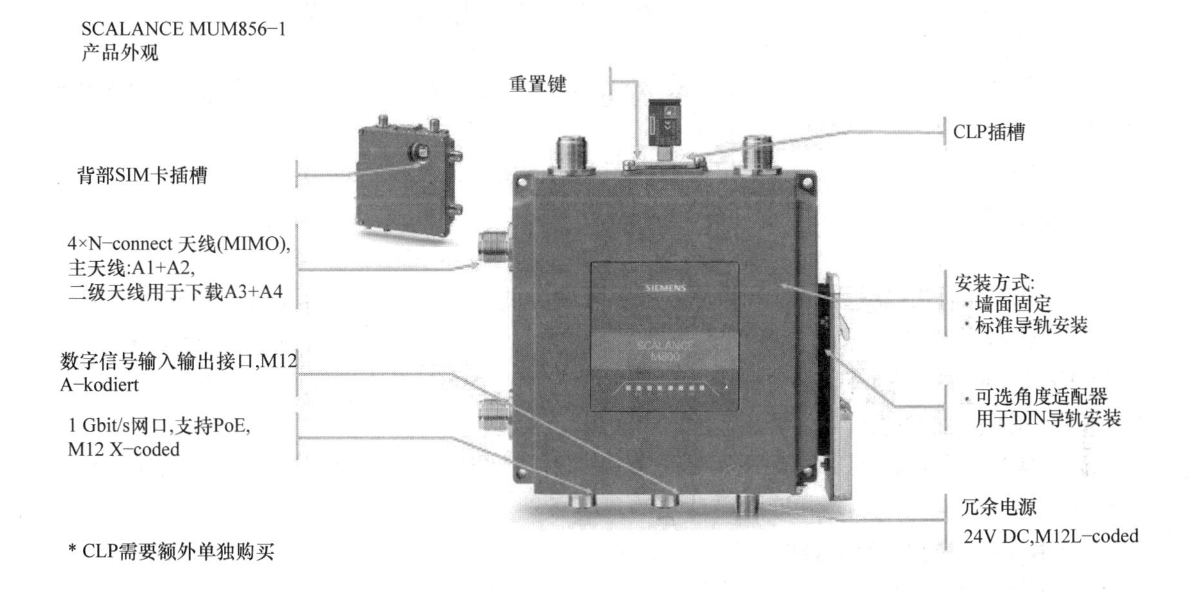

图 3-88 SCALANCE MUM856－1 产品

SCALANCE MUM856－1 支持 3/4/5G 移动无线网络和 5G 专网，支持移动、电信、联通三大运营商，MIMO 四天线，保证高带宽传输。支持防火墙功能，支持 NAT 和 IPv6，1 个 Micro SIM 卡插槽，1x10/100/1000Mbit/s M12 网口，支持冗余直流 24V 电源输入，工作温度为 －30℃ ～ +60℃。

SCALANCE MUM856－1 坚固耐用的硬件，防护等级为 IP65，带有 M12－Connect 和 N－Connect 连接器，允许无机柜安装，甚至可以承受最具挑战性的环境条件。

SCALANCE MUM856－1 能够将固定和移动节点连接到公共 5G 网络，并提供 SINEMA 远程连接支持，可通过 CLP 卡连接 SINEMA RC，实现远程通信应用。

SCALANCE MUM856－1 可以基于私有 5G 网络实现 PROFINET 通信，这意味着它可以为您的工厂和业务带来新的潜力。

产品特性：

（1）设备连接

通过5G实现高数据速率，SCALANCE MUM856－1专门适用于通过公共和专用5G网络传输大数据。

- 4×N型连接天线连接器。
- 1×Gbit以太网端口（802.3 af），以太网供电（PoE）。
- 微型SIM插槽。
- 数字输入/数字输出，支持轻松连接I/O模块。
- 可连接到公共和专用5G网络。

（2）支持安全远程访问

VPN管理平台SINEMA Remote Connect和SCALANCE MUM856－1有机结合构成一项理想的、完整的、现成的一站式解决方案，用于通过公共网络进行远程维护访问。

- 通过SINEMA Remote Connect平台方便地集中管理VPN连接。
- 通过自动配置在SINEMA Remote Connect平台中，轻松地集成SCALANCE MUM856－1。
- SCALANCE MUM856－1中集成有加密和访问机制，实现不折不扣的安全性。
- 支持的安全机制：IPsec、OpenVPN、防火墙。

（3）支持基于5G的PN通信

PROFINET通信已成为当今自动化技术不可缺少的组成部分。它的开放性和实时性使得效率和性能有了显著的提高。特别是与5G相结合，一些全新的工业应用机会正在打开。SCALANCE MUM856－1 5G路由器现在可以使用专用的5G网络传输实时工业协议。

（4）提供恶劣环境应用所需的坚固性

工业应用：坚固的SCALANCE MUM856－1硬件，防护等级IP65，附带M12型连接和N型连接，支持无机柜安装，并能承受苛刻的环境条件。

- 承受强烈的冲击和振动。
- 扩展温度范围（－30℃～60℃）内，具有可靠性能。
- 冗余电源DC 24V。
- 多种安装选择：壁式安装、固定或移动设备直接安装、DIN导轨安装。
- 与SCALANCE Wi－Fi 6客户端模块具有相同外形，可切换通信技术，而无需改变机器的设计布局。

（5）提供超预期性能

以优异的性能开启5G转型：SCALANCE MUM856－1经过了严格的极端过载测试，以确定设计或材料的弱点。由此提供的增强功能可靠地确保了工业环境应用的稳健性。由于工业5G标准分几个版本阶段推出（一些与工业相关的5G功能仍在制定中），SCALANCE MUM856－1可帮助您在5G领域获得竞争力，同时不妨碍您实施成熟的蜂窝标准。简单来说：SCALANCE MUM856－1是理想适配各方面要求的定制路由器。

- 当5G网络还不可用时，可无缝回退到4G/3G网络。
- 通过“高加速寿命试验”（High Accelerated Life Test，HALT）对产品设计和材料进行系统测试，通过计划的过载模式模拟加速的产品寿命周期。

3.6.3　西门子工业5G标准化解决方案

尽管工业5G的应用场景多种多样，但总的归结起来可以分为工厂内部的现场设备之间的互联以及工厂和外部之间的远程操控等两大类应用。西门子以独特的PROFINET和5G的融合通信技术，目前已经可以提供这两大类应用端到端的解决方案。

1. 工厂内部的5G通信解决方案－工业5G专网中的PROFINET通信

PROFINET通信已成为当今自动化技术不可或缺的一部分。许多工业应用都需要PROFINET标准提供的实时传输。但是，随着5G技术的出现及进入工业领域，来自工业环境的用户面临着一个困难：当前可用的5G技术尚无法传输PROFINET IO数据包，而PROFINET IO数据包是中央控制器与分布式I/O设备之间通信所必需的。

如今，这个问题已得到了解决。PROFINET IO可以通过创新的传输技术在私有5G网络中使用。通过西门子SCALANCE产品可以实现在第3层数据包中嵌入逻辑第2层通信的协议。这使得跨网络边界透明地传输第2层协议成为可能，例如可以通过使用SCALANCE MUM856－1工业5G路由器来实现这样的功能，这种方法开辟了全新的可能性。例如，多辆自动导引车（AGV）可以用一个SIMATIC S7－1500控制器进行集中控制。PROFINET IO用作SIMATIC S7－1500和AGV上的SIMATIC ET 200SP分布式I/O设备之间的协议。通信的核心是SCALANCE MUM856－1 5G路由器以及5G专网基础设施。基础设施包括管理整个网络和数据流量的5G核心、管理无线网络的中央单元（CU）、处理数字无线信号的分布式单元（DU）和通过天线传输无线信号的无线电单元（RU）。

通过专用5G网络进行的PROFINET通信使多个移动参与者能够使用中央控制器（见图3-89），并显著降低能源和维护费用。

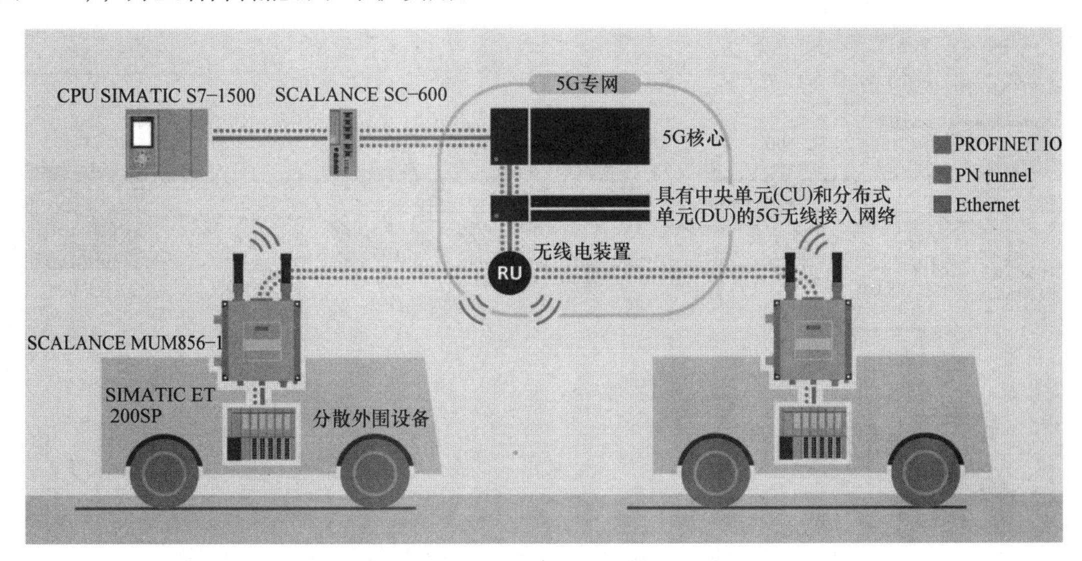

图3-89　工业5G专网中的PROFINET通信

该网络的特点是在现场自动导引车上的SCALANCE MUM856－1 5G路由器和位于控制器一侧的SCALANCE SC－600之间建立一条PN Tunnel隧道。这两款设备借助封装和解封PROFINET数据包，从而实现了控制器和分布式I/O设备之间的基于5G的PROFINET通信。

通过 PN Tunnel 隧道，两个 ET 200SP 和 S7 - 1500 控制器位于同一个虚拟的 2 层网络中，PROFINET IO 协议或其他第 2 层协议首次可通过 5G 网络进行通信。这里应该注意的是，与其他无线技术类似，PROFINET IO 数据包的更新时间和重传重复次数必须根据无线网络（5G 基础设施）的性能进行调整，以保持确定性和实时能力。随着 5G 版本的推进，性能将继续提高，例如 URLLC 扩展。

通过使用中央 PROFINET IO 通信，可以在 AGV 上使用分布式 I/O 设备，而无需本地控制器。于是节省了空间、成本、能源和维护。通过 SCALANCE MUM856 - 1 5G 路由器的可控数字输出，整个 AGV 可以通过单独的继电器进行无电流切换，从而在空闲时间节省能源。对于更长的计划停机时间，也可以将 5G 路由器置于深度睡眠模式，在这种模式下，功耗降至绝对最低。这意味着即使在较长的停机时间（例如周末），也可以降低功耗，从而减少 AGV 的电池电量的消耗，节省成本，增加 AGV 的续航能力。

基于以上的解决方案，对于工厂内部的现场设备互联类应用，如工厂里的 AGV 自动调度、产线自动控制、厂区智能物流、机器视觉质检和生产智能监测等场景，可利用西门子的工业 5G 路由器，通过工厂内部的 5G 网络，直接连接现场的 PROFINET 控制器或者 PROFINET I/O，实现现场设备与 SCADA 服务器等的连接，以及控制器和控制器、控制器和 I/O 之间的端到端通信。这种采用 5G 直接传输 PROFINET 协议的解决方案，不仅能够充分利用 5G 网络的高速、高带宽和高可靠性的特性，而且能够保证通信的实时性，从而满足工业现场的通信网络需求。

典型架构：

架构一：使用 MUM856 - 1 和 SC - 600 实现基于 5G 的 PNIO 点对点通信，如图 3-90 所示。

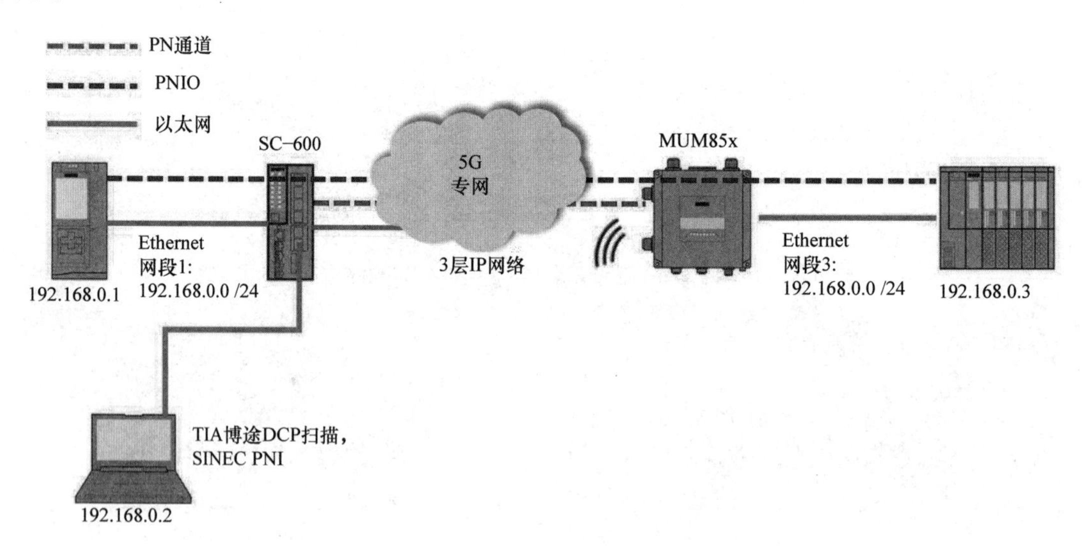

图 3-90 基于 5G 的 PNIO 点对点通信架构一

1）架构中一端使用 SC - 600 有线方式接入到 5G 专网，另外一端使用 MUM856 - 1 通过 5G 的方式接入到 5G 专网，建立 PN Tunnel 通道，使得 PROFINET IO 在 5G 专网中可以传输，实现 PNIO 基于 5G 的点对点通信。

2）可通过TIA博途软件在远程站点上分配PROFINET名称，IP地址等操作。

3）通过SC－600和MUM856－1的防火墙功能，实现对PN Tunnel通道中数据流量的过滤，实现更安全的通信。

架构二：使用2台MUM856－1实现基于5G的PNIO点对点通信，如图3-91所示。

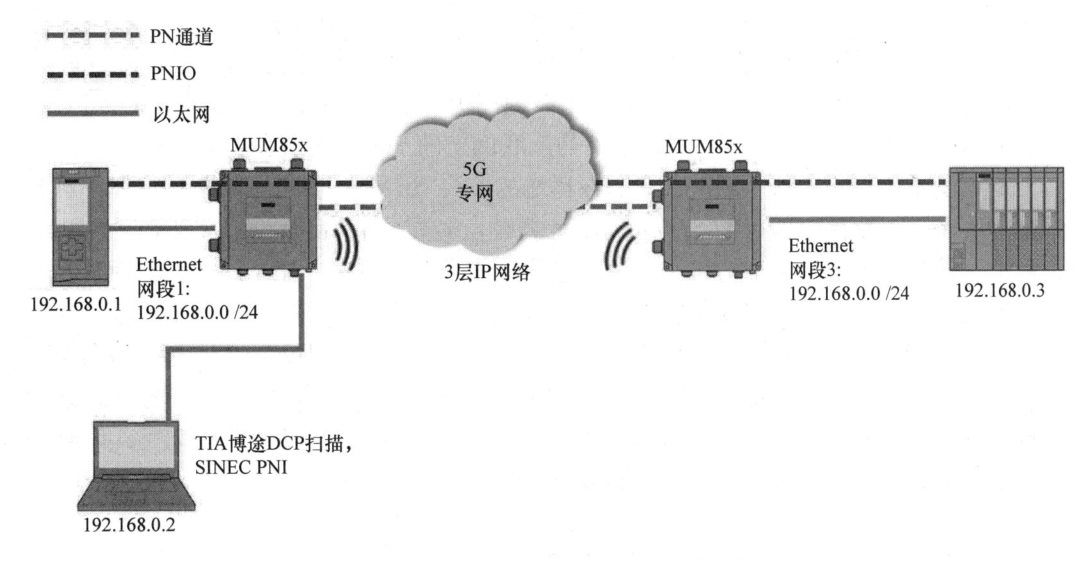

图3-91 基于5G的PNIO点对点通信架构二

1）架构中两端各使用1台MUM856－1，通过5G的方式接入到5G专网，建立PN Tunnel通道，使得PROFINET IO在5G专网中可以传输，实现PNIO基于5G的点对点通信。

2）可通过TIA博途软件在远程站点上分配PROFINET名称，IP地址等操作。

3）通过MUM856－1的防火墙功能，实现对PN Tunnel通道中数据流量的过滤，实现更安全的通信。

架构三：基于5G的PNIO多点通信，如图3-92所示。

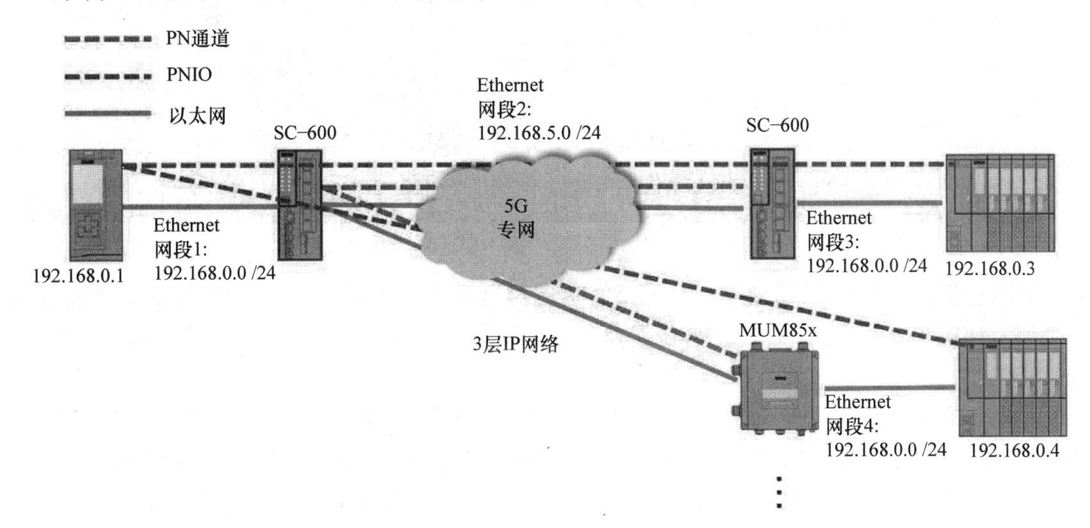

图3-92 基于5G的PNIO点对点通信架构三

1）在架构中，使用SC－600和MUM856－1建立多个PN Tunnel通道，使得PROFINET IO在5G专网中可以传输，实现PNIO基于5G的多点通信。

2）SC－600支持16条PN Tunnel隧道可连接更多的PNIO设备。

2. 工厂外部的5G通信解决方案－工业5G公网中的RC远程通信

对于工厂外部和工厂之间的远程操控类应用，例如工厂与工厂间的远程互联，集团总部和各工厂的远程数据采集与监控、远程设备操控、设备故障诊断以及全域物流监测等场景，可以利用西门子的工业5G路由器，将多个工厂现场生产数据，如设备状态信息、AGV小车数据、IP摄像头视频数据等，通过5G网络与互联网上的SINEMA服务器建立通信，从而实现多个工厂设备的互相通信。同时，只需在远端的PC、SCADA系统或者集团的服务器上安装SINEMA客户端软件，即可与SINEMA服务器建立连接，进而与工厂的现场设备即时通信。同样，设备的远程调试和运维也可以通过这种方式轻松实现，在异地的工程师只要在自己的便携式计算机上安装SINEMA客户端，就可以通过互联网连接SINEMA服务器，与现场的设备PLC和IP摄像头通信，进行PLC的程序下载、调试，实现设备的远程调试运维。

另外，通过在RC客户端上直接部署WinCC，可实现现场设备和WinCC之间的通信和高带宽、稳定的数据传输。远程通信的数据流在SINEMA RC服务器中进行交互，并通过验证证书来认证数据流的身份，保证安全的数据传输。

典型架构：

工业5G公网中的RC远程通信架构如图3-93所示。

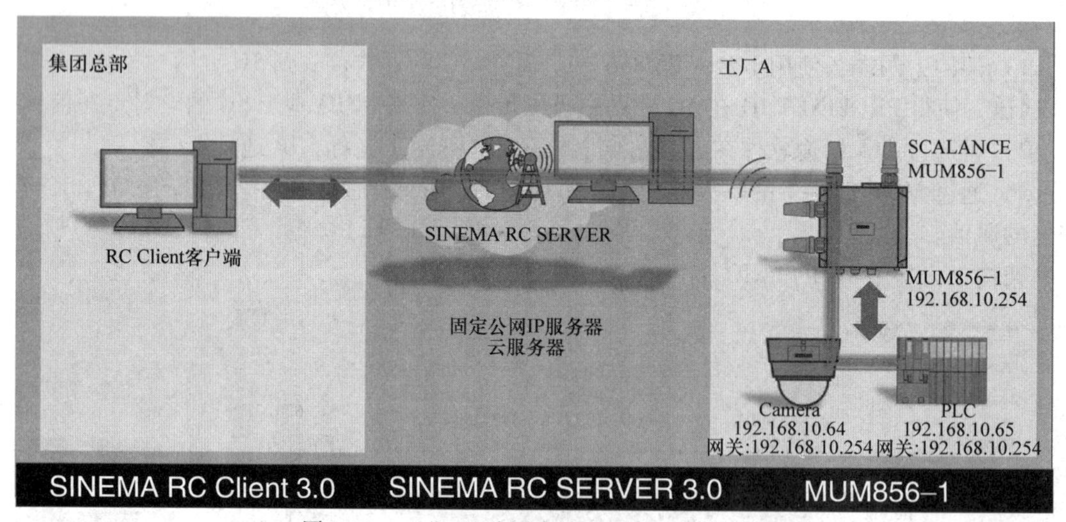

图3-93 工业5G公网中的RC远程通信架构

集团总部的工作人员需要基于工业5G实现对远端工厂现场PLC的远程配置，数据采集和控制，和摄像头的远程视频监控等功能。基于此需求，可以通过工业5G加远程连接的方案来实现。

首先，在具有固定公网IP地址的服务器或者云端服务器部署并配置SINEMA RC SERVER，然后在工厂部署工业5G网关SCALANCE MUM856－1，实现现场工业5G的连接，以及与RC SERVER的连接。最后，在集团总部安装SINEMA RC client客户端软件，实现与RC server的连接。

通过以上的部署和配置后，即可实现集团总部与工厂现场设备间基于工业5G的安全的远程连接通道，实现相应的远程通信功能。

无论是工厂内部的5G通信解决方案，还是工厂和外部之间的5G通信解决方案，西门子的工业5G路由器起到了关键作用，它使得5G网络能够传输现场级的工业协议，如PROFINET，这对5G在工业场景的一些关键控制应用落地起到了真正的推动作用，实现了从5G到工业5G的转变。

3.6.4 工业5G典型应用场景

1. 应用场景一：工业5G在冶金行业的应用

冶金工业是一个高能耗、污染严重、危险程度高的传统行业，亟需转型升级实现可持续发展。5G技术的出现，为冶金行业加速数字化转型提供了无限可能。

由于冶金工厂环境复杂，部署有线网络较为困难且成本高，而钢结构、高粉尘环境往往导致无线信号衰减严重，强电磁干扰场景多，网络覆盖难度大。使用有线网络、无线网络、Wi-Fi、3G/4G网络进行厂区连接，都因成本、难度或者网络抗干扰差，网络带宽不足、时延长等原因，难以满足工业生产应用的需求。

而5G技术切合了冶金工业对无线网络的应用需求，能够很好地满足工业环境下设备互联和远程交互的应用需求，在过去的3G或4G时代面临的痛点和风险在5G时代得到圆满解决。

工业5G在冶金行业的多数生产环节都可以得到应用，其中下面的几个场景在当前冶金行业5G应用中最为典型。

典型的应用场景：

- 应用一：无人天车及渣机械臂的远程操控。
- 应用二：焦化四大车定位和远程控制。
- 应用三：连铸辊、风机智能控制和故障诊断。
- 应用四：带钢表面缺陷实时检测。
- 应用五：皮带通廊检测与人员智能监管。

工业5G在冶金行业的应用如图3-94所示。

2. 应用场景二：工业5G在物流行业的应用

物流行业是典型的业务链条长、连接数量多的行业，从原材料生产到零部件供应，产品制造到最后的分销、配送到达客户手中，物流无处不在。同时，物流行业是一个快速融合物联网、云计算、大数据、区块链、机器人和人工智能等最新技术，正在发生颠覆性变革的行业，泛连接、数字化和智能化已是物流行业发展的必然趋势。

然而，由于以往缺少高速高带宽、大连接、低时延的网络传输技术，物流企业很难最大化地发挥出大数据、人工智能等技术的优势，物流网络化、集约化程度低，在物流管控、仓储等物流作业环节自动化程度低，导致物流效率低和物流成本高。而未来的物流如能建立在5G基础之上，将实现更快速地响应、更精准的决策支持和更高的运作效率。

5G在新一代物流行业中有很多应用场景，比较常见的是全自动化运输、智能仓储还有增强现实应用等，而智能仓储是5G技术应用最为广泛的场景。

典型的应用场景：

- 应用一：物流搬运AGV。

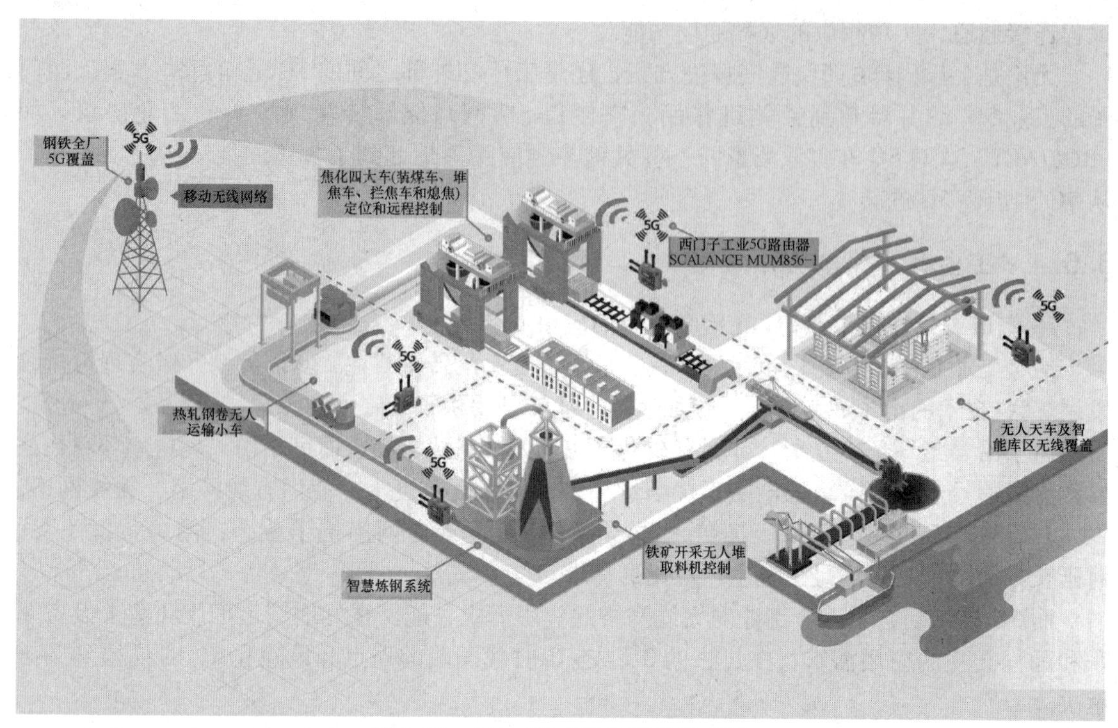

图 3-94　工业 5G 在冶金行业的应用

- 应用二：物流堆垛机。
- 应用三：物流立体仓库穿梭车。
- 应用四：物流 RGV/环穿车。

工业 5G 在物流行业的应用如图 3-95 所示。

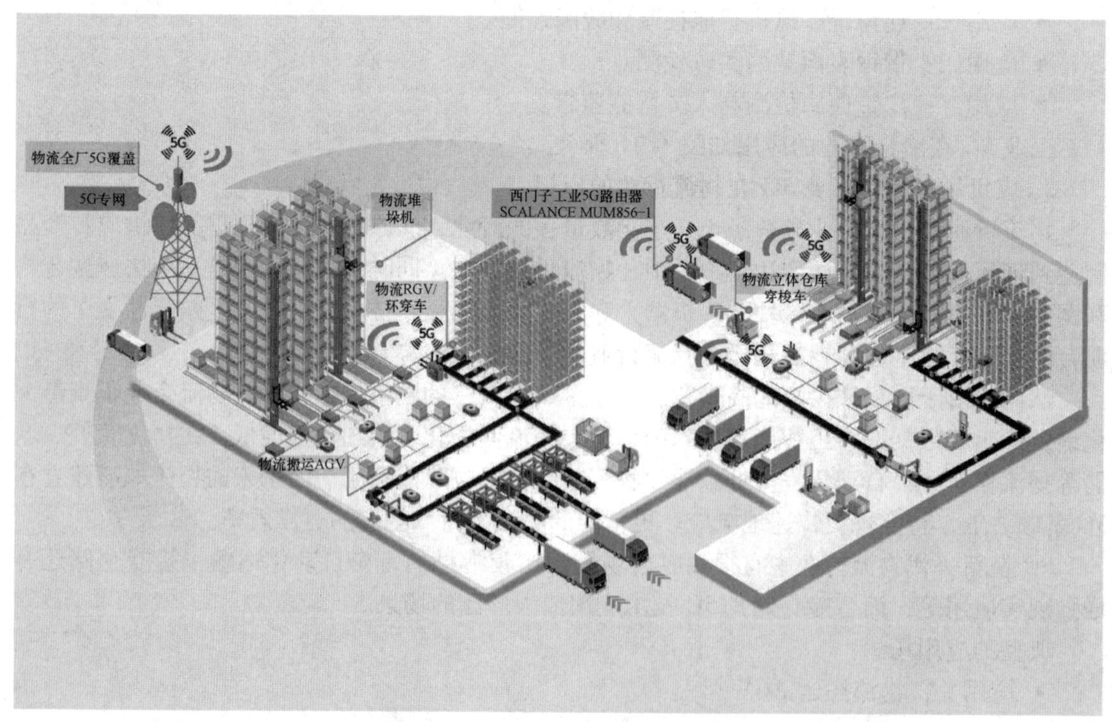

图 3-95　工业 5G 在物流行业的应用

3. 应用场景三：工业5G在汽车制造行业的应用

汽车制造行业是当前自动化和智能化程度最高的行业之一，自动化流水线就是诞生于汽车制造业的经典生产模式。伴随着配件标准化、模块化生产等多种先进工艺的成熟运用，更快速、更高效、更精确成为汽车制造行业孜孜不倦的追求。

当前，汽车制造过程中主要以有线形式进行生产数据的采集与传输控制，但随着个性化定制、无人化的要求越来越高，相应生产工厂中的生产线、设备，需要有更大的灵活性以及与外界的实时通信能力，部分工位或环节受到工艺设计、布线和设备移动性的影响限制，无线技术将会越来越普及。

而高带宽、低延时、广连接的5G技术将是最佳的选择，利用5G技术能够对设备全面状态的监控和信息高速传输方面满足工厂生产的需求，帮助工厂实现面向生产线、设备、产品、过程工艺、过程与结果质量等生产过程信息的数字化和可视化，将工厂内“人、机、料、法、环、测”等要素实现深度互联，推动汽车制造及服务的智能化。

在汽车制造的冲压、焊装、涂装、总装、内外部物流及配送等各个环节，5G技术都将有广泛的应用，其中在总装和物流环节的应用最为典型。

典型的应用场景：

- 应用一：总装线吊具改造。
- 应用二：总装车间AGV。
- 应用三：内部和外部物流。

工业5G在汽车制造行业的应用如图3-96所示。

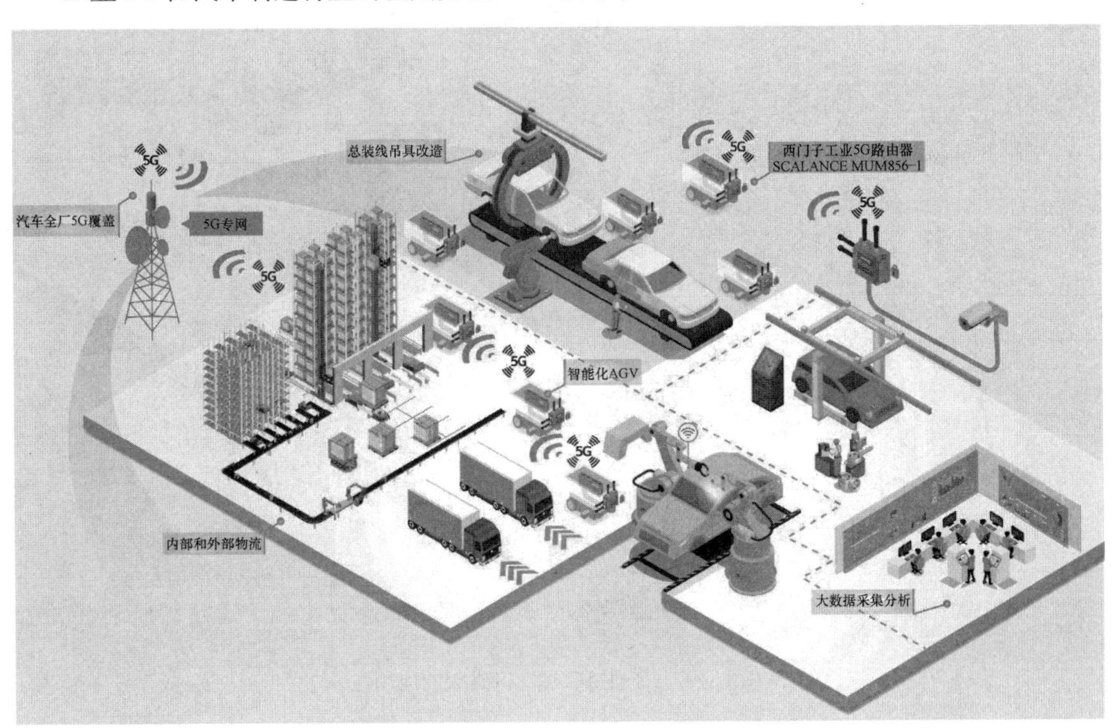

图3-96 工业5G在汽车制造行业的应用

4. 应用场景四：工业 5G 在港口码头的应用

港口码头作为交通运输的重要枢纽，在全球贸易中承载着巨大的货物吞吐，因此作业的效率、运营的稳定至关重要。现如今，全自动、数字化乃至无人化的“智慧港口”，已成为港口码头建设改造的重大趋势。而一直以来，无线通信技术都是限制码头自动化改造的瓶颈。

光纤虽然速度快且稳定，但在港口改造时，需要在路面开挖和管道敷设，不仅施工难度大、运维成本高，更会给港口正常作业带来巨大影响。而 3G、4G 无线网络的稳定性与可靠性欠佳，会给大型特种作业设备的稳定作业、监控的实时性等埋下诸多隐患。

运用 5G 技术，可以实现控制信息、多路视频等信息的高效、可靠传输。在港口码头内的无人驾驶、机械设备远程控制、应急指挥场景等环节，5G 的应用大有潜力，在以下几个场景中，5G 可以发挥巨大作用。

典型的应用场景：

- 应用一：轮胎式龙门吊（RTG）远程监控。
- 应用二：港口生产管理的模拟仿真系统同步通信。
- 应用三：港口生产能效实时管控。
- 应用四：实现“船岸协同”的自动化煤料装载。

工业 5G 在港口码头的应用如图 3-97 所示。

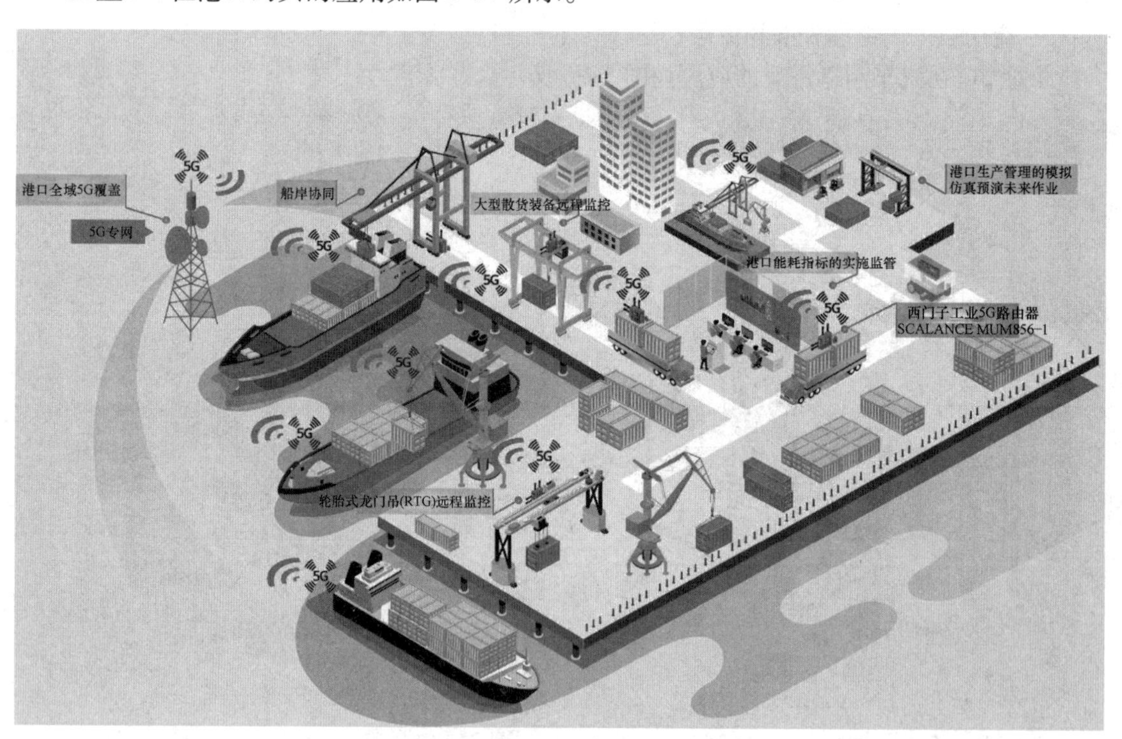

图 3-97　工业 5G 在港口码头的应用

5. 应用场景五：工业 5G 在智能工厂的应用

随着工厂内设备自动化、管理现代化和信息计算机化水平迈上新的台阶，如何能更好地利用生产和运营中涌现的海量数据，以服务智能制造的新应用，成为新时代下整个制造业关注的焦点。在食品饮料、电子、电池、石化化工、轮胎以及制药等行业中，用低延时、高带宽的5G通信解决方案替换原本的无线设备，将更能满足工业4.0时代的需求。

工业5G的到来，将大幅改善智能工厂的劳动条件，包括减少生产线人工干预，提高生产过程可控性，并借助于信息化技术打通企业的各个流程，帮助工厂实现面向生产线、设备、产品、过程工艺等生产过程信息的数字化和可视化，将工厂内“人、机、料、法、环、测”等要素实现深度互联，进而推动制造及服务的智能化。

5G技术切合了传统制造企业，在智能制造转型中对无线网络的应用需求，能够满足工业环境下设备互联和远程交互的应用需求。在生产产线自动控制、生产数据全过程监测，以及厂区的智能物流场景，5G都有广阔的应用潜力。

典型的应用场景：

- 应用一：食品饮料全厂智能物流。
- 应用二：电池元件产品质检。
- 应用三：轮胎厂龙门吊、堆垛机。
- 应用四：电子制造生产单元模拟。
- 应用五：制药生产全流程实时监测。

工业5G在智能工厂的应用如图3-98所示。

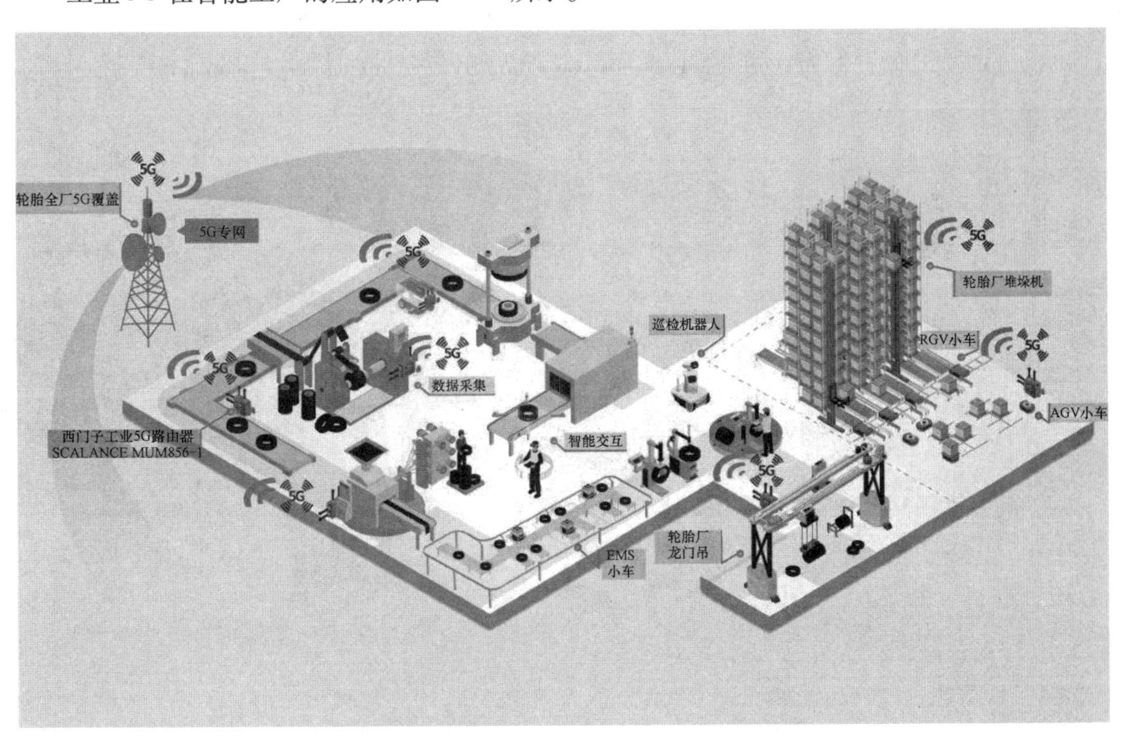

图3-98 工业5G在智能工厂的应用

6. 应用场景六：工业5G在矿山行业的应用

矿山行业是各类矿产资源行业的源头，往往都是在地下工作，因此是一个极易产生安全事故且生产过程中不确定因素极多的危险行业。近年来，绿色、高效、安全的智慧矿山建设已经成为趋势。

由于矿山行业多数处于空旷的野外，有线方式的布线成本太高，而原有的 Wi－Fi 和 4G 技术无法保证低延时高可靠等问题，特别是在矿井下面极端复杂、恶劣的生产环境，以及对大型设备的数据监控、视频监控等的要求不断提高，具有低时延、高带宽、可靠性高的 5G 技术成为了采矿业数字化转型升级的“刚需”，是切实解决采矿企业当前发展痛点和难点不可或缺的“基本工具”，是从根本上改变传统矿业的开采、运营、管理模式的“法宝”。

目前，5G 在采矿行业的应用主要有四个方面。一是 5G 技术高效支撑井下综合开采设备的远程操控，实现“机进人退”；二是 5G 新技术可以支撑井下工作面的远程监控，助力井下自然灾害的防治和人员管理；三是 5G 技术助力实现井下作业的少人化、无人化，有效地缓解了招工难的问题；四是 5G 技术助力矿山设备数字化、网络化、智能化，大幅提升了井下采掘效率。

典型的应用场景：

- 应用一：爆破全过程高清监测与控制。
- 应用二：无人矿车的自动驾驶和协同编队。
- 应用三：矿山井下巡检机器人。

工业 5G 在矿山行业的应用如图 3-99 所示。

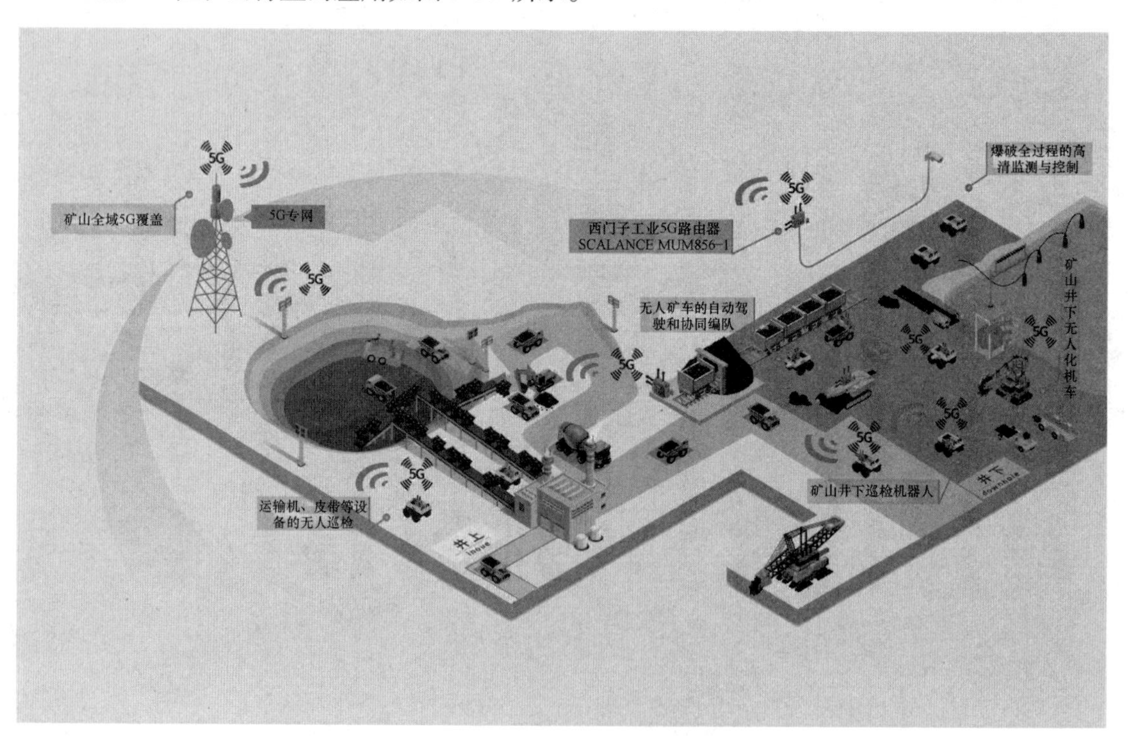

图 3-99　工业 5G 在矿山行业的应用

7. 应用场景七：工业 5G 在水行业的应用

随着近年来水资源短缺、城市发展水污染的问题日益突出，水资源的精细化管理任务也日渐紧迫，“智慧水务”已成为传统水务转型升级的重要方向和趋势。5G新通信技术在工业领域落地，为“5G+智能水务”的结合带来曙光，有望激发出传统水务行业降本增效、互联互通的巨大潜力。

过去传统的无线网络通信技术，无法满足水厂控制类业务安全隔离和差异化的网络需求。依托高带宽、低时延、大连接的技术特性，5G可实现迅捷可靠的数据传输，可以满足智慧水务管理和生产各个环节中对安全性、可靠性和灵活性的需求，无疑将推动“智慧水务”进入发展的黄金期。

现阶段，结合NB-loT技术，5G网络可以为智慧水务的发展带来更优的技术解决方案，以及更加丰富的应用场景，可充分满足水务行业在实时监控、物联网等技术应用方面的需求。

典型的应用场景：

- 应用一：无人化高清视频巡检。
- 应用二：5G+AI智能视频监控。
- 应用三：水务生产能效管控。

工业5G在水行业的应用如图3-100所示。

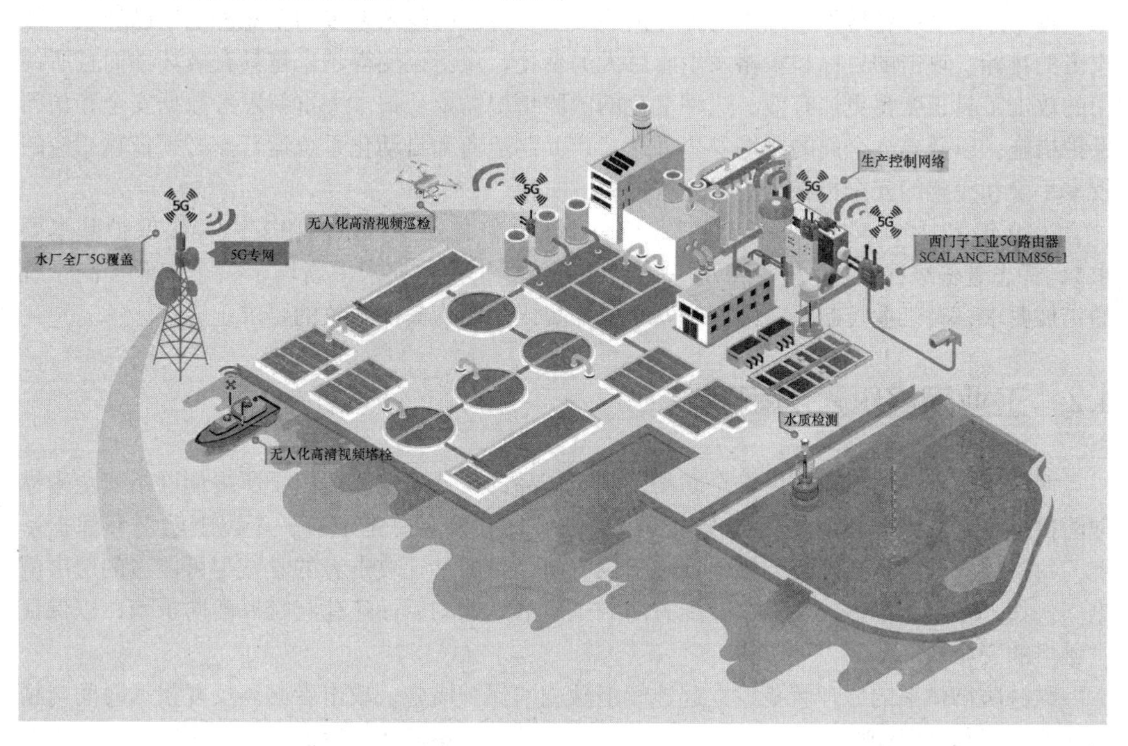

图3-100　工业5G在水行业的应用

第4章 工业网络安全的技术和应用

4.1 工业网络安全背景概述

随着计算机技术和网络技术的发展，特别是互联网及社会公共网络平台的快速发展，在OT和IT“两化”融合的行业发展需求下，为了提高生产高效运行、生产管理效率，众多行业大力推进工业控制系统自身的集成化、集中化管理。系统的互联互通性逐步加强，与办公网、互联网也存在千丝万缕的联系。最初，工业控制系统更多的关注各个生产系统的高可用性、高可靠性和完整性，并没有过多考虑系统之间互联互通会存在潜在的网络安全风险和防护措施。

近年来在全球各地不断发生的工业网络安全事件证明越来越多的企业和工厂已经成了被攻击的目标，攻击的目标和策略发生着巨大的变化，攻击正变得越来越具有破坏性而且所使用的攻击工具正变得更加有效。这种变化的威胁情况需要从根本上重新思考数据安全和访问保护措施，以及建立全面的网络安全理念，产品制造商和自动化系统运营商必须依靠相应的技术手段和完整的安全措施来应对这些威胁。

2019 年 12 月，正式执行 GB/T 22239—2008《信息安全技术网络安全等级保护基本要求》，标志着等级保护进入了 2.0 时代，新的等级保护基本要求中新增了关于工业控制系统的扩展要求，对工业控制系统的网络安全工作提出了更为具体细致的要求。

4.2 工业网络纵深防御理念

西门子一直关注工业网络安全防护及相应产品的设计研发。西门子所提倡网络安全为纵深防御体系，其原理并不是新出现的。过去的城堡和要塞总是配有一个以上防卫和保护系统，每一种安全防护措施都为其他措施提供支持，目的是让攻击者的尝试尽可能多的层层困难。例如，在阻止推进的壕沟以及配有防御工事的外墙的后面还建起额外的防护墙，以保证主城堡的安全。

纵深防御体系的原理就是建立起连续但独立的保护措施，攻击者必须反复投入时间与精力才能克服每种保护措施。但是，一种保护措施的失败不能造成后面保护措施的失败！没有100% 的安全，但通过纵深防御体系的建立，我们可以降低各个环节的风险。纵深防御体系的理念就是从工厂安全、网络安全和系统完整性进行层层防护，保护工业网络的相对安全性和不易攻击性，如图 4-1 所示。

1. 工厂安全

工厂安全是实现技术措施无法实现的安全，工厂安全措施可防止人员使用各种方法接触关键设备。工厂安全措施从常规楼宇入口开始，一直延伸至通过电子门禁卡来保障敏感区域

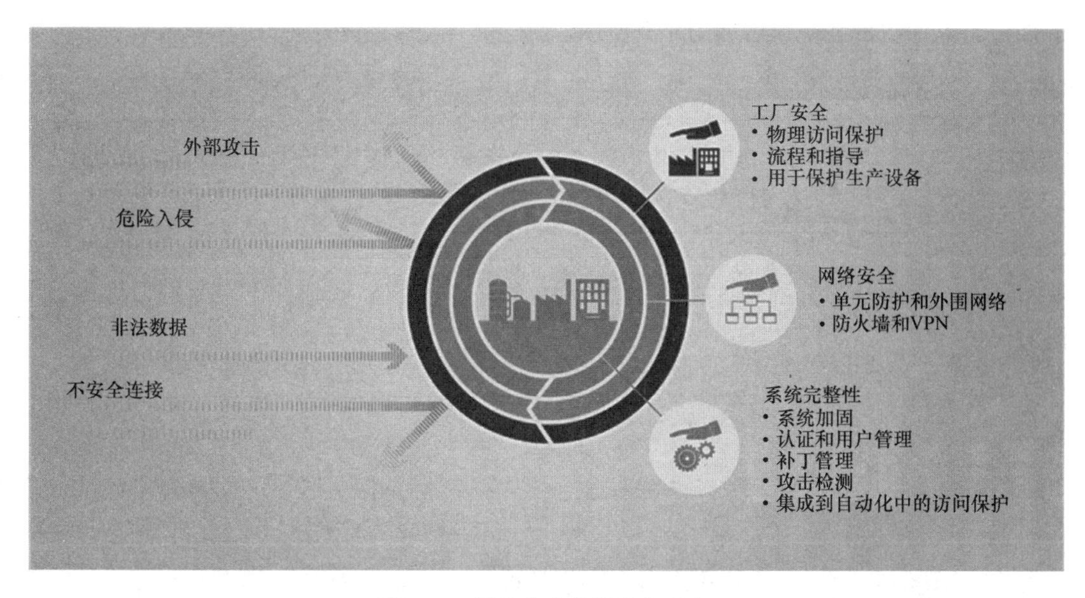

图4-1 网络安全纵深防御理念

的安全。工厂安全的另一个方面与来自环境的威胁和威胁工厂可用性的外部影响有关。这些影响包括外部干扰影响（火、水、空气、易爆物品、振动、电磁干扰等）直至自然灾害。尤其，完善的安全管理流程和指导可以保证工厂的长期安全。

2. 网络安全

纵深防御体系安全理念的中央元素是网络安全。包括了对自动化系统未经授权的访问保护和连接到其他网络（如办公网络和由于远程访问的需求连接到 Internet 网络）的所有接口安全审查。网络安全也包括通信保护防止通信被拦截和操纵，例如数据加密传输和相应通信节点间的身份认证。通过网络访问保护、网络分段和加密通信，针对未授权访问为自动化网络提供保护，针对人为操纵提供保护避免对人员、机器和环境造成伤害和损坏。通过网络安全集成中采用具有安全功能的产品可以提高网络安全性和系统完整性。例如连接 IT 网络时，采用 DMZ（Demilitarized Zone，非军事化区）的安全架构，经由 Internet 进行安全远程访问，本地网络访问（端口安全）借助于网络分段降低风险，对重要资产和网段采用单元保护方案等。

3. 系统完整性

确保系统完整性被视为安全理念的第三大支柱。这意味着自动化系统和控制器组件，SCADA 和 HMI 系统需要防止未经授权的访问和恶意软件的攻击，数据在传输、交换、存储和处理过程中，保持数据不被破坏或修改、不丢失和数据未经授权不能改变等。

要实现高效的工厂安全防护，不仅需要涵盖所有生产过程，对整个公司进行全面风险分析各种安全隐患，还需要部署“纵深防御”的多层次的安全措施，保护关键的工业自动化控制过程与应用的安全。西门子以 IEC 62443/ISA 99 为基础将“纵深防御”的理念引入到工业控制系统的信息安全解决方案，在外部世界的威胁和工控网络之间建立尽可能多层次的防护，通过部署多层次的、具有不同针对性的安全措施，可完全满足信息防护的要求，保护关键的工业自动化控制过程与应用的安全。

西门子纵深防御系统布署如图 4-2 所示。

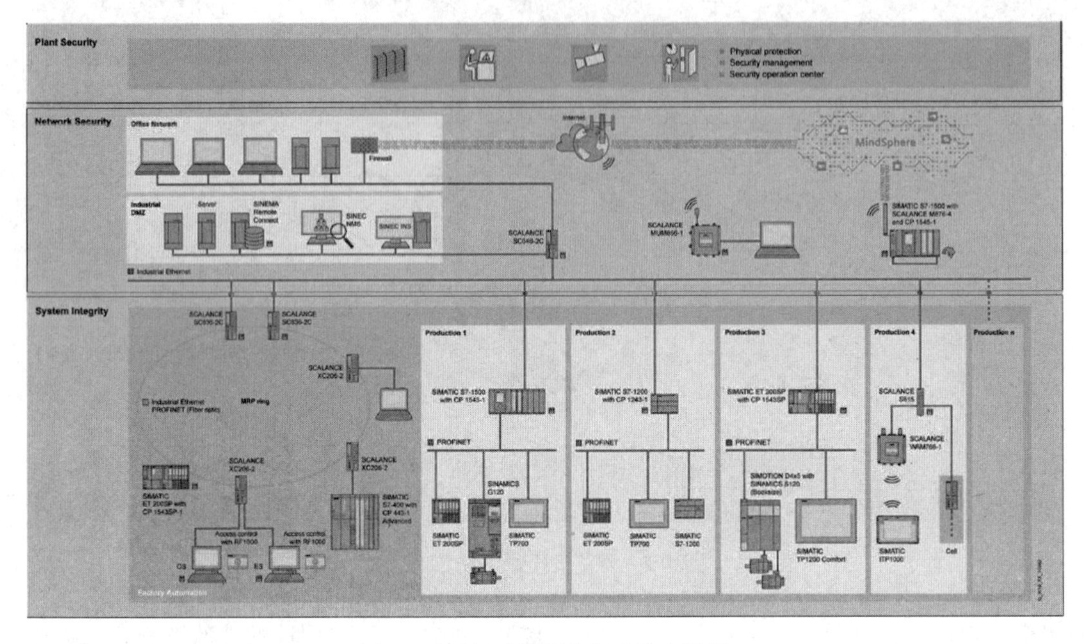

图 4-2　西门子纵深防御系统布署图

基于纵深防御体系，以下内容从工厂安全、网络安全和系统完整性三个重要部分进行通用的安全技术建议。

4.2.1　工厂安全

工厂安全是实现技术措施无法实现的安全，安全的管理流程可以保证工厂长期的安全。

1. 物理访问保护

可归纳如下类别：制定相关措施和流程，防止未经授权的设备和人员访问工厂（见图 4-3）。不同的工艺段需要采用各自的物理隔离，并制定相应的访问授权。自动化组件的关键部件需要采用物理访问保护，例如控制箱需要加锁。物理访问保护措施指导会影响所需的 IT 安全措施及其安全防护程度，例如授权的人可以进入一个区域，那么网络访问接口或自动化系统不需要获得相同程度的公开。

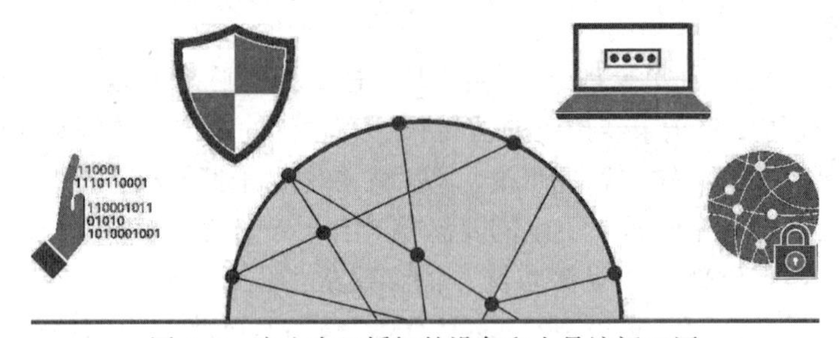

图 4-3　防止未经授权的设备和人员访问工厂

2. 安全管理

安全管理策略和组织措施是工业信息安全的重要组成部分。组织措施和技术措施必须相辅相成。要达到保护的目标必须将这两种措施有机结合。组织措施是建立一套完善的安全管理流程。

信息安全相关政策示例：

- 对于可接受的风险制定统一的规定。
- 对于不合规的活动和事件制定上报机制。
- 对于信息安全事件，做到汇报通畅并编制文档。
- 规范移动设备、智能手机和数据存储等设备在工厂范围内的使用（例如：禁止在工厂以外的地区使用这些设备等）。

信息安全相关流程示例：

- 对于所使用的设备部件，需要处理并修正已知的弱点。
- 发生安全事件时的流程（安全响应计划）。
- 发生安全事件后恢复生产系统的流程。
- 记录和评估安全事件，并记录配置变化。
- 在工厂范围内使用外部数据存储设备之前，要执行测试程序和检查程序。

在制定安全措施之前必须作风险分析。风险分析是对工厂和机器进行信息安全管理的先决条件，其目的在于识别和评估不同用户所面临的危害和风险（见图4-4）。

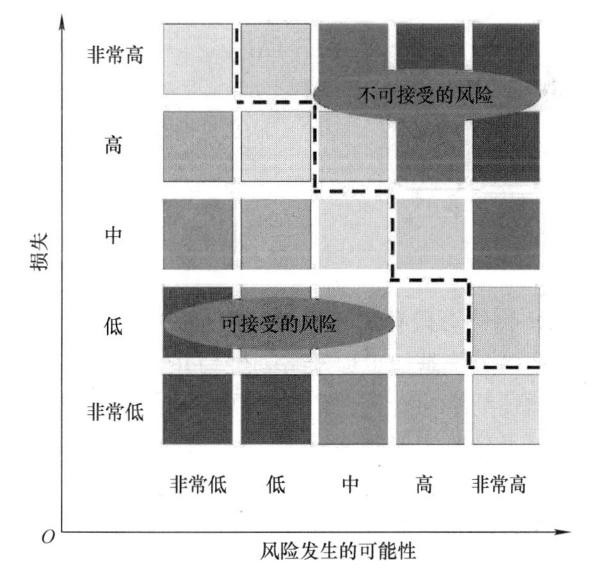

图4-4　特定工厂风险分析决策图

风险分析的典型内容：

- 识别可能受到威胁的目标。
- 分析价值和潜在的损失。
- 威胁和弱点的分析。
- 识别已有的信息安全措施。
- 风险评估。

4.2.2　网络安全

1. 确保办公网络和工厂网络之间接口的安全

工厂网络过渡到其他网络时，可以通过防火墙建立非军事化区（Demilitarized Zone, DMZ）对工厂网络进行监控和保护。DMZ是为了保护工厂网络增加的一道安全防线。DMZ区对其他网络可以提供数据服务，同时也确保其他网络不能直接访问自动化网络。这种设计使得从DMZ区不能访问和连接到其他系统。即使DMZ区的计算机被黑客劫持，自动化网络仍然能被保护如图4-5所示。

最简单的情况是通过一个防火墙实现隔离。该防火墙可以控制和管理不同网络之间的通信。更安全的措施是在各自的网络边界之间连接一个非军事化区（DMZ），实现隔离。非军事化区限制了生产网络和办公网络之间的直接数据通信，通信过程只能通过非军事化区（DMZ）中的服务器间接完成。

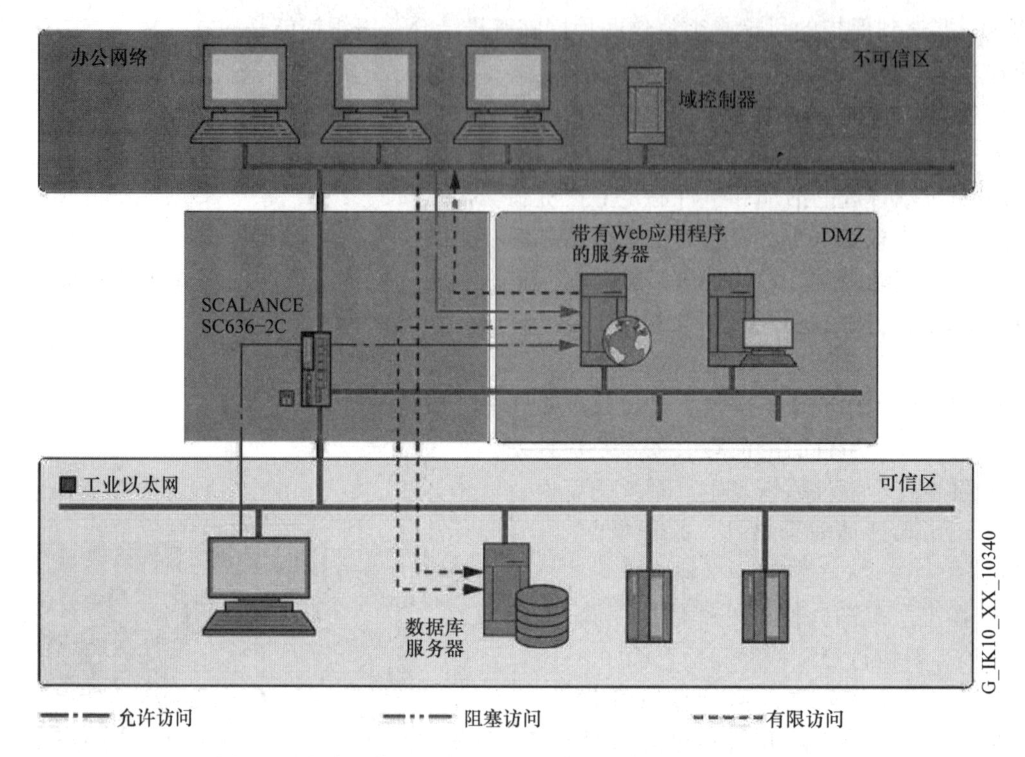

图 4-5 办公网络和工厂网络之间使用非军事化区传输数据

2. 网络分段和单元保护的概念

网络分段是把工厂网络划分为几个独立、被保护的自动化单元，这样可以减小风险并进一步增强网络的安全性。一个网络的部分区域（例如一个 IP 子网）通过一个安全设备来保护。通过分段实现网络安全，对“单元入口”进行访问控制，将没有独立访问保护机制的设备置于安全单元内加以保护。因此，“单元”中的设备可以防止来自外部未经授权的访问且不影响实时性能或者其他功能。

防火墙可以控制对单元的访问，操作员可以定义哪些网络节点之间可以通过什么协议相互通信，只有实际需要的通信是被允许的。通过此方式不仅拒绝未经授权人员的访问，也降低了网络的通信负载。根据网络站点的通信和保护需求，划分单元和分配设备到相应的单元。来往于单元的数据传输是通过安全设备的 VPN 进行加密处理。于是有效地防止窥探和操纵数据。通过 VPN 技术认证了通信的节点和授权了他们需要访问的地方。例如，单元保护的概念可以通过集成安全功能的组件 SCALANCE S 或 SIMATIC S7 自动化系统的安全 CP 卡实现，如图 4-6 所示。

网络分段和单元保护归纳如下：

- “单元”和“区域”的概念是出于安全的目的，对网络进行分段隔离。
- 通过设置信息安全网络组件，对“单元入口”进行访问控制。
- 将没有独立访问保护机制的设备置于安全单元内加以保护，这种方式主要针对已经正常运行设备的改造。
- 划分各个单元可以防止由于带宽限制造成的网络过载，保护单元内部的数据通信不受干扰。

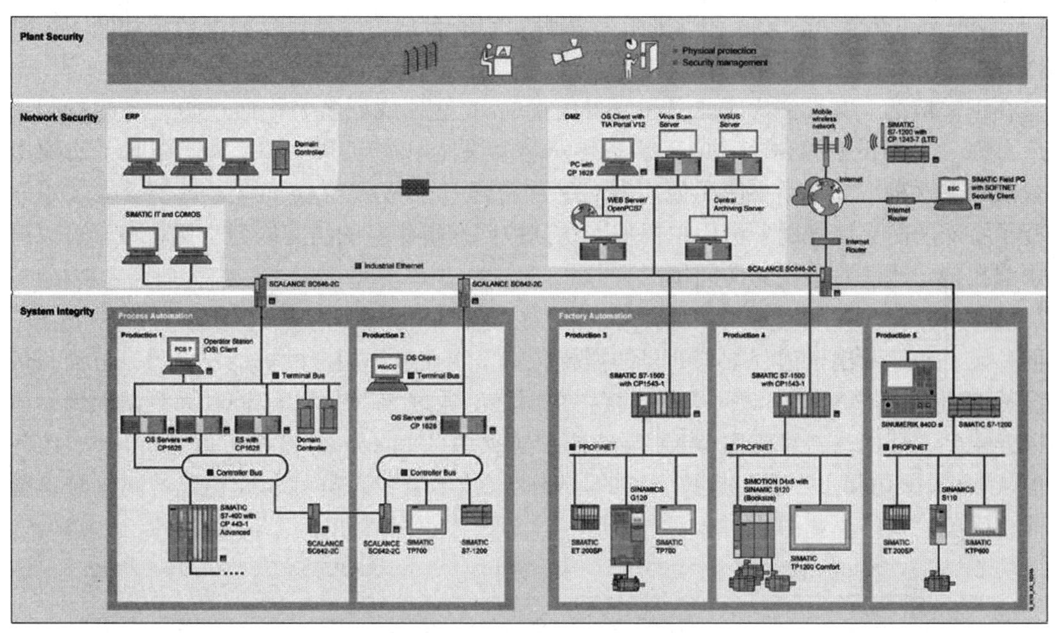

图4-6 通过集成安全的产品实现网络分段和单元保护

- 在各个单元内部不影响实时通信。
- 在网络单元内部，对功能安全设备提供保护。
- 在单元和单元之间，通过建立安全通道实现安全通信。

网络分段的单元防护理念是防止未经授权访问的一种防护措施。在安全单元内部的数据不受信息安全设备的控制，因此我们假设各分段网络内部是安全的，或者在各个单元内部部署了更进一步的安全措施，例如保证交换机的端口安全等。

各个安全单元的大小划分主要取决于被保护对象所包含的内容，具有相同需求的组件可能会划分在一个安全单元内。建议根据生产流程规划网络结构，这样可以保证网络分段时各个网络单元之间通信数据量最少，同时可以使防火墙配置的例外规则最小化。

为了保证性能需求，建议客户遵循以下针对网络规模和网络分段的规则：

- 一个 PROFINET IO 系统中的所有设备规划到一个网络单元中。
- 在设备和设备之间通信数据量非常大的情况下，应将它们规划到一个网络单元内。
- 如果一台设备仅仅和一个网络单元之间存在数据通信，同时保护目标是一致的，则应将该设备和网络单元合并到一个网络单元内。

3. 远程访问的安全

越来越多的工厂通过互联网直接地连接在一起。由于远程服务、远程应用和监控安装在世界各地机械设备的需求，远程的工厂通过移动网络（GPRS、UMTS、LTE、i5G）被连接起来。

在这种情形下，安全访问尤其重要。借助搜索引擎、端口扫描或者自动化的脚本，黑客无需努力就可以很容易地发现不安全的访问节点。这就是通信节点为什么要身份认证，数据的传输需要加密且数据的完整性必须保证。特别是对工厂关键基础设施的访问。未经授权人员的访问，机密数据的读取和控制命令参数的修改都可能导致相当大的破坏。

VPN 的机制提供身份认证，加密和完整性保护，已被证明可以提供有效的保护功能。

西门子 Internet 安全产品支持 VPN 连接，因此可以安全地传输通过互联网或移动网的控制访问数据。

在正常情况下，设备认证证书和值得信赖的 IP 地址或域名名称通过防火墙的规则来阻止或允许。VPN 设备和 SCALANCE S 系列安全模块使用特定用户防火墙规则赋予访问用户的权限。在这种情况下用户使用他们的名字和密码登录 Web 界面，由于每个授权的用户被分配了特殊的防火墙规则，给用户根据其访问权限获得相应的访问能力。优势在于可以清楚地跟踪在特定时间对系统的访问情况。

SCALANCE S 系列安全模块给系统集成商、OEM 和最终用户提供了多种解决方案。一方面，设备制造商出于远程维护的目的需要访问安装在最终用户的机器；但另一方面，最终用户的 IT 部门不愿意外部访问机器连接整个网络。通过 SCALANCE S600 系列防火墙，机器可以连接到工厂网络并且使用 WAN 端口连接防火墙到 Internet。这样可以从 Internet 访问机器但从 Internet 访问工厂网络是被拒绝的。因此，技术服务人员可以远程地访问机器设备但不能访问工厂网络，如图 4-7 所示。

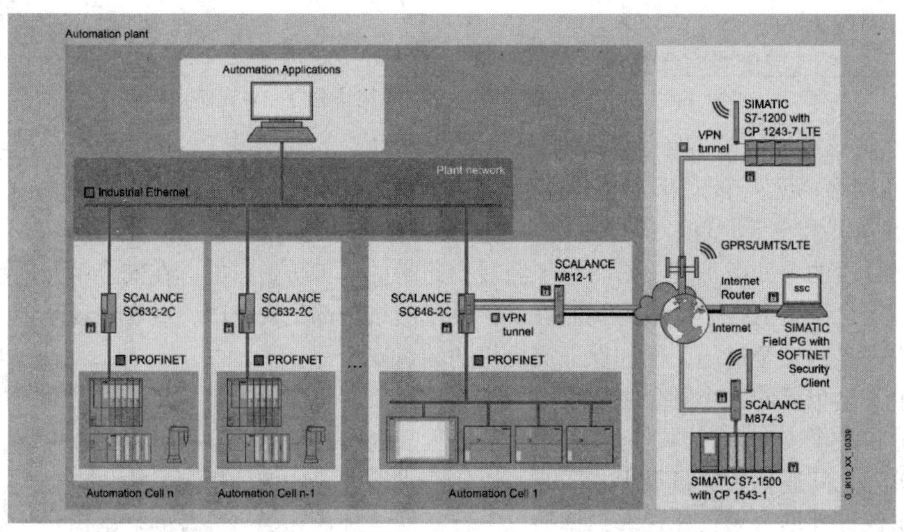

图 4-7 不能访问工厂网络情况下，远程访问机器设备

4.2.3 系统的完整性

确保系统的完整性被视为安全理念的第三大支柱。这意味着自动化系统和控制器组件、SCADA 和 HMI 系统，需要防止未经授权的访问和恶意软件或者需要满足特殊需求，如专有知识保护。

1. 在工厂网络中保护基于 PC 的系统

就像办公网络的计算机系统防止恶意软件和通过安装更新和补丁来消除操作系统或用户软件已暴露的弱点一样。在工厂网络中的工业计算机和基于 PC 的控制系统也需要相应的保护措施。在办公环境已经证明的保护系统（如病毒扫描器）也可以被使用。因为病毒扫描器无法检测到所有的病毒，无力阻止更新病毒模板之前的新型病毒，特别在自动化环境中不能及时的更新软件，例如需要 24 ×7 操作使用，所以根据实际情况来选择。

使用一种所谓的白名单软件可以替代病毒扫描器。白名单只允许运行用户定义的程序列表。如果一个用户或恶意软件试图安装一个新的程序，白名单会拒绝来防止对系统的破坏。作为一个工业软件的制造商，西门子支持被测试过且兼容的病毒扫描器或白名单软件。

2. 控制层级的保护

目前，已经拥有计算机和网络采取保护的知识，但对于特殊的设备及专有系统又如何保护呢？如何保护一个可编程序控制器（PLC）和不使用商用操作系统或运行了数年甚至数十年的老版本系统的操作员站？

第三方的安全软件针对此不能提供安全的解决方案。访问此类设备系统的功能几乎不可能或访问的功能非常有限。对于控制层级的安全方案，要求自动化硬件制造商提供相应的安全机制和提供用户特殊系统的安全设置项。同时鼓励用户询问制造商是否有安全机制和如何激活并设置安全选项。

对控制层级的保护实质是确保现场控制器的可用性和对知识产权的保护。由于自动化与IT的互联互通不断增加，访问保护和防止操纵的要求对于生产的工厂也发生着变化，这是自动化控制系统不可缺少的部分。西门子控制系统的密码保护、程序块保护和复制保护等功能正是用以确保工厂网络的安全。

各个功能块可得到保护后，意味着未经授权的人将无法访问功能块的内容及对功能块的算法进行复制和修改，同时通过版权保护防止对设备的仿制。程序块与存储卡序列号的绑定使得被保护的程序只能运行在合法的机器设备中。这些功能有助于保护机器设备制造商的投资和维护他们的技术优势。

4.3　产品介绍

4.3.1　SCALANCE S 系列产品概述

SCALANCE S 系列工业网络安全产品作为支撑“纵深防御体系”理念的工业安全的一部分。用于保护自动化网络，无缝地集成生产网络和 IT 网络之间的边界安全。该系列工业网络安全设备的设计是遵循 IEC 62443－4－1 安全标准，被 TÜV 认证，广泛地应用于工业网络场合用于加固工业网络安全的需求。这些设备确保安全区域的灵活部署，例如网络分段、DMZ 区设计、安全的远程维护，支持使用自动化平台 TIA 博途组态配置、支持基于 Web 界面配置、CLI 命令配置，并可轻松地集成到 SINEC NMS 网络管理平台。目前，SCALANCE S 家族产品有以下 6 款，如图 4-8 所示。

图 4-8　SCALANCE S 家族产品系列

从产品硬件设计特性角度，主要区别在于产品的端口数量、端口类型和通信速率。例如S615仅仅支持以太网电口RJ45通信，通常适用于短距离应用，且传输速率为百兆适用于对数据交互量要求不大的中小型系统。SC600系列支持全千兆速率，且支持SFP灵活光口配置，适用于长距离应用和中大型系统。

SCALANCE S 6款产品硬件对比见表4-1。

表4-1 SCALANCE S 产品一览表

	SC622 -2C	SC632 -2C	SC636 -2C	S615	SC642 -2C	SC646 -2C
端口总量	2	2	6	5	2	6
电口端口	2×RJ45	2×RJ45	6×RJ45	5×RJ45	2×RJ45	6×RJ45
光纤端口	2×SFP	2×SFP	2×SFP	无	2×SFP	2×SFP
电口速率	100/1000Mbit/s	100/1000Mbit/s	100/1000Mbit/s	100Mbit/s	100/1000Mbit/s	100/1000Mbit/s
光口速率	100/1000Mbit/s	100/1000Mbit/s	100/1000Mbit/s	无	100/1000Mbit/s	100/1000Mbit/s
外壳	金属/塑料	金属/塑料	金属/塑料	塑料	金属/塑料	金属/塑料
防护等级	IP20	IP20	IP20	IP20	IP20	IP20
安装范式	35mmDIN导轨，S7-300/S7-1500异形导轨安装，墙壁安装	35mmDIN导轨，S7-300/S7-1500异形导轨安装，墙壁安装	35mmDIN导轨，S7-300/S7-1500异形导轨安装，墙壁安装	35mmDIN导轨，S7-300/S7-1500异形导轨安装，墙壁安装	35mmDIN导轨，S7-300/S7-1500异形导轨安装，墙壁安装	35mmDIN导轨，S7-300/S7-1500异形导轨安装，墙壁安装
尺寸 W×H×D/mm	60×145×125	60×145×125	60×145×125	35×147×127	60×145×125	60×145×125
重量/g	580	580	580	400	580	580
供电/冗余	DC 24V	DC 24V	DC 24V	DC 24V	DC 24V	DC 24V
工作温度	-40 ~ 70℃	-40 ~ 70℃	-40 ~ 70℃	-40 ~ 70℃	-40 ~ 70℃	-40 ~ 70℃
信号输入/输出	2针端子板	2针端子板	2针端子板	2针端子板	2针端子板	2针端子板
诊断口	支持	支持	支持	无	支持	支持
Plug插槽	支持	支持	支持	支持	支持	支持
PROFIsafe环境下的网络分离	支持	不支持	不支持	不支持	不支持	不支持

4.3.2 SCALANCE S系列功能特性

SCALANCE S系列通常支持的功能特性有VLAN、冗余环网、路由、VRRP、防火墙、VPN等，详细系统功能特性见表4-2。

表 4-2 SCALANCE S 产品功能特性一览表

	SC622 -2C	SC632 -2C	SC636 -2C	S615	SC642 -2C	SC646 -2C
配置方式	WBM/CLI/SNMP/TIA 博途 1	WBM/CLI/SNMP/TIA 博途 1	WBM/CLI/SNMP/TIA 博途 1	WBM/CLI/SNMP/TIA 博途 1	WBM/CLI/SNMP/TIA 博途 1	WBM/CLI/SNMP/TIA 博途 1
防火墙模式	状态数据包检测 L3/L4	状态数据包检测 L3/L4	状态数据包检测 L3/L4	状态数据包检测 L3/L4	状态数据包检测 L3/L4	状态数据包检测 L3/L4
二层 Bridge 模式	支持	支持	支持	支持	支持	支持
预定义防护规则	支持	支持	支持	支持	支持	支持
防火墙条目	1000	1000	1000	128	1000	1000
VPN 类型	OpenVPN	OpenVPN	OpenVPN	IPsec/OpenVPN	IPSec/OpenVPN	IPSec/OpenVPN
IPSecVPN 连接数量	不支持	不支持	不支持	20	200	200
哈希算法类型	不支持	不支持	不支持	MD5，SHA1，SHA256，SHA384 或 SHA512	MD5，SHA1，SHA256，SHA384 或 SHA512	MD5，SHA1，SHA256，SHA384 或 SHA512
IPSecVPN 传输带宽	不支持	不支持	不支持	35Mbit/s	120Mbit/s	120Mbit/s
NAT/NAPT	支持	支持	支持	支持	支持	支持
MRP 客户端/HRP 客户端	不支持	不支持	支持	不支持	不支持	支持
VRRPv3 组数量	6	6	6	6	6	6

4.3.3 产品功能和技术要点

1. TIA 博途软件配置防火墙功能

在图 4-9 网络边界防护部署实例下，配置下载之后，SCALANCE S 默认开启防火墙功能，防火墙将禁止一切内外网之间的通信访问，需要手动插入防火墙规则来放行允许的访问。

在 TIA 博途软件中进行参数设置，如图 4-10 添加防火墙规则，仅允许外网编程器 192.168.3.21 主动访问内网设备；内网设备 192.168.0.20（工厂内部网络如果有路由器划分不同子网，保证路由条目可达 SCALANCE S 内网口网络即可）可以访问外网。

编译后下载，功能生效（注意：此时外网的 PG（Programming Device，编程机器）需要设置网关地址为 SCALANCE S 的外网口 IP 地址 192.168.3.22）。此时，PG B 可以访问内网设备，PG A 不允许访问，内网设备 192.168.0.20 可以透过防火墙访问外网（常用于上网、访问外部服务器等）。

注意：最终具体的防火墙规则，需要厂家的 IT 安全部门按照需求和策略来决定，此处例子仅作功能参考。

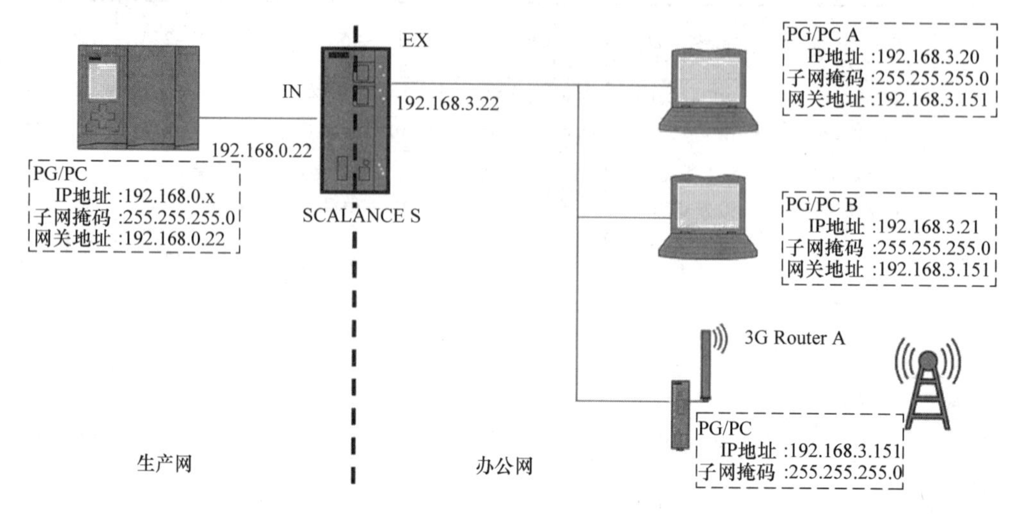

图 4-9　网络边界防护部署

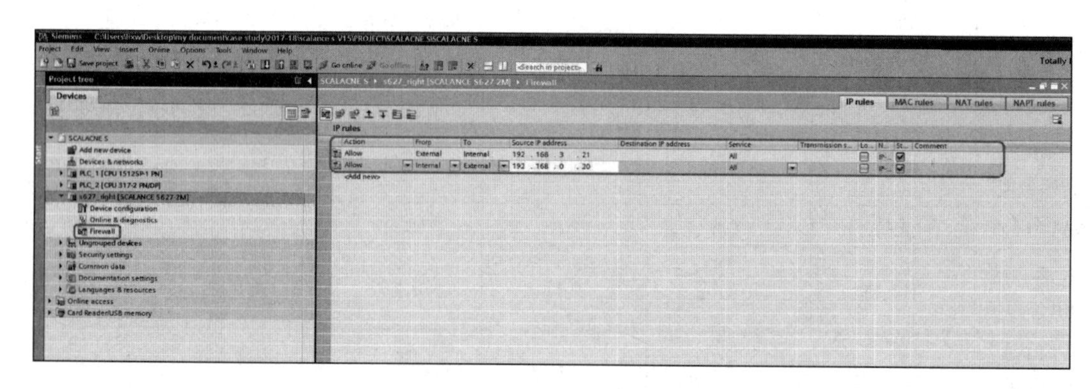

图 4-10　添加防火墙规则

2. 标准 Layer2 二层功能

（1）二层冗余环网功能

出厂设置：将端口 P0. 1 和 P0. 2 定义为环形端口（见图 4-11），其中冗余协议的选择设备仅仅支持客户端角色：

- MRP Client：该设备采用了 MRP 客户端的角色。
- HRP Client：该设备采用 HRP 客户端的角色。

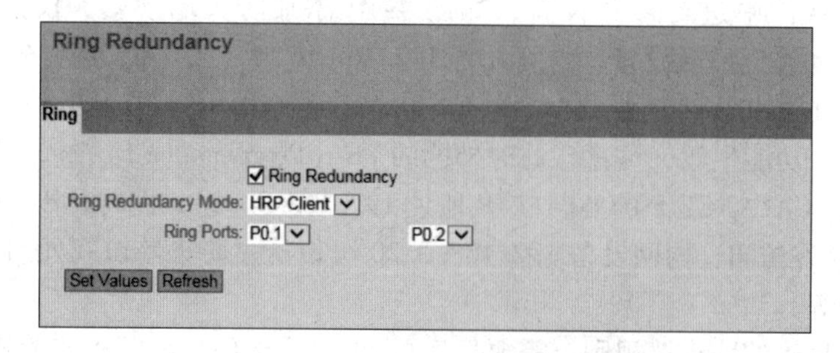

图 4-11　二层冗余环网功能

（2）二层 VLAN 功能

定义 VLAN 并指定端口的使用，设备会考虑 VLAN 信息（IEEE 802.1Q/VLAN 模式）(见图4-12)。如果设备处于“802.1Q 虚拟局域网网桥”模式，可以定义虚拟局域网并指定端口的使用。

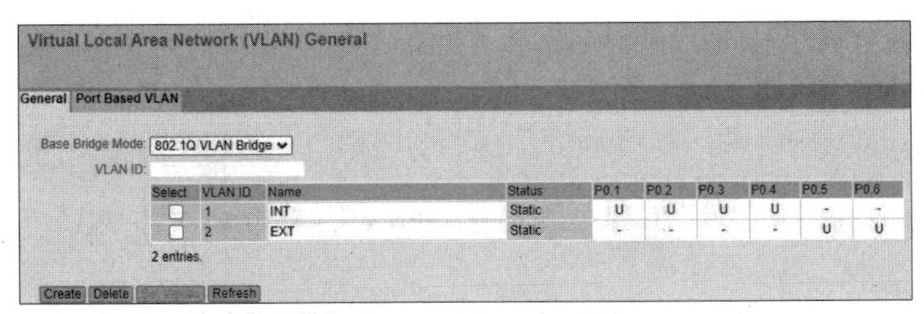

图4-12 二层 VLAN 功能

3. 基于 MAC 地址过滤规则

默认情况下，设备上存在允许设备与 vlan1 或 vlan2 之间交换 ARP 帧的 MAC 数据包过滤器规则。可以通过选择条目“ARP”作为 MAC 数据包过滤器规则中的协议来定义 ARP 规则。本设备的 ARP 规则还应考虑配置设备的 PC。此外，当 MAC 地址过滤条目选型为接收的情况下，还可以进行带宽限制设定。如果接受规则匹配并且尚未超过此规则允许的带宽，则数据包将通过防火墙。MAC 地址过滤功能如图4-13所示。

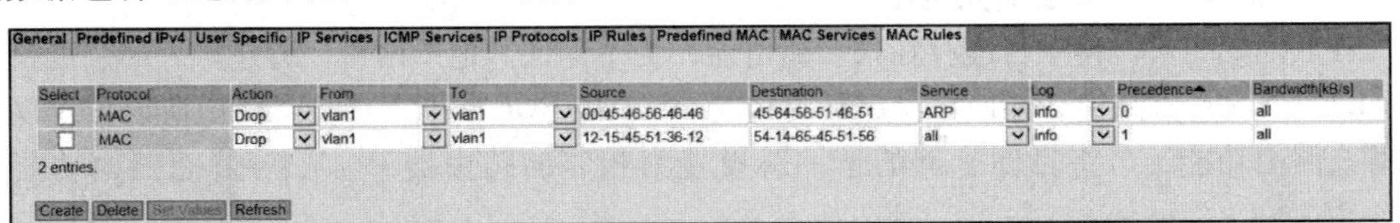

图4-13 MAC 地址过滤功能

4. 基于 IP 地址过滤规则

基于 IP 地址的过滤是最为常用的防火墙策略，用户可以为防火墙指定 IP 数据包过滤器规则、与定义的 IP 数据包过滤规则、用于远程连接 SINEMA RC 的自动创建的 IP 数据包过滤规则。对于以上三种过滤规则条目，设置的 IP 数据包执行过程中有优先级：

1）基于预定义的 IP 数据包过滤规则（预定义的 IPv4）。

2）根据连接配置（SINEMA RC）自动创建 IP 数据包过滤规则。

3）基于用户定义的 IP 过滤规则条目。

IP 地址过滤功能如图4-14所示。

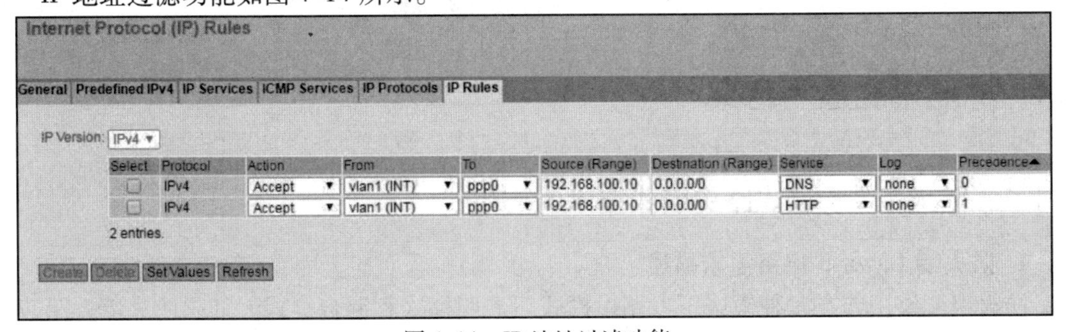

图4-14 IP 地址过滤功能

5. 基于 TCP/UDP 端口过滤规则

使用 IP 服务可以为特定服务定义防火墙规则。只需要选择一个名称并为其分配服务参数，配置 IP 规则时只需使用此名称即可。对于 IP 数据包的上层传输层通常采用 UDP 或 TCP 进行传输，基于对应的端口号可以进行特定协议类型过滤原则的设置。也可以，基于数据包的方向进行发送方端口和目的方端口双重定义。

TCP/UDP 过滤功能如图 4-15 所示。

Internet Protocol (IP) Services

General | Predefined IPv4 | IP Services | ICMP Services | IP Protocols | IP Rules

Service Name:

Select	Service Name	Transport	Source Port (Range)	Destination Port (Range)
☐	DNS	UDP	*	53
☐	HTTP	TCP	*	80

2 entries.

Create | Delete | Set Values | Refresh

图 4-15　TCP/UDP 过滤功能

6. 标准 Layer 3 三层功能概述

在实际的工厂网络中可能存在很多路由器，为了保证其他子网可以透过防火墙，需要为 SCALANCE S 设置路由，并使用特定路由功能。SCALANCE S 不支持动态路由协议，仅仅支持静态路由功能，可将目标子网的下一跳设置为相邻的路由器 IP。三层静态路由功能如图 4-16所示。

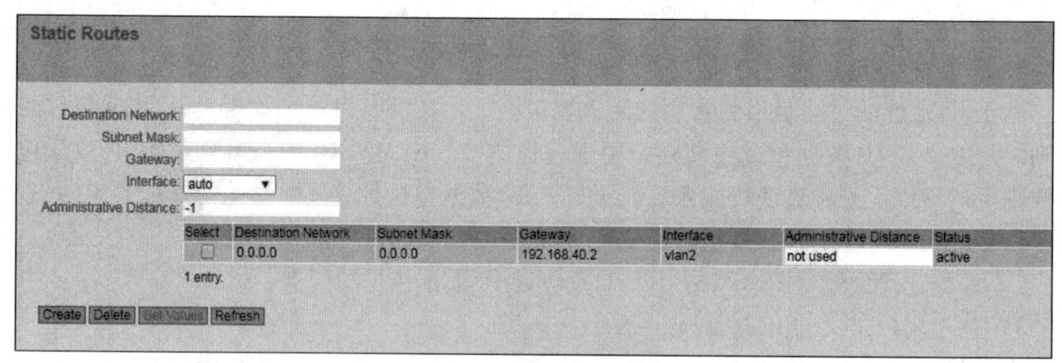

图 4-16　三层静态路由功能

4.4 标准化的应用方案

4.4.1 防火墙 Layer 3 路由模式技术的应用

1. 防火墙 Layer 3 应用需求描述

防火墙能够工作在三种模式下：路由模式、透明模式和混合模式。如果防火墙以第三层对外连接（接口具有 IP 地址），则认为防火墙工作在路由模式下；若防火墙通过第二层对外连接（接口无 IP 地址），则防火墙工作在透明模式下；若防火墙同时具有工作在路由模式和透明模式的接口（某些接口具有 IP 地址，某些接口无 IP 地址），则防火墙工作在混合模式下。

当防火墙位于内部网络和外部网络之间时，需要将防火墙与内部网络、外部网络以及 DMZ 三个区域相连的接口分别配置成不同网段的 IP 地址，重新规划原有的网络拓扑，此时相当于一台路由器。如图 4-17 所示，防火墙的 Trust 区域接口与公司内部网络相连，Untrust 区域接口与外部网络相连。值得注意的是，Trust 区域接口和 Untrust 区域接口分别处于两个不同的子网中。

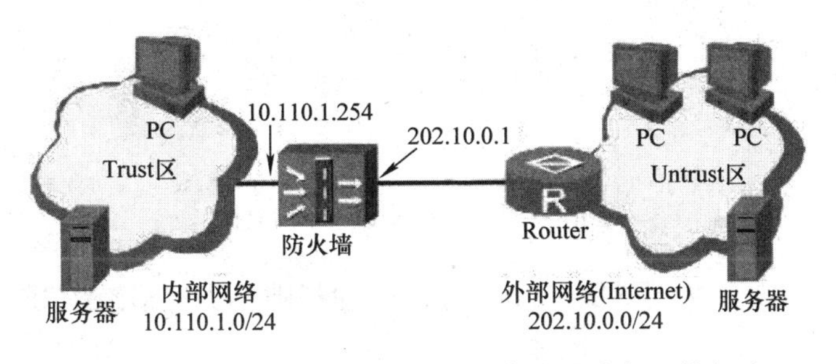

图 4-17　防火墙的 Trust 区域接口与公司内部网络相连

防火墙工作在路由模式下，此时所有接口都配置 IP 地址，各接口所在的安全区域是三层区域，不同三层区域相关的接口连接的外部用户属于不同的子网。当报文在三层区域的接口间进行转发时，根据报文的 IP 地址来查找路由表，此时防火墙表现为一个路由器。但是，防火墙与路由器存在不同，防火墙中 IP 报文还需要送到上层进行相关过滤等处理，通过检查会话表或 ACL 规则以确定是否允许该报文通过。此外，还要完成其他防攻击检查。路由模式的防火墙支持 ACL 规则检查、ASPF 状态过滤、防攻击检查和流量监控等功能。

国内某铝业精密工厂需要进行车间级工业网络与 IT 网络的安全防护，车间设备需要进行设备联网，建立车间级集控概念。在车间级和集团办公网络增加防火墙进行边界隔离，车间级组网方案采用西门子 SCALANCE XC200 系列工业以太网交换机组建车间工业环网，环网内部所有路由使用 SCALANCE XM400 进行实现，使用 SC622－2C 实现工业网络和集团办公网络在路由模式下的安全防护。

2. 防火墙 Layer 3 路由模式的组网架构

防火墙 Layer 3 路由模式的组网架构主要是将防火墙在实现终端路由的基础上进行单播限制策略控制，以实现网络安全，满足如下功能需求：

- 防火墙作为三层交换机的路由功能实现。
- 防火墙内外网的最优化安全策略控制。

因此在上述项目中其主要的组网架构的设计如下：

- XC200 环网实现各个区域划分 VLAN 实现广播域隔离。
- XM408－8C 实现所有 XC200 的业务 VLAN 以及管理 VLAN 的路由。
- SC622－2C 实现和工业网 XM408－8C 及与集团 IT 三层交换机的静态路由打通，防火墙工作在标准 Layer 3 路由下。
- SC622－2C 同时进行 IP 防火墙规则的配置（IP 策略控制），以实现工业网和集团 IT

网的安全互访要求。

车间级网络架构示意图如图 4-18 所示。

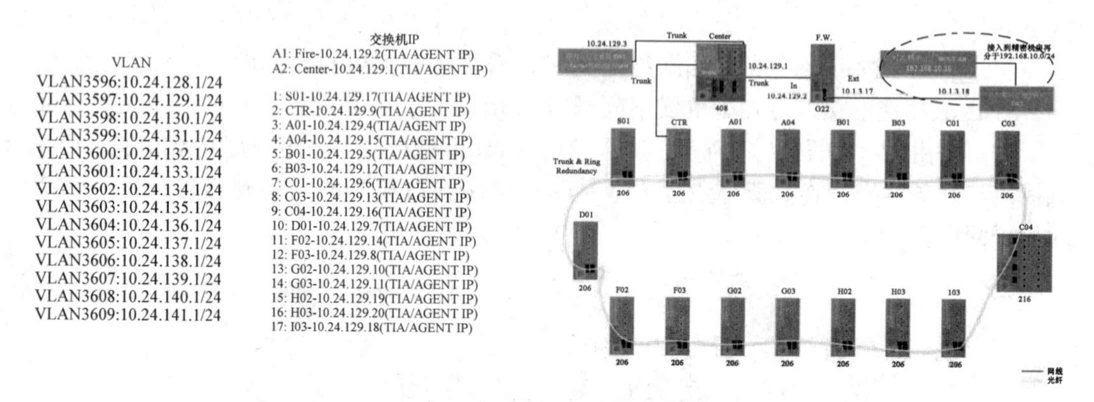

图 4-18　车间级网络架构示意图

如图 4-18 所示，需要在 SC622 - 2C 打通路由的基础上实现精准的 IP 防护过滤策略以最大程度实现网络保护。

3. 防火墙 Layer 3 模式功能实现和指导步骤

具体的功能实现需要从 SCALANCE SC622 - 2C 的 Static Route 以及 Firewall 功能中的配置实现。可以按照如下的步骤实现：

1）基本防火墙设置和模块服务，防火墙全局配置如图 4-19 所示。防火墙预定义选项配置如图 4-20 所示。

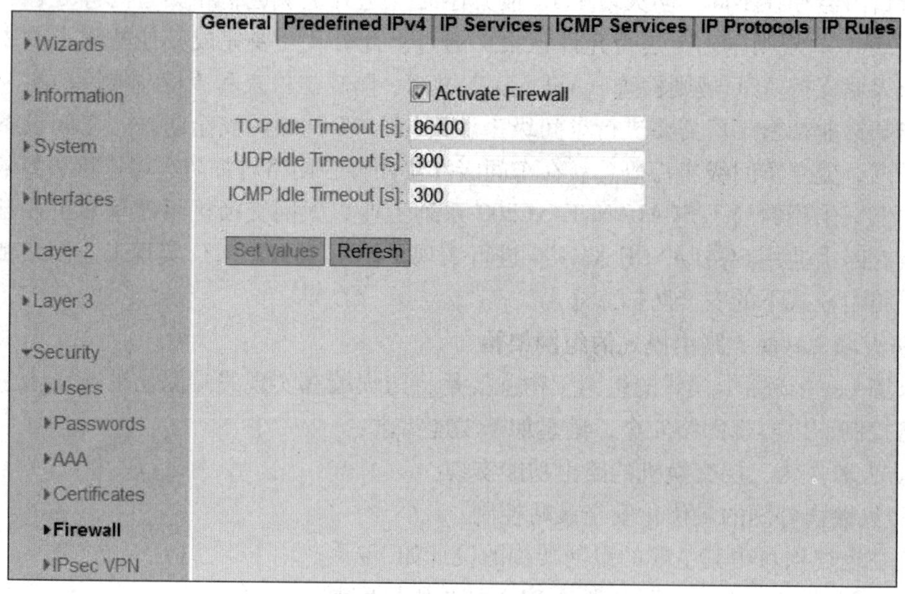

图 4-19　防火墙全局配置

2）防火墙 UDP/TCP/ICMP 服务和 IP 配置。防火墙 IP 服务选项配置如图 4-21 所示。防火墙 ICMP 服务选项配置如图 4-22 所示。

防火墙 IP 选项配置如图 4-23 所示。

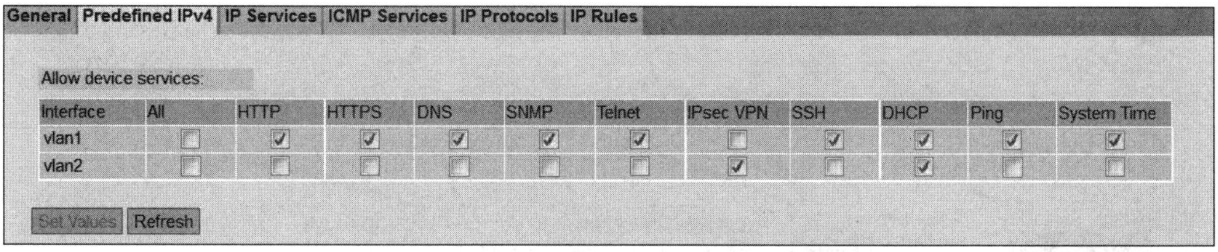

General | Predefined IPv4 | IP Services | ICMP Services | IP Protocols | IP Rules

Allow device services:

Interface	All	HTTP	HTTPS	DNS	SNMP	Telnet	IPsec VPN	SSH	DHCP	Ping	System Time
vlan1	☐	☑	☑	☑	☑	☑	☐	☑	☑	☑	☑
vlan2	☐	☐	☐	☐	☐	☐	☑	☐	☑	☐	☐

Set Values | Refresh

图 4-20 防火墙预定义选项配置

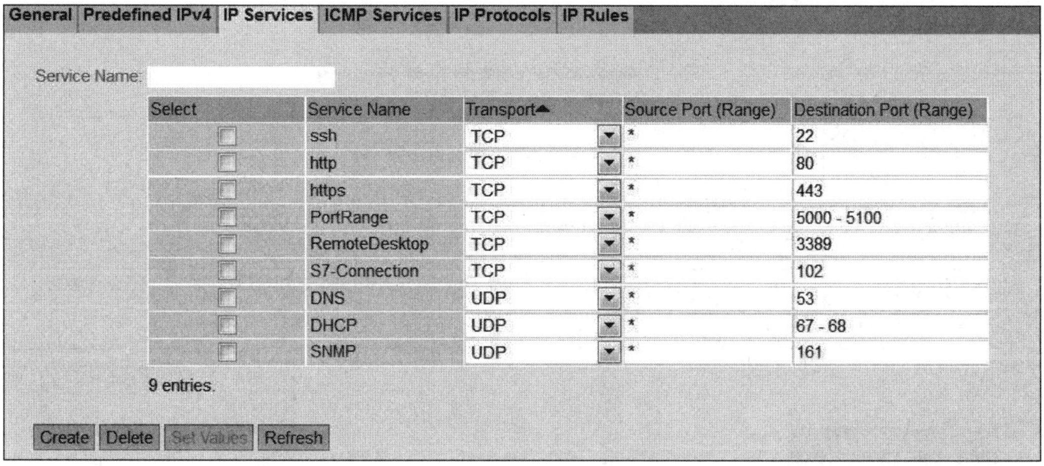

General | Predefined IPv4 | IP Services | ICMP Services | IP Protocols | IP Rules

Service Name:

Select	Service Name	Transport▲	Source Port (Range)	Destination Port (Range)
☐	ssh	TCP	*	22
☐	http	TCP	*	80
☐	https	TCP	*	443
☐	PortRange	TCP	*	5000 - 5100
☐	RemoteDesktop	TCP	*	3389
☐	S7-Connection	TCP	*	102
☐	DNS	UDP	*	53
☐	DHCP	UDP	*	67 - 68
☐	SNMP	UDP	*	161

9 entries.

Create | Delete | Set Values | Refresh

图 4-21 防火墙 IP 服务选项配置

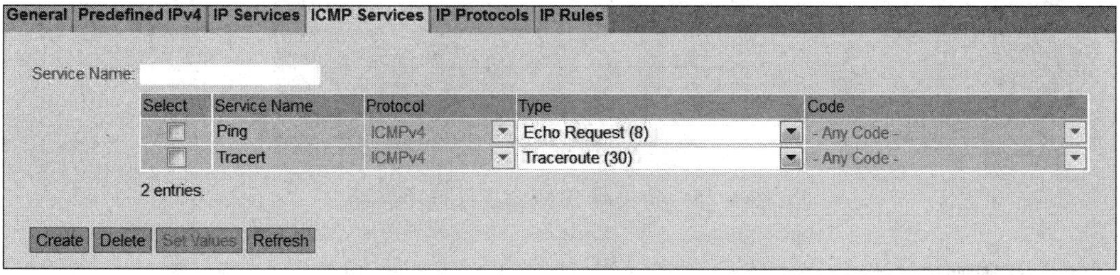

General | Predefined IPv4 | IP Services | ICMP Services | IP Protocols | IP Rules

Service Name:

Select	Service Name	Protocol	Type	Code
☐	Ping	ICMPv4	Echo Request (8)	- Any Code -
☐	Tracert	ICMPv4	Traceroute (30)	- Any Code -

2 entries.

Create | Delete | Set Values | Refresh

图 4-22 防火墙 ICMP 服务选项配置

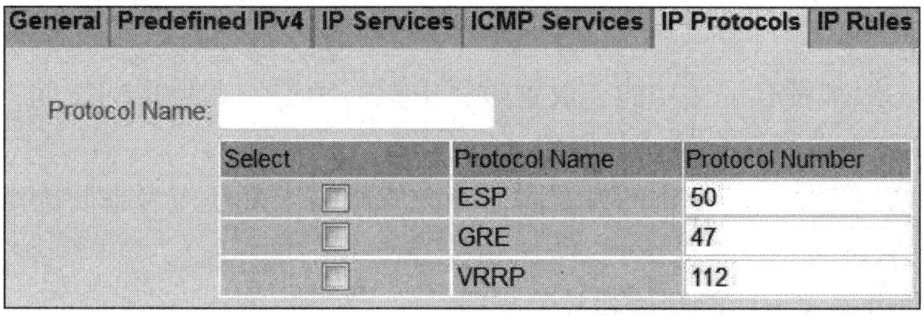

General | Predefined IPv4 | IP Services | ICMP Services | IP Protocols | IP Rules

Protocol Name:

Select	Protocol Name	Protocol Number
☐	ESP	50
☐	GRE	47
☐	VRRP	112

图 4-23 防火墙 IP 选项配置

3）配置 IP 规则和 CIDR 表示法。防火墙 IP 规则条目配置如图 4-24 所示。

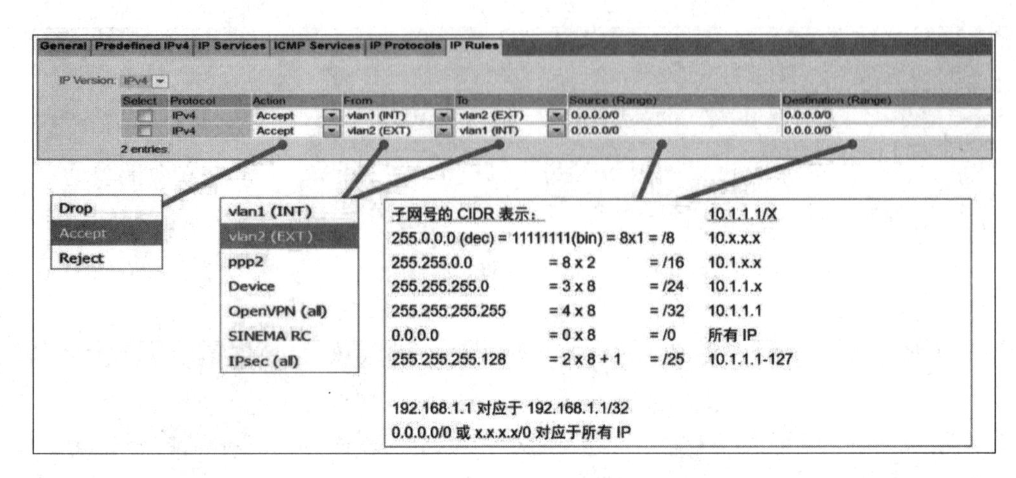

图 4-24 防火墙 IP 规则条目配置

4）防火墙准则设置。防火墙 IP 规则事件选项配置如图 4-25 所示。

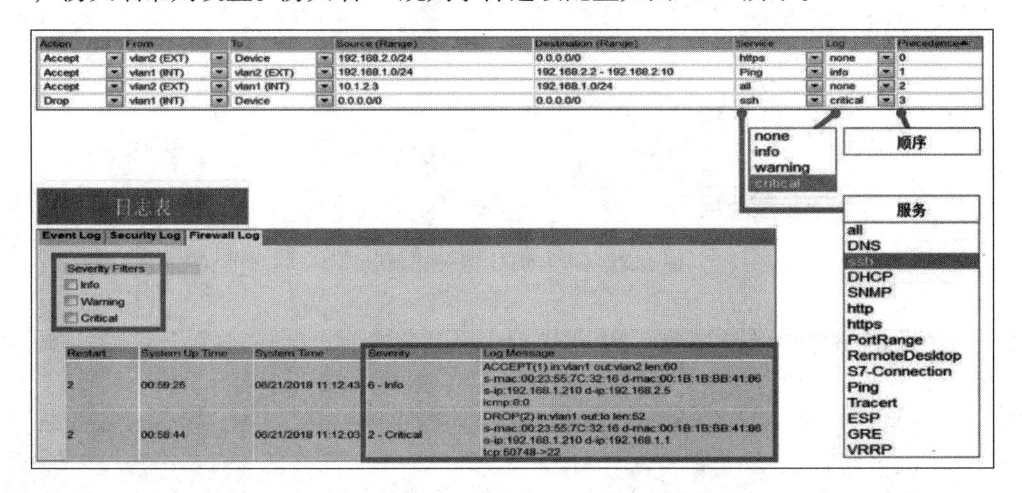

图 4-25 防火墙 IP 规则事件选项配置

防火墙规则设置的注意事项：

1）防火墙规则的设置应根据实际的通信终端要求设置匹配，避免因设置不当导致影响正常的需求，一般情况下可以适当地将策略放大，等实际的详细策略需求明确后再进行设置的原则。

2）防火墙一般都带有记忆功能，设置过程中只需考虑终端数据的发起方，无需考虑数据的返回规则，防火墙将会自动放行回包。

3）在常规情况下防火墙规则的设置除了考虑终端需求外还应考虑防火墙本身接口的管理规则，以方便管理。

4. 防火墙路由模式下功能测试和故障排除

西门子公司 SCALANCE SC600 系列产品的路由模式下的防火墙功能是标准应用，功能测试可以通过端到端的连通性测试 ping 应用进行，也可以通过终端设备或上位机软件的应用程序进行数据交互应用测试。

如果出现故障，应进行排除，常见故障排除方法总结如下：

- 检查设备连接的端口隶属 VLAN ID 和端口属性是否正确。
- 确保防火墙规则指定和放行了相应的地址和服务类型。
- 确保正确使用了网关地址和 IP 子网。

4.4.2　防火墙 Layer 2 透明模式的应用

1. 应用需求描述

国内某大型港口机械设备制造商为国外客户自动化码头提供的八台轮胎吊港机，在原本的港机本地化监控管理系统基础之上，客户希望实现轮胎吊的远程自动化控制。将轮胎吊设备上的司机室搬移到控制中心（客户自建监控中心）进行远程操作，对八台轮胎吊港机进行集中管理、实时在线检测运行状态。除了在保证控制系统的实时性和稳定性之外，客户希望整个远程监控和操作的网络系统必须具备网络安全功能，尤其保护港机上控制设备 PLC 和远程 I/O 重要设备的数据传输的完整性和安全性。

考虑到控制系统是采用西门子 PLC 控制器，网络系统设计必须支持并兼容工业以太网通信 PROFINET 协议；所选用的工业二层交换机 SCALANCE XC200、三层交换机 SCALANCE XC400 和工业防火墙 SCALANCE SC600 均支持 PROFINET 协议和诊断功能，满足现场控制系统的需求；为了保证远程监控的数据的安全性，组网方案必须全面考虑港机本地操作室独立网络安全性和整个系统的网络安全；采用增加防火墙硬件 SCALANCE SC600 系列设备实现边界隔离和各轮胎吊单元保护；系统整体架构如图 4-26 所示。

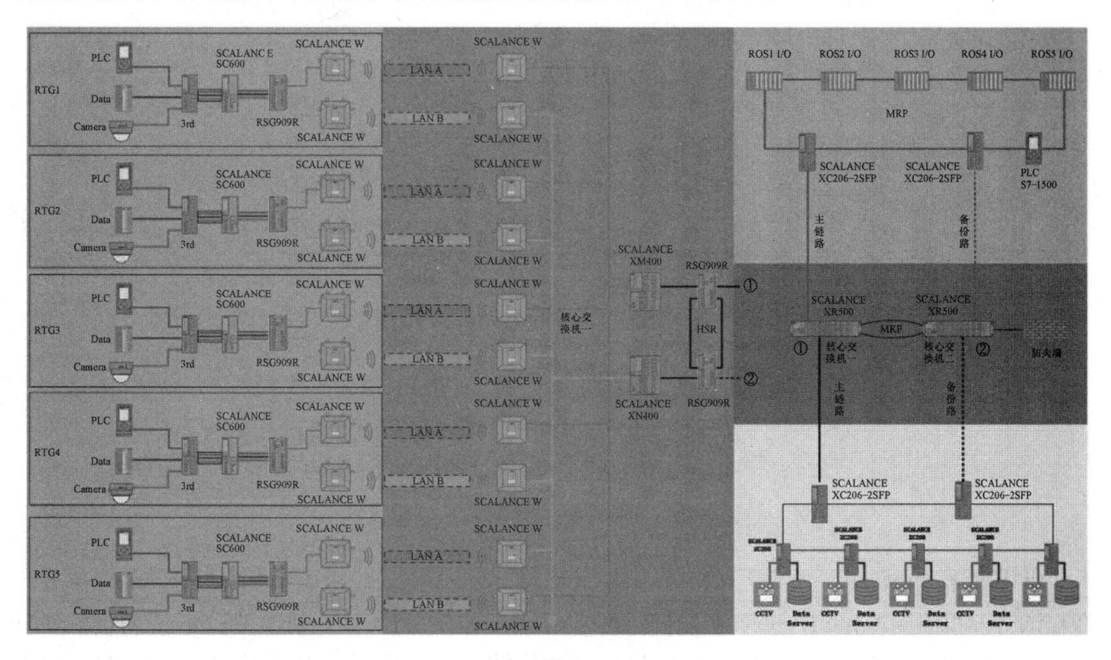

图 4-26　应用案例系统整体架构图

2. Layer 2 透明模式工作

每台港机与地面监控中心之间，通过部署一台工业防火墙 SCALANCE SC600 系列进行数据隔离和安全防护；港机上的业务数据到地面监控中心和核心交换机中间的网络交换机、防火墙设备、无线设备均需要支持 VLAN 功能实现通路连接和业务之间的数据隔离。

港机内部系统网络连接示意图如图 4-27 所示。

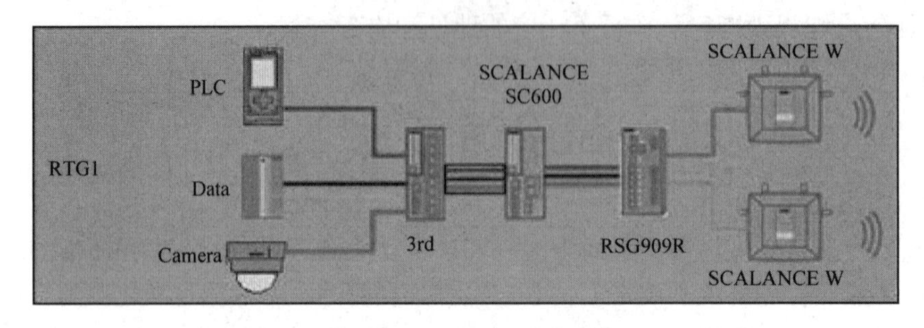

图 4-27 港机内部系统网络连接示意

对于 SCALANCE SC600 系列防火墙保护，有两种模式供选择（见图 4-28）：Layer 3 路由模式和 Layer 2 Bridge 透明模式。考虑到 PROFINET 的特殊需求，无法跨路由进行数据通信。该应用场景只能采用 Layer 2 Bridge 透明模式进行配置设计。

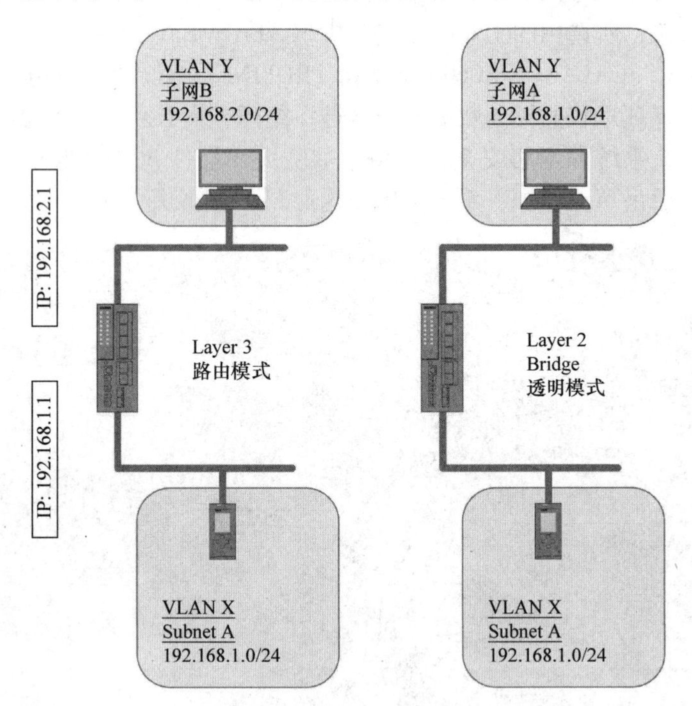

图 4-28 SC600 防火墙两种工作模式

对比与路由模式，Layer 2 Bridge 透明模式允许防火墙的内网（VLAN X）和外网（VLAN Y）采用相同的 IP 子网。仅仅需要在 VLAN X 和 VLAN Y 创建 Bridge 透明模式，防火墙设备仅仅工作在 Layer 2 层进行转发二层数据帧。过滤规则可以基于 IP 地址、TCP/UDP 端口和 MAC 地址进行定义。

3. Layer 2 透明模式功能实现和指导步骤

具体功能的实现需要从 SCALANCE SC600 的 VLAN 配置和防火墙策略配置两方面进行阐述。对 SCALANCE SC600 于内网侧三种业务 PLC、Data、Camera 设置对应三个 VLAN 2、

VLAN3 和 VLAN4，需要在 Layer 2 交换机上进行设置，并在端口 P1 进行放行。对于 RSG909R 交换机的端口 P1 也需要做相同属性的设置，保证数据帧在数据链路层顺利通过，如图 4-29、图 4-30 所示。

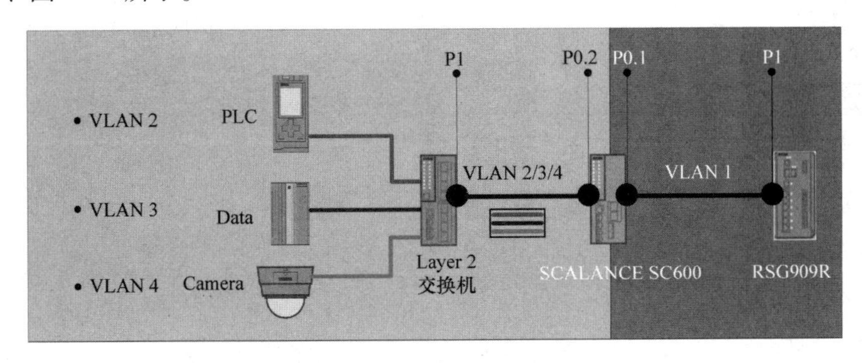

图 4-29　设备连接端口示例

802.1Q VLAN Bridge

Select	VLAN ID	Name	Status	P0.1	P0.2
☐	1	INT	Static	U	-
☐	2	EXT	Static	M	
☐	3		Static	M	
☐	4		Static	M	

4 entries.

图 4-30　VLAN 划分

对于 SCALANCE SC600 的端口 P0.2 和 P0.1 的设置如图 4-31 所示。

802.1Q VLAN Bridge

Select	VLAN ID	Name	Status	P0.1	P0.2
☐	1	INT	Static	U	-
☐	2	EXT	Static	-	M

图 4-31　端口隶属 VLAN 配置

- VLAN 工作模式：802.1Q VLAN Bridge。
- VLAN1 端口：P0.1 以 U 形式进行配置。
- VLAN2 端口：P0.2 以 M 形式进行配置。

在 VLAN1 和 VLAN2 之间设置透明传输模式，创建 Bridge - ID 为 1，并设置传输工作机制为 Transparent 模式，如图 4-32 所示。

配置 VLAN1 和 VLAN2 为同一桥接 Bridge 组，通过输入相同的 Bridge - ID。定义 VLAN 的类型，这里以 VLAN1 为 Master，VLAN2 为 Member 进行设置，如图 4-33 所示。配置完成后，VLAN1 和 VLAN2 之间的工作模式变为透明传输，无需进行路由跨子网进行 IP 数据包转发。

4. 防火墙透明模式下功能测试和故障排除

如果出现故障，应进行排除，常见故障排除方法总结如下：

- 检查设备连接的端口隶属 VLAN ID 和端口属性是否正确。

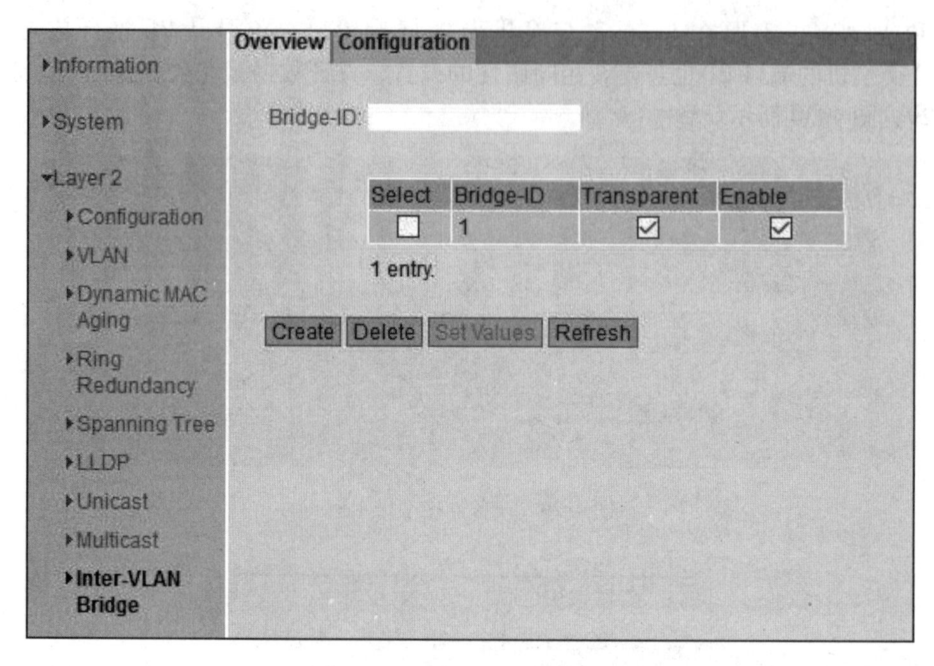

图 4-32　二层 Bridge 模式配置

- Layer 2 透明模式是否开启 Bridge 模式，是否生效。
- 确保防火墙规则指定和放行了相应的地址和服务类型。
- 确保正确使用了网关地址和 IP 子网。

Overview　Configuration

Interface	Bridge-ID	Type
vlan1	1	Master
vlan2	1	Member

图 4-33　二层 Bridge 成员类型配置

4.4.3　防火墙 IPSec VPN 模式的应用

1. 防火墙 IPSec VPN 应用需求描述

IPSec 的部署类型常见为传输模式和隧道模式，接下来针对 IPsec VPN 隧道模式进行阐述 SCALNACE S600 系列产品的功能。当设备使用 IPSec VPN 隧道模式时，数据包在传输到 VPN 对端伙伴前会被封装一个新的数据报头。

IPSec 的操作可分为建立阶段与数据交换阶段。建立阶段负责交换秘钥材料并建立安全关联（Security Association，SA）；数据交换阶段会使用不同类型的封装架构，称为认证头（Authentication Header，AH）与封装安全负载（Encapsulating Security Payload，ESP）。IPSec 数据包封装格式如图 4-34 所示。

因此，对于工厂生产现场如果需要进行加密数据传输，可以通过 IPSec VPN 方式建立两个终端设备或两个不同区域局域网之间的安全通道。

2. IPSec VPN 解决方案组网架构

作为 Layer 3 层隧道技术，IPSec 在工业现场可以连接两个内部子网 A 和子网 B，所有基于 IP 的服务均可以通过隧道轻松传输（例如 Web 应用、CLI 命令、S7 连接等）。对于标准化的 IPSec，通过 VPN 连接的两个内部子网 A 和 B 采用不同的子网设置，通过路由方式进行

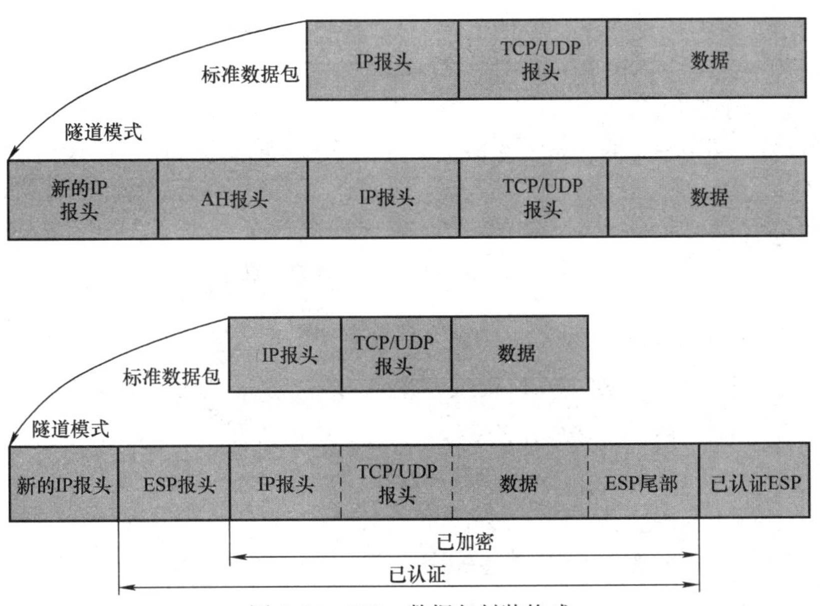

图4-34 IPSec数据包封装格式

数据转发。应用针对两台SCALANCE S615进行建立本地IPSec VPN组网方案，进行从子网A向子网B发送数据，采用加密方式进行数据传输。

与TCP类似，IPSec隧道由一个合作伙伴主动建立，而另一个正在等待传入连接。被动伙伴的IP地址至少必须是已知的，这样主动伙伴才知道在哪里建立连接。使用IPSec时，有效负载被封装到ESP中。ESP报头基本上取代了通常的TCP/UDP报头。与TCP/UDP不同，ESP不使用端口。但在IKE（v1/v2）密钥交换使用固定UDP端口号500。如果两个子网中间存在防火墙设备，则必须在传递VPN流量的防火墙中转发ESP和IKE的UDP端口500即可。IPSec网络架构如图4-35所示。

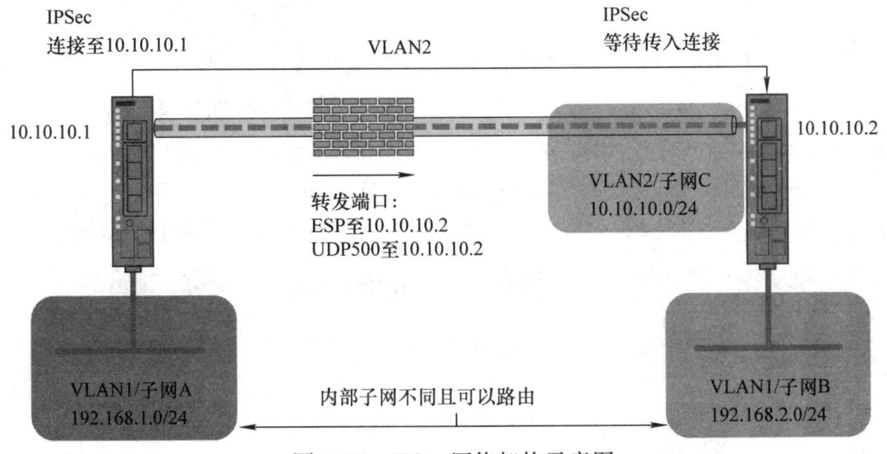

图4-35 IPSec网络架构示意图

3. IPSec VPN配置指导说明

VLAN1和VLAN2的配置和IP地址分配在此不做阐述。对于SCALANCE S615设备开启了防火墙功能时，需要等待传入VPN连接的模块必须具有防火墙中的传入允许规则才能允许使用 IPSec。这里对于 VLAN2，开启 IPsec VPN 选项，如图 4-36 所示。

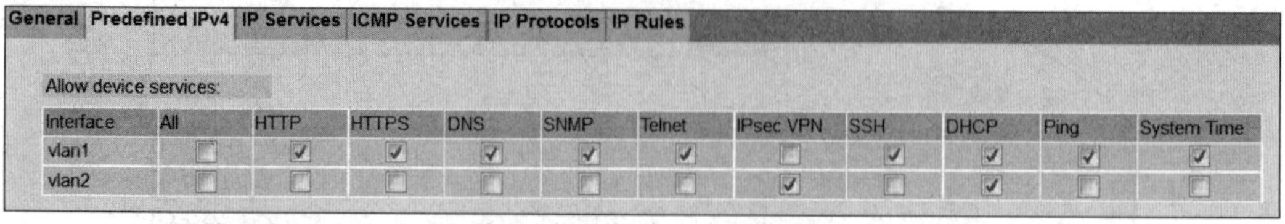

General | Predefined IPv4 | IP Services | ICMP Services | IP Protocols | IP Rules

Allow device services:

Interface	All	HTTP	HTTPS	DNS	SNMP	Telnet	IPsec VPN	SSH	DHCP	Ping	System Time
vlan1	☐	☑	☑	☑	☑	☑	☐	☑	☑	☑	☑
vlan2	☐	☐	☐	☐	☐	☐	☑	☐	☑	☐	☐

图 4-36　防火墙预定义选项配置

对于两台 SCALANCE S615 设备，必须全局开启 IPSec 选项，如图 4-37 所示。

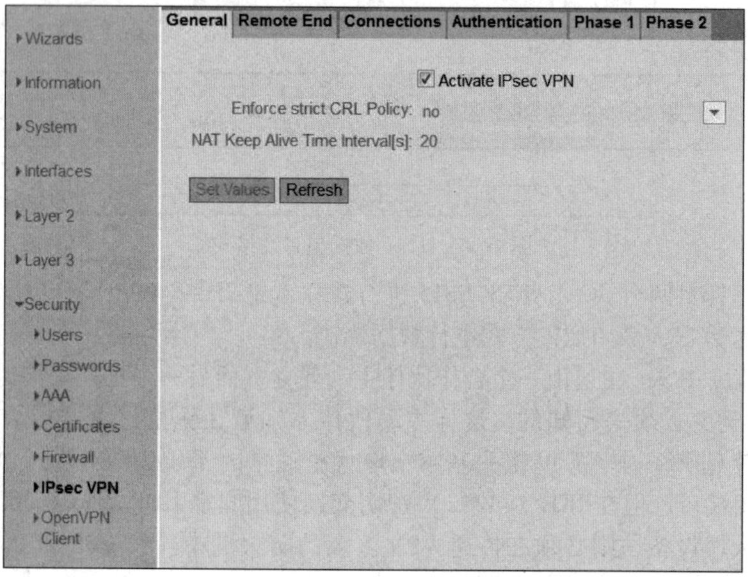

General | Remote End | Connections | Authentication | Phase 1 | Phase 2

▸Wizards
▸Information
▸System
▸Interfaces
▸Layer 2
▸Layer 3
▾Security
▸Users
▸Passwords
▸AAA
▸Certificates
▸Firewall
▸IPsec VPN
▸OpenVPN Client

☑ Activate IPsec VPN
Enforce strict CRL Policy: no
NAT Keep Alive Time Interval[s]: 20
Set Values | Refresh

图 4-37　全局开启 IPSec VPN 功能

对于右边的 SCALANCE S615 设备进行连接组态远程 VPN 伙伴，必须组态一个 Remote End 和一个 Connections。如果要连接两个以上的子网，则必须添加更多的 Remote End 和/或 Connections。这里，远程伙伴的 IP 地址和远程子网范围是已知确定的，因此在 Remote Mode 模式下选择标准 Standard 选项，远程 Type 类型选择 Manual 手动。

对于左边的 SCALANCE S615 设备采用对称相同属性的配置，如图 4-38 所示。

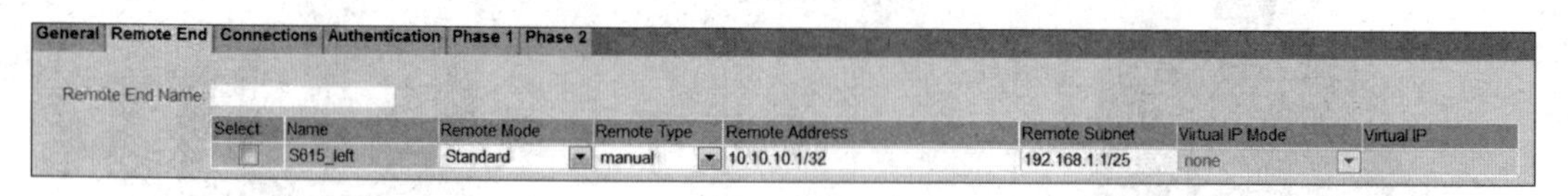

图 4-38　远端设备参数配置

Connections 连接定义用于密钥交换的 IKEv1 或 IKEv2 协议以及 VPN 隧道应连接的本地子网。每个连接都需要分配一个 Remote End。此外，“Operation”设置决定 VPN 是主动建立，还是模块正在等待传入连接（启动/等待）。通过响应模块数字输入的状态，也可以使用相同的选项（启动/等待 DI 端）。设置“On Demand”然后启动，只有在远程子网的数据待处理时才会建立 VPN。在没有数据的情况下，VPN 在 10 分钟后断开，如图 4-39 所示。

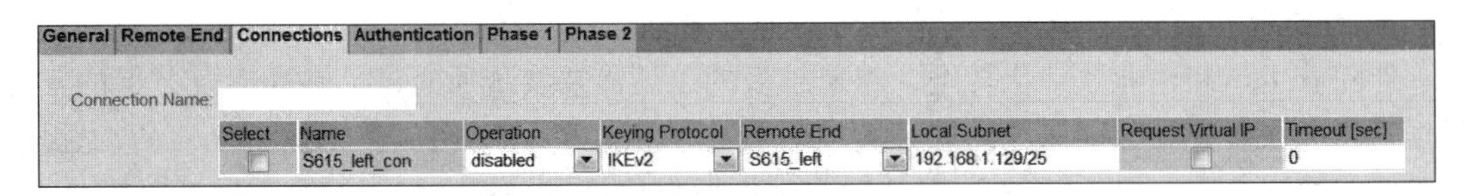

图 4-39　连接参数配置

对于 Authentication，可以有多重选型。这里选用 PSK（Pre Shared Key）预置密码方式进行设置，如图 4-40 所示。

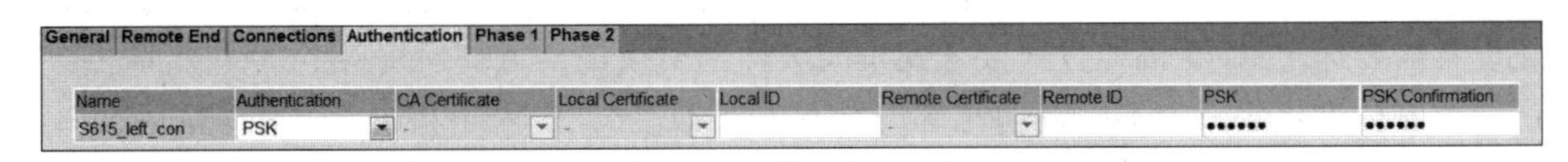

图 4-40　授权参数配置

Encryption/Hash（HMAC）/DH group 的参数可以在选项卡 Phase 1 和 Phase 2 中进行调整。如图 4-41 所示。否则应用默认值。

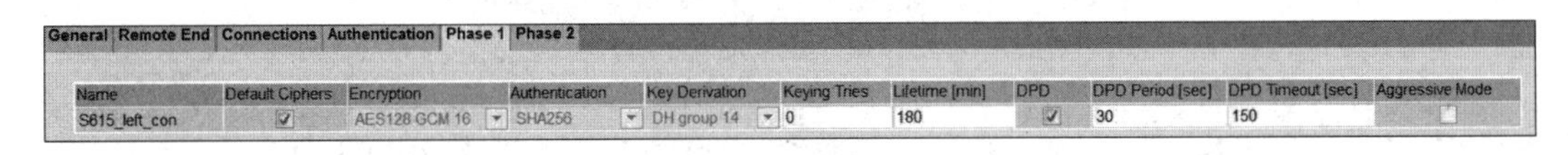

图 4-41　Phase 1 阶段参数配置

图 4-42 中 Phase 2 阶段参数配置完成两台 SCALANCE S615 后，即可验证 IPSec 连接状态和通信效果。该部分对于测试和实验结果的验证不进行展开。

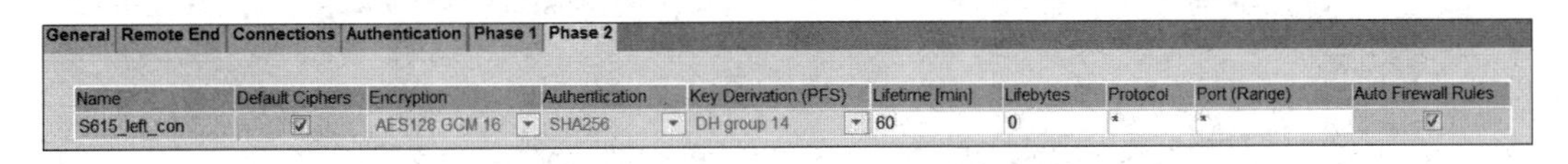

图 4-42　Phase 2 阶段参数配置

4. 防火墙 IPSec VPN 模式下功能测试和故障排除

如果出现 VPN 连接失败和数据通信故障应进行排除，常见故障排除方法总结如下：

- 检查物理接线是否正确，是否按照 VLAN 的端口分配进行连接的。
- 检查 VPN 参数配置是否正确。
- 检查防火墙预定义选项是否放行 IPSec VPN 功能。
- 检查终端设备子网和 IP 地址是否使用正确。
- 检查线路中间线路设备（如部署了防火墙）是否正确配置放行策略。

4.4.4　标准化机器设备的 NAT 技术应用场景

1. 标准化机器设备应用需求描述

最初开发的 NAT（网络地址转换）旨在推迟可用 IP 地址空间耗尽的时间，这是通过使用少量公有 IP 地址表示众多私有 IP 地址实现。

- 需要连接到互联网，主机没有全局唯一的公网 IP 地址。

- 更换 ISP（Internet Service Provider）要求对网络进行重新编制。
- 需要合并两个使用相同规划 IP 方案的局域网内部联网需求。

伴随着生产制造业数字化转型，越来越多的工厂需要实现所有产品在所有工艺上的实时流程管控和质量管控，确保产品的完美质量和生产信息的透明化。在工业现场 NAT 也提供了很好的解决方案，以下针对 NAT 功能在工厂标准化机器设备联网时的案例展开分析。

国内某制造业工厂需要进行车间级信息化改造，车间设备需要进行设备联网，建立车间级集控概念。现场车间相同功能的两条生产线上的控制系统采用标准化机器设计，终端设备 PLC 控制器使用了相同的局域网 IP 地址设计。车间级组网方案采用西门子 SCALANCE XM400 系列工业以太网交换机组建车间工业环网（见图 4-43），车间内部的所有生产线标准化设备需要通过 RJ45 铜缆方式接入到车间级环网交换机 SCALANCE XM400 进行联网。处于产线程序标准化考虑，工厂自动化部门要求在不改变 CPU 程序和组态的情况，需要车间级集控中心对产线一和产线二两台 PLC 进行 Web 服务器访问和数据采集。

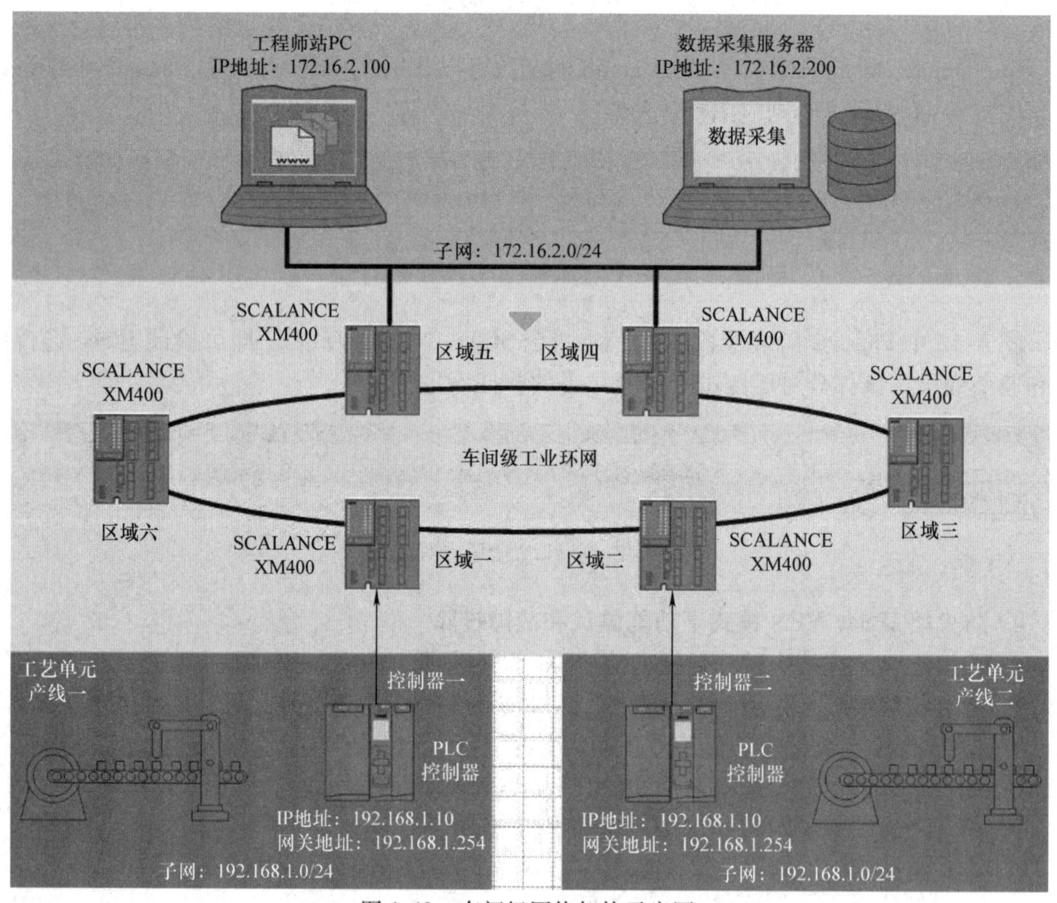

图 4-43　车间级网络架构示意图

产线一和产线二采用相同工艺的标准化机器设备，对于 PLC 控制器使用的 IP 子网为内网网段 192.168.1.0/24 不可修改，车间级集控中心的工程师站和实时数据采集系统需要通过网段 172.16.2.0/24 进行访问两条产线上的 PLC 控制器设备。具体现场 IP 地址规划和使用情况见表 4-3。

表4-3 产线设备IP地址设计和使用

标准化机器	设备	IP地址（对内）	子网掩码	网关地址	IP地址（对外）
产线一	PLC控制器一	192.168.1.10	255.255.255.0	192.168.1.254	172.16.2.10
产线二	PLC控制器二	192.168.1.10	255.255.255.0	192.168.1.254	172.16.2.20

2. NAT解决方案组网架构

如果将产线一和产线二的控制器PLC直接接入车间级交换机SCALANCE XM400上，一方面会导致网络中IP地址冲突问题；另一方面两个产线之间没有考虑逻辑隔离，会存在通信安全的风险。如何在不改变现场控制器组态和配置的情况下，利用现有设定IP地址进行方案设计。NAT方案设计组网架构示意图如图4-44所示。

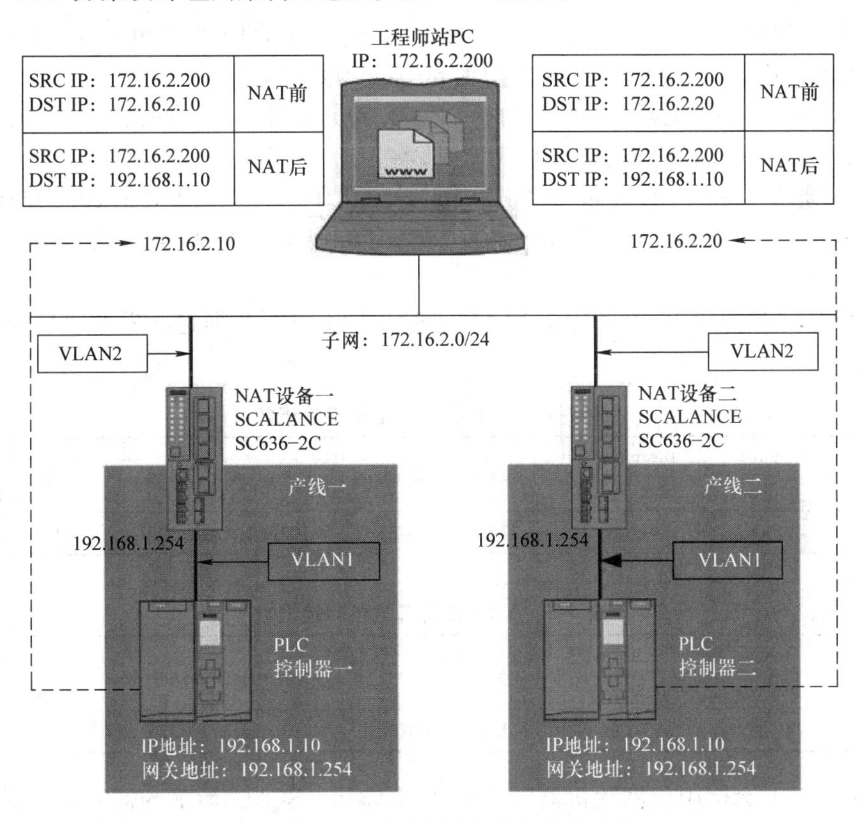

图4-44 NAT方案设计组网架构示意图

综上所述，在控制器一和控制二出口各部署一台设备SCALANCE SC636-2C，并激活NAT功能解决标准设备IP地址冲突和系统隔离的需求。NAT设备连接两个IP子网，通过划分为两个虚拟局域网VLAN1和VLAN2来隔离控制器内网和外网。VLAN1用于控制器内网（对内部）使用，VLAN2用于控制器外网（对外部）使用。

3. NAT功能的实现和指导步骤

具体的功能实现需要从SCALANCE SC636-2C的NAT功能中的NETMP和目的NAT进行阐述。应注意的是这里对于工程师站PC设备是不需要强制配置网关地址的。对于控制器设备PLC而言，是利用组态中既有的网关地址，在SCALANCE SC636-2C对应内网的

VLAN 1 接口下配置对应的地址。详细的功能实现步骤如下：

1）SCALANCE SC636 -2C NAT 设备中需要被分配两个虚拟局域网 VLAN1 和 VLAN2，其中 VLAN1 的接口需配置 IP 地址。

2）额外的 IP 地址 172.16.2.10 和 172.16.2.20 需要被启用，必须要在 SCALANCE SC636 -2C 设备中被配置。

3）工程师站 PC 访问控制器设备一和控制器设备二分别使用 172.16.2.100 和 172.16.2.200 地址作为目的地址。

4）来自工程师站 PC（机）发送的数据包，在 SCALANCE SC636 -2C 的 NAT 地址表中，目的地址被替换为 192.1682.10 和 192.168.2.20，并将替代过目的地址的 IP 数据包发送到控制器一和控制器二。

5）来自工程师站 PC（机）发送的数据包，在 SCALANCE SC636 -2C 的 NAT 地址表中，原 IP 地址 172.16.2.100 未在 NAT 地址表进行更改，保持不变。

6）从控制器一和控制器二的视角分析，数据包是来自一个不同网段的数据包。因此，对于控制器而言需要设置网关地址 192.168.1.254。

7）所有控制器发往工程师站 PC 的回报数据，原 IP 地址 192.168.1.10（控制器一）自动的被替代为 172.16.2.10；原 IP 地址 192.168.1.10（控制器二）自动地被替代为 172.16.2.20。

SCALANCE SC636 -2C 设备的从 VLAN2 到 VLAN1 进行数据包转发的 NAT 地址表象见表 4-4、表 4-5。

表 4-4 NAT 设备一地址转换表象

NAT 类型	Source Interface	Destination Interface	Source IP Subnet	Destination IP Subnet	Trans. Destination IP Subnet
Destination	VLAN2	VLAN1	172.16.2.100/32	192.168.2.10/32	172.16.2.10/32

表 4-5 NAT 设备二地址转换表象

NAT 类型	Source Interface	Destination Interface	Source IP Subnet	Destination IP Subnet	Trans. Destination IP Subnet
Destination	VLAN2	VLAN1	172.16.2.100/32	192.168.2.10/32	172.16.2.10/32

对于实现以上案例中标准化机器的 NAT 技术应用，SCALANCE SC636 -2C 设备通常需要配置的功能和选项如下：

- 设备系统名称。
- 虚拟局域网（VLAN）划分和名称定义。
- 虚拟局域网（VLAN）对应接口 IP 地址分配。
- NAT 功能设置，模式和 NAT 映射表。
- 防火墙规则的定义。
- NTP 时钟同步（可选）。
- Syslog 日志推送（可选）。

4. NAT 功能测试和故障排除

西门子公司的 SCALANCE SC600 系列产品的 NAT 功能非常强大，支持 Web 界面和 CLI

两种配置模式，无需做太多工作，其配置非常简单。NAT 功能测试可以通过端到端的连通性测试 PING 应用进行，也可以通过终端设备或上位机软件的应用程序进行数据交互应用测试。

但需要知道，任何网络功能的实现过程都不是完美的，如果出现故障，应有排除步骤和措施，常见故障排除方法总结如下：

- 检查设备连接的端口隶属 VLAN ID 和端口属性是否正确。
- 检查 NAT 选用的地址转换类型是否正确。
- 检查 NAT 地址池和地址转发表是否正确。
- 检查不同的 NAT 地址池是否有重叠和子网包含现象。
- 确保防火墙规则指定和放行了相应的地址和服务类型。
- 确保正确使用了网关地址。
- 查看 NAT 设备内存、CPU 以及可用的 IP 地址和端口范围限制。

第5章 工业远程通信的技术和应用

从世界任何地方远程访问异地的工厂、机器和移动应用程序正变得越来越重要，并且代表了行业和行业相关领域的关键竞争优势。西门子的工业远程通信产品组合为远程控制、远程服务及其各自的通信网络（远程网络）提供产品、系统和解决方案，这使得无论规模如何，都可以实现安全且经济地远程访问流程工业、自动化制造或公共基础设施的工厂。

远程控制是通过一个或多个中央控制中心对远程工艺站进行监控。虽然到站点的数据连接通常是永久性的，但数据传输优先选择在事件驱动的基础上或周期性地发生。远程服务（远程维护/诊断）提供远程技术系统（机器设备、计算机等）和控制中心之间的数据交换。其通信连接通常仅在设备需要故障检测、诊断、维护、维修或优化时才建立。

对于远程控制和远程服务应用，通过远程网络进行通信是必不可少的。西门子的远程网络产品包括用于有线和无线通信的网络组件。由于信息安全是远程访问的必要条件，西门子的通信组件提供了全面的安全措施，例如防火墙和虚拟专用网络（VPN）。

工业生产工厂有时会延伸到比较广大的区域甚至跨越国界。因此，工厂运营者需要安全且经济高效地访问其远程工厂。西门子为各种应用需求提供量身定制的高效远程控制解决方案。远程控制产品包括用于控制中心和远程终端单元（RTU）的解决方案。西门子的远程控制产品基于世界领先的SIMATIC自动化系统，因此是全集成自动化（TIA）的一部分，这是西门子用于全厂统一自动化的开放式系统架构。借助西门子全面的产品、服务和支持服务，可以满足符合的关键基础设施的信息安全要求，例如IEC 62443。

5.1 SINEMA Remote Connect远程通信解决方案

西门子SINEMA Remote Connect远程管理系统，简称SINEMA RC，可通过高效安全的方式实现远程访问分布在全球各地的机器设备。该服务器应用不仅可以实现远程服务，如对机器设备的远程维护，而且还能简化其他如远程控制等应用。此外，最新版本的SINEMA RC服务器远程管理平台不仅支持在客户的内部网络中部署，并且能够在基于云技术的公有云或私有云上安装运行，扩展了SINEMA RC Server远程管理平台的部署灵活性。

SINEMA RC Server远程管理平台可以管理和授权所有与其连接的通信连接。该管理平台特别适合用于标准和专用机械制造行业，因为原始设备制造商（OEM）可以借助该远程管理平台，根据为远程设备配置的独一无二的身份标识，识别并控制安装在不同客户工厂的众多同型机械设备。SINEMA RC Server远程管理平台可以确保对控制中心、服务工程师与已安装设备之间的VPN隧道进行安全管理。服务工程师通过SINEMA RC Client以及待维护的机器设备分别与SINEMA RC Server远程管理平台建立安全连接。SINEMA RC Server远程管理平台通过交换证书来验证各个站点的身份，然后根据参与组策略允许对设备进行访问。禁止未经授权访问带有运行设备或机器的企业生产网络，从而提高安全性。

SINEMA RC Server 远程管理平台 VPN 通道连接基于证书加密，符合 OpenVPN 标准，并通过最高 4096 位加密予以保护。机器设备访问权限的分配，可利用该管理平台简便的用户管理功能进行集中管理。所有站点均可通过手动方式启用或禁用，这样，制造商的客户（设备用户）也可以永久性地控制对其企业网络的每一次访问。借助集成的地址簿功能，所有机器设备均可通过 SINEMA RC Server 远程管理平台实现唯一识别和选择，即使它们具有相同的本地 IP 地址。

SINEMA RC 系统架构如图 5-1 所示。

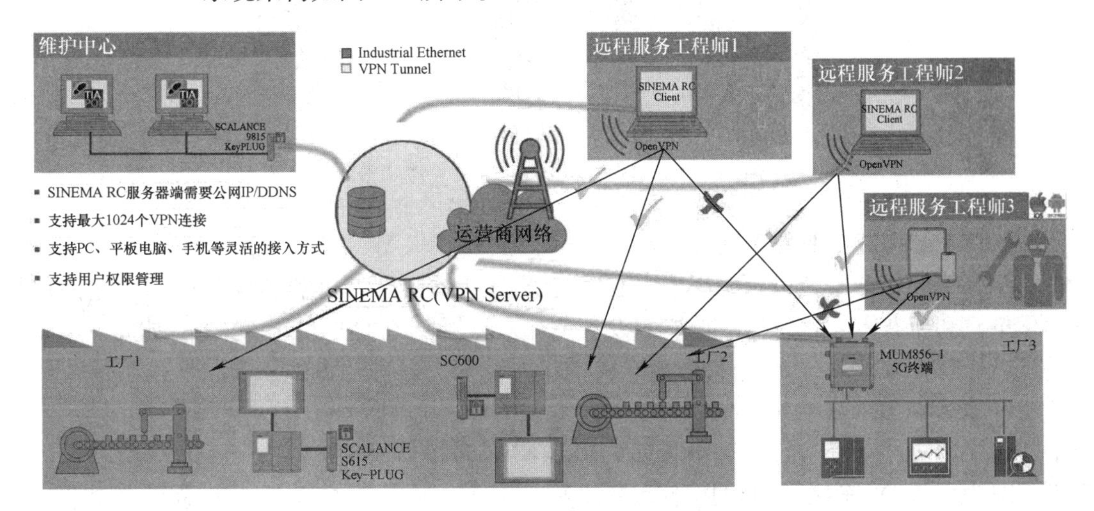

图 5-1　SINEMA RC 系统架构

5.2　SINEMA RC 服务器支持的接入设备

1. SCALANCE 有线路由器

本地有线 SCALANCE M 路由器，可以连接基于以太网的子网和自动化设备到现有的公共有线基础设施。网络中的设备也可以使用 PROFIBUS 网络。产品线包括连接双绞线电缆或有线电视同轴电缆的设备，如电话和 DSL 网络，如图 5-2 所示。

图 5-2　SCALANCE 有线路由器系列

客户收益：

- 使用 IP 通信实现本地网络的简单连接，如经由广域网。
- 由于经济性高，传输成本低。
- 冗余传输实现的高可用性路径。

2. SCALANCE 无线路由器

SCALANCE M/MUM800 系列无线路由器使用全球可用移动通信标准，可支持公共蜂窝电话网络（2G、3G、4G、5G）数据传输，如图 5-3 所示。

客户收益：

- 高数据速率允许传输大量数据或实时图像。

- 独立于电信服务商。
- 可以连接极远程的子站。
- 内置防火墙和加密性能，按用户需要过滤所需的通信数据包。

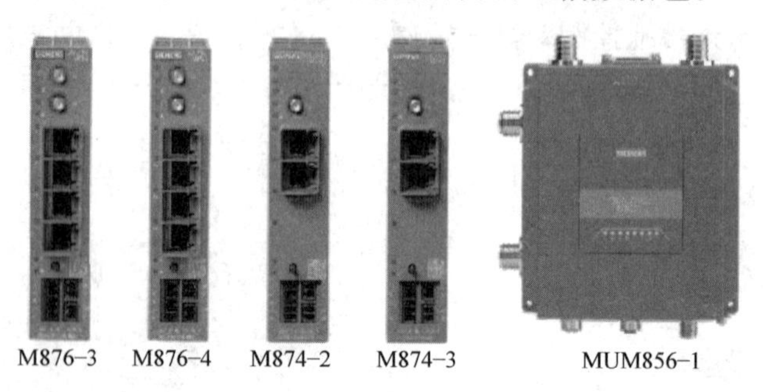

图 5-3　SCALANCE M800 系列无线路由器

3. SCALANCE 工业安全设备

SCALANCE 工业安全设备确保安全访问全球分布的工厂、机器和设备应用。它们保护自动化单元和所有没有自身保护功能的设备免受未经授权的非法访问、攻击，如间谍活动和非法操纵。SCALANCE S/SC 组件内置有通信状态安全检查防火墙和 VPN。

所有 SCALANCE S 系列产品都可以通过基于 Web 的管理（WBM）、命令行界面（CLI）、简单网络管理协议（SNMP）、网络管理 SINEC NMS 和 TIA 博途软件进行配置。数字输入可用于控制建立 VPN 连接，例如用于远程维护。SCALANCE S 系列工业安全设备如图 5-4 所示。

图 5-4　SCALANCE S 系列工业安全设备

客户收益：

- 高防火墙和加密性能。
- 管理多达 200 个 VPN 连接。
- 用于通信的网络地址转换（NAT/NAPT）与具有相同 IP 地址的串行计算机连接。

4. RUGGEDCOM RX1400 边缘路由器

RUGGEDCOM RX1400 边缘路由器，内置 4G 或 5G 调制解调器，如图 5-5 所示。RUGGEDCOM RX1400 运行 ROX Ⅱ 操作系统，并向网络边缘和更高级别应用提供运营商级别路由和交换性能。

RUGGEDCOM VPE1400 提供了一个坚固、经济高效的硬件平台和一个虚拟环境来运行客户 Linux 操作系统和第三方应用程序，以响应将智能控制推向网络边缘的趋势。在 RUGGEDCOM VPE1400 上运行 SINEMA RC Client，将 RX1400 边缘路由器及其路由转发网络集成到 SINEMA RC Server 平台上，实现异地工厂安全通信连接。

图 5-5　RX1400

客户收益：

- 内置防火墙。
- 多种路由协议，支持运营商级路由。
- 坚固硬件平台，强大环境适应性能。
- 内置无线移动调制解调器，支持双运营商网络冗余。

5.3　SINEMA RC 客户端软件

SINEMA RC Client 是基于 Windows 操作系统的客户端软件，用于将 Windows PC 接入到 SINEMA RC Server 平台，并根据 SINEMA RC Server 的参与组配置与相应的参与组内设备和客户端实现隧道通信。

5.4　SINEMA RC 系统的部署和基本配置

SINEMA RC 系统由分布式网络上的单个服务器（专用服务器 PC 或虚拟机）和至少一个设备（称为客户端）组成。SINEMA RC Server 可以很容易地部署于商用或工业互联网路由器（例如，将用户办公室的计算机连接到互联网的路由器）后面，这是一种相当常用的配置。引入单独的路由器意味着无需编辑路由器设置或访问客户端的内部网络，这对于关注网络或数据安全的最终用户来说可能是一个重要因素。

系统中所有启用 SINEMA RC 的网络设备（在图 5-6 中为 SC636－2C）建立与服务器的 VPN 连接，这有效地使每个单独的设备如同已连接在同一局域网中，同时保持网络的安全性。此外，配置了远程用户连接，这将允许维护技术人员远程访问系统并提供任何必要的支持或维护。

系统拓扑如图 5-6 所示。

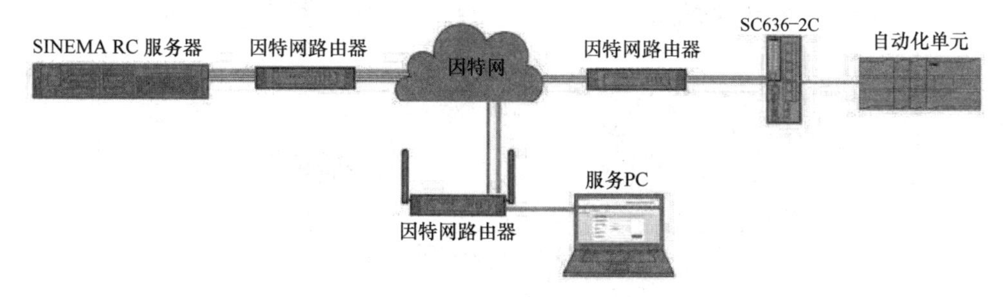

图 5-6　SINEMA RC Server 的部署示意图

对于图 5-6 的配置，需要以下硬件设备：

1）操作员 PC。

2）操作系统（或者虚拟机）。

3）兼容 SINEMA RC 的远程设备（在图 5-6 中为远程 SCALANCE SC636－2C）。请注意，部分设备需要额外的 Key Plug 用于允许 SCALANCE 设备充当 SINEMA RC 客户端。许多 SCALANCE 交换机都兼容 SINEMA RC，只要型号支持 VPN（S/SC、M/MUM 和 CP 产品中的型号通常都支持）。

4）服务器和任何客户端设备的可靠互联网访问。

5.5 SINEMA RC 服务器的基本设置

SINEMA RC 服务器支持使用路由器方式连接公共网络，用户能够实现公共网络 IP 的共享使用，并且当前版本同样支持 IPv6 地址，如图 5-7 所示。

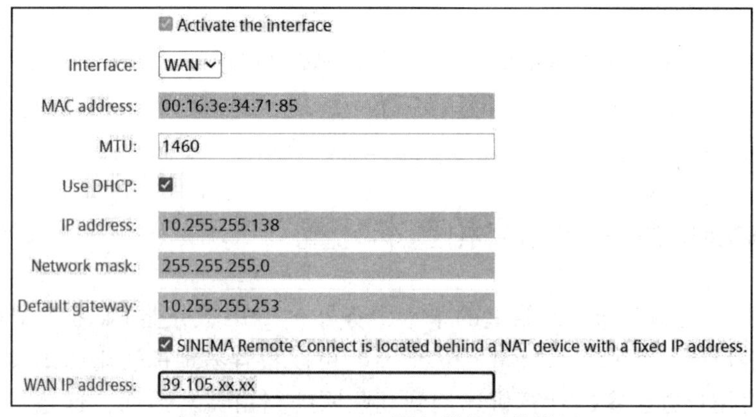

图 5-7 SINEMA RC 服务器的网络设置

在 SINEMA RC 网络中的设备在认证和授权过程中需要使用到时间签名，因此要求参与的设备时间能够做到准确，如图 5-8 所示。

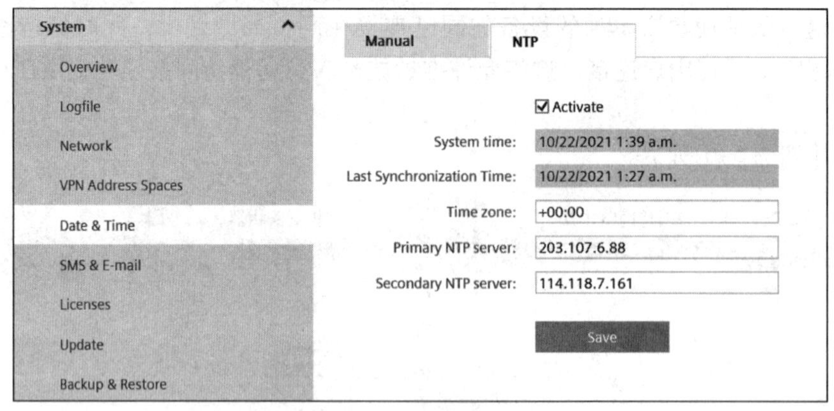

图 5-8 SINEMA RC 服务器时钟同步设置

SINEMA RC 服务器的参与组，是各种客户端接入到 Server 后能否实现彼此间通信需求的策略措施。

SINEMA RC 服务器配置参与组间通信关系，如图5-9所示。

SINEMA RC Server 创建远程接入设备并指定该设备的参与组，如图5-10所示。

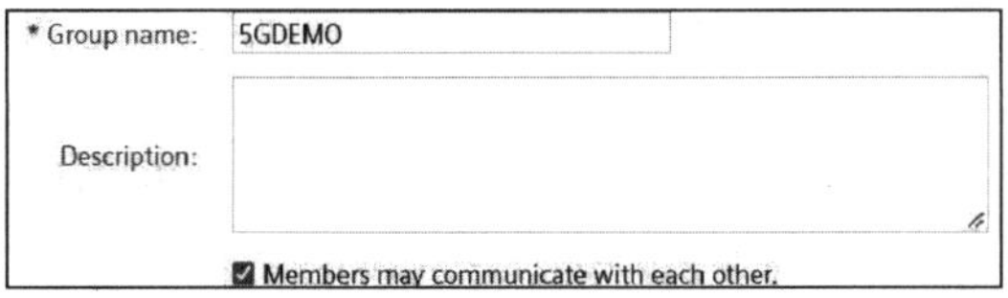

* Group name:
5GDEMO
Description:
Members may communicate with each other.

图5-9 SINEMA RC 服务器参与组

Group settings:
Participant groups:
Add
5GDEMO X
Save

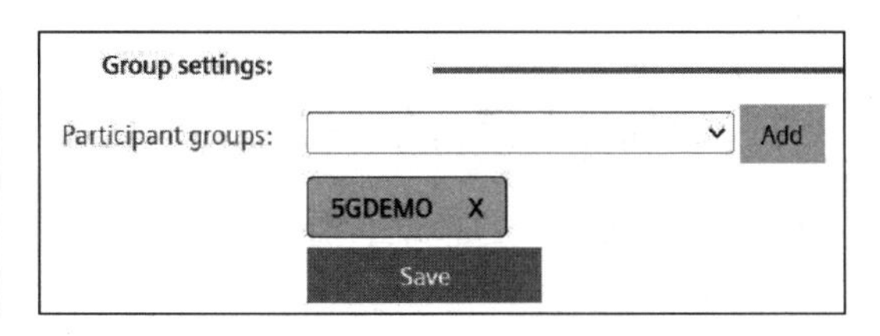

图5-10 将设备添加至参与组

SINEMA RC Server 为新创建的远程接入设备配置子网，如图5-11所示。

SINEMA RC Server 中创建维护工程师账号并分配账户权限以及参与组的参数，如图5-12所示。

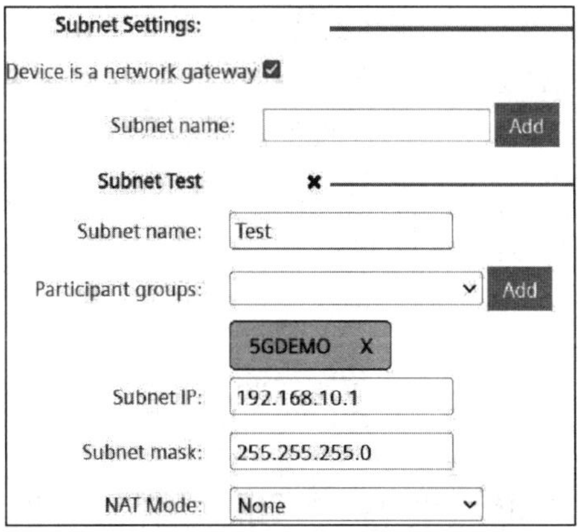

Subnet Settings:
Device is a network gateway
Subnet name:
Add
Subnet Test
Subnet name:
Test
Participant groups:
Add
5GDEMO X
Subnet IP:
192.168.10.1
Subnet mask:
255.255.255.0
NAT Mode:
None

图5-11 为新创建的远程接入设备配置子网 IP

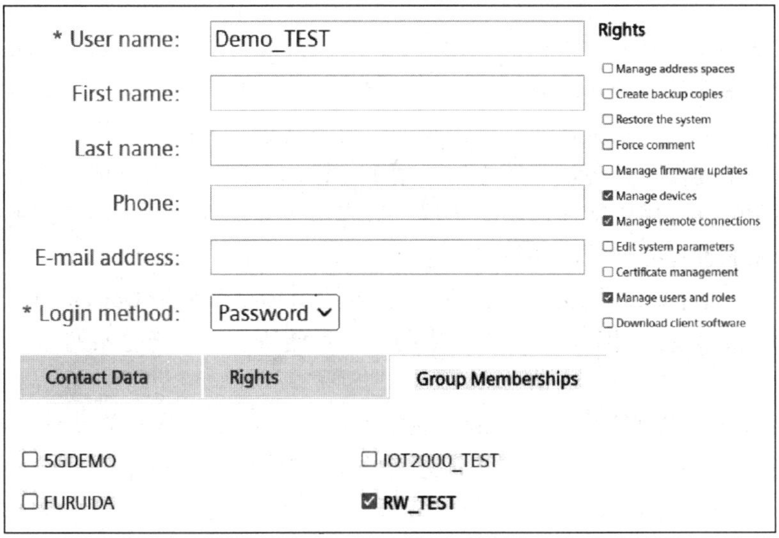

* User name:
Demo_TEST
First name:
Last name:
Phone:
E-mail address:
* Login method:
Password
Rights
Manage address spaces
Create backup copies
Restore the system
Force comment
Manage firmware updates
Manage devices
Manage remote connections
Edit system parameters
Certificate management
Manage users and roles
Download client software
Contact Data
Rights
Group Memberships
5GDEMO
IOT2000_TEST
FURUIDA
RW_TEST

图5-12 创建维护工程师账号并分配账户权限及参与组的参数

5.6 Telecontrol 远程控制解决方案

5.6.1 远动控制通信协议简介

西门子产品支持的远动控制协议分两类，一类为西门子开发的私有协议，如 SINAUT ST7，另一类为公共标准协议，如 IEC 60870 - 5 - 101/104、DNP3。IEC 60870 - 5 - 101/104、DNP3 和 SINAUT ST7 协议均基于三层增强性能架构（EPA）参考模型，用于在 RTU、仪表、继电器和其他 IED 中高效实施。此外，EPA 定义了位于 OSI 应用层和应用程序之间的用户层的基本应用程序功能。此用户层增加了此类功能的互操作性，例如时钟同步和文件传输。

1. SINAUT ST7

SINAUT ST7 是西门子公司开发的私有远动控制协议。与 IEC 60870 和 DNP3 协议类似，都基于 EPA，SINAUT ST7 支持基于串行通信接口和 TCP/IP 通信接口的远程站和控制中心站。SINAUT ST7 协议分为主站和从站两种类型设备。支持轮询订阅模式和事件触发自主传输模式，以及数据信息时间戳。结合终端接口模块能够实现通信链路冗余。

远程终端单元的信息可以分为以下几类：

- 数字信号。
- 模拟信号。
- 计数器。
- 命令和设置。

SINAUT ST7 协议具有安全性，SINAUT ST7 通过 MSC 和 MSCsec 使用用户名和密码方式对通信伙伴进行认证并对数据进行加密建立 MSC 隧道。相较于 MSC，MSCsec 在可配置的通信伙伴之间更新共享的自动生成密钥间隔。

2. DNP3

分布式网络协议 DNP3，也被称为 IEEE Std 1815，最早由 GE Harris Canada 于 1993 年推出，作为一种可快速部署的解决方案，其是从传统的 SCADA 要求演变而来的，即使使用低带宽和可能不可靠的通信系统，在广域范围内也可以通过可靠的方式远程监视和控制设备资产。它主要侧重于提供一种轻量级的方法，用于传输相对简单的数据值和控制命令，并具有高度的完整性和弹性，用于从通信系统错误和故障中恢复。现已广泛用于监视关键基础设施状态并允许可靠的远程控制，已获得广泛接受。

DNP3 定义了两种类型的彼此通信的端点：主站 Master 和分站 Outstation。

主站 Master：用于控制中心的计算机或网络。存储所有来源于分站的输入数据并处理以供显示。

分站 Outstation：也被称为从站，是在现场使用的计算机。这些分站计算机从现场的设备（如电流传感器和电压传感器）收集信息，并将数据传输到主站。另外，DNP3 分站也可以是直接与主站通信的远程设备，如 RTU 或 IED、水流计或功率计、光伏逆变器或任何类型的受控站。

DNP 提供了对数据的分片、重组、数据校验、链路控制、优先级等一系列的服务，在协议中大量使用了CRC来保证数据的准确性。DNP3以IEC 60870-5标准为基础，且与硬件结构无关。支持点对点、一点多址、多点多址和对等的通信方式。采取适当的扫描方式，DNP3可以在一定程度上实现实时优先级。

DNP3为主站定义了多个功能码，用于对分站或者主站/分站混合设备的控制。定义了一个功能码使远程分站能够对安装地发生的特定事件自主上报。

3. IEC 60870-5

IEC 60870-5-104是在IEC 60870-5-101的基础上演化而来的，IEC 60870-5-104是将IEC 60870-5-101的应用服务数据单元（ASDU）用TCP/IP协议栈进行传输的标准。IEC 60870-5-104规定传输层使用的是TCP，使用的端口号为2404。

根据可用的通信通道类型：共享（点对多点）或专用（点对点），有以下两种不同的通信模式：

1）平衡模式。当专用点对点通信信道（电话连接或专用链路）可用时使用。通信是全双工的，RTU无需等待控制中心请求就可以发送数据。这使得自发的数据传输更快，无需等待控制中心更新。

2）不平衡模式。它在点对多点链路中用作无线电共享连接。通信方式为半双工。发送数据的唯一RTU是控制中心使用其在数据请求中的特定链接地址请求的RTU。主站需要周期性地向通道中的所有RTU请求以了解是否有新的数据等待传输。不平衡模式也可以用于点对点信道，但由于缺少来自RTU的自发传输，它会失去响应时间。

5.6.2 控制中心解决方案

西门子提供根据由小型RTU到大型RTU站的不同需求的控制中心解决方案。TeleControl Basic协议是西门子专为小型简单的RTU控制任务而设计的，它支持大量的RTU分站，用于通过移动无线和有线互联网传输少量数据。对于具有复杂控制任务的应用，建议使用基于IEC 60870、DNP3（IEEE 1815）或SINAUT ST7远动协议的远程控制解决方案。这些系统支持多种网络拓扑结构和通信介质，因此适用于通过所有可用的通信介质（私有和公共网络、移动无线和有线互联网）传输大量数据。

1. TeleControl Basic 介绍

TeleControl Basic是西门子具有高性价比的用于固定远程设备或使用移动网络连接移动站监测和控制的解决方案，它非常适合自动化程度相对较低的应用，例如，用于采集过程数据或远程诊断和维护。典型的应用领域包括工厂过程控制、水/废水处理公共设施的优化、能源配送、交通监控以及设施管理。

一个完整的TeleControl系统由以下三个部分组成：

- 控制中心软件。
- RTU。
- 远程通信网络。

RTU通过对局部过程的监测和控制，构成远动系统的外站。西门子提供基于SIMATIC控制器构建模块化RTU的组件。

西门子提供广泛的工业调制解调器和路由器产品，用于连接RTU到控制中心。

TeleControl Basic系统使用TeleControl Server Basic作为控制中心软件。作为OPC UA服

务器，它将 HMI 系统（例如 WinCC、PCS 7 或 WinCC OA）连接到 RTU。TeleControl Basic 允许管理多达 5000 个分站。它采用西门子 TeleControl Basic 协议支持连接配置有 SIMATIC CP 通信处理器的基于 SIMATIC S7－1200 和 SIMATIC ET 200SP 的模块化 RTU 以及 SIMATIC RTU 3000C 系列的紧凑型 RTU。该系统既可以与控制中心进行远程网络通信，也可以在 SIMATIC RTU 之间进行直接通信，如图 5-13 所示。

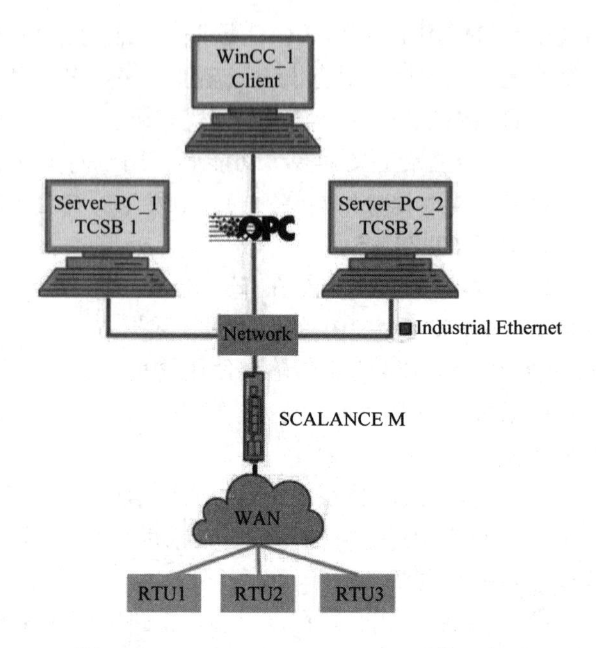

图 5-13　TeleControl Server Basic 系统示意图

2. TeleControl Basic 系统的优势

1）良好的系统扩展能力，可从少量分站扩展到多达 5000 个分站。

2）使用不同的通信运营商的互联网和现有的移动无线网络接入，组成统一的通信系统网络。

3）可使用按流量计费的资费方式，实现永久或按需移动无线连接的低成本通信。

4）通过永久移动无线通信连接，用于即时数据传输和站点故障检测。

5）短信提醒运行维护人员。

6）监控临时移动网络连接并将间歇性连接到控制中心 RTU。

7）在 TIA 博途软件中使用 STEP 7 轻松组态模块化 SIMATIC RTU。

8）整个应用程序的完整“数据点配置”。

9）通过 STEP 7 中用户友好的“项目浏览”选择控制中心需要相关的 RTU 数据。

10）只需几个步骤即可循环或事件驱动地传输测量值、设定点或警报，无需编程。

11）多用户通过 Telecontrol Server Basic（多用户功能）轻松、同时、方便地配置 RTU。

12）通过短信或电话为无线路由器提供“唤醒”功能（从待机模式到在线模式），在使用唤醒功能（例如使用 CLIP 功能）之前进行安全认证。

13）最高安全性，通过安全 TeleControl Server Basic 隧道或 SINEMA Remote Connect VPN 隧道与 RTU 进行安全通信。

14）集成远程维护功能，如 RTU 的远程维护和编程，即使在运行期间也是如此。

15）TeleControl Server Basic 可以冗余操作以提高自动化数据的可用性，如果两台 PC 位于同一局域网内，则无需额外布线来同步冗余软件包，Windows 操作系统可实现冗余模式。

可连接到 TeleControl Server Basic 的 SIMATIC 模块化 RTU 如下：

- SIMATIC RTU 3000C。
- S7－1200/CP 1242－7 GPRS V2。
- S7－1200/CP 1243－1。
- S7－1200/CP 1243－7 LTE。
- ET 200SP/CP 1542SP－1 IRC。

- S7－300/MD720（CPU 使用功能库“MSC300_Library”）。

TeleControl Server Basic 的系统组件，如图 5-14 所示。具体组件如下：

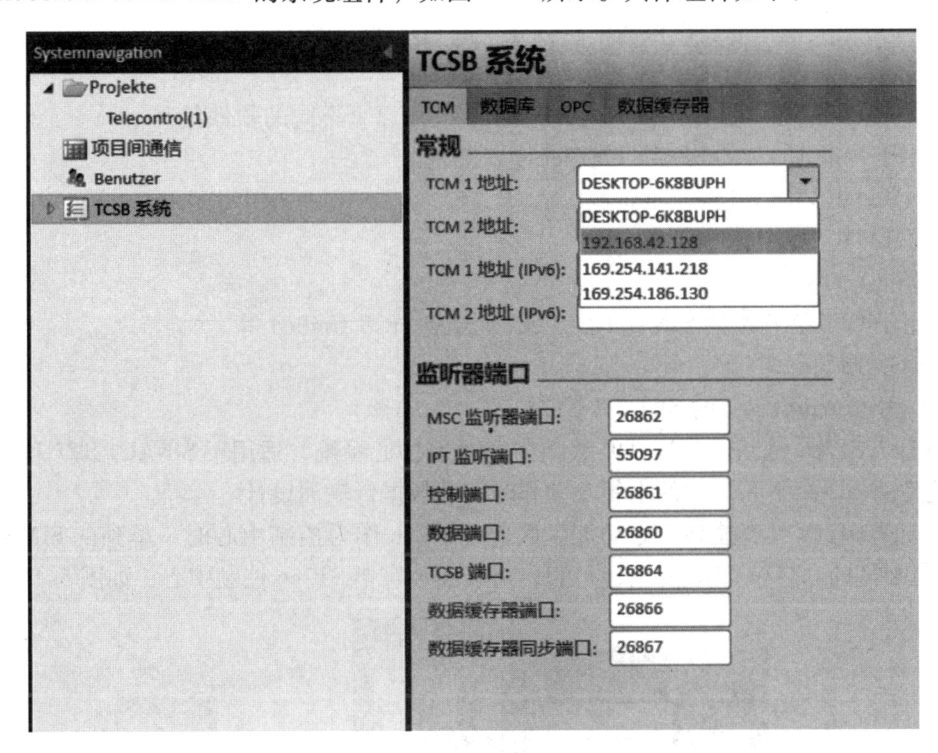

图 5-14　TeleControl Server Basic 页面

- Telecontrol Manager（TCM），管理与通信伙伴的连接。
- 数据库，用于存储系统的组态数据和日志文件，数据库的用户界面为 CMT。
- OPC 服务器，OPC 接口将所连接站的数据提供给一个或多个已连接的 OPC 客户端。
- Configuration and Monitoring Tool（CMT），是系统以及与站的连接的组态、通信连接监视的程序用户界面，如图 5-15 所示。
- Web 服务器，通过 TCSB 的 Web 服务器能访问远程内置 Web 服务器的 RTU。

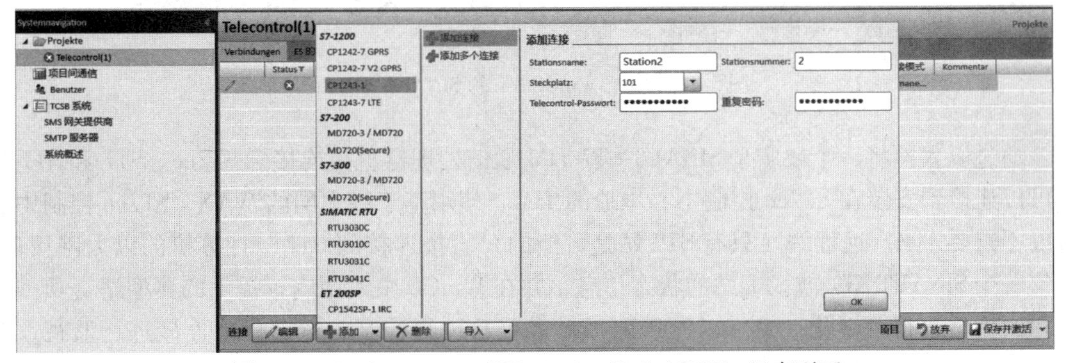

图 5-15　Configuration and Monitoring Tool（CMT）组态页面

基于 IEC 60870、DNP3 和 SINAUT ST7 的远程控制系统能够自动、高效地对远程生产过程进行监控。就西门子产品而言，基于 IEC 60870、DNP3 和 SINAUT ST7 的远程控制系统将由模块化 RTU 连接至一个或多个 SIMATIC 控制中心。控制中心可以使用 WinCC、PCS 7、WinCC OA 或由其他供应商提供的单机或冗余的 SCADA 系统构建。

3. 适合复杂控制任务的控制中心软件包

西门子根据控制中心的 SCADA 软件类型，使用以下不同的软件包：

- 用于 WinCC V7 的 SINAUT ST7cc。
- SIMATIC PCS 7 TeleControl。
- SIMATIC WinCC TeleControl。
- WinCC OA。
- 用于 OPC 客户端的 SINAUT ST7cc，例如 WinCC Unified 等。

具体说明如下：

（1）用于 WinCC V7 的 SINAUT ST7cc

SINAUT ST7cc 是基于 SIMATIC WinCC 的控制中心系统，适用于 SINAUT ST7 和 SINAUT ST1。它专为 SINAUT 系统中的事件驱动和时间戳数据传输而设计。

SINAUT ST7cc 具有控制中心功能。因此，ST7cc 作为控制中心时，单独的 SIMATIC S7 CPU 不是必需的。与 WinCC 冗余包一起，可以实现容错 ST7cc 控制中心，如图 5-16 所示。

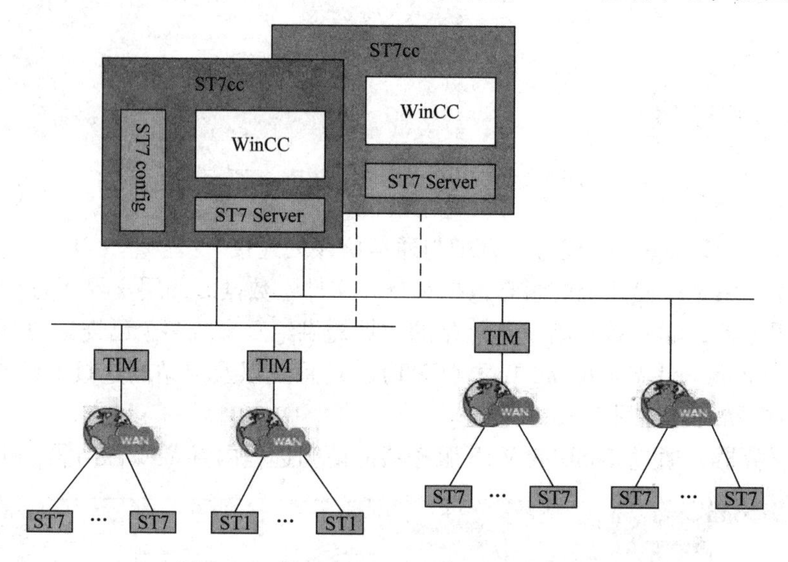

图 5-16 用于 WinCC V7 的 SINAUT ST7cc

通过以太网将一个或多个 SINAUT ST7 TIM 通信处理器直接连接到 ST7cc。ST7 和 ST1 站都可以连接到安装在 ST7cc 控制中心本地的 TIM。使用基于以太网的 WAN，ST7cc 控制中心可以不需要 TIM。远程站（只有 ST7 站是可能的）直接连接到 ST7cc 计算机的以太网接口。采集每个 SINAUT ST7 或 ST1 站的状态信息，并在 WinCC 中使用内置提供的典型站（典型显示和面板）进行可视化，并可以通过面板对远程站进行控制，对远程站连接进行监视，对通信中断的站标记并在通信正常后自动恢复对远程站的扫描，如图 5-17 所示。

（2）SIMATIC PCS 7 TeleControl

RTU 以单站或操作员站/服务器形式集成到 SIMATIC PCS 7 过程控制系统的过程控制中

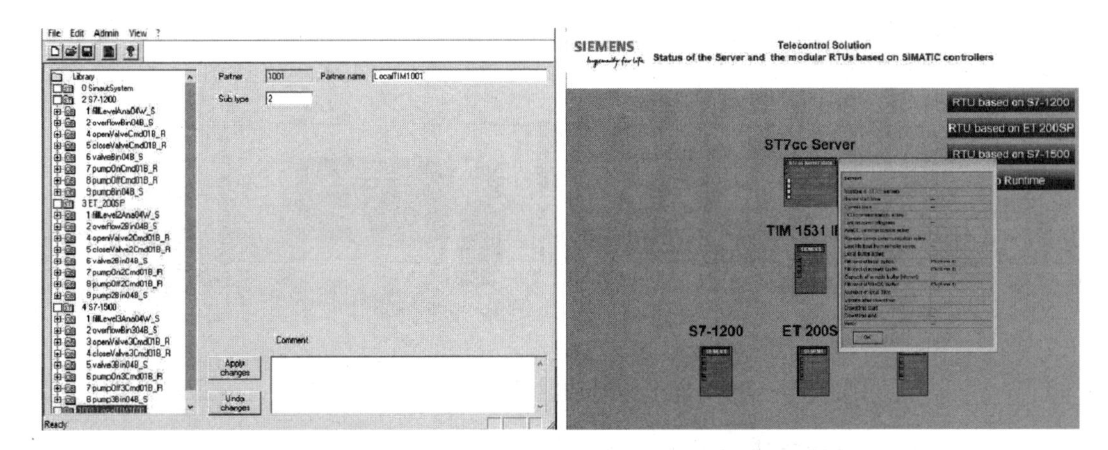

图5-17　用于WinCC中使用内置提供的典型站进行可视化

（也可选择冗余）。无需在SIMATIC PCS 7系统中规划用于调节和连接远程控制特定数据的额外自动化系统。对于大量RTU，PCS 7 TeleControl操作员站（单站/服务器）最好只负责远动（专用）。对于少量RTU，除了RTU（双通道模式）外，服务器或单站还可以控制中央工厂区域中的SIMATIC PCS 7自动化系统。

为了实现PCS 7 TeleControl操作员站（单站/服务器）的工程设计，SIMATIC PCS 7过程控制系统工程师站通过DBA（数据库自动化）技术和SIMATIC PCS 7 TeleControl块库进行了扩展功能。

SIMATIC PCS 7 TeleControl使用远动协议SINAUT ST7、DNP3和Modbus（通过串行和TCP/IP通信连接）以及IEC 60870-5-101（串行）和IEC 60870-5-104（以太网TCP/IP）与RTU通信。

通过SIMATIC PCS 7远程控制，远程分站RTU可以集成到SIMATIC PCS 7中，远程自动化过程控制，对于操作员操作与本地中央自动化系统操作控制相比没有明显差异。客户端/服务器多用户系统的操作系统客户端能够在一个过程映像中同时显示来自RTU和SIMATIC PCS 7自动化系统（AS）的数据，这些数据来自具有双通道功能的服务器或来自两个单独的服务器。显示主要在过程对象（如电机、阀门等）的面板上，也可以通过趋势曲线和信息进行显示。

（3）SIMATIC WinCC TeleControl

SIMATIC WinCC TeleControl基于WinCC，作为WinCC的选件包用于实现IEC 60870-5-101/104、DNP3和SINAUT ST7远程RTU的控制中心与远程RTU连接。基于DBA技术的工程系统，同时支持第三方IEC 60870-5-101/104、DNP3等协议RTU。WinCC Telecontrol组件包括工厂组态组件、服务器Runtime和SINAUT ST7、DNP3、IEC 60870-5-101/104驱动。

（4）WinCC OA

WinCC OA提供IEC 60870-5-101、IEC 60870-5-104、DNP3和SINAUT驱动程序和配置面板。

通过配置面板创建连接的数据点（DataPoint）和相关远程控制组件的地址等。这些驱动作为WinCC OA的选件提供选择。

4. 基于 SIMATIC 控制器的 RTU

西门子提供多种面向 SIMATIC 控制器的 RTU 接口模块，如图 5-18 所示。

图 5-18 丰富的 SIMATIC 控制器的 RTU 接口模块

（1）配置有通信处理器的 SIMATIC S7 - 1200 RTU

SIMATIC S7 - 1200 通过通信控制器 CP1243 - 1、CP1243 - 8 IRC、CP1243 - 7 GPRS/LTE 扩展通信能力后，能将其应用于远动控制系统中，完成小型远程控制站控制任务。通过 TIA 博途软件对系统远程 RTU 站进行组态配置。

CP1243 - 1 通信处理器用于扩展 S7 - 1200 以太网接口，通过远动控制协议 IEC 60870 - 5 - 104、DNP3 和 TeleControl Basic 连接控制中心。其内置防火墙、VPN，通过自动配置连接到 SINEMA Remote Connect Server。需要另外配置工业路由器设备连接远程网络（Internet）。最大支持的远程通信数据点为 500。具有事件驱动 E - mail 功能，与 CPU 的 S7 通信和 S7 路由功能，S7 - 1200 CPU 在线功能，支持 OUC（开放用户通信）功能，通过该功能可实现 Modbus/TCP 通信等，支持 Https Web 安全诊断。

CP1243 - 8 IRC 通信处理器可以将 S7 - 1200 站集成于支持 SINAUT ST7、IEC 608070 - 5 - 104、DNP3 协议的控制中心，并且支持使用 TIM（终端接口模块）连接，内置防火墙和 VPN 功能，通过自动配置连接到 SINEMA Remote Connect Server。通过以太网接口路由器或 RS232 接口 TS Modem 连接 WAN。最大支持的远程通信数据点（DataPoint）为 500。具有事件驱动 E - mail 功能，与 CPU 的 S7 通信和 S7 路由功能，S7 - 1200 CPU 在线功能，支持 OUC 功能，通过该功能可实现 Modbus/TCP 通信等，支持 HTTPS Web 安全诊断。

（2）基于 SIMATIC ET200SP 控制器的 RTU

在配置通信处理器 CP1542SP - 1 IRC 后，SIMATIC ET200SP 分布式控制器作为 RTU 连接到支持 DNP3、IEC 60870 - 5 - 104、SINAUT ST7 或 TeleControl Basic 协议的控制中心系统。CP1542SP - 1 IRC 内置防火墙和 VPN 功能，支持自动配置连接到 SINEMA Remote Connect Server 的安全远程通信。通过 TIA 博途软件 STEP 7 Professional 能轻松组态控制需要采集控制的数据点。最大支持的远程通信数据点（DataPoint）为 1500。具有事件驱动 E - mail 功能支持与 CPU 的 S7 通信和 S7 路由功能，S7 - 1500SP CPU 在线功能，支持 OUC 功能，通过该功能可实现 Modbus/TCP 通信等，支持 Https Web 安全诊断。

（3）基于 SIMATIC TIM 1531 IRC 的 RTU

SIMATIC TIM 1531 IRC 是一个独立工作的远程终端接口模块，使用串行接口或以太网接口将基于 SIMATIC S7 - 400、S7 - 300 和 S7 - 1500 高级控制器的远程 RTU 通过 IP 广域网连接至支持 DNP3、IEC 60870 - 5 - 104、SINAUT ST7 的控制中心。在没有安装 DNP3、IEC 60870 - 5 - 104、SINAUT ST7 主站的情形下，SIMATIC TIM 1531 IRC 能配置为 DNP3、IEC

60870 - 5 - 104、SINAUT ST7 主站运行。具有与 CPU 的 S7 通信、S7 路由功能和 CPU 在线功能。MSC 和 MSCsec 使用用户名和密码方式对通信伙伴进行认证，并对数据进行加密建立 MSC 隧道。相较于 MSC，MSCsec 在可配置的通信伙伴之间更新共享的自动生成密钥间隔。支持 HTTPS 安全访问 TIM Web 管理器。

5. 小结

远程通信网络作为远程控制的重要组成部分，在远程控制系统中承担着将控制中心与远程 RTU 站连接在一起的任务，并在使用公共网络进行传输时，进一步保证传输数据的安全性和完整性。西门子远程通信网络解决方案中有适用于不同类型网络的接入设备，比如有线 DSL、ADSL 路由器，移动网络 2G、3G、4G、5G 接入路由器等。

5.7 远程通信应用案例

1. 供水泵站远程控制方案

自动化供水泵站是典型的分布式远程控制，城市供水泵站通常会在城市中广泛布置以达到对用户供水稳定的需求。供水公司通常会建设供水网集中控制中心，对泵站和管网运行进行监控，及时发现异常情况并快速处置，系统如图 5-19 所示。

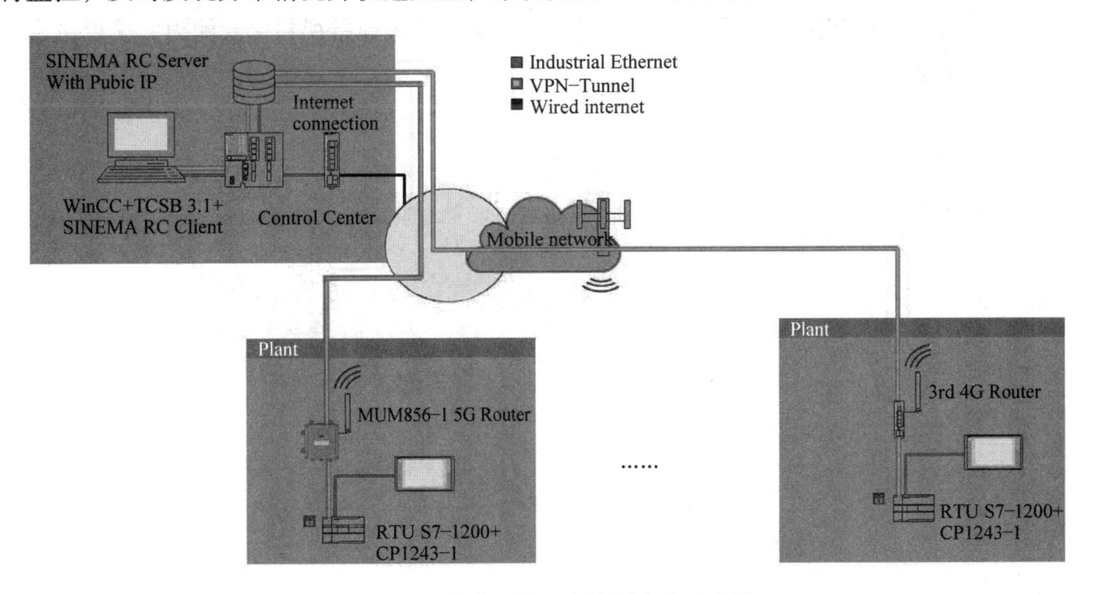

图 5-19 供水泵站远程控制方案示意图

2. 方案说明

（1）控制中心组成

1）SCADA 软件选择 WinCC、WinCC OA 或第三方软件。

2）Telecontrol Server Basic，需要注意 Telecontrol Server Basic 与 SCADA 软件间的兼容性。

3）SINEMA Remote Connect Server，可以虚拟机安装。为 SINEMA Remote Connect Server 开放应用所需特定 TCP 与 UDP 端口的固定公共网络 IP 地址或域名，如果该 IP 地址为公司

共享使用，需要为 SINEMA Remote Connect Server 配置端口转发映射。

4）Telecontrol Server Basic 服务器使用的 SINEMA Remote Connect Client 软件。

（2）RTU

远程泵站为基于 SIMATIC S7 - 1200 基本型 PLC 的模块化 RTU。为 S7 - 1200 扩展配置 CP1243 - 1 通信处理器，开启远程控制选项中的 Telecontrol Basic。CP1243 - 1 内置防火墙和 SINEMA Remote Connect 功能，配置 SINEMA Remote Connect 功能，RTU 站将通过 CP1243 - 1 连接 SINEMA Remote Connect Sever 获取的 IP 地址，与 Telecontrol Server Basic 交换 S7 - 1200 的数据点数据。

（3）远程通信网络

公共网络通过选择 MUM856(853) - 1 5G 无线路由器或第三方无线路由器接入移动网络。由于在基于 SIMATIC S7 - 1200 控制器的模块化 RTU 中配置了支持 SINEMA RC 的 CP1243 - 1 通信控制器扩展 S7 - 1200 的通信扩展能力，MUM856(853) - 1 作为5G 路由器接入移动网络，不需要另外配置 SINEMA RC 功能 CLP 扩展卡。相应地，在选择第三方移动 4G 无线路由器时，重点考虑设备稳定性和环境适应即可。

3. 方案收益

易于部署实施的全集成远动控制解决方案，集中安全通信管理，节约公共网络固定 IP 开销，远程控制和远程维护一体化，高带宽的移动无线接入预留视频接入能力，采用主流设备方便备品和备件。

第6章 工业网络管理平台的功能和应用

6.1 SINEC NMS

6.1.1 SINEC NMS 软件概述

在工控领域，网络是控制系统的重要组成部分，是影响生产效率和生产安全的重要因素。每个行业的控制系统组成不同，对于工控网络的要求也不完全相同。汽车、电池等工厂自动化领域对于通信实时性和安全性要求高，通常会大规模搭建 PROFINET & PROFIsafe 网络；化工、地铁、电力等行业对于故障零容忍，需要采用多种冗余技术提高网络可用性；冶金、矿山等行业要求设备可以在恶劣环境中长期稳定工作；物流领域则需要通过工业无线网满足大量移动设备的通信需要。

如何搭建信息高速公路，满足不同行业对于工业网络的需求？

我们不仅需要针对性地设计和规划好工控网络，并使用高可用性的硬件搭建工控网络，而且部署功能强大的适用于工控网络的管理软件也是非常必要的。

网络管理软件 SINEC NMS 是专门为了满足工业通信的需求而设计的，用于应对复杂的工控网络的管理和安全需求。借助丰富的对工控设备的诊断和报告功能，SINEC NMS 可确保及早发现网络问题并予以处理。软件由控制站和操作站两个角色组成，它们可以安装在同一台计算机（单点安装模式），也可以安装在不同的计算机（多点安装模式）。控制站用于管理整个网络，制定和下发规则。操作站用于搜集本地网络设备信息，并汇总给控制站。此外，由于部署方式更加灵活，用户可以根据工厂内的布局和管理需求，分布式地对软件进行部署（见图6-1），从而可以在不增加网络负荷的情况下管理更多的网络设备。软件的安全管理功能可以对访问用户的角色和管理的设备范围做严格的限定，保证工业网络的安全。

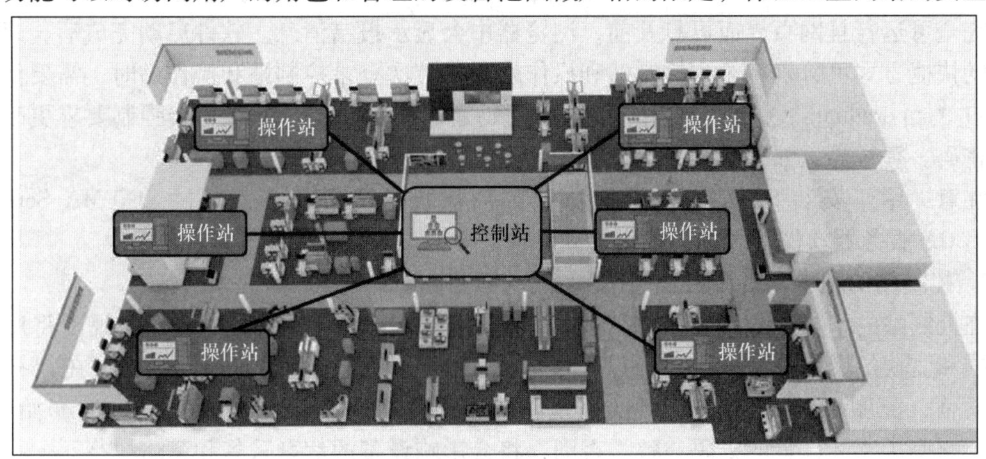

图6-1　控制站和操作站的典型部署方式

软件功能特点如下：

1）SINEC NMS 软件可以通过 DCP、ICMP、ARP、SNMP、PROFINET/SIMATIC 等多种协议监控和管理工控设备，管理型交换机、防火墙、PLC、RFID、高端工业电源等现场设备都可以被监控。通过查看软件扫描出的网络拓扑图和设备报警日志可以帮助定位和解决现场出现的网络问题。

2）网络链路的负载如果超过预设定的比例，拓扑图中对应设备之间的连线会由绿色变为红色，并触发事件报警。SINE CNMS 软件还针对工控场景网络设备较为固定的特点，集成了标准拓扑监视功能，现场设备连接端口发生变化也可以触发报警。

3）对现场网络设备的严格管理有助于提升网络安全等级。在 SINEC NMS 软件中可以创建策略，快速关闭未使用的交换机端口和非加密的访问协议，并周期性校验和执行。根据工控网络特点，软件还设计了 MAC 地址监视的功能，终端设备的接入和替换都会被发现。

4）通过无线技术实现稳定的实时通信是需要专业规划和部署的，了解当前无线链路的健康状态特别重要。SINEC NMS 软件可以采集无线链路的信号强度、无线丢包率和客户端数量等信息，并以趋势图和日志报警的形式展现。这为无线系统的维护和优化提供了依据。

5）SINEC NMS 软件还支持对防火墙的管理，交换机/无线设备的固件批量升级和参数配置、网络资产信息统计、网络校验报告、核心交换机 CPU 利用率和温度的监视、IP/MAC 冲突检测、IPC 的风扇转速的监视等功能。

6.1.2 SINEC NMS 的安装和部署

SINEC NMS 软件需要安装在用作控制站或操作站的计算机上。具体安装步骤如下：

1）选择满足硬件和软件要求的计算机并给计算机设置固定的 IP 地址。

2）以管理员权限运行安装文件夹中的“Start. exe” 文件。

3）选择安装语言，单击“读取产品信息” 按钮读取自述文件的内容。

4）选择软件的安装组件。选择采用单点安装模式或多点安装模式。

5）选择使用“Windows Trap” 或“SINEC NMS Trap” 模式。

6）按照安装向导中的说明操作并等待安装结束。

7）安装完成后立即重启计算机。

计算机重启完成后，SINEC NMS 软件会自动启动，软件的启动过程需要一些时间。在软件完全可运行且网页界面可打开前，浏览器中会显示报错消息。软件启动完成后，通过桌面上的快捷方式可分别登录到控制站和操作站中。首次登录控制站和操作站时，需要使用本地用户“superadmin” 登录，该用户的初始密码是“sinecnms”，登录后会强制要求更改此用户的密码。登录界面如图 6-2 所示。

注意：用于安装 SINEC NMS 软件的计算机/服务器必须未安装过 SINEMA Server 和 WinCC OA 服务器软件，否则可能出现软件冲突。

1. 控制站的基本参数设置

在控制站的“操作站参数配置” 页面配置软件的初始化参数，制定好的规则将用于软件扫描和监视的网络设备。这里可以为不同类型的设备创建不同的规则模板。在“初始凭据” 页面（见图 6-3）设置 SNMP 的监视密码、配置密码和 SSH/HTTP（S）的初始密码，确保与交换机实际设置的密码一致。否则，将会影响设备的信息采集和策略执行。

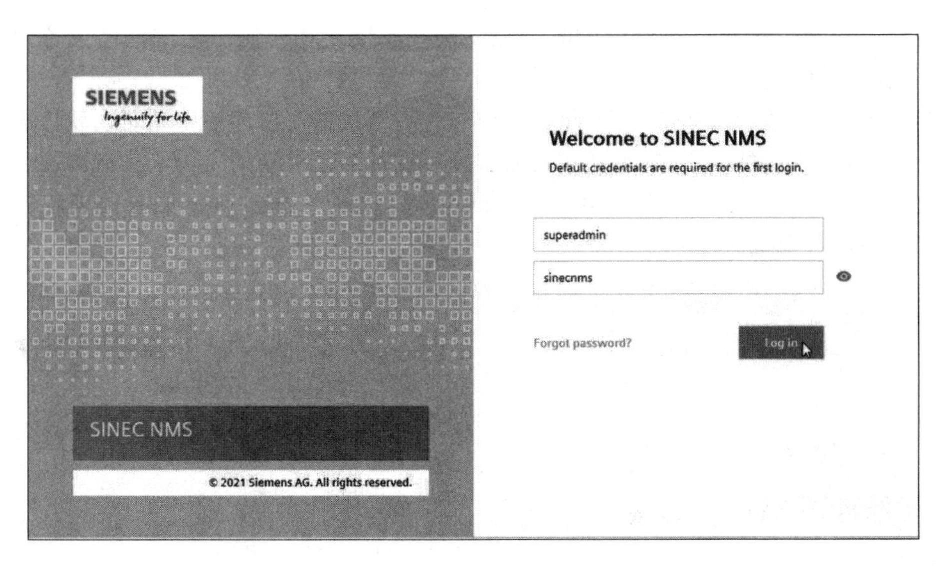

图 6-2　软件登录界面

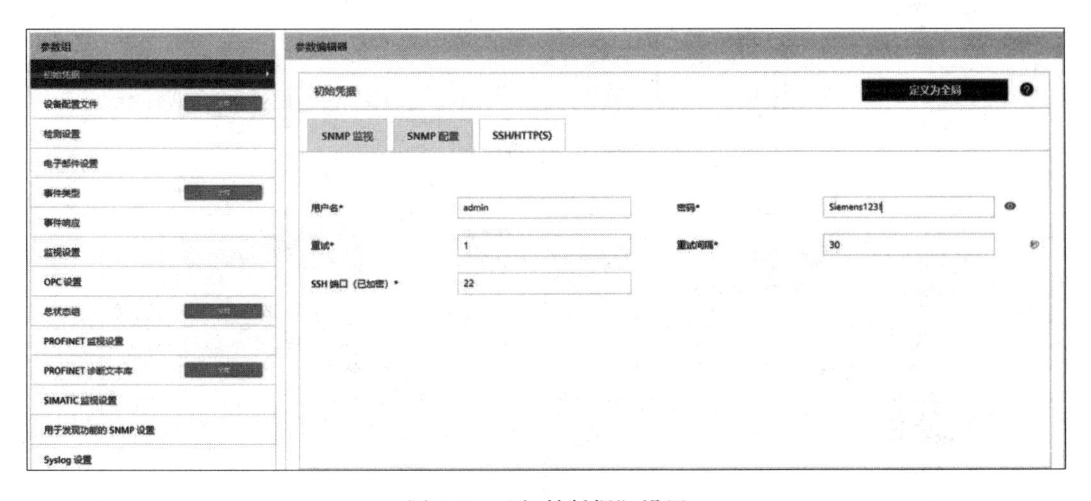

图 6-3　“初始凭据”设置

如果希望统计网络设备的接口利用率，必须在“监视设置”界面（见图 6-4）打开交换机 LAN 端口的信息统计功能。

2. 在控制站中添加操作站

为了监视现场网络设备，需要为控制站添加操作站。在“添加 Operation”界面（见图 6-5）输入添加的操作站的 IP 地址或主机名，选择启用的“参数配置文件”，填写需要扫描和监控的子网地址范围，单击“添加 Operation”按钮。

操作站添加成功后，控制站和操作站的状态都会显示为“确定”，如图 6-6 所示，单击“开始网络扫描”按钮就可以发现并监视需要管理的网络设备了。

3. 操作站的登录和配置

首次扫描结束后，对于已经发现的设备，SINEC NMS 软件会按照一定的时间间隔周期性更新数据，可以在操作站的“轮询组”页面设置设备的轮询周期。系统默认将设备分为

“快”“中”“慢”三个组，每个组的默认更新间隔不同，相应的组内的网络设备会按照设置的周期更新数据。

轮询是 SNMP 通信中数据更新较慢的一种方式。当设备端口连接中断时，软件需要一定的时间才能更新故障信息，这毫无疑问是无法满足设备监控要求的。为了在故障发生时立刻检测到故障，需要激活交换机的 SNMP Trap 服务，故障信息通过 Trap 服务可以在发生后立刻传递给 SINEC NMS 软件。

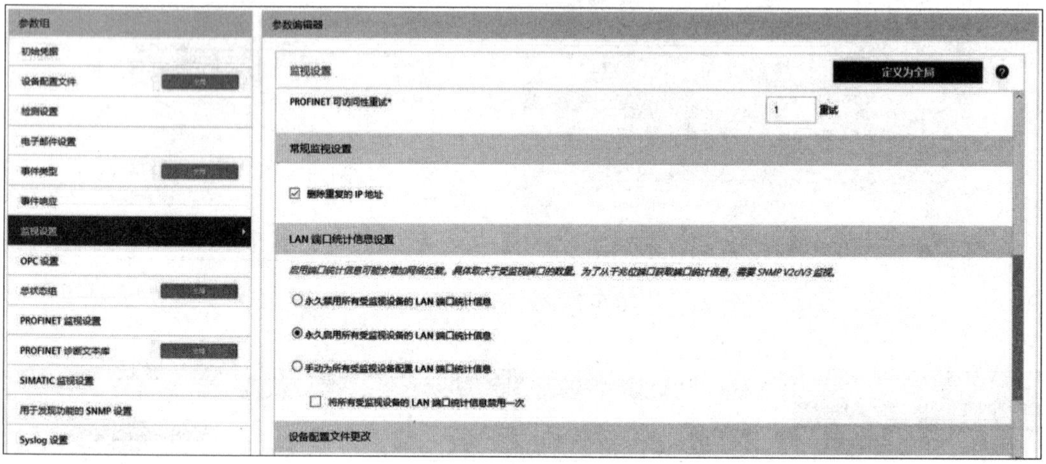

图 6-4 监视设置

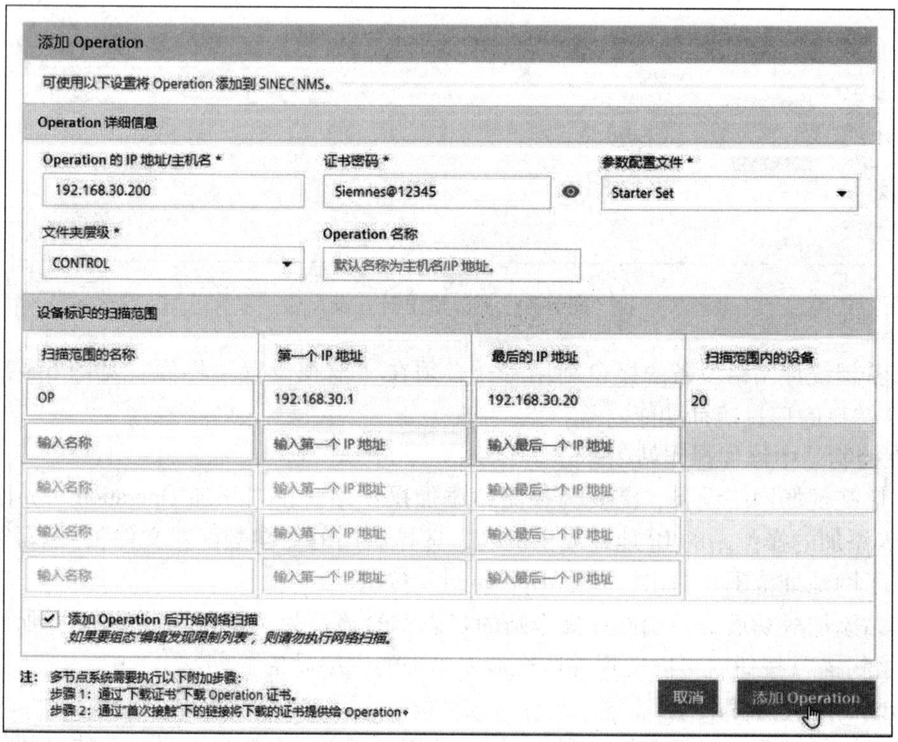

图 6-5 添加操作站

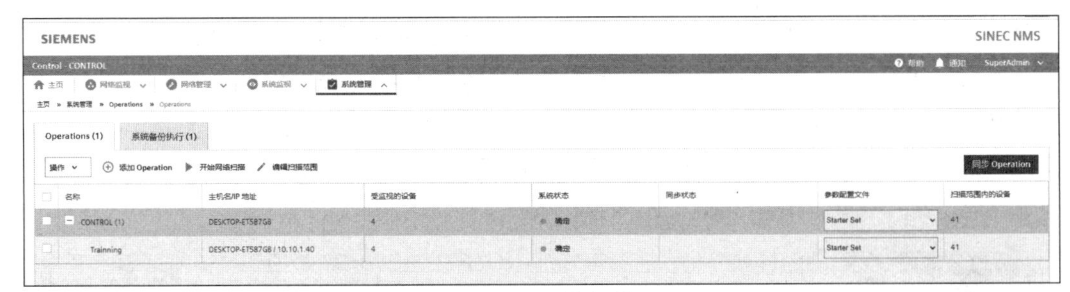

图6-6　网络扫描

如图6-7所示，打开交换机的网页浏览器，在System菜单下的SNMP页面激活交换机的SNMP Trap功能。如果交换机数量较多，也可以通过SINEC NMS软件的管理功能批量激活这个功能和设置相应的参数。

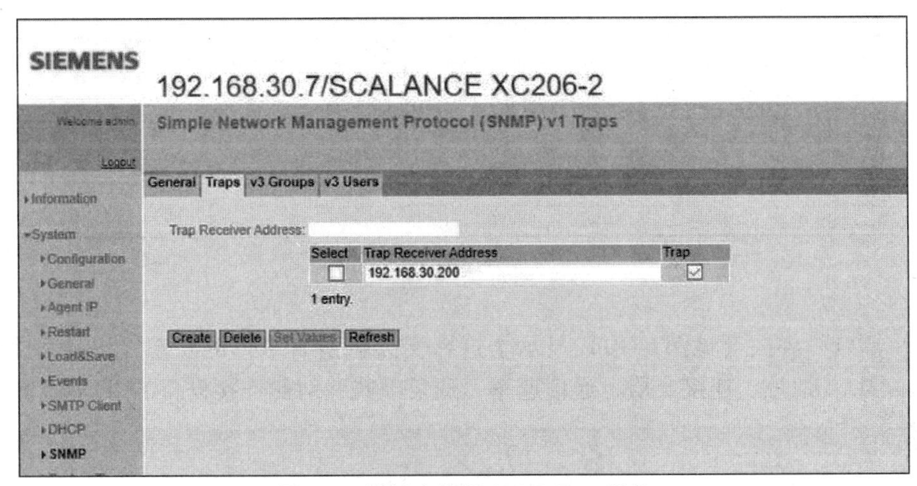

图6-7　激活交换机SNMP Trap服务

6.1.3　SINEC NMS主要功能介绍

1. 设备信息查看

SINEC NMS软件可以对工业现场的交换机、无线设备、RFID和PLC等设备的通信状态进行状态监视。在操作站的“设备”列表（见图6-8），找到需要查看的设备，通过双击鼠标左键可以打开“设备详细信息”界面。“设备详细信息”界面包含了设备的当前工作状态、通信接口的状态、事件记录报警信息以及环网和VLAN的状态信息等。这些信息有助于快速了解当前网络的运行状态。

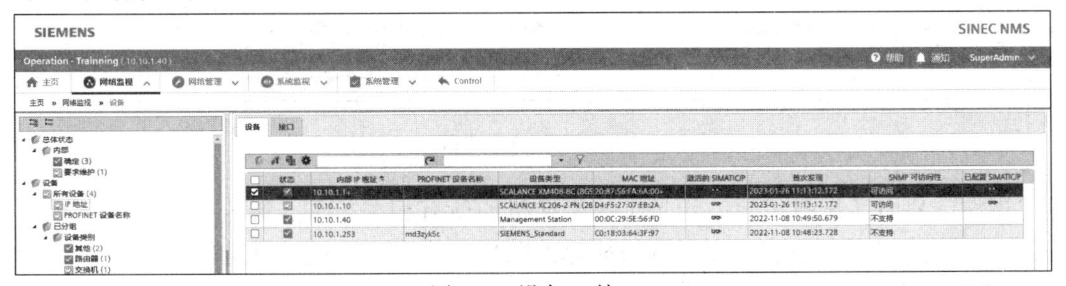

图6-8　设备&接口

“概述”界面（见图6-9）显示了当前设备的状态和基本信息。如果设备异常，状态标识会从绿色变为红色或者黄色，以提示网络维护人员。此外，还可以在该界面查看到IP地址、设备类型、MAC地址等设备基本信息。

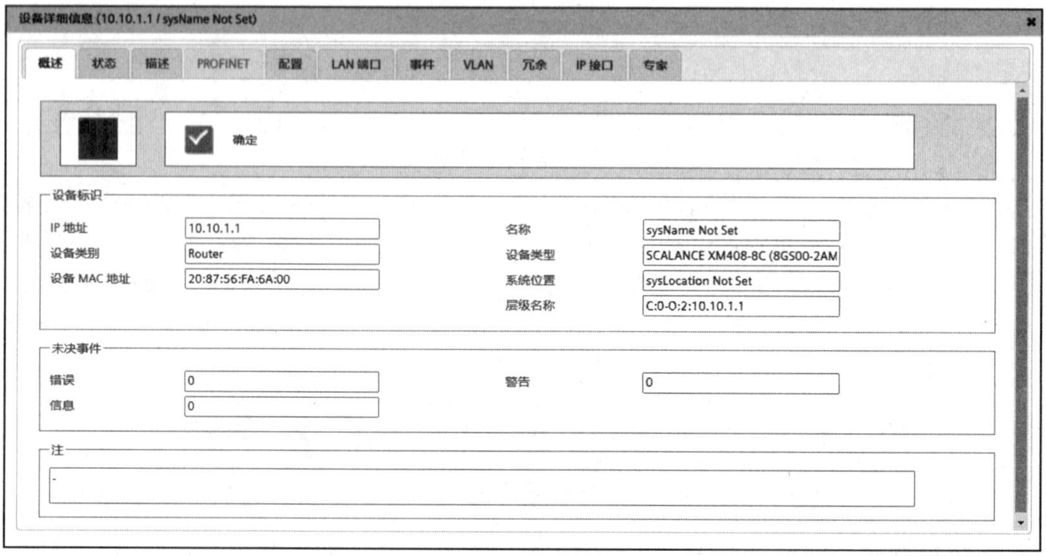

图6-9　概述

“LAN端口”界面（见图6-10）显示了这台交换机所有端口的状态，包括每个端口的连接状态、MAC地址、连接介质、通信速率、通信模式和对侧连接设备的IP地址等信息。

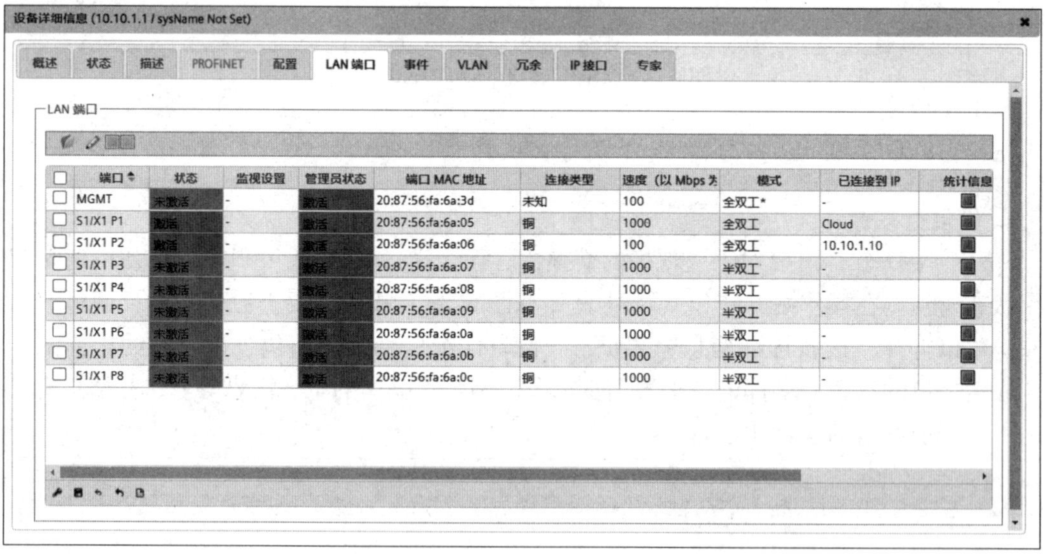

端口	状态	监视设置	管理员状态	端口 MAC 地址	连接类型	速度（以 Mbps 为	模式	已连接到 IP	统计信息
MGMT	未激活	-	激活	20:87:56:fa:6a:3d	未知	100	全双工*	-	
S1/X1 P1	激活	-	激活	20:87:56:fa:6a:05	铜	1000	全双工	Cloud	
S1/X1 P2	激活	-	激活	20:87:56:fa:6a:06	铜	100	全双工	10.10.1.10	
S1/X1 P3	未激活	-	激活	20:87:56:fa:6a:07	铜	1000	半双工	-	
S1/X1 P4	未激活	-	激活	20:87:56:fa:6a:08	铜	1000	半双工	-	
S1/X1 P5	未激活	-	激活	20:87:56:fa:6a:09	铜	1000	半双工	-	
S1/X1 P6	未激活	-	激活	20:87:56:fa:6a:0a	铜	1000	半双工	-	
S1/X1 P7	未激活	-	激活	20:87:56:fa:6a:0b	铜	1000	半双工	-	
S1/X1 P8	未激活	-	激活	20:87:56:fa:6a:0c	铜	1000	半双工	-	

图6-10　LAN端口

“事件”界面（见图6-11）记录了该交换机的所有相关事件、警告和故障信息以及对应的发生时间，这些信息有助于对网络故障的分析和排查。通过“筛选”界面可以筛选出特定类型的事件记录和特定时间段的事件记录。

设备详细信息 (192.168.30.5 / sysName Not Set)

概述　状态　描述　PROFINET　配置　LAN端口　事件　VLAN　冗余　IP接口　专家　用户自定义 OID

设备事件

读取	事件状态	事件	事件类别	时间戳	IP地址内部-受影响	事件详细信息	接口/插槽
否	解析	Trap：接收到链接		2021-08-07 09:08:36.126	192.168.30.5	7：1.3.6.1.6.3.1.	S1/X1 P3
否	解析	LAN：接口已激活		2021-08-07 09:08:36.126	192.168.30.5	-	S1/X1 P3
否	自动解决	Trap：接收到链接	警告	2021-08-07 09:08:34.735	192.168.30.5	-	S1/X1 P3
否	解析	LAN：接口未激活		2021-08-07 09:08:34.516	192.168.30.5	-	S1/X1 P3
否	解析	LAN：接口已激活		2021-08-07 09:08:23.280	192.168.30.5	-	S1/X1 P3
否	解析	Trap：接收到链接		2021-08-07 09:08:23.280	192.168.30.5	7：1.3.6.1.6.3.1.	S1/X1 P3
否	解析	LAN：接口未激活		2021-08-07 09:08:21.545	192.168.30.5	-	S1/X1 P3
否	自动解决	Trap：接收到链接	警告	2021-08-07 09:08:21.530	192.168.30.5	-	S1/X1 P3
否	解析	LAN：接口已激活		2021-08-07 09:08:00.248	192.168.30.5	-	S1/X1 P3
否	解析	Trap：接收到链接		2021-08-07 09:08:00.248	192.168.30.5	7：1.3.6.1.6.3.1.	S1/X1 P3
否	自动解决	Trap：接收到链接	警告	2021-08-07 09:07:58.467	192.168.30.5	-	S1/X1 P3

页码 1 / 21　11　视图 1 - 11 / 222

图 6-11　事件

2. 拓扑图查看

网络拓扑是管理现场网络的重要依据。使用 SINEC NMS 软件首次扫描网络结束后，系统会通过 SNMP、LLDP、PROFINET 等协议收集现场网络设备信息并生成拓扑图。通过操作站的“拓扑”页面可以看到软件生成的网络设备之间的连接关系和状态变化。

拓扑视图有编辑和在线两种模式。在“编辑模式”下，基于操作站扫描获得的设备信息，用户可以配置参考拓扑，还可以对设备的端口、连接关系进行手动设置。“在线模式”根据已配置的参考拓扑监控网络。SINEC NMS 软件可以突出显示设备和接口的当前状态与参考状态之间的差别，并使用相应的报警和事件报告两者差异。

在“拓扑”界面（见图 6-12），首先需要在“编辑模式”下拖拽和移动网络设备的位置，将拓扑图调整到适合监控的状态。接着单击“将确定的状态用作参考状态”按钮，将当前的连接关系指定为参考拓扑。切换到“在线模式”后，软件按照之前保存的参考视图中的连接关系评估设备当前状况是否正常。此外，设备之间的连接介质也会在拓扑图中区分，例如，光纤链路用短实线表示；铜缆链路用连续实线表示；环网中的“堵塞”链路用蓝线表示。

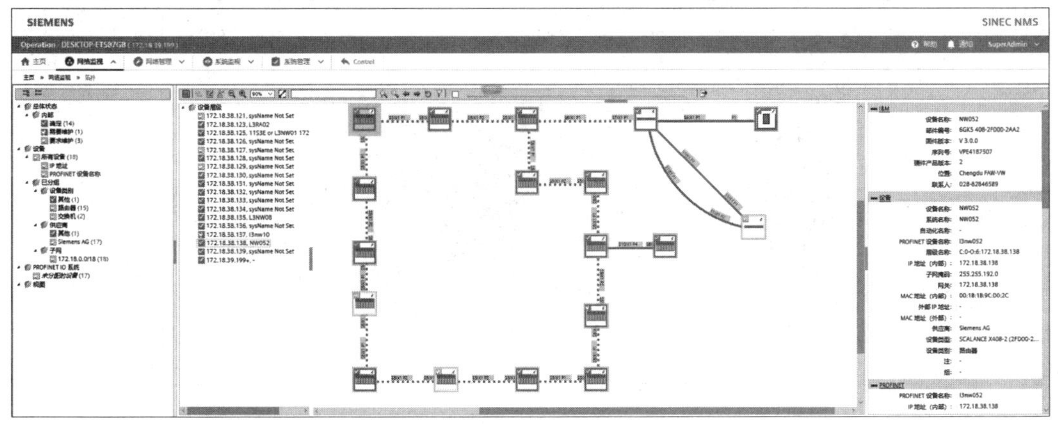

图 6-12　拓扑

如果网络设备的 SNMP Trap 服务已经激活，SINEC NMS 软件会立刻收到设备故障信息并记录下来，在拓扑视图中也会更新拓扑的状态变化和报警信息。网络中的非管理型设备因为不支持 SNMP，拓扑连接关系是不能自动读取到的，必须手动添加非管理型设备和它们的连接关系。

交换机的通信负载是网络运维人员管理现场网络时非常关注的信息。为了可以让运维人员快速发现网络中存在的通信负载过高的问题，SINEC NMS 软件在拓扑视图中添加了显示网络链路负载流量的功能。“在线模式”下勾选“启用/禁用滑块”选项可以开启这个功能，通过滑块可以选择流量超限报警的阈值。当设置报警阈值为 2% 时，所有通信负载超过 2% 的通信链路都会显示为红色，如图 6-13 所示。

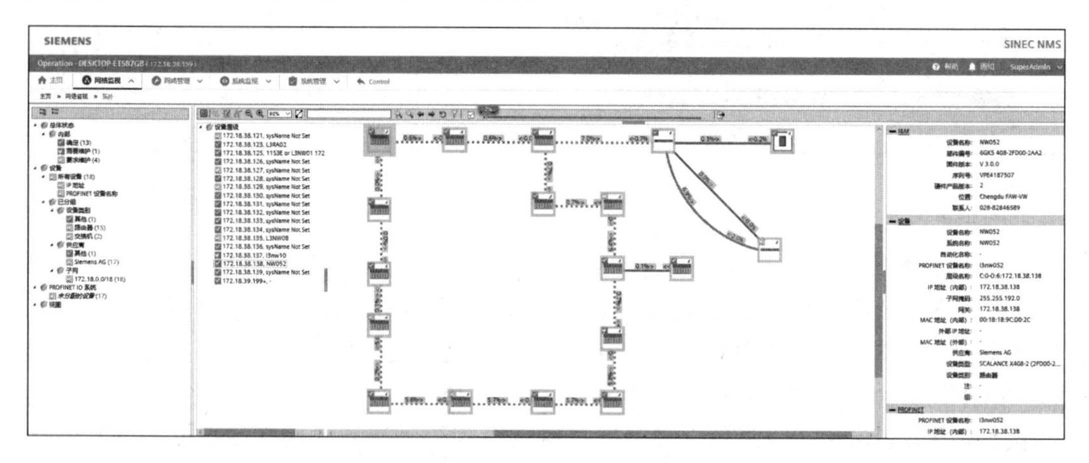

图 6-13　拓扑视图的流量监视功能

在“拓扑”界面下，可以看到扫描到的所有设备的拓扑连接图。如果网络比较庞大，拓扑图中设备过多，则不利于设备查找。通过软件提供的自定义视图功能，可以针对性地管理和显示期望获得的设备信息。

3. MAC 地址监视

自 SINEC NMS V1.0 SP2 版本开始，软件增加了 MAC 地址监视功能。它可以监控到每一个交换机端口连接的终端设备的 MAC 地址，并对读取到的 MAC 地址表的变化进行监控。当 MAC 地址表发生变化时，将会在软件中触发事件或报警，如图 6-14 所示。

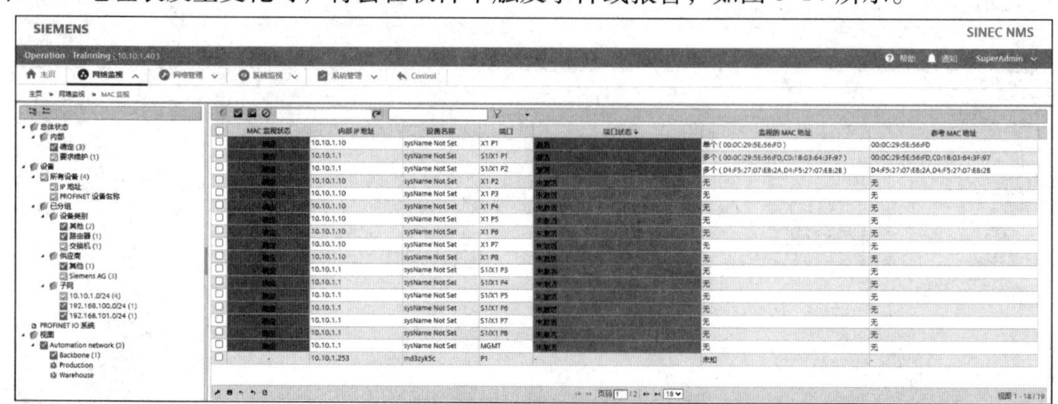

图 6-14　MAC 地址监视

4. 报告功能

通过全面的报告功能了解网络状态也是 SINEC NMS 软件的功能之一。操作站提供了五种不同类型的报告功能，如图 6-15 所示，这些页面可以统计出当前操作站管理的网络设备的信息，报告内容也可以手动导出。

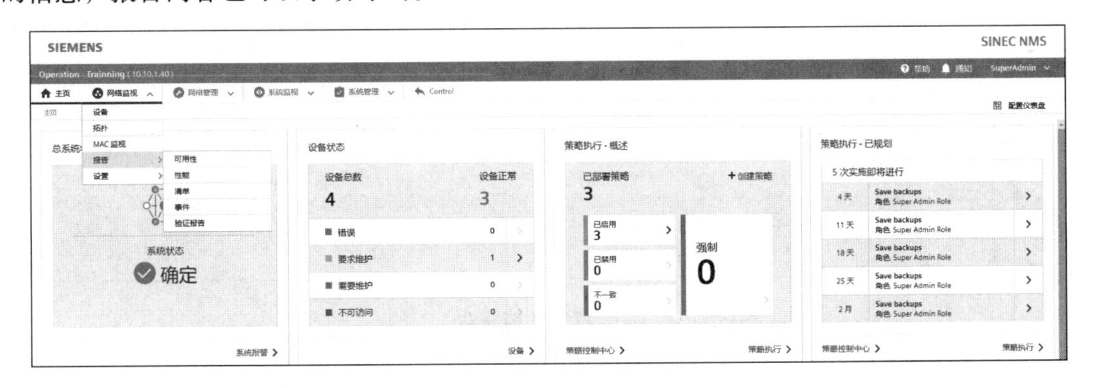

图 6-15　操作站的报告功能

（1）操作站 - 可用性报告

可用性报告（见图 6-16）记录了设备以及接口的在线情况，“设备”页面统计的是交换机的在线状况，“接口”页面统计了所有交换机端口的连接状况。鼠标右键单击设备或者接口，选择“显示趋势图”，就可以看到设备或者接口的在线趋势图。

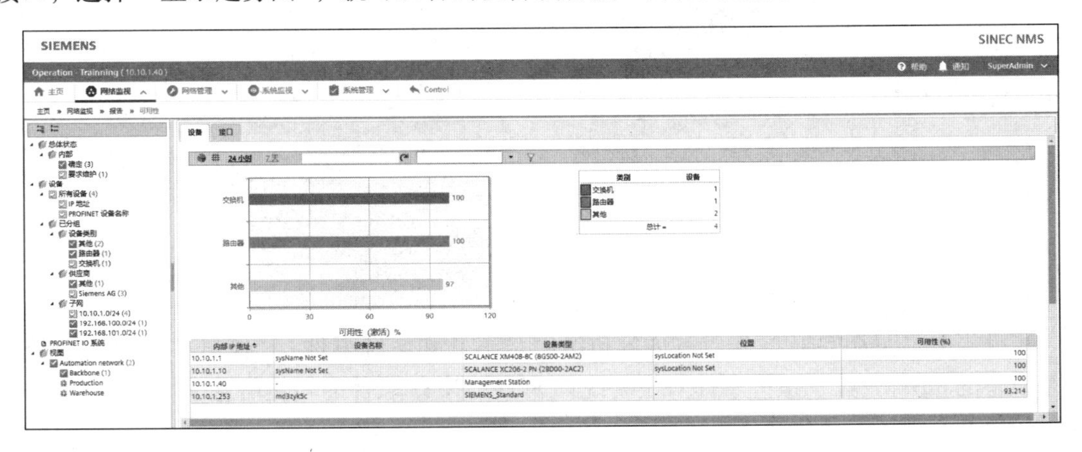

图 6-16　可用性报告

（2）操作站 - 性能报告

性能报告（见图 6-17）包含了设备接口的数据统计，包括：LAN 接口的利用率、LAN - 接口错误率、WLAN - 接口错误率、WLAN - 接口数据传输速率、WLAN 客户端数量、丢弃的数据包、POF 功率余量等信息。通过这些信息，可以掌握网络设备的物理接口的使用状况。如果设备接口数据统计显示状态异常，可以提前维护。鼠标右键单击设备的接口，选择“显示趋势图”，就可以看到接口的使用状态变化的趋势图。

（3）操作站 - 清单报告

清单报告（见图 6-18）统计了操作站管理的所有网络设备的信息，包括：供应商、IP

地址范围、设备类型、PROFINET 信息等。

SIEMENS　　SINEC NMS

Operation - Trainning (10.10.1.40)　　帮助　通知　SuperAdmin

主页　网络监视　网络管理　系统监视　系统管理　Control

主页 » 网络监视 » 报告 » 性能

总体状态 / 内部 / 确定 (3) / 要求维护 (1) / 设备 / 所有设备 (4) / IP 地址 / PROFINET 设备名称 / 已分组 / 设备类别 / 其他 (2) / 路由器 (1) / 交换机 (1) / 供应商 / 其他 (1) / Siemens AG (3) / 子网 / 10.10.1.0/24 (4) / 192.168.100.0/24 (1) / 192.168.101.0/24 (1) / PROFINET IO 系统 / 视图 / Automation network (2) / Backbone (1) / Production / Warehouse

LAN 接口利用率　LAN - 接口错误率　WLAN - 接口错误率　WLAN - 接口数据传输速度　WLAN 客户端数量　丢弃的数据包　POF 功率余量

24 小时　7 天

内部 IP 地址	设备名称	设备类型	媒体类型	名称	FD 平均传输利用率（以 % 表	FD 平均接收利用率（以 % 表	HD 平均利用率（以 % 表示）	速度（以 Mbps 为单位）
10.10.1.1	sysName Not Set	SCALANCE XM408-8C (8G500-	未知	MGMT	-	-	-	100
10.10.1.1	sysName Not Set	SCALANCE XM408-8C (8G500-	铜	S1/X1 P1	0.001	0.001	-	1000
10.10.1.1	sysName Not Set	SCALANCE XM408-8C (8G500-	铜	S1/X1 P2	0.004	0.003	-	100
10.10.1.1	sysName Not Set	SCALANCE XM408-8C (8G500-	铜	S1/X1 P3	-	-	-	1000
10.10.1.1	sysName Not Set	SCALANCE XM408-8C (8G500-	铜	S1/X1 P4	-	-	-	1000
10.10.1.1	sysName Not Set	SCALANCE XM408-8C (8G500-	铜	S1/X1 P5	-	-	-	1000
10.10.1.1	sysName Not Set	SCALANCE XM408-8C (8G500-	铜	S1/X1 P6	-	-	-	1000
10.10.1.1	sysName Not Set	SCALANCE XM408-8C (8G500-	铜	S1/X1 P7	-	-	-	1000
10.10.1.1	sysName Not Set	SCALANCE XM408-8C (8G500-	铜	S1/X1 P8	-	-	-	1000
10.10.1.10	sysName Not Set	SCALANCE XC206-2 PN (28D0	铜	X1 P1	0.003	0.004	-	100
10.10.1.10	sysName Not Set	SCALANCE XC206-2 PN (28D0	铜	X1 P2	-	-	-	100
10.10.1.10	sysName Not Set	SCALANCE XC206-2 PN (28D0	铜	X1 P3	-	-	-	100
10.10.1.10	sysName Not Set	SCALANCE XC206-2 PN (28D0	铜	X1 P4	-	-	-	100
10.10.1.10	sysName Not Set	SCALANCE XC206-2 PN (28D0	铜	X1 P5	-	-	-	100
10.10.1.10	sysName Not Set	SCALANCE XC206-2 PN (28D0	铜	X1 P6	-	-	-	100
10.10.1.10	sysName Not Set	SCALANCE XC206-2 PN (28D0	光纤	X1 P7	-	-	-	100
10.10.1.10	sysName Not Set	SCALANCE XC206-2 PN (28D0	光纤	X1 P8	-	-	-	100

图 6-17　性能报告

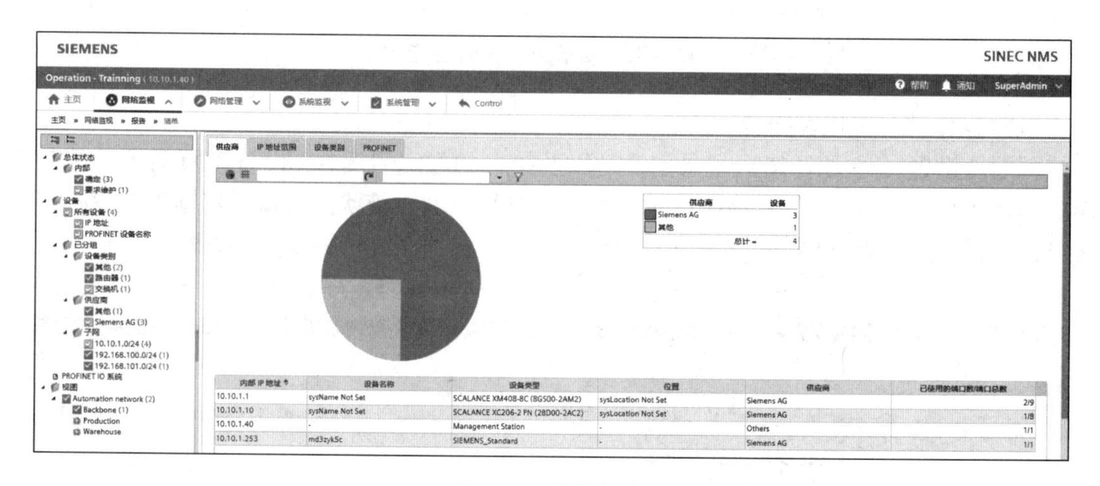

图 6-18　清单报告

（4）操作站 - 事件报告

事件报告（见图 6-19）统计的内容包括网络事件和系统事件。“网络事件”主要统计网络设备的相关信息。“系统事件”主要统计 SINEC NMS 软件的相关信息。

（5）操作站 - 验证报告

在操作站可以创建验证报告，校验的内容的选择可以使用创建好的模板，也可以根据现场实际需要自定义。校验报告的组态页面主要由两部分组成，如图 6-20 所示，左侧选择需要校验的项目，右侧设置校验的具体内容。报告生成后可以下载，报告结果显示当前网络状态是否满足之前设定的验证标准。如果校验不通过，会提示验证失败的原因。

（6）控制站 - 报告

在控制站中只可以创建“可用性”和“清单”两种报告。控制站创建的报告包含了所有操作站监控的设备，报告中的校验内容与操作站中的信息是一样的。通过“计划”页面可以制定定期自动生成的报告，单击“执行”按钮手动生成报告。在“报告执行”页面查看报告生成的记录并导出 Excel 文件离线查看和归档。此外，控制站创建的报告还可以通过邮件的形式发送给相应的网络负责人员。

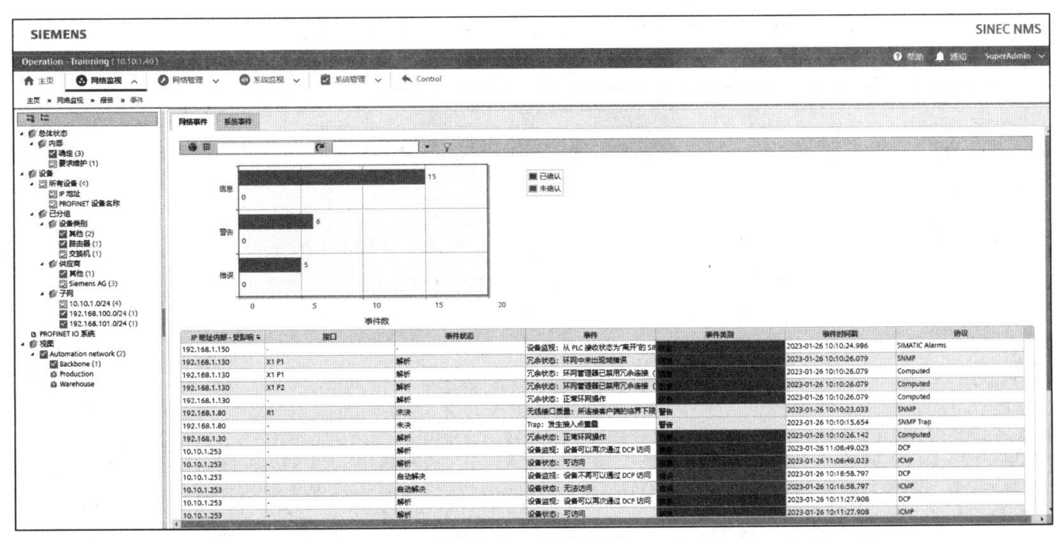

图6-19 事件报告

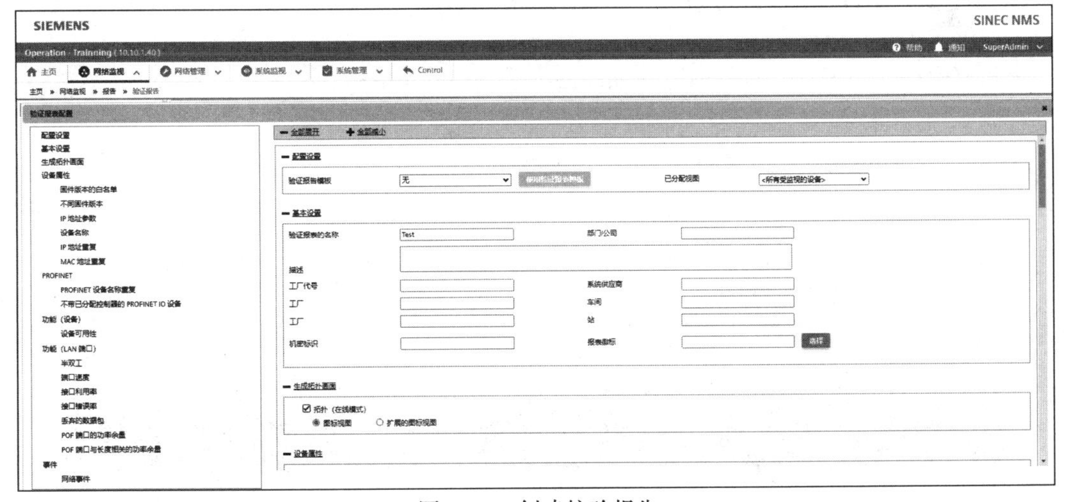

图6-20 创建校验报告

5. 交换机配置管理

在大型的工业网络中，网络设备的配置文件的批量备份、修改、对比及恢复是基本的网络管理需求。如图6-21所示，SINEC NMS软件提供设备配置的定期备份功能，支持一键对比当前参数文件和备份参数文件的差异并显示对比结果。备份文件还可以在SINEC NMS软件中编辑并且被下载回交换机中。

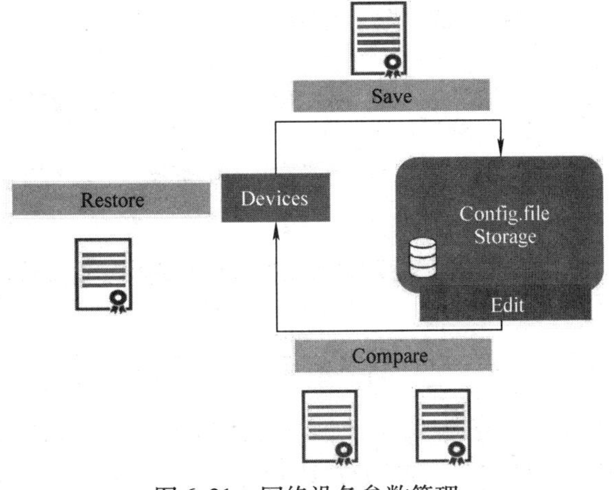

图6-21 网络设备参数管理

为了实现这些功能，首先需要保证SINE CNMS软件中的网络设备的SSH/HTTPS（S）密码和实际密码匹配，且该设备的状态是可信任的。接着，进入到操作站的“设备配置中心”页面，允许设备的“配置访问”功能。在图6-22中，勾选相应的网络设备，单击“设备配置”按钮。

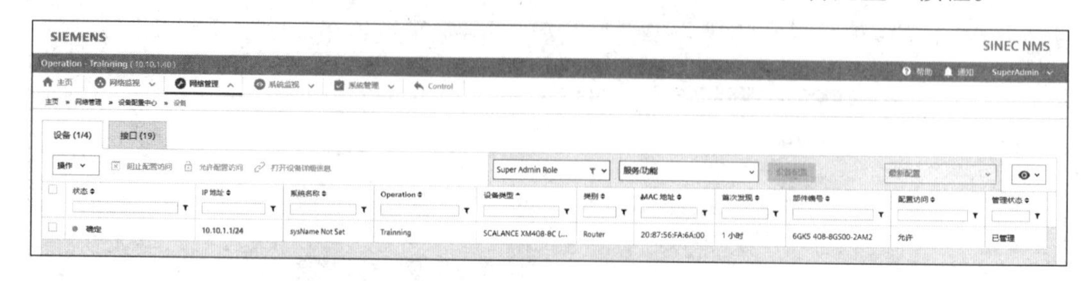

图6-22　设备配置中心

在“设备配置”界面（见图6-23）的任务栏中，搜索需要执行的任务的关键词。选中该任务后单击“下一步”按钮，在弹出的“第二步”界面中设置与该任务相关的配置参数。接着，单击“强制”按钮执行该参数配置任务。任务执行后，可以在“策略控制中心”界面，查看当前配置任务的执行状态。

设备配置 - 第1步，共2

设备　192.168.1.5/24　显示更多

所选角色　Super Admin Role　服务/功能　服务/功能

选择任务

任务	描述	维修	类别	功能
config				
Load config file to device	将配置文件加载到设备 注意设备重启 ...触发 以将配置文件从存储库加载到设备中。 用例：更换设备后，或出于调试目的，可以使用此任务。 提示：如果未选择任何可选参数，则系统将选择最新的配置文件，加载新配置	System	Configuration management ...	ConfigMgmt
Save config file from device	保存设备中的配置文件 ...触发 以将配置文件从设备保存到本地存储库中。 用例：为进行备份，应定期保存配置文件。 提示：对于每个设备，系统最多可以保存10个配置备份。	System	Configuration management ...	ConfigMgmt

图6-23　设备配置

参数备份成功后，配置文件会出现在“设置配置存储库”界面，如图6-24所示。

SIEMENS　SINEC NMS

Operation - Trainning (10.10.1.40)

设备凭据存储库 (17)

设备名称	IP 地址	设备类型	监视中	信任状态	上次更改者		
sysName Not Set	10.10.1.1	SCALANCE XM408-8C (8GS00-2AM2)	是	受信	System	01/26/2023	11:15
Production Firewall	10.10.1.2	SCALANCE SC646 (2GS00-2AC2)	否	不受信	System	11/08/2022	10:51
Warehouse Firewall	10.10.1.3	SCALANCE SC646 (2GS00-2AC2)	否	不受信	SuperAdmin	11/14/2022	18:03
sysName Not Set	10.10.1.10	SCALANCE XC206-2 PN (2BD00-2AC2)	是	受信	System	01/26/2023	11:15

图6-24　设备配置存储库

选中参数配置文件，单击“显示”按钮可以看到当前参数配置文件的内容。如果单击“Edit”按钮，还可以修改参数配置文件的内容。选中参数配置文件，单击“恢复”按钮可以将当前参数配置文件下载回交换机。如果选中两个“参数配置文件”，单击“比较”按钮，可以快速找出两个配置文件的参数差异。

除了可以在“设备配置中心”直接对设备进行操作外，还可以在“策略配置中心”创建策略。通过定义执行范围、执行条件等要求，确保只有满足条件的网络设备执行操作。执行时间不仅可以手动触发，也可以定义成周期性地执行方式。

6. 固件批量升级

大型网络的另一个维护和管理的需求是，网络维护人员需要根据新的功能需求或者安全策略调整网络设备的固件版本。SINEC NMS 软件可以支持固件的批量升级工作，如图 6-25 所示，帮助用户以最高效的方式升级全厂网络设备到最新固件版本。

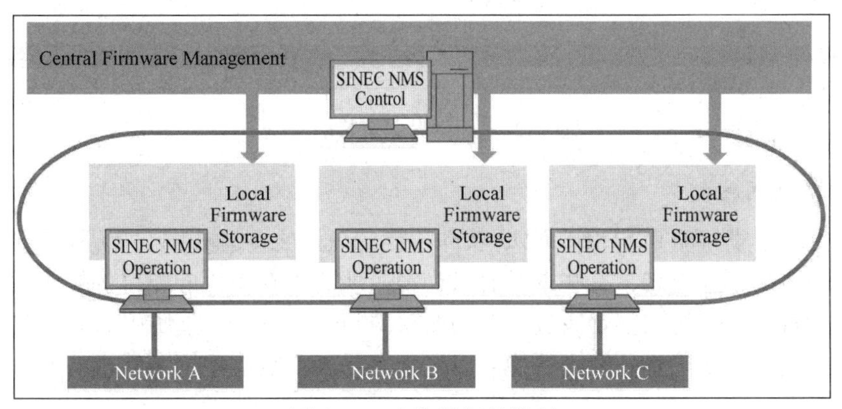

图 6-25　交换机固件管理

要实现交换机固件的统一升级，必须首先在 SINEC NMS 控制站的“固件管理”页面创建并导入下载好的交换机固件文件。所有设备的固件文件都在“固件容器”中集中管理，如图 6-26 所示，可以在工厂范围内通过创建策略的方式手动或者定时推送固件到设备。控制站对固件容器的每次更改都会自动与操作站同步。如果设备存在多个可以使用的固件，用户可以为设备选择优先使用的固件版本。

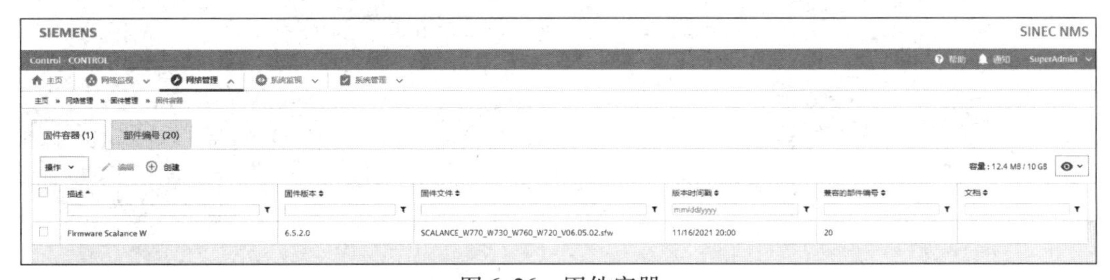

图 6-26　固件容器

固件升级策略可以在控制站或者操作站的“策略控制中心”制定。控制站制定的策略会同步到操作站，但是操作站无法修改和激活控制站下发的固件升级策略。固件的升级包含两步：第一步是先将固件文件导入到设备中；第二步是重启交换机以激活固件。需要注意，固件的激活过程需要重启交换机，交换机重启过程会出现通信短暂中断的情况。因此，必须安排在不影响生产的时间段执行。此外，为了保证上层交换机的重启不影响下层网络设备的升级过程，交换机的固件升级需要按照距离服务器由远到近的顺序。SINEC NMS 软件支持“Path based”的升级方式，确保所有交换机固件一次性升级成功。

如图6-27所示，策略创建成功后，可以通过“强制”按钮执行策略。为了验证创建的策略的执行是否正确有效，需要在执行策略前使用“模拟”功能查看该条策略执行后的影响范围和预计结果。确认模拟结果符合我们的预期后，再手动触发策略。策略执行完后，还可以查看策略执行的报告。如果执行失败，通过报告了解策略执行失败的原因。

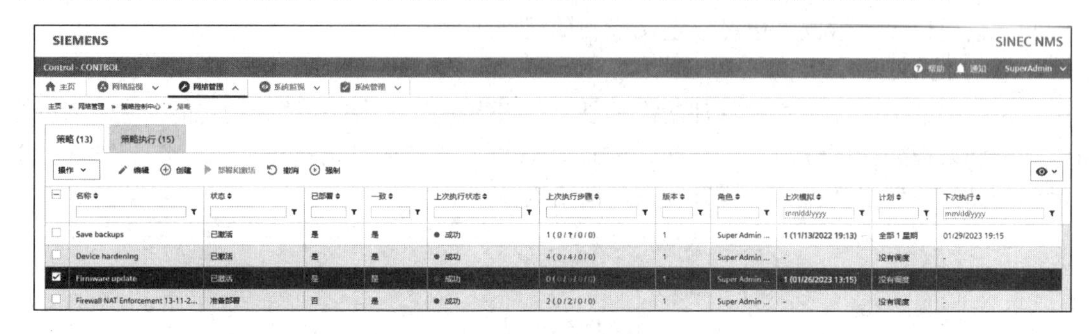

图6-27 固件升级策略的执行

7. 基于策略的管理

统一制定和下发策略是SINEC NMS软件功能的亮点之一。如图6-28所示，工业现场对于网络安全的要求越来越高，有些现场要求交换机所有不在使用的端口都处于关闭状态；也有要求所有设备的网页访问都要通过加密的协议HTTP实现；禁止使用Telnet这样的非加密协议通信等。通过基于策略的管理功能可以更加容易地实现这些网络管理功能。

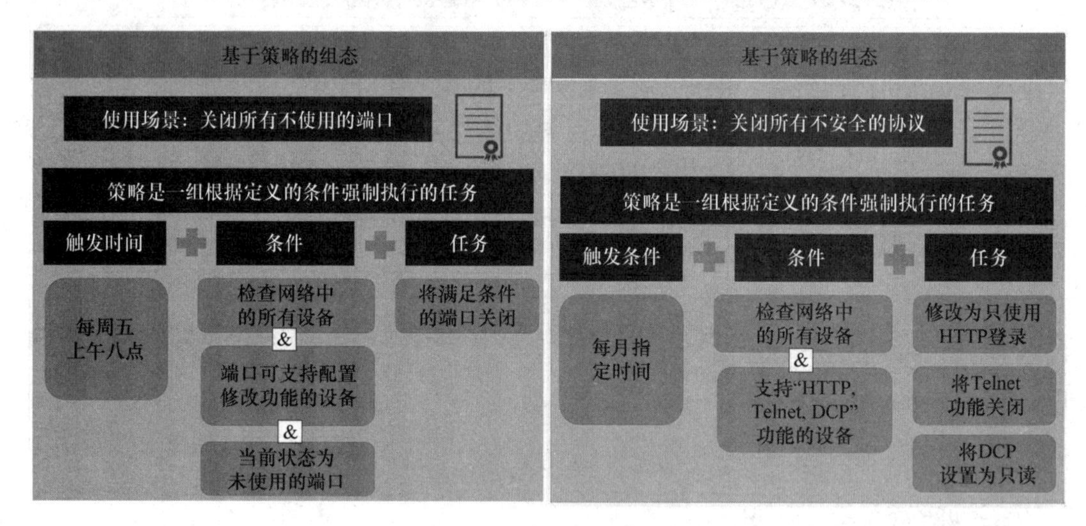

图6-28 基于策略的管理

基于策略的管理是通过“策略控制中心”（见图6-29）实现的。根据用户的定制化的网络管理需求，在SINEC NMS软件中创建任务，实现对网络设备的管理功能。

下面通过两个实例说明软件是如何基于策略实现这些功能的。

实例1：每周五上午八点，对所有网络设备进行校验，将所有不使用的交换机端口关闭。如图6-30所示，通过使用“Set general port configuration”任务快速关闭没有使用的交换机端口，可以指定策略的触发时间、周期和接口等条件。

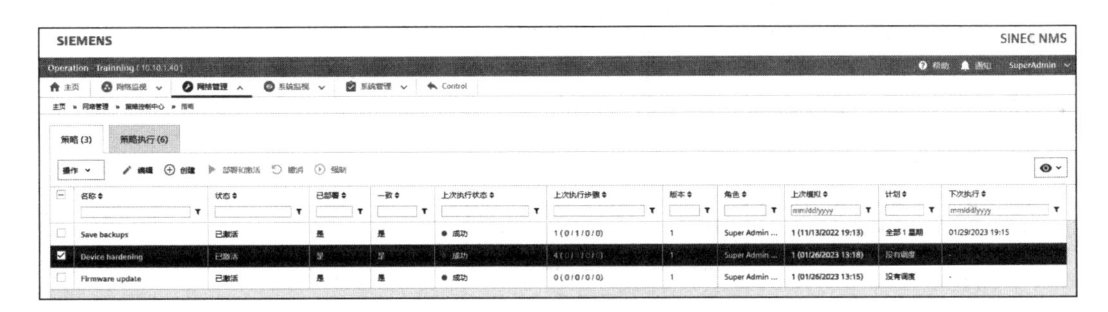

图6-29　策略控制中心

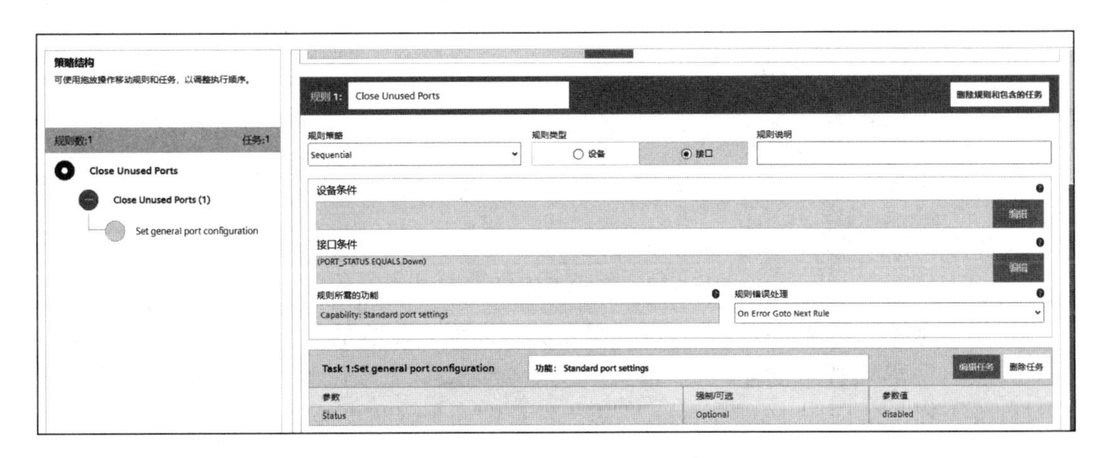

图6-30　策略配置界面1

实例2：每个月的固定时间对网络设备进行校验，禁止存在安全风险的协议的使用。如图6-31所示，通过“Set HTTP mode”“Set Telnet server”“Set DCP server”任务提升网络的安全性。用户可以指定策略的触发时间和条件，定期校验并关闭存在安全风险的协议。

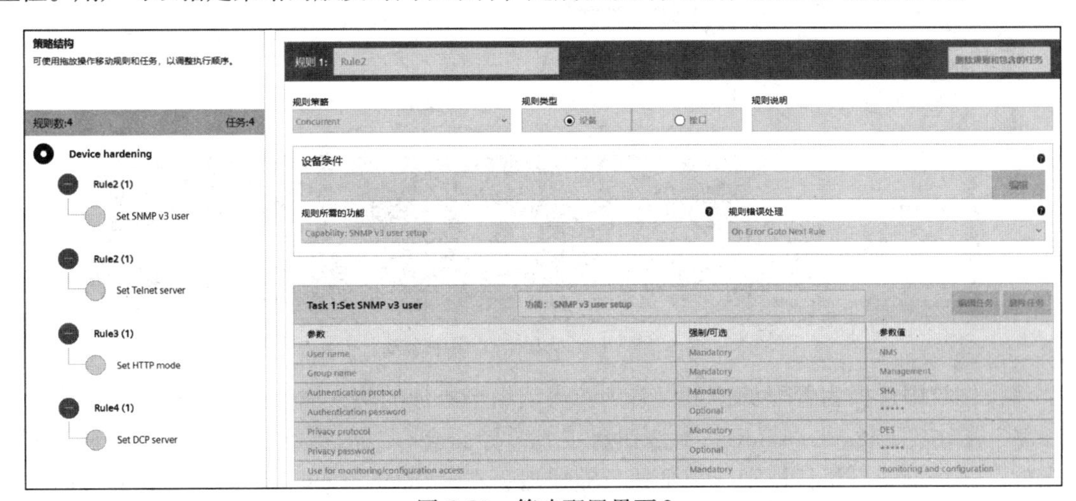

图6-31　策略配置界面2

8. 防火墙管理

如果工厂网络中使用了西门子工业防火墙，通过SINEC NMS软件统一管理防火墙和

NAT 规则可以保证整个工厂的防火墙规则的统一性。使用控制站统一管理防火墙和 NAT 规则前，首先需要为现场网络制定整体管理规则，接着进入控制站的“Firewall/NAT”界面按照规划创建规则，如图 6-32 所示。

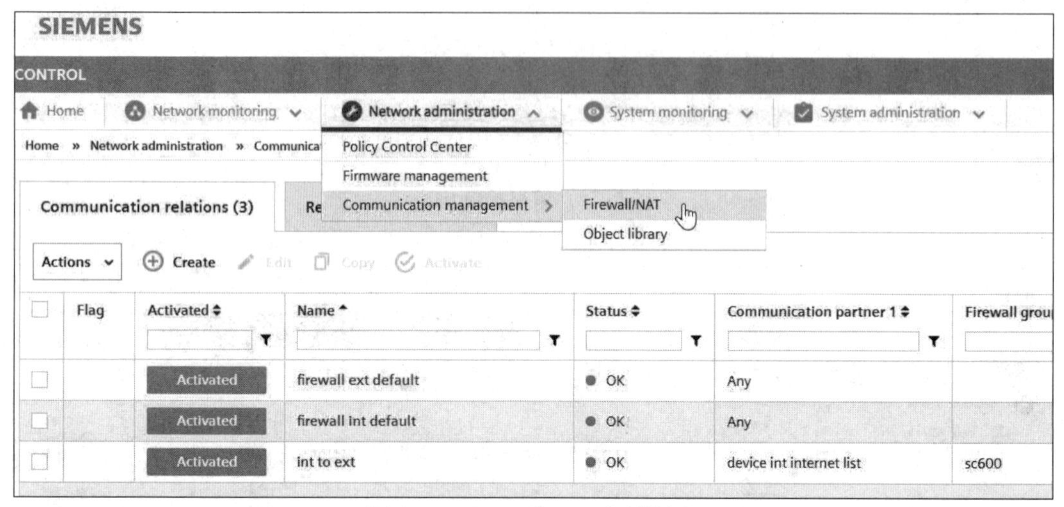

图 6-32 Firewall/NAT 规则创建

在软件中完成防火墙规则的配置后，需要激活并部署创建的规则。如图 6-33 所示，在“Firewall/NAT”界面选中创建过的规则，使用“Activate”按钮激活这些规则。激活规则后，可以进入到“Relation enforcements”界面把规则同步到防火墙。

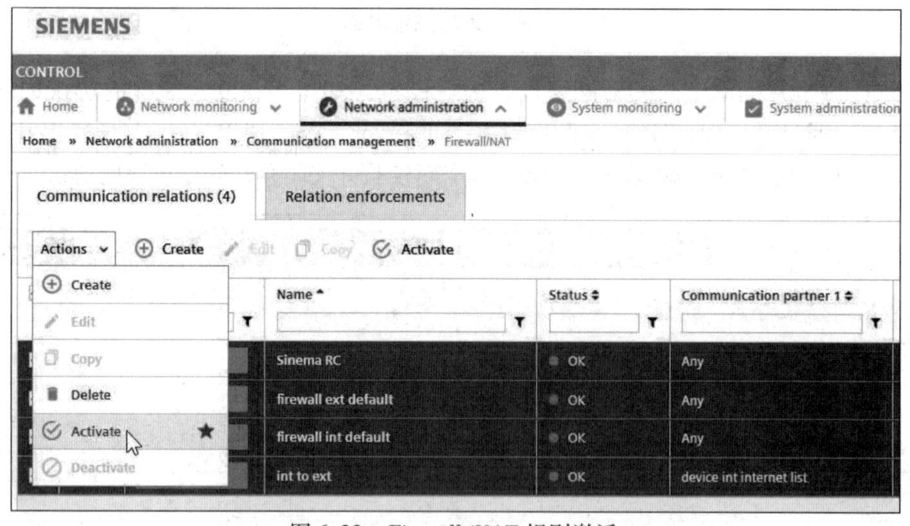

图 6-33 Firewall/NAT 规则激活

将操作权限选择为管理员，可以看到防火墙组里添加的防火墙设备。选择希望下载规则的设备，单击“Enforce on device”按钮。接着，界面会有二次提示，如果确认此时满足操作条件，选择确认后执行规则。规则执行完成后，在“Relation enforcements”界面可以看到当前防火墙工作状态。

提示：可通过西门子工业在线支持网站链接 https://support.industry.siemens.com/cs/ww/en/view/73565887 查看防火墙管理的使用例程。

9. OPC UA 通信

如果需要将 SINEC NMS 网络管理平台的数据传输给其他工厂管理平台，则可以使用 OPC UA 协议实现数据的通信。每一个操作站都包含一个 OPC UA 服务器，通过 OPC UA 客户端可以采集到服务器里存储的当前监视的网络设备的数据，这样就可以在其他工厂管理平台上更直观地查看和分析这些数据了，如图 6-34 所示。

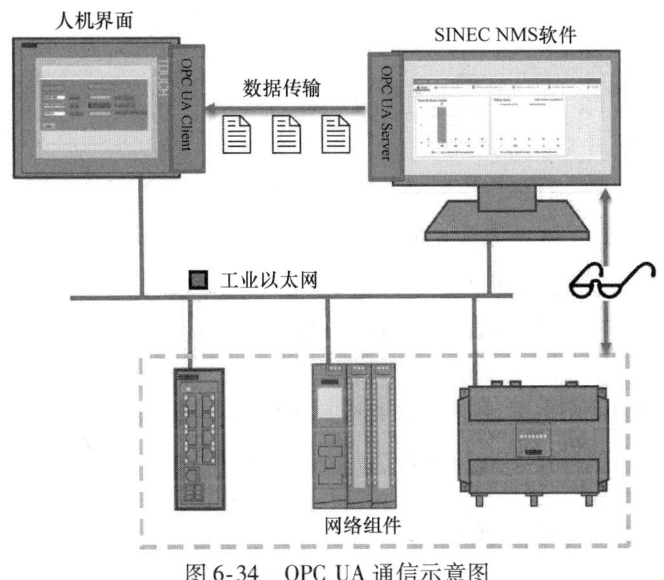

图 6-34　OPC UA 通信示意图

在操作站的计算机桌面右下角的任务栏中找到“SINEC NMS - Monitor”图标。鼠标右键单击图标选择“Settings”，进入到“Port/OPC Settings”界面，在管理员模式下可以激活和配置 OPC UA 通信相关的参数。在控制站的“Operation 参数配置文件”菜单下的“OPC 设置”页面，可以设定 OPC UA 服务器的用户名和密码，参数同步到操作站后生效。

如图 6-35 所示，在操作站的网络监视菜单下的“OPC”界面，需要配置 OPC 通信相关的参数。如果勾选“使受监视的设备在 OPC 中自动显示”选项，则可以把当前管理的所有网络设备的数据上传到 OPC UA 服务器。不勾选，则需要手动添加哪些设备需要上传数据。勾选“通过 OPC UA 提供状态概览”选项，则可以为 OPC UA 服务器提供状态数据。通过“生成 OPC UA 索引的过程”选项可以设置网络设备在 OPC UA 服务器中的显示方式，软件提供了“使用 IPv4 地址”“使用 PROFINET 设备名称”和“使用 OPC 系统名称”三种显示方式。

OPC UA 服务器配置完成后，还需要对 OPC UA 客户端进行配置，以建立客户端和服务器之间的通信连接，实现数据的交互。

提示：可通过西门子工业在线支持网站链接 https：//support. industry. siemens. com/cs/ww/en/view/73565887 查看 OPC UA 通信的使用例程。

10. 第三方设备监控

在工厂网络项目中，网络的搭建通常不是由一个厂家的设备完成的，可能出现非西门子的交换机产品。那么我们应该如何使用 SINEC NMS 软件监控第三方网络设备呢？软件集成了常见厂家的网络设备的配置文件模板，通过 SNMP 识别设备时会自动匹配合适的配置文

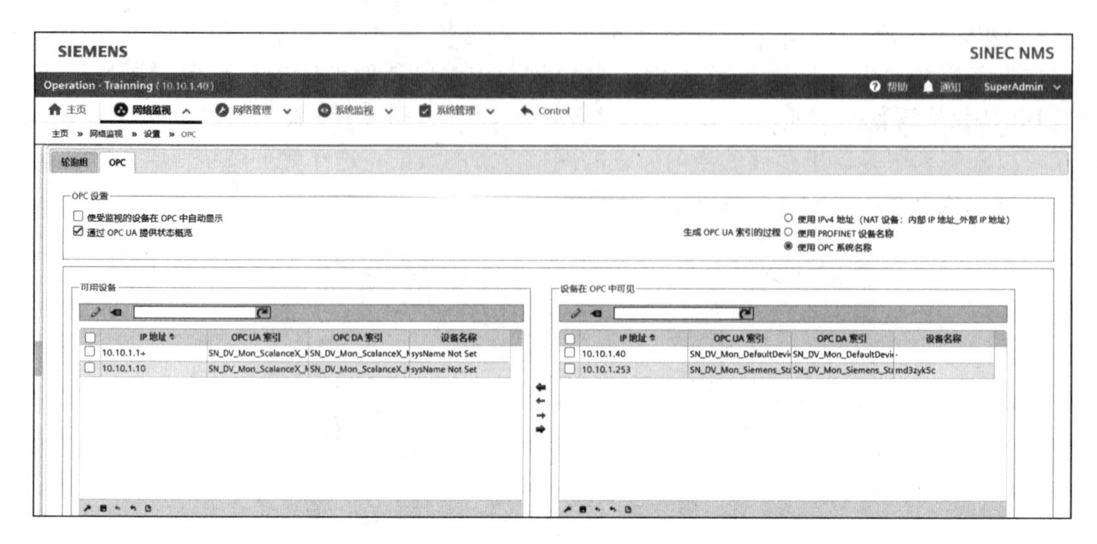

图 6-35 OPC UA 通信参数设置

件。因此，西门子和部分第三方的网络设备被识别到后，能看到相应的图片和硬件信息。对于不能被识别的第三方网络产品，默认使用“DEFULT_SNMP_Device”标识，基于这个通用模板获得设备基本信息。

如果希望第三方设备也可以被智能地识别，需要创建相应的设备类型。新创建的类型必须选择一个已经存在的模板，建议使用“DEFULT_SNMP_Device”。在新添加的模板中手动添加第三方产品的信息，上传相应的设备图片等。在“检测规则”页面，创建新的规则用于识别设备的制造商，定义设备的发现规则。如图 6-36 所示，可以通过 SNMP 读取交换机标识以识别交换机厂家的名称。在“设备类型”界面，定义同系列产品的具体型号的识别规则。通常将产品型号或者订货号等信息作为判断依据，并为不同型号的产品上传对应的图片。

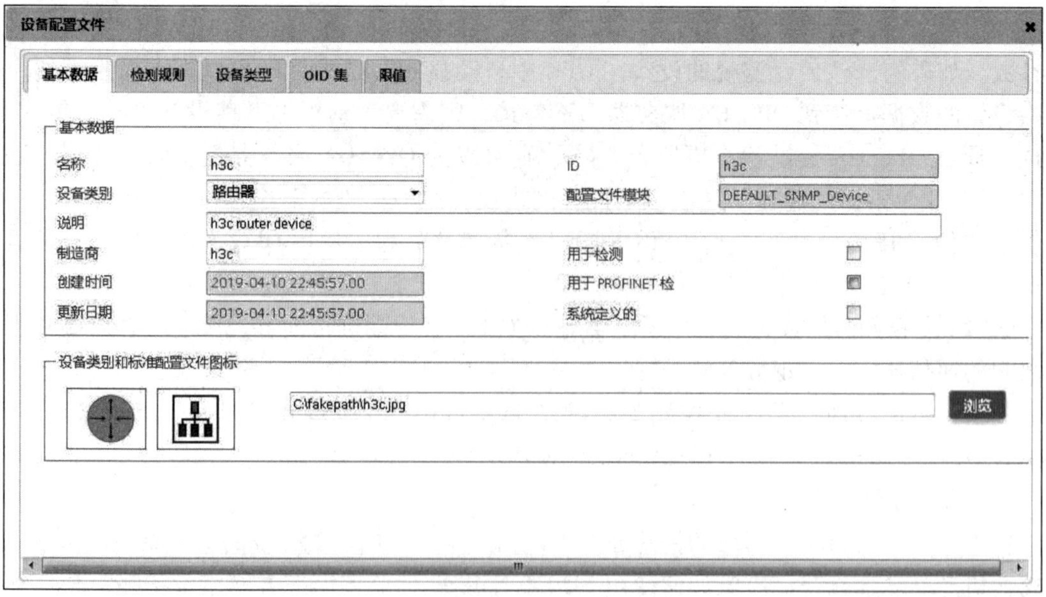

设备配置文件
基本数据 检测规则 设备类型 OID 集 限值
基本数据
名称 h3c
ID h3c
设备类别 路由器
配置文件模块 DEFAULT_SNMP_Device
说明 h3c router device
制造商 h3c
用于检测
创建时间 2019-04-10 22:45:57.00
用于 PROFINET 检
更新日期 2019-04-10 22:45:57.00
系统定义的
设备类别和标准配置文件图标
C:\fakepath\h3c.jpg
浏览

图 6-36 第三方设备基本数据

当第三方设备配置文件添加完成后，重新扫描网络，新发现的第三方网络设备就可以按照之前定义好的标准识别出设备型号了，如图6-37所示。

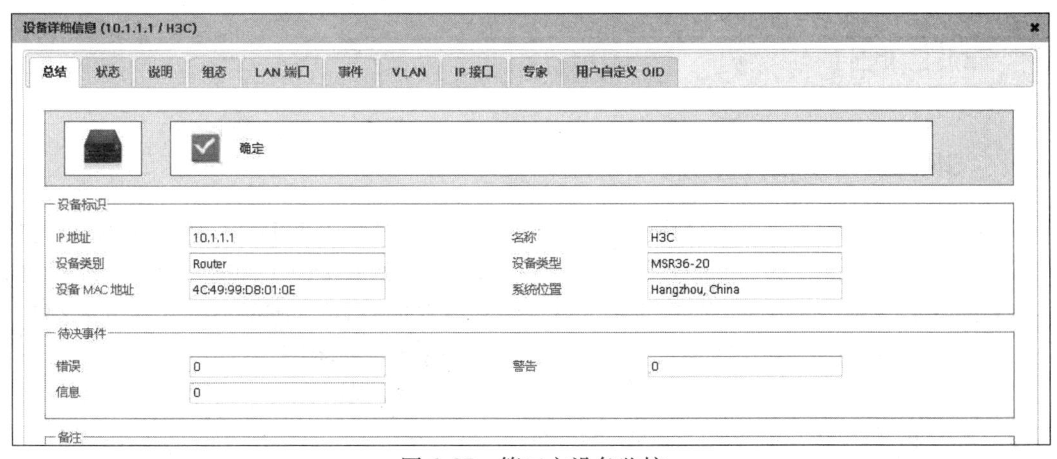

图6-37　第三方设备监控

6.1.4　应用案例

某工厂内使用了西门子网络解决方案，硬件部分由接入交换机和汇聚交换机两部分组成。接入交换机分布在车间内的控制设备周围，用于连接PLC、IPC等生产设备。每个区域会部署一台汇聚交换机，用于和区域内的接入交换机互连。10台汇聚交换机连接成环形网络结构，确保车间内的网络通信链路是冗余的。

现场通过SINEC NMS网络管理软件实现对工厂车间内交换机的监视和管理。当网络设备出现异常时，通过网络拓扑和事件报警信息可以立刻发现问题。此外，由于网络安全的需要，现场交换机要求始终升级到最新固件。通过SINEC NMS软件的集中配置功能，可以快速地完成客户的需求。图6-38是通过软件监视到的现场工业网络拓扑图。

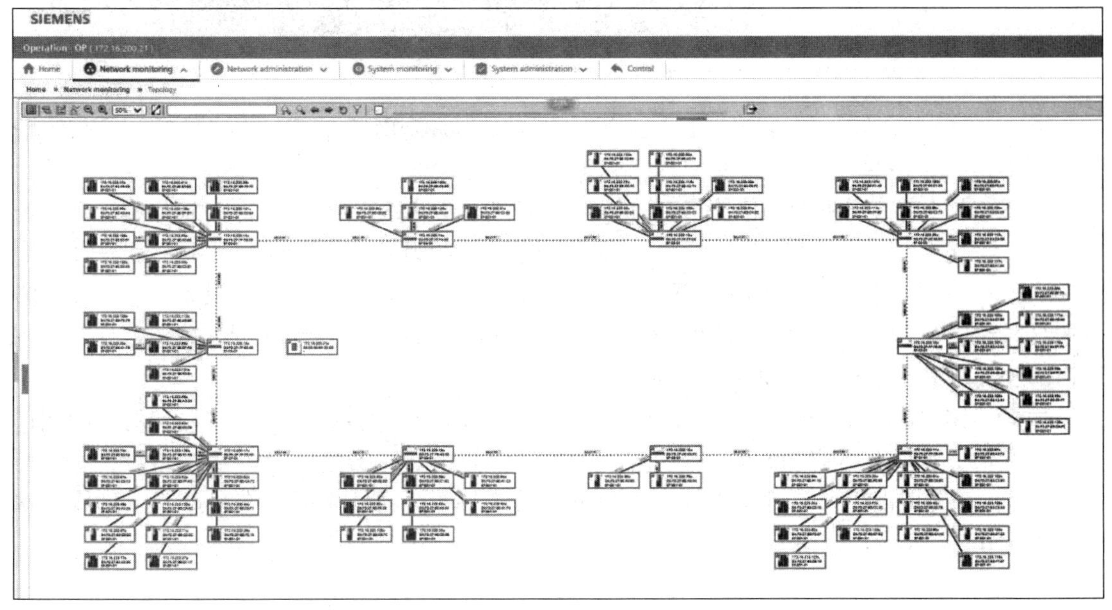

图6-38　工业网络拓扑图

提示：可通过西门子工业在线支持网站链接 https：//support. industry. siemens. com/cs/ww/en/view/73565887 查看第三方设备监视的使用例程。

6.2 SINEC INS

6.2.1 SINEC INS 软件介绍

作为 SINEC 家族的一员，SINEC INS 是一款用于集中网络服务的软件管理工具，特别关注工业应用场合 OT 网络中经常使用的通用网络服务，例如 DHCP 功能（IP 地址管理）、Syslog 功能（收集网络事件）、NTP 功能（网络设备的时间管理）、RADIUS 功能（网络中的接入认证）、TFTP 功能（例如使用文件传输，用于使网络组件能够进行固件更新）、DNS 功能（域名和 IP 地址相互映射）等，如图 6-39 所示。在数据传输过程中，SINEC INS 作为 Syslog 服务器和 NTP 服务器支持数据加密传输。

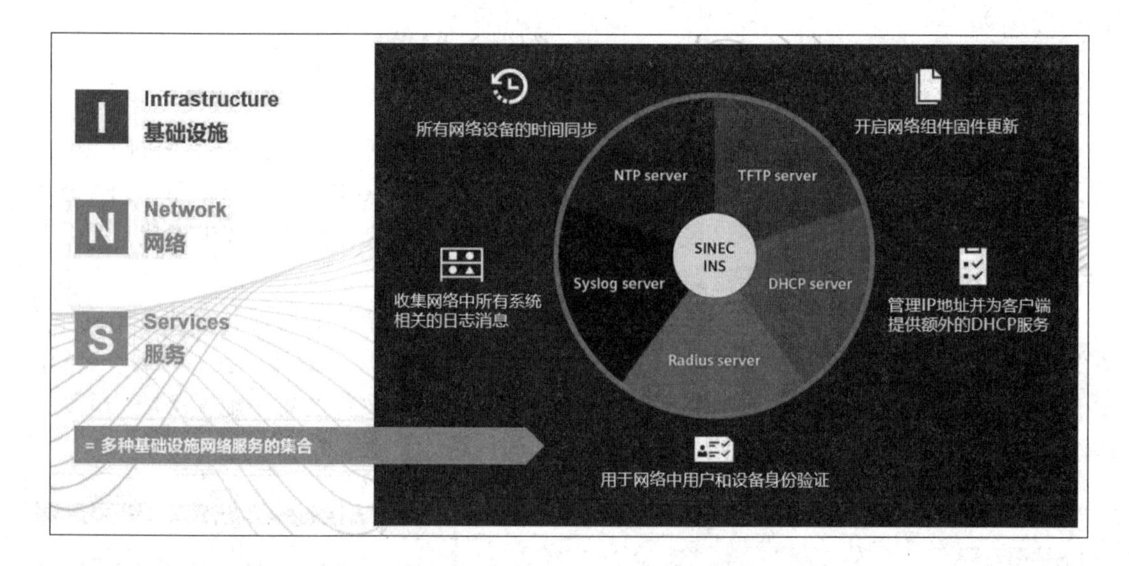

图 6-39　SINEC INS 软件功能概述

SINEC INS 支持多种的网络服务功能，适用于进行中央级部署和配置，通过 Web 界面进行管理，简化实施和维护难度。SINEC INS 通过提供基础设施网络服务不仅支持西门子 SCALANCE 系列通信产品和 RUGGEDCOM 系列通信产品，也支持第三方设备，为 OT 网络中的设备和服务提供一个完整的网络管理解决方案和一个通用的监控环境，在一个具有通用接口的工具中轻松舒适地提供所有必要的网络服务。

如果 SINEC INS 前端部署了防火墙设备，需要对 INS 使用到的服务、协议和对应的端口号进行设置，否则会影响 INS 的部分功能。INS 通常使用到的服务见表 6-1。

SINEC INS 依据用户需要监控的节点数量，对于服务器的硬件需求有所差异，具体基本要求见表 6-2。

表 6-1　SINEC INS 协议端口号一览

服务/协议	协议/端口号	服务/协议	协议/端口号
SFTP	TCP/2	HTTPS	TCP/443
DNS	UDP/53	Syslog Server	UDP/514
DHCP	UDP/67	Secure Syslog Server	TCP/6514
TFTP	UDP/80	Syslog Server relay	UDP/dynamic
NTP Server	UDP/123	RADIUS Server	UDP/1812
NTP Client	UDP/123	RADIUS Server proxy	UDP/dynamic

表 6-2　SINEC INS 节点性能需求

部件	≤500 节点	≤5000 节点	≥5000 节点
处理器	2 核，2. 16GHz x64	2 核，2. 6GHz x64	4 核，3. 6GHz x64
内存	2GB	8GB	16GB
硬盘	128GB HDD	256GB SSD	512GB SSD

SINCE INS 暂不支持 Windows 操作系统，具体的软件系统需求见表 6-3。

表 6-3　SINEC INS 软件系统需求

操作系统	• Linux Ubuntu 18. 04. 2 LTS Desktop（64 位） • Linux Ubuntu 18. 04. 2 LTS Server（64 位） • SIMATIC OS V1. 3 • RX1500 APE 1808 Debian 9. 6. 0
推荐虚拟机平台	• VMware Workstation Pro/Workstation Player 15. 0 • Oracle VirtualBox 6. 0

6. 2. 2　Syslog 功能和技术要求

1. 功能架构实例

本示例通过 INS 作为 Syslog 服务器对网络设备中 SCALANCE XM408 - 8C 交换机的系统日志信息进行搜集演示，如图 6-40 所示。INS 服务器和客户端之间采用 RJ45 网线进行连接，通过两层网络进行数据传输。基于 Web 界面的方式进行 INS 和交换机设备的配置和数据传输验证。

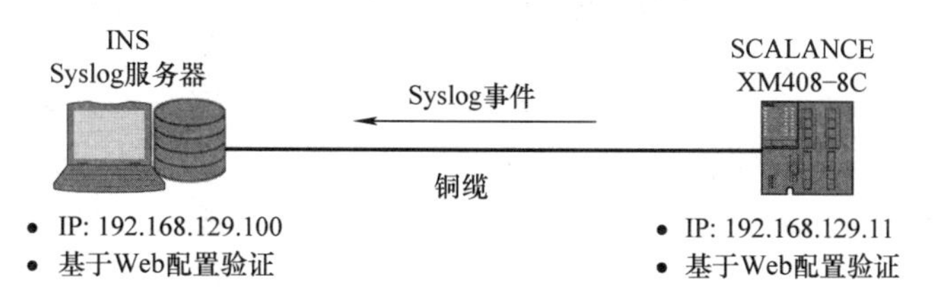

图 6-40　Syslog 系统部署架构示意图

SCALANCE XM408 - 8C 的 Syslog 可以记录的事件常见的有设备的冷启动、端口状况监视、尝试使用错误密码访问登录设备、远程监视设备的告警信息、设备冗余供电信息、环网冗余管理器状态变化、三层路由协议状态变化、802.1X 端口授权状态等，具体可参考图 6-41。

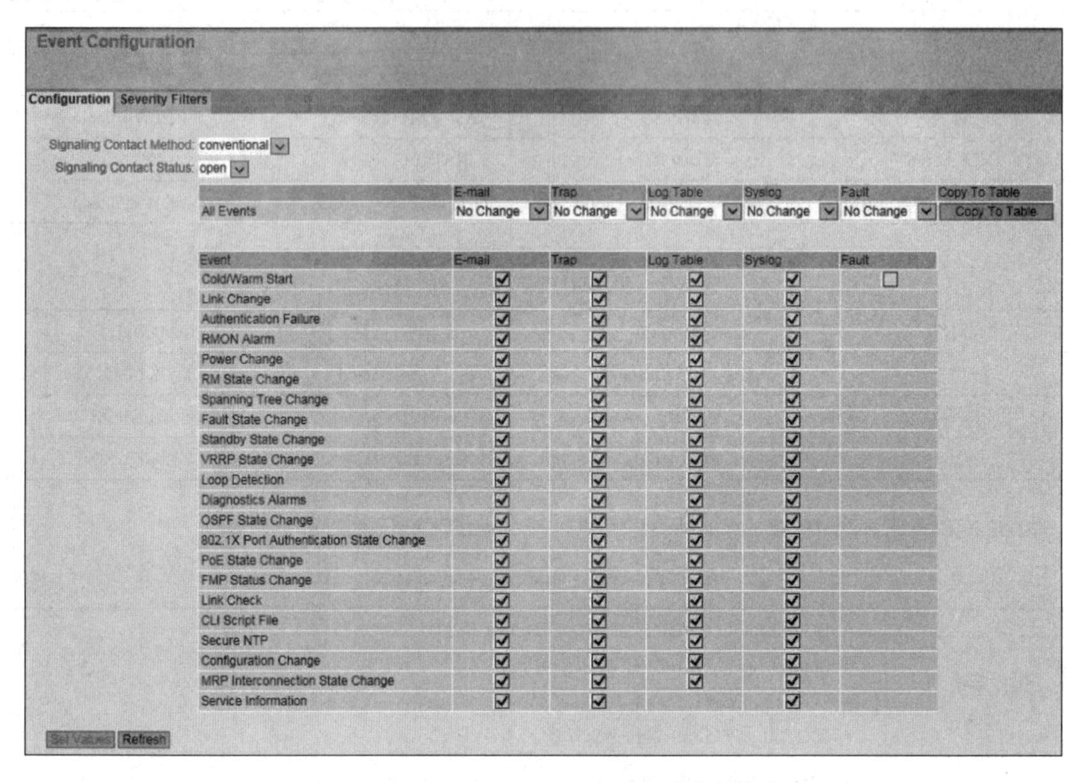

图 6-41　SCALANCE XM408 - 8C 日志事件一览

当然，也可以将每个工程组态所需要的功能和需要监控的事件选择性地发送到 Syslog 服务器上。通常建议对网络所有事件进行发送，因为 Syslog 数据包多为小数据报文，对整体网络流量和设备负荷占用较小。

2. 配置步骤指导

SINEC INS 服务器配置顺序为：全局开启 Syslog Server 功能→选择输入接口。如 SINEC INS 需要使用加密验证传输，在 INS 服务器选型中需要进行加密 Syslog 配置，为了通过 SINEC INS 认证，Syslog 客户端需要配置加密选项。本示例不展开阐述加密数据传输的配置。

默认情况下 SINCE INS 的 Syslog 服务器功能处于关闭状态，需要全局开启 Syslog 服务器功能，如图 6-42 所示。

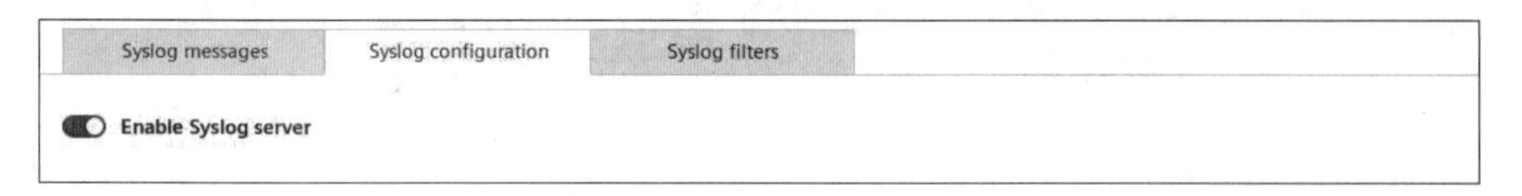

图 6-42　全局开启 Syslog 服务器功能

选择 Syslog 服务器用于接收 Syslog 数据请求的网络适配器，这里选取 INS 服务器物理网卡接口地址为192.168.129.100，并逻辑启用该物理接口。如果操作系统中网卡的配置发生更改，则需要重新启动INS服务器后才会生效。

这里需要注意的是，Syslog发送数据可以选择UDP或TCP传输。对于对应的端口号是可以进行修改定义的，默认使用514。当在Syslog服务器中修改了默认端口后，务必将客户端配置的端口进行对应修改，否则将无法进行正常数据包发送。本次示例采用默认UDP传输，端口号为514，如图6-43所示。

图6-43　物理接口配置

对于SCALANCE XM408-8C设备，采用默认UDP方式进行Syslog数据传输。这里，使用默认端口514，如图6-44所示。

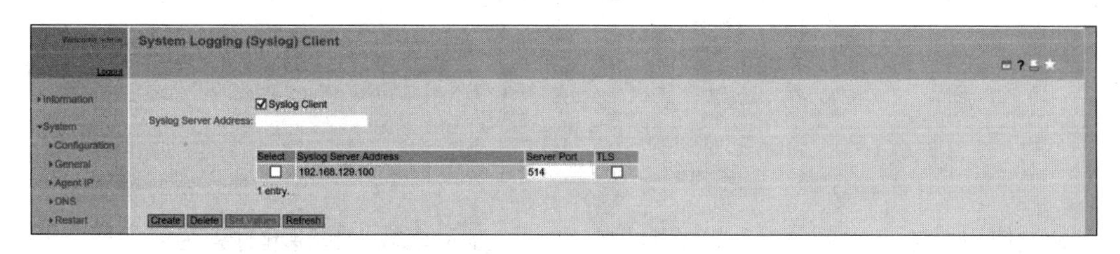

图6-44　日志系统客户端配置

3. 结果验证

RADIUS本次示例进行验证SCALANCE XM408-8C设备的错误密码登录拒绝访问、物理接口状态变化和设备配置被修改三个事件，并通过在INS服务器日志列表界面和Wireshark对数据抓包进行验证。

输入错误的密码尝试登录设备，在Web登录界面显示为无效的密码。该事件将被记录并发送到INS服务器上进行显示和存储。在INS日志显示界面可以看到，主机192.168.129.200通过用户名admin尝试进行Web界面登录设备，登录失败，该事件为Warning告警事件等级，如图6-45所示。

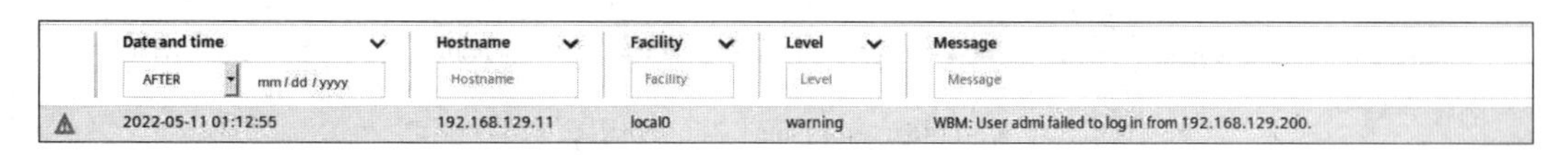

图6-45　登录设备失败事件记录

通过使用抓包工具Wireshark进行数据包分析，如图6-46所示，显示该数据包传输过程为触发式，整个数据交互过程仅仅存在一条报文。数据发送方为Syslog客户端SCALANCE XM408-8C设备，数据接收方为INS服务器。Syslog的数据传输层使用的为UDP，端口号默认为514。因为本示例配置采用了非加密数据传输方式，所以整个数据报文以明文呈现。整个事件的信息和INS服务器日志显示界面保持一致。

物理接口状态变化，将SCALANCE XM408-8C的物理端口P1.5和P1.6进行Link down

操作。在INS日志显示界面（见图6-47）可以看到，端口P1.5和P1.6出现了Link down事件，该事件为info事件等级。

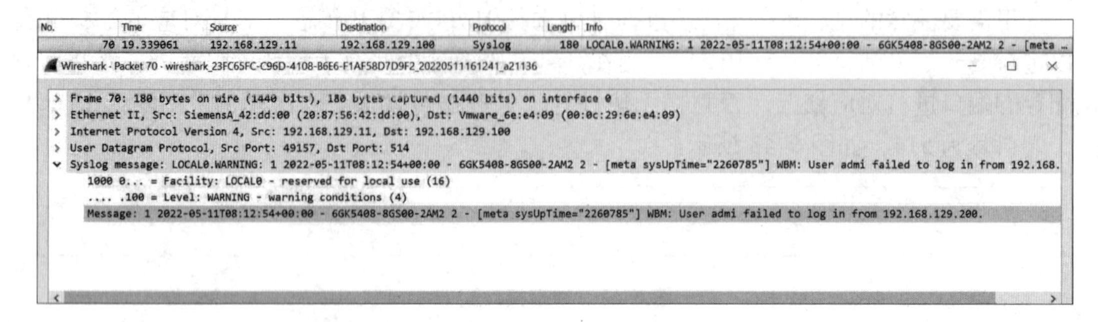

图6-46 Wireshark抓包分析1

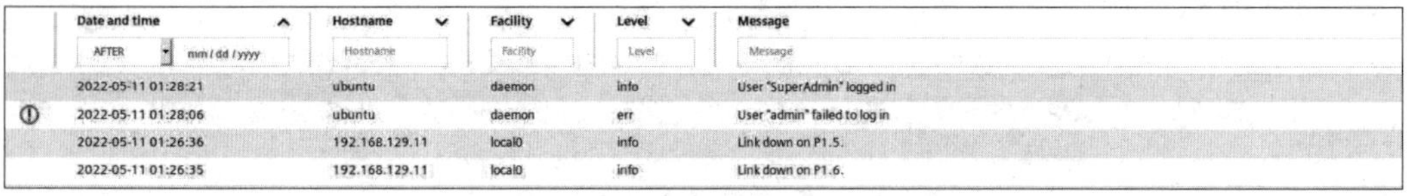

	Date and time	Hostname	Facility	Level	Message
	2022-05-11 01:28:21	ubuntu	daemon	info	User "SuperAdmin" logged in
ⓘ	2022-05-11 01:28:06	ubuntu	daemon	err	User "admin" failed to log in
	2022-05-11 01:26:36	192.168.129.11	local0	info	Link down on P1.5.
	2022-05-11 01:26:35	192.168.129.11	local0	info	Link down on P1.6.

图6-47 端口状态发生变化事件

通过使用抓包工具Wireshark进行数据包分析，显示该数据包传输过程为触发式，整个事件的两条信息和INS服务器日志显示界面保持一致，如图6-48所示。

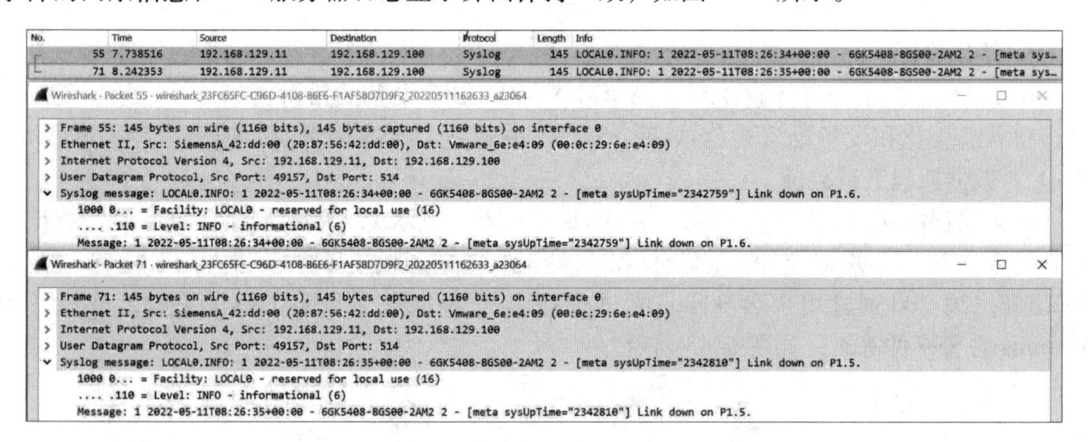

图6-48 Wireshark抓包分析2

设备配置被修改，通过Web界面关闭远程访问SCALANCE XM408－8C的Telnet服务器功能，Telnet服务器功能默认是开启状态。在实际使用过程中，也强烈推荐关闭Telnet非加密远程访问设备功能，如图6-49所示。

在INS日志显示界面（见图6-50）可以看到，SCALANCE XM408－8C设备的配置被修改，该事件为info事件等级。

通过使用抓包工具Wireshark进行数据包分析，显示该数据包传输过程为触发式。整个事件的信息和INS服务器日志显示界面保持一致，如图6-51所示。

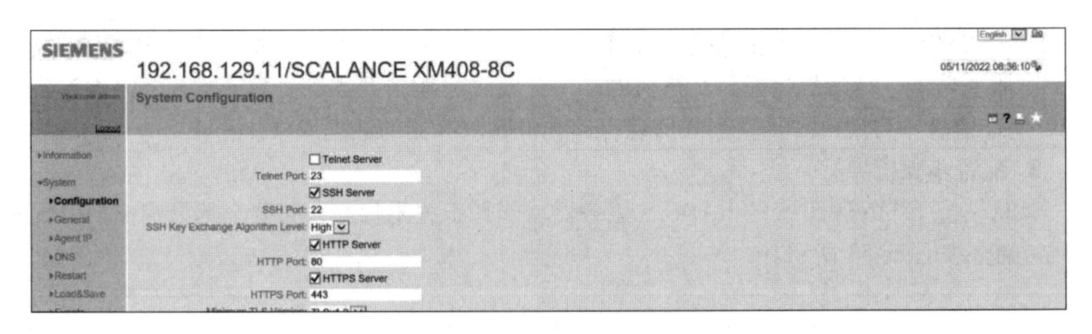

图6-49 关闭Telnet功能配置

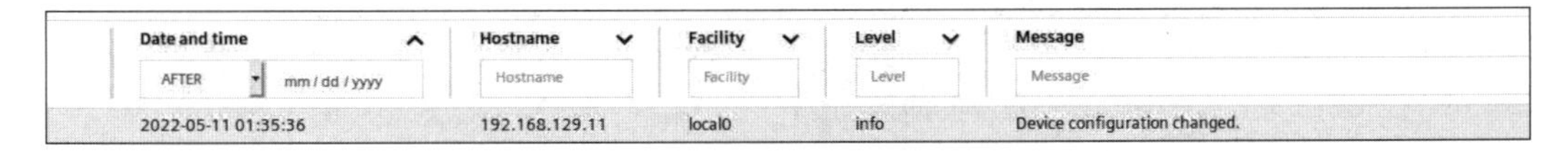

图6-50 配置参数改变事件记录

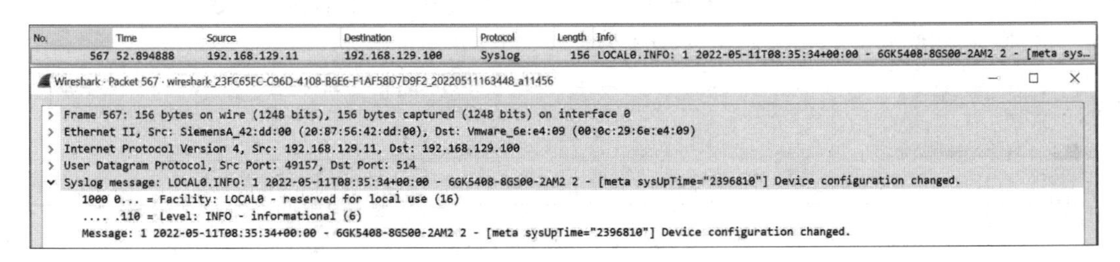

图6-51 Wireshark抓包分析3

6.2.3 RADIUS功能和技术要点

1. 功能架构示例

本示例通过INS作为RADIUS服务器对终端设备接入SCALANCE XM408-8C交换机端口3基于MAC地址进行认证，如图6-52所示。RADIUS服务器和SCALANCE XM408-8C及终端设备PC之间采用RJ45网线进行连接，通过两层网络进行数据传输。基于Web界面的方式进行INS和交换机设备的配置和数据传输验证。

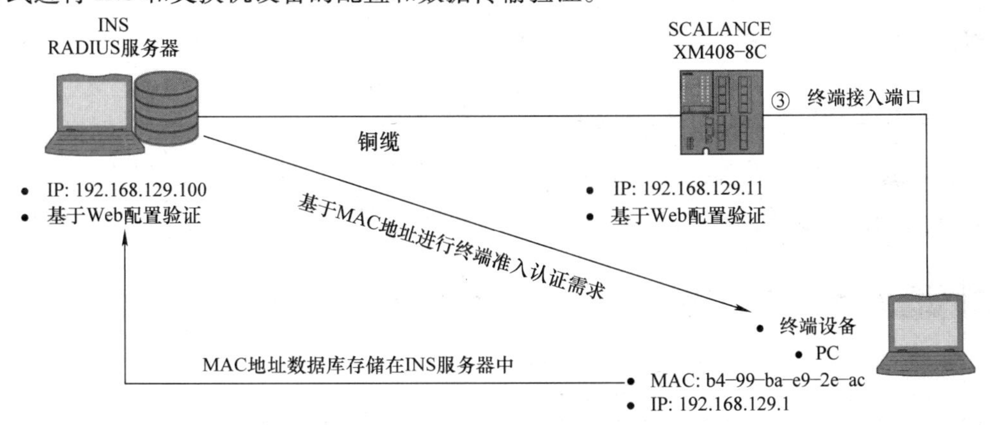

图6-52 RADIUS系统部署架构示意图

SCALANCE XM408-8C 设备是作为 RADIUS 客户端角色进行配置的，基于 IEEE 802.1X 在 INS 服务器上进行身份验证。交换机的端口 3 设置为强制设备身份验证模式，终端设备的 MAC 地址信息作为用户需要验证的信息存储在 INS 服务器的数据库中。

2. 配置步骤指导

默认情况下 SINEC INS 的 RADIUS 服务器功能处于关闭状态，需要全局开启 RADIUS 服务器功能，如图 6-53 所示。

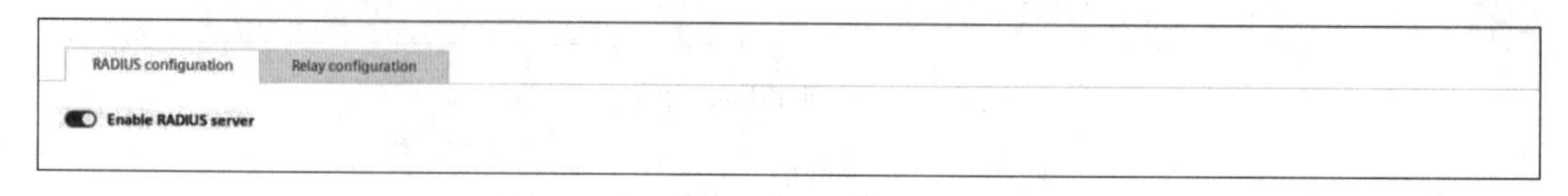

图 6-53 全局开启 RADIUS 服务器

选择 INS 服务器用于接收数据请求的网络适配器，这里选取服务器物理网卡接口地址为 192.168.129.100，并逻辑启用该物理接口，如图 6-54 所示。如果操作系统中网卡的配置发生更改，则需要重新启动服务器后才会生效。

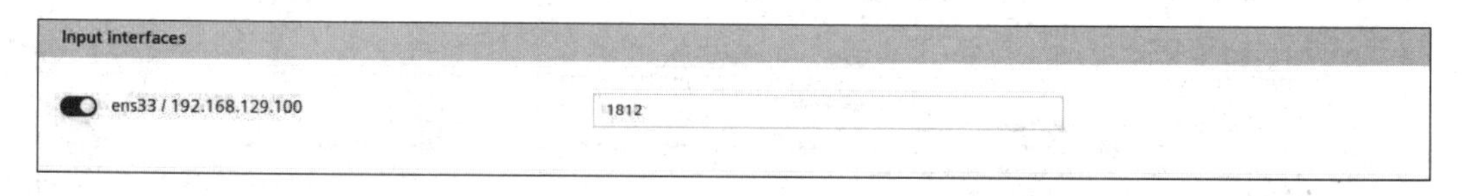

图 6-54 物理接口配置

每个向 RADIUS 服务器发送认证请求的设备都必须是 RADIUS 服务器所知道的。因此，需要通过在“RADIUS 客户端”对话框中指定这些设备的 IP 地址来让 RADIUS 服务器知道它们。对于每个 RADIUS 客户端，都需要指定一个同样需要在 RADIUS 客户端上配置的共享密钥。本示例建立 SCALNCE XM408-8C 的 RADIUS 客户端信息，输入其对应的 IP 地址，如图 6-55 所示。注意，指定的客户端名称不需要与设备名称匹配。可配置的 RADIUS 客户端数量受当前 license 的限制，具体依据 INS 安装使用的授权点数为准。

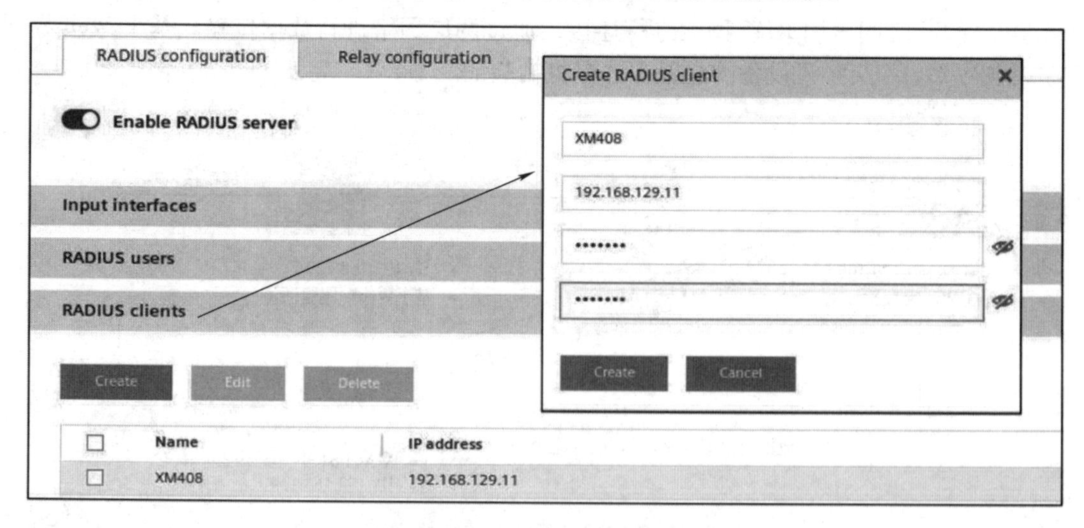

图 6-55 RADIUS 客户端配置

对于与 RADIUS 客户端端口相连的终端设备，可以根据其 MAC 地址进行认证。在“终端设备”对话框中指定终端设备的 MAC 地址。如果指定了终端设备的 VLAN ID 或 VLAN 名称，SINEC INS 对 RADIUS 客户端请求的响应中也会包含指定的 VLAN 信息。然后，RADIUS 客户端可以检查指定的 VLAN 是否与端口连接的终端设备的 VLAN 相对应。本示例使用 PC 的 MAC 地址为 B4:99:BA:E9:2E:AC，对应的 VLAN 的 ID 为默认 VLAN 1，如图 6-56 所示。

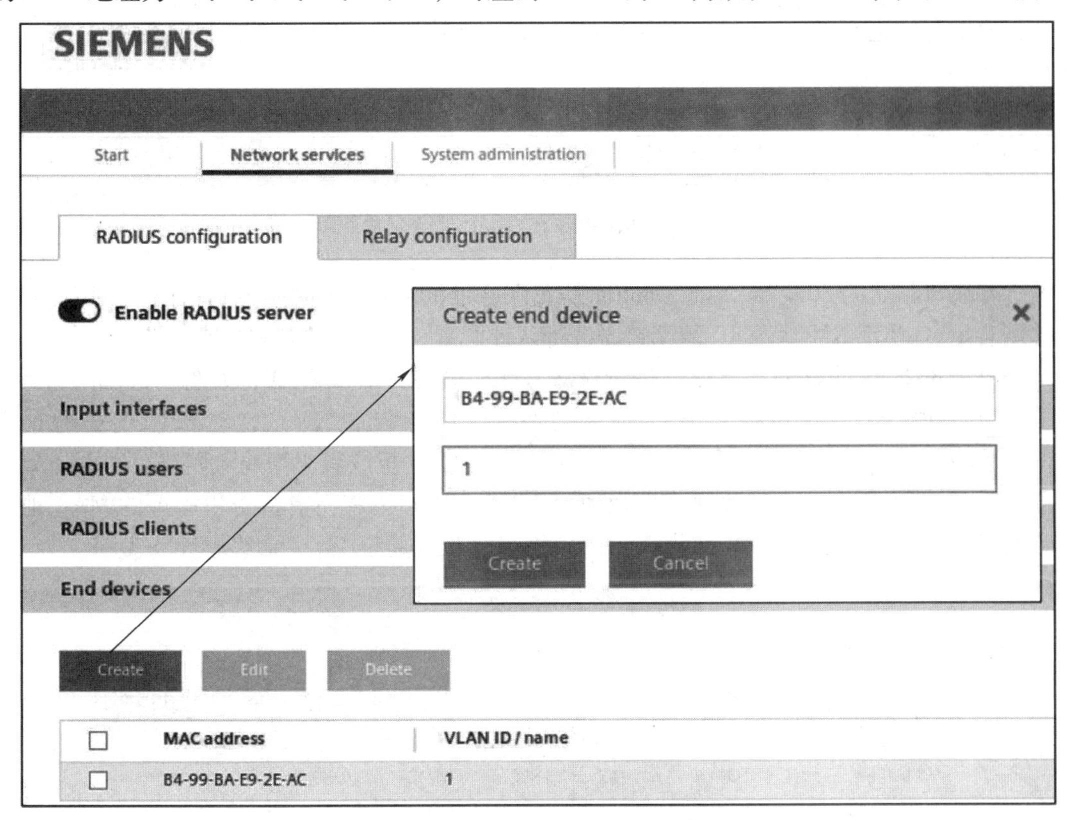

图 6-56 终端设备 MAC 地址数据库定义

对于 SCALNCE XM408 - 8C 的配置，需要在安全界面配置 AAA（“AAA"”表示“Authentication，Authorization，Accounting”）。配置 RADIUS 客户端选项，这里授权模式选择标准的方式，服务器进行验证的服务为 802.1X 身份验证方法，如图 6-57 所示。

默认使用端口 1812，与 INS 服务器中配置 RADIUS 的端口保持一致。该示例中仅仅部署了一台 RADIUS 服务器，因此不存在主服务器概念。因此，在主服务器选项保留默认设置。

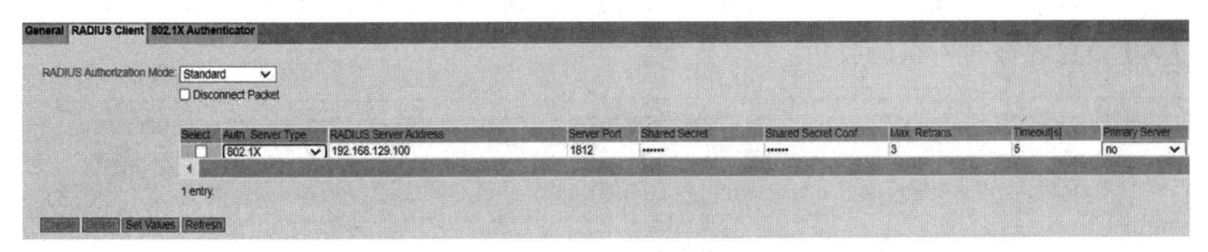

图 6-57 RADIUS 客户端选项配置

RADIUS 客户端配置完成后，可以在该界面直接测试与 RADIUS 服务器的数据连接有效性。通常会有显示 RADIUS 服务器是否可用：

1）失败，未发送测试包，无法访问 IP 地址；可以访问 IP 地址，但 RADIUS 服务器尚未运行。

2）可访问，但不接受密钥：可以访问 IP 地址，但 RADIUS 服务器不接受指定的共享密钥。

3）可访问，且接受密钥：可以访问 IP 地址，且 RADIUS 服务器接受指定的共享密钥。

完成配置后进行验证与 INS 服务器的连接，结果显示连接可用且密码配置正确，如图 6-58所示。

Select	Auth. Server Type	RADIUS Server Address	Server Port	Shared Secret	Shared Secret Conf.	Max. Retrans	Timeout[s]	Primary Server	Test	Test Result
☐	802.1X	192.168.129.100	1812	******	******	3	5	no	Test	Reachable, key accepted

1 entry

图 6-58　RADIUS 客户端在线测试功能

所有端口默认的 802. 1X Auth. Control 是允许通过该端口进行数据通信，无任何限制的。本示例对 SCALNCE XM408－8C 的端口 3 进行认证配置，在 802. 1X Auth. Control 选项选择在端口上使用 802. 1X 方法对终端设备进行身份验证，设置为 Auto 模式，如图 6-59 所示。

因为需要对 PC 终端设备的 MAC 地址接入进行身份验证，所以启动 MAC 身份验证选项。如果端口 3 下挂的不是一台终端设备，而是一个交换机或者小型局域网络，需要在最大许可认证 MAC 地址上进行修改数值（取值范围：1～100）。将所有待身份验证的 MAC 地址存储到 RADIUS 服务器上。本示例默认使用数字 1，仅仅验证 PC 一台终端设备。

General | RADIUS Client | 802.1X Authenticator

☑ MAC Authentication
☐ Guest VLAN
802.1X Fallback Timeout[s]: 0
802.1X Fallback Retry Count: 3

	802.1X Auth. Control	802.1X Re-Authentication	Re-Authentication Timeout	Tx Timeout	MAC Authentication	MAC Auth. only on Timeout	RADIUS VLAN Assignment Allowed	Default VLAN ID	MAC Auth. Max Allowed Addresses	Guest VLAN
All ports	No Change	No Change	No Change	No Change	No Change	No Change	No Change	No Change	No Change	No Change

Port	802.1X Auth. Control	802.1X Re-Authentication	Re-Authentication Timeout	Tx Timeout	MAC Authentication	MAC Auth. only on Timeout	RADIUS VLAN Assignment Allowed	Default VLAN ID	MAC Auth. Max Allowed Addresses	Guest VLAN
P1.1	Force Authorized	☐	3600	5	☐	☐	☐	0	1	☐
P1.2	Force Authorized	☐	3600	5	☐	☐	☐	0	1	☐
P1.3	Auto	☐	3600	5	☑	☐	☐	0	1	☐

图 6-59　802. 1X 认证选型配置

3. 结果验证

本示例给出了验证 SCALANCE XM408－8C 端口 3 所连接设备的认证过程，并通过交换机日志时间信息和 Wireshark 工具验证结果。

从交换机的日志信息（见图 6-60）里可以查看到，MAC 为 b4:99:baeq:2e:ac 的设备在 VLAN 1 下已经被身份认证成功。

Restart	System Up Time	System Time	Severity	Log Message
3	02:03:05	Date/time not set	4 - Warning	PNAC: Successfully Authenticated Mac b4:99:ba:e9:2e:ac in VLAN 1
3	02:02:42	Date/time not set	6 - Info	Link up on P1.3.
3	02:02:37	Date/time not set	6 - Info	Link down on P1.3.

3 entries.

Clear

Refresh

图 6-60　授权日志信息记录

从交换机的 MAC 地址认证界面（见图 6-61）也可看到，在端口 3 上基于 MAC 地址的认证状态为身份已经验证。

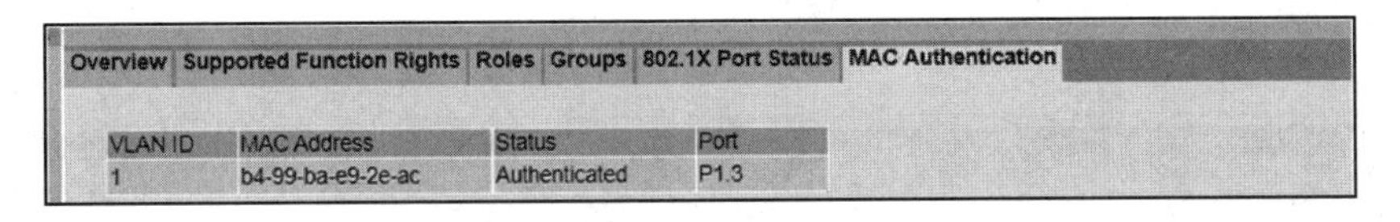

VLAN ID	MAC Address	Status	Port
1	b4-99-ba-e9-2e-ac	Authenticated	P1.3

图 6-61　MAC 地址授权状态

通过 Wireshark 进行抓包分析，一个完整的 RADIUS 认证过程包含两个数据报文，如图 6-62所示。第一个数据包为客户端发送认证请求报文，第二个数据包为服务器进行相应认证结果报文。

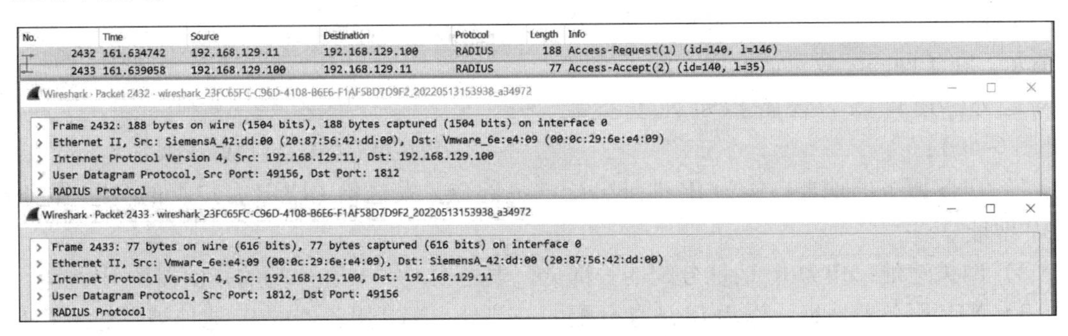

图 6-62　Wireshark 抓包分析

6.2.4　DHCP 功能和技术要点

1. 功能架构示例

本示例通过 INS 作为 DHCP 服务器为网络设备中的 SCALANCE XM408－8C 交换机分配地址信息，如图 6-63 所示。DHCP 服务器和客户端之间采用 RJ45 网线进行连接，通过两层网络数据传输。基于 Web 界面的方式对于 INS 和交换机设备的配置和数据传输进行验证。

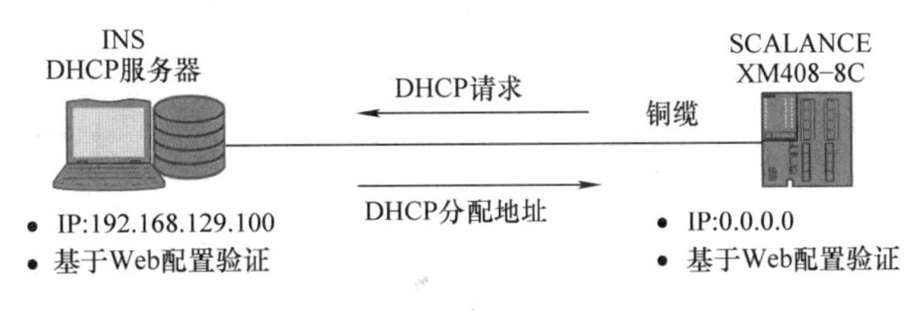

图 6-63　DHCP 系统部署架构示意图

SCALANCE XM408－8C 出厂时，没有有效的 IP 地址信息，可以通过相应软件（如 SINEC PNI 软件、PRONETA 软件等）进行手动配置 IP 地址。本示例演示为出厂默认不具备有效可用 IP 地址的 SCALANCE XM408－8C 进行动态分配地址信息。首先，通过 PRONETA 软件扫描到该设备初始状态信息如图 6-64 所示。

2. 配置步骤指导

默认情况下 SINCE INS 的 DHCP 服务器功能处于关闭状态，需要全局开启 DHCP 服务器功能，如图 6-65 所示。

输入子网信息，在这个对话框中，可以配置 SINEC INS 进行 IP 地址分配的子网。注意这里仅仅是子网，定义网络使用，包含所有该子网的可用地址池信息。根据指定的子网，在

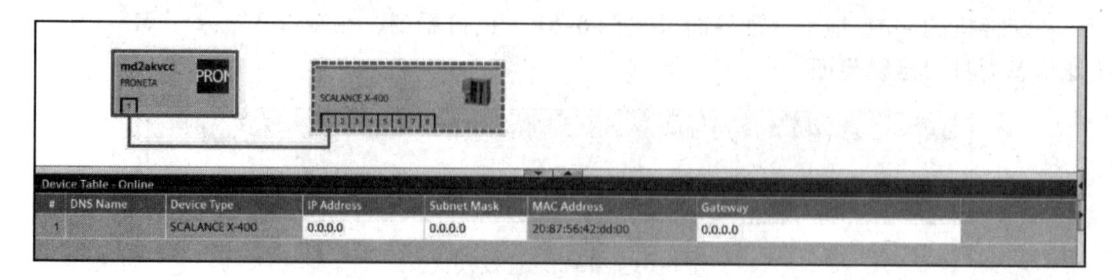

图 6-64　SCALANCE XM408 出厂参数显示

“IP 地址范围”中定义需要分配 IP 地址的子网范围。

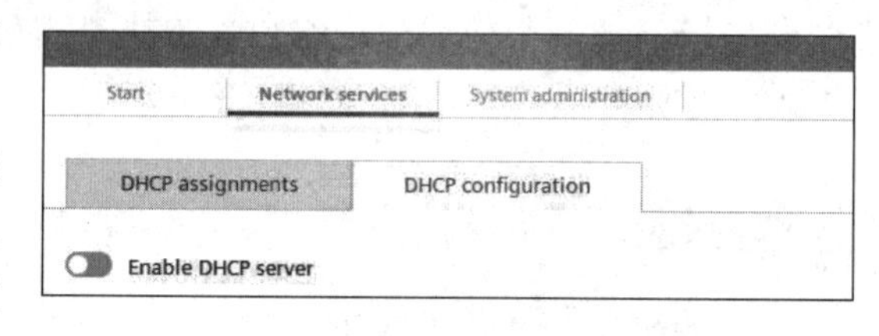

图 6-65　全局开启 DHCP 服务器

本示例以 192.168.129.0/24 为子网进行演示。在子网的配置对话框中，除了定义子网之外，还可以为设备指定如下参数（见图 6-66）：

1）DNS 服务器地址：作为 IP 地址分配的一部分，发送给 DHCP 客户端的 DNS 服务器的 IP 地址。

2）网关地址：作为 IP 地址分配的一部分，发送给 DHCP 客户端的路由器的 IP 地址。

3）NTP 服务器地址：作为 IP 地址分配的一部分，NTP 服务器的 IP 地址被发送给 DHCP 客户端。

4）TFTP 服务器地址：TFTP 服务器的 IP 地址，作为 IP 地址分配的一部分发送给 DHCP 客户端。

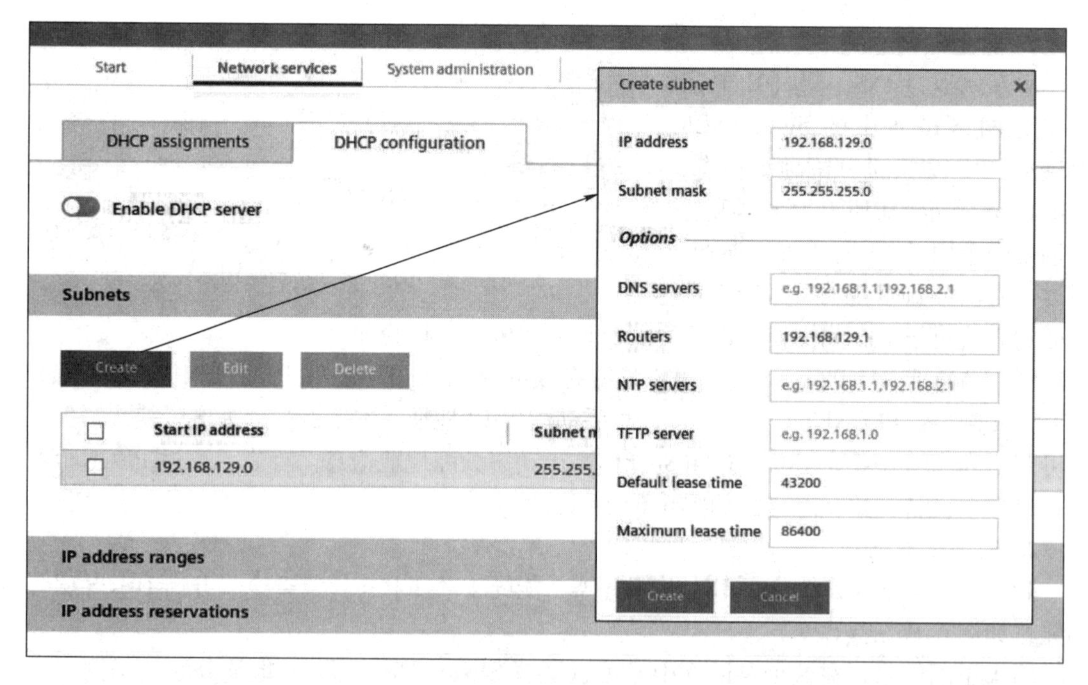

图 6-66　子网定义

5）默认的租赁时间：当 DHCP 客户端没有向 SINEC INS 请求特定的租期时，该 IP 地址被租给 DHCP 客户端的租期，该参数可以调整。

6）最大的租赁时间：DHCP 客户端向 SINEC INS 申请租用 IP 地址的最长时间。

SINEC INS 在“子网”对话框中预定义了可用网络适配器的网络地址池，如图 6-67 所示。可以根据 IP 地址的规划将未使用的地址限定到客户端可以使用的 IP 地址范围。根据 SINEC INS 从 DHCP 客户端接收 IP 地址请求的网络适配器，SINEC INS 从相关的 IP 地址范围内向 DHCP 客户端提供一个 IP 地址，当然这个被分配给客户端使用的 IP 地址是不固定的。

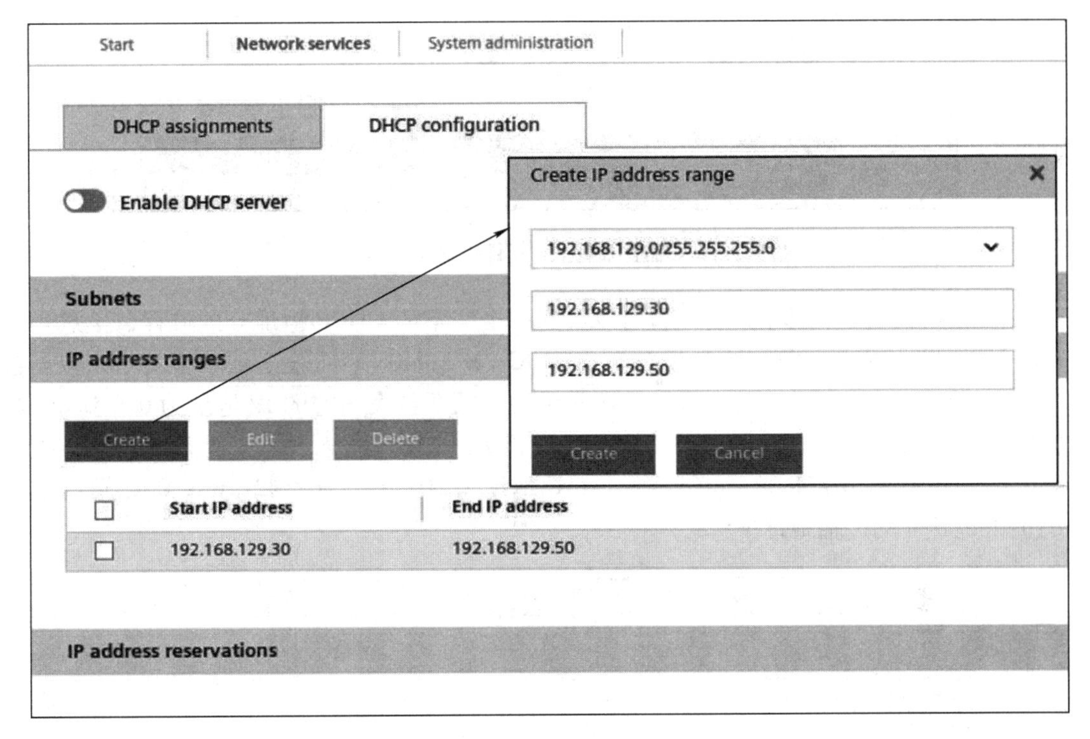

图 6-67　IP 地址池范围定义

除了预定义的从网络地址池随机获取的 IP 地址外，还可以通过客户端的自身属性绑定特定的 IP 地址，即可以为 DHCP 客户端预留 IP 地址。通常，采用设备自身的 MAC 地址属性进行区别和定义 DHCP 客户端。一个保留给 DHCP 客户端的 IP 地址不会被 SINEC INS 分配给其他 DHCP 客户端。

3. 结果验证

本示例给出了 SCALANCE XM408－8C 设备随机从 DHCP 服务器地址池获取地址和通过绑定 MAC 地址获取指定 IP 地址两个实验，并通过在 SINEC INS 服务器、PRONETA 软件和 Wireshark 中验证结果。

（1）随机从 DHCP 服务器地址池获取地址

设置 IP 地址子网为 192. 168. 129. 0/24；IP 地址范围为 192. 168. 129. 30 ~ 192. 168. 129. 50。

通过在 SINC INS 界面中查看 DHCP 分配地址情况，可以看到 192. 168. 129. 30 地址被分配给了 SCALNACE XM408－8C 设备，如图 6-68 所示。同时，在 PRONETA 软件中也可以查看到设备获取了对应的 IP 地址信息，如图 6-69 所示。

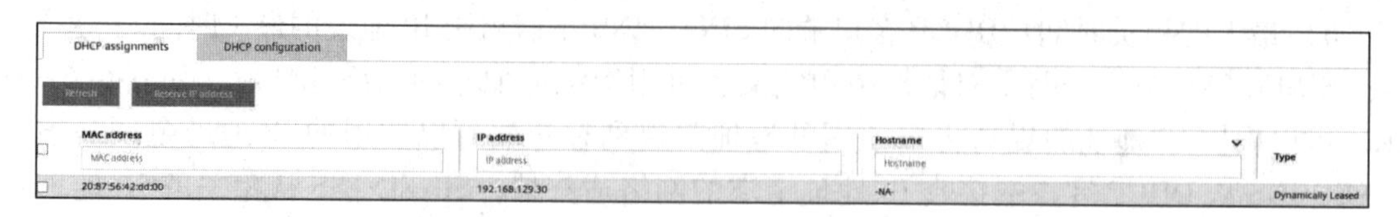

图 6-68　INS 显示 IP 地址分析信息

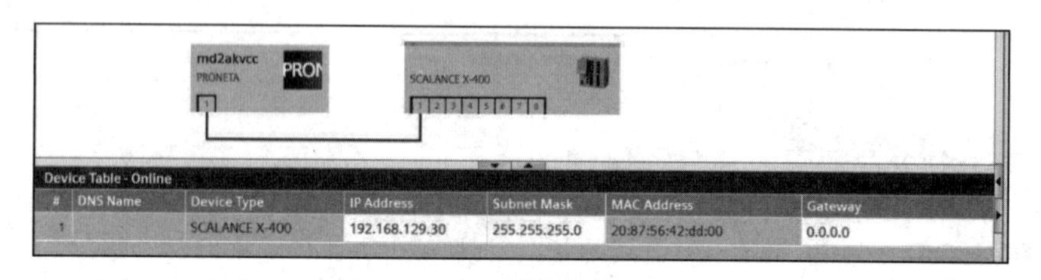

图 6-69　PRONETA 软件中显示信息

通过在 Wireshark 工具中进行抓包可以看到一个完整的 DHCP 地址分配过程，该过程会出现两个数据包的发送。第一个数据包为 SCALANCE XM408－8C 发送请求报文，该数据包为广播包，如图 6-70 所示。可以看到，在网络层，数据包发送方的 IP 地址为 0.0.0.0，默认初始化状态，目的地址为 255.255.255.255 广播地址，代表全部主机。在以太网层，数据包发送方为 SCALNCE XM408－8C 设备，MAC 地址为 20：87：56：42：dd：00，目的地址为 ff:ff:ff:ff:ff:ff 的广播地址。

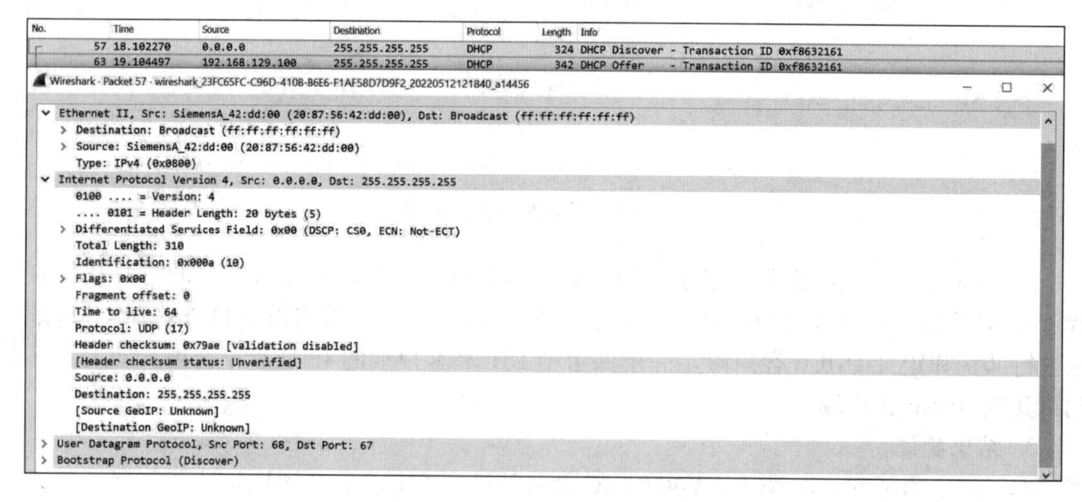

图 6-70　Wireshark 抓包分析 1

第二个数据包为 SINEC INS 服务器发送分配 IP 地址报文，从数据包内容可以看到，客户端 SCALANCE XM408－8 获取到了 192.168.129.30 地址，如图 6-71 所示。

（2）通过绑定 MAC 地址获取指定 IP 地址

在 IP 地址预留界面进行设置 MAC 地址 20:87:56:42:dd:00 的客户端获取指定 IP 地址

为 192. 168. 129. 150，如图 6-72 所示。

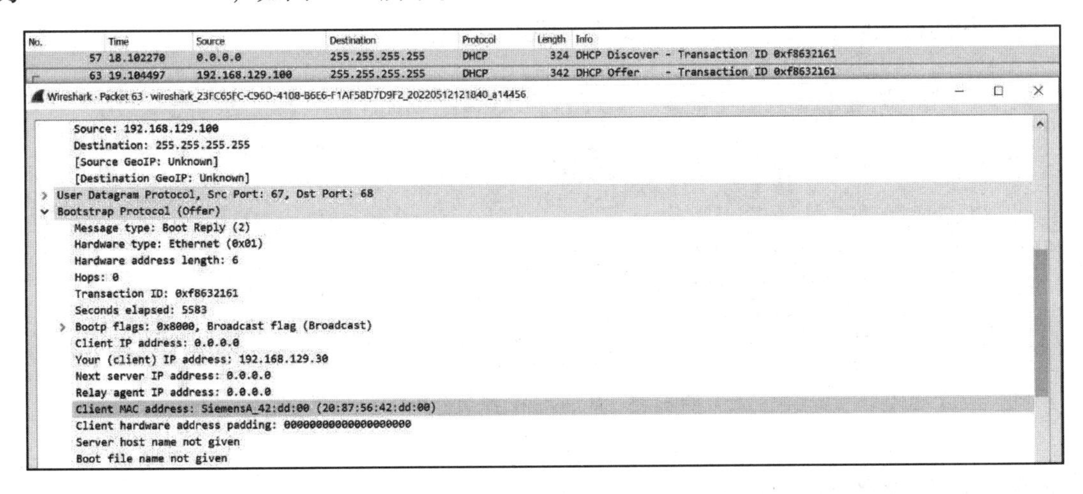

图 6-71　Wireshark 抓包分析 2

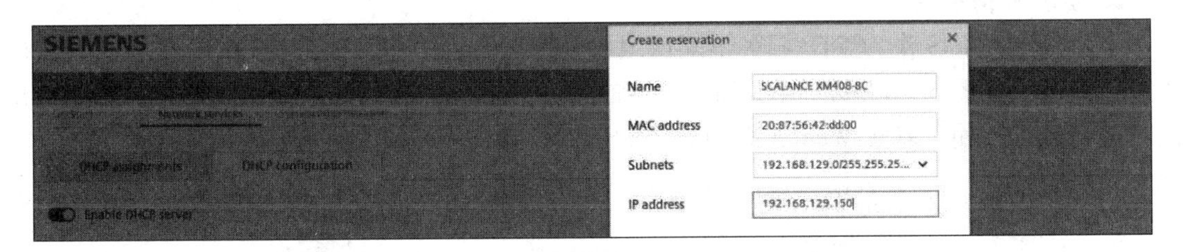

图 6-72　MAC 地址绑定 IP 地址配置定义

通过在 PRONETA 软件中，也可以查看到设备 SCALANCE XM408 - 8C 获取了指定的 IP 地址为 192. 168. 129. 150，如图 6-73 所示。同时，在 SINEC INS 软件中可以看到 IP 地址分配中的地址分配类型为指定状态，即 MAC 地址和 IP 地址进行一对一的绑定关系，如图 6-74 所示。

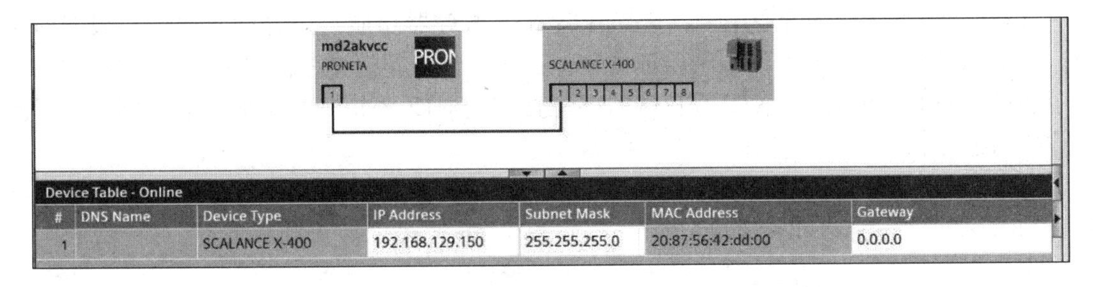

图 6-73　PRONETA 中信息显示

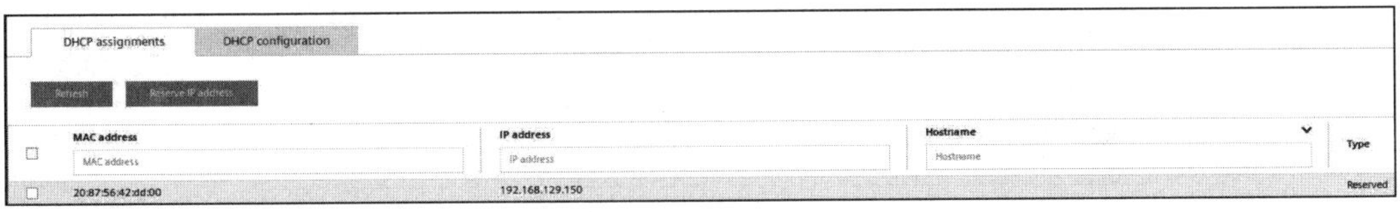

MAC address	IP address	Hostname	Type
20:87:56:42:dd:00	192.168.129.150		Reserved

图 6-74　INS 软件中 IP 地址分配信息显示

同理，在 Wireshark 抓包工具中可以查看到 DHCP 分配过程，如图 6-75 所示。整个数据交互过程和随机获取 IP 地址一致，请参考上述数据包详细分析。

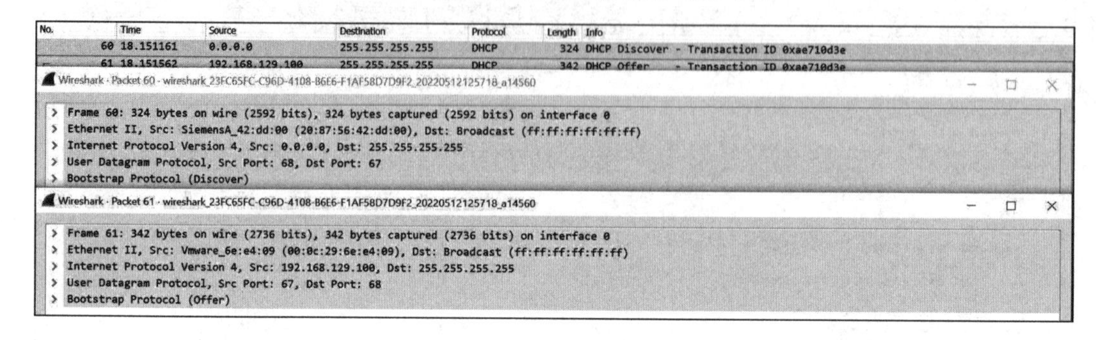

图 6-75 Wireshark 抓包分析 3

6.2.5 NTP 功能和技术要点

1. 功能架构示例

本示例通过 INS 作为 NTP 服务器对网络设备中的 SCALANCE XM408－8C 交换机同步时钟进行演示，如图 6-76 所示。NTP 服务器和客户端之间采用 RJ45 网线进行连接，通过两层网络进行数据传输。基于 Web 界面的方式对于 INS 和交换机设备进行配置和验证。

图 6-76 NTP 系统部署架构示意图

2. 配置步骤指导

SINEC INS 服务器配置顺序为：全局开启 NTP 服务器功能→选择输入接口→设置时钟源。如果 SINEC INS 需要使用加密验证传输，在 NTP 服务器选型中需要进行 NTP 密钥配置，为了通过 SINEC INS 认证，NTP 客户端需要配置相同 NTP 密钥。本示例不展开阐述加密数据传输的配置。

默认情况下 SINCE INS 的 NTP 服务器功能处于关闭状态，需要全局开启 NTP 服务器功能，如图 6-77 所示。

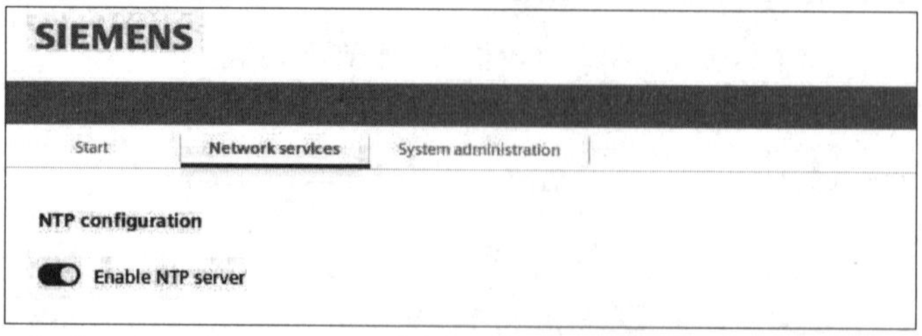

SIEMENS

Start | Network services | System administration

NTP configuration

Enable NTP server

图 6-77 全局开启 NTP 服务器

选择 NTP 服务器用于接收 NTP 数据请求的网络适配器，这里选取 NTP 服务器物理网卡接口地址为 192.168.129.100，并逻辑启用该物理接口，如图 6-78 所示。如果操作系统中网卡的配置发生更改，则需要重新启动 NTP 服务器后才会生效。

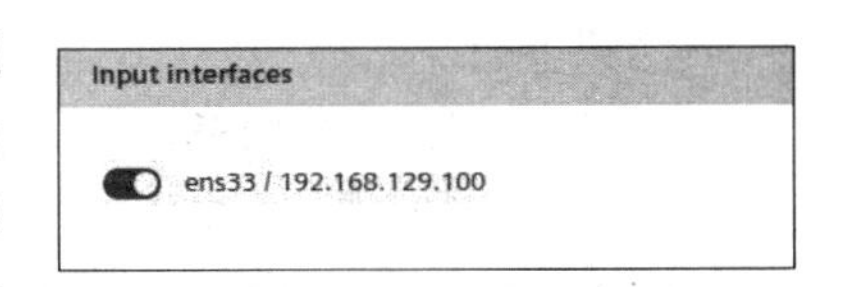

图 6-78　开启物理接口

选取时钟源，指定 SINEC INS 的时间来自哪个设备的时钟源，并根据 NTP 的请求提供给对应时间给 NTP 客户端。时钟源可以来自安装 SINEC INS 服务器的主机设备或 NTP 服务器。

主机设备（Host Device）：SINEC INS 使用安装了 SINEC INS 服务器的主机设备的时间作为当前时间。

NTP 服务器：SINEC INS 使用配置的 NTP 服务器的设备作为当前时间。使用 SINEC INS 可以到达的列表中的第一个 NTP 服务器作为时间源。当 SINEC INS 无法到达配置的 NTP 服务器时，SINEC INS 将使用主机设备作为时间源。

本示例采用安装 SINEC INS 的主机设备作为时钟源，如图 6-79所示。

图 6-79　定义时钟源

SCALANCE XM408－8C 客户端配置顺序为：全局开启 NTP 服务器功能→选择输入接口→设置时钟源。NTP 客户端配置如图 6-80 所示。

启用 NTP 客户端使用 NTP 自动进行时钟同步，并创建 NTP 服务器地址。

SCALANCE XM408－8C 设备可以配置最多四个 NTP 服务器，本示例配置一个 NTP 服务器，输入 SINEC INS 服务器地址。

NTP 使用的标准端口号为 123，SCALANCE XM408－8C 设备可以支持端口修改（范围：1025～36564），本示例采用标准的端口号进行配置。

对于轮询时间间隔（Poll Interval）参数，该参数确定了两次时间查询同步之间的时间间隔，该参数设置值越大，SCLANCE XM408－8C 设备时间同步的精准性会越差，该参数范围为 64～1024s，本示例采用最短默认时间 64s。

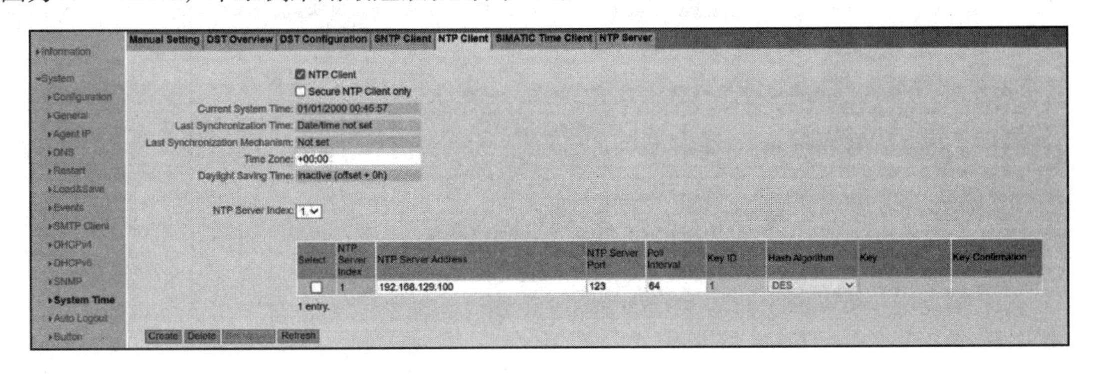

图 6-80　NTP 客户端配置选项

3. 结果验证

通过 SCALANCE XM408 - 8C 的 Web 界面可以验证 NTP 时间同步结果。显示目前系统时间为 05/10/2022 07:40:58，已经为更新后的时间，如图 6-81 所示。

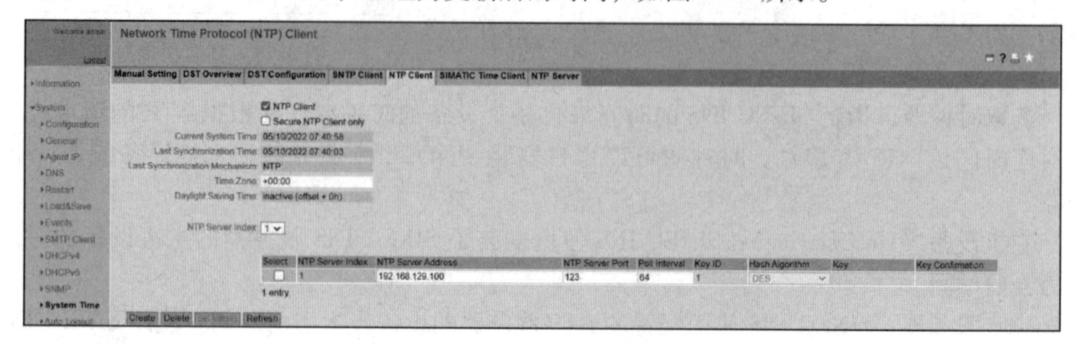

图 6-81　SCALANCE XM408 系统时间显示

通过查看设备日志文件（见图 6-82），可以看到系统时间已经被更新，且设备的时间获取方式为 NTP 方式，对应 NTP 服务器地址为安装 SINEC INS 的主机设备的地址 192.168.129.100。通过标准 NTP 端口号 123 进行数据传输。

Restart	System Up Time	System Time	Severity	Log Message
1	00:46:03	05/10/2022 07:22:57	6 - Info	Time synchronized via 'NTP' with server IP '192.168.129.100:123'
1	00:45:32	Date/time not set	6 - Info	WBM: User admin has logged in from 192.168.129.200.
1	00:42:08	Date/time not set	6 - Info	Device configuration changed.
1	00:40:17	Date/time not set	6 - Info	WBM: User admin has logged in from 192.168.129.200.
1	00:30:34	Date/time not set	4 - Warning	WBM: The session of user admin was closed after 900 seconds of inactivity.
1	00:03:25	Date/time not set	6 - Info	WBM: User admin changed own password.
1	00:02:59	Date/time not set	6 - Info	Device configuration changed.
1	00:02:48	Date/time not set	6 - Info	WBM: Default user admin has logged in from 192.168.129.200.
1	00:02:45	Date/time not set	4 - Warning	WBM: User admin failed to log in from 192.168.129.200.
1	00:02:39	Date/time not set	6 - Info	IP communication is possible. Remote logging activated.
1	00:02:32	Date/time not set	6 - Info	Device configuration changed.

ARP / Neighbors　Log Table　Faults　Redundancy　Ethernet Statistics　Unicast　Multicast　LLDP　FMP　IPv4 Routing　IPv6 Routing

44 entries

图 6-82　SCALANCE XM408 日志信息记录

通过使用抓包工具 Wireshark 进行数据包分析，显示一个 NTP 完整的两个数据包交换过程，如图 6-83 所示。第一个数据包为 NTP 客户端 SCALANCE XM408 - 8C 进行请求 NTP，随后第二个数据包为 NTP 服务器 INS 进行响应，从而 NTP 客户端顺利同步获取到 NTP 服务器时间。NTP 服务器在传输层使用 UDP，端口号为 123。

No.	Time	Source	Destination	Protocol	Length	Info
3	0.027274	192.168.129.11	192.168.129.100	NTP	90	NTP Version 4, client
4	0.027595	192.168.129.100	192.168.129.11	NTP	90	NTP Version 4, server

Wireshark · Packet 3 · wireshark_23FC65FC-C96D-4108-B6E6-F1AF58D7D9F2_20220510155253_a33104

```
> Frame 3: 90 bytes on wire (720 bits), 90 bytes captured (720 bits) on interface 0
> Ethernet II, Src: SiemensA_42:dd:00 (20:87:56:42:dd:00), Dst: Vmware_6e:e4:09 (00:0c:29:6e:e4:09)
> Internet Protocol Version 4, Src: 192.168.129.11, Dst: 192.168.129.100
> User Datagram Protocol, Src Port: 49156, Dst Port: 123
> Network Time Protocol (NTP Version 4, client)
```

Wireshark · Packet 4 · wireshark_23FC65FC-C96D-4108-B6E6-F1AF58D7D9F2_20220510155253_a33104

```
> Frame 4: 90 bytes on wire (720 bits), 90 bytes captured (720 bits) on interface 0
> Ethernet II, Src: Vmware_6e:e4:09 (00:0c:29:6e:e4:09), Dst: SiemensA_42:dd:00 (20:87:56:42:dd:00)
> Internet Protocol Version 4, Src: 192.168.129.100, Dst: 192.168.129.11
> User Datagram Protocol, Src Port: 123, Dst Port: 49156
> Network Time Protocol (NTP Version 4, server)
```

图 6-83　Wireshark 抓包分析

6.3　SINEC PNI 基本功能介绍

SINEC PNI（Primary Network Initialization）是用于检测和初始化配置 PROFINET 设备、SCALANCE X200/300/400/500/W700、RUGGEDCOM 系列网络设备和 RTLS 设备的软件工具，它取代较早前的 PST（Primary Setup Tool）软件，如图 6-84 所示。

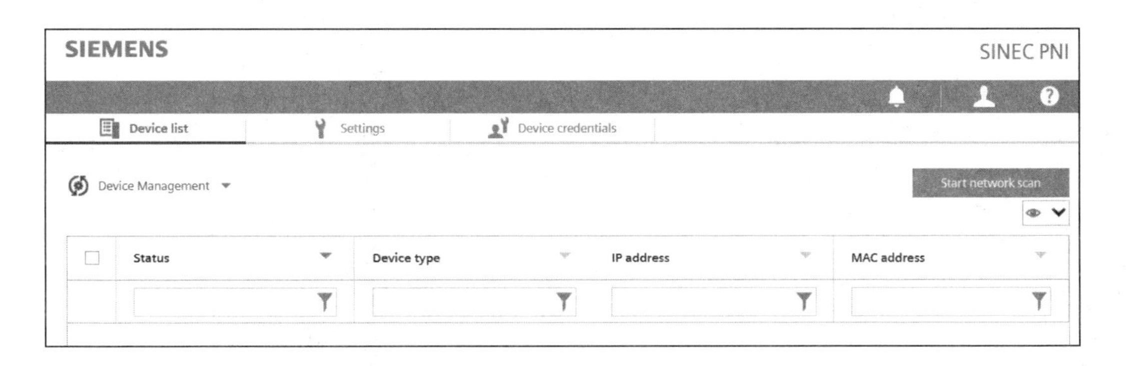

图 6-84　SINEC PNI 软件示意图

SINEC PNI 可以在西门子工业在线支持网站免费下载，下载链接为 https://support.industry.siemens.com/cs/cn/en/view/109804190。

SINEC PNI 软件是免安装的，下载完成后，解压缩 SINEC PNI 的 ZIP 文件，单击“SinecPni.exe”文件，即可启动 SINEC PNI。当 SINEC PNI 启动时，会检查系统是否符合要求，如果缺少运行所需的 PCap 程序和 Visual C ++ Redistributable，可以通过 SINEC PNI 安装。

SINEC PNI 具有如下功能：

（1）网络设备初次配置

- 配置 IP 地址、子网掩码、网关等。
- 初次配置 SCALANCE、RUGGEDCOM 设备密码。
- 设备名称等（SystemName，SystemContact and SystemLocation）。
- 提供开放 Web 的设备管理入口。
- 启用 DHCP 客户端。

（2）设备发现

- Ping 设备。
- 基于 MAC 地址自动发现（基于 DCP 和 RCDP）。
- 基于 IP 地址范围扫描。
- 通过 LED 指示灯闪烁定位设备。

（3）固件升级

- 基于以太网的多设备固件升级（SCALANCE，RUGGEDCOM ROS，RUGGEDCOM ROXII 和 RFID）。

（4）文件传输

- 基于以太网的多设备、多文件传输同时操作。
- 下载当前设备的固件版本。
- 下载日志、告警、配置文件等诊断信息。

（5）设备操作

- 重启设备。
- 恢复出厂设置。

第7章 工业识别的主要功能和应用

7.1 工业RFID射频识别的主要功能和应用

7.1.1 RFID基础技术介绍

数字化制造技术是指在数字化技术和制造技术融合的背景下，并在虚拟现实、计算机网络、快速原型、数据库和多媒体等支撑技术的支持下，根据用户的需求，迅速收集资源信息，对产品信息、工艺信息和资源信息进行分析、规划和重组，实现对产品设计和功能的仿真以及原型制造，进而快速生产出达到用户要求的产品整个制造全过程。

RFID（射频识别）是一种非接触的自动识别技术，其基本原理是利用射频信号和空间耦合（电感或电磁耦合），按约定的协议进行信息交换和通信，以实现智能化识别、定位、跟踪、监控和管理。RFID是实现物联网的基础，也是数字化制造的关键因素。

1. RFID技术的发展历程

RFID技术的发展经历了以下一些阶段过程。

在20世纪中，无线电技术的理论与应用研究是科学技术发展最重要的成就之一。RFID技术的发展可按10年期划分如下：

20世纪40年代，雷达的改进和应用催生了RFID技术，1948年哈里·斯托克曼发表的“利用能量反射的通信方法”，奠定了RFID技术的理论基础。

20世纪50年代，RFID技术的早期探索阶段，主要处于实验室实验研究阶段，RFID设备成本高，体积大。

20世纪60年代，RFID技术的理论得到了发展，开始了一些初期的应用尝试，例如利用RFID进行财产保护。

20世纪70年代，RFID技术与产品研发处于一个大发展时期，各种RFID技术测试得到加速。RFID设备成本降低，体积减小，同时也出现了一些RFID新应用。

20世纪80年代，RFID技术及产品进入商业应用阶段，各种行业应用开始出现。

20世纪90年代，RFID技术标准化问题日趋得到重视，RFID产品得到广泛采用，RFID产品逐渐成为人们生活中的一部分。

从21世纪开始到现在，标准化问题日趋为人们所重视，RFID协议和产品种类更加丰富，有源电子标签、无源电子标签及半无源电子标签均得到发展，电子标签成本不断降低，规模应用行业扩大。

2. RFID系统的原理及硬件组成

最基本的RFID系统由射频系统和上位机软件应用系统两大部分组成，RFID系统的典型构成及工作原理如图 7-1 所示。

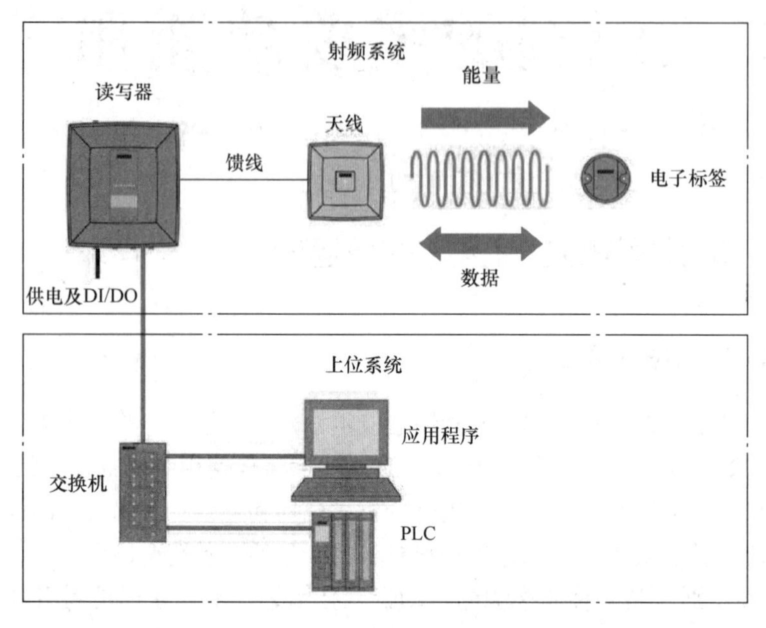

图 7-1 RFID 系统构成及工作原理示意图

（1）RFID 系统主要构成

1）读写器：RFID 系统的核心执行单元，接收来自上位机软件系统的操作指令，产生特定功率及频段的无线射频信号，实现对电子标签的数据读取和写入等操作。读写器分为固定式和移动式，固定式读写器可外接天线或内置天线，移动式读写器则以内置化天线最为常见。通常情况下，数据交互的能量来自于读写器，电子标签从读写器获取能量，从而被动应答。

2）天线及馈线：射频信号由读写器射频电路产生，并最终由天线发散到空间。而超高频 RFID 的天线又可分为线极化天线和圆极化天线。一般地，线极化天线较适用于单一标签识别并且标签位置和角度相对固定的应用场景，圆极化天线适用于单一标签识别并且标签位置和角度不固定，或者多个标签批量读取的应用场景。

3）电子标签：数据的载体，由耦合电子元件及芯片组成。每个标签出厂即具有初始的电子编码。电子标签固定在物体上，用于标识目标对象或同时进行数据的记录，当标签进入读写器或天线的有效射频场内时，遵循相应的空中接口协议与读写器进行读取或写入等数据交互。电子标签分为不含电池的无源标签和含电池的有源标签，无源标签凭借其价格低廉、免于维护等优点而应用更为广泛。标签的关键描述参数通常为射频频段、空中接口协议、读写速度、内存容量、尺寸、最大工作距离、安装方式、防护等级和工作温度等。

上位机软件系统主要包括：工控机、PC（个人计算机）、生产制造执行系统（MES）、仓库管理系统（WMS）等应用系统。

（2）RFID 频段划分（见图 7-2）

1）低频：典型工作频率为 125 ~ 133kHz，标签存储数据量较小，读写距离较近，一般情况下小于 1m，只能适合低速、近距离识别应用，适用于动物识别、容器识别、工具识别、电子闭锁防盗（带有内置标签的汽车钥匙）等。

2）高频：典型工作频率为13.56MHz，标签存储数据量较大，数据传输速度较快，读写距离一般情况下小于1.5m，可进行多标签识别，适用于生产流水线、门卡票证、图书管理、档案管理等。

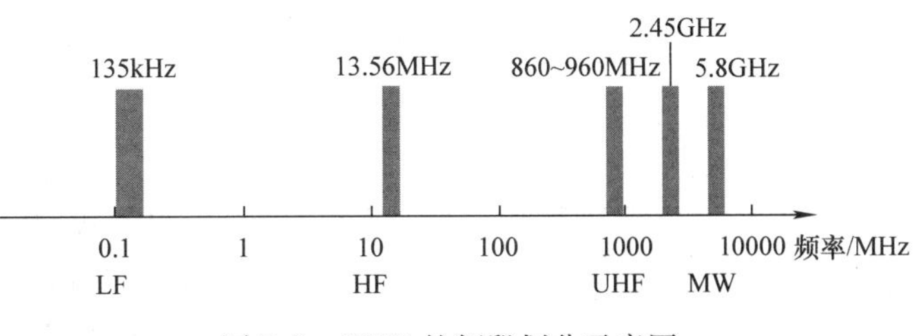

图7-2 RFID的频段划分示意图

3）超高频：其典型工作频率为860~960MHz，我国的超高频频段为920~925MHz，超高频具有一次性读取多个标签、读写速度快、数据容量大等特点，分为有源标签与无源标签两类，只有在读写器天线定向波束范围内的射频标签可被读写，典型读写距离为4~6m，最大可达10m以上，适用于仓储物流、生产线管理、车辆管理、智能交通等。

4）微波：RFID应用仅使用其中的2.45GHz和5.8GHz两个频段，微波标签可以是无源、半无源的，还可以是有源的。无源微波标签通常比无源超高频标签要小，它们具有相同的读取范围，大约为5m。半无源微波标签的读取范围为30m左右，但是有源微波标签的读取范围可达100m。一般用于远距离识别和对快速移动物体的识别，例如，近距离通信与工业控制领域、物流领域、铁路运输领域的识别与管理，以及高速公路的电子不停车收费（ETC）系统。

（3）技术原理

电子标签与读写器之间通过耦合元件实现射频信号的空间（无接触）耦合，在耦合通道内，根据时序关系，实现能量的传递、数据的交换。

发生在读写器和电子标签之间的射频信号的耦合类型有两种：

1）电感耦合：变压器模型，通过空间高频交变磁场实现耦合，依据的是电磁感应定律，通过电感耦合的方式进行数据传递和供电。负载调制是数据传输的基础。标签根据电场的变化而改变感生负载，从而读写器解码。高频RFID的工作原理即是电感耦合，如图7-3所示。

2）电磁反向散射耦合：根据雷达原理模型，发射出去的电磁波碰到目标后反射，同时携带回目标信息，依据的是电磁波的空间传播规律。数据传输和功率传递通过电磁耦合完成。也被称为后向散射耦合。从电场获得的能量一部分是用来提供给芯片，另一部分是由标签反射。由于偶极天线的调制并反射，电子标签将数据信号发送到读写器，并由读写器解码。超高频RFID的工作原理即是电磁反向散射耦合，如图7-4所示。

（4）超高频协议

ISO 18000-6C：

RFID超高频ISO 18000-6C（EPC CLASS1 G2）协议标准是针对RFID应用的一个国际标准，国内称超高频，该标准定义了工作在860~960MHz、带宽达100MHz下电子标签与读写器的空中接口及数据通信规范，超高频读写器多采用跳频发射方式，不受不同区域变化时无线电频段的影响，因而允许同一个标签可以在全球任何地方被对应协议的读写器读取。标签具有防冲突性能，可在全球各种环境下部署，具有读写现场可编程性和更快的标签读写速度，能在读写器密集的环境中运行。

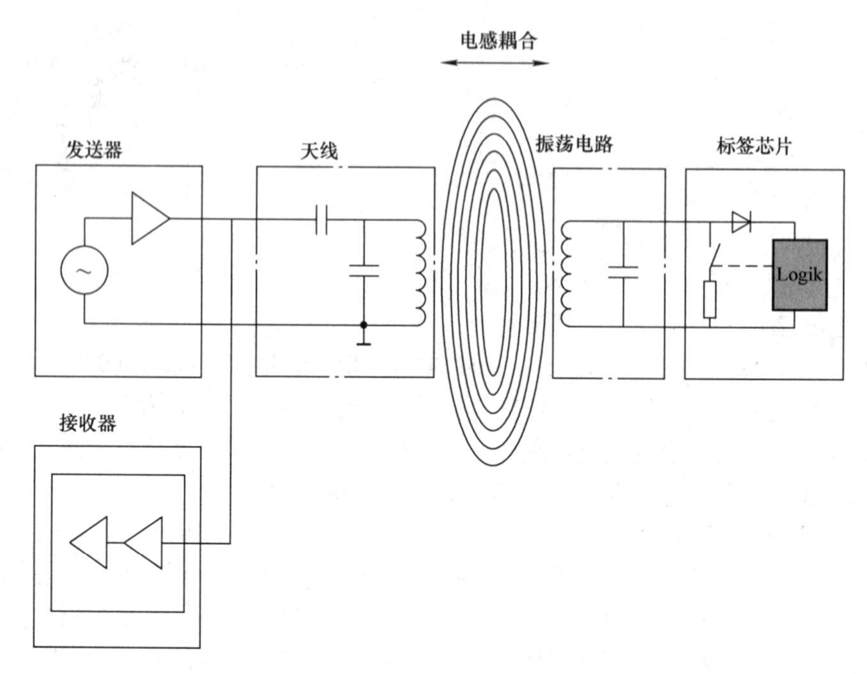

图 7-3　高频 RFID 工作原理示意图

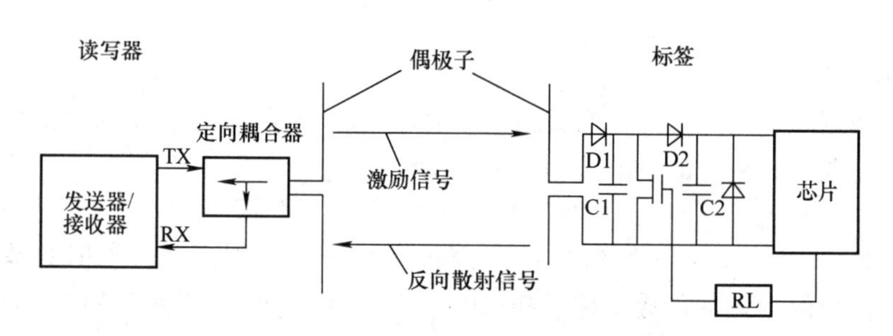

图 7-4　超高频 RFID 工作原理示意图

ISO 18000－6C（EPC CLASS1 G2）标签从逻辑上将标签存储器分为 4 个存储区，每个存储区可以由 1 个或 1 个以上的存储器字组成。

这 4 个存储区如下：

EPC 区：存储 EPC ID 的区域，读写器规定最大能存放 62 字节 EPC 号。可读可写。

TID 区：存储由标签生产厂商设定的 ID 号，目前有 4 字节和 8 字节两种 ID 号。可读，不可写。

User 区：数据存储区域，不同厂商的该区大小不一样。可读可写。

保留区（Password）：前两个字是销毁（kill）密码，后两个字是访问（access）密码。可读可写。

4 个存储区均可写保护。写保护意味着该区永不可写或在非安全状态下不可写；读保护只有密码区可设置为读保护，即不可读。

ISO 18000－6B：

ISO 18000－6B 协议标准是针对 RFID 应用的一个国际标准，国内称超高频，该标准定义了工作在860～960MHz、带宽达100MHz下电子标签与读写器的空中接口及数据通信规范，超高频读写器多采用跳频发射方式，不受不同区域变化时无线电频段的影响，因而允许同一个标签可以在全球任何地方被对应协议的读写器读取。标签具有防冲突性能，可在全球各种环境下部署，具有读写现场可编程性和更快的标签读写速度，能在读写器密集的环境中运行。ISO 18000－6B标签只有一个存储空间，最低8字节（0～7字节）是标签的TID（标签识别号），并且不能被改写。后面的字节都是可改写的，也可以被锁定，但是一旦锁定后，则不能再次改写，也不能解锁。

（5）高频协议

ISO/IEC 15693：

ISO/IEC 15693是针对RFID应用的一个国际标准，该标准定义了工作在13.56MHz下的智能电子标签和RFID读写器的空中接口及数据通信规范，符合此标准的电子标签最远识读距离达到2m。工作场最小值为0.15A/m，最大值为5A/m。RFID电子标签读写器到电子标签的编码方式采用脉冲位置调制，支持两种编码方式，分别为256选1模式和4选1模式。当为256选1模式时，通信速率为1.54kbit/s，当为4选1模式时，通信速率为26.48kbit/s。标签到读写器的数据编码采用曼彻斯特编码方式，根据信号调制的方式不同，通信速率也不同，标签支持高速和低速两种通信速度。

ISO/IEC 14443：

ISO/IEC 14443是针对RFID应用的一个适应于近场通信的国际标准，它所支持的最大识读距离为10cm，ISO/IEC 14443标准定义了工作在13.56MHz下智能标签的空中接口及数据通信规范。

ISO/IEC 14443规定了两种读写器和近耦合IC卡之间的数据传输方式：A型和B型，即Type A和Type B，该标准支持的最小数据通信速率为106kbit/s，最大可支持848kbit/s。ISO/IEC 14443标准主要应用于人员管理及小额支付的近距离安全识别领域，如一卡通、会员管理、人员考勤、购物卡、身份识别、电子证件等。

7.1.2 西门子RFID产品介绍

随着自动化的进程逐步加快，对于工业识别的需求稳步增长。西门子的解决方案就是SIMATIC Ident识别系统，包括种类丰富的无线RFID和光学识别（OID）系统，用于提供生产和物流中的高效、经济的识别解决方案。作为全球领先的识别系统供应商，西门子的SIMATIC Ident产品线提供了集成的、范围可变的RFID和光学识别产品，用于灵活的、成本更优的识别解决方案，提供满足多种多样性能需求、范围需求、频段范围的高频和超高频RFID系统。SIMATIC Ident面向今天的市场需求提供理想解决方案，提供了实现数字化的一种关键技术。RFID系统如图7-5所示。

1. SIMATIC RF200

RF200是紧凑型、低成本的RFID系统（见图7-6），工作在13.56MHz，支持国际标准ISO 15693协议。通常用于简单的应用和识别方案。产品线包括种类丰富的读写器和电子标签，既包括适用于小型组装线的小型读写器，也包括用于内部物流的读写器。

产品特点如下：

- RS422接口读写器，支持3964R协议，需要与通信模块搭配使用。

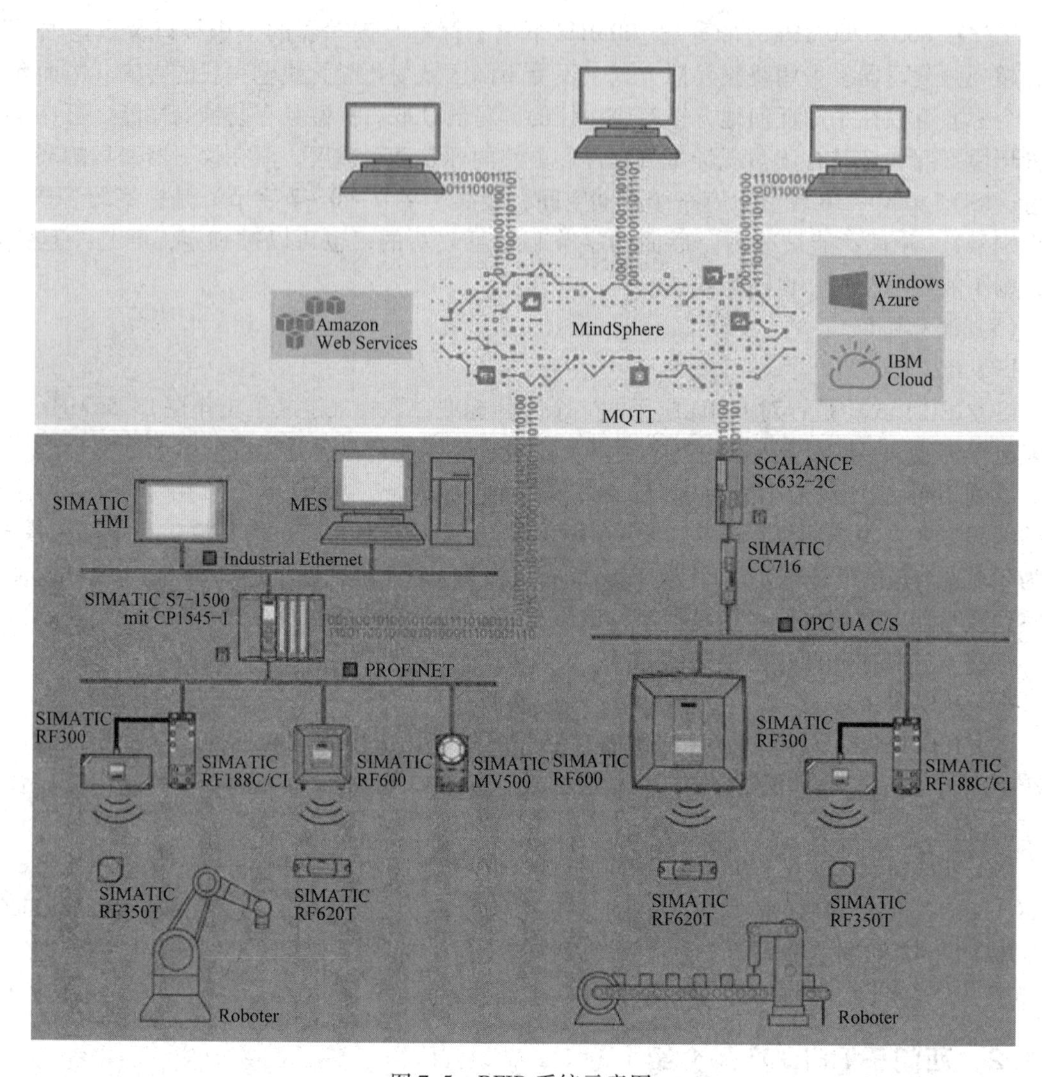

图 7-5 RFID 系统示意图

- RS232 接口读写器，ASCII 协议。
- IO - Link 接口读写器，集成至西门子或第三方 IO - Link 主站。
- 丰富的标签类型，电子标签最大支持 8KB 内存，最高可耐 220℃。
- 支持内置天线和外置天线读写器，外置天线读写器可接各种天线。
- 读写距离通常为 1 ~ 10cm，最远可达 0.65m。

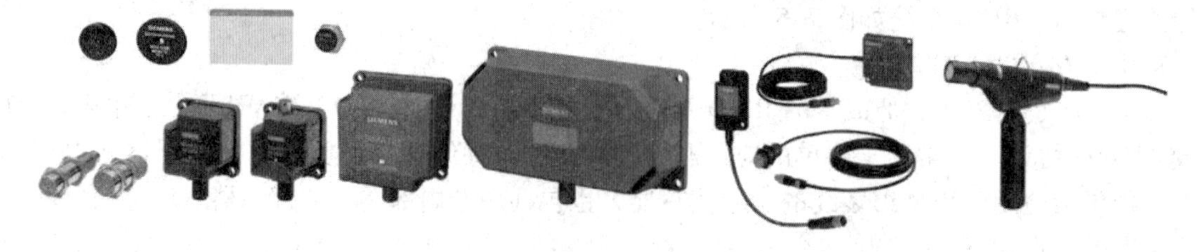

图 7-6 RF200 产品示意图

2. SIMATIC RF300

在对于读写速度、数据容量和诊断功能要求极高的场合，RF300能够满足高标准的要求（见图7-7）。工作在13.56MHz，支持ISO 15693、ISO 14443A和RF300私有协议，因为RF300系统也兼容ISO 15693协议的标签，也可应用在要求没那么高的场合。西门子的SIMATIC RF300满足对于速度、数据量和诊断功能高等级要求，已经在全球范围内无数的应用现场被反复验证。

产品特点如下：

- RS422接口读写器，支持3964R协议，需要与通信模块搭配使用。
- 即使在快速、动态的操作环境中依然能可靠地识别和传输数据。
- RF300私有协议标签，读写速率达到8000B/s。
- 高达32KB的存储空间可以将数据全部保存在滑轨或工件上的标签内。
- 读写距离通常为1～10cm，最远可达21cm。

图7-7　RF300产品示意图

3. SIMATIC RF600

超高频RF600工作在860～960MHz，主要由RF610R、RF615R、RF650R、RF680R、RF685R等五款读写器以及各种天线和电子标签等组成（见图7-8），支持ISO 18000－6C、ISO 18000－6B协议。

RF600适合中远距离、单标签或多标签和高速动态识别的场合。

产品特点如下：

- 支持Web，便捷的配置、测试和维护管理。
- 支持工业算法，帮助提高识别成功率。
- 支持丰富的通信协议，如PROFINET、PROFIBUS－DP（通过通信模块）、Ethernet/IP、OPC UA及XML报文。
- 读写距离最远达8m。
- 同时识别大量标签。

4. SIMATIC RF1000

许多公司一直使用基于RFID的读卡系统来控制办公区域的门禁，随着对安全和审计需求的不断增长，各公司需要一种能够在特定于用户的基础上对机器和车间门禁等进行控制的

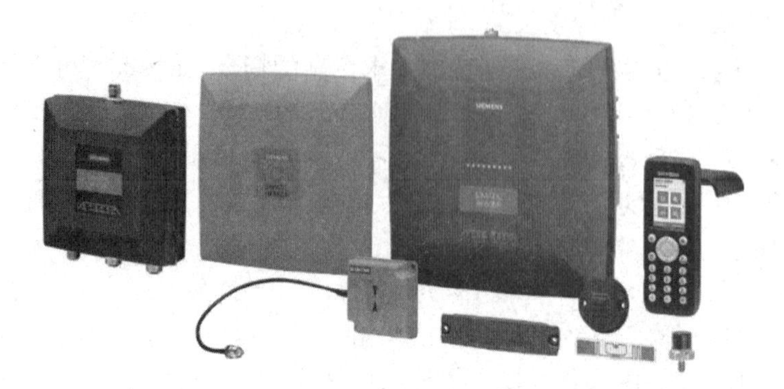

图 7-8　RF600 产品示意图

解决方案。借助 SIMATIC RF1000 系列读卡器，用户在操作机器之前可使用员工卡进行权限认证，这有助于实施明确分级的权限控制理念或存储用户特定的指令，只需一张卡甚至一部手机即可实现（见图 7-9）。

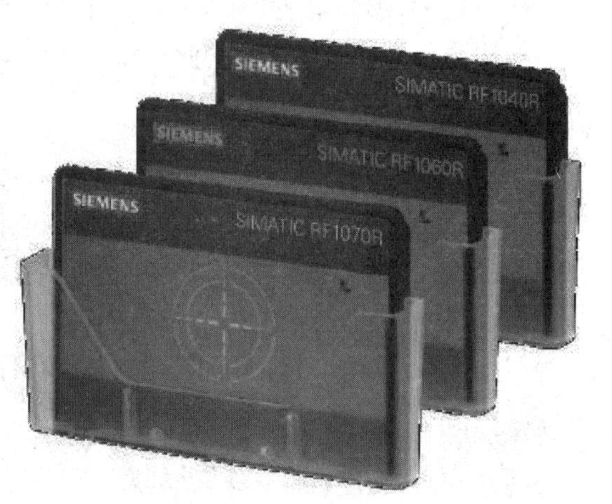

图 7-9　RF1000 产品示意图

RF1000 系列的接口和频段如下：

- RF1040R，USB + RS232，低频 125kHz 和高频 13. 56MHz。
- RF1060R，USB，高频 13. 56MHz。
- RF1070R，USB + RS232，高频13. 56MHz。

支持 ISO 15693 和 ISO 14443 等协议，可以集成至西门子精智屏和基于 PC 的 WinCC 系统和 Windows 系统，以及通过 RS232 接口集成至 PLC 控制器。

5. 通信模块

西门子提供多种通信模块，主要针对高频 RF200 和 RF300 系列产品，可以实现 RFID 的 PLC 和 PC 环境集成（见图 7-10）：

1）RF185C/RF186C/RF188C/RF186CI/RF188CI：为西门子高频 RFID 最主流使用的模块，支持 PROFINET、Ethernet/IP、OPC UA、XML 报文等通信方式，同时模块支持 Web 管理功能，对 RFID 系统的测试、管理和维护有很大作用。

2）多种 IO – LinK 主站模块：例如 S7 – 1200 PLC 中央机架安装的 SM1278 和各 ET200 系列 IO – LinK 模块，支持的 RFID 通道数量为 1 ~8（取决于模块和读写器型号）。

3）RF166C：支持 PROFIBUS – DP，双通道。

4）PLC 中央机架模块：例如 RF120C 为 S7 – 1200 CPU 中央机架安装，单通道，CPU 左侧安装，最多配 3 个。

注意：RF600 超高频产品仅可配合 RF166C 模块实现 PROFIBUS – DP 的集成，其余基于以太网的集成则不需要经由通信模块。

西门子 RFID 产品集成分类如图 7-11 所示。

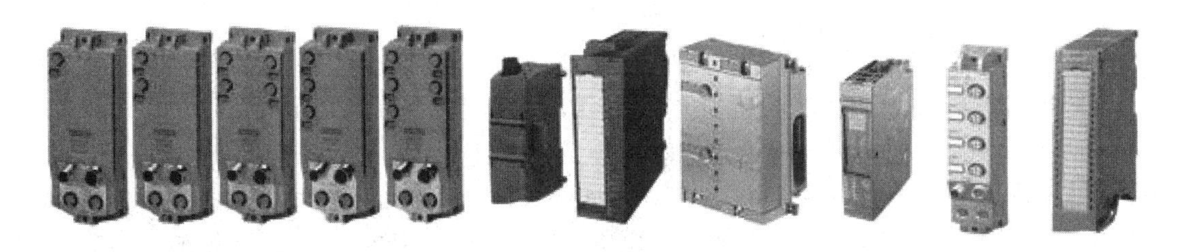

图 7-10 RFID 通信模块示意图

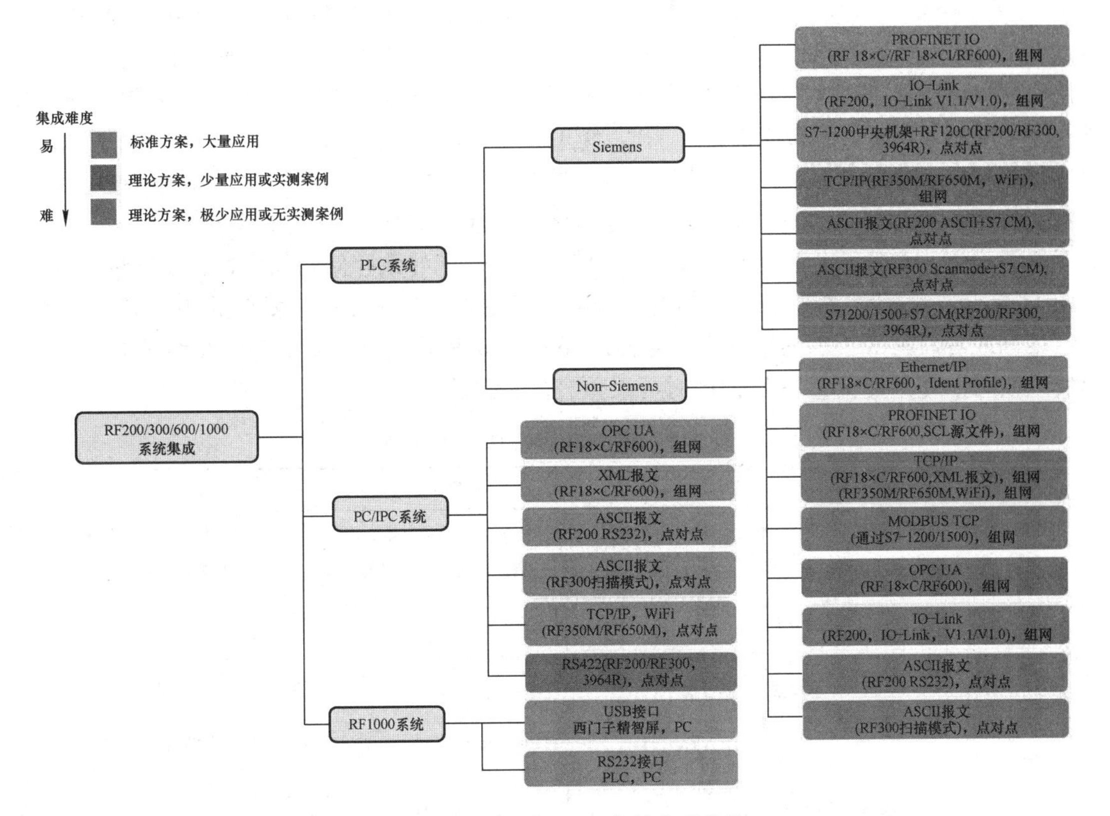

图 7-11 西门子 RFID 产品集成分类

西门子 RFID 应用分类参考见表 7-1。

表 7-1 西门子 RFID 应用分类参考

分类方式	说明	备注
应用场景	生产、物流和权限控制	RF1000 适用于访问权限控制
读写距离	近距离、中远距离	高频（cm 级）和超高频（10cm 至 m 级）
数据访问方式	读写、只读	大多数动态识别场景为只读模式
运动状态	静态、动态、高速动态	RF600 更适合高速识别
同时识别的标签数量	单标签、多标签	RF600/RF285R/RF290R 支持多标签识别
规模	组网、单机	通过 RF18×C、IO-Link、RF600 可组网
工作环境温度	普通室温、高温	典型高温场景：汽车涂装
金属对标签的影响	不抗金属、抗金属	不可将非抗金属标签直接安装于金属表面使用
标签的可用性	一次性、可循环	

7.1.3 RFID 功能和技术要点

1. PROFINET 集成开发的功能块“Ident Blocks”和“Ident Profile”

Ident Blocks 块是使用 TIA 博途软件对支持 PROFINET 协议的 RFID 通信模块进行组态与编程时最常用的方式。S7－300/400、S7－1200/1500 PLC 都可以使用这些指令对工业识别设备 RF185C/RF186C/RF188C/RF186CI/RF188CI/RF360R/RF600 等进行操作，实现通过 RF200/RF300/RF600 系列读写器对 RFID 标签的读写数据的操作。Ident Blocks 块从 STEP 7Basic/Professional V13 SP1 开始集成在 TIA 博途软件中，可以手动组态 Ident 设备并使用 Ident 指令对其进行编程。从 TIA 博途软件 V14 SP1 开始，在 STEP 7 中加入了“TO_Ident”工艺对象，通过工艺对象可以实现更简单的 RFID 设备的规划、组态和诊断。从 TIA 博途软件 V16 Update1 开始，STEP7 中包含了“TO_Tag layout”工艺对象。利用此工艺对象可以将标签的存储区域划分成最多 64 个地址区域，即电子标签场，并以符号形式寻址这些字段。

当使用 Ident Blocks 块进行编程时，通常无需其他文档即可完成参数分配。程序更容易阅读，编程更为方便。如果使用大量 Ident Blocks 块可能导致存储时间更长，在这种情况下，使用 Ident Profile 配置文件更合适。Ident Profile 配置文件是一种较为复杂的块。只有在用户经过培训或者有特殊要求的情况下，才使用 Ident Profile 配置文件。表 7-2 介绍了 RFID 通信模块或读写器在不同 PLC 平台使用时可以兼容的程序块。

表 7-2 RFID 兼容的 PLC 程序块

<table>
<tr><th rowspan="2">Ident 设备/系统</th><th colspan="3">兼容的程序块</th></tr>
<tr><th>S7－300/S7－400 和
STEP 7 Classic V5.5</th><th>S7－300/S7－400 和
STEP 7 Basic/Professional</th><th>S7－1200/S7－1500 和
STEP 7 Basic/Professional</th></tr>
<tr><td>RF185C/RF186C/RF188C</td><td rowspan="2">FB 45
标准配置文件 V1.19
Ident 配置文件</td><td rowspan="2">FB 45
Ident 配置文件
Ident 块</td><td rowspan="2">Ident 配置文件
Ident 块</td></tr>
<tr><td>RF186CI/RF188CI</td></tr>
<tr><td>RF360R</td><td>Ident 配置文件</td><td>Ident 配置文件
Ident 块</td><td>Ident 配置文件
Ident 块</td></tr>
<tr><td>RF610R/RF615R/RF680R/RF685R</td><td>Ident 配置文件</td><td>Ident 配置文件
Ident 块</td><td>Ident 配置文件
Ident 块</td></tr>
<tr><td>MV400/MV500</td><td>FB 79
标准配置文件 V1.19
Ident 配置文件</td><td>FB 79
Ident 配置文件
Ident 块</td><td>Ident 配置文件</td></tr>
</table>

（1）Ident Blocks 块介绍

在使用 Ident Blocks 块对 RFID 进行组态和编程时，常用的功能块有下面几个：

1）“Read”功能块：“Read”块（见图 7-12）将读取电子标签中的用户数据，并输入到“IDENT_DATA”缓冲区中。该数据的物理地址和长度则通过“ADDR_TAG”和“LEN_DATA”参数进行传送。使用 RF61xR/RF68xR 读写器时，该块将读取存储器组 3（User 区域）中的数据。使用可选参数“EPCID_UID”和“LEN_ID”，可对特定的电子标签进行读取访问。

2）“Write”功能块：“Write”块（见图 7-13）可将“IDENT_DATA”缓冲区中的用户

数据写入电子标签中。该数据的物理地址和长度则通过“ADDR_TAG”和“LEN_DATA”参数进行传送。使用 RF61xR/RF68xR 读写器时，该块将数据写入存储器组 3（User 区域）中。使用可选参数“EPCID_UID”和“LEN_ID”，可对特定的电子标签进行写入访问。

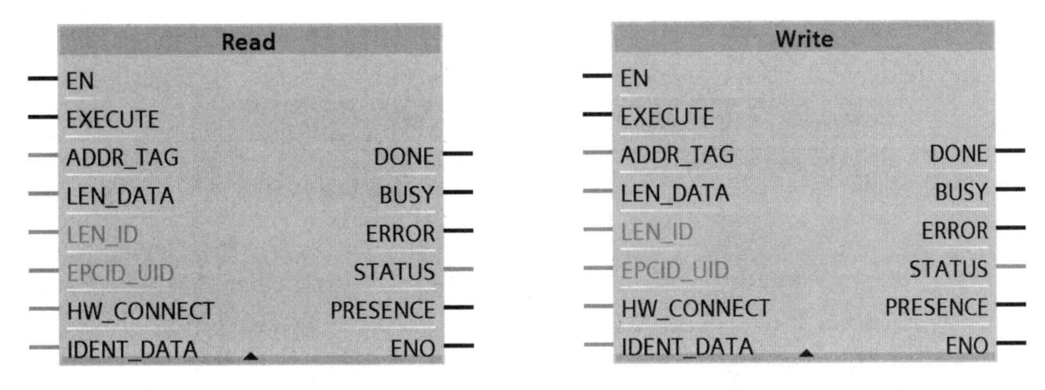

图 7-12　“Read”功能块　　　图 7-13　“Write”功能块

3）“Reset_Reader”功能块：借助“Reset_Reader”块（见图 7-14），可复位西门子 RFID 系统中所有类型的读写器以及光学阅读器。使用“SIMATIC Ident”工艺对象时，可将块用于连接到 S7－1200/1500 的所有 Ident 设备。如果未使用工艺对象，则可以仅将块用于设备 RF120C 和 RF61xR/RF68xR。“Reset_Reader”块中不含任何设备特定参数，只使用“EXECUTE”参数进行执行。通过“Reset_Reader”块和其他 Reset 块，可随时中断任何一个激活的 Ident Blocks 块。这些块随后以“DONE＝true”和“ERROR＝false”结束。

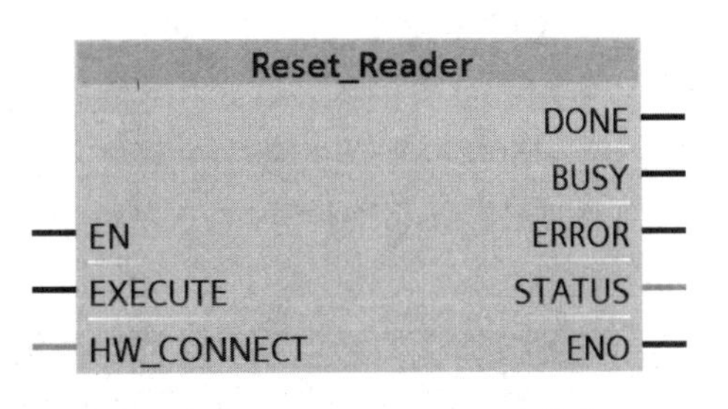

图 7-14　“Reset_Reader”功能块

4）“Reader_Status”功能块：“Reader_Status”块（见图 7-15）可读取读写器或通信模块的状态信息（通过“CM configuration_1”模块读取 RF18xC/RF18xCI、RF166C 以及读写器 RF360R（固件版本 V2.0 及更高版本）的状态信息）。对于不同的读写器系列，可使用“ATTRIBUTE”参数选择不同的状态模式。

5）“Tag_Status”功能块：“Tag_Status”块（见图 7-16）用于读取电子标签的状态信息。对于不同的电子标签类型和读写器系列，可使用“ATTRIBUTE”参数选择不同的状态模式。

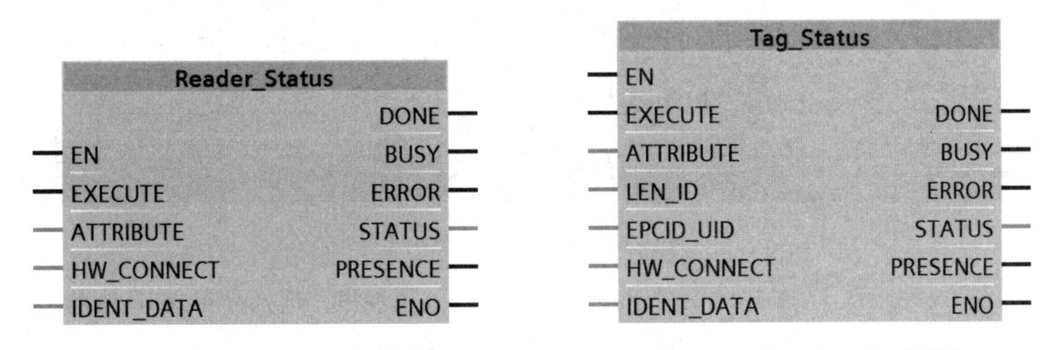

图 7-15　“Reader_Status”功能块　　　图 7-16　“Tag_Status”功能块

（2）组态/编程方法

下面介绍如何使用 Ident Blocks 块和工艺对象的方式实现 RFID 设备的组态和编程。

如图 7-17 所示，创建项目，添加控制器和 RFID 通信模块，然后在网络视图中将两个设备连接并分配需要的 PN 设备名称和 IP 地址。下载程序后，PROFINET 连接正常，设备无报错。

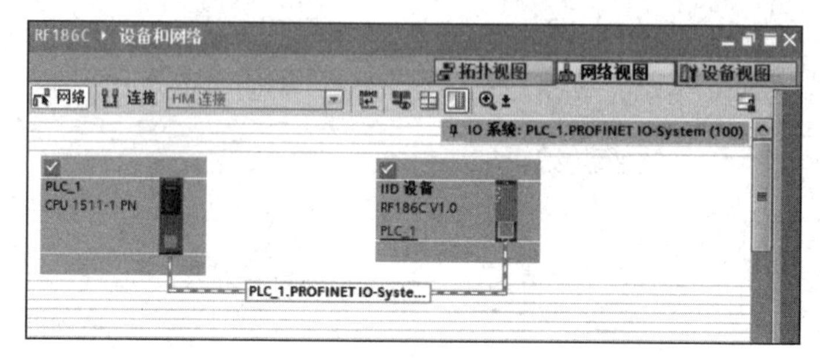

图 7-17　通信模块基本组态

自 TIA 博途软件 V14 SP1 版本开始，可以通过添加工艺对象的方式组态 RFID 产品的参数块。使用 SIMATIC Ident 工艺对象进行组态，可以将 RFID 读写器的硬件配置参数与 S7-1200/S7-1500 控制器的程序关联在一起，这样可以有效防止手动对设备参数分配时出现错误。如图 7-18 所示，打开“工艺对象”文件夹，双击“新增对象”，添加一个“SIMATIC Ident”对象。

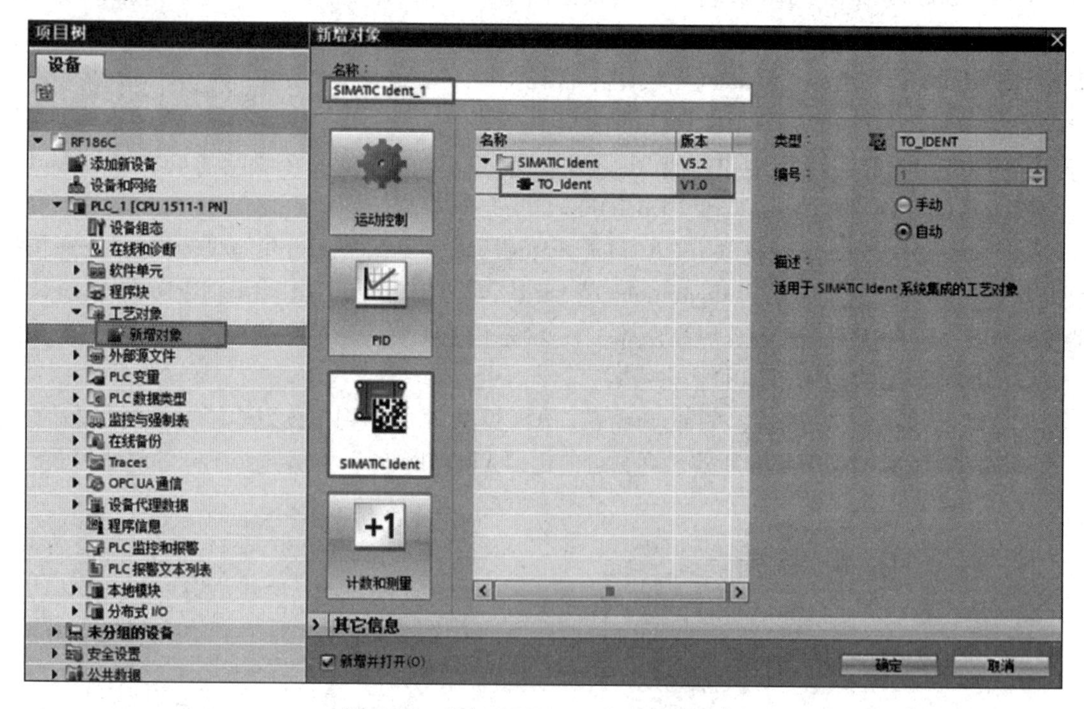

图 7-18　添加 SIMATIC Ident 工艺对象

如图 7-19 所示，在工艺对象“组态→基本参数”属性里，选择分布式 IO 中的 IID 设备，并在“阅读器参数分配”中选择正确的读写器类型。

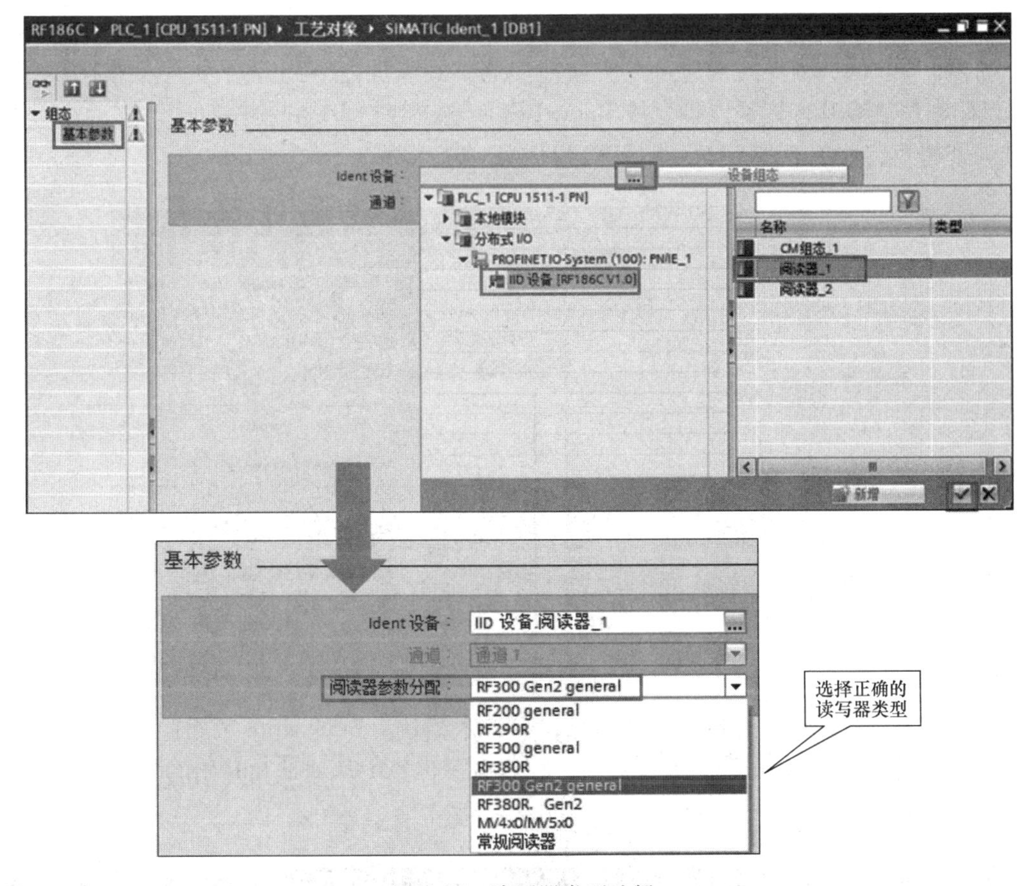

图 7-19　读写器类型选择

如图 7-20 所示，在工艺对象“组态→阅读器参数”属性里，选择电子标签的类型。

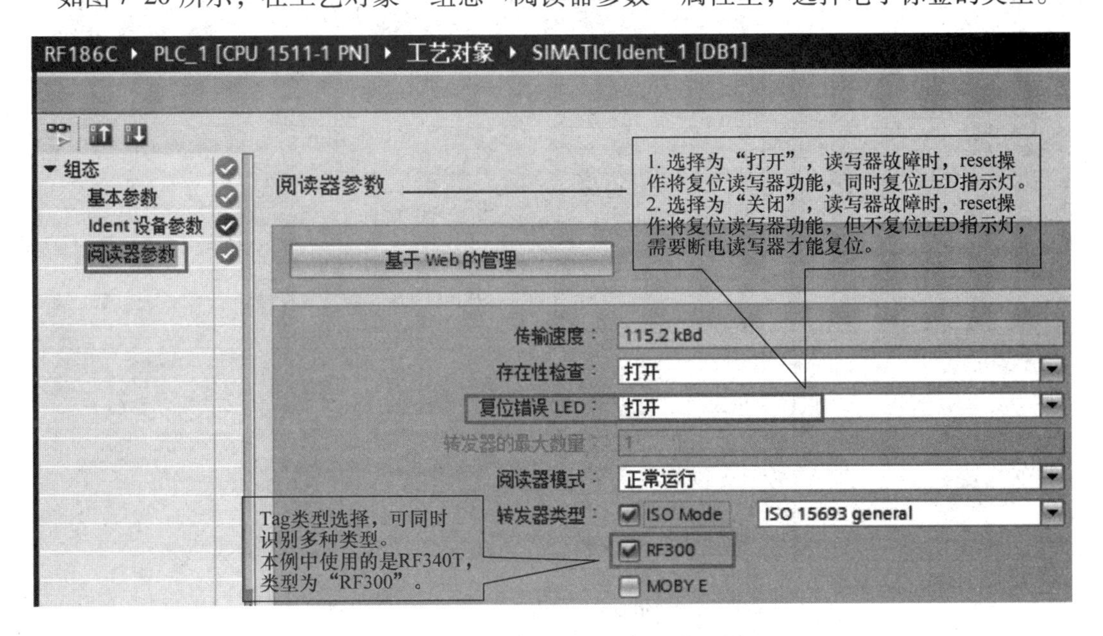

图 7-20　读写器参数和电子标签类型设置

在 TIA 博途软件“指令”卡的“选件包”中，包含了西门子工业识别系统产品的操作指令，打开 PLC 的编程界面，通过双击或拖拽的方式添加指令到程序中。如图 7-21 所示，打开 PLC 程序块 OB1，将复位指令块 Reset Reader 拖入到 OB1 的程序段中，自动生成背景 DB 块，并将工艺对象 DB1 拖拽到“HW_CONNECT”引脚上。

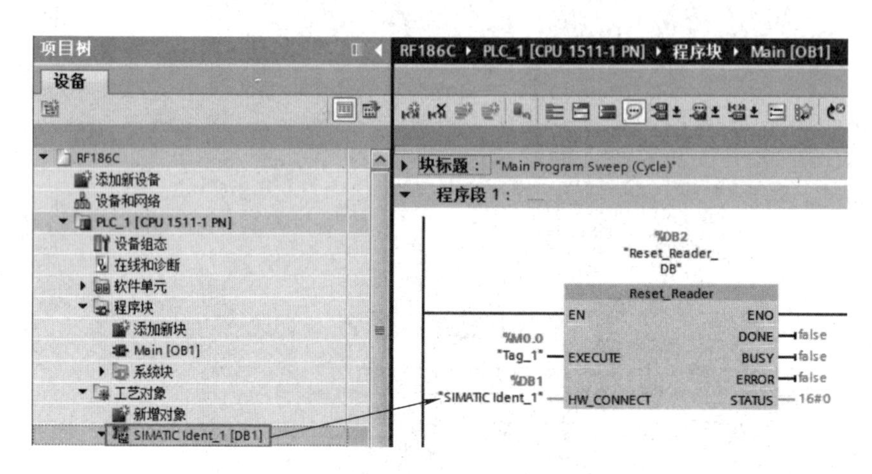

图 7-21 “Reset Reader”功能块引脚关联

如图 7-22 所示，调用写指令和读指令，将“数据块_1”的 write 数组中前 10 个字节的数据，写入电子标签从 0 开始的地址；然后再将电子标签中从地址 0 开始的 10 个字节数据，读取并存储到“数据块_1”的 read 数组中前 10 个字节。

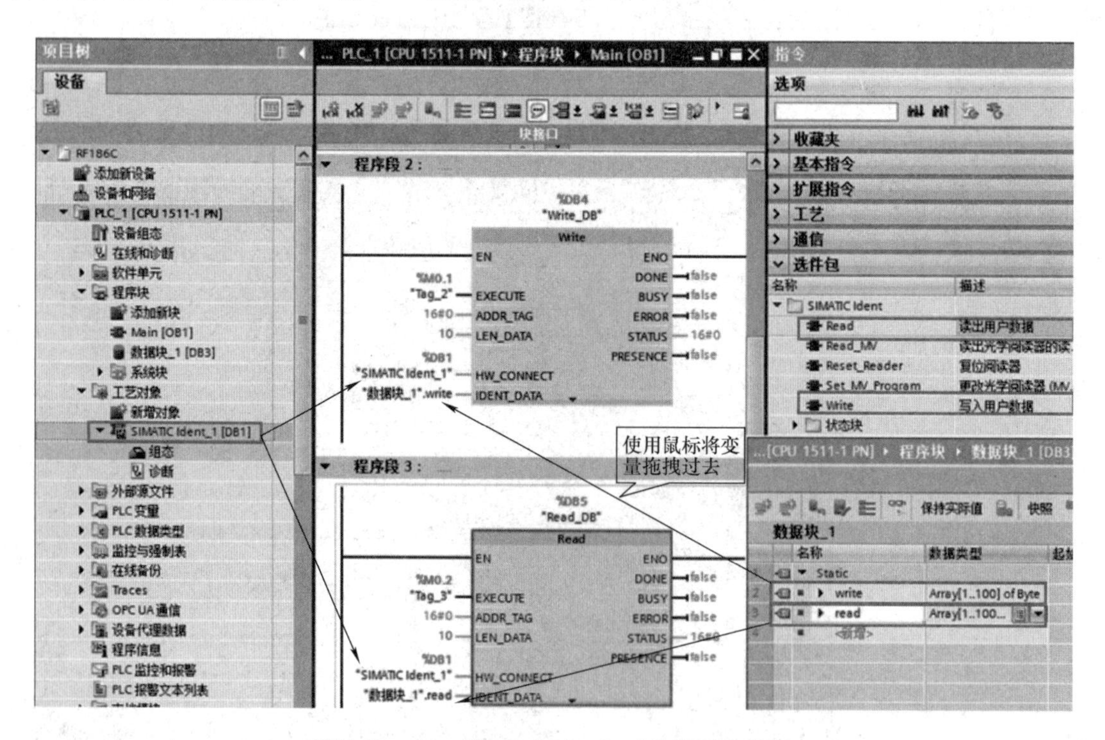

图 7-22 “Read”和“Write”功能块引脚关联

完成上述操作后，将项目下载到CPU中。首先，需要初始化读写器，给M0.0上升沿信号。读写器上的LED指示灯由蓝色变为绿色，则初始化成功。然后，将电子标签放到读写器上（检测到电子标签时，读写器LED指示灯为黄色），在“监控与强制表”中给M0.1上升沿信号，执行“数据块_1”的write数组中前10个字节的数据写入电子标签偏移地址从0开始的位置。紧接着，在“监控与强制表”中给M0.2上升沿信号，执行将电子标签中偏移地址从0开始的10个字节数据，读取并存储到“数据块_1”的read数组中前10个字节。测试表明，通过调用Ident Blocks块的方式可以实现PLC与RFID之间的PROFINET通信，以及对电子标签数据的读写操作。

（3）SIMATIC Ident识别系统Ident配置文件介绍

Ident配置文件是一个单独的复杂块，其中包含SIMATIC Ident西门子识别系统所有命令和功能。Ident块代表一个简化的Ident配置文件接口。每个Ident块都包含一个单独的Ident配置文件命令。Ident配置文件和Ident块只能使用其中一个，无法在一个读写通道上混合使用Ident配置文件和Ident块。两者的区别见表7-3。

如果Ident块能满足应用的功能要求，则使用Ident块。Ident块在编程上较为简单，通常无需其他文档即可完成参数分配。程序更容易阅读，编程更为方便。建议只有在用户经过培训或者有特殊要求的情况下，才使用Ident配置文件。

表7-3　Ident块与Ident配置文件的区别

Ident块	Ident配置文件
• 一个块一条命令 • 简单编程 • 系统特定的块	• 在一个块中实现全部功能 • 复杂编程
支持的命令范围： • Reader - Status • Inventory • Tag - Status • Read • Write • Set - Ant • Write - ID • Reset - Reader • ...	支持的命令范围： 阅读器上实施的所有命令，例如 • Inventory • Physical - Read • Get - Blacklist • 匹配字符串函数（仅限MV） • ...
支持的功能范围： • AdvancedCMD 适用于链接命令结构（在一个链中使用单独的命令等同于使用Ident配置文件）	支持的功能范围： • 重复 • 链接

（4）对Ident配置文件进行编程

如果Ident块的可用功能不能满足应用需求，也可使用Ident配置文件。借助Ident配置文件，可设置复杂的命令结构和处理命令重复。图7-23显示了Ident配置文件，以及可通过该文件实施的命令。

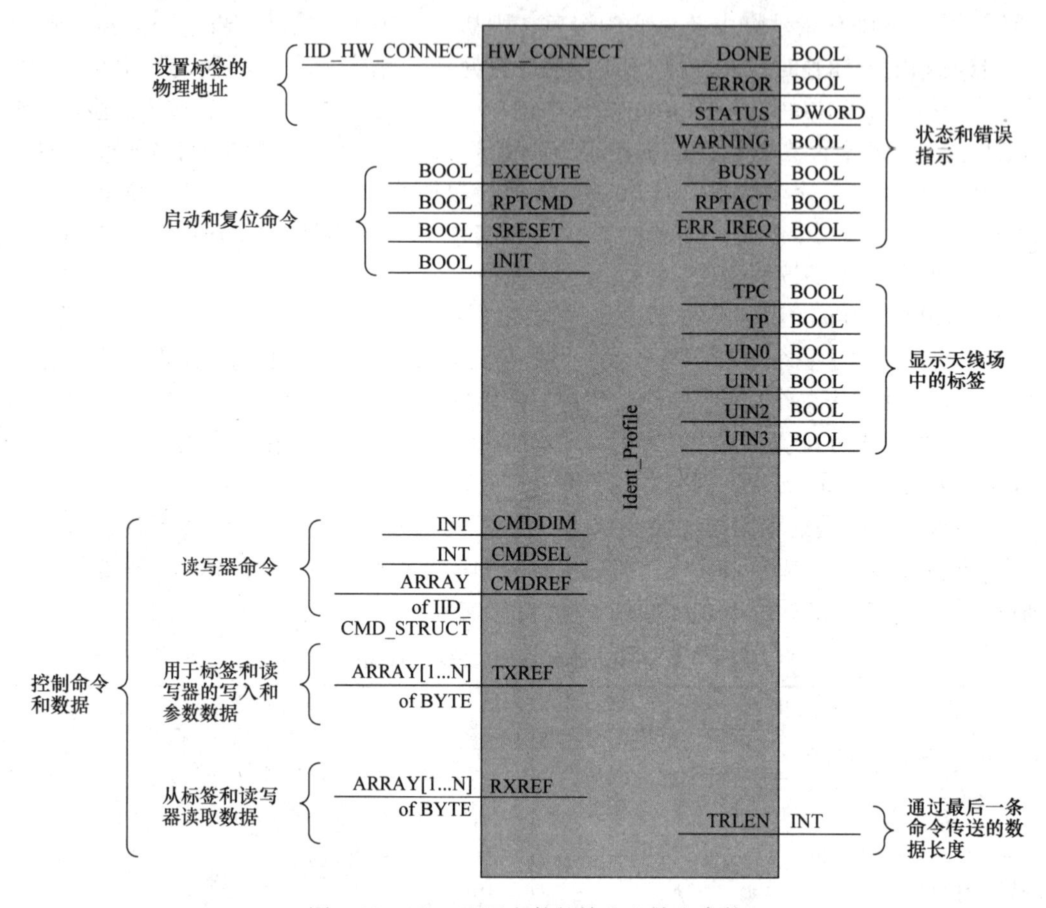

图 7-23　Ident 配置文件的输入和输出参数

调用 Ident 配置文件进行编程的具体操作方法请参考《SIMATIC Ident RFID 系统 Ident 配置文件和 Ident 块功能手册》。

2. RF200 IO - Link 系列功能和集成说明

（1）IO - Link 集成方案概述

IO - Link 是一种点对点的连接方式，它通过经实践验证的三线制技术，使用非屏蔽标准电缆连接至传统型和智能型传感器/执行器。IO - Link 可向后兼容所有的 DI/DO 传感器/执行器。其电路状态和数据通道采用经验证过的 24V DC 技术设计。IO - Link 独立于任何现场总线，适用于工业控制最底层的简单传感器和执行器的工业通信接口。IO - Link 系统包含 IO - Link 设备（如传感器、执行器）、IO - Link 主站和标准传感器用电缆，如图 7-24 所示。目前，IO - Link 在汽车、机床、物流、机器人、工业自动化领域已经广泛推广开来。

（2）支持 IO - Link 的设备

- RFID 系统（RF200 IO - Link 版本）。
- I/O 模块。
- 工业传感器、执行器。
- 工业开关装置。

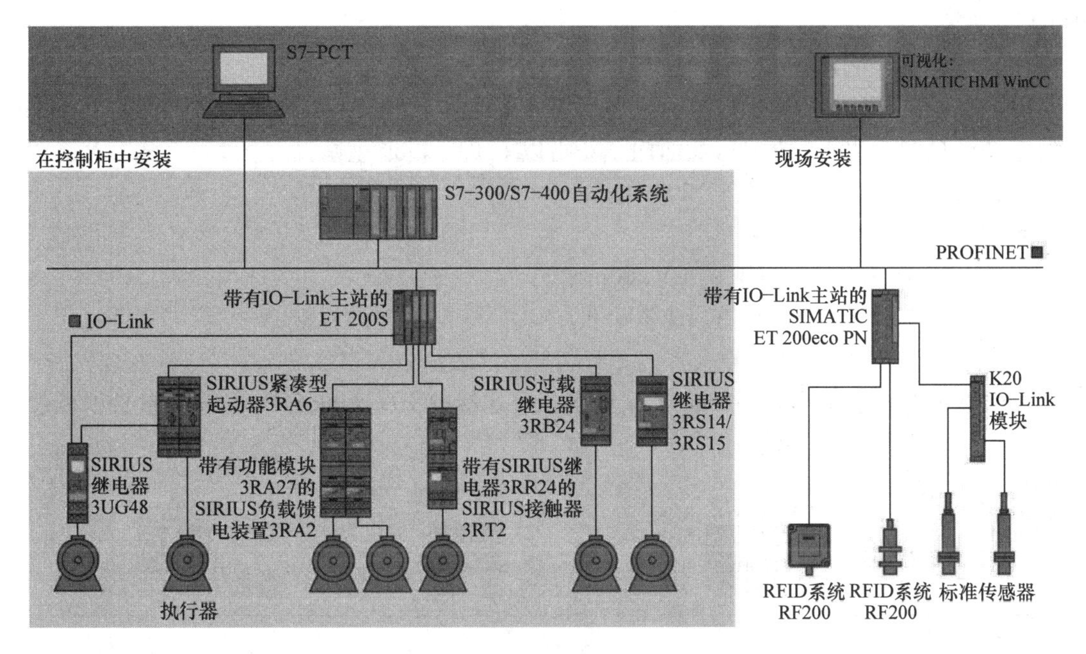

图7-24 IO-Link系统示意图

(3) IO-Link基础

1) 系统组件：IO-Link是指定用于传感器/执行器的点对点通信接口。

● IO-Link主站。

● IO-Link设备（如传感器、执行器）。

● 未屏蔽的三线标准电缆。

2) 通信类型：在IO-Link级别的传输期间，将区分以下类型的数据：

● 周期性过程数据（输入/输出数据）。数据始终以之前指定的长度传送。

● 非周期性服务数据（参数、请求数据）。仅在请求时才传送要写入或读取的数据。由于在通信周期中为此保留了一个固定区域，因此非周期性数据的传送不会影响周期性过程数据的传送。

● 事件（错误、警告、通知）。工作方式与非周期性服务数据相同，唯一的不同是传送由设备在发生事件时触发。

(4) RF200 IO-Link读写器的应用领域

SIMATIC RF200 IO-Link是与ISO 15693标准兼容的感应识别系统，专门设计用于在工业生产中对物流进行控制和优化。通过IO-Link通信接口，读写器可在现场总线级别下使用。SIMATIC RF200 IO-Link是简单和经济实惠的RFID型号。

(5) 系统集成

读写器是旨在与IO-Link主站一起工作的IO-Link设备模块。根据IO-Link主站类别，可以与多种控制器（S7-1200和S7-1500）或现场总线系统连接。

可以连接到IO-Link主站的设备或读写器的数量会根据主站类型而有所不同。需注意的是，对于每种主站类型，所连IO-Link设备共享的过程数据都有最大长度。因此，可能出现的情况是，部分IO-Link主站无法在所有IO-Link端口上以32字节过程数据长度运行

RFID 读写器。

（6）连接到控制器

IO－Link 读写器 RF2xxR 与控制器之间的连接通过采用 IO－Link 协议 V1.1 的 IO－Link 主站完成（见图 7-25）。当前可从西门子获得以下 IO－Link 主站：

- 带 CM 4×IO－Link 的 ET 200AL。
- ET 200eco PN。
- 带 CM 4×IO－Link HF 的 ET 200pro。
- 带 CM 4×IO－Link SP 的 ET 200SP。
- 带 SM 1278 的 S7－1200。

或通过其他制造商的 IO－Link 主站获得。可连接的 IO－Link 读写器的数量会根据使用的 IO－Link 主站而有所不同。

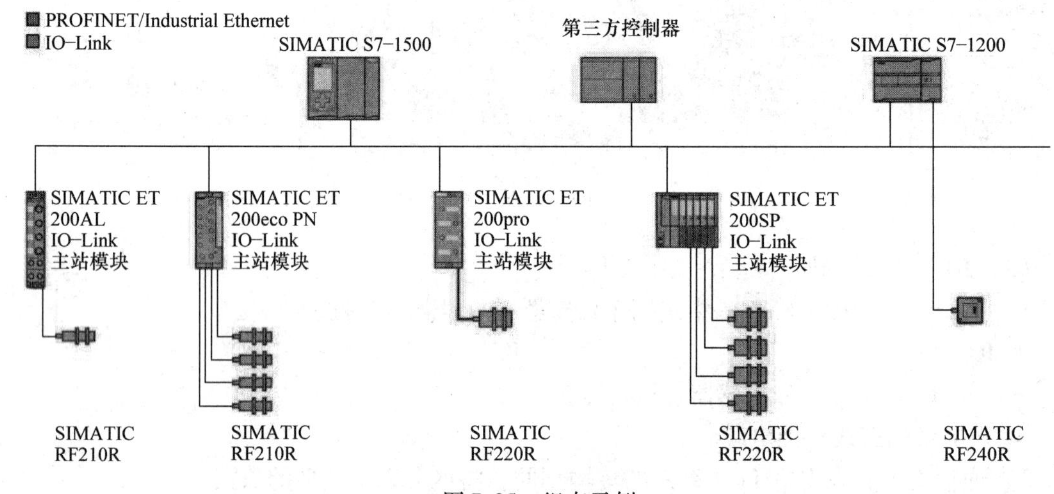

图 7-25 组态示例

3. 方案说明

- IO－Link 协议已经成为国际标准 IEC 61131－9。
- 点对点协议（主站可支持多端口，主站组网）。
- 三线（A 类：2 根 24V DC 电源＋1 根通信，半双工）或五线制通信（B 类：2 根 24V DC 电源＋1 根通信，2 根执行器供电，半双工）。
- 支持 V1.0 和 V1.1 版本，主要差别在波特率和 I/O 映射区长度。
- 基于 IODD（IO Device Description）标准文件进行设备组态（如 S7－PCT）。

（1）在 TIA 博途软件中组态 IO－Link 主站

下面所描述的配置通过 STEP 7 Professional（TIA 博途软件）创建，还可以使用 STEP 7 Classic（HW Config）创建组态，如图 7-26 所示。

借助 TIA 博途软件，可从硬件目录中将 IO－Link 主站拖到网络视图中并分配地址。I/O 区域的大小取决于当前使用的端口数量，以及每个端口的过程数据多少。可能需要对 I/O 区域的大小进行调整。

（2）端口组态工具（S7－PCT）

使用西门子主站时，可使用端口组态工具（Port Configuration Tool）组态 IO－Link 主站

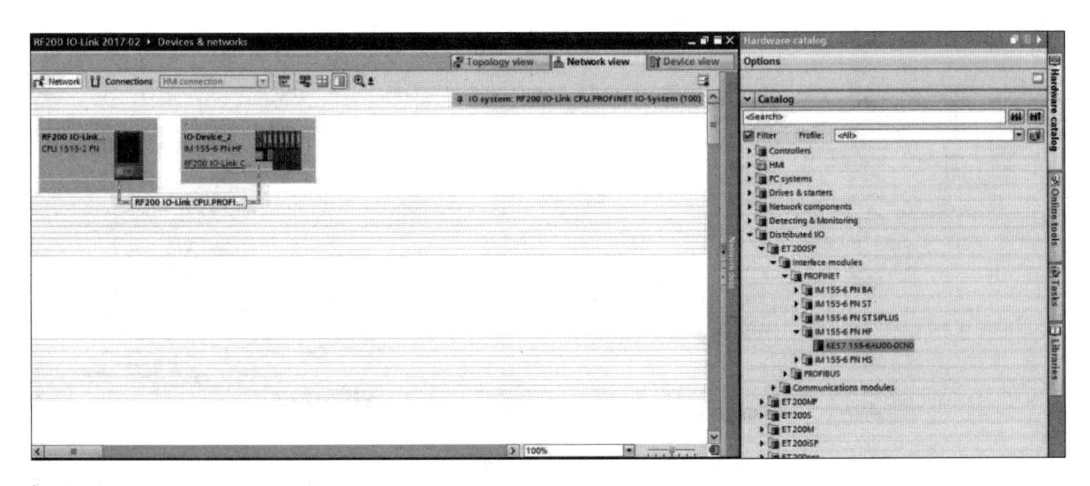

图7-26 在TIA博途软件中组态IO－Link主站示例

和设置设备参数。使用第三方主站时，首先需要安装制造商提供的工具或使用组态系统的参数分配选项。

安装PCT后，STEP 7工程组态系统即拥有一个强大的为西门子IO－Link主站模块和IO－Link设备分配参数的软件。S7－PCT已集成在STEP 7 Classic V5.4 SP5及更高版本中，通过IO－Link主站的硬件配置调用。除了集成在STEP 7工程组态系统中的此程序外，还提供了一个独立版本的S7－PCT，可以单独安装。

S7－PCT独立版本允许在第三方提供商的控制系统（无STEP 7）中简单地将IO－Link与分布式SIMATICI/O系统ET 200配合使用。

利用“端口组态工具”，可以在STEP 7项目中设置、更改、复制和保存IO－Link设备的参数数据。这样，下至IO－Link设备级别的所有组态数据和参数都将一致地存储。

（3）通过PCT分配参数

利用S7－PCT，可以组态IO－Link主站端口、更改和读出参数等，确保当前的IODD文件（IO－Link V1.1）包含在目录中。如果不存在，则通过“选项”（Options）→“导入IODD”（Import IODD）菜单将其导入。然后从目录中将IO－Link设备拖到PCT的主窗口。最新IODD文件在DVD“RFID系统软件与文档”（6GT2080－2AA20）中或在西门子工业在线支持网站链接https://support.industry.siemens.com/cs/de/en/ps/14972/dl中提供。

1）分配权限：在“选项”（Options）菜单中，可以通过“用户角色”（User Role）为特定视图分配权限。“调试”（Commissioning）角色将启用所有参数。

2）调试和参数分配：IO－Link系统的参数分配。图7-27展示了IO－Link主站和IO－Link设备SIMATIC RF200 IO－Link V1.1的一些重要参数分配选项：

① 在“端口”（Ports）选项卡中，将IO－Link主站从硬件目录拖至“端口信息”（Port Information）区域。

② 对IO－Link主站的端口（RFID读写器）进行组态。

（4）IO－Link RFID在STEP 7 Professional SP1中编程

为了方便地将IO－Link设备集成到西门子PLC项目中，可使用西门子官方网站提供的库文件，该库文件包含了S7 CPU对IO－Link设备操作所需的功能块，例如，读、写和打开/关闭天线（见表 7-4）。该库文件所适用的 S7 CPU 范围如图 7-28 所示。

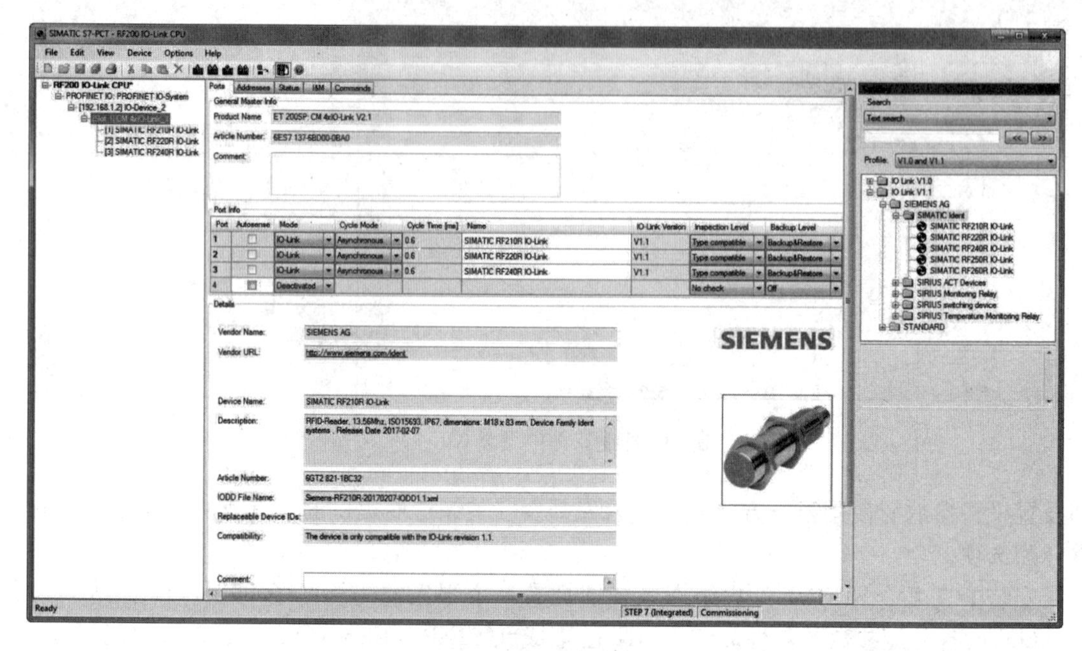

图 7-27　在 S7 – PCT 中组态 IO – Link

表 7-4　功能块用途说明

功能块	功能	说明
LRfidIOL_Read	READ	读取数据
LRfidIOL_Write	WRITE	向标签写入数据
LRfidIOL_Antenna	Antenna off/on	打开/关闭天线

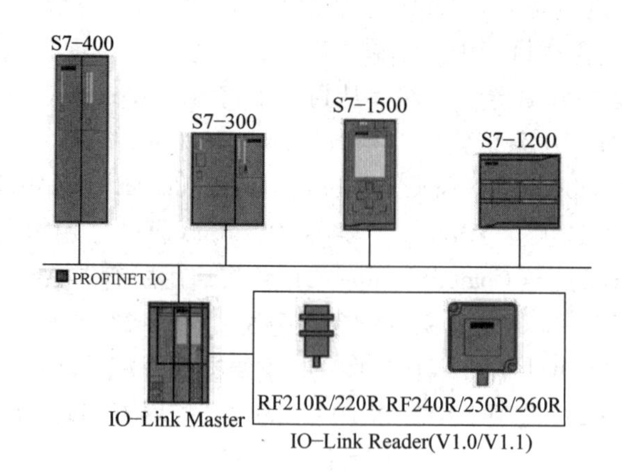

图 7-28　库文件适用范围

下面以 LRfidIOL_Read 功能块为例，说明库文件所含功能块引脚的含义，见表 7-5 和图 7-29、图 7-30。

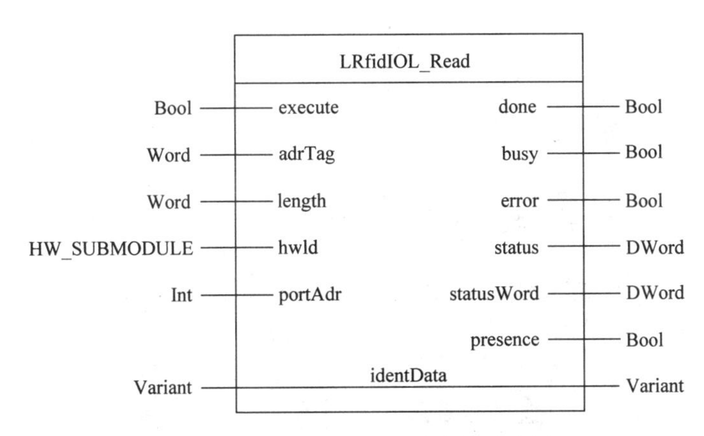

图 7-29 LRfidIOL_Read 功能块示意图

表 7-5 LRfidIOL_Read 功能块说明

名称	数据类型	功能
EXECUTE	Bool	通过上升沿信号执行读取命令
ADR_TAG	DWord	读取命令所对应的标签的起始地址
HW_ID	HW_ANY	IO - Link 模块的硬件标识符，用于寻址
PORT_ADR	INT	读写器的组态起始地址（参考 PCT）
DONE	Bool	完成位，用于判断命令是否执行完成
BUSY	Bool	在命令执行期间，该位为“1”
PRESENCE	Bool	标签存在位，检测到标签时该位为“1”
ERROR	Bool	当存在故障时，该位为“1”
STATUS	DWord	存放故障代码
“Data_buffer”. DB_READ	Variant	读取数据的缓存区

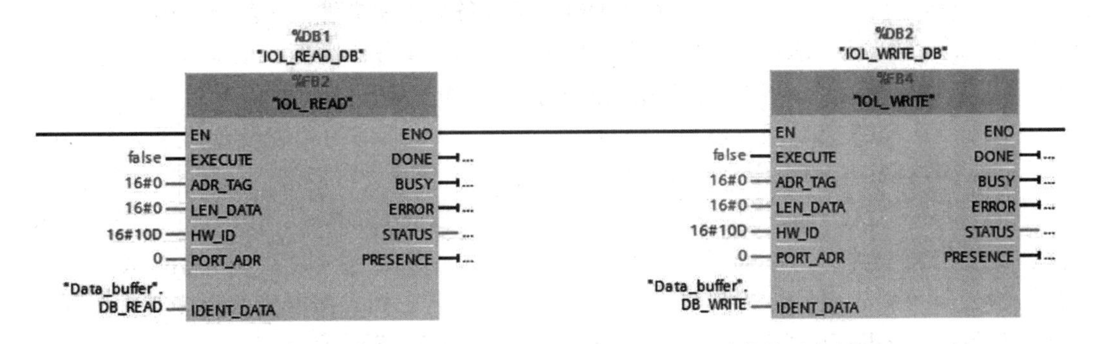

图 7-30 LRfidIOL_READ 和 LRfidIOL_WRITE 功能块示意图

提示：可通过西门子工业在线支持网站链接 https：//support. industry. siemens. com/cs/ww/en/view/73565887 获取相关库文件和参考 PLC 例程。

4. RF18xC/RF600 产品的 XML 与 OPC UA 集成开发

RFID 产品的系统集成是实现 RFID 整体功能非常重要的环节，对于面向 IT 系统的集成，通常会使用以太网接口方式，目前高频除了 RF360R 外，都要借助 RF18xC 通信模块，而超高频 RF600 读写器则可直接集成至 IT 系统。西门子高频和超高频 RFID 产品的 IT 系统集成，目前都支持 XML 报文和 OPC UA 两种集成方式，如图 7-31 所示。

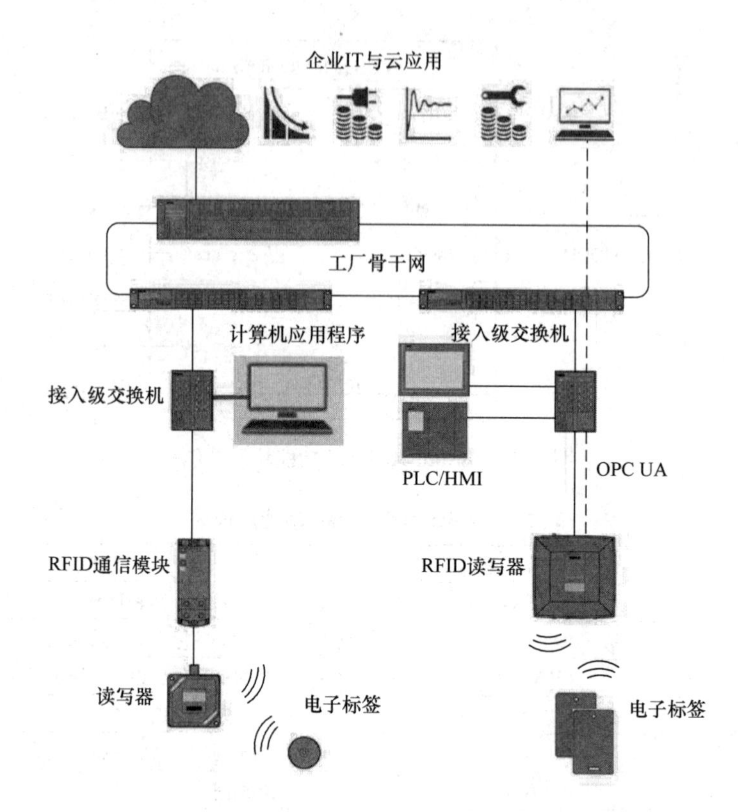

图 7-31 RF18xC 和 RF600 的 IT 系统集成示意图

（1）XML 报文

XML，即可扩展标记语言，标准通用标记语言的子集，是一种用于标记电子文件使其具有结构性的标记语言，例如 GSDML 为 PROFINET 设备的描述文件，是基于 XML 格式的。以 RF600 为例，简要说明 XML 报文的定义。以 hostGreetings 命令为例，该命令相当于设备的 RESET 功能，通常在设备初次上电和报故障时执行，如图 7-32 所示。

在 RF600 产品的 Web 服务器中，还提供了关于 XML 通信的相关设置路径为 Settings→Communication→XML，可以定义是何种数据并且以什么形式进行通信，如图 7-33 所示。

RFID Reader XML Demo 是西门子免费提供的一款基于 Windows .NET 3.5 的开源演示应用程序及源代码程序，可以实现 RF18xC 和 RF600 的 XML 全部指令功能测试，并且在 “Dbg” 模式下可生成完整的 XML 报文，方便诊断和复制，如果需要修改程序文件，则需要 Microsoft Visual Studio 2012 及以上版本，如图 7-34 和图 7-35 所示。

提示：可通过西门子工业在线支持网站链接 https://support.industry.siemens.com/cs/ww/en/view/109768503 获取 XML 测试 Demo 软件。

（2）OPC UA

OPC UA（Unified Architecture，统一架构）是新一代的 OPC 标准，不依赖微软 COM/DCOM 技术，通过提供一个完整、安全和可靠的独立于厂商的跨平台架构，可在支持 OPC UA 且集成在同一网络中的所有类型的工业设备之间进行数据交换，以获取实时和历史数据和时间，OPC UA 采用 C/S 架构。标准《AutoID 配套规范 OPC 统一架构》由德国 AIM 和 OPC 基金会制定，其中介绍了如何通过 OPC UA 进行识别设备的通信连接，识别设备可细分如下：

命令

```
<frame>
 <cmd>
    <id> value_id </id>
    <hostGreetings>
        <readerType> value readerType </readerType>      //opt
        <supportedVersions>
            <version> value_version </version>
            <version> value_version </version>          // opt
            ...
        </supportedVersions>
    </hostGreetings>
 </cmd>
</frame>
```

// opt → 可选：行可以省略。

响应

```
<frame>
 <reply>
    <id> value_id </id>
    <resultCode> 0 </resultCode>
    <hostGreetings>
        <returnValue>
            <version> value_version </version>
            <configID> value_configID </configID>
        </returnValue>
    </hostGreetings>
 </reply>
```

参数	类型	值	说明
value_id	十进制值0...9	0...4294967295	唯一命令标识符
value_readerType	固定值	SIMATIC_RF680R	可选 读写器类型
		SIMATIC_RF685R	如果所连的读写器与指定的值不匹配，则返回“ERROR_PARAMETER_ILLEGAL_VALUE”
		SIMATIC_RF650R	如果未指定该参数，则不会检查所连读写器的类型
value_version	字母数字文本	V2.1	支持的API协议版本
value_configID	字母数字文本	—	已传送组态的唯一标识符 ID 还可通过“getConfigVersion”函数读取

图7-32 XML报文的hostGreetings命令示意和说明

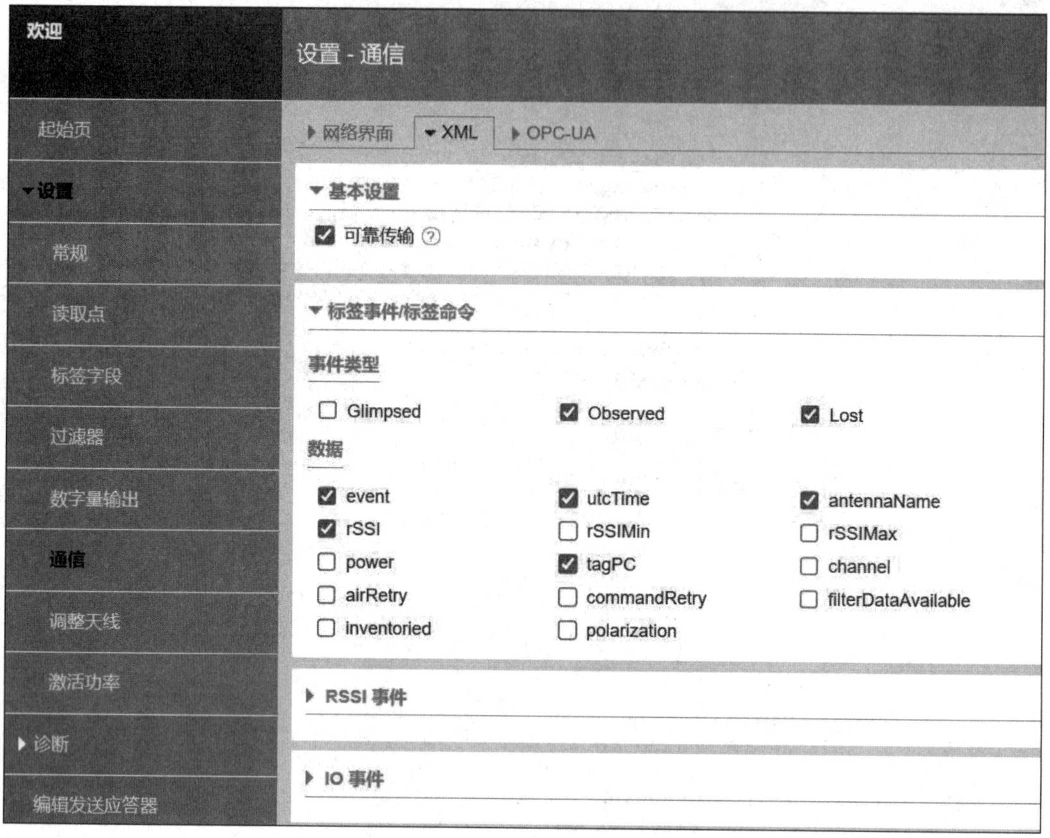

图 7-33　RF600 的 XML 相关设置

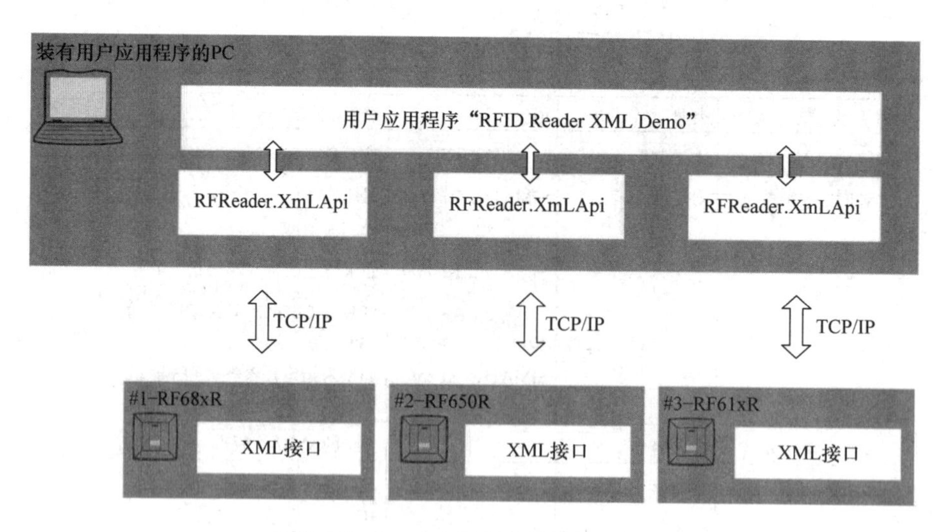

图 7-34　Demo 应用程序的结构和功能

- 文本识别（OCR）设备。
- 光学阅读器（如条形码）。

- RFID 读写器。
- 实时定位系统（RTLS）。

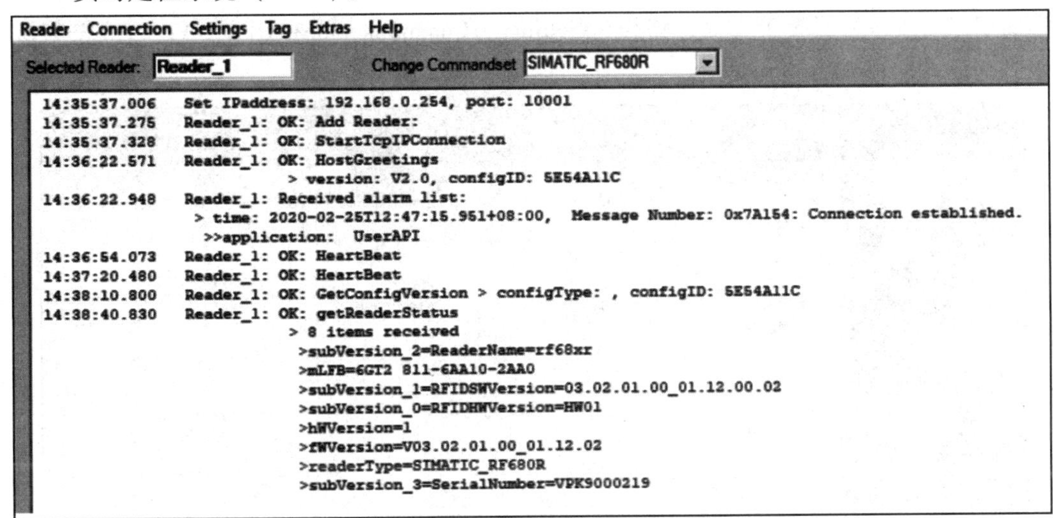

图 7-35　XML Demo 软件截图

RF360R/RF18xC 和 RF600 读写器支持 3 种 OPC UA 节点类型：方法、事件和变量，如图 7-36 所示。

OPC UA 方法	
Scan，ScanStart，ScanStop	触发读取点以启动清单
KillTag	破坏发送应答器
LockTag	锁定发送应答器上的区域
SetTagPassword	设置发送应答器特定的密码
ReadTag	读出发送应答器数据
WriteTag	写入发送应答器数据
OPC UA 事件	
RfidScanEventType	接收TagEvents和RssiEvents
OPC UA 变量	
DeviceStatus	RFID读写器的设备状态
LastScanStatus	上次检测/处理的RFID读写器的发送应答器
IO–Data	DigitalInputs 读写器的数字量输入 DigitalOutputs 读写器的数字量输出
运行系统参数	RfPower 天线的辐射功率 MinRSSI 读取点的RSSI阈值

图 7-36　读写器支持的 OPC UA 节点类型

读写器为 OPC UA 服务器，默认端口号 4840，最多支持 5 个 OPC UA 客户端连接，读写器和通信模块的 Web 页面提供关于 OPC UA 的设置，主要包括 OPC 服务器的名称和端口号、采样周期以及安全性设置等方面，路径为 Settings→Communication→OPC UA，一般按默认设置即可进行通信，如图 7-37 所示。

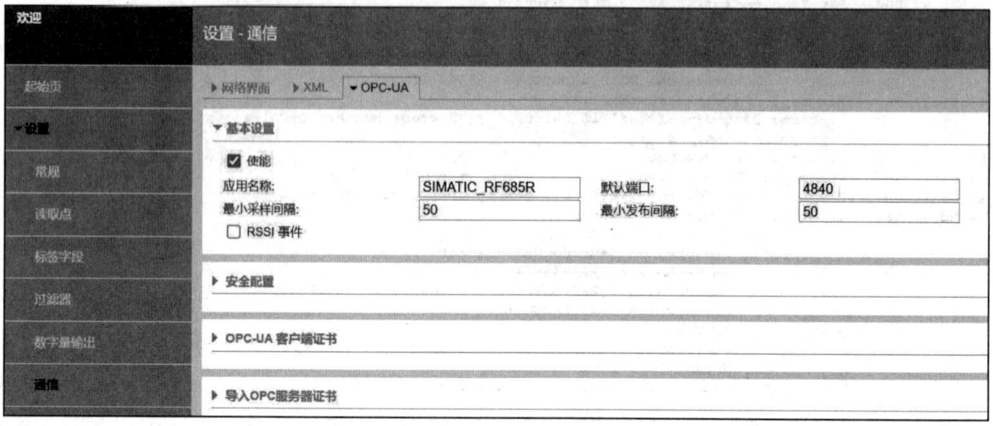

图 7-37　RF600 的 OPC UA 设置页面

（3）OPC UA 测试客户端

西门子提供基于 C#开发的免费开源 OPC UA 客户端 Demo：RFID_OPC_UA_ReaderApp，可以实现 RF18xC 和 RF600 的全部 OPC UA 指令功能测试，便于客户进行开发，OPC UA 客户端页面如图 7-38 所示。

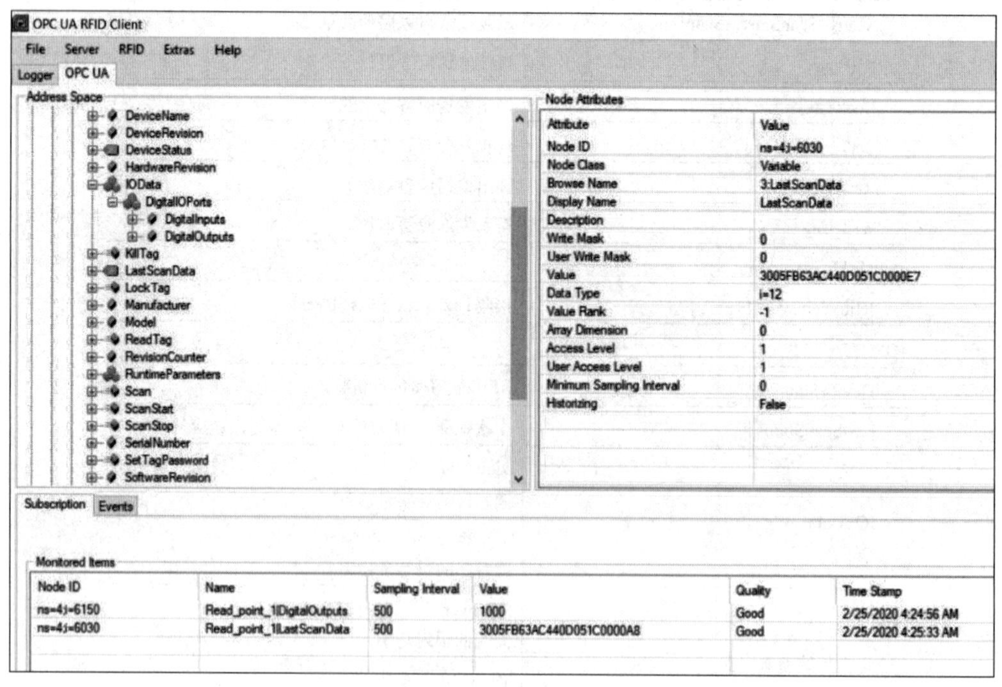

图 7-38　OPC UA 客户端页面

总结：读写器 XML 报文和 OPC UA 通信功能强大，详细说明请参考产品说明文档。

提示：可通过西门子工业在线支持网站链接 https：//support. industry. siemens. com/cs/ww/en/view/109769038 获取 OPC UA 测试客户端。

5. RF200（RS232）ASCII 协议读写器功能介绍与集成

SIMATIC RF200 系列读写器以其丰富的产品线提供了巨大的系统集成的开放性和灵活性，主要分为两类：一类是采用 RS422 接口、3964R 协议的读写器，适合于连接到 RFID 通信模块上，集成到上层 PLC 控制器或 PC；另一类是采用 RS232 接口、ASCII 协议的读写器，通过 ASCII 这种简单易操作的文本协议，可以将这类读写器集成到任何带 RS232 串口的控制器和 PC 上，如图 7-39 所示。

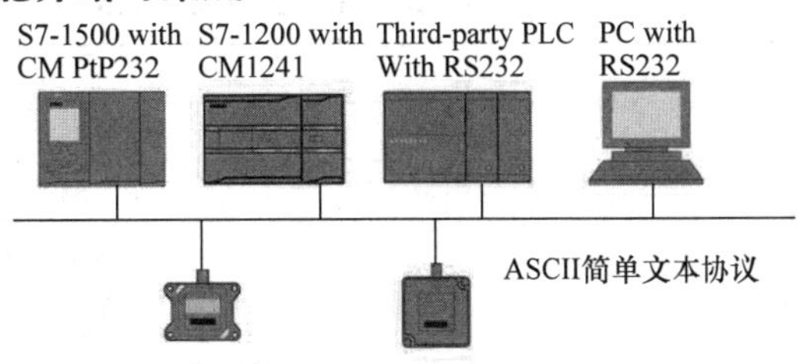

图 7-39　RF200（RS232）、ASCII 读写器的系统集成

（1）ASCII 协议读写器系统集成介绍

ASCII 协议代表一个点对点通信的简单通信流程。串口的通信参数出厂默认设置为 8 个数据位、1 个停止位、奇校验、传输速率为 19.2kbit/s。

参数值在 RF200 读写器里不能改变。全双工数据传输是可能的，由于没有定义握手机制，每一方都可以同时发送数据。

ASCII 协议帧结构见表 7-6。

表 7-6　ASCII 协议帧结构

STX	Net data（净数据）	{optional：LF}	ETX
0x02	ASCII 值（两个 ASCII 字节标识一个字节净数据）	{0x0A}	0X03

ASCII/十六进制值转换见表 7-7。

表 7-7　带对应的十六进制值的 ASCII 表

ASCII 值	'0'	'1'	'2'	'3'	'4'	'5'	'6'	'7'	'8'	'9'	'A'	'B'	'C'	'D'	'E'	'F'
十六进制值	30	31	32	33	34	35	36	37	38	39	41	42	43	44	45	46

例如，3964R 值“0x29”由 ASCII 值“2”（十六进制值“0x32”）和“9”（十六进制值“0x39”）映射，这意味着净字节“0x29”由两个 ASCII 字节“0x32 0x39”映射。

举例：

一个从标签的起始地址“0x134”开始读取 175 字节数据的“READ”命令见表 7-8。

表 7-8　一个“READ”命令结构的示例

	STX	Data						{optional：LF}	ETX
		QB	Command	Status	Address high byte	Address low byte	Length		
ASCII①	0x02	0x30 0x35	0x30 0x32	0x30 0x30	0x30 0x31	0x33 0x34	0x41 0x46	0x0A	0x03
Hex②	—	0x05	0x02	0x00	0x01	0x34	0xAF	—	—

① 总数据。
② 净数据。

（2）RF200（RS232，ASCII）读写器在ASCII模式下所支持的命令

RF200（RS232，ASCII）读写器在ASCII模式下所支持的命令见表7-9。

表7-9 RF200（RS232，ASCII）读写器在ASCII模式下所支持的命令

命令	
READ	读取标签数据
WRITE	写入标签数据
SLG - STATUS（mode 0）	查询读写器状态/数据
SLG - STATUS（mode 1）	查询读写器状态/数据
MDS - STATUS（mode 3）	查询标签状态/数据
SET - ANT	打开/关闭天线
SET - RS232	设置接口参数
RESET	复位读写器/清除错误
消息	
ANW - MELD	异步标签存在性报警

命令报文举例：

当RF200（RS232，ASCII）读写器工作在ASCII模式时，读写器在上电后呈现绿灯闪烁状态，需要先执行RESET初始化命令，当RESET命令执行成功后，读写器上的LED灯呈现绿灯常亮状态，然后才能执行读或写命令。

RESET命令报文如下：

02 30 41 30 30 30 30 30 30 32 35 30 32 30 30 30 30 30 31 30 30 30 31 03

RESET命令的确认报文，没有错误时如下：

02 30 35 30 30 30 30 30 32 30 30 30 30 03

（3）RF200（RS232，ASCII）读写器扫描模式的功能扩展

扫描模式功能扩展在保留RF200 ASCII读写器原有功能的基础上，为现有命令集增添了“SYSTEM”命令。使用该命令，可将读写器保持性地切换到扫描模式。这意味着，切换到扫描模式这一操作将以一种故障安全的方式存储在读写器上。

RF200 ASCII读写器切换到扫描模式后，即立刻自主运行。这意味着，当开启读写器后，只要标签进入读写器的感应区域（天线场），读写器就能自动地读取标签数据，通过串口传送到主机。数据可以是标签的UID（唯一识别符）或用户数据，或者是UID+用户数据。数据采集和传送的类型在读写器中通过参数预设，即使读写器断电也可永久性地保存在读写器上，原则上无需重启读写器。扫描模式由一个特殊的ASCII命令使能。RF200（RS232，ASCII）读写器支持西门子MDS Dxxx系列的所有标签以及兼容ISO 15693协议的第三方标签。

启动读写器后，可以根据读写器LED灯的状态判断读写器处于何种工作模式，见表7-10。注意，这种LED行为仅在重启读写器后才有效。

表7-10 启动读写器后，读写器的LED灯工作模式显示

LED		工作模式
■	绿灯闪烁	ASCII模式
■	绿灯长亮	扫描模式

（4）RF200（RS232，ASCII）读写器在ASCII模式和扫描模式间的切换

RF200（RS232，ASCII）读写器可以通过“SYSTEM”命令在ASCII模式和扫描模式之间切换，如图7-40所示。

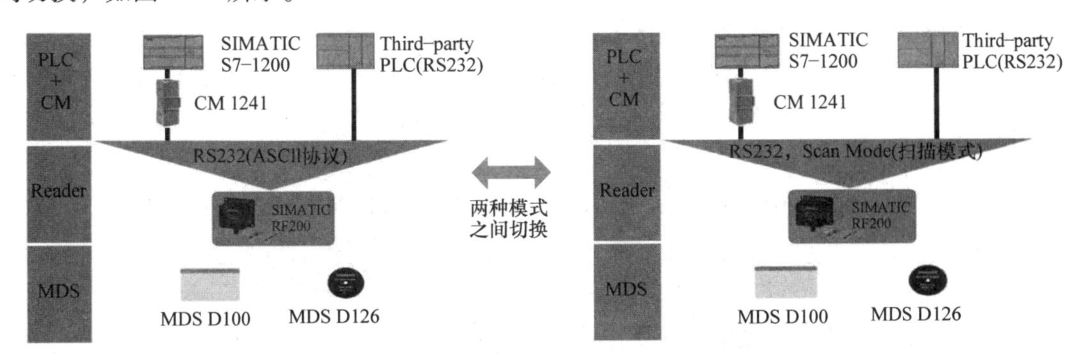

图7-40　两种工作模式之间切换

将一台工作在ASCII模式的读写器切换到扫描模式，需要将RF200（ASCII）读写器通过RS232串口连接到一台控制器上（PC或PLC）上，打开串口，匹配好串口通信参数，建立通信连接后，在ASCII模式下通过“SYSTEM”系统命令，将读写器从ASCII协议模式切换到扫描模式。如果需要再次切换到ASCII模式，在扫描模式下通过使用“参数分配”帧设置“Scanmode”参数值为“0x02”的命令，去使能扫描模式，命令执行成功后，切换到ASCII模式，如图7-41所示。

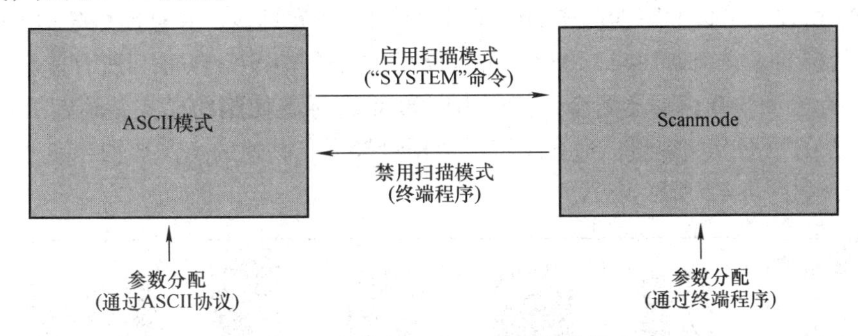

图7-41　保持性地启用/禁用扫描模式

此外，还可以使用“参数分配”帧将所有其他参数保持性地存储到读写器中（例如，传输速度、待读取的数据等）。“参数分配”帧可通过终端程序以及应用程序进行传输。

命令举例：

在扫描模式下，当开启读写器时，数据会自动通过串行接口传送到主机。数据采集和传输的类型在读写器中通过参数预设。

1）使能扫描模式命令（去使能ASCII模式）：

命令报文如下：

02 30 35 41 41 30 30 30 38 30 31 30 30 03

成功转换到扫描模式后，将收到以下的确认报文：

02 30 32 41 41 00 00 03

使能扫描模式命令执行成功后，读写器上LED指示灯仍然为绿灯常亮（此时如果给读

写器断电再重新上电，读写器工作在扫描模式状态，LED 指示灯为绿灯常亮状态）。

使能扫描模式后，RF2xxR 读写器的 RS232 接口参数默认的出厂设置为 8 个数据位、1 个停止位、无校验、传输速率为 38.4kbit/s。

2）扫描模式下读取标签的 User 区数据：

例如，在扫描模式下，连续读取用户内存区 4 个字节，锁定时间参数设置为 1000ms，命令如下：

命令报文如下：

01 01 15 01 1d 00 00 01 00 00 0a 02 01 02 00 01 00 00 00 04 00 00 00 01 07

执行成功后，确认报文如下：

01 00 01

去使能扫描模式命令（使能 ASCII 模式）如下：

命令报文如下：

01 00 15 01 1d 00 00 01 02 00 0a 02 01 02 00 02 00 00 00 08 01 00 00 01 0a

执行成功后，确认报文如下：

01 00 01

6. RF300 读写器高性能模式

SIMATIC RF300 系列读写器支持三种空中接口协议，分别为西门子 RF300 私有协议、ISO 15693 协议和 ISO 14443 协议，在 RF300 私有协议下可以读写 RF300 系列的所有标签，在 ISO 15693 协议下可以读写西门子 MDS Dxxx 系列的所有标签，并可读写第三方的符合 ISO 15693 协议的标签，在 ISO 14443 协议下可以读写西门子 MDS Exxx 系列所有标签。RF300 高性能模式指的是 RF300 读写器配合西门子 RF300 系列标签使用的模式，具有极高的数据传输速率和极大的数据存储容量，适合于读写数据量较大、高速的生产节拍、高速的运动速度等应用场合，如图 7-42 所示。

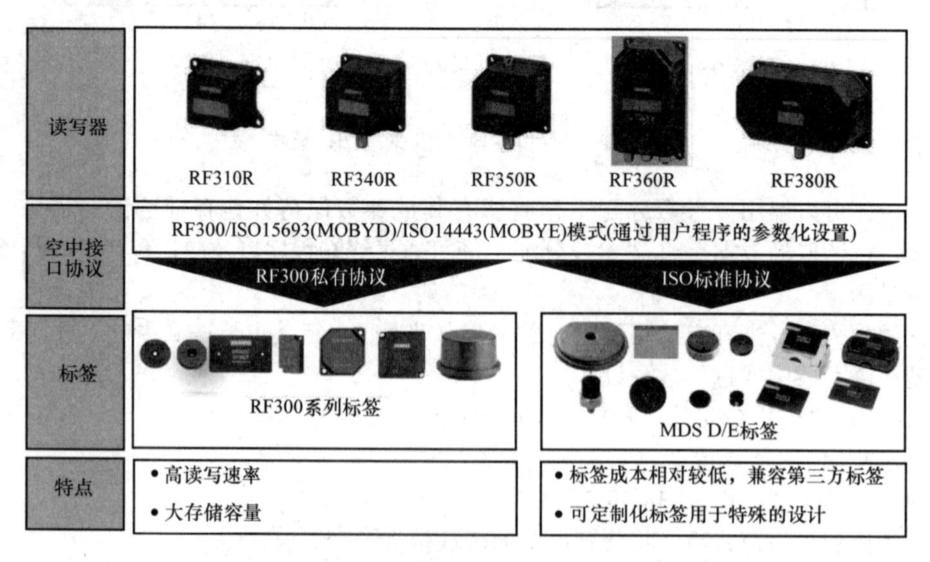

图 7-42 RF300 私有协议模式和 ISO 标准协议模式

表7-11 列出了 RF300 系列读写器空中接口层面的不同协议标签的最大读写速率，可以看到，读写 RF300 标签时，最大可达 8000 字节/s 的极高速率。

表7-11 RF300 空中接口层面的读写速率

最大数据传输速率 读写器↔标签	RF300 标签	ISO 15693 标签 （MDS D）	ISO 14443 标签 （MDS E）
读	≤8000 字节/s	≤3300 字节/s	≤3400 字节/s
写	≤8000 字节/s	≤1700 字节/s	≤800 字节/s

RF300 系列标签（RF3xxT）以其与 RF300 系列读写器（RF3xxR）之间相当高速的数据读写速率而显得特别突出。除了 RF320T 标签之外，所有 RF300 系列的其他标签都有 8～64KB 的 FRAM 内存，具有几乎无限次的读和写的能力。

7. RF600 超高频读写器工业算法

与其他频段（LF、HF）相比，超高频（UHF）RFID 具有读写距离远的特点，但该频段的电磁波具有遇到金属发生反射、会被液体吸收等特性，加之电磁波不可见，时常导致超高频系统中出现异常的读写响应，通常超高频 RFID 系统的正确识别率和稳定性不如低频和高频 RFID 系统，异常读写响应可表现为

- 读取不全，甚至读不到任何内容。
- 读取功能正常但无法写入。
- 识别到不应该识别到的标签。

所谓算法，是集成于读写器中的一系列软件函数功能，通过恰当的算法参数设置，可在一般甚至恶劣应用条件下保证读写器与标签之间的可靠通信，从而提高读和写的正确性和稳定性。

（1）RSSI 的重要概念

RSSI（Received Signal Strength Indication，接收信号强度指示）用以表征电子标签响应的信号强度。

根据 IEEE 802.11 标准，RSSI 在数据通信报文中占一个字节（值为 0～255），一般同型号的标签，值越大表示信号越强，不同型号的标签一般不具有直接比较意义。同型号标签，与天线距离越近，RSSI 值一般也越大，而非当前作业的标签一般离天线较远，较远的标签 RSSI 通常较小，恰当的 RSSI 阈值设置可以过滤非作业标签，即干扰标签。

实际 RSSI 通常取决于：

- 电子标签的型号。
- 电子标签的射频芯片。
- 所使用的超高频天线。
- 读写器发射功率。
- 天线与标签之间的距离。
- 信号反射。
- 信道影响。

（2）算法说明

1）平滑化：可通过设置参数“已观察”和“已丢失”的数量（例如 5）来过滤天线场

中短期出现（非预处理）的其他标签。即只有连续 5 个读写器的天线扫描周期都识别到或都未识别到的标签，才被读写器判断为是有效的“已观察”或“已丢失”，并进一步处理。

2）读/写功率递增：在执行读/写等命令时，使用默认的基准功率可能无法成功，则可通过指定 Boost 和 Boost Max 来递增天线的辐射功率，从而实现稳定的标签读和写操作，如图 7-43 所示。

Boost（dB）：指定辐射功率的单位增量（dB），例如 0.5dB，最小单位为 0.25dB。

Boost Max（dB）：指定辐射功率的最大总增量（dB），例如 12dB，最大值为 28dB。

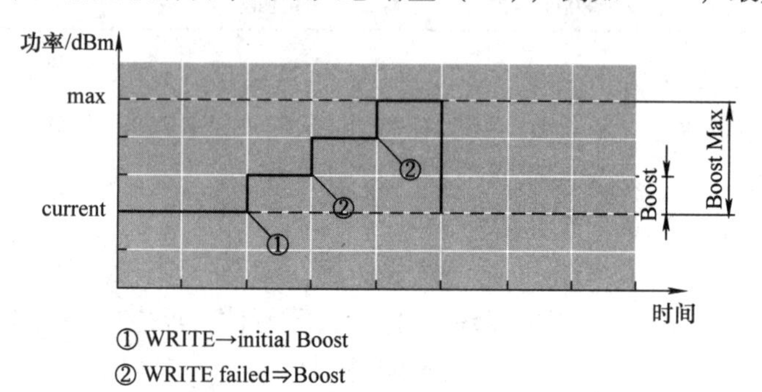

图 7-43　读/写功率递增示意图

3）命令重试：该命令用于执行命令失败后的重复执行，最大设置值为 20。该算法可与“Read/Write Power Ramp”联合使用，此命令仅在尝试到最大功率后依然无法执行命令时启用。如果未设置“Read/Write Power Ramp”，会按照当前功率执行命令重复。

4）获取清单功率递增：Inventory 命令用于盘点标签的 EPC ID 清单，可同时读取多个标签。如果执行“Inventory”命令，获取的清单数目没有达到预期的数量时，会按照设定的增量逐步增加功率，直至设置的最大值，如图 7-44 所示。该命令仅在执行清单命令时启用，执行读/写时不会启用该命令。

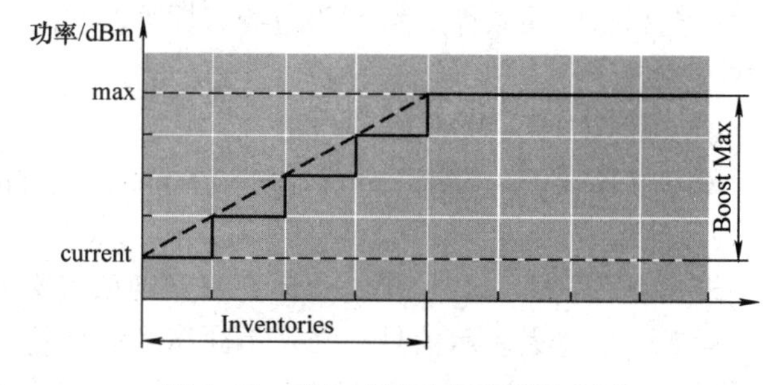

图 7-44　获取清单功率递增示意图

功率增量的计算为 Boost Max/清单。例如，Boost Max = 5dB，清单 = 10，增量 = 0.5dB。

Expected tags：每个清单（Inventories）执行时读取点指定的标签最小数量。如果没有达到该值，则会增加辐射功率。

Boost Max：辐射功率的最大增量（dB）。

Inventories：达到指定的最大辐射功率增量前所需执行的“清单”数目。

5）RSSI 差值：该算法的作用是仅报告“n”个已识别到的标签中“最可靠”的。

仅当标签的 RSSI 值大于或等于已识别的标签中最大 RSSI 与 RSSI delta 之差时，才会将该标签报告为“可靠识别”，否则将被读写器过滤掉，如图 7-45 所示。

例如，将 RSSI delta 设置为 10，在执行一个获取清单的过程中，读写器识读到 7 个标签的 EPC ID，其 RSSI 值分别为 110、105、103、100、95、87、85，则最大值为 110 的标签作为基准，读写器将进一步处理 RSSI 值为 110、105、103、100 的 4 个标签，而 RSSI 值为 95、87、85 的标签被过滤掉。

6）黑名单：如果标签的 EPC ID 处于读写器的黑名单中，则该标签不能被读写器进行数据的读和写处理，可通过黑名单相关指令将某个 EPC ID 加入黑名单或从其中删除。该算法用于设定黑名单的 buffer 数量，例如，读写器允许的黑名单极限为 500 个，设置为 10 个。

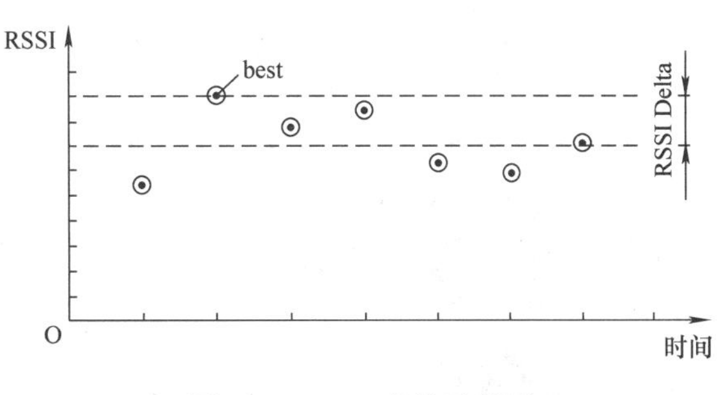

图 7-45　RSSI 差值示意图

8. RFID 动态识别要点

在很多工业 RFID 应用中，都会采用动态识别的方式，例如，机场行李分拣、物流快递分拣、仓储物流中物料/半成品/成品的出入库管理、AGV 小车基于 RFID 的定位等（见图 7-46），之所以称为动态识别，是因为当 RFID 的读写器（包括天线）在对标签进行读或写时，天线和标签处于相对运动的关系，完成读取或写入数据的操作。

针对 RFID 动态识别的应用，要保证可靠识别（读取或写入），从产品选型、到参数设置、再到安装调试等方面，都有一些技术要点需要纳入方案设计考虑并付诸实施。西门子的 RFID 产品线主要由高频 RFID 系统和超高频 RFID 系统组成，两者在技术参数方面除了有相同之处外，也有很多不同之处。主要说来，高频 RFID 系统用于近距离读写（通常在 20cm 以内），而超高频 RFID 系统除了可用于近距离读写之外，更多地应用于中远距离读写（大多数超高频 RFID 应用属于半米以上到数米的中远距离读写）。高频和超高频在读写范围方面的巨大差异决定了在动态识别的技术要点上也会有较大的不同。下面分别进行阐述。

图 7-46　RFID 动态识读应用的一些示例

9. 高频 RFID 动态识别要点

高频 RFID 系统采用磁场耦合的工作原理，读写器上电后会产生感应交变磁场，也称为天线场，天线场是一个稳定的磁场，离读写器越近，天线场越强，远离读写器后，磁场的场强将快速减小，天线场的分布取决于读写器和标签天线的结构和几何形状。为保证标签正常工作所需的最低场强，其与读写器或天线的距离不可超过 S_g。当标签进入天线场 S_g 极限距离以内时，读写器和标签自动建立起能量交换，读写器自动识别出标签在位信号。图 7-47 所示为高频读写器的传输窗口和读写距离示意图。

根据图 7-47，S_a 为标签和读写器之间的工作距离，S_g 为标签和读写器之间的极限距离，当读写距离处于 S_a 和 S_g 之间时，有效工作区域随着距离的增大而减小，并在距离为 S_g

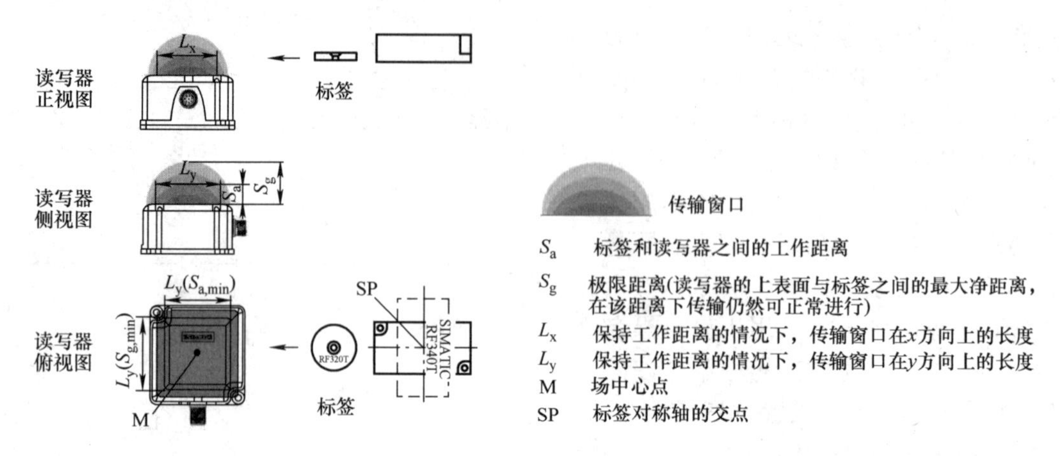

图 7-47 高频读写器传输窗口和读写距离示意图

时缩减至一个点。因此，在 S_a 和 S_g 之间的区域内仅应使用静态模式。

10. 静态模式下的操作

如果工作在静态模式下，标签最远可在极限距离（S_g）内工作，必须将标签准确定位在读写器上方，如图 7-48 所示。

11. 动态模式下的操作

当工作在动态模式下时，标签将经过读写器。只要标签的交点（SP）进入传输窗口边缘，就可以使用标签，如图 7-49 所示。在动态模式下，工作距离（S_a）是至关重要的。

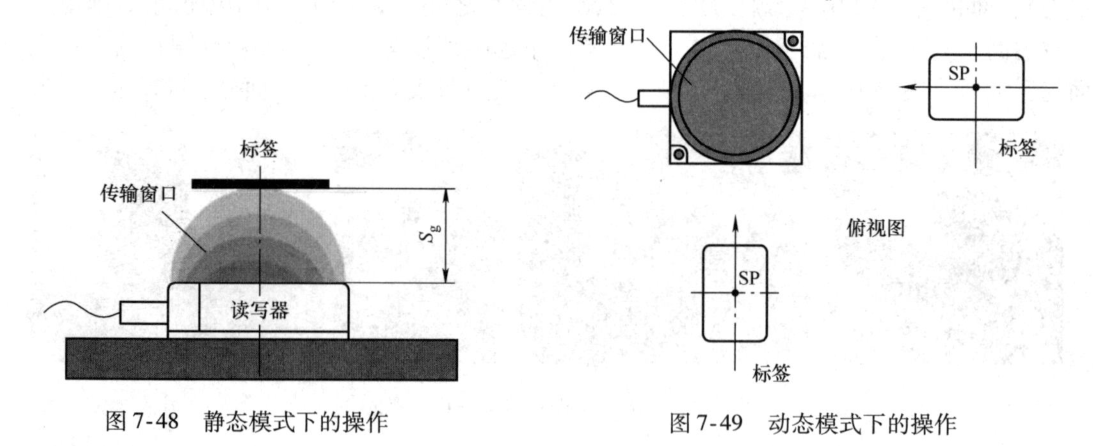

图 7-48 静态模式下的操作

图 7-49 动态模式下的操作

12. 标签的停留时间

停留时间是标签在读写器的传输窗口内停留的时间。在此时间内，读写器可与标签交换数据。停留时间的计算公式如下：

$$t_V = (L \times 0.8) \div V_{Tag}$$

式中 t_V——标签的停留时间；

L——传输窗口的长度单位为 m；

V_{Tag}——动态模式下标签的运动速度单位为 m/s；

0.8——用于对温度影响和生产容差进行补偿的常数因子。

在静态模式下，停留时间可以是任何持续时间。停留时间必须足够长，以便与标签进行通信。在动态模式下，停留时间由系统环境定义。要传送的数据量必须与停留时间相匹配，反之亦然。一般而言：

$$t_V \geqslant t_K$$

式中 t_V——标签在读写器天线场中的停留时间；

t_K——在通信模块、读写器和标签之间的通信时间。

计算无错数据传输的通信时间：

$$t_K = K + t_{Byte} \cdot n \quad (n \geqslant 1)$$

计算最大的用户数据量：

$$n_{max} = \frac{t_V - K}{t_{Byte}}$$

式中 n——用户数据量，以字节为单位；

n_{max}——在动态模式下最大数量的用户数据，以字节为单位；

t_{Byte}——单个字节的传输时间；

K——常数，是个内部系统时间，包含与标签之间用于能量建立和命令传输的时间。

用于中高性能应用的时间常数 K 和 t_{Byte} 值见表 7-12。

表 7-12 动态模式下的 K 和 t_{Byte} 值

传输速率［波特率］	内存区	RF300 标签		ISO 标签	
		K/ms	t_{Byte}/ms	K/ms	t_{Byte}/ms
独立（不相关）	FRAM	2	0.1	26	0.7
独立（不相关）	EEPROM				
写		2	10	40	1.5
读		2	0.13	25	0.9

在动态模式下，K 和 t_{Byte} 与传输速率无关。通信时间仅包括读写器和标签之间的处理时间以及这些部件的内部系统处理时间。在通信模块和读写器之间的通信时间可以不用考虑，因为当标签进入读写器传输窗口时，读或写命令在读写器上已经处于激活状态。

13. 高频 RFID 动态识别技术要点总结

基于上面给出的计算公式和表 7-12 中给出的时间常数 K（ms）、单个字节读或写的时间 t_{Byte}（ms），可以得出如下高频 RFID 动态识别的技术要点，即当标签按照一定的运动速度经过读写器的天线场时，所能读或写的最大数据量与以下因素相关：

1）与传输窗口大小相关，传输窗口越大，所能读或写的数据量越大。

2）与相对运动速度相关，运动速度越快，所能读或写的数据量越小。

3）与读写器和标签之间的空中接口协议相关，即采用西门子私有协议速度远快于采用 ISO 协议（ISO 15693 或 ISO 14443）速度，也就是说，采用西门子 RF300 系列标签，所能读或写的数据量更大。

4）与标签存储器类型相关，类型分 FRAM 和 EEPROM。使用 FRAM 标签，单个字节的传输时间更小，因此所能读或写的数据量更大。对于 FRAM 标签，读和写的速率相同，而对于 EEPROM 标签，读速率比 FRAM 标签略慢，而写速率比 FRAM 标签慢很多。

因此，对于高频 RFID 动态识别应用，如果运动速度较快，并且读或写的数据量较大，选型优先考虑更大的天线传输窗口（大尺寸的读写器或天线）、西门子 RF300 系列标签、FRAM 标签。另外，在控制器编程方面，可以采用提前将读或写命令发送到读写器上，一旦检测到标签在位，命令立刻得到执行，省去了控制器将命令发送到通信模块再到读写器上的通信时间。

14. 超高频 RFID 的系统特点

1）读写范围大：超高频 RFID 系统天线的辐射功率大小决定了读写范围（距离、宽度等）大小，辐射功率越大，则读写范围越大。相对于高频 RFID 来说，超高频 RFID 的读写距离一般可达数米，既可满足小读写距离应用（使用负增益天线或减小天线辐射功率），又可满足大读写距离应用（使用正增益天线或增大天线辐射功率）。

2）单/多标签读写：由于超高频 RFID 系统内置防冲突机制，使得除了可以满足单标签读写应用需求之外，还可以满足多标签读写应用需求，可同时识读几十个到数百个标签。

3）命令工作方式：在超高频 RFID 工业应用中，对符合 ISO 18000 - 6C 标准的超高频 RFID 标签来说，最常用的内存区是 EPC 区和 User 区。超高频 RFID 系统的命令工作方式如下：通过 Inventory 清单命令，读写器会尽最大可能去识别天线场内的所有标签并输出这些标签的 EPC ID，有很多工业应用就只需要读取标签的 EPC ID；另外还有一些应用，除了读取标签的 EPC ID 之外，还需要读或写 User 区数据，读写 User 区的前提是先要读取到标签的 EPC ID，所以读取 EPC 区速率是最快的，耗时最短（所需时间也与读取的标签数量相关，数量越大，需要的时间越长）。

4）读写器的触发方式：西门子超高频 RF600 读写器的触发方式有：连续触发、DI/DO 触发、计时器触发和命令触发。如果设置为命令触发方式，通过给读写器发送命令让读写器读取标签 EPC ID 或对标签 User 区进行读或写操作。

5）存在场间隙与过冲：超高频 RFID 系统采用电磁波传输的工作原理，电磁波的传播特性与光波类似，遇到环境中的金属物体会发生反射、衍射等，在多重反射环境（现场实际环境通常属于这种情况）下由于多径效应的存在，造成传播空间内在某些区域因信号叠加而产生过冲，而在某些区域因信号抵消而产生场间隙，过冲和场间隙的存在，会造成串读或漏读情况的发生。

6）超高频 RFID 读写方式：与高频 RFID 一样，超高频读写也分为静态模式和动态模式。如果标签不在天线前方移动，即停下来完成读或写，则读/写视为静态；如果读/写期间标签移动经过天线场，则读/写视为动态。

不同应用环境适用于哪种读取或写入模式见表 7-13。

表 7-13 不同应用环境适合的读取或写入模式

工作模式	读取	写入
静态	建议用于正常超高频环境	建议用于正常超高频环境
动态	建议用于复杂超高频环境	不建议用于复杂超高频环境

超高频 RFID 既适合静态读写应用，包括静态读取或静态写入，也适合动态读取应用，包括复杂超高频环境下的读取，但不适合复杂超高频环境下的动态写入应用，即在复杂超高频环境下，对标签进行写操作时，尽量避免采用动态写入的方式。

15. 超高频 RFID 动态识别技术要点

场景一：环境中存在较复杂的金属环境且相邻读写器之间的间距较近的应用场景

例如，对于某物流分拣的应用和货物跟踪出入库管理的应用，如图 7-50 和图 7-51 所示。

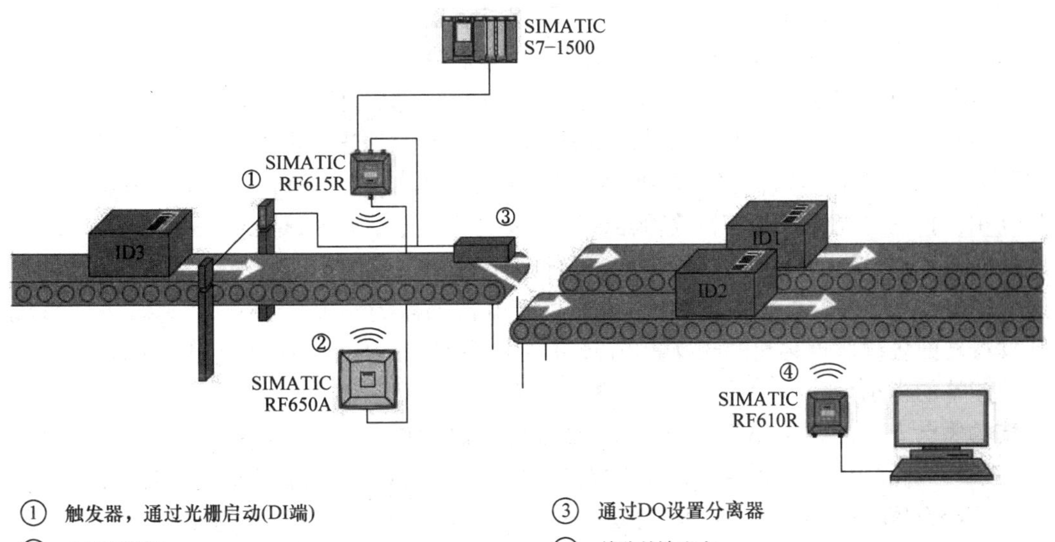

图 7-50　某物流分拣的应用

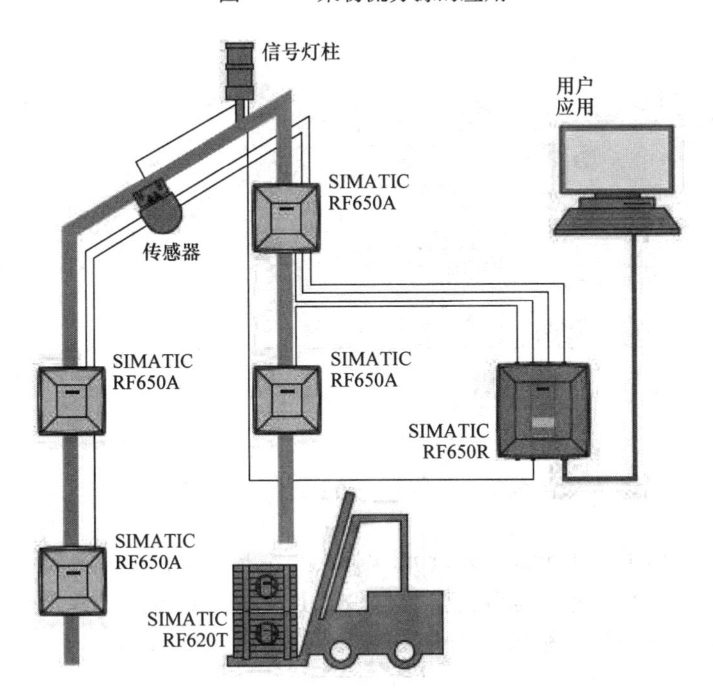

图 7-51　某货物跟踪出入库管理的应用

对于此类应用，通常只需要读取标签的 EPC ID，或者进一步读取标签的 User 区数据，而不需要对标签做写入操作，大多采用触发动态识别工作方式。

技术要点1：诸如物流分拣一类的应用，物料按照一定的速度经过RFID识别工位读取物料信息，完成动态识别。当标签靠近或进入天线的识读范围内，通过触发信号（可以通过生产线上的光电传感器等）触发读写器进行读取，当标签以一定速度经过读写器的天线场时，读写器可以在标签天线场停留时间内在不同位置点对标签进行读取操作，可以完全避免静态识别时由于可能存在的场间隙造成无法读取标签的问题。

采用触发读写器进行读取操作（也适用于触发读写器进行写入操作）：

1）RFID读写器仅在要识别的对象进入天线场时才执行读取操作，这可降低误读（串读）其他标签的可能性，并对需要读取的标签更快更高效地进行识别。

2）由于各RFID读写器仅在必要时才执行读取操作，因此降低了不同读写器的天线场信号互相干扰的可能性，尤其在读写器密度较高的情况下。在金属无线环境或多个读写器/天线的安装距离较近时，建议不要将读写器长期置于读取状态。而只在标签位于天线前方或经过天线时，执行特定的读/写命令。可通过光电传感器等实现“触发”。这种方式可减少不同读写器的各读取点之间的相互影响/干扰，提高对目标标签的识别能力，同时减少对其他无关标签的识别。

技术要点2：采用SIMATIC RF600内置工业算法“Read/Write Power Ramp”读/写功率递增、“Command Retry”命令重试等，提高对标签User区数据动态读取的成功率。

1）Read/Write Power Ramp读/写功率递增（见图7-52）：该算法的作用是确保执行命令（Read、Write）时具有足够的可用功率。当命令执行失败时，会增加辐射功率再次执行。辐射功率逐步增加，直到足够执行命令或直至达到最大值。

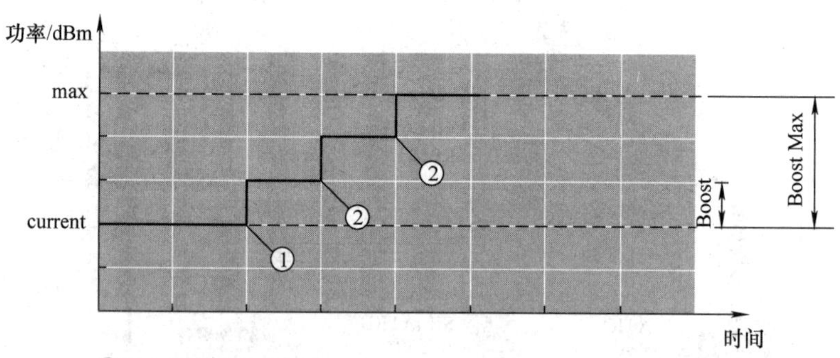

图7-52 Read/Write Power Ramp读/写功率递增算法

2）Command Retry命令重试。Command Retry命令重试算法如图7-53所示。

场景二：读写器和标签相对运动速度比较快，且标签出现的方位角度比较随机的应用场景

这类应用例如车辆识别、机场行李分拣一般只需识别标签的EPC ID，或者是标签EPC ID加上较小数据量的User区数据。

技术要点1：由于标签出现的位置、角度有较大随机性，会分布在一个较大的范围内，采用一台读写器连接4个圆极化天线的方案，4个天线合起来覆盖更大的范围，保证无信号死角。

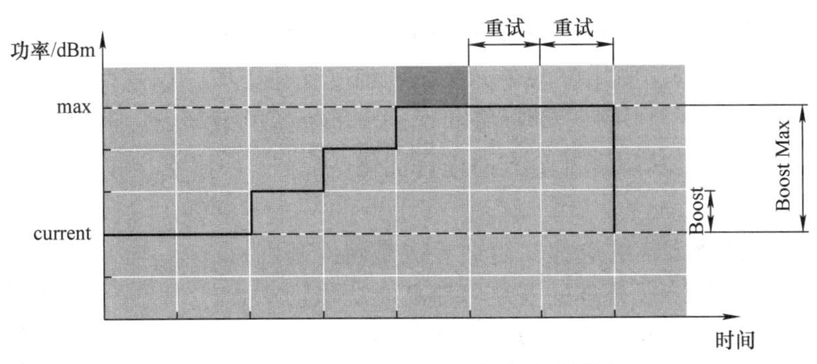

图7-53 Command Retry 命令重试算法

技术要点2：读写器的触发方式设置为“Continuous（连续）”读取方式，或者命令触发方式。在命令触发方式下，给读写器发送 Trigger Source（Start）命令，相当于执行 Inventory 清单命令。这样读写器处于自主读取模式，无需控制器再发送读取命令，一旦有标签进入天线场，读写器读取到标签的 EPC ID 后，以 Tag Event（标签事件）的方式将数据主动传送给 PC 应用程序。

技术要点3：针对一些应用，除了读取标签的 EPC ID 之外，还需要读取一定数量的 User 区数据，那么可以使用 SIMATIC RF600 的 Tag Field（标签场）功能。启用标签场功能后，读写器仅通过一个 Read Tag Field（读取标签场）指令就可以实现以下功能：在读取到标签的 EPC ID 的同时，会将读取到的 User 区数据合在一起，通过 Tag Event（标签事件）上报给应用程序，这样就省去了应用程序发送读取标签 User 区数据的命令到读写器的通信时间。

16. RFID 多标签识别要点

RFID 的多标签批量识别技术由于其高效的特点，时常在生产和物流环节被采用。西门子超高频 RF600 系列读写器都支持多标签批量识别，而高频读写器 RF285R 和 RF290R 通过外接天线也可以实现多标签批量识别。

通常，超高频产品由于其识别距离远，天线覆盖范围广，因而更适合工业环节的多标签识别需求，如图7-54所示。

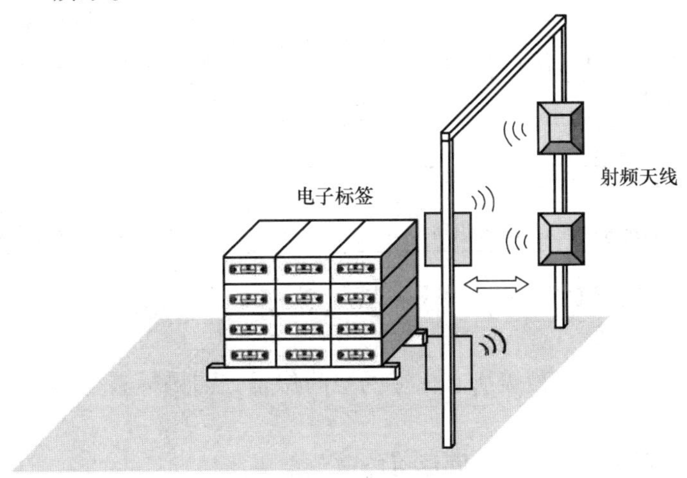

图7-54 超高频多标签识别示意图

这里专门介绍超高频多标签识别要点。相比高频 RFID 的应用，超高频项目实施的调试难度通常会稍大，而超高频应用中的多标签识别难度往往更大，识别准确率相对单标签识别场景略低，主要表现为无法识别全部标签或识别全部标签的效率低，所用时间长，为了提高多标签识别的效果，可以从以下几个方面进行优化。

物理因素：

- 天线尺寸和极化方式的选择（合适天线是硬件基础）。
- 天线及标签的安装（合理的安装可提高成功识别率）。
- 运动中识别（减少场间隙影响，提高成功识别率）。

参数：

- 合理设置算法——Inventory Power Ramp（功率自动调节，提高成功识别率）。
- 优化 Inventory 清单的 Q 值（优化通信时隙，提高识别效率，节省时间）。

下面分别对物理和参数方面的优化进行详细说明。

（1）天线尺寸和极化方式的选择

多标签识别的场景，通常标签的空间分布范围较广，所以要求天线覆盖范围广，从而才可能成功识别所有标签，通常情况下采用尺寸较大的天线和圆极化天线，如图 7-55 所示。

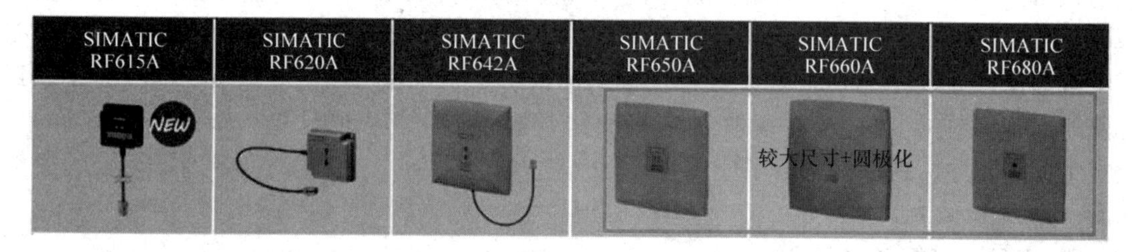

图 7-55 西门子超高频天线

圆极化天线和线极化天线的区别见表 7-14。

表 7-14 圆极化天线和线极化天线的区别

	线极化天线	圆极化天线
发送方式	能量以线性方式发射	能量以圆形螺旋式发射
电磁场	线性波束具有单方向电场	圆形螺旋式波束具有多方向电磁场
方向性	强	弱
识读范围	狭长	宽泛
识读距离	远距离	中远距离
应用	行进方向确定的标签识别	行进方向不确定及数量较多的标签识别

（2）天线及标签的安装

总结如下：

1）经过测试天线信号应覆盖所有标签的空间位置，如果标签空间分布间距大，可采用多个天线。

2）天线和标签应该可直视，中间尽可能避免金属遮挡。

3）非抗金属标签不得直接置于金属表面或液体容器上，如果西门子非抗金属标签安装在金属材料上，则距金属的最短允许距离为5cm。标签与金属表面之间的距离越大，标签的工作效果越好。

4）抗金属环境的标签可直接附在金属上。

5）标签和天线之间避免较多的水分存在。因为水、含水的材料、冰和碳的射频阻尼效应很高，电磁能量会被部分反射和吸收。油性或油基液体具有较低的射频阻尼。

（3）运动中识别

由于电磁波信号经过反射导致多径叠加的原因，可导致信号在空间某位置偏强（过冲）或者偏弱（场间隙），如图7-56所示，信号过强会导致串读或误读，信号过弱则导致标签无法读取，即漏读。

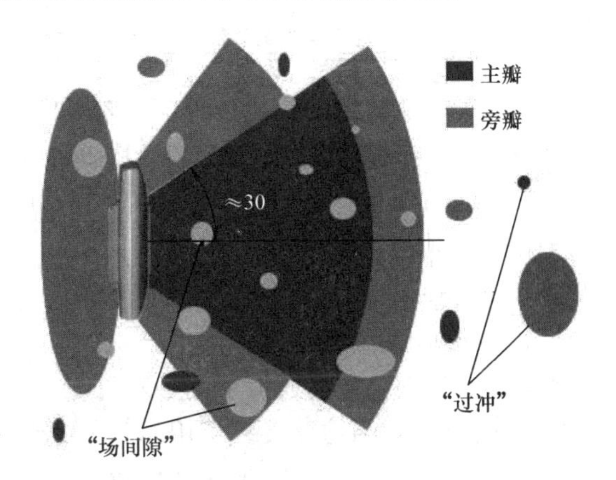

图7-56　超高频场间隙和过冲示意图

场间隙和过冲产生的原因如下：

- 场间隙是由反射波在某些特定的点发生多径抵消引起的。
- 过冲是由反射波在某些点发生叠加放大作用而引起的。

对于多标签识别的应用，应多考虑场间隙带来的影响，相比于静态识别，在较低速的运动状态下标签停留在场间隙的时间和概率大大减少，从而可以提高识别成功率。

（4）合理设置算法——Inventory Power Ramp

“Inventory”命令用于盘点标签的EPC ID清单，可同时读取多个标签。如果执行“Inventory”命令，获取的清单数目没有达到预期的数量时，会按照设定的增量逐步增加功率，直至设置的最大值。该命令仅在执行清单命令时启用，执行读/写时不会启用该命令，如图7-57所示。

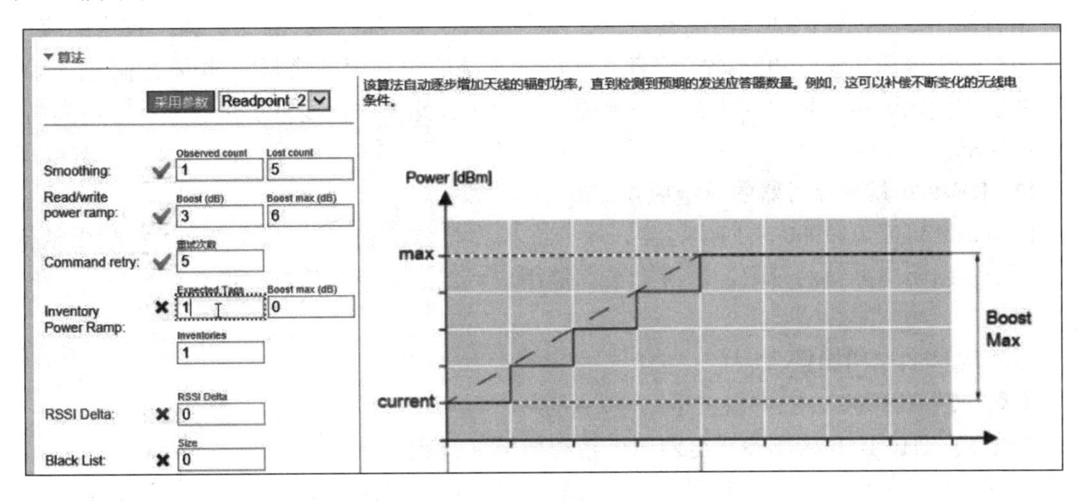

图7-57　获取清单功率递增示意图

参数说明见表7-15。

表 7-15　清单功率递增算法

参数	说　明
Expected tags	每个清单（Inventories）执行时，读取点指定的标签最小数量。如果没有达到该值，则会增加辐射功率
Boost Max	辐射功率的最大增量（dB）
Inventories	达到指定的最大辐射功率增量前所需执行的“清单”命令数目

由于除了标签数量外，参数组合比较灵活，所以应该结合项目实际测试求得最佳组合，下面以识别 100 个标签为例，具体说明该参数设置，仅供参考。

- Expected tags：标签总量为 100。
- Boost Max = 5dB。
- Inventories = 10（即每次增量为 0. 5dB）。

（5）Iventory 清单的 Q 值优化

读写器和标签之间的通信采用半双工方式，通过防冲突算法可有效地减少碰撞的发生。读写器采用值“Initial Q”设置可用时隙的数量，参数“Q”的值可介于 0 ~ 15 之间，全部标签将生成一个介于 $0 \sim 2^Q - 1$ 的随机数。因此，时隙的数量可能为 1 ~ 32768。标签每次接收到读写器的“Query Rep”命令后减 1，直至时隙值为 0 时，才能响应读取 EPC ID 和 User 区等操作。

该算法的缺点是当标签数量远大于时隙个数时，读取标签的时间会大大增加；当标签数量远小于时隙个数时，会造成时隙浪费，所以，合理的 Q 值对提高识别效率很重要。

（6）Q 值的参数优化

通过 Web 界面，路径为设置/常规→高级设置，通过设置准确的“预期的发送应答器数目”，即可优化 Q 值，如图 7-58 所示。

总结：

超高频标签的批量识别，当标签数量在几十个甚至更多时，通常属于调试较难的应用，对于初次使用多标签识别功能的实施者，其调试系统的识别率通常低于 90%，而通过系统化地采用或优化标签批量识别的各个技术要点，为实施此类项目提供了重要支撑，可提高识别成功率至接近 100%。

17. RF1000 系列读写器的典型应用

借助 SIMATIC RF1000 系列读写器，用户在操作机器之前可使用员工卡进行权限认证，这有助于实施明确分级的权限控制理念或存储用户特定的指令，只需一张卡甚至一部手机即可实现。

（1）典型的应用场景

下面介绍 RF1000 的三种较典型的应用场景。

方式 1：通过 USB 接口集成至西门子精智面板（见图 7-59）。

说明：通过识别 RFID 卡或支持 NFC 功能手机的唯一识别号 UID，实现安全便捷的账户登录。

方式 2：通过 USB 接口集成至基于 WinCC 或 Windows 环境（见图 7-60）。

说明：通过识别 RFID 卡或支持 NFC 功能手机的唯一识别号 UID，实现安全便捷的账户

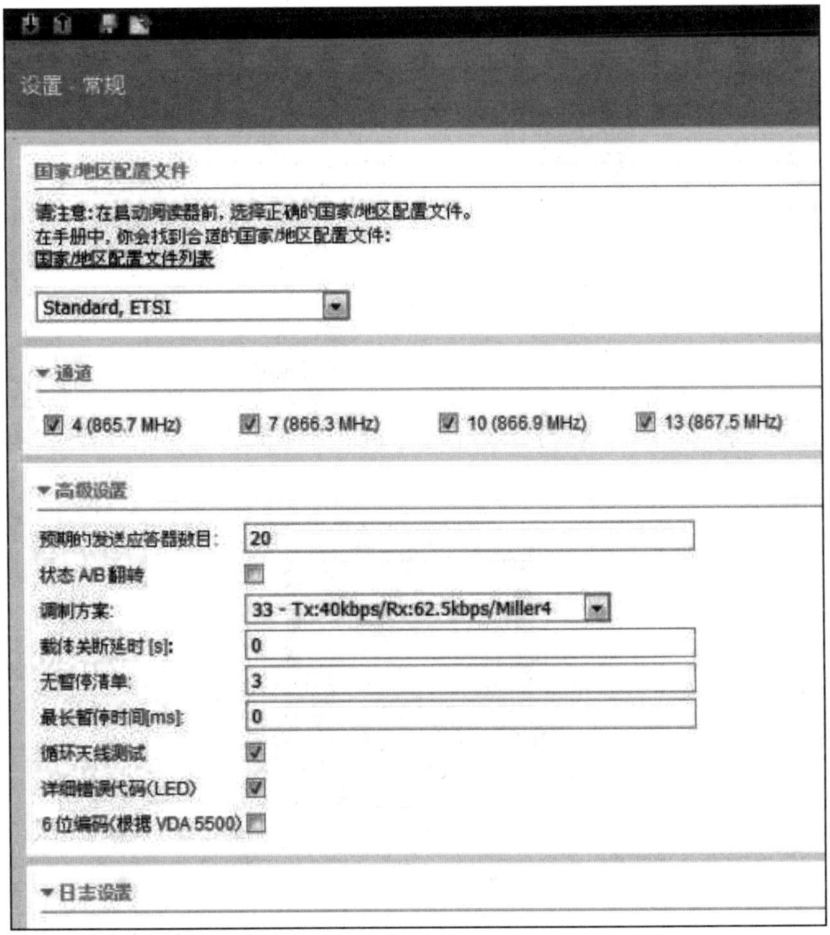

设置 - 常规
国家/地区配置文件
请注意：在启动阅读器前，选择正确的国家/地区配置文件。
在手册中，你会找到合适的国家/地区配置文件：
国家/地区配置文件列表
Standard, ETSI
通道
4 (865.7 MHz)
7 (866.3 MHz)
10 (866.9 MHz)
13 (867.5 MHz)
高级设置
预期的发送应答器数目：
20
状态 A/B 翻转
调制方案：
33 - Tx:40kbps/Rx:62.5kbps/Miller4
载体关断延时 [s]:
0
无暂停清单:
3
最长暂停时间[ms]:
0
循环天线测试
详细错误代码(LED)
6 位编码(根据 VDA 5500)
日志设置

图 7-58　通过设置相对准确的标签数量优化识别效率

SIMATIC HMI Comfort Panel
SIMATIC RF1040R/
SIMATIC RF1060R/
SIMATIC RF1070R
Card
或
NFC
USB
Reading UID

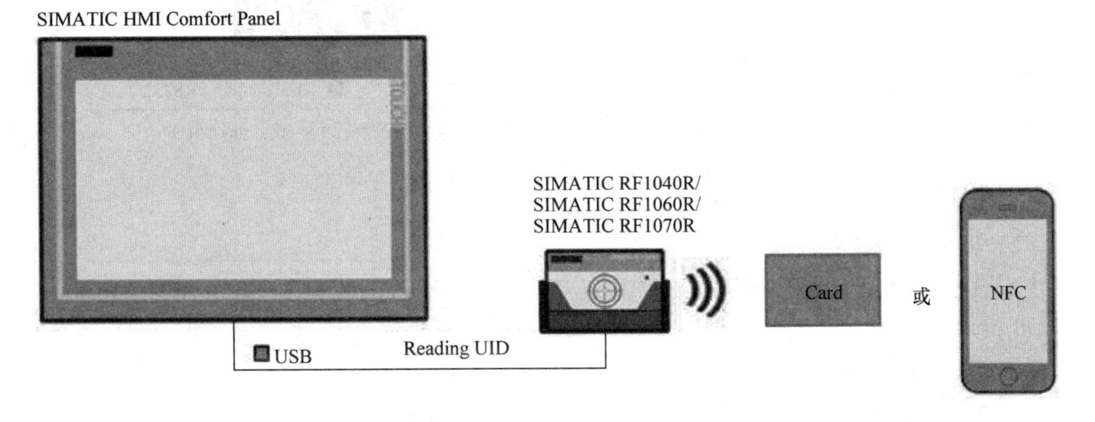

图 7-59　通过 USB 接口集成至西门子精智面板

登录。通过西门子提供的 dll 库实现 Windows 环境的系统集成。

方式 3：通过 RS232 接口集成至 PLC 控制系统（见图 7-61）。

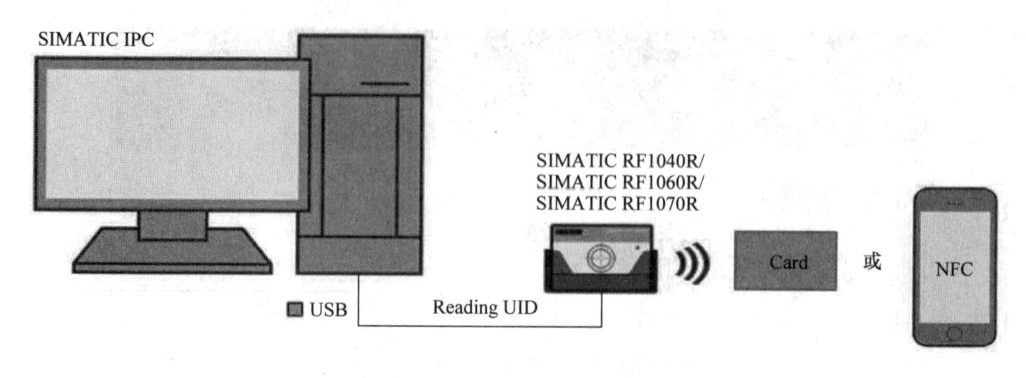

图 7-60　通过 USB 接口集成至 IPC

说明：通过识别 RFID 卡或支持 NFC 功能手机的唯一识别号 UID，实现安全便捷的账户登录。

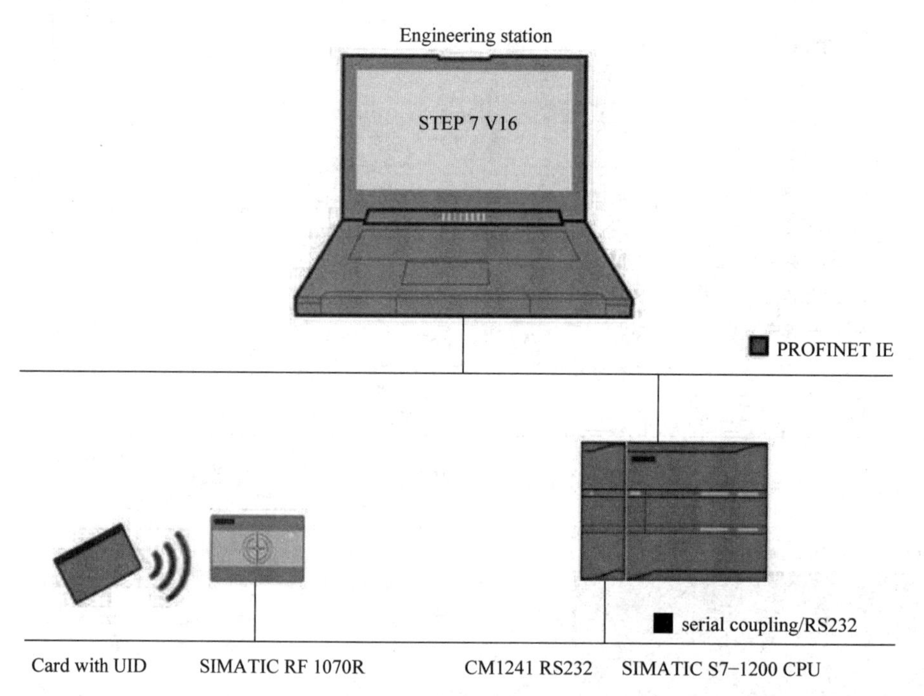

图 7-61　通过 RS232 接口集成至西门子 PLC

（2）系统集成概述

1）通过 USB 接口的触摸屏调试：以西门子 Comfort Panel 为例，概要说明 RF1060R 通过 USB 接口集成的主要步骤（见图 7-62）：

第 1 步：读取 UID。

第 2 步：UID 传送至操作系统。

第 3 步：UID 传送至 HMI Option +。

第 4 步：UID 传送至 WinCC 并进行校验。

HMI Option + 的相关设置如图 7-63 ~ 图 7-65 所示。

2）通过 USB 接口的 PC 调试：

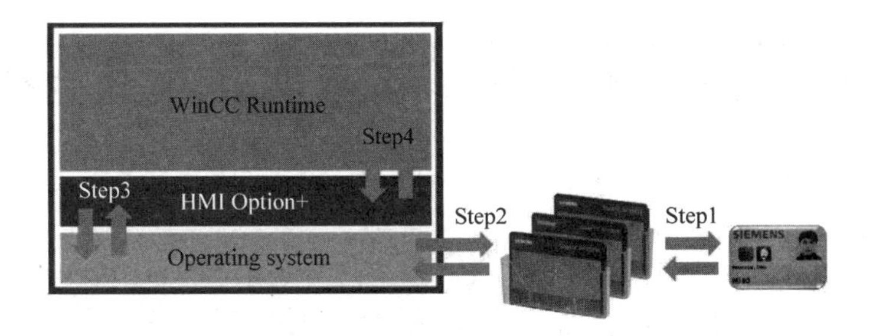

图7-62　RF1060R集成至西门子精智屏的数据流

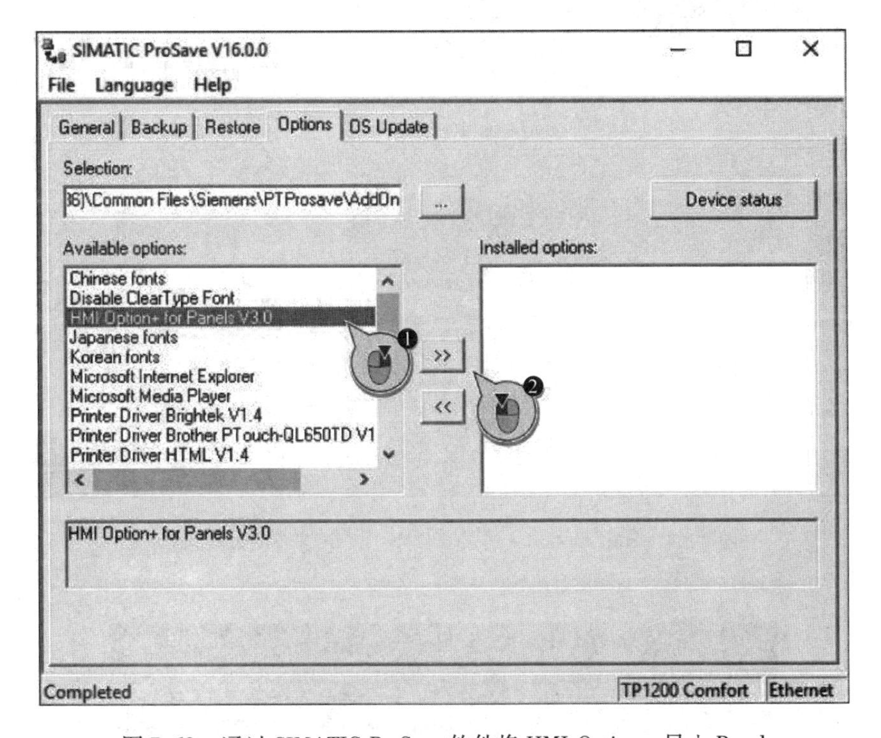

图7-63　通过SIMATIC ProSave软件将HMI Option+导入Panel

- Windows操作系统：按照以下步骤通过USB接口调试SIMATIC RF1000读写器：

① 使用USB电缆将读写器连接到PC。响应：将显示消息“已成功安装USB设备”（A USB device was installed successfully）。

② 使用安装文件“RF1000R. exe”在PC上复制DLL驱动程序和演示应用程序。

③ 双击文件“AccessControlDemo. exe”，启动演示应用程序。

④ 使用演示应用程序和DLL函数对读写器进行编程。

有关演示应用程序的更多信息，请参考RF1000系列说明文档。

- Linux环境：可以在Linux环境中操作SIMATIC RF1000读写器。Linux中的编程通过API和软件开发套件实现，更多相关信息请参阅西门子工业在线支持网站。

3）通过RS232接口进行调试：按照以下步骤通过RS232接口并借助控制器调试SIMATIC RF1040R/RF1070R读写器。

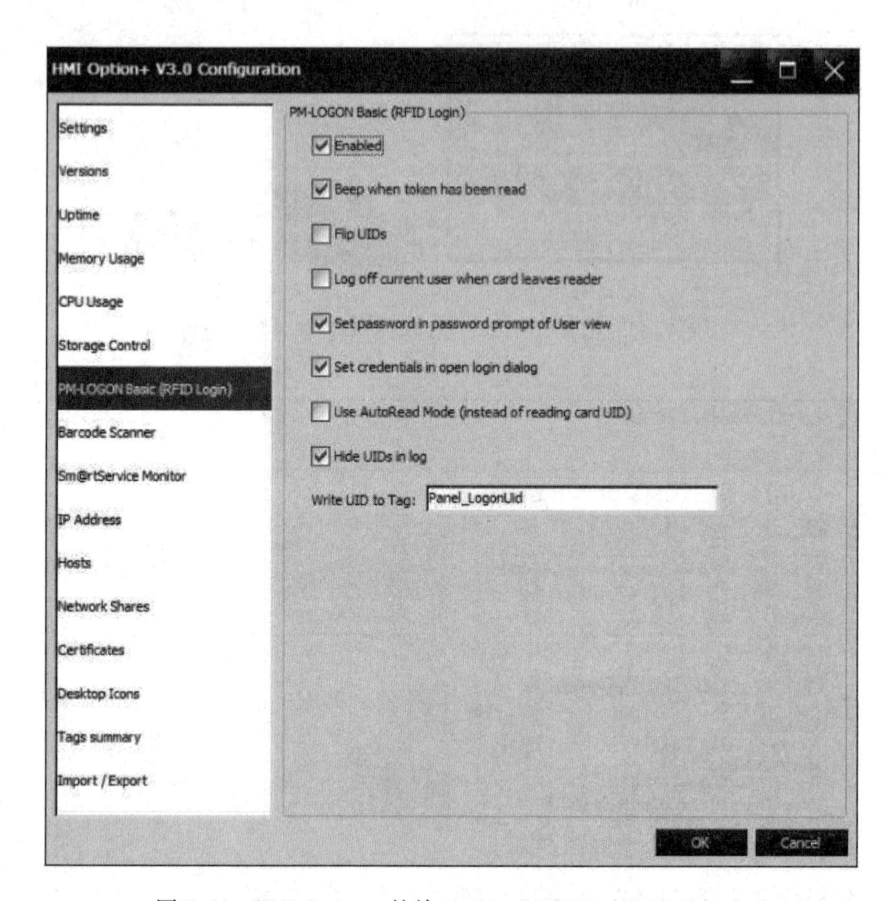

图 7-64　HMI Option + 的关于 PM – LOGON（RFID Login）

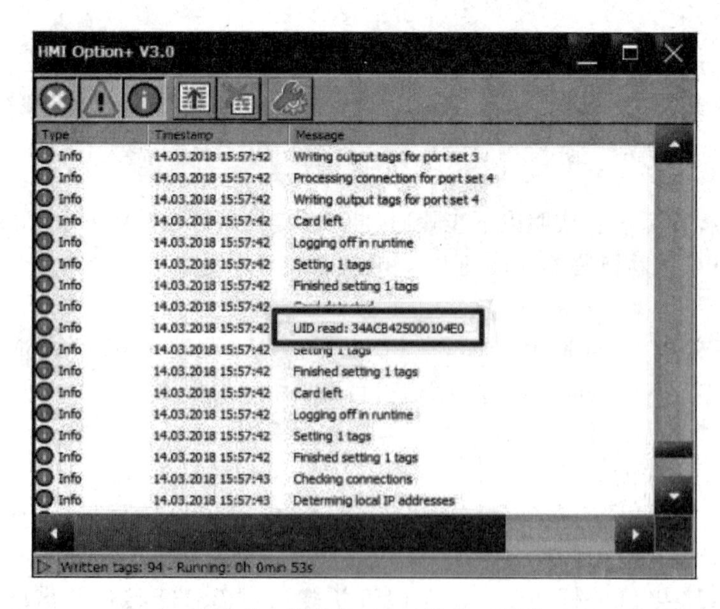

图 7-65　HMI Option + 的 Log 页面

① 使用 RS232 电缆将读写器连接到通信模块或 PLC 控制器，注意线序。

② 组态自由端口协议（例如，波特率、奇偶校验、数据位、停止位）。

③ 对控制器的块编程，有关自由端口协议的详细信息，请参考 RF1000 系列说明文档。

参考资料如下：

1）可通过西门子工业在线支持链接 https：//support. industry. siemens. com/cs/ww/en/view/109754400 获取关于 SIMATIC HMI Option + 的相关软件和例程。

2）可通过西门子工业在线支持链接 https：//support. industry. siemens. com/cs/ww/en/view/109741590 获取 PC 环境基于 . dll 文件的 RF1000. exe 应用程序。

3）可通过西门子工业在线支持链接 https：//support. industry. siemens. com/cs/document/109780625 获取使用 RF1070R 通过串口模块读取 UID 的文档与例程。

7.1.4　RFID 的标准化解决方案

1. RFID 汽车行业标准化解决方案

在汽车制造行业，RFID 系统广泛应用于整车生产过程及动力总成制造。在焊装、涂装和总装车间，最终用户根据工艺需求，通常有两种不同 RFID 识别方案：第一种是大循环方案，即 RFID 电子标签在三个车间内循环使用，电子标签安装在车身上，由于读写距离不固定，通常采用超高频 RFID 解决方案；第二种是小循环方案，即三大车间各自部署独立的 RFID 系统，电子标签安装在各车间的载具上，通常采用高频 RFID 解决方案。图 7-66 是汽车行业中典型的 RFID 应用场景。

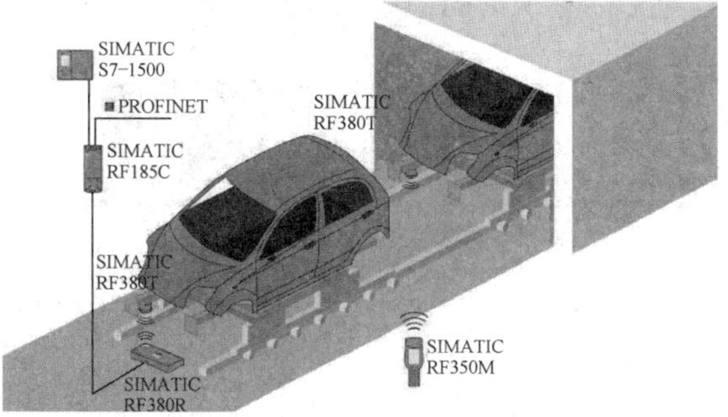

图 7-66　RFID 在整车制造中的应用

在大循环 RFID 方案中，在焊装车间的三大件合拼工位将电子标签安装到车身上，并将生产相关的信息写入到电子标签中。电子标签随车完成焊装车间工艺后进入涂装车间，在涂装车间内需要生产信息的工位部署读写器，读取 RFID 电子标签里的车型、颜色等生产信息，并由 PLC 执行完成正确的生产工艺操作。接着，电子标签随车进入总装车间，在完成内饰线、最终检测线等工艺的信息读取和生产后，取下可循环电子标签或者直接让一次性电子标签随车交付。这样，就可以确保在整个车辆的生产过程中，关键位置读取到的随车超高频 RFID 电子标签内的信息与工厂生产系统信息相互匹配并且在后期实现可追溯。

在小循环 RFID 方案中，焊装、涂装和总装车间各自部署多套独立循环的 RFID 系统，电子标签安装在各车间的输送载具上。首先，在焊装车间三大件合拼工位将车辆信息写入电子标签。完成焊装主线循环后，通过移载机将车身从主线载具转至 WBS 库区载具。车身离开主线载具前，打印并悬挂一维码随车卡，随车进入涂装车间。涂装车间接车后，通过自动扫码二次确认车型配置并将RFID电子标签信息转存至涂装电泳载具上的电子标签内。涂装车间的电泳线、底涂线、面漆线都会部署独立的RFID系统，电子标签信息会按照工艺流程从上一套系统转存至下一套系统。涂装工艺全部完成后，总装接车后通过扫码二次确认车型配置，并将信息转存至总装载具。在总装车间内人工安装整车识别卡，自动绑定车身信息到卡片内，当整车在“最终线”下线后取下卡片。

（1）满足大循环RFID应用的超高频RF600系列识别方案

在超高频方案中，电子标签安装在车身上，对应的车身编号和工艺数据存储在电子标签中。在生产过程中，各个工位按照工艺需求，将数据写入电子标签或者读取到产线控制器中。读写器是集成了PROFINET通信接口的，它通过内置的通信接口连接至现场PLC单元网络中，并作为PNIO组态在PLC中。当有电子标签进入到读写器的识别范围时，读写器可以检测到该电子标签。此时，就可以通过PLC的标准功能块实现电子标签的信息的读取和写入操作。根据读取到的电子标签信息，PLC可以执行不同的工艺控制程序。超高频读写器识别距离较远，不仅有内置天线版本，也有最多可以支持四个外部天线的版本，因此，电子标签、天线和读写器的安装可以根据现场工艺要求灵活调整。在金属环境或多个读写器/天线的安装距离较近时，不能让读写器始终处于读取状态，而只在电子标签位于天线前方或经过天线时，执行特定的数据读/写命令，可通过光栅或接近开关实现指令触发。这个方式可减少各读取点之间的相互影响/干扰，提高对电子标签的识别能力，同时减少对其他无关电子标签的识别。此外，我们还可以通过RF600读写器集成的高级工业算法进一步提升生产过程电子标签识别的稳定性。该方案的典型拓扑如图7-67所示。

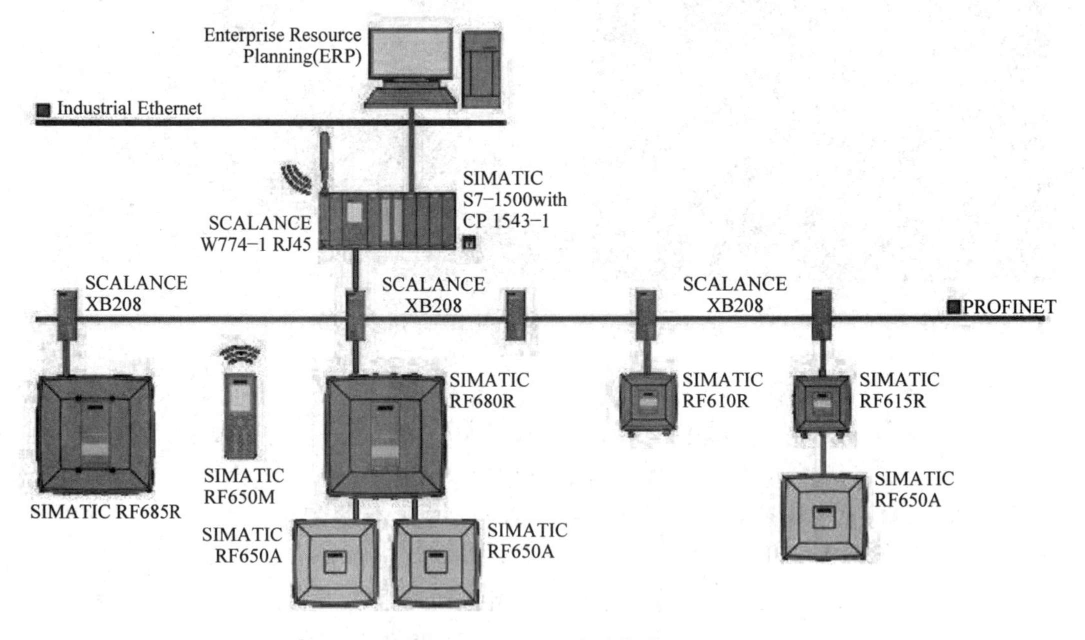

图7-67　RF600方案拓扑

（2）满足小循环RFID应用的高频RF300系列识别方案

RF300高频识别方案在汽车整车制造和动力总成产线中广泛使用，这类产线的特点是，生产工序都是连续进行的，通过自动工位高效地完成生产工作。在该类应用中，通常将电子标签永久安装在循环使用的载具上。当生产载具运动至生产工位时，工位的 PLC 可读取电子标签中的数据，也可进行相应的更改或补充，然后重新把数据写回电子标签。RF300 读写器一般安装集成在车间内输送系统的元件上，可通过连接通信模块或内置的通信接口实现与载具上的电子标签之间的数据传输。RF18xC 系列通信模块可以支持 PROFINET、OPC UA 和 XML 等多种通信协议接口。它通过 PROFINET 协议与 PLC 通信，实现电子标签内的生产数据的处理和诊断数据的调用。同时，也可使用 OPC UA 协议将数据传送到上位系统中。由于防护等级较高，通信模块可以与读写器一起直接在 RFID 读取点附近安装，无需保护外壳。每个通信模块最多可连接 4 个读写器。如果一个 PLC 单元内使用了多个 RF18xC 通信模块，以太网和电源的连接不仅可采用星形结构，也可以采用直线串联的方式。RF18xCI 通信模块还有附加的 IO - Link 接口，通过该接口最多可连接 8 个输入或输出信号。通信模块除了可以通过 TIA 博途和 GSDML 实现组态外，还集成有基于 Web 的管理功能。因此，可通过标准浏览器设置、查看设备参数和已连接的读写器的信息。在调试、诊断和维修期间可实现手动操作读/写电子标签数据的功能。该方案的典型拓扑如图 7-68 所示。

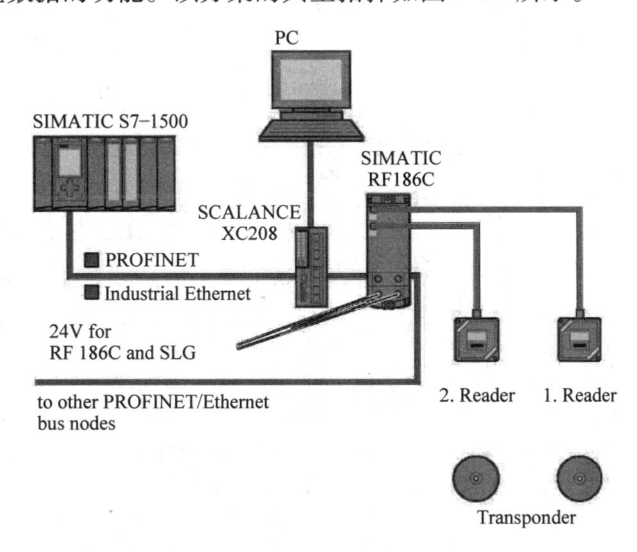

图 7-68　RF300 方案拓扑

（3）方案优势

- 超高频和高频 RFID 解决方案都已经在汽车行业广泛应用。
- 搭配西门子控制器使用，通过调用标准功能块轻松实现集成和诊断。
- 可提供满足金属环境安装的读写器和电子标签。
- 可提供满足涂装车间使用的高温电子标签。
- RF600 方案支持高级算法，提高抗干扰能力。
- RF300 电子标签传输速率极高，可以有效提高产线的生产节拍。
- RF300 电子标签数据存储量大，可实现数据冗余管理。

（4）产品清单

根据生产工艺要求，在汽车整车生产中推荐使用以下两种 RFID 识别方案：

1）RF600 超高频解决方案：采用 RF600 方案，识别距离远，通过高级算法提高抗干扰能力。产品方案清单见表 7-16。

表 7-16 RF600 方案清单

名称	型号	订货号	数量	备注
RF685R 读写器	Reader RF685R CMIIT	6GT2811 -6CA10 -2AA0	1	读写器及附件
电源线	Conn. Cable RS422, open/M12, 2m	6GT2891 -4EH20	1	
M12 网线接头	IE FC M12 Plug PRO 2x2	6GK1901 -0DB20 -6AA0	1	
RF680A 天线	Antenna RF680A Linear Circular switch	6GT2812 -2GB08	0	
天线和读写器之间的馈线	Conn. Cable ANT UHF, RP - TNC, 10m, 2dB	6GT2815 -1BN10	0	
高温电子标签	Transponder RF680T heat resist	6GT2810 -2HG80	5	电子标签及附件
电子标签支架	Retaining bracket for RF68xT	6GT2890 -2AA00	5	

2）RF300 高频解决方案：采用 RF300 方案，识别距离近，稳定性强。产品方案清单见表 7-17。

表 7-17 RF300 方案清单

名称	型号	订货号	数量	备注
双通道通信接口模块	Communication module RF186C	6GT2002 -0JE20	1	通信模块 & 读写器
电源接头（母头）	Power M12 Cable Connector Pro（L - coded）	6GK1906 -0EB00	1	
M12 网线接头	IE M12 Plug PRO（1 piece）	6GK1901 -0DB10 -6AA0	1	
读写器	Reader RF380R（GEN2）RS232/422	6GT2801 -3BA10	2	
通信模块和读写器连接线	Conn. Cable RS422, M12/M12, 5m	6GT2891 -4FH50	2	
高温电子标签	Transponder RF380T（32 KB）	6GT2800 -5DA00	5	电子标签部分
电子标签支架	Universal support RF380T	6GT2590 -0QA00	5	
常温电子标签	Transponder RF350T（32 KB）	6GT2800 -5BD00	5	

（5）方案技术要点

1）超高频 RF600 信号覆盖范围大，可达数米以上，运用内置高级工业算法，可有效解决可能发生的串读和漏读问题，保证极高的读取率。

2）高频 RF300 在读取 RF300 系列电子标签时，数据读写速度快。

3）可提供满足涂装车间电泳工艺使用的高温电子标签产品。

4）可满足金属环境安装和使用要求。

（6）调试要点

1）通过 TIA 博途软件中的工艺对象组态：使用西门子提供的标准功能块 Ident 配置文件和 Ident 块，见表 7-18。

表7-18 Ident设备/系统兼容的程序块

Ident 设备/系统	兼容的程序块		
	S7－300/S7－400和 STEP 7 Classic V5.5	S7－300/S7－400和 STEP 7 Basic/Professional	S7－1200/S7－1500和 STEP 7 Basic/Professional
RF185C/RF186C/RF188C	FB 45 标准配置文件V1.19 Ident 配置文件	FB 45 Ident 配置文件 Ident 块	Ident 配置文件 Ident 块
RF186CI/RF188CI			
RF360R	Idént 配置文件	Ident 配置文件 Ident 块	Ident 配置文件 Ident 块
RF610R/RF615R/RF680R/RF685R	Ident 配置文件	Ident 配置文件 Ident 块	Ident 配置文件 Ident 块

2）灵活应用功能块的报警代码诊断分析现场问题：当现场RFID系统报错时，根据STATUS引脚报出的故障代码分析故障原因，如图7-69所示。

（7）典型问题及故障诊断

超高频方案在金属环境中使用时出现了电子标签误读和漏读的现象。

RF600系列超高频读写器读取距离远。因此，在使用时需要根据现场使用环境合理规划安装位置。通过降低读写器发射功率、增加天线数量、不直接安装在金属上、安装信号吸收材料和设置Smoothing、Read/Write Power Ramp、Command Retry、Inventory Power Ramp、RS-SI Delta、Black List等高级算法保证需要识别的电子标签的信息被可靠读写，而错误读取的电子标签被有效筛选出并滤除。

2. RFID电池行业标准化解决方案

以锂电池的主要工艺为例，主要包括材料制造、电极制造、电池芯制造、电池制造、电池集成。所有制造好的每一个电芯单体都具有一个单独的二维码，记录生产日期、制造环境、性能参数等信息。强大的追溯系统可以将任何信息记录在案。如果出现异常，可以随时调取生产信息；同时，这些大数据可以针对性地对后续改良设计做出数据支持。单个电芯是不能使用的，只有将众多电芯组合在一起，再加上保护电路和保护壳，才能直接使用。这就是所谓的电池模组。

电池模组（module）是由众多电芯组成的。需要通过严格筛选，将一致性好的电芯按照精密设计组装成为模块化的电池模组，并加装单体电池监控与管理装置。某模组全自动化生产线，全程由十几个精密机械手协作完成（见图7-70）。另外，每一个模组都有自己固定的识别码，出现问题可以实现全过程的追溯。

电池工艺中的化成分容和模组工艺流水线，较适合采用RFID进行物流的识别和追踪。

（1）方案描述

推荐的标准方案为西门子RF200系列和RF18xC模块配置方案，可与西门子S7－300/400/1200/1500系列支持PROFINET接口的CPU进行集成，TIA博途自V14 SP1版本开始已集成标准的FB功能块“Ident Blocks”或“Ident Profile”，可实现快速的系统集成，如图7-71所示。

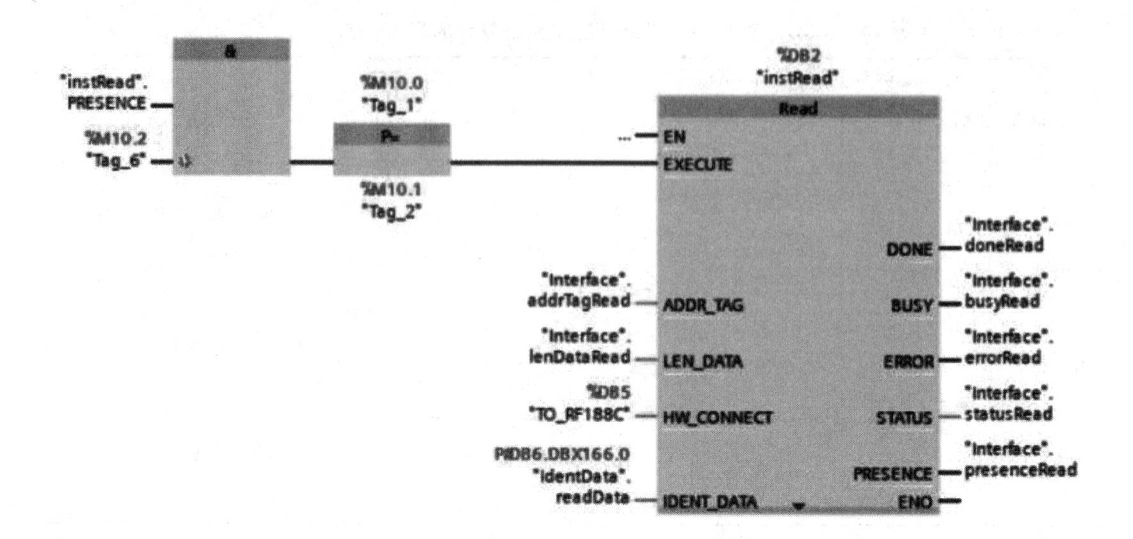

字节	含义
字节3 (最低有效字节)	警告 在该字节中，每一个位都有具体的含义
字节2	错误代码
字节1	错误编号 该字节定义错误代码和警告的含义，错误编码具有下列含义： • 0x00–无错误，无警告 • 0x81...0x8F–控制器根据参数“x”(0x8x)报错 • 0xFE–Ident配置文件或通信模块/读写器出错
字节0	指令编号 • Cx–现场总线通信错误 • E1–与发送应答器相关的错误 • E2–空中接口的错误 • E4–读写器硬件故障 • E5–读写器与FB之间的通信错误 • E6–用户命令错误 • E7–由FB生成的错误消息 • F0–警告

图 7-69　STATUS 引脚报出的故障代码

提示：如果对标签容量要求较大（大于 8KB）或部分动态识别（线速度大于 0.1m/s）可考虑 RF300 系列标签和读写器。

（2）方案优势

● 采用高防护等级 IP65/IP67 的 RFID 读写器、电子标签以及通信模块，直接安装于产线，支持宽温。

● RF18xC 通信模块支持 Web 管理功能，可以进行读写器和标签的组态、测试、诊断和固件升级等操作。

- 读写器和通信模块支持西门子 PLC 的 TIA 博途组态集成，集成标准的 Ident Blocks 功能块。
- 提供丰富的诊断功能。
- 较高的读写处理速度。

图 7-70　某电池模组产线 RFID 识别工位

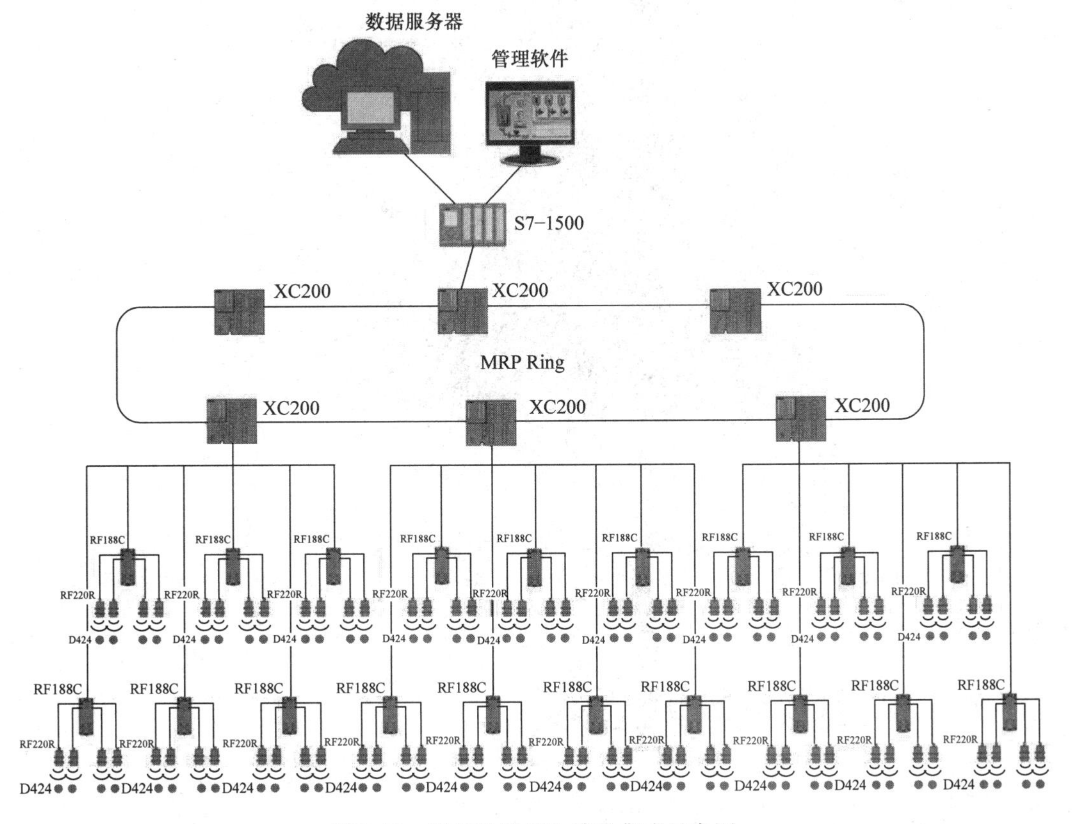

图 7-71　RF200 的 TIA 博途集成示意图

(3) 产品清单

以 76 个读取点 +200 个托盘识别的需求为例，产品清单见表 7-19。

表 7-19 产品清单

名称	型号	订货号	数量	备注
读写器	高频 RF220R	6GT2 821 - 2AC10	76	
电子标签	MDS D424，2KB	6GT2 600 - 4AC00	200	
读写器通信电缆	SIMATIC RF，MV 连接电缆，预制，长度 10m	6GT2891 - 4FN10	76	另有 2m/5m/20m/50m 的成品电缆可选
PROFINET 通信模块	RF188C	6GT2002 - 0JE40	19	一拖四
电源模块	PM207 24V/3A	6ES7288 - 0CD10 - 0AA0	19	可选项
电源接头	M12 电源接头，L 编码	6GK1906 - 0EB00	19	
网线	M12 转 RJ45 网线，15m	6XV1871 - 5TN15	19	成品网线

（4）技术和调试要点

- 注意标签/读写器与金属的最小距离（参考产品手册）。
- 注意读写器之间的最小安装间隔距离（参考产品手册）。
- 使用中标签应避开读写器二次场。从 0mm 到极限距离（S_g）30% 的范围内通常都存在二次场。尤其在动态模式下工作时，请记住，在从二次场向一次场过渡的过程中，标签将暂时失去存在性。因此，建议选择大于 30% S_g的距离，如图 7-72 所示。

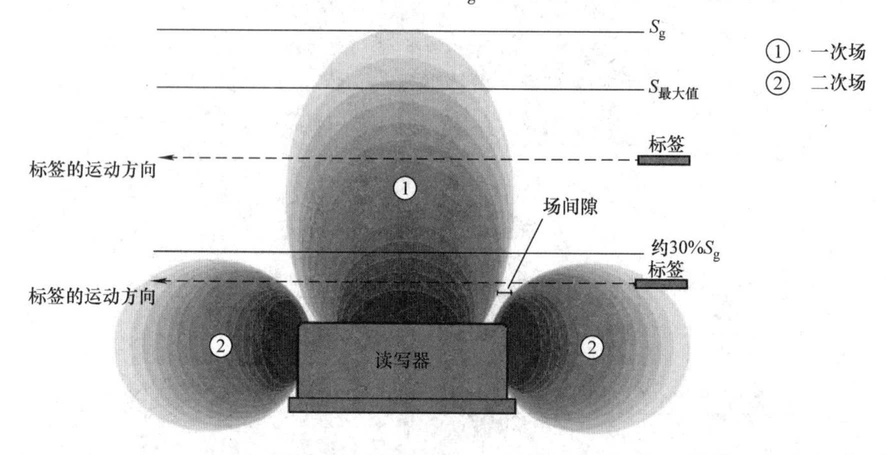

图 7-72 读写器一/二次场示意图

- PLC 组态，注意 RF18xC 模块实际的设备名称和组态的名称一致。
- 每次读写器上电或出现故障时，程序需要先执行 Reset 功能块，然后才能执行 Read 和 Write 等其他功能块。

7.2 工业 OID 的主要功能和应用

7.2.1 OID 基本原理和系统组成介绍

1. OID 技术介绍

机器视觉技术起源于 20 世纪 80 年代，基于工业生产自动化发展的需求应运而生，用以取代人工视觉。条形码技术自发明以来，包括后期发明的二维码技术，已广泛应用于商业生活、工业制造、社交软件等方方面面，极大地推进了社会进步。将机器视觉和条形码/二维码技术结合在一起，发展出 OID 系统。

OID（Optical Identification，光学识别），是一种基于图像处理的自动识别技术，通过系统内置的软件算法，对采集的图像进行分析处理，将识别信息通过相应的接口协议传输到控制系统，其工作原理及系统硬件组成如图 7-73 所示。

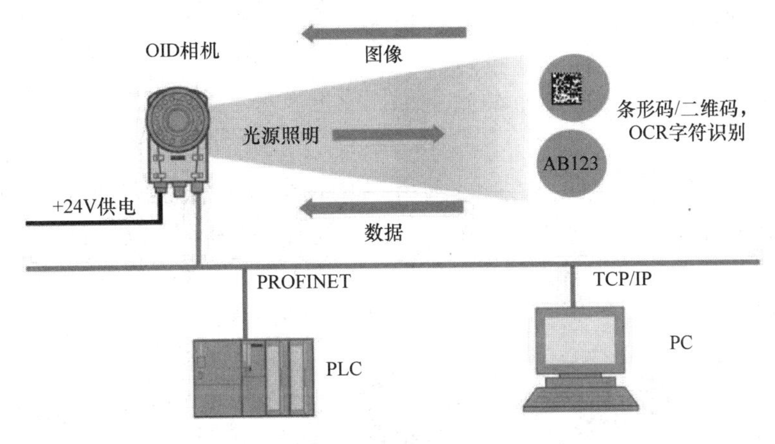

图 7-73 OID 系统架构图及原理示意图

2. OID 光学阅读器系统组成及原理

（1）系统组成

OID 系统由硬件和软件两部分组成。硬件为工业相机，通常包括镜头等光学器件、光源、图像传感器、CPU 处理器等。软件包括算法工具，以固件的形式存储在相机内部。

（2）硬件组成及原理和相关名词术语

1）镜头：镜头是起到成像作用的光学器件，主要参数有“焦距（指焦点长度）”“光圈”和“景深”等，各参数说明如图 7-74～图 7-76 所示，一个物体在相机的图像传感器上聚焦成一个倒立的图像，如果物距增大一倍，图像会缩小一倍。

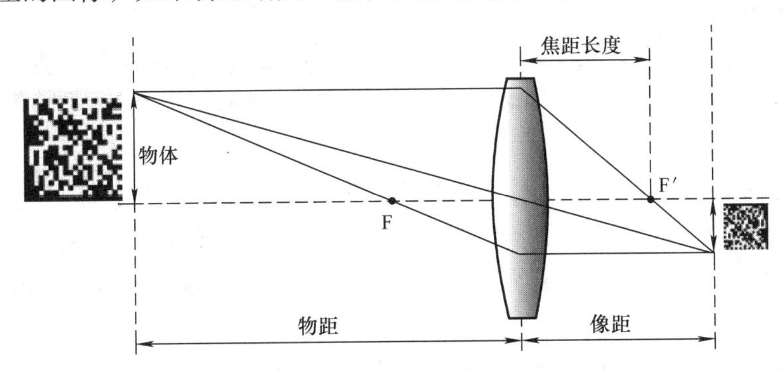

图 7-74 镜头焦距，即焦点长度示意图

镜头焦距有大小之分，工业相机常用的镜头焦距有 6mm、12mm、16mm、25mm、35mm、50mm、75mm 等。较小焦距镜头的视角较大，因此相机视野范围更大。

如果需要的相机工作距离较小，选用较小焦距镜头，反之则选用较大焦距镜头，镜头焦距的选型与相机工作距离以及所需视野大小相关。镜头又分为焦距不能调节的定焦镜头和焦距可调的变焦镜头，变焦镜头又分为手动调焦镜头和电子对焦镜头，也称液体镜头。

光圈通常是用来改变相机进光量大小的机械装置，其大小用系数 f 表示，f 值越大，光圈越小，单位时间内的进光量越小。如果使用较小的光圈，通过相应地增大曝光时间，可以保持相机的总曝光量不变。

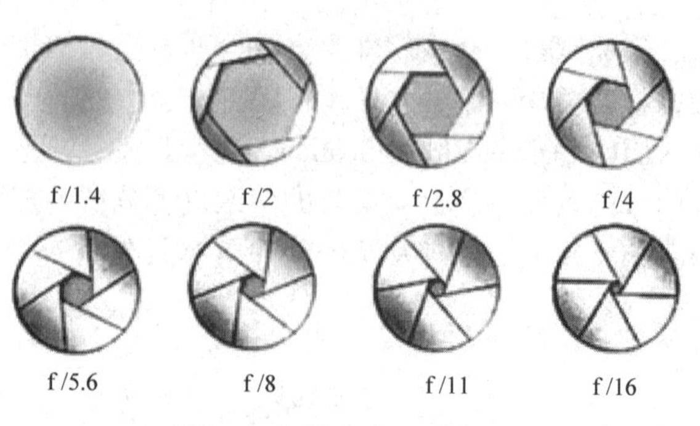

图 7-75　镜头光圈示意图

景深是被摄物体聚焦清楚后，在物体前后一定距离内，其影像仍然具有可接受清晰度的范围，这个物体和相机之间距离的变化范围，就称为景深。景深与镜头光圈大小相关：光圈越大，景深越小；光圈越小，景深越大。景深也与镜头焦距相关：焦距较小，景深较大；焦距较大，景深较小。

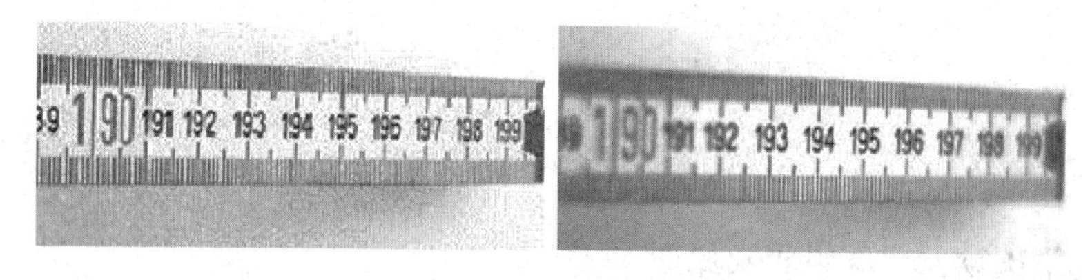

图 7-76　物体的不同景深示意图

2）图像传感器：图像传感器是相机内部用来采集物体图像的感光器件，相机通过图像传感器采集图像后，转换成数字图像。对于灰度（即黑白）图像传感器来说，传感器的最小成像单元（即单个像素）的光强以灰度值（Gray Level）的形式表达，相机运行内部算法对图像分析处理，完成后将结果传输到上位系统。

图像传感器的重要参数有分辨率、芯片尺寸等。在相同的工作距离下，芯片尺寸大的相机的视野范围更大。

3）光源：光源对工业相机系统能否稳定工作起到非常重要的作用，直接影响到图像质量的好坏。通过选择合适光源，获取高质量的图像（需要识别的特征明显并且背景干扰小）。

4）光源的分类及颜色选择：光源根据其结构设计的不同，分为环形光源、背光光源、平板光源、同轴光源、点光源等。不同光源具有不同特点，例如，环形光源具有高亮度特点；背光光源提供背光照明，突出物体的外形轮廓特征；平板光源提供面积较大的均匀照明等。

从光源颜色选择来看，通常分为红光、白光、红外光等。

根据光源工作方式的不同，可分为常亮光源和闪光灯光源。闪光灯光源在点亮的瞬间（这个时间长度可以由相机控制）产生较大的光强，既适合于静态应用，又适合于高速运动的应用，通过极短时间的曝光获取到清晰的图像。

5）光源的照明效果和光强：如果光源的光照到物体表面后，直接反射进入相机，这样的照明方式通常称为“亮场”照明；如果光源的光经由物体表面反射后没有直接进入相机，进入相机的是物体表面的散射（漫反射）光线，通常称之为“暗场”照明。采用哪种照明方式主要取决于物体材质、表面纹理、是否高反光等。通过对比“亮场”照明和“暗场”照明的区别，进一步确定光源的选型、现场安装方式，包括相机、光源安装位置角度等。

光源的光强决定了它的照明距离，光强随光源到物体之间距离的2次方成反比衰减。

6）滤光片：光源配合滤光片使用，可以最大程度地凸显所需要的特征，最大程度地减少背景噪声。例如，使用红光光源配合红光过滤片（仅让红光通过）可以提高图像的质量；可见光过滤片（UV IR cut，去除红外光、紫外光）可以保护相机免受超过可见光光谱的激光的损害，偏振光（极性）过滤片可以减少金属或光亮零部件（例如，塑料薄膜等）表面的反射。

（3）码的基础知识介绍

条形码也称为一维码，较常用的有 Code 128、Code 39、Code 93、EAN 13、EAN 8 等，适合于印在标签上的高对比度标码的应用。

二维码由包含两个维度信息的基本单元点组成，类型主要有：DMC、PDF417、QR、DotCode、Vericode（需要授权）等，如图7-77所示。

图7-77　不同类型的二维码

1）DMC二维码的构成：DMC二维码由数据区、寻边区（由L形的实线边框和反L形的虚线边框构成）以及空白区（静区）组成，如图7-78所示。数据区包含编码信息，每个相同大小的黑色和白色方格称为一个数据单元，分别代表二进制的1和0。寻边区包括L形的实边定位标识和反L形的虚边时钟标识，读码相机通过对定位标识和时钟标识的识别，确认码的类型，并进一步确定码的位置、尺寸、结构等信息，对码进行360°全方位解码。寻边区的外围为静区，宽度至少为1个数据单元。

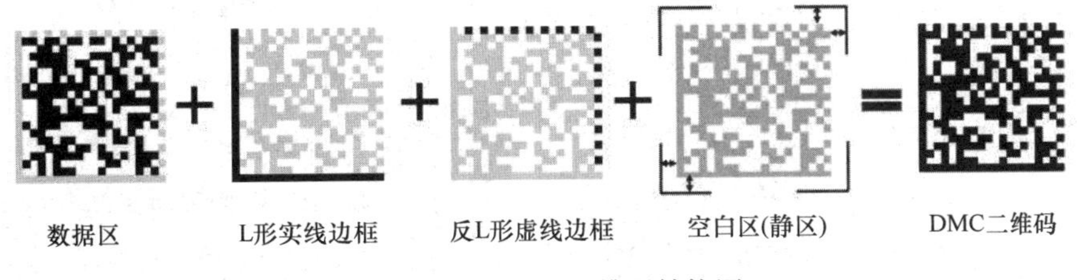

图7-78　DMC二维码结构图

2）码的点（基本单元模块）大小定义：对于DMC二维码来说，码的每个点（基本单元模块）是最小信息单元，其大小定义为多少个像素，用参数CS（Cell Size，单元大小）定义，如图7-79所示，一个单元点在X轴和Y轴方向上各占相机图像传感器的8个格子，即单元大小=8个像素。

3）DMC二维码的特点：DMC二维码的显著特点是可以做到低对比度识别，理论上来说，只要码的对比度在20%以上就能可靠识读。因此，DMC二维码完全适合于DPM（Direct Part Marking，直接零部件标印）之类的应用，采用DPM技术如激光或针式打码技术标印的 DMC 二维码，大多数情况下对比度都不高。所以，DMC 二维码结合 DPM 技术非常广泛地应用于各种不同行业，包括汽车、电子、半导体、航空航天、医药及军工产品制造等行业。

1 2 3 4 5 6 7 8 9 10 11 12 13 14
矩阵由边界来定义
每个基本单元点
填充或者空白

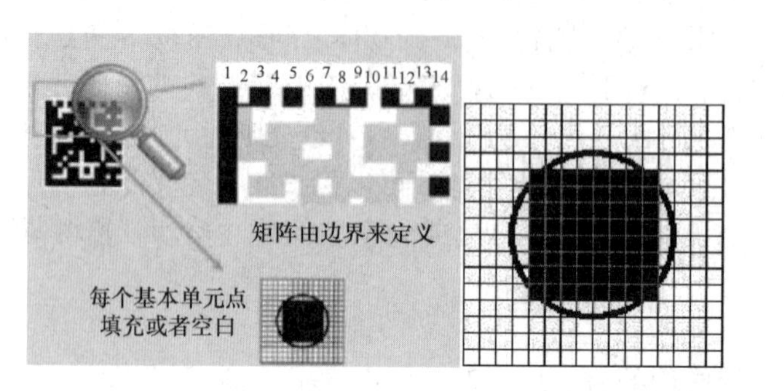

图 7-79 码的单元大小定义

7.2.2 西门子 OID 产品介绍

西门子 OID 系统分为手持式阅读器和固定式光学阅读器两大类，基本功能为读码。除此之外，固定式阅读器还可以实现 OCR（Optical Character Recognition，光学字符识别）、对象（形状）识别和标码质量校验功能，这些功能以软件授权形式提供，需要将授权导入阅读器内部。西门子固定式光学阅读器通常采用主流工业通信接口和协议，将处理识别的信息传输到上位系统。具有以太网接口、RS232 接口、DI/DO 接口，支持工业通信协议，如 PROFINET、Ethernet/IP、TCP/IP、OPCUA 等，也支持 RS232 串口通信。

1. 西门子 OID 产品家族

西门子 OID 产品包括 SIMATIC MV300、MV400 和 MV500 三大系列，如图 7-80 所示。

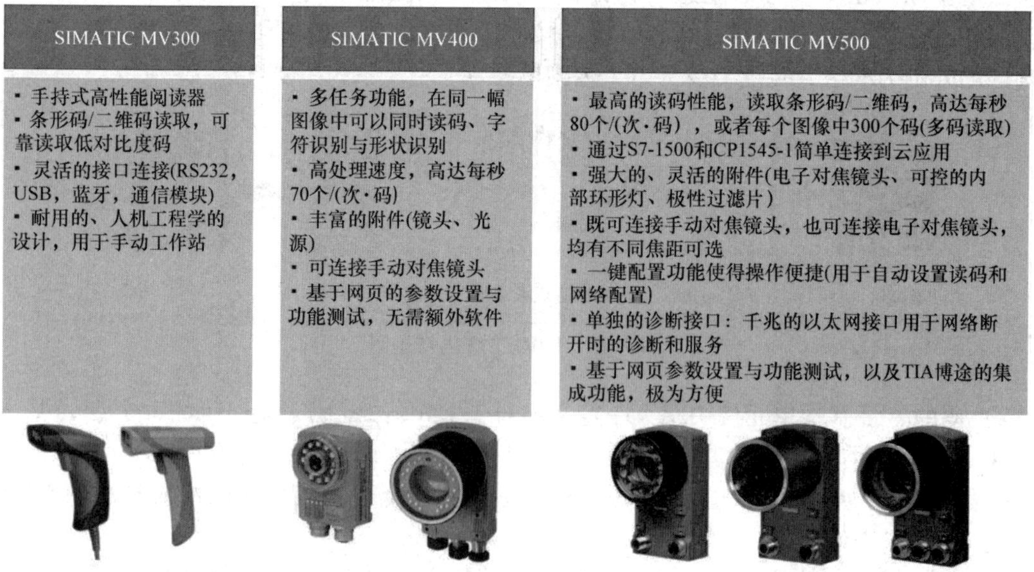

SIMATIC MV300
· 手持式高性能阅读器
· 条形码/二维码读取，可靠读取低对比度码
· 灵活的接口连接(RS232，USB，蓝牙，通信模块)
· 耐用的、人机工程学的设计，用于手动工作站
SIMATIC MV400
· 多任务功能，在同一幅图像中可以同时读码、字符识别与形状识别
· 高处理速度，高达每秒70个/(次·码)
· 丰富的附件(镜头、光源)
· 可连接手动对焦镜头
· 基于网页的参数设置与功能测试，无需额外软件
SIMATIC MV500
· 最高的读码性能，读取条形码/二维码，高达每秒80个/(次·码)，或者每个图像中300个码(多码读取)
· 通过S7-1500和CP1545-1简单连接到云应用
· 强大的、灵活的附件(电子对焦镜头、可控的内部环形灯、极性过滤片)
· 既可连接手动对焦镜头，也可连接电子对焦镜头，均有不同焦距可选
· 一键配置功能使得操作便捷(用于自动设置读码和网络配置)
· 单独的诊断接口：千兆的以太网接口用于网络断开时的诊断和服务
· 基于网页参数设置与功能测试，以及TIA博途的集成功能，极为方便

图 7-80 西门子 SIMATIC MV300/400/500 三大系列产品性能特点

2. SIMATIC MV300 系列

SIMATIC MV300 系列手持式阅读器用于读码，从简单识读应用，如读取高对比度的码，到苛刻的识读应用，包括读取低对比度的码，如针打或激光标印的二维码。

SIMATIC MV320 手持式阅读器具有 RS232 和 USB 接口，识读距离为 50 ~ 375mm。

SIMATIC MV325 手持式阅读器是一款带蓝牙通信接口的高性能阅读器，它提供了一个充电座，内装蓝牙通信模块和一根连接到主机的 USB 电缆。

3. SIMATIC MV400 系列

SIMATIC MV400 系列光学阅读器是高性能固定式读码系统，用来识读各种二维码和条形码。除此之外，MV440 系列还以额外软件授权（需单独购买）的方式提供了以下扩展功能：

- Veri – Genius 授权用于测量码的标印质量。
- Text – Genius 和 Text – Genius + 授权用于字符识别。
- Pat – Genius 授权用于对象识别。

MV400 系列所有型号都可以通过标准化的、工业兼容的接口和功能块简单方便地集成到自动化系统，或者直接集成到 IT 系统。

MV400 系列光学阅读器具有性能强大的解码算法，保证极高读取可靠性和满足高速读取需求，并具有灵活的通信接口，且具有结构坚固、高防护等级且易于使用的特点。

4. SIMATIC MV500 系列

SIMATIC MV500 系列光学阅读器性能强大，算法智能高效，具有性能由低到高的完整产品线，能可靠识读采用各种打码方式直接标印在零部件表面的码，例如激光标印或针打。与 MV440 一样，通过导入授权，可以实现标码质量校验、光学字符识别及对象识别功能。MV500 系列作为 MV400 系列的替代型号，软件方面继承了 MV400 系列的优异算法，而在系统硬件方面做了以下一些提升：

1）主处理器具有更快的计算能力，提高读码性能和速度，满足更高要求的应用。

2）相机分辨率从 50 万像素到 530 万像素不等，可以获取分辨率更高的图像，使用更少的读码相机覆盖更大的视野。其中 MV530S/540S/550S 均为 50 万像素，MV530H/540H/550H 均为 130 万像素，MV560U 为 230 万像素，MV560X 为 530 万像素。

3）MV500 系列中的 MV540/MV550/MV560 除了像 MV440 系列一样可以配置 C 式安装接口的手动调焦镜头之外，还可以配置电子对焦镜头，通过命令实现自动对焦；手动调焦镜头包括 6mm/8.5mm/12mm/16mm/25mm/35mm/50mm/75mm 各种焦距，电子对焦镜头包括 12mm/16mm/25mm/35mm/50mm 各种焦距，显著地增加了满足不同应用的可能性。

4）MV530 型号是 MV500 产品家族中第一款一体式读码系统，出厂时即已预装配好镜头、光源等。配置超大景深的特殊镜头，无需聚焦即可保证在 30 ~ 250mm 工作距离内获取到清晰图像，即使针对工作距离变化很大的应用，也能提供最快读取速度和可靠性。

5）MV550 和 MV560 除了百兆以太网接口之外，还有一个额外的千兆以太网接口，用于诊断、维护和服务，可实现在高速的生产过程中完成诊断，在 PC 上通过 Web 浏览器进行服务和维护。MV500 系列相机上的 LED 灯可指示与主机连接的建立和断开，并指示相机的工作状态（程序运行和停止），使得安装调试和故障诊断极为方便。

6）MV500 系列还具有全面的附件产品线，包括不同颜色和结构设计的环形光源，分为内置环形光源和外接环形光源，还有外接漫反射白色平板光源。内置环形光源具有多种型号，最大工作距离分别可达0.8m、1.2m和3m；外接环形光源最大工作距离可达3m，外接漫反射平板光源最大工作距离可达2m。而基于HTML5协议的Web服务器使得MV500系列产品通过浏览器无需安装Java虚拟机插件就可以打开它的Web界面，进行参数设置和功能测试。

7）MV500系列独有通过阅读器上“CONNECT”按键的一键配置网络连接功能和“READ”按键的一键读码功能（需要配置液体镜头，阅读器自动测量曝光时间，并自动完成对焦），这些都使得项目的规划与调试极为方便。启用用户管理后，通过用户名和密码的Web接口访问保护，保证更高的安全性。

7.2.3 西门子OID产品功能和技术要点

1. SIMATIC MV300/MV400/MV500读码功能

（1）可读取的条形码/二维码

1）条形码：包括Code39、Code93、Code128、EAN8、EAN13等。

2）二维码：包括DMC、PDF417、QR、DotCode、Vericode（需要授权）等。

（2）西门子光学阅读器功能特点

工业生产中，为实现对产品整个生产过程的质量追踪追溯以及物流管理，广泛使用二维码识读技术。条形码通常印在纸标签上粘贴于产品上，在生产中可能会由于破损或脱落，导致信息错误或缺失。而通过DPM技术，将二维码如DMC码永久标印在零部件上，不会有条形码标签可能发生的破损或丢失问题发生。

采用激光或针打标印在零部件上的DMC码在大多数情况下，码的对比度都不高（码的对比度高低与标印的材质、零部件表面的平滑度、纹理、色泽等因素相关）。因此，对光学阅读器的要求是必须能够稳定可靠地识读这些低对比度的码。

西门子光学阅读器使用ID-Genius算法识读复杂的DMC码，使用ID-Genius算法的自适应技术对最难读的码也能可靠稳定读取，如图7-81所示。

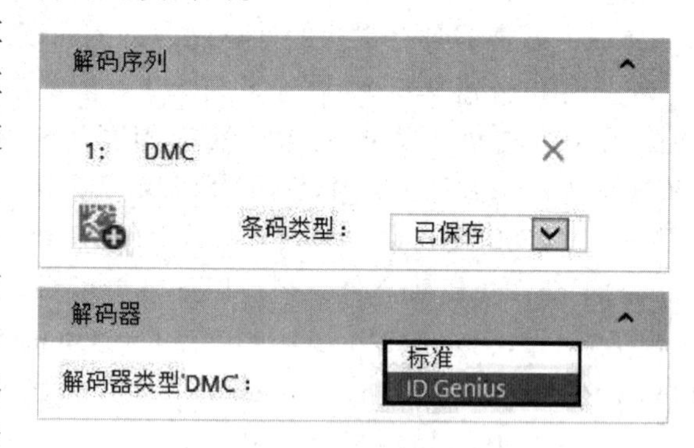

图7-81 西门子光学阅读器针对DMC码的ID-Genius算法

（3）应用范围

1）码的极性既可以是黑底白码，也可以是白底黑码。

2）当码的单元点重叠在一起或者是码的相邻两个点有较大间距的情况下也能可靠识读。

3）允许码图像的轴向比有较大偏差，例如，由于相机倾斜安装造成。

4）允许码的对比度有宽范围的波动。

5）允许码的图像大小有宽范围的变化，允许码的每个点的大小从5个像素到35个像素。

6）允许码的单元点有一定程度的阴影或者闪亮的区域。

7）虽然要求码的点必须按照规则的正方形网格模式，但单个点能够从理想位置偏离到最大1/3的网格单元，即使在打码中出现轻微平行四边形的扭曲也能耐受。

8）允许较大的背景干扰，允许码有极低的对比度。

2. 西门子光学阅读器技术要点

（1）读取极低对比度的DMC码

例如，激光标印在某金属零件上的DMC码，如图7-82所示。解码结果如图7-83所示，可以看到解码时间为29ms，同时也输出了码的质量等级的结果，这个结果是阅读器基于所获取码的图像的检测结果，能反映出阅读器参数设置的好坏和码的可读性。但是，如果质量等级值较差，并不代表码的打码质量确实有问题，这是因为进行标码质量校验只有满足所有校验条件，才能输出真实的质量等级，而这个码的图像未能完全符合校验条件要求。

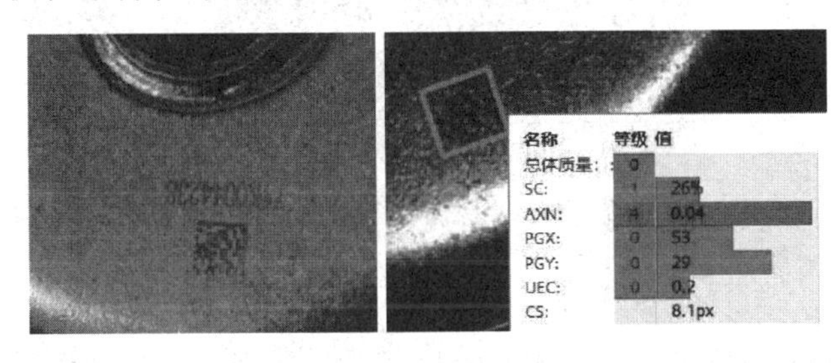

图7-82　激光标印DMC码

结果：
步骤1的结果：Decoder
发现的条码：DMC：1
解码时间：29ms
结果：71K0044238
结果（已格式化）：

图7-83　输出解码结果和码的质量等级

1）SC（Symbol Contrast）：符号对比度。

2）AN（Axial Non－uniformity）：轴向非一致性。

3）PG（Print Growth）：打印增长。

4）UEC（Unused Error Correction）：未使用的错误纠正，是指算法解码过程中未使用的错误纠正信息所占比率，最大值为1。该值越大，说明算法使用的错误纠正越少，码的质量越好。在调试阅读器参数时需要重点考察UEC值，该值越大越好。

5）CS（Cell Size）：单元大小，指的是码的每个单元点的像素值大小，西门子的解码算法要求该值在5个像素以上，可以保证算法解码的稳定性和可靠性。而对于标码质量校验来说，算法要求该值在10个像素以上，从而保证标码质量校验结果是真实准确的。

再看一个通过针打方式标印在金属表面的DMC码，如图7-84所示，码的对比度比较低。让阅读器以近似于垂直码的表面去读码，获取到一个如图7-85所示的“白底黑码”的图像，及解码结果和码的质量等级值，整体等级为4，比较好，各个参数的等级结果均为优良。

图7-84　针打DMC码

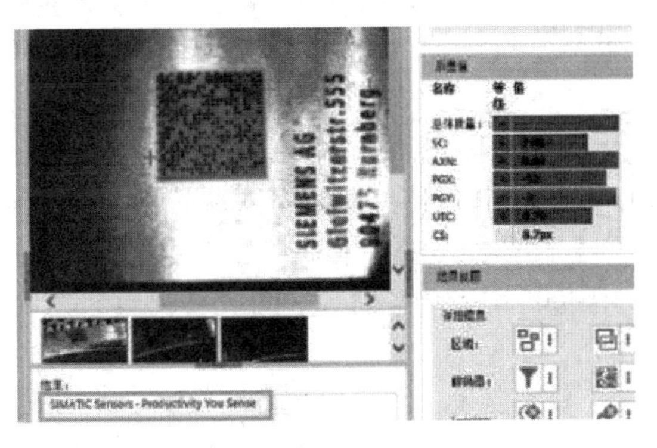

图7-85　输出解码结果和码的质量等级

如果再增大一些曝光时间，PGX 和 PGY 参数会变差，当它们的质量等级变为 1 级时，整体质量等级也下降到 1 级，如图 7-86 所示。

如果让 MV540H 阅读器倾斜一定角度去读取这个码，会得到如图 7-87 所示的“黑底白码”的图像，码的极性发生了翻转，可以看到此时 UEC 值也变得相当差，值为 0。所以对这样一个针打的码来说，“白底黑码”会比“黑底白码”识读更加稳定。

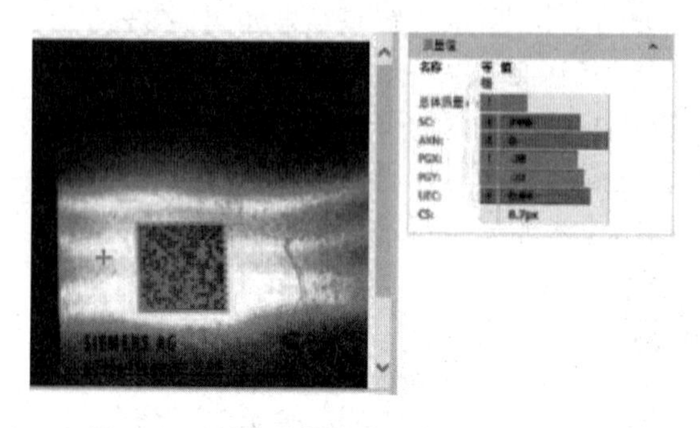

图 7-86　过度曝光造成码的质量等级下降

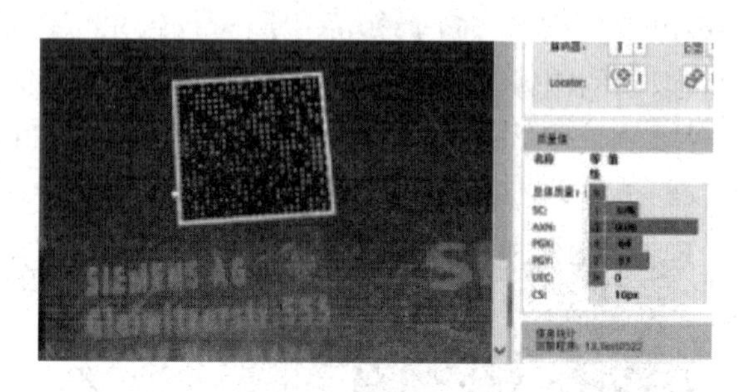

图 7-87　阅读器倾斜角度读码获取黑底白码

（2）读码调试方法

对于读取用针打方式标印在金属上的 DMC 码，总结调试方法如下：

1）如果使用 MV540H 阅读器自带的内置光源做测试，让阅读器近似垂直于码的表面去读码，设置曝光时间，调整焦距。此时，阅读器光源工作在“亮场”模式，阅读器获取到“白底黑码”的图像，观察阅读器输出的质量参数值，其中最重要的是看 UEC 值是否比较好且稳定。再让阅读器相对于垂直于码的表面的方向倾斜一个小的角度，此时阅读器光源工作在“暗场”模式，阅读器获取到“黑底白码”的图像，观察阅读器输出的质量参数值 UEC 值是否好且稳定，通过比较选择其中的一种模式。例如，通过上面测试可知，让阅读器获取一个白底黑码的图像会更适合于这个码的识读。

2）通过测试可以看到，由于金属表面比较光亮，当阅读器和光源以近似 90°角度垂直于码的表面时，金属表面不同位置反光程度不一样。为最大程度地减少或消除背景噪声的影响，应该尽量让码落在一个亮度比较均匀的背景内。此外，还可以尝试使用极性滤光片，对于这种比较光亮的表面带来的反光程度不均匀问题能起到一定的消除作用。

（3）满足高速运动读码应用需求

SIMATIC MV500 系列阅读器具有以下特点：从硬件上看，阅读器 CPU 处理速度快、运算能力强，阅读器的图像采集频率高，MV5x0S 为 83Hz，MV5x0H 为 71Hz，MV560U 为 62Hz，MV560X 为 33Hz；而从软件算法上看，算法解码迅速、解码时间短，因此，不但可以满足静止读码应用的需求，也可以满足高速运动读码应用的需求。而且对于高速运动的读码应用，如果没有传感器等提供触发信号，可以使用“自动触发”或“扫描模式”。

（4）阅读器图像采集方式

MV400/MV500 系列光学阅读器都具有三种图像采集的触发方式：单独触发、自动触发、扫描（MV420 SR－B 型阅读器只有单独触发方式），如图 7-88 所示。

1）单独触发：阅读器拍摄图像需要外部触发，每次触发拍摄一张图像。外部触发源可以来自 DI/DO 接口信号，也可以采用控制器通过通信发送触发命令的方式。

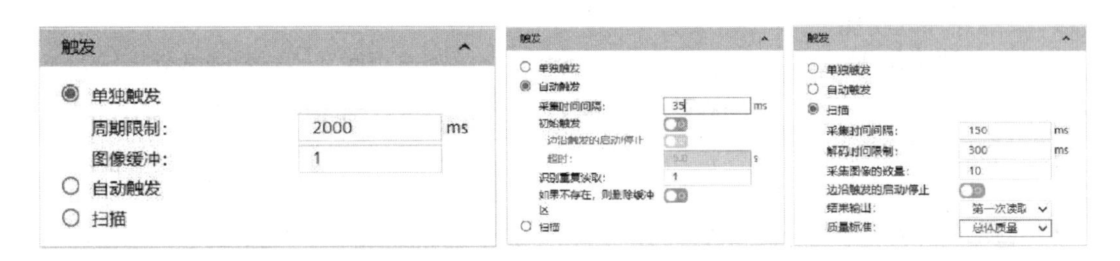

图7-88　MV500系列阅读器的三种图像采集触发方式

2）自动触发：阅读器内部自动触发拍摄图像，不需要任何外部触发信号，码进入阅读器视野后自动读取，特别适用于无法使用传感器进行精确触发的应用。

3）扫描：使用扫描模式，阅读器适合于读取在旋转轴上的码。与“自动触发”模式相比，阅读器可以缓存拍摄的图像，并在以后进行处理。每次触发信号只读取一个码，码必须在所拍摄的至少其中一张图像中完全可见。

（5）高速运动读码应用的评估测试步骤

对于高速运动的读码应用，通常都需要进行现场测试，以评估应用方案的可行性。评估和测试中所涉及的工作内容和操作步骤如下：

1）根据所需要读取的码的尺寸、点阵数等确定所需要的阅读器的最大视野范围。

2）根据码可能出现的不同位置的偏差确定码的位置分布范围，结合码的运动速度，确定所需要的阅读器的最小视野范围。

3）根据上面“1)”和“2)”的要求，确定满足应用需求的合适的阅读器视野范围。

4）根据码的尺寸、点阵数及所确定的阅读器视野范围，确定所需的阅读器型号。

5）确定阅读器型号后，再根据所需要的工作距离，选择合适焦距的镜头和光源。

6）先做一下在实验室环境下的模拟测试，用现场零部件的真实打码样件或者近似的打码样件进行测试。首先进行静态测试，当静态测试通过后，如果具备进行动态测试的条件，让样件按照与现场相同的运动速度经过阅读器，测试码的读取率和识读稳定性。

7）根据上面6）的测试结果，分析是否需要在配置方案上做调整，如果需要则进行适当调整并测试验证。最后安排现场测试，在真实的工作条件下，让所识读的零部件或产品上的码按照需要的速度经过阅读器，测试码的读取率及识读稳定性。

（6）MV500系列阅读器自动对焦功能和程序序列功能

MV500系列作为西门子新一代产品，除MV530S和MV530H两个型号之外，其余型号均可配置手动调焦镜头以及自动对焦的电子镜头，电子镜头也称为液体镜头。

配置液体镜头后，可以在阅读器的Web界面进行参数设置时，启用自动聚焦步骤，通过Web界面发送命令给阅读器，阅读器会根据所拍摄物体和阅读器之间的工作距离自动调整焦距，获取到清晰的物体图像，极大地方便了系统调试工作。

需说明的一点是，通过发送命令控制液体镜头自动聚焦，所花费的时间约为200ms。针对阅读器工作距离需要有较大范围变化的应用需求，可以设置阅读器内部几套不同的程序，不同程序负责不同的阅读器工作距离，然后通过程序序列功能实现自动切换程序适应不同的工作距离要求。

(7) 程序序列功能

西门子光学阅读器具有程序序列功能，一个程序序列可以将1~5个程序放入到一个程序序列中。通过运行程序序列，这个程序序列里所包含的所有程序都会得到运行。

(8) 程序序列模式的图像采集

如果使能“程序序列”模式，每次触发可以对设置不同参数的几个图像进行评估，如：

1) 检测物体在对比度和反射特性方面变化很大，不能通过一个图像采集参数来应对。

2) 必须在不同的位置来寻找并识读代码或文本字符。

3) 对每个检测物体要进行多个（不同的）处理程序（不同程序采用不同参数设置）。

4) 在某个单个的程序中所定义的程序步骤的数量不够。

那么针对上述这样的一些不同应用需求，可以启用程序序列功能。

注意：对于使用程序序列功能的限制是，如果启用程序序列“使能”，则模板中的图像拍摄控制会设置为“单独触发”，将会删除已保存并标记为“不可执行”的程序或不使用“单独触发”作为图像拍摄控制的程序，并会要求用户确认。也就是说，如果启用程序序列，序列中所包含的所有程序都只能使用“单独触发”的图像采集方式。

3. 码的标印质量校验

条形码或二维码的可读性在码离开标印设备后永远不会变得更好。通过使用标码质量校验，可以确保标码机在打码过程中被正确使用，并且码的可读性足够好，在整个寿命周期中都确保可读。同时，校验还能确保在标码过程中由于发生偏差导致标印出不可用的或者不完整的码时，能及时采取纠正措施。

(1) 标码质量

为确保所标印代码的可读性和质量，需用到校验器。光学阅读器（不带校验）仅输出“读取/未读取”结果，如图7-89所示，这意味着阅读器不能提供任何趋势数据给标码设备。

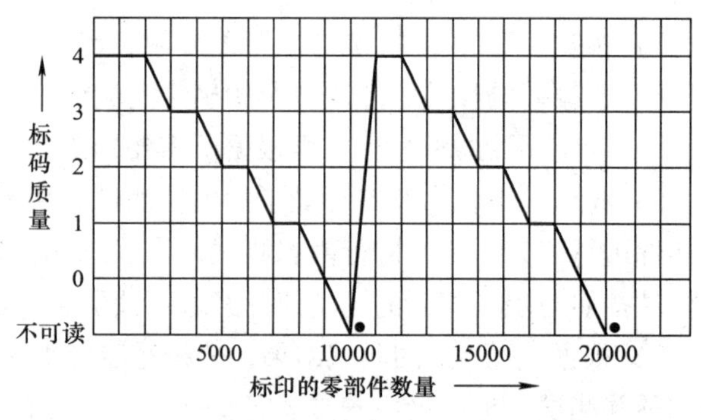

图7-89 使用不带校验功能阅读器的标印质量过程

校验器能够给标印的码分配一个从4到0的质量等级，这些质量等级给标码设备提供了侦测什么时间需要预防性维护的相关信息的功能，如图7-90所示。基于这些信息，可以在标码设备实际出问题之前做出一个合适的维护计划。

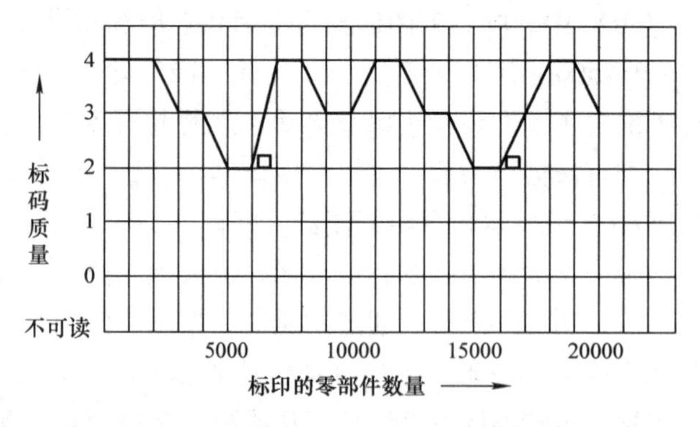

图7-90 使用带校验功能阅读器的标印质量过程

要确保标码质量的测量过程对于所使用的标码方法是合适的。基于特别的要求，有一些通过使用不同的质量特征参数组合来定义的标码质量的检测标准。例如，印在标签上的DMC码能够按照ISO/IEC 16022标准进行检测。通过DPM技术，将DMC码直接标印在物体表面。如果采用其他一些检测标准或许会造成错误，因此有必要使用特别设计用于这种DPM码的校验标准，通常使用符合ISO/IEC 29158标准的检测系统。

SIMATIC MV500系列的校验器支持这些以及其他一些校验标准，例如，“SIEMENS DPM”标准等，适合于各种应用和标码过程。

（2）质量等级

校验器按照5个质量等级报告码的标印质量。有两种方式，一种是从A到F（没有E），另一种是从4到0，MV500系列的校验器可以选择其中一种。

（3）等级评估

对SIMATIC MV500系列阅读器来说，每个质量等级被分配优良/一般/差/极差四个评估水平中的一个。评估允许通过使用用户接口编码颜色来实现快速可视化质量检测，当评估值低于某个质量等级时自动地以“N_OK”输出来拒收读取结果，见表7-20。

表7-20　质量等级评估

质量等级	质量等级的默认值	颜色指示	默认读取结果
4（A）	优良	绿色	OK
3（B）	优良（可调）		
2（C）	一般（可调）	黄色	OK
1（D）	差（可调）	红色	N_OK（可调）
0（F）	极差		

（4）不同应用场景采用不同的校验标码

标码质量缺陷的一些样例如图7-91～图7-95所示。

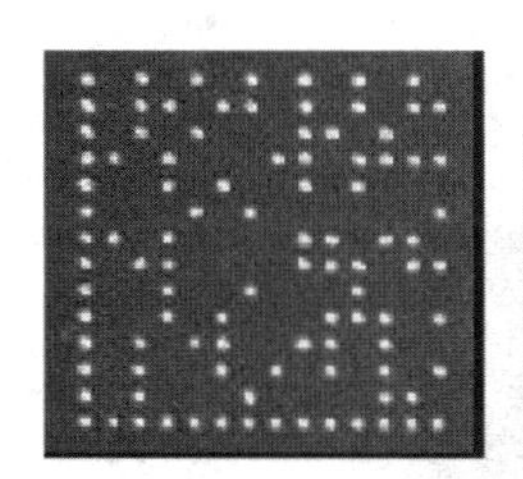
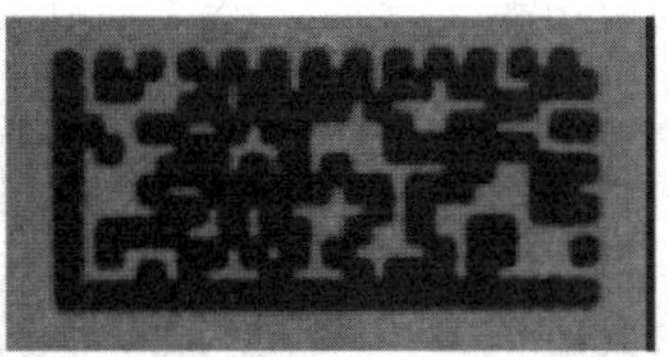
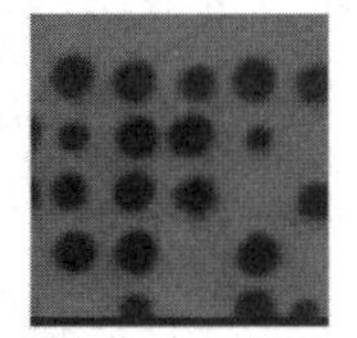

图7-91　标码中不正确或不一致单元大小

图7-92　标码中不正确或不一致单元位置

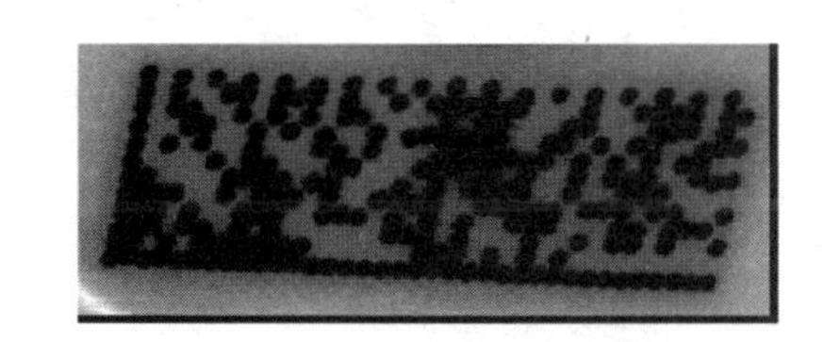
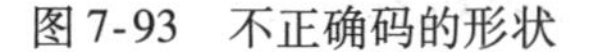

图7-93　不正确码的形状

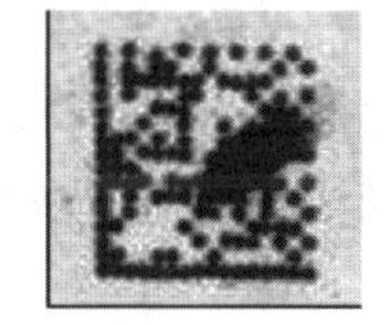

图7-94　表面受损坏码

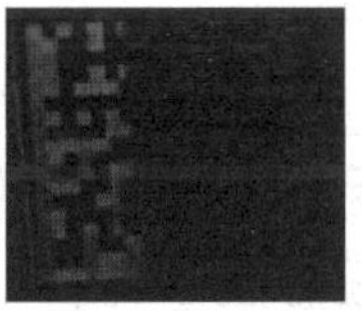
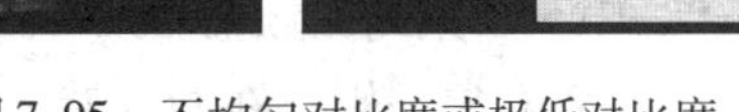

图7-95　不均匀对比度或极低对比度

（5）标码质量校验的相关参数

标码质量校验会对代码标印质量各参数进行检测，采用不同的校验标准，所用到的参数会有所不同。举例来说，SIEMENS DPM 标准适合于采用 DPM 技术标印的 DMC 码的质量校验，包括以下参数：Cell Size（单元大小）、Cell Center Offset（单元中心偏移）、Size Offset（大小偏移）、Cell Modulation（单元调整）、Border Match（边界匹配）、Symbol Contrast（符号对比度）、Axial Non - uniformity（轴向非一致性）、Print Growth（打印增长）、Unused Error Correction（未使用错误纠正）、Angle of Distortion（角度扭曲）。

（6）所支持的校验标准

西门子不带校验授权的阅读器支持下面的校验标准：

- 未校准的 DMC 码校验：ISO/IEC 29158 和 ISO/IEC 16022。
- 未校准的条形码校验：ISO/IEC 15416。

西门子带 Veri - Genius 授权的所有阅读器还支持下面的校验标准：

- DMC 码校验：ISO/IEC 15415：2004。
- DMC 码（针式打码）校验：AS9132 Rev A：2005（之前的 IAQG）。
- DMC 码校验：SIEMENS DPM。
- DMC 码校验：ISO/IEC 29158：2011。
- 条形码校验：ISO/IEC 15416：2000（之前的 ANSI X3. 182：1990）。

4. 使用 PAT - Genius 软件进行对象识别

（1）PAT - Genius 对象识别原理

PAT - Genius 是用于对象识别的光学识别工具，对象识别是在工业图像处理中经常需要的功能。在对某个对象进行识别之前，需要将对象的模型保存在模型库中，基于这个模型，能够在图像中寻找并识别，完成对象的存在性、位置、方位角等判断和测量。

（2）PAT - Genius 对象识别功能

PAT - Genius 对象识别（见图 7-96）的最重要的功能如下：

- 图像中对象物体的精确定位。
- 对象识别（分类）。
- 符号识别（基于符号轮廓进行识别，可以用于任何字符或符号，包括中文字符等）。

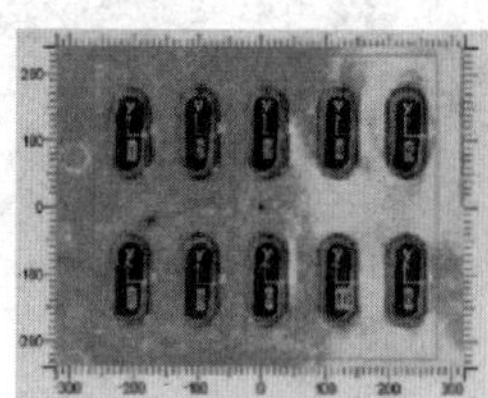
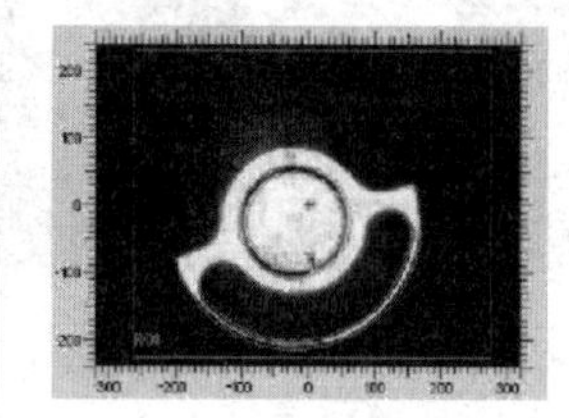

图 7-96　PAT - Genius 对象识别

（3）PAT - Genius 对象识别性能特点

自 SIMATIC MV500 系列阅读器固件版本 V2. 1 开始，PAT - Genius 对象识别授权就可以导入 MV500 系列阅读器中。

针对对象识别，在阅读器的 Web 界面中创建模型，这些模型可以存储在模型库中，然后在阅读器程序的 Locator 工具中使用。同一个模型库可以在多个程序中使用。取决于模型的大小，多个模型和各种不同对象的模型可以存储在一个模型库中。

在一个程序里，最多达 12 个对象步骤可以激活模型库里的不同模型。这意味着单个程序可以灵活地执行任务，可划分为最大12个子任务。子任务可以非常不同并且多样化。

除了对象识别的通常功能，例如确定目标位置、旋转角度和质量之外，PAT－Genius算法有下列属性：

- 对于对象尺寸比例的缩放（在选择的范围内）不敏感。
- 非常高的精度。
- 在一个程序步骤里可同时识别多达200个码的一个或多个模型的实例。
- 同时搜寻不同的模型。
- 对于类型区分的任务很重要，即使对于十分相似的对象也有非常好的挑选性。

5. SIMATIC MV500阅读器通过PROFINET集成到SIMATIC PLC

从表7-21可以看到，当SIMATIC MV500集成到SIMATIC PLC或第三方PLC等控制器上时，所使用的接口模块、控制器和功能块的兼容性关系。

根据表7-21，将SIMATIC MV500系列阅读器（包括MV400系列）集成到自动化或IT系统（PLC或PC）有多种不同方案：

1）通过MV500的以太网接口（内置PROFINE TIO、TCP/IP协议）：

① 作为PROFINET IO设备使用Ident Profile配置文件或Ident Blocks功能块，或FB79功能块，无需额外的通信模块。

② 通过TCP/IP协议集成。

表7-21　兼容的接口模块、控制器和功能块一览表

识别系统和接口模块		连接控制器时兼容的程序功能块			
		Ident Blocks or Ident Profile with S7－300/400/1200/1500	FB45 with S7－300/－400①	FB79 with S7－300/－400	连接控制器或PC时没有专用的功能块
SIMATIC MV500（不带接口模块）	PROFINET IO	√	—	√	√
	TCP/IP	—	—	—	√
	RS232	—	—	—	√
SIMATIC MV500（接RF166C接口模块）		√	√	—	—
SIMATIC MV500（接RF120C接口模块）		√②	—	—	—
SIMATIC MV500（接RF185C/RF186C/RF188C接口模块）		√	√	—	√③

① 不推荐用于设计新的配置方案。

② 仅用于连接S7－1200控制器。

③ 提供了基于Ident profile的FB功能块用于连接到Rockwell控制器。

2）通过以下接口的组合（DI/DO、RS232和通信模块）：

① 使用通信模块和Ident Profile配置文件或Ident Blocks功能块或FB45功能块。

② 使用RS232接口集成。

③ 使用 DI/DO 接口集成。

将 MV500 集成到 SIMATIC PLC 上时，通常使用其内置的 PROFINET 功能来实现，不需要使用通信模块。对于使用 S7 - 300/400 PLC 的集成，通常使用 FB79 功能块，也可以使用 Ident Profile 配置文件或 Ident Blocks 功能块，但相对来说后者较少使用；对于使用 S7 - 1200/1500 PLC 的集成，通常使用已经集成在 TIA 博途软件里的 Ident Blocks 功能块或 Ident Profile 配置文件。下面对 Ident Blocks 功能块的具体功能和使用方法做简单的阐述。

（1）Ident Blocks 功能块与 Ident Profile 配置文件的区别

Ident Profile 配置文件是一个单独的复杂块，其中包含西门子工业识别系统所有命令和功能。Ident Blocks 功能块代表一个简化的 Ident Profile 配置文件接口，每个 Ident Blocks 功能块都包含一个基于 Ident Profile 配置文件的单个命令。

Ident Profile 配置文件和 Ident Blocks 功能块，只能使用其中一个，不能在一个通道上混合使用 Ident Profile 配置文件和 Ident Blocks 功能块。

（2）SIMATIC Ident 识别库概述

自 TIA 博途软件版本 V13 SP1 起，已集成带 Ident Profile 配置文件和 Ident Blocks 功能块的 SIMATIC Ident 库，可以通过路径“指令 > 选件包→SIMATIC Ident”找到。

（3）集成步骤和功能描述

SIMATIC MV500 系列阅读器通过内置 PROFINET 集成到 SIMATIC PLC，如图 7-97 所示。

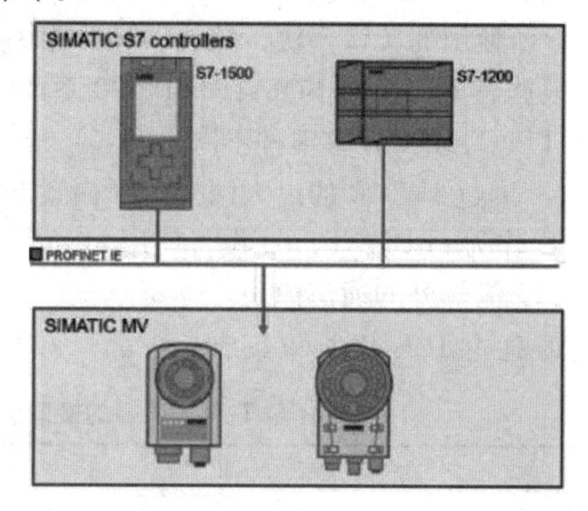

图 7-97 MV500 集成到 SIMATIC PLC 拓扑图

集成到 SIMATIC PLC（以集成 MV540H，固件版本 V3.1 到 CPU 1511 为例）的步骤如下：

1）对 MV540H 进行硬件组态并下载（需注意：在硬件目录里“MV500 Ident Profile V3.0”和 MV540H 固件版本号 V3.1 相对应）。

2）执行“Reset_MV”完成对 MV540H 的初始化，并启动阅读器运行内部程序（在本次测试中，将 PROGRAM 设置为 16#0E，当完成 Reset 命令后，MV540H 阅读器初始化完成，并将阅读器切换到 Run 运行状态，运行阅读器的第 14 号程序。阅读器最多可以保存 15 个程序）。

3）创建一个新的工艺对象。选中“SIMATICIdent”中的“TO_Ident”，创建一个新的工艺对象“SIMATICIdent_1”并设置好参数，关联到“Reset_MV”块的“HW_CONNECT”引脚上。

4）在浏览器中打开 MV540H 阅读器的 Web 界面，设置阅读器的“通信”菜单下的“界面”参数，选择“PROFINET（Ident 配置文件）”，并设置“使用”参数中的“触发”，“文本”“结果”“控制”均设置为“PROFINETIO”。

5）通过执行“Reset_MV”指令对阅读器完成初始化，并将阅读器切换到 Run 运行状态。阅读器上的“R/S”灯状态可以指示阅读器处于运行或停止状态，如果阅读器处于停止状态，“R/S”灯熄灭，如果处于运行状态，但与 PLC 连接没有建立，“R/S”灯红灯常亮，当与 PLC 建立连接后，“R/S”灯绿灯常亮。在本测试中，为验证阅读器通过“Reset_MV”

可以初始化阅读器，并将阅读器从停止切换到运行第 14 号程序状态，将 PROGRAM 设置为 16#0E，执行“Reset_MV”成功后，阅读器切换到运行第 14 号程序状态（在此需说明的是，此功能实现的前提是，如果用浏览器访问阅读器的 Web 界面，只能以“Web”账号登录，不能以其他账号如“Service”账号登录，如果浏览器是以“Service”账号登录，那么执行“Reset_MV”命令，会报出 16#E6FE0300 错误代码）。

6）当阅读器完成初始化并处于运行状态后，执行“Read_MV”指令触发阅读器拍摄图像，如果解码成功后，输出码的结果。

7）关于阅读器“DISA”位的使用：当设置阅读器“DISA”位为 True 时，会禁用键盘输入、程序选择、程序保存、错误应答等功能，此时如果以“Web”账号登录阅读器的 Web 界面，没有访问权限。

如果需要设置阅读器的“DISA” bit = True，可以通过执行“AdvancedCmd”指令，将该功能块的“CMDREF”引脚的输入变量设置为如图 7-98 所示的值，将“IDENT_DATA”引脚的输入变量的第一个字节设置为 16#05，执行该功能块，命令执行成功后，阅读器的“DISA”位设置为 Ture。

8）如果需要重置“DISA” bit = False，需要将“IDENT_DATA”引脚的输入变量的第一个字节设置为 16#06，再执行“AdvancedCmd”指令，执行成功后，“DISA”位重置为 False

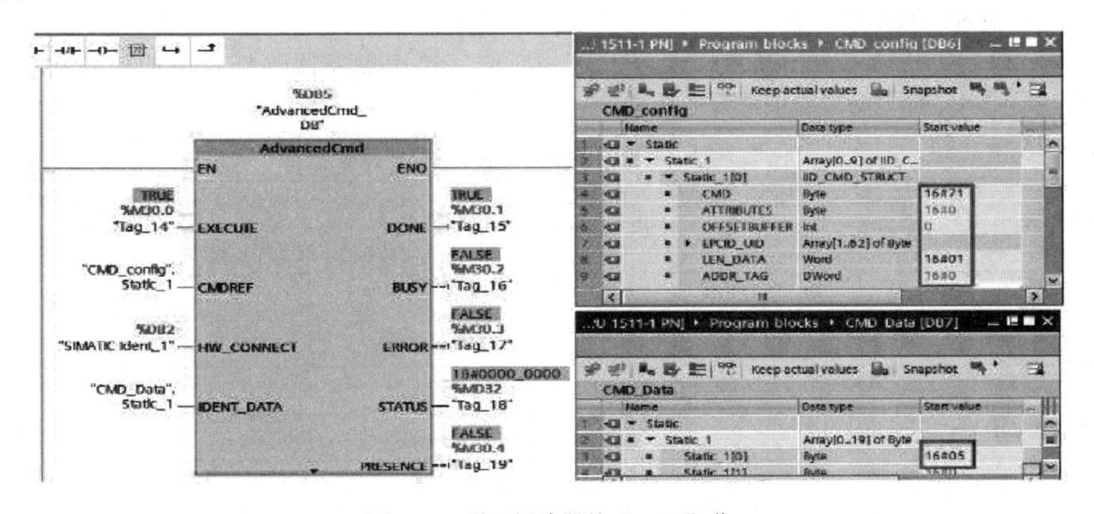

图 7-98　设置阅读器的“DISA”位

注意：有关 SIMATIC MV400/MV500 集成到 SIMATIC PLC 的样例程序和操作手册，请参阅西门子工业在线支持网站链接 https：//support. industry. siemens. com/cs/document/109757269/running - simatic - mv400 - as - a - technology - object？ dti =0&lc = en - CN。

6. 通过 TCP/IP 协议或 RS232 接口将 MV500 集成到 PC

SIMATIC MV500 系列阅读器带有以太网接口和 RS232 接口，除了支持 PROFINET 工业以太网协议之外，还支持 TCP/IP 协议和串口通信协议。通过这两种协议除了可以集成到 PC 上之外，也能方便地集成到第三方的带网口支持 TCP/IP 协议或带 RS232 串口的 PLC 上。

通过 TCP/IP 或 RS232 接口控制阅读器，需要通过阅读器的 Web 界面设置如下相关参数并保存。

当使用TCP/IP连接时，阅读器可以作为客户端，也可以作为服务器。

1）作为客户端，阅读器主动地建立到通信伙伴的连接，在这种情况下，伙伴必须是服务器，并在一个配置好的端口接收到来的连接。

2）作为服务器，阅读器在一个配置好的端口接收一个来自客户端的连接。

例如，在“设置→通信→界面→TCP”一项，将阅读器设置为服务器，默认端口49152。然后在“设置→通信→使用→连接”一项，设置如下参数，即“触发源”参数设置为TCP，“触发文本”可以设置为一个字符或字符串，例如设置为“T”，并且“文本”和“控制”参数也都设置为TCP。

如果使用RS232接口通信，则也要像上面一样，设置好串口的参数和“设置→通信→使用→连接”一项的参数，在此不做详述。

使用TCP/IP和RS232连接，可以实现下述功能：

- 触发阅读器。
- 设置和重置DISA位。
- 询问阅读器状态，并确认发生的组错误。
- 切换阅读器程序。
- 保存阅读器程序。
- 设置“数字量输出”。

针对上述每种不同的功能，通过发送相应的字符串触发阅读器相应的控制命令。表7-22是各个命令对应的字符串定义。

表7-22 阅读器命令对应的字符串一览表

命令	字符串
触发	与在Web界面设置的字符（串）相同
设置DISA位	MDIH
重置DISA位	MDIL
查询状态	MGST
切换程序（选择程序编号）	MR <programnr>
通过内部触发保存程序	MI <programnr>
通过外部触发保存程序	MT <programnr>
复位命令	MRES
设置数字量输出	MO <p1> <p2> <p3> <p4> <p5> <p6>

对于表7-22中每条命令字符串的详细功能解释，及相关的参数解释（指带参数的命令字符串，及命令字符串的使用方法），请参见产品手册，在此不做详述。

7.2.4 西门子OID汽车行业标准化解决方案

汽车制造企业普遍使用自动识别的技术，包括RFID和OID技术实现高度自动化智能制造，包括实现柔性化、定制化的生产方式，同时也提高了制造过程中的数字化与信息化水平。借助自动识别手段，产品的生产状态信息可以实时透明地反馈到 MES，实现合理高效的生产调度、物料自动拉动与配送等，提高了生产效率，同时也实现了生产质量信息在整个生产过程中的追踪追溯。

OID 技术依据其不同于 RFID 的特点，更适合用在识读发动机缸盖和缸体、凸轮轴和曲轴上 DMC 码等工艺场合，通过信息匹配保证装配过程准确无误。另外，采集并记录发动机装配过程中的关键、重要的生产质量信息，满足严苛的质量控制管理要求。在整车制造中对车身信息进行识别追踪，满足多种车型共线生产的柔性化生产方式需要，如图 7-99 所示。

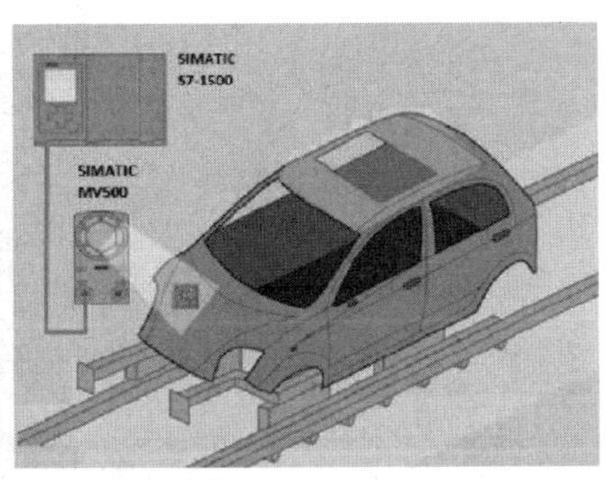

图 7-99 OID 在整车制造中的应用

1. 方案概述（整车制造识读车身上 DMC 码）

对于一条从焊装、到涂装、再到总装的混线生产多种车型的整车生产线，从焊装开始，在组成车身的右前侧板零件上通过针打方式标印一个 DMC 码，存储车身编号、车型等相关信息，焊接机器人抓取零件放置在某工位，需要通过读码相机识读零件信息。在后道工序当零件焊接成白车身并放置于滑橇上，在输送线上输送时，在某些工位也需要识读白车身上的 DMC 码信息。焊装下线后，白车身进入涂装，通过识读车身信息，完成底漆和面漆的喷涂（面漆会有包括深色漆和浅色漆的多种不同颜色），完成面漆喷涂后的车身也需要识读。涂装完成后进入总装，均需要全程对车型信息进行识别，根据不同车型信息调用不同工艺参数完成制造和装配，实现多种车型的混线生产，并实时监控生产状态，自动高效地完成生产调度。

西门子的 SIMATIC MV300/MV400/MV500 光学阅读器在汽车制造行业得到了广泛应用。MV500 方案架构如图 7-100 所示。

2. 西门子解决方案

应用场景一：针对识别多种车型应用（识读车身上的针打 DMC 码）

技术要求：

1）车身上 DMC 码尺寸为 9mm×9mm～12mm×12mm，如图 7-101 所示。

2）识读多种车型，当滑橇运载车身（焊装、涂装、总装采用不同橇体，总装也会用到采用吊具的悬链输送）停在某识读工位，不同车型的码在位置上会有一定偏差。在图 7-102 所示的样例中，车型 1 和车型 2 的码的位置在 X 轴方向相差 50mm，车型 2 和车型 3 的码的位置在 X 轴方向相差 70mm，因此需要相机视野范围至少在 150mm 左右。

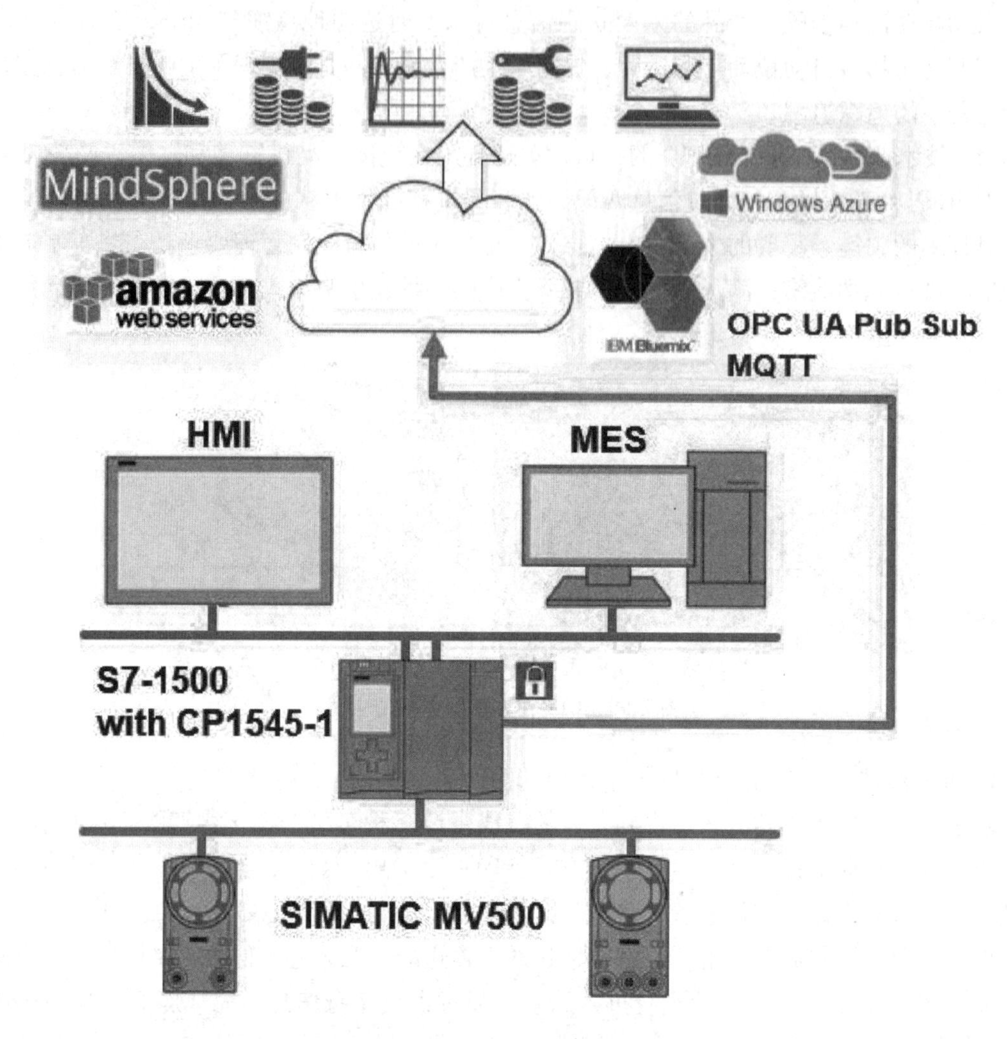

图 7-100　MV500 方案架构

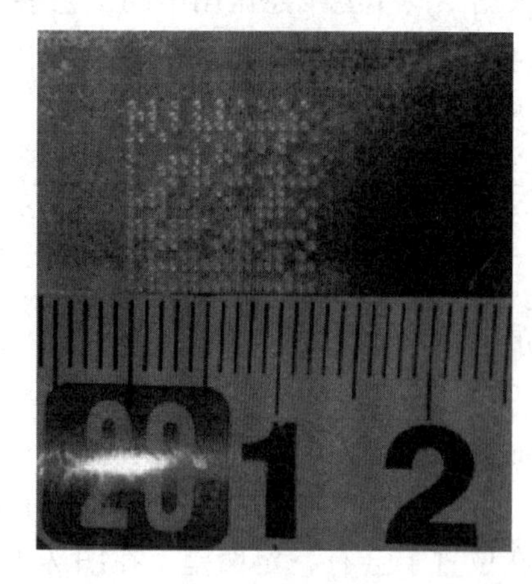

图 7-101　车身上针打 DMC 码

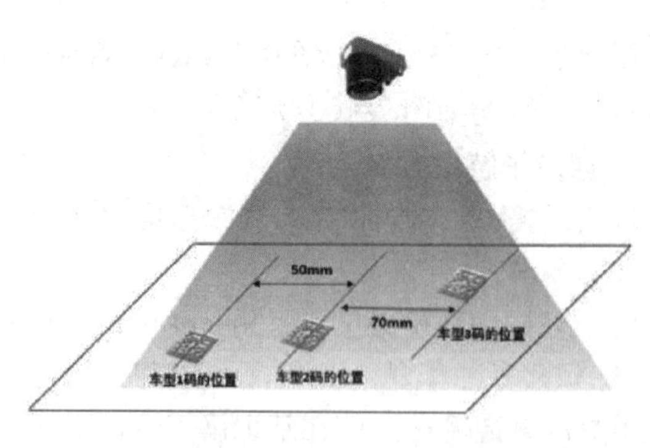

图 7-102　不同车型针打 DMC 码位置偏差

3）阅读器安装在车身右侧，识读距离为650～1200mm。

4）需要读取焊装白车身、涂装前白车身、涂装后底漆车身和面漆车身上的DMC码。

西门子解决方案：

使用SIMATIC MV560U超高分辨率光学阅读器，对于面漆前的工位（包括白车身和底漆），配置外接环形光源的方案，如图7-103所示；对于面漆后的工位，配置外接白色平板光源，如图7-104所示。产品配置清单见表7-23。

图7-103　阅读器配置外接环形光源

图7-104　阅读器配置外接白色平板光源

应用场景二：针对识别单一车型应用（识读车身上的针式打印的DMC码）

针对识别单一车型的应用，码的位置比较固定，推荐配置：使用SIMATIC MV540S标准分辨率阅读器，或MV540H高分辨率阅读器，配置内置红色环形光源，将表7-23的MV560U更换成MV540S或MV540H即可，见表7-24（采用MV540S阅读器）。

表7-23　应用场景一产品清单

名称	型号	订货号	数量	备注
MV560 U极高分辨率读码相机	SIMATIC MV560 U optical reader	6GF3560－0LE10	1	分辨率1920×1200
电子对焦镜头，50mm	Mini CX lens 50mm，E－focus	6GF3540－8EA05－0LL0	1	2选1
手动调焦镜头，50mm	Mini lens 50 mm，1∶2.8/complete	6GF9001－1BJ01	1	
内置红色环形光源	MV500 built－in ring ligth，red multi	6GF3540－8DA13	1	读取白车身或底漆车，2选用1
外接红色环形光源	Ring light ext. MV400，red，24V	6GF3400－0LT01－8DA1	1	
漫反射白色平板光源	F－Light ext. MV500，white，30×20	6GF3500－8DF30－2DA0	1	用于读取漆后车
MV500镜头保护罩	MV500 protective cover glass	6GF3540－8AC11	1	
10m长供电及IO电缆	Conn. Cable Power/IO，10m	6GF3500－8BA21	1	
5m以太网通信电缆	IE Connecting Cable M12/RJ45，5m	6XV1871－5TH50	1	
MV500安装支架	Mounting plate for MV440，MV500	6GF3440－8CA	1	
外接环形光源支架	HOLDER FOR EXT. LIGHTS	6GF3440－8CD01	1	
外接平板光源支架	Mounting Plate for Panel Light	6GF3500－8CD	1	

表 7-24　应用场景二产品清单

名称	型号	订货号	数量	备注
MV540 S 标准分辨率读码相机	SIMATIC MV540 S optical reader	6GF3540 - 0CD10	1	分辨率 800 × 600
内置红色环形光源	MV500 built - in ring ligth，red multi	6GF3540 - 8DA13	1	

应用场景三：针对零部件上激光标印 DMC 码

例如，识读发动机缸体上激光标印的 DMC 码，如图 7-105 所示，或识读凸轮轴上激光标印的 DMC 码，如图 7-106 所示。技术要求如下：

1）码的尺寸约为 12mm × 12mm ~ 16mm × 16mm。

2）阅读器识读距离约为 300mm。

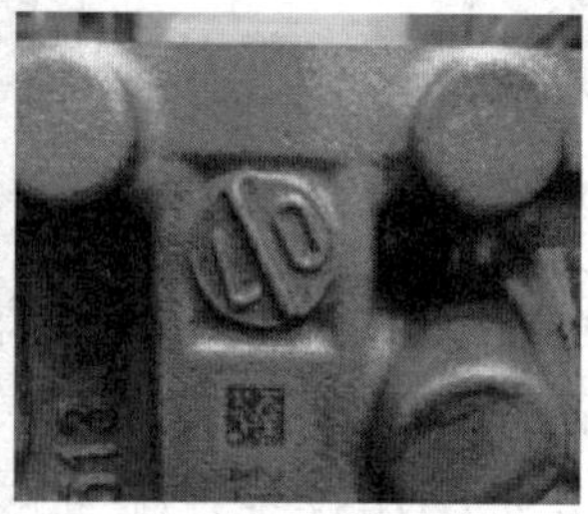

图 7-105　发动机缸体上 DMC 码

图 7-106　凸轮轴上 DMC 码

西门子解决方案：

SIMATIC MV540S + 内置红色环形光源 + 25mm 焦距镜头，见表 7-25。

表 7-25　应用场景三产品清单

名称	型号	订货号	数量	备注
MV540 S 标准分辨率读码相机	SIMATIC MV540 S optical reader	6GF3540 - 0CD10	1	分辨率 800 × 600
电子对焦镜头，25mm	Mini CX lens 25mm，E - focus	6GF3540 - 8EA03 - 0LL0	1	2 选 1
手动调焦镜头，25mm	Mini lens 25 mm，1:1.4/complete	6GF9001 - 1BG01	1	
内置红色环形光源	MV500 built - in ring ligth，red multi	6GF3540 - 8DA13	1	

应用场景四：OCR（识读镂空方式制作的金属标牌上的数字，范围为 0 ~ 9）

如图 7-107 所示，需要读取涂装滑橇上金属标牌的数字编号（该示例中为 3 位数编号）。

又例如识读发动机铸造过程中铸件托盘上的编号，如图 7-108 所示，示例为 4 位数编号。

技术要求：

1）滑橇或托盘的编号一般由 3 ~ 4 个数字组成，单个数字尺寸约为 60mm × 40mm（高 × 宽）。

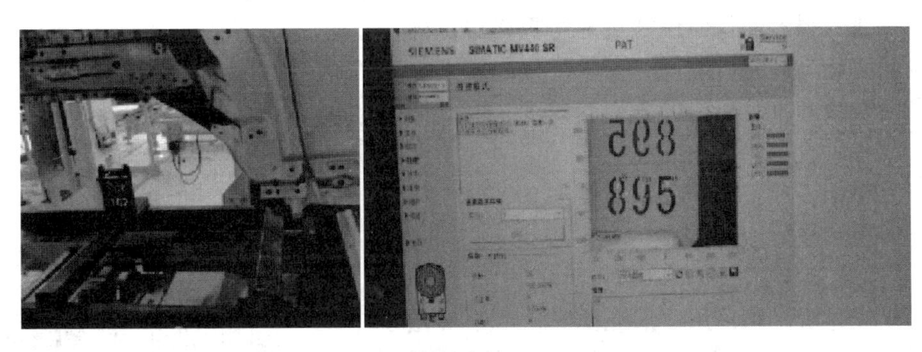

图 7-107 涂装滑橇上金属标牌编号

图 7-108 铸件托盘金属标牌编号

2）相机识读距离约为 300 ~400mm。

西门子解决方案：

使用 SIMATIC MV540S 标准分辨率阅读器，配置 PAT - Genius 授权，见表 7-26。

表 7-26 应用场景四产品清单

名称	型号	订货号	数量	备注
MV540S 标准分辨率读码相机	SIMATIC MV540 S optical reader	6GF3540 - 0CD10	1	分辨率 800 × 600
电子对焦镜头，25mm	Mini CX lens 25mm，E - focus	6GF3540 - 8EA03 - 0LL0	1	2 选 1
手动调焦镜头，25mm	Mini lens 25 mm，1∶1. 4/complete	6GF9001 - 1BG01	1	
漫反射白色平板光源	F - LIGHT EXT. MV500，WHITE，20 × 20	6GF3500 - 8DF30 - 1DA0	1	
PAT - Genius 软件授权	Pat - Genius；form recognistion licens	6GF3400 - 0SL03	1	

方案技术要点：

1）SIMATIC MV500 系列产品线丰富，可针对不同应用要求提供不同解决方案。

2）MV500 系列硬件处理速度非常快，解码算法性能优异。

3）PAT - Genius 对象识别算法可用于 OCR，具有极高的识读率和稳定性。

调试要点：

对于涂装车间的面涂漆后车身上的 DMC 码的读取，由于车身颜色的种类很多，有深色漆（如黑色、红色等），也有浅色漆（如浅灰色、乳白色等），对于阅读器的稳定可靠读取是个极大挑战。强烈建议使用漫反射平板光源，确保获取到照明均匀的码的图像。要求平板光源安装时，光源轴心线和垂直于码的表面的角度，以及阅读器轴心线和垂直于码的表面的角度，这两个角度需要保证大小相等、正好相反，如图 7-109 所示。

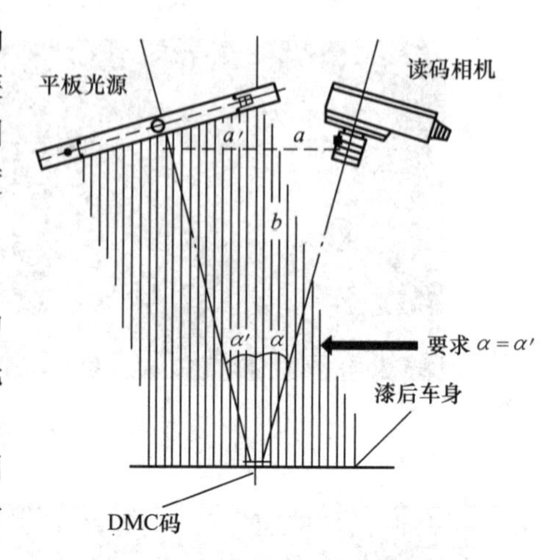

图 7-109 阅读器和光源安装处于正好相反的角度

典型问题和故障诊断：

1）当读取车身上的 DMC 码时，由于码所在的金属表面比较光滑，当采用环形光源时，由于反光会造成图像中的码和背景的对比度不均匀的问题，导致 UEC 值不佳或不稳定。这种情况下，需要调整阅读器和光源的位置、角度，获取好的图像，才能获得稳定可靠的解码性能。

2）如果解码输出的质量等级值中的 UEC 值不好，或者不稳定，时好时差，这时要检查码的图像质量情况，如码的图像是否清晰，码的对比度情况是否合适，码的 CS 值是多少等，如果 CS 值小于 10 个像素，需要尽量调到 10 个像素以上，调整方法一是可以适当缩短相机读码距离，二是在保持距离不变的情况下，更换焦距较大一些的镜头。当把 CS 值调到 10 个像素以上后，再调整曝光时间和图像清晰度，看 UEC 值是否变好、变稳定，直到变得较好、较稳定为止。如果各方面参数都已优化为最佳，但 UEC 值还是比较差，需进一步分析确认码的标码质量方面是否存在问题。

第8章 工业实时定位的主要功能和应用

时间与空间是物理世界最基础的两个维度，由此可见，空间位置数据采集的重要性。尤其是在物联网时代，数据将会是驱动社会进步的“水电煤”，各行各业，各个企业都在想方设法去采集数据，以获得商业先机。在这样的背景下，位置信息采集的需求得到了前所未有的释放，所以，定位技术受到了广泛的关注。在室外场景，北斗、GPS等定位技术在持续地发展，精度越来越高，应用面也越来越广。在室内场景，因为物理环境与需求的复杂性，衍生出了更多的定位技术类别，如蓝牙、UWB、RFID、WiFi、惯导、超声波、视觉定位等。而其中，UWB是最近几年市场上最受关注的定位技术之一。

UWB定位技术作为一种新型的室内定位技术，因具有定位精度高、传输速率高、抗干扰能力强、安全性好等优点正逐渐被业主使用。UWB在商业领域主要用于政法机关、医院、养老院等人员的24小时监控、生命体征监测、关键位置电子围栏设置等，此外还包括医疗设备的位置记录等。UWB定位技术在工业领域应用比较分散，主要用于人员、车辆、物资的定位。应用UWB技术实现人员考勤、区域跟踪定位、行动轨迹查询、危险区域设置电子围栏提醒等，还可用于车辆防撞、物料管理、重要资产管理等。目前工业领域应用比较集中的行业主要包括：物流仓储、电力、化工、汽车整车及零部件制造、隧道、电子制造、地埋式污水处理厂等。在我国市场，UWB技术的销售业绩正在逐渐上涨，未来，随着各行业对高精度定位要求的提高，UWB定位技术的应用范围将越来越广。

8.1 UWB定位技术简介

8.1.1 UWB发展历程

UWB（Ultra Wide Band，超宽带）技术，是一种使用1GHz以上频率带宽的无线载波通信技术；它利用纳秒至微秒级的非正弦波窄脉冲传输数据，因此其所占的频谱范围很大，其数据传输速率可以达到几百Mbit/s以上。

1. 国外UWB发展历程

UWB是一个既古老又崭新的研究领域，现代意义上的UWB数据传输技术，又称脉冲无线电（Impulse Radio，IR）技术，出现于1960年，通过Harmuth、Ross和Robbins等先行公司的研究，UWB技术在20世纪70年代获得了重要的发展，其中多数集中在雷达系统应用中，包括探地雷达系统等。

1989年，美国国防部将窄脉冲通信正式命名为UWB技术，并定义了UWB信号的绝对带宽和相对带宽等。

1998年，美国联邦通信委员会开始进行制定UWB的规范。

2002年4月，美国联邦通信委员会对UWB的概念进行了修改，重新定义了UWB信号的绝对带宽和相对带宽等。而UWB技术正式通过美国联邦通信委员会的批准，将3.1～10.6GHz共7.5GHz的频带免授权分配给UWB使用，开始了UWB技术在民用无线通信领域的应用。

2. 我国UWB发展历程

2001年，我国发布的“十五”国家863计划通信技术主题研究项目中把“UWB无线通信关键技术及其共存与兼容技术”作为无线通信共性技术与创新技术的研究内容。

2006年开始进行UWB频谱规划的准备工作。

2008年12月12日，我国的UWB频谱规划正式发布，包括UWB信号的射频指标、应用场所限制、设备核准等方面的内容。

8.1.2 UWB定位技术简介

定位技术是指通过声光以及无线电等方式获取目标当前位置信息的技术；我国常见的定位技术有UWB定位技术、WiFi定位技术、蓝牙定位技术、RFID定位技术、超声波定位技术、红外线定位技术和ZigBee定位技术等，见表8-1。

表8-1 不同定位技术性能对比

定位技术	定位精度	安全性	抗干扰	功耗	传输速率	成本
蓝牙	2～10m	较高	较弱	较低	0.7～2Mbit/s	低
RFID	区域性定位	较低	弱	较低	不支持双向通信	极低
WiFi	5～10m	低	较强	极高	近距离最高300Mbit/s	较低
ZigBee	3～5m	较高	较强	低	250kbit/s	低
UWB	10～30cm	极高	强	低	近距离可达1Gbit/s	高
红外线	6～10m	高	强	高	无	高
超声波	1～10cm	高	强	高	无	较低

1. UWB定位架构

如图8-1所示，UWB定位主要包括定位标签、定位网关、定位引擎/服务器。

1）定位标签：主要用于人员、物料、设备定位，精确地掌握人员、物料、设备的实时位置信息。

2）定位网关：主要用于接收标签UWB信号，从而实现定位的功能，并将数据上传至定位引擎/服务器。

3）定位引擎/服务器：主要通过定位算法，解析标签的实时位置、运动轨迹。

2. UWB定位类别

UWB按照定位的复杂程度，分为零维定位、一维定位、二维定位、三维定位。

1）零维定位：主要用于检测和统计所要定位的电子标签的存在性（存在性检测），通常在区域内安装1台定位网关，适用于小型房间。

2）一维定位：主要用于确定电子标签在区域中的相对位置，通常是直线性部署安装定位网关，适用于管廊、隧道、矿井、巷道等对定位精度要求不高的场景。

3）二维定位：主要用于确定电子标签在平面区域中的具体位置，即需要确定电子标签的x、y坐标，通常需要在区域内的四角安装定位网关。

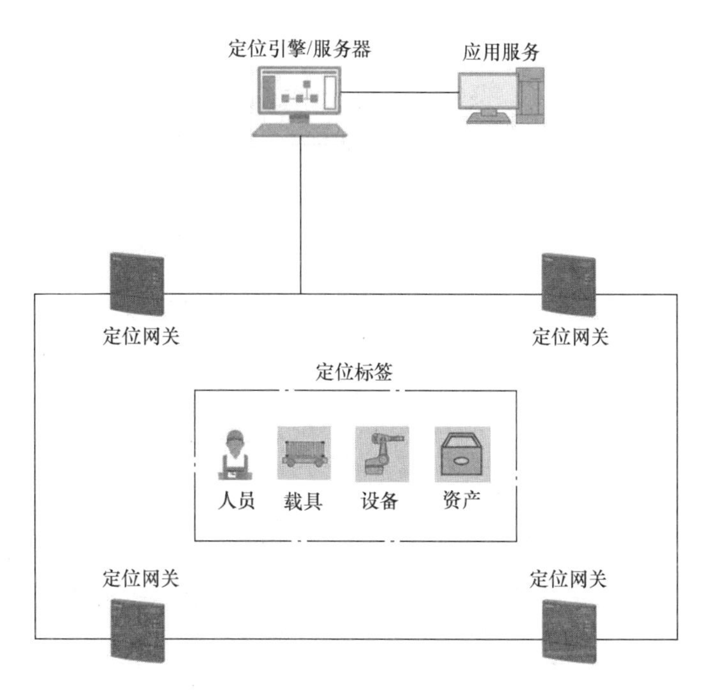

图 8-1　UWB 定位架构

4）三维定位：主要用于确定目标在空间区域中的具体位置，即需要计算出被定位电子标签的 x、y、z 坐标，在定位网关部署安装时需要特别注意 z 轴位置的高度差，以确保在 z 轴上的精确度。

3. UWB 定位算法

定位算法主要包括 TOA、TWR、TDOA 定位技术以及这几种技术的混合使用。

TOA（Time of Arrival，到达时间），如图 8-2 所示。通过测量被测电子标签与已知定位网关间的报文传输时间，计算出距离；采用三个以上的距离值，通过三角定位，计算出被测电子标签的位置；不需要已知定位网关间的时钟同步。

TWR（Two Way Ranging，双向测距），工作原理如图 8-3 所示。设备 A（Device A）主动发送（TX）数据，同时记录发送时间戳，设备 B（Device B）接收到之后记录接收时间戳；延时 T_{reply}后，设备 B 发送数据，同时记录发送时间戳，设备 A 接收数据，同时记录接收时间戳。

根据设备 A 的时间差 T_{round}和设备 B 的时间差 T_{reply}，计算出设备 A、B 之间的信号飞行时间 T_{prop}，进而计算出距离和位置信息。

$$T_{prop}=\frac{1}{2}(T_{round}-T_{reply})$$

由于不同设备间时钟存在偏差，另外信号传递、报文解析存在一定的延迟，1ns 的误差会导致约 30cm 的定位精度误差，因此定位厂家需要在此基础上做进一步的算法处理，来实现更高的定位精度。TWR 示意图如图 8-4 所示。

TDOA（Time Difference of Arrival，到达时间差），通过测量被测电子标签与已知定位网关间的报文传输时间差，计算出距离，进而计算出被测电子标签位置；系统中需要有精确时

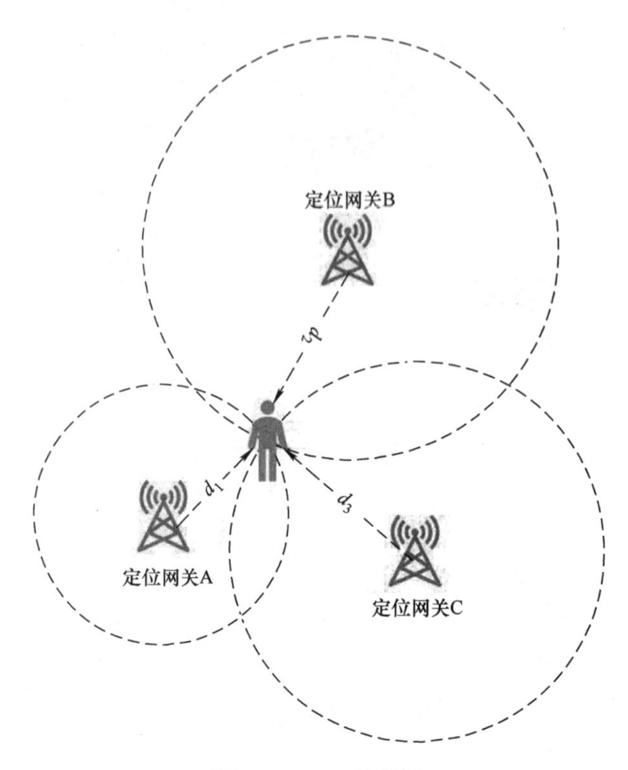

图 8-2　TOA 示意图

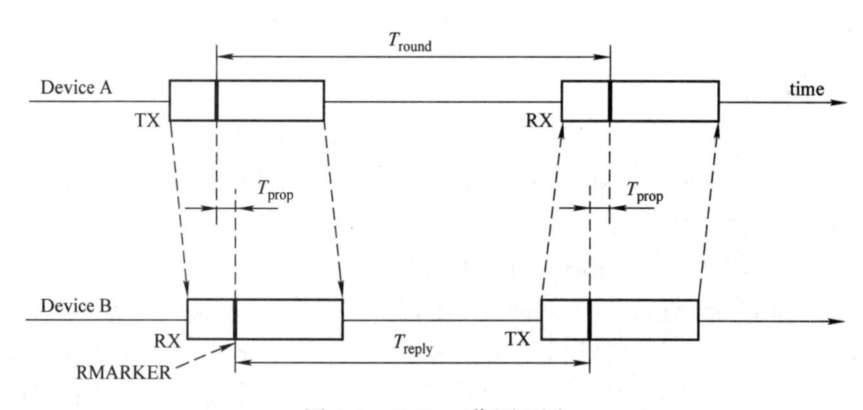

图 8-3　TWR 工作原理图

间同步功能。

时间同步有两种。一种是通过有线做时间同步，如图 8-5 所示，有线时间同步可以控制在 0.1ns 以内，同步精度非常高，但由于采用有线，所有设备要么采用中心网络的方式，要么采用级联的方式，但增加了网络维护的复杂度，也增加了施工的复杂度，成本升高。并且，系统中还有一个专用的时钟同步控制器，综合价格比较昂贵。

另一种是通过无线做时间同步，如图 8-6 所示，采用无线同步一般可以达到 0.25ns，精度稍逊于有线时间同步，但其系统相对来说更为简单，定位网关只需要供电，数据回传可以采用 WiFi、ZigBee 等方式，有效降低了成本。

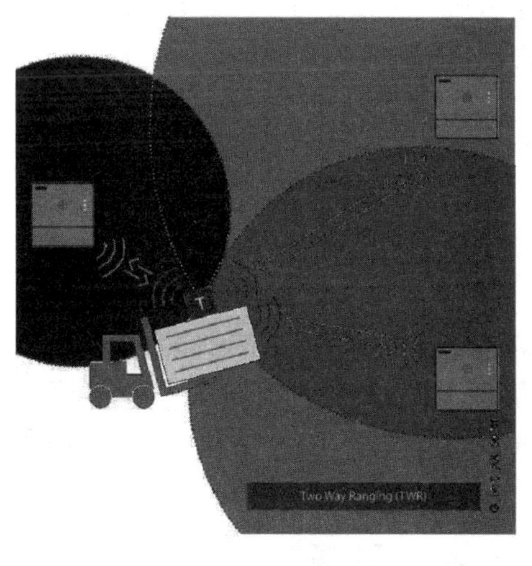

图 8-4　TWR 示意图

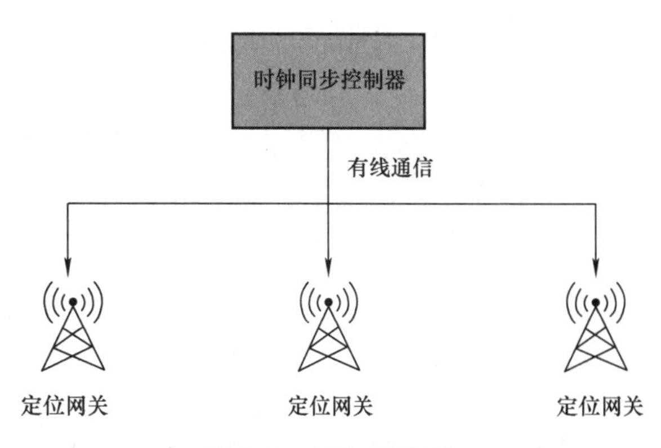

图 8-5　有线时间同步

TDOA 定位不需要进行定位网关和移动终端之间的同步，而只需要定位网关之间进行同步。因为定位网关的位置是固定的，定位网关之间进行同步比定位网关和移动终端之间进行同步要容易实现得多。这使得 TDOA 定位比 TOA 定位要更加容易实现，所以 TDOA 定位的应用非常广泛。

TDOA 定位即双曲线定位，二维定位中需要使用 4 个定位网关；定位网关时间同步之后，电子标签发送一个广播报文，定位网关收到广播包之后，标记接收到此报文的时间戳，并将内容发送到定位服务器；定位服务器根据所有定位网关的定位报文及时间戳，计算出电子标签的位置，如图 8-7 所示。

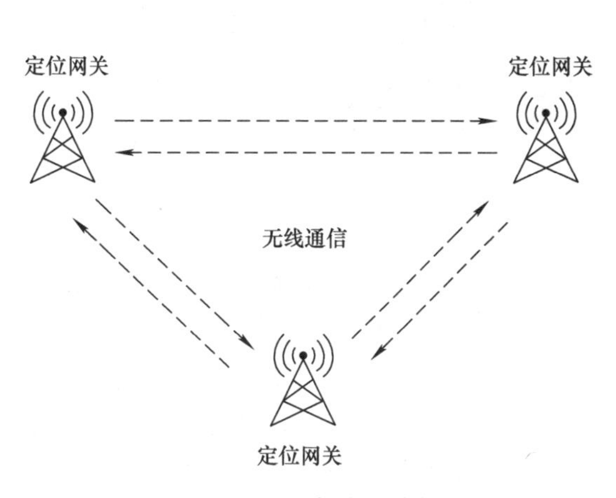

图 8-6　无线时间同步

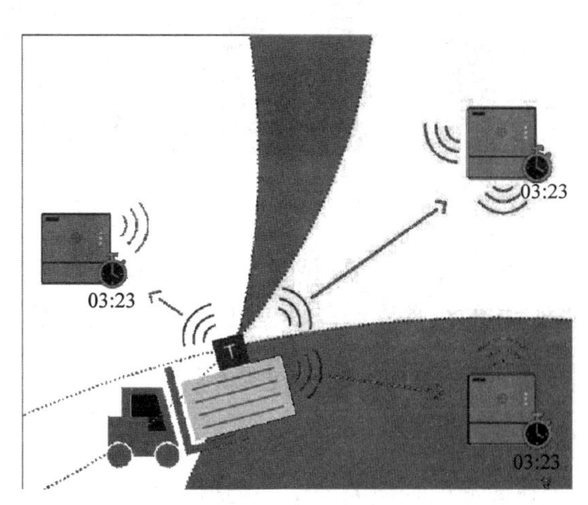

图 8-7　TDOA 示意图

通过测量电子标签到每两个定位网关之间的距离差，距离差等于常量即可绘制出双曲线，而曲线交点即可确定电子标签坐标。该方法实现过程中，电子标签只需要广播一次 UWB 信号即可，因此有利于降低电子标签的功耗及电子标签并发数量。

混合定位技术就是混合使用上述的多种定位技术，通过检测并提取相关的定位参数，用于定位分析。混合定位技术可以运用多种定位参数实现定位，综合不同定位技术的特点，在各种定位技术的特性中取长补短，让最终的定位性能得到优化。

8.2 SIMATIC RTLS

SIMATIC RTLS（Real Time Locating System，实时定位系统）是未来数字化工厂基础设施的关键组件。对于能够自主响应的智能系统而言（如图 8-8 所示，移动机器人、自动导引车和先进自动化软件），需要随时了解其位置和时间信息。SIMATIC RTLS 能实现厘米级精确定位，准确、可靠、实时地向上位系统提供定位信息。使用 SIMATIC RTLS，可实现所有过程的精确数字化映射，涵盖从物料入库到进一步加工和最终装配，帮助企业实现工厂透明化可视化管理目标，为企业数字化转型奠定基石。

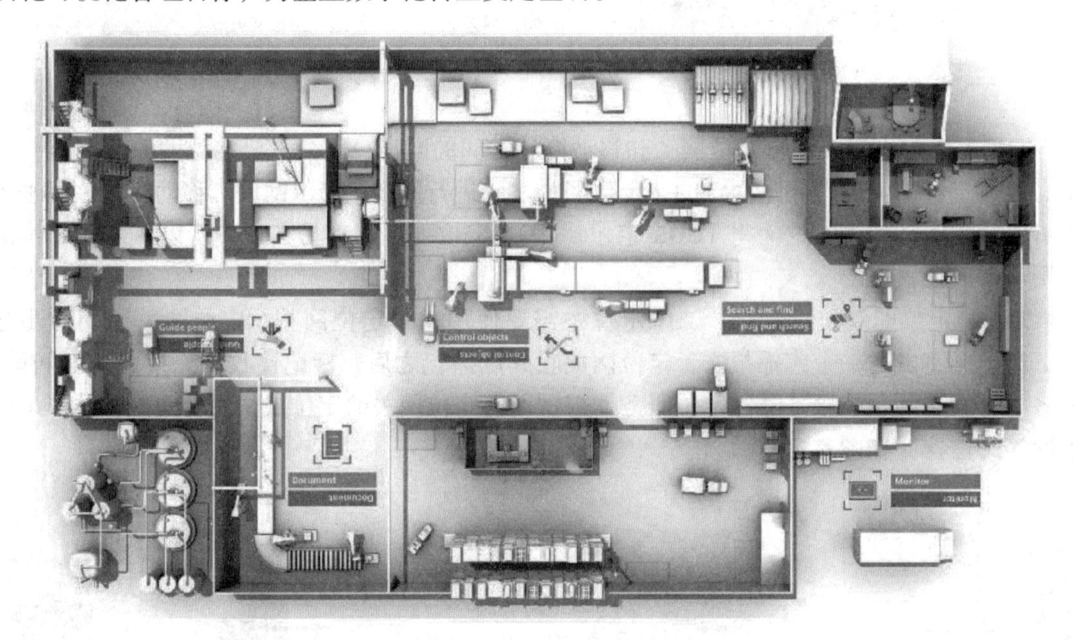

图 8-8　数字化工厂

SIMATIC RTLS 是基于简单架构网络的弹性可扩展定位平台，可提供定制化定位解决方案所需的组件和服务，提供一站式 RTLS 解决方案。系统架构如图 8-9 所示，由硬件基础架构（电子标签、定位网关）、定位管理器和目标系统服务集成三部分组成。电子标签与被管理对象绑定，以规定周期发送位置信号给定位网关；定位网关接收标签信号并附加时间戳，打包传输给定位管理服务器；定位管理服务器计算电子标签的位置坐标，通过规则引擎来定义和编辑位置相关的事件类型，并将详细信息传递给上位系统进行更高级的管理应用。

8.2.1 SIMATIC RTLS 产品家族

产品概览如图 8-10 所示。

1. 电子标签

多种形态、功能的电子标签适用于工件、机器人、物料、载具、人员、工具等移动对象，通过将定位对象与电子标签绑定，定位对象拥有唯一的标识码；电子标签以自定义的频率发送无线定位信号；电子标签还可配备电子墨水屏，可直接显示调度平台推送的消息内容。

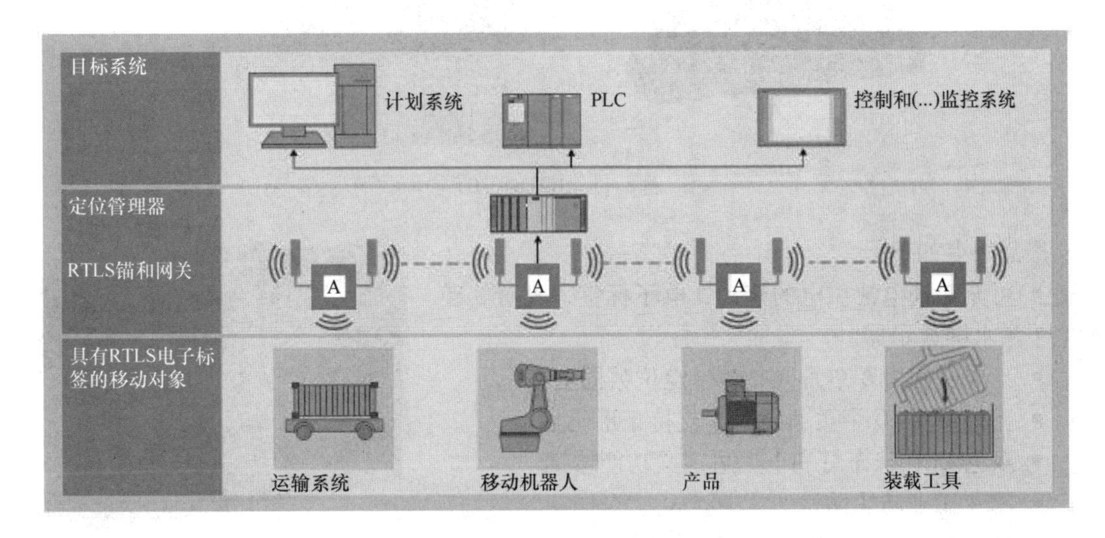

图 8-9 SIMATIC RTLS 系统架构

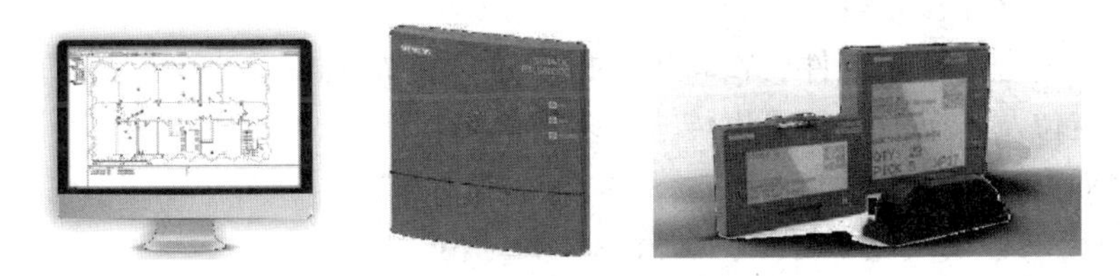

图 8-10 定位管理器定位网关电子标签

（1） SIMATIC RTLS4030T

RTLS4030T 适用于工件、机器人、拖车、安全帽上的小型定位标签，如图 8-11 所示。具有可编辑定位信号发送间隔，定位及传感器数据采集传输等多重应用功能。

产品特点如下：

- 体积小，尺寸为 75mm × 28mm × 28mm。
- CR123A 标准电池供电。
- 工作时间为一年以上。
- 30cm 定位精度。
- 有状态指示灯。
- IP54 工业防尘防水。
- 支持 UWB/2.4GHz Phase 定位。

（2） SIMATIC RTLS4083T

RTLS4083T 适合应用于工件、物料箱、拖车、人员定位，如图 8-12 所示。集成了 3 英寸电子墨水屏，可以实时接收后台推送的数据，如物料名称、代码、数量等，还可以主动刷新屏幕显示关键内容。双向数据传输为无纸化生产提供了技术基础。

图 8-11　RTLS4030T

产品特点如下：

- 可充电锂电池供电的移动式电子标签，配置 3 英寸电子墨水屏显示器。
- 工作时间为 6 个月（1 次/s 定位数据更新）。
- 支持最多 10 个页面显示，支持条形码显示。
- 双色 LED 状态灯和 1 个可定义功能按键。
- IP54 工业防尘防水。
- 尺寸为 91mm × 58mm × 14mm。
- 支持 UWB/2.4GHz Phase 定位。

图 8-12　RTLS4083T

（3）SIMATIC RTLS4084T

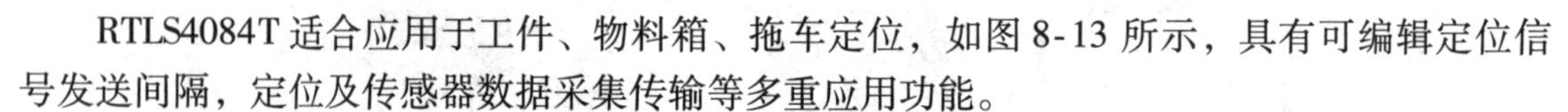

RTLS4084T 适合应用于工件、物料箱、拖车定位，如图 8-13 所示，具有可编辑定位信号发送间隔，定位及传感器数据采集传输等多重应用功能。

产品特点如下：

- 电池供电的移动式电子标签，配置 4.2 英寸电子墨水屏显示器。
- 支持一维、二维条形码在内 20 种字体和字体尺寸可选。
- 状态灯和 2 个可定义功能按键。
- IP54 工业防尘防水。
- 尺寸为 119mm × 97mm × 24mm。

图 8-13　RTLS4084T

（4）SIMATIC RTLS4060T

RTLS4060T 8 针传感器连接器适用于连接多种传感器设备和驱动器，如图 8-14 所示。

产品特点如下：

- 使用外接电源供电。
- IP65 工业防尘防水。
- 尺寸为 151mm × 66mm × 43mm。

此外，西门子还可以针对客户的特殊需求，提供定制化的电子标签解决方案。

2. 定位网关

通过由定位网关组成的无线网络，实时捕获电子标签信号，并绑定时间戳，再将所有数据打包输送至上层定位管理器；定位网关采用 UWB 和 2.4GHz Phase 两种无线技术融合方式，能同时适应室内和室外不同环境应用；IP65 工业防护设计适用于苛刻的工业环境，网络架构易于扩展到更多的定位区域和不同的应用场景，SIMATIC RTLS4030G 如图 8-15 所示。

图 8-14 RTLS4060T

产品特点如下：

- 多模技术应用：高精度定位（UWB 技术）与 2.4GHz Phase（调相技术）通信用于更远距离覆盖。
- 集成天线设计易于快速部署。
- 电源：12/24V DC 支持 POE（以太网供电）或直流供电。
- IP65 工业级防尘防水设计。
- 抗紫外线外壳。
- 电源、信号状态指示灯。
- 尺寸为 180mm × 180mm × 48mm。

图 8-15 RTLS4030G

3. 定位管理器

定位管理器是定位系统的“大脑”，如图 8-16 所示，用于系统配置、地图管理、设备管理，计算各个电子标签实时 *XYZ* 坐标；并提供标准的 API（应用程序接口），向上位系统提供位置、事件等信息。

产品特点如下：

- 支持 Windows、Linux 操作系统。
- 可视化管理。
- 支持 TWR、TDOA 两种定位算法。
- 支持 Microsoft SQL Sever、Oracle、PostgreSQL、MySQL 等数据库。
- 支持标准 API。
- C/S 架构，支持域用户管理。
- 支持最多 10000 个电子标签同时定位。
- 支持地图展示、电子围栏、移动轨迹。

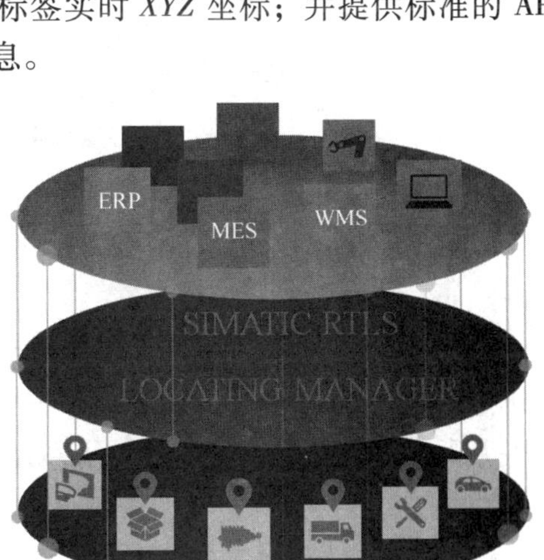

图 8-16 系统架构图

8.2.2 SIMATIC RTLS 主要功能

1. 实时定位

1）SIMATIC RTLS 支持 UWB 和 2.4GHz Phase 两种定位模式，支持 TWR 和 TDOA 两种定位算法（见图 8-17），实时计算分析电子标签的 *XYZ* 坐标信息。

2）支持零维、一维、二维、三维定位以及混合定位。

3）电子标签定位周期可调节，并且支持同一个标签在不同定位区域采用不同方式定位。

4）实时记录存储电子标签坐标位置信息，支持移动轨迹显示及回放，如图 8-18 所示。

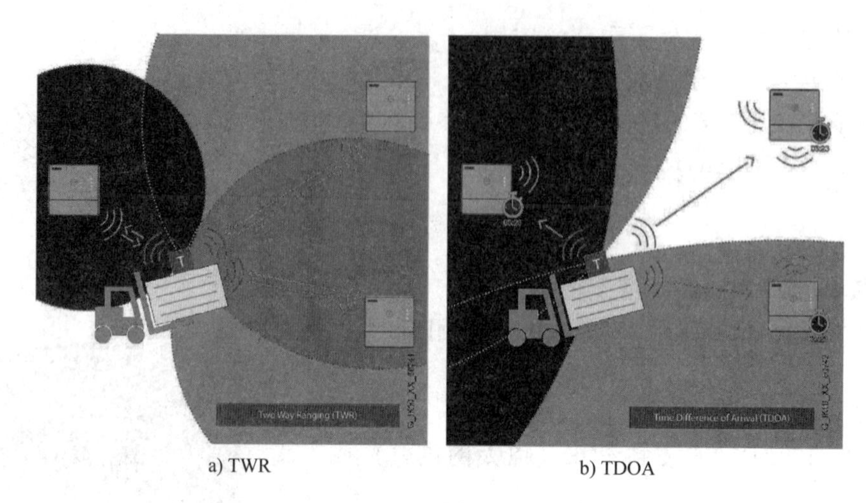

a) TWR　　b) TDOA

图 8-17　SIMATIC RTLS 定位算法

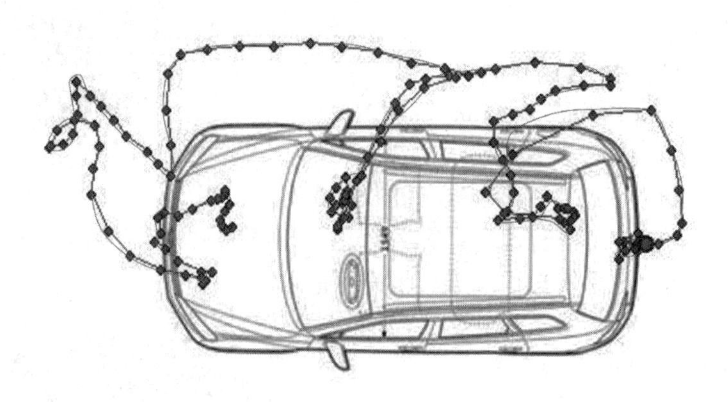

图 8-18　移动轨迹

2. 电子标签绑定、解绑

1）支持手动将电子标签与定位对象进行绑定，支持通过人工扫码、触发电子围栏方式自动绑定，如图 8-19所示，电子标签与定位对象绑定后，电子标签状态为绑定状态。

2）支持手动将电子标签与定位对象进行解绑，支持通过人工扫码、触发电子围栏方式自动解除电子标签与定位对象的绑定关系，并且系统会将电子标签状态设置为空标签状态。

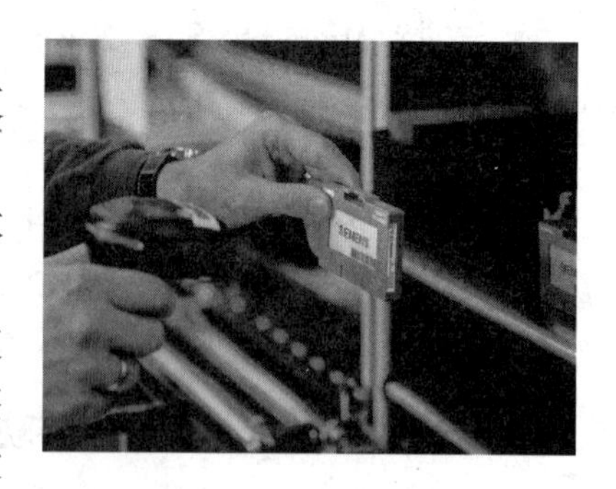

图 8-19　电子标签扫码

3. 电子围栏

1）可在地图上任意设置一个或多个电子围栏，电子围栏可以重叠或交叉，范围可根据实际需要进行设定，没有大小限制，并且在定位系统中可进行命名。

2）电子围栏可以随电子标签移动。

3）系统自动采集跟踪进入、离开电子围栏的电子标签 ID、电子标签类型、时间等信息以及自动统计在电子围栏内停留时长的信息。

4）支持电子围栏事件触发功能。当标签进出设定的电子围栏时，系统可自动触发事件信息给上位系统，实现更高级的逻辑应用。

4. 地图管理

可通过系统导入实际建筑地图，地图和电子围栏等坐标系应保持一致，如图 8-20 所示。

图 8-20　地图展示

5. 电子墨水屏

1）SIMATIC RTLS 电子墨水屏标签不仅可以实现移动定位对象的高精度定位，同时也能支持实现企业无纸化生产的工作目标。

2）支持通过 MES、ERP 等系统下达调度指令信息到电子标签，工作人员可直接通过电子标签查看调度信息，或扫描条形码作业，如图 8-21 所示。

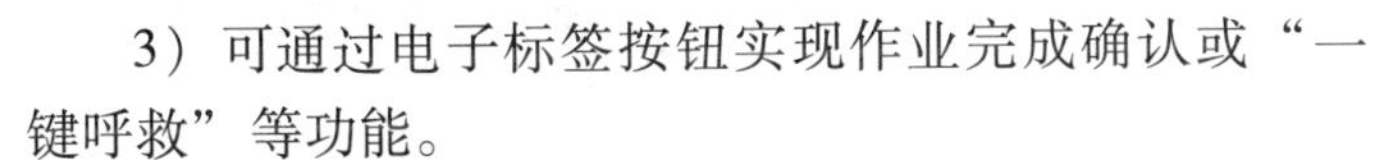

3）可通过电子标签按钮实现作业完成确认或“一键呼救”等功能。

4）可根据实际需求设计电子标签模板，并且可通过软件平台切换模板显示，电子标签支持存储 10 个模板。

图 8-21　墨水屏显示

6. 设备管理

1）网关管理：系统实时监控所有定位网关的状态，当其中一个定位网关断开连接或故障，系统可以继续正常工作，并且系统会给予报警提示，同时支持给第三方系统提供数据接口。

2）电子标签管理：系统可以对电子标签状态、类别、定位区域等进行分类管理；系统提供电子标签电池电量、电压等信息，方便提醒客户及时充电或更换电池。

7. 接口管理

1）SIMATIC RTLS 支持主流通用数据库，如 Microsoft SQL SEVER、Oracle、PostgreSQL 等。

2）系统可以通过标准 TCP/IP 接口与上下游或第三方系统间进行接口集成及管理。

3）除对外输出位置坐标数据外，还可以激活或关闭其他数据输出，如定位网关信息、电子标签设备信息、电池电量信息等。

4）电子墨水屏标签支持独立接口，第三方系统可直接与电子墨水屏进行信息交互，并提供开发示例报文。

5）支持 SIMATIC TIA 博途软件集成，提供西门子官方 TIA 博途软件功能库，如图 8-22 所示。

8. 用户管理

1）支持在定位管理器中创建标准的用户、角色、权限三层管理模型。

2）系统可根据不同的角色进行权限划分。

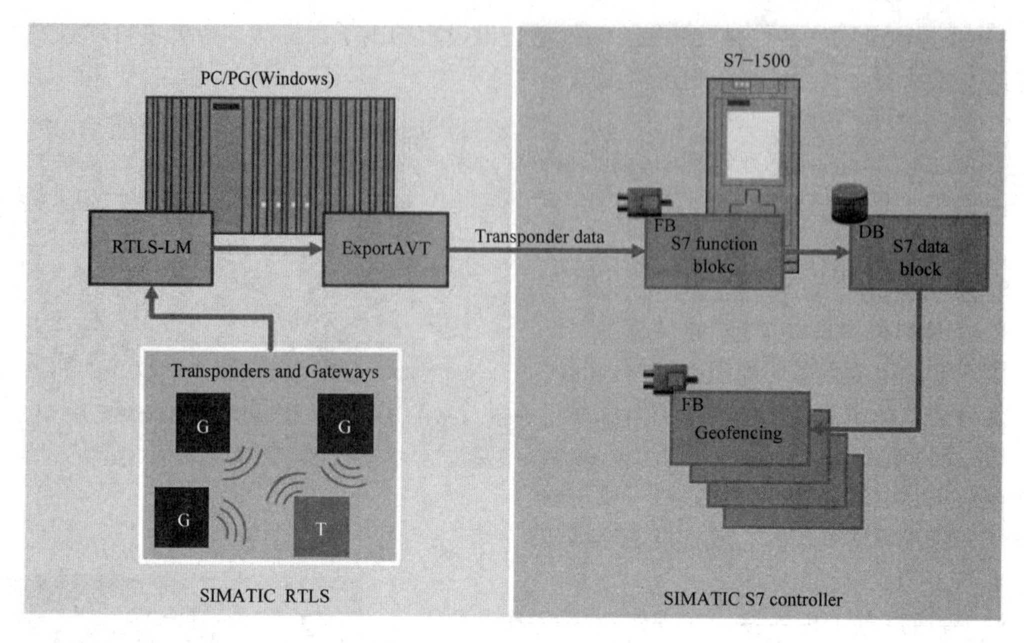

图 8-22 TIA 博途软件集成

3）系统操作员权限：可查看定位系统地图视图，定位对象实时移动轨迹、历史轨迹，系统配置参数等，无法修改系统配置。

4）系统管理员权限：拥有系统操作员的全部权限，另外拥有调试权限，可以修改系统参数配置，调整网关、标签配置信息，可增加、删除、分配用户账号、角色、权限等。

9. 其他

1）灵活、开放、稳定。

2）定位管理器支持 Microsoft Windows、Linux 主流操作系统部署。

3）标准 API，与第三方系统无缝兼容。

4）支持西门子整体解决方案，定位网关部署除了支持有线以太网，还支持无线以太网方式接入；基于环形、星形等多种网络架构，提高 SIMATIC RTLS 稳定可靠性，如图 8-23 所示。

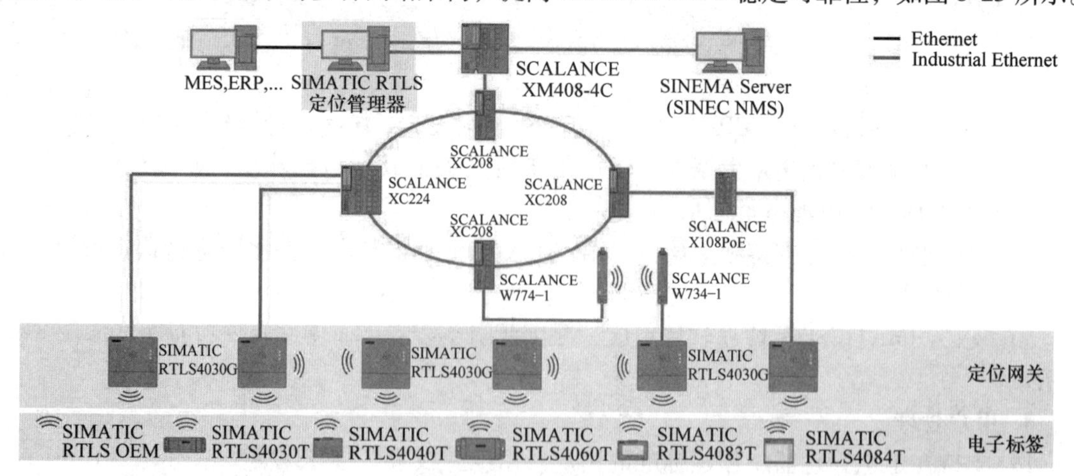

图 8-23 网络架构

8.3 SIMATIC RTLS 行业应用

8.3.1 汽车行业应用

汽车是高新技术的结晶，汽车智能制造也是我国智能制造最高水平的产业之一。SIMATIC RTLS 助力车企对人员、设备、物料、工具、移动载具等进行透明化管理，帮助企业提高生产节拍，增强柔性生产稳定、可靠性，降低人机交互作业安全风险。图 8-24 是 SIMATIC RTLS 在汽车行业应用的系统架构图，从图中可以看出，一套系统就可以同时对车身、车门、工具、工人、AGV（自动导引运输车）、仓储物流等不同的对象同时进行定位；系统灵活、可扩展性强，采用最简单的架构，易于部署，方便使用和集成到管理平台。

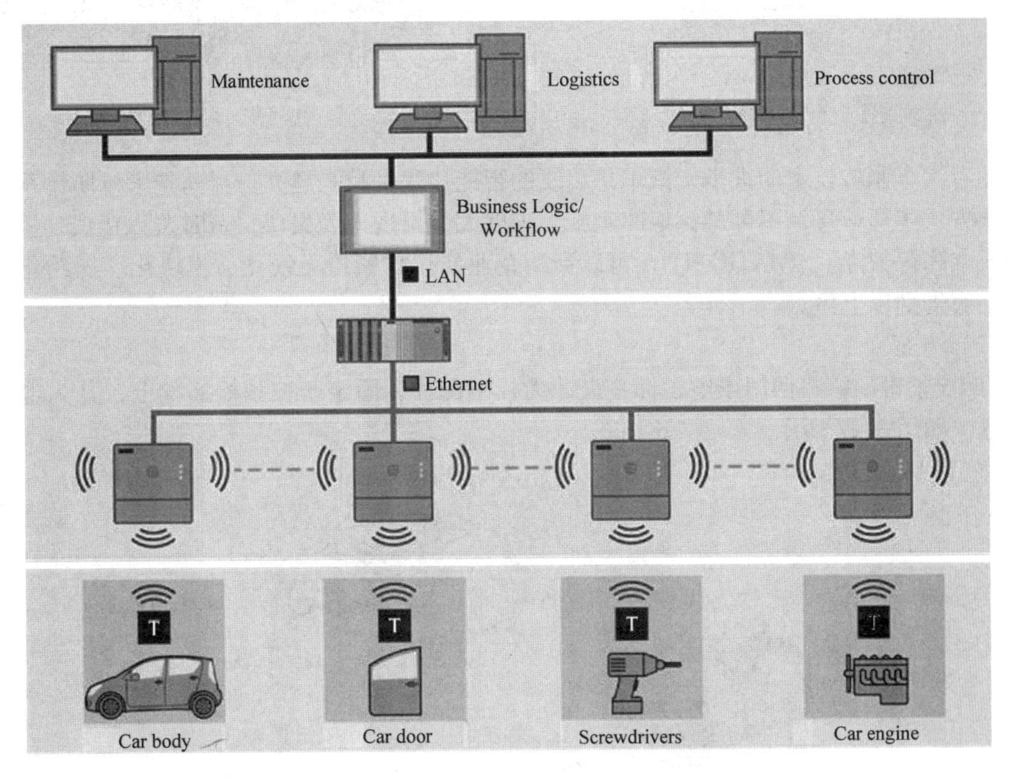

图 8-24 SIMATIC RTLS 在汽车行业应用架构

1. 车身追踪

1）定位系统支持车辆位置显示 2D 画面，可根据输入车辆订单号、车身信息，进行车辆位置查询功能。

2）系统支持查看车辆的历史移动轨迹，并可形成移动速度、密度等热力图。

3）支持对车身划定电子围栏范围，并且电子围栏可跟随车身移动，如图 8-25 所示。

2. 工具管理

（1）背景概述

拧紧操作是汽车总装线非常重要的装配内容，如图 8-26 所示，对于像安全带、轮胎等关键零部件的扭矩紧固点，一般采用高精度拧紧枪拧紧。拧紧枪具有拧紧扭矩精度高，实时上传扭矩及拧紧曲线数据，以及通过设定约束条件，探测重拧、黏滑、滑牙等多种拧紧缺陷并报警的优点。

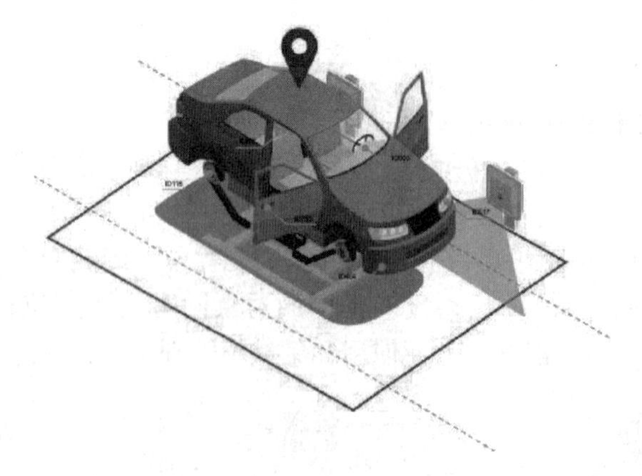

图 8-25 车身示意图

图 8-26 拧紧枪应用

随着汽车制造技术的进步，汽车总装线的智能化水平越来越高。目前拧紧枪防错系统依靠有线方式传递信息，不可避免地产生施工难度大，出现人为失误，费时费力费钱，检修及维护成本高等缺点。SIMATIC RTLS 可以帮助企业实现拧紧枪无线化、模块化、简约化的应用，彻底告别以上痛点。

（2）方案介绍

1）拧紧枪厂家将西门子电子标签设计为标准配件，固定于拧紧枪插槽上，并为电子标签供电，如图 8-27 所示。

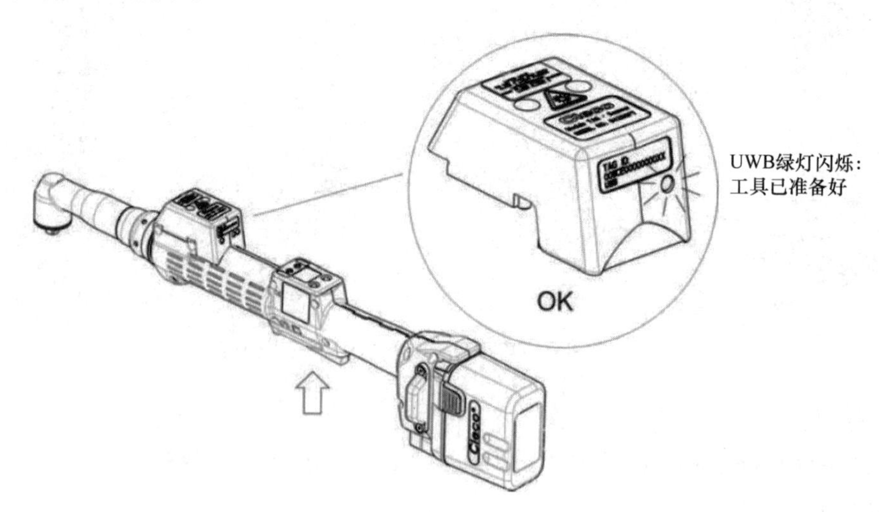

图 8-27 拧紧枪标签示意图

2）基于 SIMATIC RTLS，实现拧紧枪厘米级的定位精度。

3）基于拧紧枪和被操作的在制品（如车身）的相对位置，实现工具的自动控制，例如，切换扭力程序设置。

4）结合工具的传感器技术，可进一步提高定位精度。

5）基于电子标签，将拧紧枪与使用者进行虚拟绳索绑定，平台实时记录拧紧枪的位置信息、工作状态、用户信息、参数信息，方便统计和后期追溯，如图8-28所示。

6）基于工具操作历史数据的工具管理，工具校准合规管理，监测故障时间。

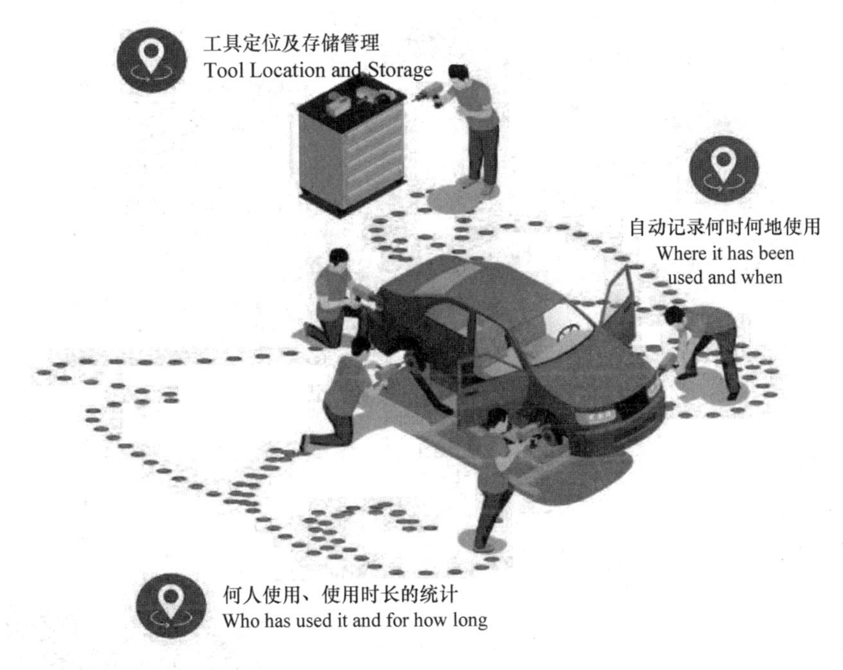

图8-28　拧紧枪追踪示意图

（3）企业收益

1）透明化管理工具，提高拧紧枪的可用性和效率。

2）提高工具利用率。

3）对人工工作的自动记录，实现更高等级的质量管理。

4）避免差错，改善品控，削减产线上的时间开销。

5）通过排除人为错误提升质量。

6）帮助实现柔性化产线，提高生产节拍。

7）西门子已经与拧紧枪厂家合作，为Apex、AMT、Atlas Copco提供OEM电子标签，为车企提供基于高精度实时定位的拧紧枪管理方案。

3. 无纸化生产

西门子提供的集成了电子墨水屏的定位标签不仅可以实现移动对象的高精度定位，同时也能支持实现客户无纸化生产的工作目标。

通过MES、ERP等系统下达调度指令信息到ePaper3电子墨水屏标签，工作人员可直接通过标签查看调度信息，或扫描条形码作业，如图8-29所示。

通过扫描ePaper3显示屏上的条形码来完成物料关联。将标签绑定给订单后，订单详细信息（订单ID、产品编号、下一个站点等）将显示在ePaper3电子墨水屏上，并在进入或离开地理围栏时进行更新。这样，可以去除实物表单而动态更新订单信息。

可根据实际需求设计标签模板，并且可通过软件平台切换模板显示，电子标签支持存储10个模板。

可通过电子标签按钮实现作业完成确认等功能。

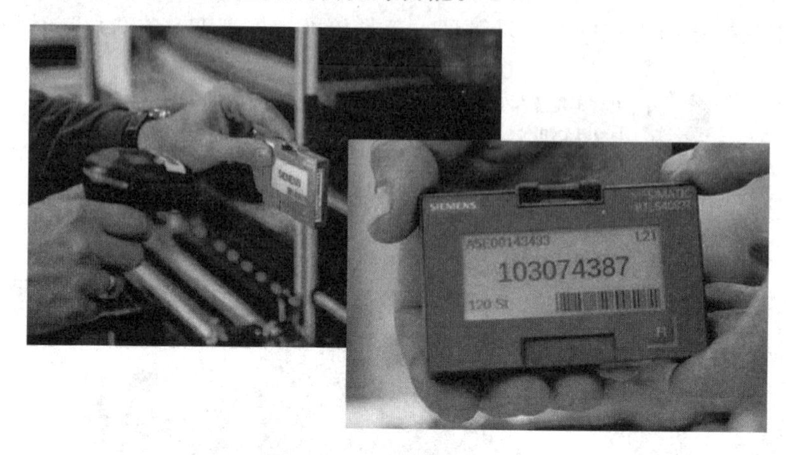

图 8-29 无纸化生产应用

4. 物料管理

通过对载具或物料的定位，实时掌握、优化物料配比，减少因物料分配不当造成的人员、设备、物料等待时间，提高供应链精益管理效率。

（1）方案介绍

将工件、配件或原料箱绑定电子标签，进行实时定位，如图 8-30 所示。

图 8-30 载具应用示意图

SIMATIC RTLS 将物料实时定位数据传递给 MES、ERP 等系统，系统根据不同资产的位置信息，来进一步优化控制生产步骤以及物料分配。

（2）企业收益

1）使能追踪搬运中的物料，由此可实现灵活制造的思想。

2）透明的物流数据提高过程控制效率，对生产制造过程的短期影响能快速响应。

3）根据完整的搬运过程数据，能优化制造流程和物流处理。

4）产品缺陷和涉及的问题产品批次可追踪溯源。

5）为适应生产计划的动态变化，物料可在工厂仓库车间全程定位。

6）记录物料运送数据，及时发现不同区域因物料运输产生的风险并提前预警。

7）满足对于物料使用的自动登记存档的合规要求。

5. 物流交通管理

企业车间物料运输路线上无交通控制，现场拖车和 AGV 自由行驶于路口，由驾驶员自觉避让通行。AGV 有防撞系统，但容易在路口超时停留，因此整体物流运输效率较低。SIMATIC RTLS 对拖车、AGV 等进行实时定位，结合交通控制系统，优化交通管理，有效提高物流运输效率，降低碰撞风险，如图 8-31 所示。

图 8-31　物流交通管理

(1) 方案介绍

1) 定位系统与交通管理控制关联。

2) 监测路口电子围栏内无其他车辆时全向绿灯，自由通行。

3) 根据到达交叉路口区域的车辆定位结果，依据车辆类型和订单优先级，自动控制路口交通灯，使各类车辆通行有序，高效安全，如图 8-32 所示。

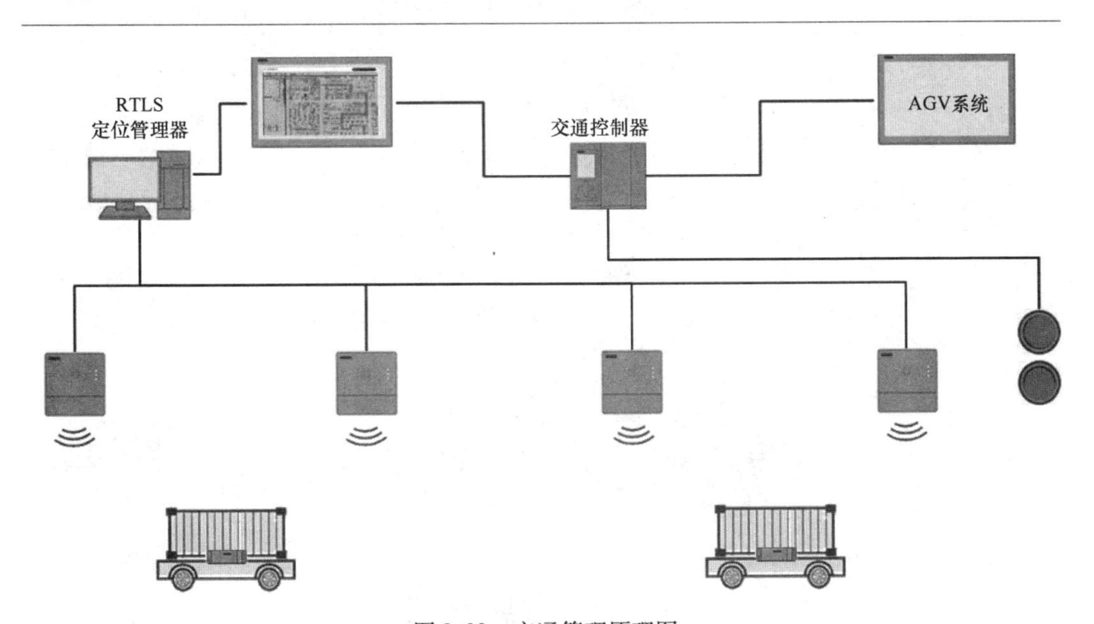

图 8-32　交通管理原理图

(2) 企业收益

1) 提高物料运输透明化管理。

2) 提高线边物料补充效率。

3) 防止交通路口成为物流操作瓶颈。

4) 保护车辆和人员安全。

5）UWB 技术与 WiFi 无线互不干扰。

6）除了以上应用场景介绍，西门子在汽车行业还有很多应用，包括室内场景和室外场景；目前，西门子已经在全球范围内很多汽车企业大范围部署 RTLS，给汽车企业数字化转型提供了有力的基础设施。

8.3.2 水处理行业应用

1. 背景概述

污水处理的建设形式分为地上式和地埋式。地上式占地面积较大，土地资源浪费严重，不可避免地会对周围环境和居民生活产生一些不良影响。随着城市化进程的快速发展和城区外扩，原规划在城市边缘的污水处理厂逐渐被城市包围。而地埋式污水处理厂由于处于地下全封闭状态，对周围环境的影响较小、协调性强、可节约土地资源、防止周边土地贬值，特别适合在土地资源高度紧张、环境要求高的地区建设。因此越来越多的污水处理厂选择采用地埋式的建设方式，如图 8-33 所示。

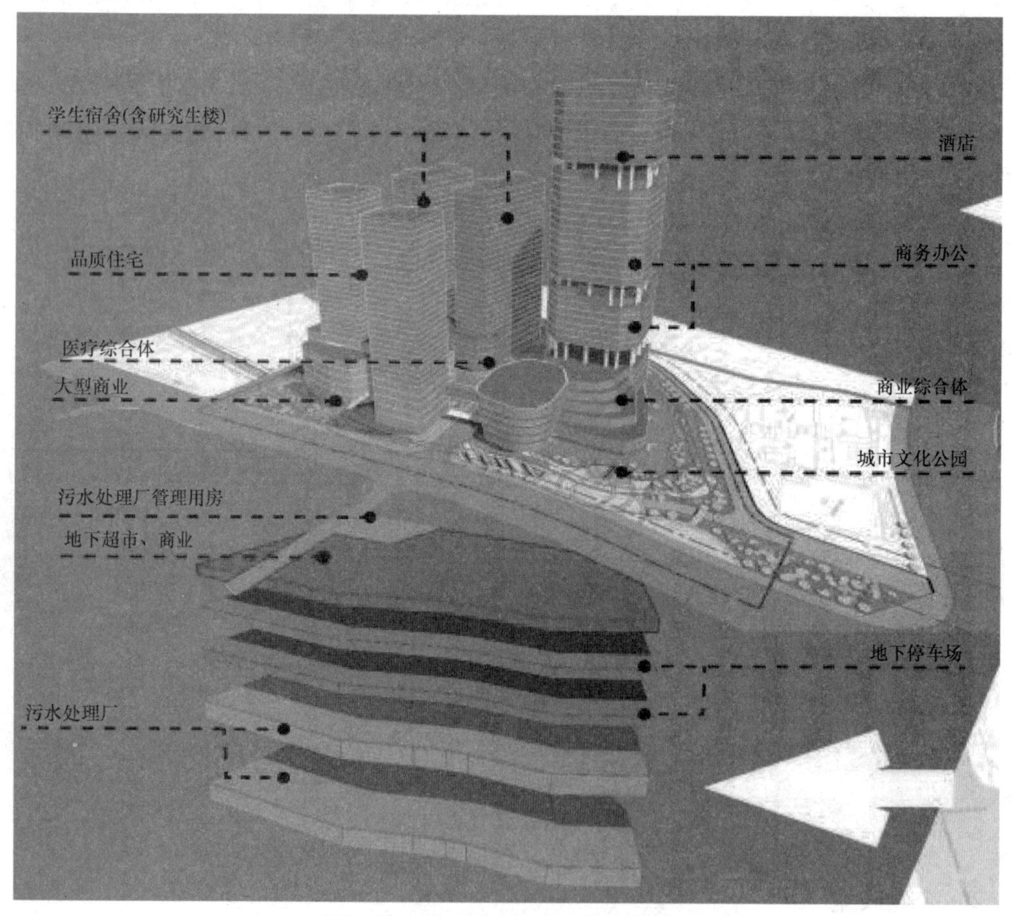

图 8-33 地埋式污水处理厂示意图

目前地埋式污水处理厂一般深达二三十米，地下溶洞复杂、场地条件狭窄，因此 4G、5G 通信基站的信号无法为作业现场提供服务，现场运维人员的实时状况也难以获得有效跟踪，如图 8-34 所示。因此污水处理厂的设备资产以及工作人员的生命安全都面临着极大的挑战。而且，目前地埋式污水处理厂设计中缺少与之相关配套的劳动保护、消防、安全卫生法律、法规，各专业设计规范也都比较缺乏，因此一个能实时定位污水处理厂运维人员，可进行数字可视化管理的人员定位系统成为必然选择。

图 8-34 污水处理厂地下场景

2. 方案介绍

1）对厂内重点定位区域部署定位网关，根据不同的定位要求，网关间距不一，网关安装高度 2.5 ~ 3.5m，网关采用 POE 方式供电。

2）根据不同的定位对象选择合适的电子标签：用于安全帽的小型电子标签 RTLS4030T，支持消息显示、按钮确认、胸卡大小的 3 英寸电子墨水屏标签 RTLS4083T，4 英寸电子墨水屏标签 RTLS4084T。

3）网络架构可采用管理型 POE 交换机搭建的环形、星形网络或采用非管理型 POE 交换机搭建的线性网络，如图 8-35 所示。

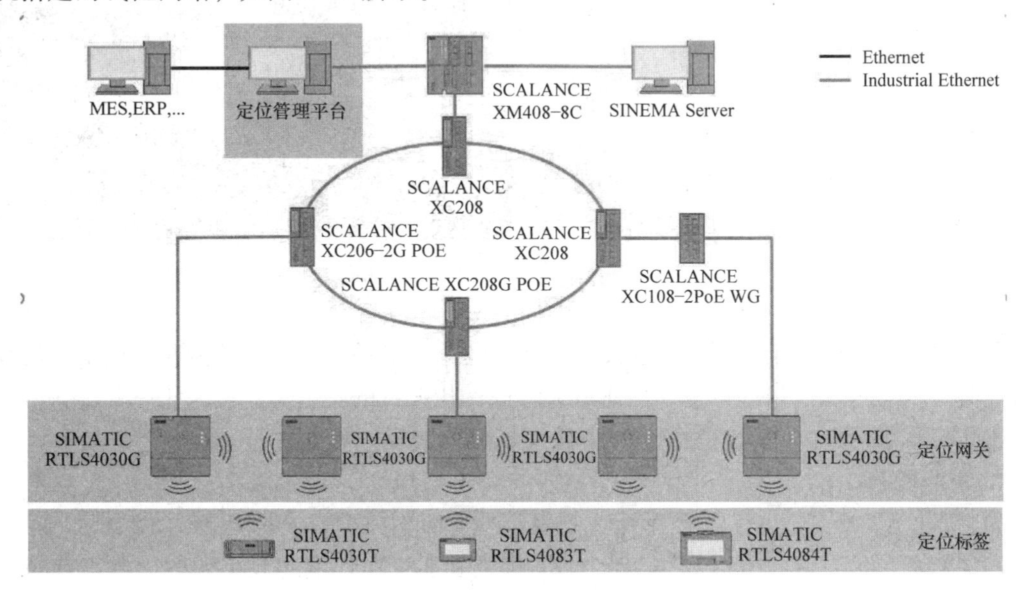

图 8-35 污水处理厂网络架构

4）上层部署一台定位管理器，用于实时计算定位对象的位置信息，并提供通用的 API，支持与其他第三方系统集成。

5）可选择部署一套 SINEMA 服务器，用于交换机管理、运维。

3. 功能应用

员工佩戴定位标签或用便携的终端设备绑定电子标签（如工作平板电脑、手持终端）。定位管理平台可以实时查看当前人员位置，如图 8-36 所示，并进行历史移动轨迹追溯。也为水务信息化大数据采集了基础人员设备位置信息，方便对污水处理厂的巡检不断优化，提高运营效率，实现高可靠、精细化运营。

图 8-36　定位追踪

调度平台可以通过定位系统对巡检人员进行灵活调度，就近安排工单并监控作业完成情况，员工也可通过电子墨水屏标签上的按钮进行“作业确认”，无须使用传统的无线电对讲机方式，如图 8-37 所示。

图 8-37　传统无线电通信

定位管理平台与闭路电视摄像头联动，自动调度摄像头，回传到运维平台的大屏中，方便重点危险区域安全监管，另外方便对巡检人员的快速查找识别，如图 8-38 所示。

提供工作历时记录，对巡检人员的越界及滞留预警、长时间静止预警。一旦发生危险，巡检人员可以一键呼救报警，运维人员也可以快速查看巡检人员的精准位置，从而最大程度保护人员的安全。

提供标准的 API，可以与各类第三方系统集成。

4. 企业收益

1）优化运营维护，提高运营效率，提高巡检等级，减少查找时间。

2）提高现场危险区域的人员安全性，实现了真实工作环境的数字映射，对审计核查提供最佳依据。

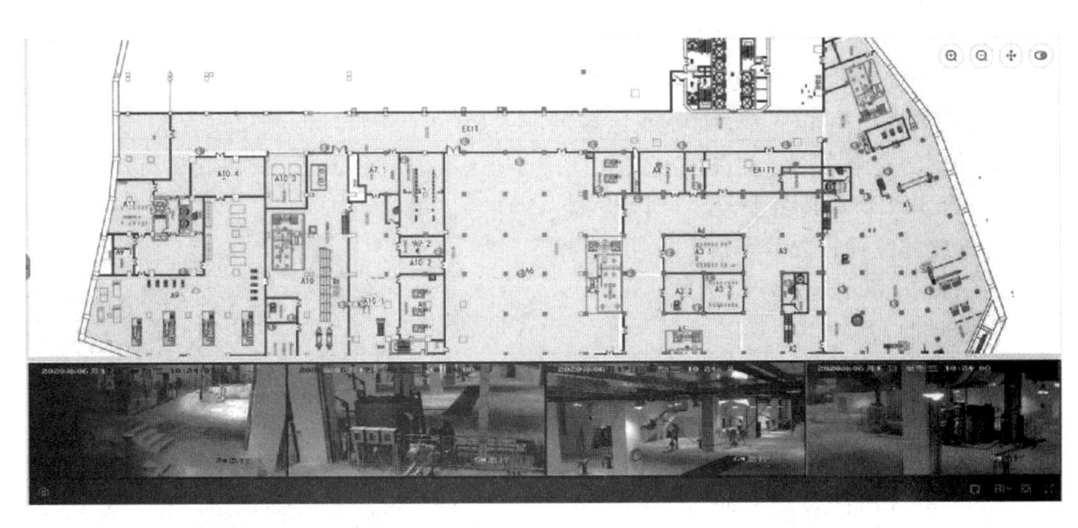

图 8-38 安防摄像头调度

3）提高可视化管理水平，为水务信息化大数据采集基础人员设备位置信息。

4）重新定义传统生产管理模式，实现高可靠、精细化运营。

5）根据实时定位坐标与周边监控摄像头联动，自动调度摄像头，极大提高闭路电视效率和准确性，精确保护现场员工安全。

8.3.3 其他应用场景

1. 仓储叉车应用

监控仓库、生产区域的叉车、人员工作状态，在仓库管理系统（WMS）内自动映射动态的仓库管理信息，实现叉车管理透明化，提高人员、设备安全，如图 8-39 所示。

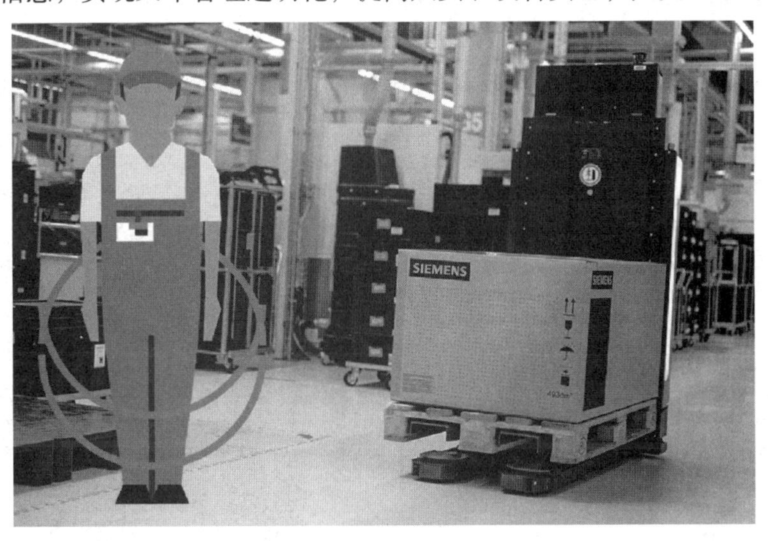

图 8-39 叉车应用

（1）方案介绍

1）为叉车安装电子标签，根据实时位置来智能调度；持续监控车辆的位置、状态、性能等信息，并且可以传输给中央控制系统。

2）由叉车处理的货物搬运的数据可被自动记录和追溯。

3）电子围栏功能实现叉车对特殊区域的准入控制（例如，走道和收货区），也可以保证人员与叉车的安全距离，提高人员安全。

4）结合 RFID 等识别手段，可以检测货物运输存放的位置、数量等信息，便于物料快速、精确查找，如图 8-40 所示。

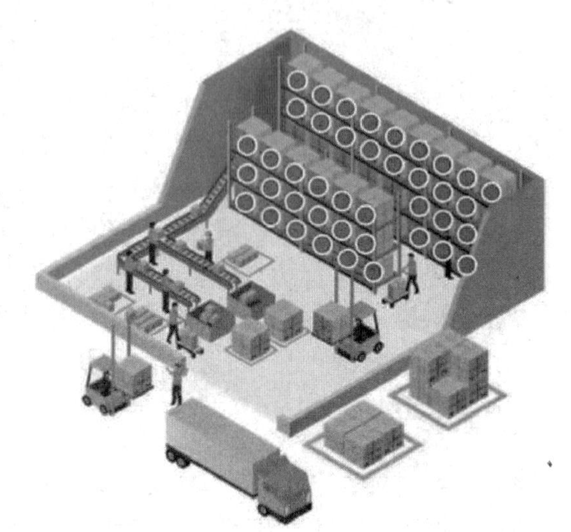

图 8-40　物料精确定位

（2）企业收益

1）根据叉车和需要搬运的货物的实际位置，通过中央控制系统优化行驶路径和派发工单，人力和设备资源利用率最大化。

2）相对其他解决方案，涉及系统架构改造最小，因此效果更显著，更易于部署实施。

3）提高仓库空间利用率（动态规划存放位，货物摆放更加灵活）。

4）由于仓库操作过程被自动记录，减少了物料查找过程。物料位置实时自动更新。

5）叉车工作路径和物流管理的持续优化。

6）结合 RFID 等其他识别方式，物料位置、数量透明，通过与 MES、ERP 等价值链、供应链系统整合，给企业的管理模式优化提供更好的基础设施。

2. AGV 管理应用

对 AGV 进行实时定位，基于 AGV 位置信息、生产数据、设备利用率等对 AGV 进行动态调度，提高 AGV 物流效率，如图 8-41 所示。

图 8-41　AGV 应用

（1）方案介绍

1）为 AGV 导航提供确切位置，通过中央控制系统对 AGV 进行控制调度。

2）对工作范围内的移动对象定位追踪。

3）根据 AGV 和搬运对象位置确定最佳待选路径。

4）基于 AGV 位置信息、货物位置信息、目标位置信息以及 AGV 的工作状态，通过就近的“空”状态，AGV 搬运货物到指定位置，计算任务完成时间，并持续优化 AGV 管理调度。

5）SIMATIC RTLS 可以与现场无线 WiFi 共存，相互不干涉。

（2）企业收益

1）根据 AGV 和需要搬运的货物的实际位置，

通过中央控制系统优化路径和调度，人力和设备资源利用率最大化。

2）减少“空”车状态 AGV 数量，减少 AGV 总数量。

3）减少 AGV 搬运时间，改善计划中的等待时间，减少相互冲突的目标，提高运输质量。

4）减少库存和维护成本。

5）由于对搬运动作有了自动记录和追溯，减少了查找的过程步骤。

6）系统更加灵活，易于调整以适应产线调整或工厂布局修改。

7）通过 AGV 完成生产部件的搬运，实现更高的生产设备利用率和制造灵活性。

3. 物料箱应用

通过 SIMATIC RTLS 实现物料箱三维定位，将物料箱转运状态透明化，确保物料箱在正确的时间位于正确的地点，能够快速响应供应链的物料短缺问题，优化生产流程；自动记录物料箱历史状态数据，保证服务品质，优化服务流程；通过降低库存改善成本压力，如图 8-42所示。

图 8-42 物料箱管理应用

当今市场瞬息万变、竞争加剧，客户定制化需求增多，要求产线有更大的柔性。工业实时定位成为促进制造业数字化的关键技术，帮助企业改善生产过程和整个物流，使全范围、全过程实现数据可视化，提高时效性，并且避免错误。SIMATIC RTLS 适用于复杂工业环境，融合多种不同的定位技术，保证定位的准确性和时效性，真正做到高精度实时定位。除了以上重点列举的应用场景外，SIMATIC RTLS 可应用场景非常广泛，冶金、电力、石化、管廊、隧道、矿井、半导体、智慧楼宇等诸多行业都可以实现不同的场景应用。

第9章 工业通信前沿技术介绍

9.1 TSN原理及应用前景

9.1.1 TSN概述

随着工业4.0和工业互联网技术的快速发展，生产过程中的数字化技术不断提高，大量设备的通信对设备间的互联互通提出了更高的要求，这要求工业通信越来越具有开放性、稳健性、确定性和灵活性。只有通信和响应极其敏捷的产线才能确保快速可靠地生产并同时满足严格的交付计划。信息技术（IT）系统对数据的开放访问看得更重，而工业控制系统把实时通信放在首位，这也是许多工厂分开运营维护这两个网络系统的重要原因。面对日益增长的数字化需求，这种分离现在必须由开放的、允许灵活性和确定性生产的端到端网络所取代。

数字化转型给工业通信设置了非常高的标准，凭借现场层的PROFINET技术和控制层的OPC UA技术，西门子一直致力于推动基于开放通信标准的工业以太网技术快速发展。如今西门子又进一步将时间敏感网络（TSN）标准应用于工业以太网，如图9-1所示，从而在工业网络中实现预留带宽、服务质量（QoS）机制、低传输延迟以及多种通信协议（包括实时以太网协议）的并行传输。

图9-1 时间敏感网络

TSN在IEEE 802.1框架范围内创建了标准的技术基础，以保证QoS和以太网日益增长的需求。TSN包含多个独立的标准，这些标准只属于OSI通信的第2层，这意味着使用TSN，用户接口将保持不变。从汽车工业到机械制造，或是食品饮料等，西门子将凭借TSN

打造工业网络的数字化转型——从现场层和机器对机器（M2M）通信到控制层和操作层。

目前TSN已经有了良好的开端。作为其持续开发的一部分，LNI4.0（Labs Network Industrie 4.0，工业4.0网络实验室）正在对TSN进行测试。LNI4.0连接了遍及德国的测试环境和装置，以推进工业4.0的发展，西门子是创始成员之一。与许多其他工业企业一道，LNI4.0正在尽其所能地测试来自不同供应商TSN产品的互操作性，并依托其测试床研究评估TSN在M2M网络通信和机械设备之间的网络连接至云端方面的潜力。

TSN对现有IEEE标准的影响仅限于OSI通信的第2层，如图9-2所示。TSN不是通信协议，而是一项基本技术。在未来几年里，这项技术将成为PROFINET和OPC UA发展的“加速器”。

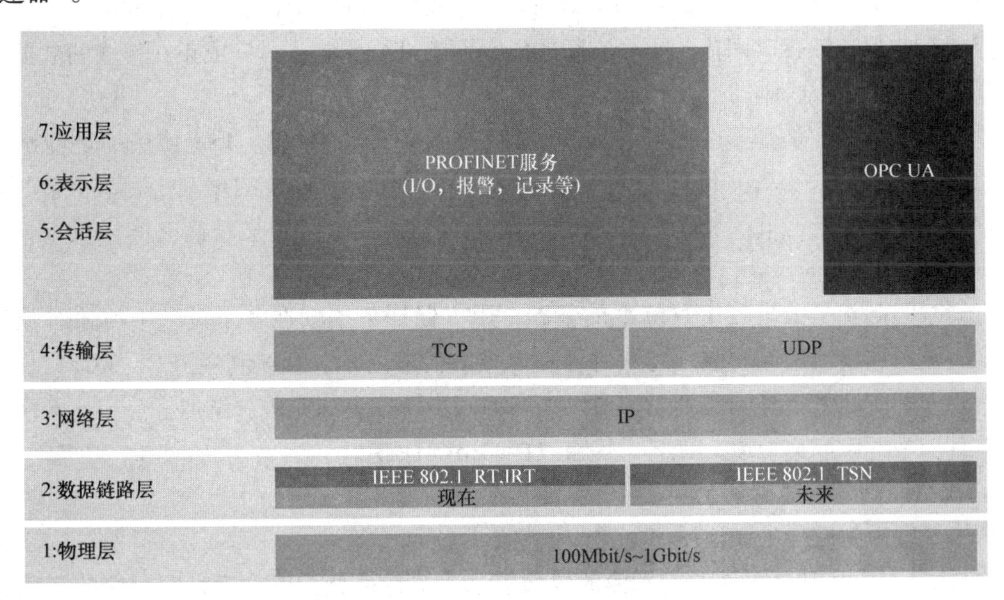

图9-2 TSN在OSI参考模型中的数据链路层

9.1.2 TSN核心原理

TSN基于以太网技术提供确定性的、时延可预测的传输能力，适用于不同工业场景下的多种类型的应用，解决具有不同特征、不同类型的应用中确定性的传输问题。目前在业界共同推动下，TSN的新机制已基本形成，关键核心技术包括通过测算传输时间来优化以太网帧传输优先级的时间感知调度机制、对关键帧传输进行预测的保护频带与帧抢占机制、同步全网设备时间周期的同步机制、对关键流量进行操作便于传输的流量整形机制、防止网络故障导致数据丢失的冗余链路机制等。

1. 优先级时间感知调度

目前，网络通信传输调度机制是基于排队原理的规则，如果当前正在传输某个较低优先级的以太网帧，即使后续的以太网帧具有最高优先级，网络也会推迟其他以太网帧的传输进程。为了改善这个情况，TSN提出了一个关键技术组件——时间感知调度程序。时间感知调度程序由IEEE 802.1Qbv协议进行定义与发布，主要用于计算各帧的传输时间以分配这些帧的传输优先级，并通过这些技术手段来确保网络在有效时间内转发和送达数据。

2. 保护频带和帧抢占

传统网络“尽力而为”的传输模式可预测性非常差，一个“尽力而为”的数据包何时传输很难被准确地预测，这将会导致出现计划外的传输冲突。为了避免这种可能的冲突，时间敏感调度程序中引入了“保护频带”机制，从而为基于时间片划分的传输模式提供较好的传输隔离服务。这些保护频带被设在非时间敏感的时隙的末尾，占据该时隙的一部分传输时间，保护频带的长度被设置为网络中可存的最大以太网帧的转发时长。当调度程序从一个时间片变为下一个时间片时，IEEE 802.1Qbv 时间感知调度器必须确保以太网接口不处于帧传输状态。时间感知调度器通过在每个承载关键流量的时间片前面放置一个保护频带来实现这一点。在此保护频带时间内，不会有新的以太网帧进行传输，只完成正在传输的数据帧。

3. 时间与传输周期同步

TSN 的流量调度是基于时隙的，因此时钟同步是 TSN 的基础。TSN 使用的是精确时间协议，是保证所有网络设备的时钟一致，而不需要与自然界的时钟保持同步。IEEE 802.1AS—2011 规定了 TSN 整个网络的时钟同步机制，提出了广义精确时间协议（general Precision Time Protocol，gPTP）。

全局时间同步是大多数 TSN 标准的基础，用于保证数据帧在各个设备中传输时隙的正确匹配，满足通信流的端到端确定性时延和无排队传输要求。TSN 利用 IEEE 802.1AS 在各个时间感知系统之间传递同步消息，对以太网的同步协议更加完善，增加了分布式网络的同步，并且采用双向数据通道，提高了传输数据的精确性。

4. 流量控制

TSN 流量控制过程主要包括流分类、流整形、流调度等。

1）流分类主要功能是通过识别流的属性信息或统计信息，以确定它们对应的流量类型和优先级信息，评价指标主要为分类准确度。

2）流整形主要功能是限制收发流的最大速率并对超过该速率的流进行缓存，然后控制流以较均匀的速率发送，达到稳定传送突发流量的目的。

3）流调度主要功能是通过一定规则（调度算法或机制）将排队和整形后的流调度至输出端口，以确定流在交换机内对应的转发顺序，从而保证各种流传送时的 QoS 需求，并在一定程度上降低网络拥塞。

在工业通信网络中，网络设备经常出现配置错误或者出现硬件故障。这些损坏的设备或者线缆会影响 TSN 上的正常数据传输，IEEE 802.1 工作组为了防止故障设备造成数据传输丢失问题，提出了一种冗余协议，该冗余协议保证一条始终优先的冗余传输路径存在，它可以确保当某个传输路径发生故障时，数据传输路径可以实时切换到另一条可用的传输路径。

9.1.3 TSN 未来发展趋势

随着工业互联技术的快速发展，工业通信网络技术也面临全新的挑战。日益创新的工艺制造技术和逐步改进的控制过程都需要工业网络可以快速、实时地进行通信，而传统的基于 TCP/IP 的工业网络技术很难满足当前工业通信的发展需求。因此，工业控制和工业网络等设备厂商在深入探索工业网络的发展需求。TSN标准的出现解决了现有网络存在的一些问题，也在带宽、安全性、延迟和同步、互操作性等方面进行改进和优化，相对传统的工业以太网来说具有较大的优势。目前TSN技术已成为当前工业互联网稳定发展、实现预期目标的关键技术之一。

TSN将应用于工业网络的方方面面，从而提高数据传输的稳定性与可靠性，保证网络时延可控、全网同步，满足工业互联网、智能制造、数字化工厂等关键应用的基本网络通信功能，以确保能够为工业网络关键数据的传输提供实时、稳定和一致的服务级别，实现低延时的可靠传输。

TSN融合了IT和OT网络，不同系统之间可以更加自动化，减少人为干预和依赖。减少系统集成过程中非必要硬件、软件的使用，简化系统结构，降低配置成本。此外，TSN让传统制造业能够分享工业互联网、人工智能等领域的软件资源、应用模型和应用方法等开放资源，提升整体运营效率。

通过有机联合各生产环节，削减个性化智能生产过程中的“浪费”环节，利用数据驱动生产优化，实现生产时能够提前预测，适应个性化“变化”需求，同时确保数据的透明，提高设备的使用效率，从而降低不必要的设备转换消耗，提升生产的连续性，实现精益生产。

9.1.4 TSN应用前景

1. 基于TSN的PROFINET现场层通信

工业以太网标准PROFINET在现场层已经安装超过2000多万个节点。为了让PROFINET用户未来能够在现场层从TSN中获益，PROFIBUS和PROFINET国际组织（PI）已制定了基于TSN的PROFINET规范。西门子不仅是PI成员，还积极致力于将PROFINET映射到TSN机制上。由于OSI第7层即PROFINET应用层是保留的，因此非常易于继续使用现有项目和程序。

基于TSN的PROFINET现场层通信（见图9-3）的优势如下：

- 提高处理高网络负载的稳健性。
- 标准硬件组件，包括同步应用。

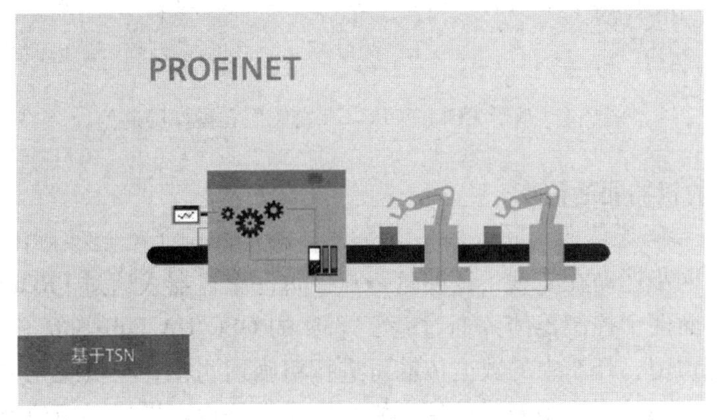

图9-3 基于TSN的PROFINET现场层通信

- 轻松、经济、高效地实现 PROFINET 设备。
- 消除网络拓扑中的信息孤岛。
- 兼容性，得益于 PROFINET 应用中 OSI 第 7 层的保留。
- 未来的即插即用网络：简单（重新）配置，即使在持续运行期间也可实现。
- 可扩展带宽（100/1000Mbit/s）。

2. 基于 TSN 的 OPC UA 控制层和操作层通信

OPC UA 是 OPC 基金会提供的新一代技术，提供安全、可靠并独立于厂商的数据传输，跨越制造层级、生产计划层级和 ERP 层级。通过 OPC UA，所有需要的数据信息在任何时间、任何地点对每个授权的应用、每个授权的人员都可使用。这种功能独立于制造厂商的原始应用、编程语言和操作系统等软硬件属性。可以看出，要想实现 IT 和 OT 的融合，就需要打造一个 TSN + OPC UA 的网络体系。

西门子依托 OPC UA Pub/Sub（发布/订阅）和 TSN，在跨越所有组件和系统的标准化网络中，实现机器与机器之间、机器与 MES 和 ERP 层之间快速、安全和可靠的通信。

基于 TSN 的 OPC UA 控制层和操作层通信（见图 9-4）的优势如下：

- 最大开放性：独立于供应商的通信。
- 多个通信协议并行传输（包括实时以太网协议）。
- 提高 QoS。
- 强大的机器通信：控制层和操作层的高性能通信。
- 动态、端对端通信连接的潜力。
- 可扩展网络的高带宽，可传输大量数据。

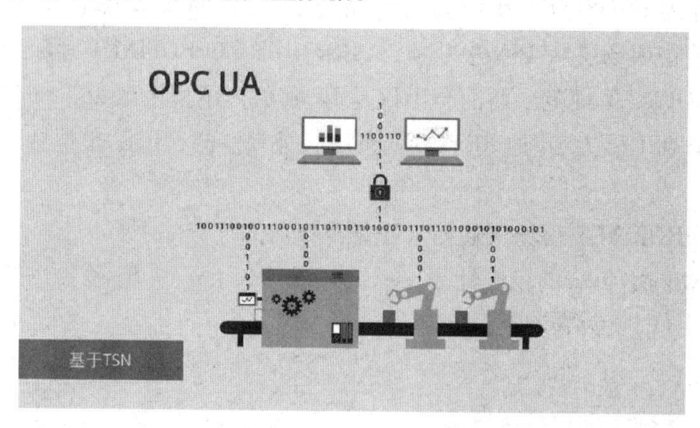

图 9-4 基于 TSN 的 OPC UA 控制层和操作层通信

3. 基于 TSN 的机器间通信

基于 TSN 的机器间通信在实际应用中会是怎样的？西门子通过实际的模型展示了其使用两个机器人进行同步运动在实践中证明这一点。每一个机器人通过 PROFINET 与 SIMATIC 控制器进行通信。而两个控制器间则通过基于 TSN 的 OPC UA Pub/Sub（发布/订阅）进行同步。得益于带宽预留，TSN 中的数据传输可进行精确预测，并与负载无关。TSN 通信和标准以太网通信可以在同一网络中同时使用，模型中的数据也可以通过通信处理器从控制器传输到云端（例如，MindSphere 等），如图 9-5 所示。

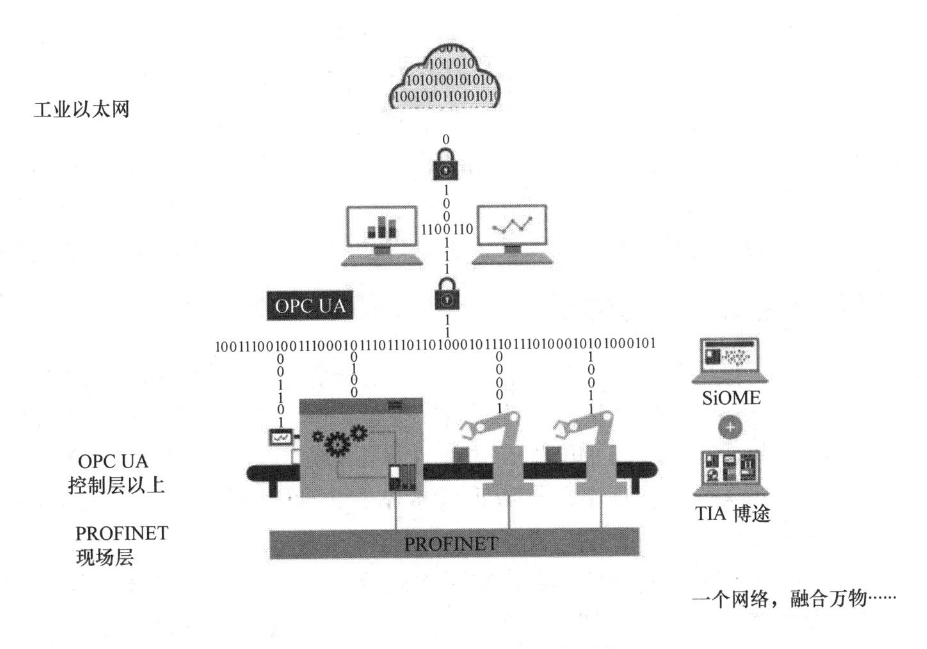

图 9-5 TSN 上传数据到云端

9.2 边缘计算

9.2.1 边缘计算概述

当前全球已经掀起行业数字化转型的浪潮，数字化是基础，网络化是支撑，智能化是目标。通过对人、物、环境、过程等对象进行数字化而产生数据，通过网络化实现数据的价值流动，以数据为生产要素，通过智能化为各行业创造经济和社会价值。

从工业 1.0 到工业 4.0，历史的演进可以看到新工业革命正在因技术形式的转变引发产业变革，驱动经济发展。这次产业变革的过程就是产业数字化、数字产业化、各行各业如何用新技术来赋能的过程，最后实现由万物互联到万物智能的一种新经济业态。事实上，数字化的发展创造了诸多经济和社会效益，包括更快速的信息获取、更便捷的全球互联，但同时也给生产制造型企业带来许多新挑战。

在工业生产的不同控制和监控环节中，每天可产生成千上万的海量数据，但当前只有小部分数据可以获得处理产生价值。无论是本地生产还是全球制造，网络化程度越高，数据量越大。生产制造型企业在本地处理数据时，往往会遇到挑战，比如无法在自动化系统上导入和操作数据处理程序，而跨区域处理也并不现实。云计算确实能够解决这个问题，但也面临诸多困难。虽然云基础设施非常高效，然而越来越多的生产制造型企业需要在靠近生产现场端对数据进行实时处理以及需要更高的数据可用性。

长久以来，工业界始终高度关注数据的优化利用——通过边缘计算对于生产中的数据进行分布式处理日益成为制胜的关键。边缘计算是在靠近物或数据源头的网络边缘侧，融合网络、计算、存储、应用核心能力的分布式开放平台，就近提供边缘智能服务，满足行业数字化在敏捷连接、实时业务、数据优化、应用智能、网络安全与数据安全保护等方面的关键需求。它在云端与工厂中的互联设备之间架起一座桥梁，使智能设备、智能网关、智能系统和智能服务成为可能，边缘计算融合了 IT 和 OT 层，连接着虚拟世界和现实世界。

边缘计算已成为一个重要的关键技术，用于收集、控制和分析网络边缘上的数据。通过计算与数据分析让工业领域和生产过程控制变得更强，足以应对各种挑战并充分利用互联网的服务模型。因此，边缘计算正在迅速发展为工业自动化与控制领域中的一个大趋势。

9.2.2 边缘计算技术优势与特点

近年来，随着 IT 与 OT 的融合，企业数字转型加速并促进了新的实践。这些新技术中最主要的是边缘计算及其对 IT 和 OT 以及企业运营的价值，降低了成本，并使新功能能够在工厂车间或供应链中部署。总之，IT 和 OT 与边缘计算融合的价值为需要从运营边缘提取数据、获得洞察力、管理关键应用程序以及降低 IT 成本和企业管理提供了三个核心好处。

1. 借助数据更好地决策

工业万物物联一直是数字转型的重点，数字化转型的核心是数据和分析。而工业物联的挑战之一是多设备连接时的数据挑战。边缘计算允许在网络边缘（如制造车间）或远程无人值守的位置（如石油/天然气管道上）收集和处理数据。

2. 强化网络安全

伴随工厂连接设备数量的增加，数据在传输过程中会有更多的风险。工业互联中的每一个连接点都会增加网络安全威胁，使保护机密数据及实现机器可视化或控制变得更加困难。

通过在边缘设备上运行工业网络安全功能，它们不仅可以保护边缘设备，还可以保护其他不具备网络安全防护能力的连接设备。使用边缘计算作为边缘网络安全防护可以减少工业网络安全风险，更好地管理设备以减少安全漏洞。

3. 实现零停机

许多企业正在采用多样化的技术来实施预测性维护。通过分析温度或信号传感器采集的异常数据，并将这些数据用于预测何时完成维护，以避免效率降低或设备故障。OT 协同工作收集数据并提供数据分析，以便在最佳时间生成预测和维护计划，避免意外停机。在机器设备侧部署的边缘计算不仅可以提供分析和警报，以确定何时应该进行预测性维护，而且还可以运行应用程序，以降低故障的可能性，或通过添加的工具指导维护设备的人员，以减少维护的时间和成本。

9.2.3 边缘计算产品

目前，西门子全新发布的 SCALANCE LPE9403 通过一个组件（本地处理引擎）扩展了 SCALANCE 系列的产品组合，该组件可为网络中的各种应用程序提供计算能力，接近边缘计算过程，如图 9-6 所示。

作为一个开放系统，边缘计算产品 SCALANCE LPE9403 使来自生产现场的数据能够被获取、收集、处理和转发。同时直接安装在设备上的应用程序可以承担工厂中的重要功能，例如网络服务 DHCP 或 NTP 等。

预装的 Linux 操作系统能够为多样化的工业 IT/OT 应用程序提供一个开放的系统。该操作系统的重点是占用很小的空间，并通过适合工业特性的功能进行扩展。SCALANCE

LPE9403 硬件支持多种接口，包括工业以太网中高达 1Gbit/s 的传输速率网络端口、控制台端口、USB 接口等。采用坚固的外壳并且无需风扇设计，可实现现场安装，右侧功能扩展接口用于扩展、连接到未来的网络组件。

图 9-6 边缘计算产品 SCALANCE LPE9403

9.2.4 基于边缘计算的应用

西门子边缘计算整体服务包含边缘设备、边缘应用和边缘管理三个方面。第一，能够提供专业的承载边缘计算应用的产品或设备，例如西门子最新推出的 SCALANCE LPE9403 产品等；第二，在这些硬件基础上可以为不同类型的客户提供多种类型的边缘应用；第三，提供边缘管理服务，包括对边缘应用的开发注册，以及在边缘设备侧下发、部署和安全管理等方面的支撑。通过提供设备级的数据处理，安全地将高度完善的分析技术和边缘计算引入生产制造领域，使自动化设备得到进一步扩展。

因此，形成了边缘设备、边缘应用和边缘管理三层体系架构，这三层体系架构均可以根据客户需求进行弹性部署，进而对企业内不同车间或不同地域的边缘计算设备和应用进行集约化管理。

凭借工业边缘数字化平台，西门子可帮助用户消减传统本地数据处理与云计算数据处理之间的差距，以满足个性化需求。通过边缘计算可以实时在本地处理海量数据。西门子向用户提供了广泛的应用程序，包括网络安全、数据处理、网络管理可视化、向云或 IT 基础架构传输数据等。此外，由于边缘计算设备预处理了大量数据，最终只将相关数据传输到云或 IT 基础架构，从而显著减少了内存占用和网络传输成本。

第10章 工业电源

为了帮助企业充分挖掘工业4.0的潜力，西门子提供包含数字化企业核心要素在内的一系列解决方案。借助于这些可扩展解决方案，离散工业及过程工业企业都可阔步迈向工业4.0，实现涵盖整个价值链的全面数字化。

10.1 西门子电源产品介绍

从1993年西门子公司第一次以平易近人的价格推出高稳定性的工业电源开始，SITOP电源就开始了书写其作为世界畅销工业电源的辉煌历程。接近30年的持续研究、客户需求分析和持续的发展更新成为西门子所积累的宝贵财富。如今，SITOP电源已经拥有涵盖各种工业领域电源应用的扩展组件，SITOP电源已经成为工业电源领域的领头羊。作为西门子整体自动化方案的一部分，SITOP电源在推进工业化可持续发展道路中也扮演着越来越重要的角色。

10.1.1 高端电源

1. SITOP增加智能通信电源系统

SITOP PSU8600是新一代集成PROFINET/Ethernet接口的智能通信电源系统，可完全集成于西门子TIA博途和PCS7系统，并支持OPC UA服务器，同时PSU8600还可以实现远程监控和实时诊断，实时读取每路负载的电压和电流参数，是应用于大中型工厂及自动化系统的高端旗舰电源系统，如图10-1所示。

图10-1 PSU8600和PSU8200产品图

主要性能和参数如下：

- 输入电压：1AC；3AC。
- 输出电压：DC 24V/20A、DC 24V/40A。
- 最小宽度仅为80mm（设计紧凑），效率为94%。
- 有多路独立输出，每路输出可单独配置，输出电压DC 4～28V连续可调，输出电流在0.5～10A之间，也是连续可调的。
- 可以模块化扩展，通过系统环夹直接扩展，无需额外布线连接。

2. SITOP Modular/PSU8200——高端电源解决方案

PSU8200是具有紧凑的金属外壳的导轨型电源模块，侧面无需额外散热空间，在过载时可提供额外的功率输出，并且功率推进功能触发设备有效保护。电源可满足高标准的功能需求，例如用于复杂的设备和机器。宽范围电压输入使它可以适应世界上的多种供电网络，甚至在大幅电压波动情况下也可保证高度的安全。

主要性能和参数如下：

- 输入电压：1AC；3AC。
- 输出电压：1AC（输入）：DC 24V/5A、10A、20A、40A；DC 48/5A。
  3AC（输入）：DC 24V/5A、20A、40A；DC 36V/13A；DC 48V/10A、20A。
- 功率推进功能可以在电源负载出现短路时，瞬时提供三倍额定电流输出。
- 新的单相SITOP PSU8200产品，满足单相AC 110/220V供电网络，体积更小，效率更高，并可提供“24V OK”信号节点和远程开关机功能。

新升级的SITOP PSU200M产品，除保留原先优异的技术参数外，效率进一步得到提升，体积更加紧凑，并可提供“24V OK”信号节点。

10.1.2　中档电源

1. SITOP PSU6200——集成诊断功能的电源

SITOP PSU6200是兼具强大诊断功能和运行可靠性的导轨型电源模块，集成的状态指示灯可直观显示设备工作状态和输出负载情况，诊断信息接口提供了电源的全面诊断信息，便于预测性维护。PSU6200自带智能诊断通信接口，周期性发送串行信号，PLC通过普通的数字量通道采集信号，由TIA博途软件FB功能块解码并最终获取完整的诊断信息，可以实时监测电源当前的状态（如输出电压、输出电流等信息），同时PSU6200还具有丰富的产品认证。所以PSU6200既可以实现就地信息诊断，也可以实现远程信息诊断，有效提高工厂的数字化水平，如图10-2所示。

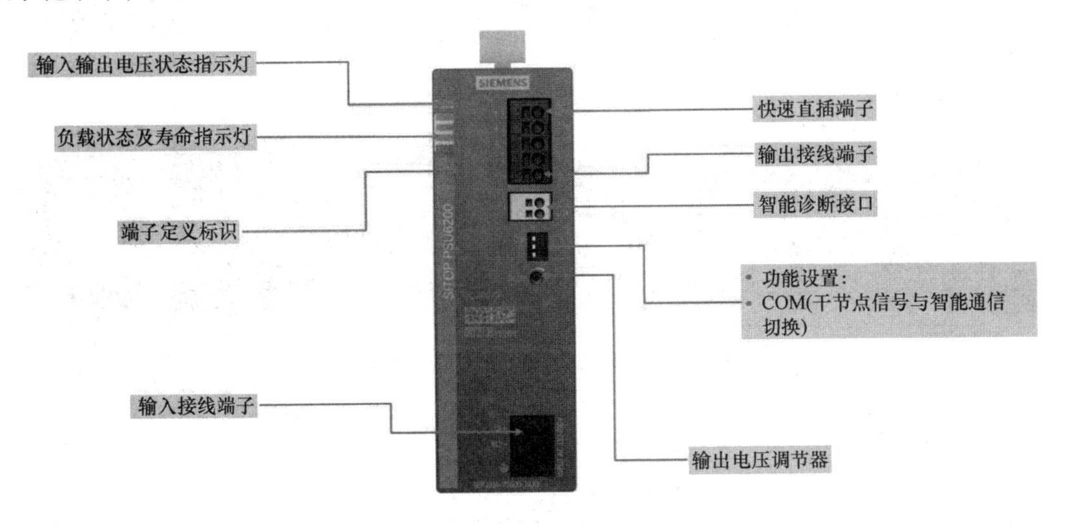

图10-2　PSU6200电源模块前面板示意图

主要性能和参数如下：

- 输入电压：1AC、3AC。
- 输出电压：1AC（输入）：DC 12V/2A、7A、12A；DC 24V/1.3A、2.5A、3.7A、5A、10A、20 A；DC 48V/5A、10A。
  3AC（输入）：DC 24V/5A、10A、20A、40A；DC 48V/5A、10A、20A。
- 直插式端子便于接线，窄型外观设计节约安装空间，金属外壳保证高效散热。同时具有额外功率输出，可提供1.5倍的额定电流每分钟5秒。
- 它具有宽范围的电压输入，交直流均适用，在PSU6200前面板上有LED状态指示灯，直观显示设备工作状态和输出负载情况，及设备寿命预警。
- 宽电压输入范围，可连接世界范围内几乎所有单相电网，短时过载能力：每分钟5秒150%额定电流（额外容量）在不超过45℃环境气温下持续过载能力达120%，通过插入式接口完成快速接线，为了提高设备的可用性，这款可靠的电源装置还可扩展安装SITOP补充模块（冗余模块、select诊断模块、缓冲模块）以及SITOP直流UPS模块。

PSU6200电源模块性能优异，可以实时掌握电源状态和寿命情况，精准定位分析故障和问题，可以简化备品备件的库存，提前更换预防故障；同时其优秀的性能可以为其供电的负载提供安全保障，有效提高工厂的自动化水平。

2. SITOP Smart——强大的标准电源

SITOP Smart是许多24V/12V直流应用的标准选择。尺寸窄小，输出功率高，性价比高，体积虽小，却具有非常出色的过载功能，是一款强大的标准电源。

主要性能和参数如下：

- 输入电压：1AC；3AC。
- 输出电压：1AC（输入）：DC 12V/7A、14A；DC 24V/2.5A、5A、10A、20A。
  3AC（输入）：DC 24V/5A、10A、20A、40A。
- 具有额外功率输出，可以提供1.5倍的额定电流每分钟5秒，即使是较大的负载也可以轻松开启。可长时间处于120%的额定输出，其可靠性优异。而且它具有丰富的产品认证，还可以和SITOP附加模块组合使用。

PSU6200和Smart部分产品如图10-3所示。

图10-3 PSU6200和Smart部分产品图

10.1.3 经济型电源

1. SITOP Lite——精巧、经济型的电源

Lite系列是导轨型电源模块，具有短路和过载保护功能，此产品性价比高，能够满足工业应用的基本功能要求，优化中端市场产品组合。

主要性能和参数如下：

- 输入电压：1AC。
- 输出电压：1AC（输入）：DC 24V/2.5A、5A、10A、20A。
- 有着超薄的设计，防护等级为IP20。
- 在45℃以下不降载，+55～70℃降载使用，降容系数为3%/℃，它的效率可以高达89%。

2. 系统电源——SIMATIC S7系列PLC高度匹配电源

在工业系统中，有的时候我们需要为多个设备进行供电，由于CPU这类负载对电压波动非常敏感，若电压不稳定很容易造成其停机或者损坏，所以需要对CPU进行单独供电，我们把为CPU进行单独供电的电源称为系统电源，而为其他负载比如变频器、电磁阀、交换机等负载进行供电的电源称为外围电源。

主要性能和参数如下：

1）系统电源具有SIMATIC的设计特点，可为PLC提供稳定的电源，对于SIMATIC系列PLC有对应的系统电源，比如SIMATIC S7-1500系列PLC有PM1507电源与之有效匹配；对于SIMATIC S7-1200系列PLC有紧凑的PM1207电源专门为其提供稳定供电；SIMATIC S7-300系列PLC有PS307电源与之匹配；SIMATIC S7-200 Smart系列PLC有PM207电源与之有效匹配，SIMATIC ET200SP系列有ET200SP PS电源模块与之有效匹配。

2）系统电源有着和对应的PLC相统一的设计，安装方式完全匹配，可以节省柜子的占用空间。

3）电压范围与所对应的PLC完全一致，从而避免CPU损坏或异常停机。

4）输出电压稳定，纹波极低，所以除了SIMATIC系统，它们也可为其他敏感负载提供可靠的供电。

5）上下对流散热的方式能够有效避免SIMATIC控制器因电源而发热的问题。

3. LOGO! Power——PLC LOGO! 系列匹配电源

LOGO! 电源广泛应用于紧凑系统中，由于其短小、阶梯外形的特点，所以在配电箱中广泛使用，深度仅有53mm，同时还具有极高的负载启动冲击电流适应性，空载功耗<0.3W，效率最高可达到90%，绿色LED指示灯指示“输出电压正常”，能够直观检查电压相关问题。

主要性能和参数如下：

1）宽范围的电压输入（AC 85～264V/DC 110～300V），无线干扰B级，较宽的温度范围（-25～+70℃）和广泛的认证能确保其安全稳定地应用于楼宇、工厂、户外等自动化控制领域。

2）DC 5V、15V均有两种电流输出，DC 12V有三种电流输出，DC 24V有四种电流输出。

4. SITOP Compact——紧凑节能型电源

Compact系列产品以其纤薄之身材著称，极其紧凑的设计能够满足更小的安装空间需求，同时Compact系列产品采用了全新一代的节能技术，比常规电源整体节能35%，空载情况下功率损耗仅为0.5W或0.75W，还具有丰富的认证，是紧凑型的节能型电源模块。

5. Direct Mount ——坚固稳定的平板电源

平板电源 PSU100D 系列电源模块采用坚固的防锈铝合金外壳，应用非常广泛，抗冲击和振动能力强，特别适用于对抗振要求高的应用领域。自适应 AC 110V 和 AC 220V 交流电网，电压范围为 AC 85 ~ 264V，同时其价格相对于导轨型电源更低，是坚固稳定的电源模块。

主要性能和参数如下：

- 输入电压：1AC。
- 输出电压：1AC（输入）：DC 12V/3A、8.3A；DC 24V/3.1A、4.1A、6.2A、12.5A。
- 工作温度适应范围宽：-10 ~ +70℃，在 +50℃以下无降载，还具有 IP20 的防护等级和短路及过载保护功能，能够有效应对多种保护问题。
- UL、CE 等国际认证可以保证其在全球范围内广泛使用。

SITOP Lite、系统电源、LOGO！Power 等产品如图 10-4 所示。

图 10-4　SITOP Lite、系列电源、LOGO！Power 等产品图

6. SITOP PSU3400 ——灵活可靠的 DC - DC 变换器

SITOP PSU3400 用于电池供电应用中稳定控制电压，并实现电气隔离。

主要性能和参数如下：

- 导轨式安装，窄型外观设计。
- 输入端极性反接保护，避免安装错误。
- 输出电压可调节，补偿电压降。
- 在 45℃环境温度下具有 120% 过载能力。
- 宽范围工作温度（-25 ~ 70℃）。
- 工作效率高达 91% ~ 93%。
- 通过 CE、UL、DNVGL、ABS 等认证。

7. SITOP 特殊设计电源——特殊应用电源

这些电源可以满足特殊的应用条件，如受限的安装空间、苛刻的环境条件、特殊的输入和输出等。

主要性能和参数如下：

- SITOP PSU300P&100P——防护等级 IP67。
- SITOP dual——2 路输出，例如可输出 ±15V 电压。
- SITOP fexi——可调节的灵活的输出方式，超宽的输出电压范围，从 3 ~ 52V 连续可调，可调节输出 2 ~ 10A 电流。

8. SIMATIC TOP 连接器

如果使用过 SIMATIC S7 - 1500/300 的 I/O 模板，就会知道连接所有现场信号是一件多么需要耐心细致而又令人厌烦的工作。连接不完的导线，耗时且容易出错，极大地考验连线人员的耐心。

SIMATIC TOP 连接器为 S7－1500 和 S7－300，以及分布式 I/O SIMATIC ET200MP 和 EM200M，提供一站式布线系统，让连线变成简单插接，从一开始就可避免繁杂耗时的连线工作。

主要特点如下：

- 与连接每根导线相比，插入式连接更加快速。
- 不可能将导线混淆，从而避免错误连接。
- 与单独导线相比，电缆束更容易布置，布局更加整洁。

SITOP PSU3400、特殊设计电源及 SIMATIC TOP 连接器产品如图 10-5 所示。

图 10-5　SITOP PSU3400、特殊设计电源及 SIMATIC TOP 连接器产品图

9. 保护模块

保护模块是对开关电源输出侧的模块及设备进行保护的一系列产品，如图 10-6 所示，主要分为三大类，分别是冗余模块、选择模块和不间断电源（UPS），电源模块是必不可少的，而保护模块可以满足客户更高的要求，应根据客户的实际需求推荐对应的产品，例如：

- 客户的系统对安全性要求极高，推荐 2＋1 冗余配置。
- 客户的工厂电网经常断电造成停产，推荐增加 DC UPS 模块。
- 客户的 CPU 经常停机找不到原因，推荐改造为 CPU 配置独立电源并增加 UPS（短时缓冲模块）。

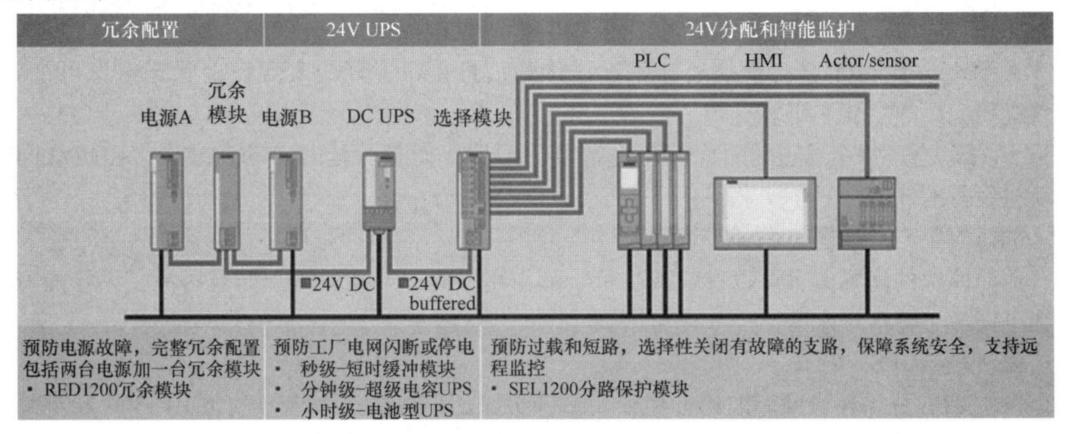

图 10-6　冗余模块、UPS 和选择模块配置示意图

10. 冗余模块

冗余模块对24V电源的故障提供了额外的保护功能。它包括PSE202U系列和RED1200系列，它使用二极管对并行连接的基本单元进行去耦操作。当一个电源发生故障时不会影响到其他电源，以确保24V电源的正常供电。

40A的冗余模块可以对两个5～20A的电源或一个40A的电源进行去耦操作，如图10-7所示。

两台不超过20A电源的冗余配置方案如下：

- 2×5A电源+1×10A冗余模块。
- 2×10A电源+1×20A冗余模块。
- 2×20A电源+1×40A冗余模块。

所以，冗余模块的配置方案可以有效满足客户对系统安全性的高要求，系统更加安全稳定。

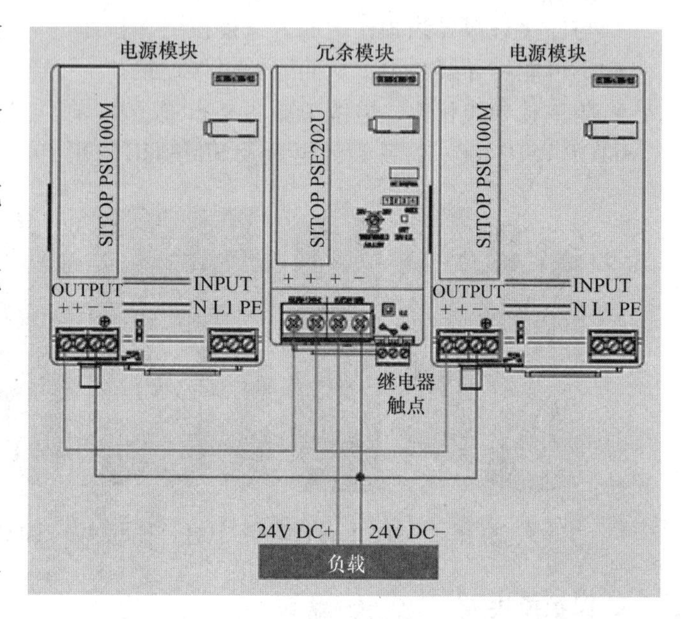

图10-7 冗余模块配置示意图

11. 选择模块

在工业现场中，有的时候我们会使用多个微型断路器将24V分配到各路负载中，由于断路器在出现过载或短路情况时灵敏度和脱扣速度难以保证，极易造成电源过电流停机，从而造成整个系统断电，而且多个断路器会占用很多柜子空间，针对这种情况，西门子专门设计了选择模块（分路保护模块），它包括SITOP PSE200U/SEL1200/SEL1400系列产品。

主要性能和参数如下：

- 选择模块具有4路/8路通道设计，可以实时监控各路负载回路工作状态，每路输出阈值可调。
- 其面板的三色LED指示灯可快速找出故障所在。
- SEL1200/1400选择模块还具备远程诊断信息接口，轻松实现输出状态信息可视化，有效提高工厂数字化水平。
- 可以通过每个通道的对应按钮进行复位设置，而且可延时启动，减少多路负载同时启动对设备的冲击。

选择模块产品如图10-8所示。

选择模块的配置方案可以有效减少柜子的占用空间，节省成本，而且提高了系统的安全性和工厂数字化生产水平。

12. 直流UPS

直流UPS分为秒级的短时缓冲模块、分钟级缓冲模块超级电容型电源UPS500和小时级缓冲模块电池型电源UPS1600+UPS1100，可以应对不同时间要求的断电需求，有效解决由于断电而引起的设备损坏及故障。

1）短时缓冲模块内置电解电容，可以解决短暂的电网故障问题，可以搭配 SITOP PSU8200、PSU6200 和 Smart 等系列电源进行使用，接线简单方便，多个短时缓冲模块并联连接最长缓冲的时间可以长达 10s。

当电流为 10A 时，短时缓冲模块可以缓冲 800ms；当电流为 20A 时，短时缓冲模块可以缓冲 400ms；当电流为 40A 时，短时缓冲模块可以缓冲 200ms。

2）分钟级缓冲模块超级电容型电源 UPS500 是内置高容量双层电容器的 DC UPS，可以解决分钟级的电网故障问题，其使用寿命长，是完全免维护的，在环境温度为 50℃ 的情况下，使用 8 年后仍保持 80% 的额定容量，在环境温度为 40℃ 时，使用 8 年后仍保持 90% 的额定容量。

3）小时级缓冲模块由 UPS1600 管理模块和 UPS1100 电池模块组成，它是铅酸电池/锂电池型的 DC UPS，可以解决小时级的电网故障问题，电池最多可以并联 6 块进行使用，可以提供小时级别的不间断供电，其外观紧凑，便于柜内布置，可选配 USB 或 PROFINET 接口实现远程监视（电压、电流、电池、电量等），可通过 SITOP 管理软件实现计算机受控关闭，如图 10-9 所示。

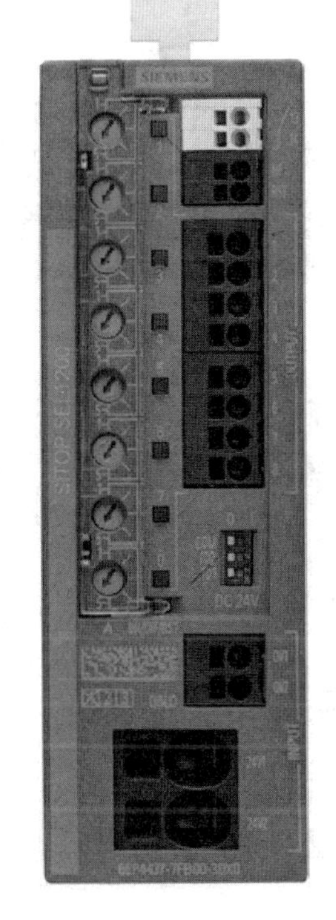

图 10-8 选择模块产品图

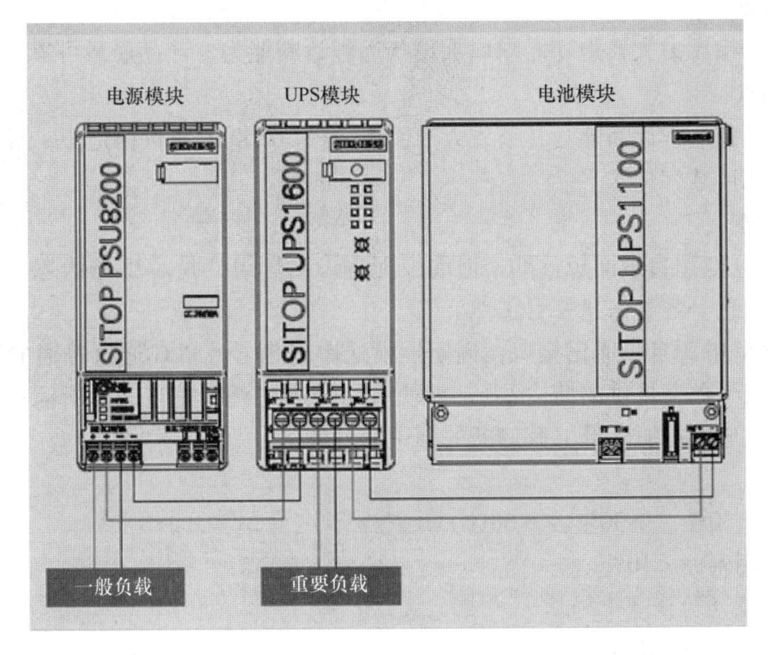

图 10-9 小时级缓冲模块 UPS1600 + UPS1100 配置示意图

直流 UPS 的配置方案可以应对不同时间要求的断电需求，有效解决由于断电而引起的设备损坏及故障，为系统安全性提供保障。

冗余模块及选择模块和不间断电源产品，如图 10-10 所示。

图 10-10　冗余模块及选择模块和不间断电源产品图

10.2　数字化电源 PSU6200 应用案例

某公司甲醇产线于 2019 年的大修改造项目中，使用 PSU6200 电源数量达 100 台以上。

1. 客户需求

大型工厂巡检压力大，迫切需求增加设备远程诊断能力，产品质量可靠，成本可控。

2. 项目亮点

电源模块具备远程诊断能力，节省人力物力，PSU6200 电源价格适中，且无需额外的成本，有效提升工厂数字化水平。

3. 方案优势

1）PSU6200 电源自带面板诊断，前面板配备诊断灯组，指示工作状态、负载占比和寿命预警，带载信息等各种信息一目了然。

2）PSU6200 电源自带通信接口，周期性发送串行信号，PLC 通过普通的数字量通道采集信号，由西门子免费提供的博途 FB 功能块解码并最终获取完整的诊断信息，无需额外的通信模块，所以成本有所降低，其诊断的相关信息如下：

- 直流 OK。
- 带载率 <30%、>30%、>60%、>90%。
- 剩余使用寿命 <10%。
- 输出电流（分辨率 1A）。
- 输出电压（分辨率 0.1V）。
- 设备温度 <40℃、<60℃、<70℃、超温。
- 用于直流输出的短期欠电压或过电压计数器。
- 生产日期，产品编号。

对于西门子 S7－1200/S7－1500/S7－300/S7－400，SITOP 提供免费的 FB 功能块，第三方 PLC 也可以根据开放的报文信息自行编程，同样可以与 PSU6200 通信。

产品系列中的单相 SITOP PSU6200 电源是用于自动化机械和设备的大功率稳定标准电源。这款窄型的电源效率高，并具有良好的过载性能。

产品的主要优点如下：

- PSU6200 电源模块是窄型的设计，可以有效地节省柜子占用空间，而且左右无需预留散热间隙。
- 宽电压输入范围，可连接世界范围内几乎所有单相电网或连接直流电压。
- 可调节输出电压范围为 12～15.5V、24～28V 或 48～56V。
- 短时过载能力：每分钟 5 秒 150% 额定电流（额外容量）。
- 不超过 45℃ 环境温度下持续过载能力达 120%。
- “12V OK”“24V OK” 或 “48V OK” 的集成信号触点。
- 通过插入式接口快速接线。
- 诊断监视器，通过 LED 显示负荷程度和使用寿命。
- 诊断界面，仅通过一个数字 PLC 输入端即可连接自动化系统。
- 为了提高设备的可用性，这款可靠的电源装置还可扩展安装 SITOP 补充模块（冗余模块、select 诊断模块、缓冲模块）以及 SITOP 直流 UPS 模块。

PSU6200 电源模块与 PLC 通信如图 10-11 所示。

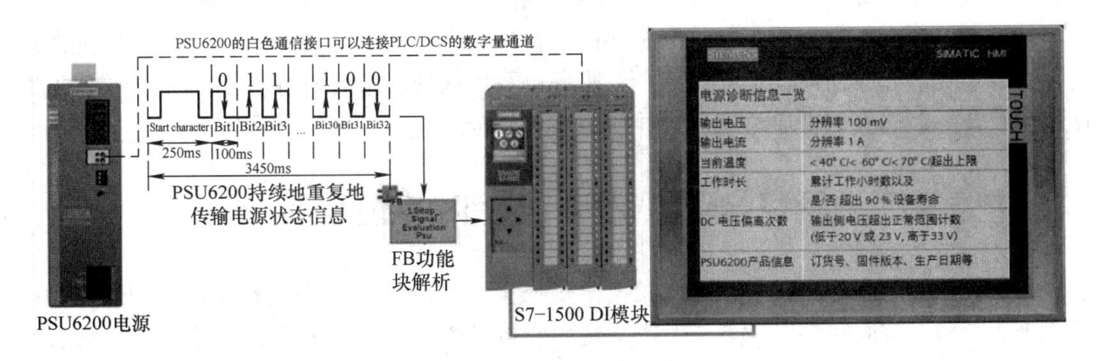

图 10-11　PSU6200 电源模块与 PLC 通信示意图

4. 用户获益

- PSU6200 电源带远程通信功能，减少了巡检负担。
- PSU6200 电源质量可靠，减少了维修成本和人力成本。
- 全透明生产，故障和隐患一目了然，有效提高了工厂数字化水平。

第11章 工业网络与识别和定位服务业务

如今，消费者对于产品品质、交付时间、安全性和个性化的要求越来越苛刻，这为制造厂商及其供应链带来了越来越大的机遇和挑战。有效、快速的决策和应变能力将成为市场竞争力的源泉，传统的管理方法和生产方式不断被挑战，企业需要在管理方法和生产模式上不断创新和升级。

近年来，数字技术创新和迭代速度明显加快，“十四五”规划中将“加快数字化发展 建设数字中国”单列成篇，提出“以数字化转型整体驱动生产方式、生活方式和治理方式变革”，为新时期数字化转型指明了方向。在这样的大背景和大环境下，各行各业的企业都在寻求以数字化的手段创新变革企业自身的生产和管理，以实现最大化生产效率、优化产品质量、节能减排、缩短上市周期等目标。然而，数字化企业的建设因复杂度和范围超越了传统的系统，道路且长，企业在建设和转型的过程中会面临各种挑战，需要通过整体的转型规划确保转型后的企业能实现既定的各种目标。

有句通用的俗语“要想富，先修路”，这体现了道路对于经济发展的重要作用。同样，在企业的数字化建设中，数据的道路或高速公路对于数据的实时精准传输发挥着重要的作用。基于此，西门子数字化互联与电源部门的竞争力中心汇聚了多个行业的工业网络建设经验，为客户提供涵盖前期咨询、后期实施服务以及培训的一系列增值业务，助力企业的数字化建设及转型，确保数据通道高速畅通、稳定和安全。

11.1 数字化工业网络与网络安全、识别和定位咨询

在与各行业的客户沟通中，我们发现很多企业存在着生产单元彼此独立、通信协议众多难统一、网络结构固定难以扩展、生产不透明、不灵活等问题，对于生产网络往往缺乏统一的规划，这给企业的数据采集、信息化和数字化建设造成了阻碍。因此，我们从工业网络、网络安全、识别和定位多个维度为企业提供咨询服务，帮助企业打造透明化的高效率工厂，如图 11-1 所示。

咨询服务的内容以模块化的方式呈现，企业可以按需选择自己最关注的模块，如图 11-2所示。

完整的咨询流程和方法论如图 11-3 所示，竞争力中心的各位咨询顾问均依据同一套方法论为客户提供咨询服务，以保证咨询的标准化。从进驻客户现场开始，我们首先和企业明确目标和咨询范围，接着进行现场调研和访谈，对现状进行客观描述和评估，和企业一起分析痛点，定义出优选的咨询模块和优先级，并确定交付物和交付时间，然后进入到设计方案和路线图制定阶段，最终为企业提供终版咨询报告和汇报。

咨询阶段完成后，我们提供的交付物如图 11-4 所示。企业将得到清晰、明确的工业网络建设、识别和定位的解决方案以及预期的投入和回报。

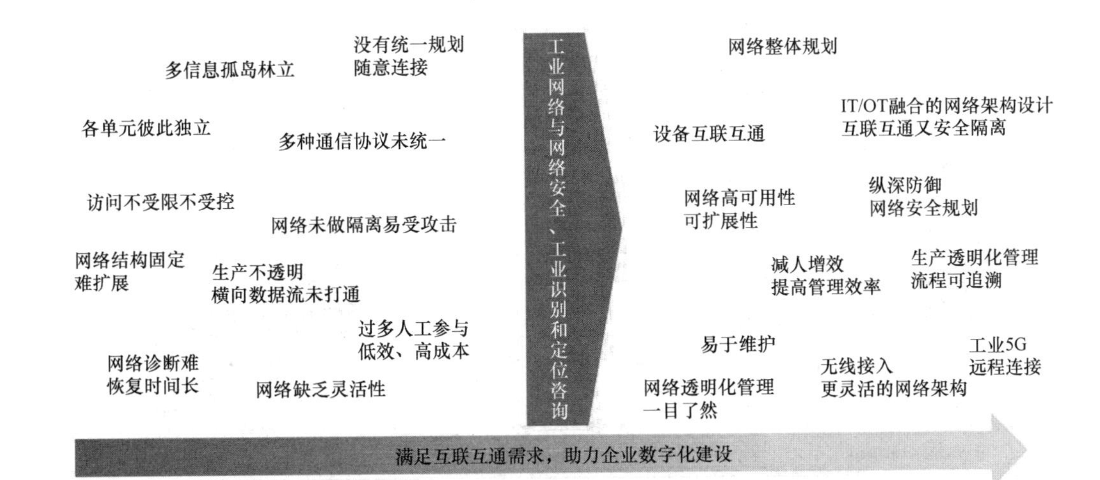

图 11-1　企业数字化转型或升级中数据互联和数字化生产痛点与咨询方案

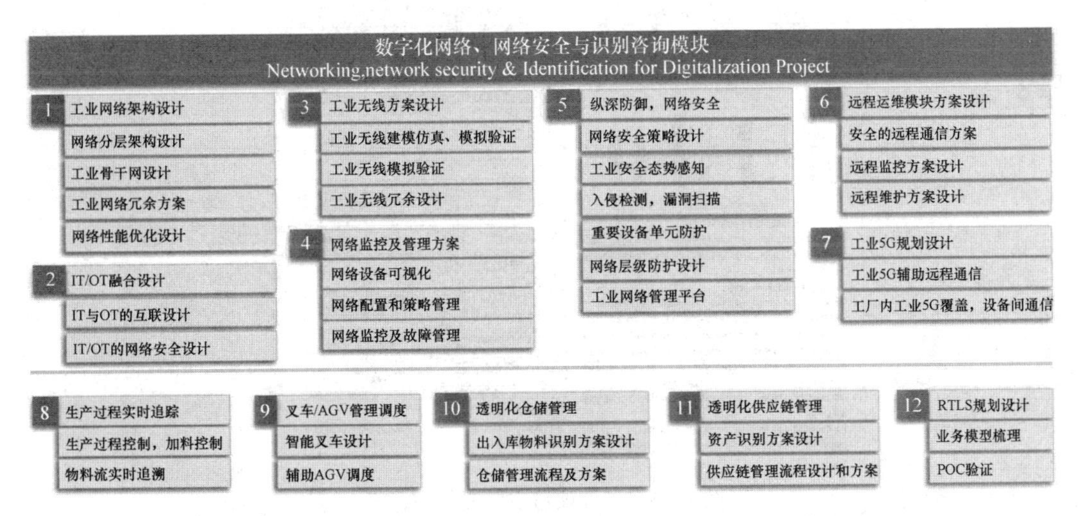

图 11-2　数字化网络、网络安全与识别咨询模块一览

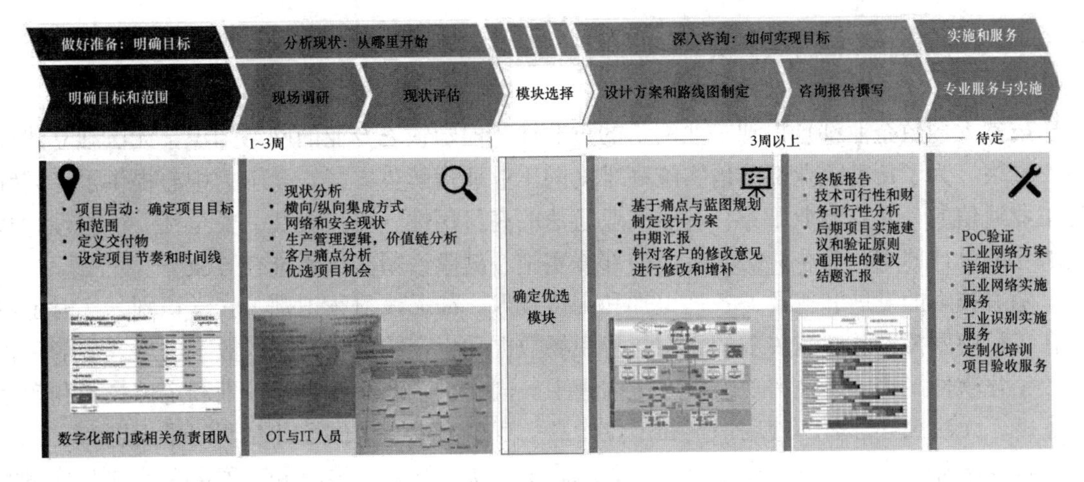

图 11-3　完整的咨询流程和方法论

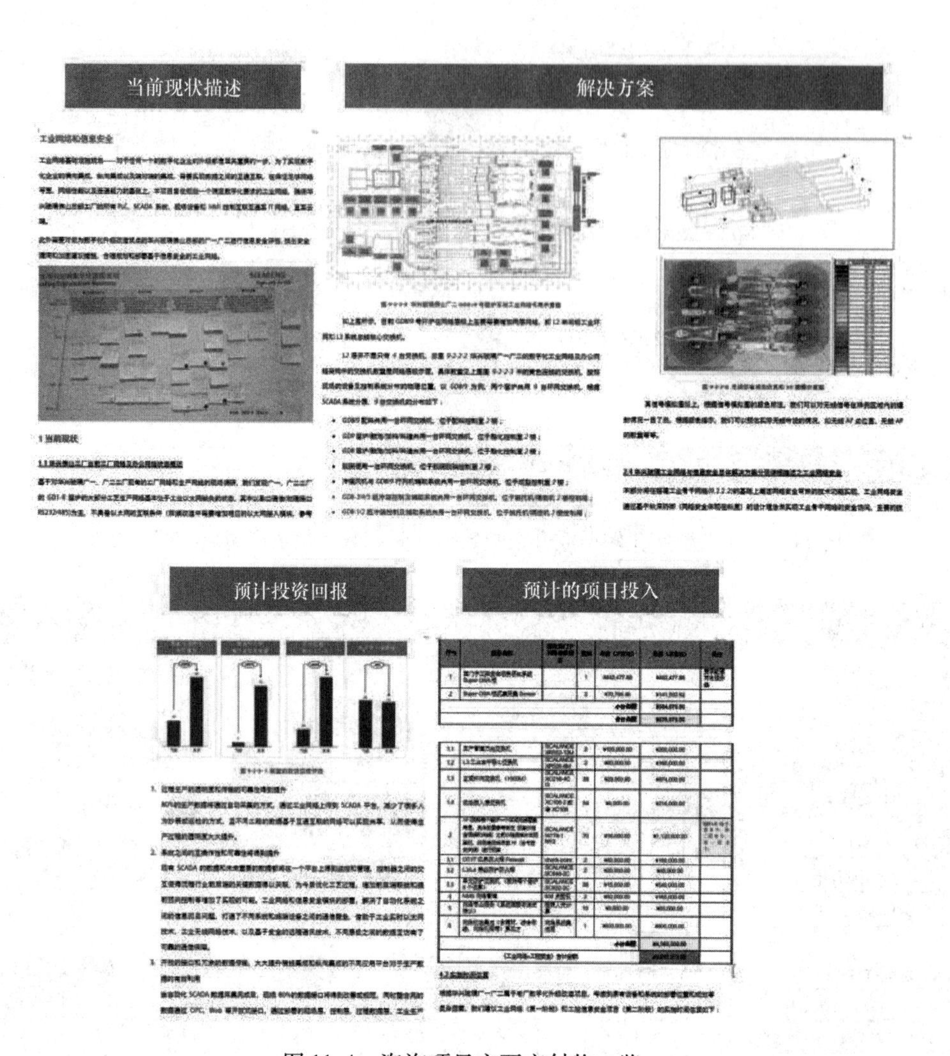

图 11-4　咨询项目主要交付物一览

11.2　工业网络与工业识别专业服务

虽然大多数企业都意识到工业网络的重要性，但却缺乏专业的网络知识，无法独立建设生产网络。为了帮助企业准确地实施高难度的工业通信解决方案，竞争力中心提供了专门针对工业通信的一站式专业服务，基于工业通信的高可用性、可扩展性、安全性、可管理性和模块化的设计原则，为企业提供专业的部署实施、健康诊断、故障排查等服务。

随着技术的发展和普及，各种识别和定位技术，如无线射频识别、光学识别、实时定位等在工厂中发挥着越来越关键的作用，将现场数据和生产的关键数据以数字的形式传输到各种数字化软件平台，以便实现跨供应链的管理。同样，企业缺乏对于识别和定位技术和产品的了解，无法独立部署和使用识别和定位产品，竞争力中心提供了针对西门子识别和定位产品的专业服务，为企业提供安装指导、集成调试、实施和优化等服务，确保企业的系统高效运行。专业服务的内容如图 11-5 所示。

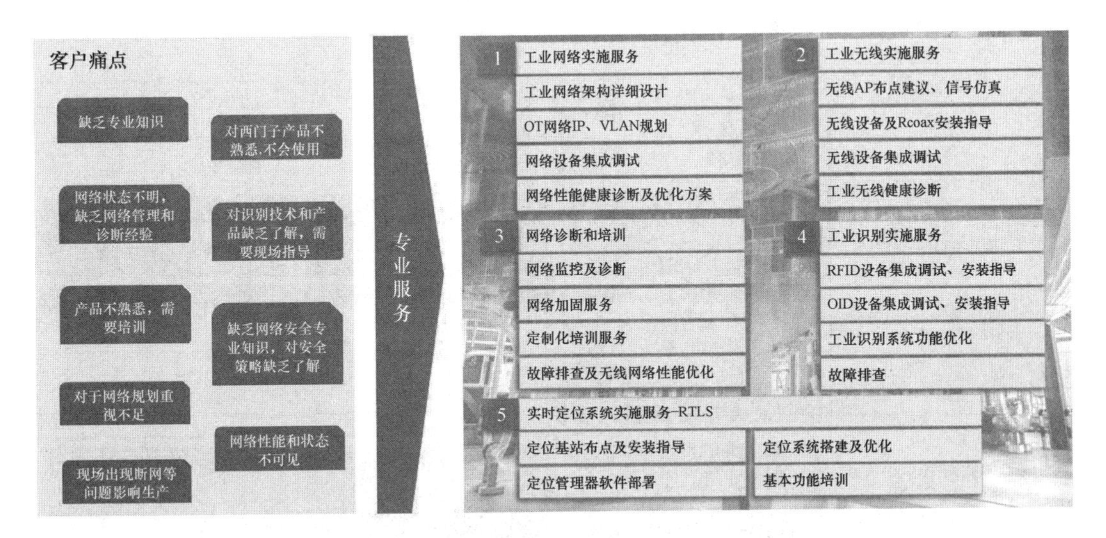

图 11-5 工业网络与工业识别专业服务模块

11.3 人才能力培养

除了项目的成功，企业自身的能力建设和人才培养也是企业非常关心的问题，我们提供“工业网络和工业识别国际认证培训体系”，系统化地培养工业网络和识别的技术人才，“专家培训专家”是我们所倡导的理念，所有的培训讲师都是全球认证，且拥有多个认证证书，而经过我们的认证培训体系培训的学员，也将被授予全球认证。

西门子的工业网络和工业识别国际认证体系（见图 11-6）是目前工业通信和工业识别领域内最为完整、最为系统性的国际化培训和认证体系，能够提供从入门到精通、从专业到专家的多层级培训和认证。

图 11-6 工业网络和工业识别国际认证培训体系

通过我们提供的工业网络系列培训课程，您将有机会学习到如何规划和部署您的有线和无线工业网络，以及该如何将它们无缝地与企业办公网络互联的必要知识。我们将为您提供致力于让您成为西门子认证工业网络专家的培训。为此，我们准备了三个系列具有不同针对性的课程，面向不同基础和需求的受众（见图 11-7）。

通过我们提供的工业识别系列培训课程，您将有机会学习到工业识别的工作原理及应用、实时定位系统（RTLS）的工作原理及应用、工业识别的系统集成。我们将为您提供进阶式的工业识别认证培训体系（见图 11-8）。

在中国，工业网络和工业识别国际认证体系提供了四种课程：工业以太网基础培训（A7241）、工业网络交换与路由技术（A7242）、工业网络安全技术（A7243）、工业无线局域网技术（A7244）。我们推荐采用图 11-9 所示的学习路径进行进阶式学习。

	有线网络	无线局域网	网络安全
西门子工业网络专家认证 (Siemens CEIN)	基于SCALANCE的工业网络诊断与优化 基于RUGGEDCOM的进阶版交换与路由	工业无线局域网的诊断与优化	工业网络中的远程通信技术
西门子工业网络专业认证 (Siemens CPIN)	基于SCALANCE X的工业网络交换与路由技术 基于RUGGEDCOM的工业网络交换与路由技术	工业无线局域网技术 工业WiMAX技术	基于SCALANCE的工业网络安全技术 基于RUGGEDCOM的工业网络安全技术
西门子工业网络基础培训 (Siemens ITIN)	工业以太网基础培训 工业以太网中的数据通信		

图 11-7　工业网络系列培训课程一览

	工业识别	工业实时定位
西门子工业识别专家认证 (Siemens CEIID)	基于XML API 将超高频RFID与PC系统集成	
西门子工业识别专业认证 (Siemens CPIID)	超高频无线射频识别(UHFRFID)技术与应用 光学识别(OID)技术原理与应用	RTLS技术原理与应用

图 11-8　工业识别系列培训课程一览

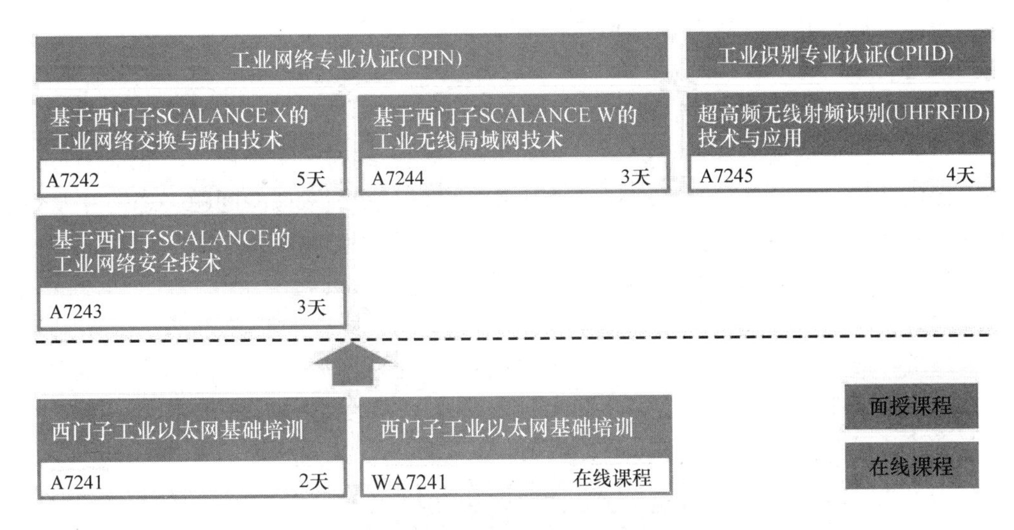

图 11-9 中国客户进阶式学习路径

11.4 五大课程各具特色

A7241：西门子工业以太网络基础培训

培训目的：本培训课程向您提供涵盖了网络技术和运行机制的总体介绍，而它们是构成当今数字化通信的基础。课程结束后，您将掌握工业以太网的重要技术基础，以便继续学习进阶培训课程。

培训对象：网络技术、项目和维护工程师及技术型销售人员。

培训时长：2 天

A7242：西门子工业网络交换与路由技术认证培训

培训目的：通过学习本课程，您将了解到如何构建一个交换型网络，并引入冗余机制以提升网络的容错能力。同时您还可以将学习的知识转换为实际的动手操作。路由部分讲授路由的基本知识，包括实际的动手操作和常见的故障排查以及网络的诊断方法。

培训对象：网络技术、项目和维护工程师及技术型销售人员。

培训时长：5 天

A7243：西门子工业网络安全技术认证培训

培训目的：通过学习本课程，您将了解网络通信安全的基本概念以及如何在一个实际特定要求中部署网络安全策略。课程结束后，您将学会如何正确地评估风险及制定相应的改进措施。

培训对象：网络技术、项目和维护工程师及技术型销售人员。

培训时长：3 天

A7244：西门子工业无线局域网技术认证培训

培训目的：通过学习本课程，您不仅能够了解无线以太网通信的基础技术信息，还能了解工业环境下对无线以太网通信的特殊要求。无线通信的性能和安全性也将在本课程中向您展示。

培训对象：网络技术、项目和维护工程师及技术型销售人员。

培训时长：3 天

A7245：超高频无线射频识别技术与应用认证培训

培训目的：课程结束后，您可以计划和实现超高频无线射频识别项目。您将深入了解超高频技术提供的可能性，并了解在选择硬件和系统设置时必须考虑的问题。您的专业知识将通过培训中实际使用的各种西门子 RFID 产品而得到进一步地加深和巩固。

培训对象：MES 工程师、项目工程师及技术型销售等人员。

培训时长：4 天

培训地址：西门子工业技术（北京）培训中心，北京市望京中环南路 7 号 A 座二楼；西门子工业技术（上海）培训中心，上海市延安西路 1538 号怡德大厦五层。

报名方式：可扫描下方的二维码进行报名。

也可以通过网站报名：www. siemens. com. cn/sitrain。

西门子通过系统性地提供高质量的产品、服务以及培训，致力于为各行业客户提供完整的工业通信、识别和定位的解决方案以及行业案例，并通过坚实的技术服务为客户的系统保驾护航。